U0382836

共轭校正非球面检验的理论基础

郝沛明　著

科学出版社
北京

内 容 简 介

本书基于三级像差理论，提出并介绍了共轭校正非球面检验辅助光学系统的设计方法，主要内容有：自准校正透镜共轭校正检验非球面的原理；自准校正透镜共轭校正检验凸非球面；校正透镜与自准校正透镜组合检验凸非球面；凹非球面的共轭校正检验原理，以及自准校正透镜位于不同位置时对应的规化光学系统等。本书不仅包含详细的理论分析和公式推导，同时给出了大量算例，理论和实用性强。

本书可供从事非球面光学基础理论研究的高校师生和科研院所相关专业研究人员阅读，也可供从事非球面加工、检测和设计的技术人员在进行非球面光学系统设计、计算和研究时参考。

图书在版编目(CIP)数据

共轭校正非球面检验的理论基础 / 郝沛明著. -- 北京 ： 科学出版社, 2025. 1. -- ISBN 978-7-03-079514-4

Ⅰ. O435

中国国家版本馆CIP数据核字第2024GU6607号

责任编辑：刘宝莉 / 责任校对：崔向琳
责任印制：肖　兴 / 封面设计：图阅社

科学出版社 出版
北京东黄城根北街 16 号
邮政编码: 100717
http://www.sciencep.com
北京中科印刷有限公司印刷
科学出版社发行　各地新华书店经销
*
2025 年 1 月第　一　版　开本：720 × 1000　1/16
2025 年 1 月第一次印刷　印张：30 1/4
字数：607 000

定价：268.00 元

(如有印装质量问题，我社负责调换)

序

在我国光学加工领域，郝沛明先生是令人敬佩的专家、学者。

我是 1998 年认识他的。当时，国家 863 计划激光团队在一次重要的实验中要用到一面特殊的非球面镜，这面镜子在运输至试验场的途中出现了损坏，当时大家都很着急，实验时间是不能耽误的。试验场的领导向我介绍说，我们这里有位郝师傅，他有绝活，可能有办法，不知道能不能请得动他。我作为实验的负责人，当即决定去登门拜访。在说清楚这面镜子的特殊意义后，老郝没有二话，花了几天时间就把镜子赶制了出来，从而保证了实验的成功，大家都非常感动并由衷钦佩。从此，老郝也成了我的好友，是在为国家的事业共同奋斗中结交的好友。2018 年，在那次实验成功二十年之际，当年实验团队的骨干们，在当年做实验的老地方，自发地聚在一起，为那次不寻常实验的成功倾心座谈，大家特别提到了老郝那一招的重要贡献。

郝沛明本人则把那次实验称作“1 号任务”，他说：“您能把 1 号任务的光学加工交给我，是对我的信任。”他觉得，这好像是一个从天上掉下来的任务，他只是顺从了天意。他说：“我没有给养育我的祖国丢脸。”并深深地感谢和他一起工作的各研究所的同仁。实验结束了，他却没有停止思考，他从实验中知晓，还有许多工作要做。在给我的信中，他写道：“我从没忘记，活一天就要报效养育我的祖国，这是我最大的快乐，能为国家做点力所能及的事——写书。”他以诗言志：

告老还乡离沙场，不再奔波走四方。
一心报国著书忙，留给后人做栋梁。

这几年，我知道他在著书立说，培养青年专家。但是，当这本《共轭校正非球面检验的理论基础》送到我面前的时候，我还是被深深震撼了。作为一名学习者，我粗浅地看一看，该书的“新、专、深”就给我留下了深刻印象，而且全是“干货”。

光学加工我是外行，看懂这本书是很难的。我的理解是，“共轭校正非球面检验”是原创性的新概念，从原理、设计思想、设计方法、数据处理、分析和像质评价都是新的思想。它的应用价值很高，可检测大口径、大相对孔径，甚至超大口径和超大相对孔径凸和凹的非球面，应用前景广阔。可以说，“共轭校正非球面检验”引领着非球面应用光学的新发展，挑战应用光学的世界领先水平。

这本书非常值得一读。不仅如此，我相信该书对提高非球面应用光学的学术水平，培养这一领域的青年专家，使他们成为光学加工的栋梁人才，将发挥重要的作用。

老郝告诉我，《共轭校正非球面检验的理论基础》一书的完稿，不是他的终点，而是新的开始。“生命不息、写书不止”成了他人生的渴望。作为一名已退休的老科技工作者，他有这样的精神头，值得点赞，令人钦佩。

我国正在努力建设创新型国家，并提出了进一步建设科技强国的目标，实现这个伟大目标的关键在于人才。我们国家需要一代代像郝沛明这样有着深厚学术功底又富有科学精神的人才。他们求真严谨、求深实干、创新不止、精益求精，同时，他们胸怀国家和世界的大局，以民族振兴为己任，有丰满厚重的人文素养和家国情怀，值得广大青年科技工作者学习和传承。写成这本书，也浸透着他的心血和精神，令人感动。

这本书的出版是我国光学界的幸事。相信这本书也会成为对从事非球面光学基础理论研究和非球面加工、检测和设计的科研人员及研究生十分有益的参考书。

是为序。

杜祥琬

中国工程院院士

2023 年 6 月 16 日

前　　言

近几十年来非球面在光学系统中得到了越来越广泛的应用，非球面检验需要借助专用检验光学系统来实现，检验光学系统的设计和制造是非球面加工的前提。本书作者长期从事非球面检验光学系统设计和研制等方面的工作，在分析总结前人研究成果的基础上，提出了共轭校正非球面检验的方法。本书目的在于介绍和总结个人在非球面检验光学系统设计方面的相关经验和研究成果。

共轭校正非球面检验利用了待检非球面的一组物像共轭点，利用校正透镜或者透镜组将物点(发光点)成像于待检非球面的一个共轭点，待检非球面将该共轭点成像于另一个共轭点，且该共轭点为检验系统的自准点，利用自准校正透镜和校正透镜生成的球差可校正待检非球面生成的球差，从而实现对待检非球面的检验。

本书对共轭校正非球面检验的理论和数学表达式进行了详细的说明，内容共12章。第1章在介绍非球面背向共轭校正检验的基础上引出了利用自准校正透镜共轭校正检验非球面的概念和方法。第2章和第3章分别介绍了利用自准校正透镜凹面自准和凸面自准检验凸非球面的方法。第4章介绍了利用校正透镜与自准校正透镜组合实现凸非球面的检验。第5章为凹非球面的共轭校正检验，论述了共轭校正检验凹非球面的原理，介绍了利用自准校正透镜、自准校正透镜-校正透镜组合和三校正透镜(校正透镜-自准校正透镜-校正透镜)组合对凹非球面进行检验的方法。第6～10章介绍了自准校正透镜位于共轭前点和后点不同位置处的规化光学系统，在规化条件下设计了不同自准角对应的规化光学系统。第11章为自准校正透镜位于共轭前点和后点之间的检验光学系统设计。第12章为自准校正透镜位于共轭后点的检验光学系统设计，论述了无限远校正透镜和自准校正透镜-校正透镜组合的辅助光学系统设计，同时给出了三透镜组合系统对$r_{07}=-40000$mm、$e_7^2=1$凹非球面检验的光学系统的设计结果。

从原理分析和设计结果可以发现：①共轭校正非球面检验的方法远优于零位补偿非球面检验的方法。②所推导出的共轭校正非球面检验的消球差数学表达式，已包含经典非球面检验和零位补偿非球面检验的情形，说明经典非球面检验和零位补偿非球面检验是共轭校正非球面检验的特例。

本书在中国科学院上海技术物理研究所郑列华主任研究员的精心组织和大力支持下才得以完成，张珑博士参与本书整理和编辑工作，在此一并致谢。

最后对恩师潘君骅院士和中国科学院光电技术研究所张礼堂所长表示衷心感谢，同时对杜祥琬院士为此书撰写序言表示衷心感谢。

由于作者水平有限，书中难免存在不足之处，恳请读者批评指正。

目　　录

第1章　利用自准校正透镜共轭校正检验非球面

本章依据三级像差理论[1]，分析了非球面背向共轭校正检验和非球面从单非球面透镜分离开后形成的自准校正透镜对反射非球面的检验[2]。从分析过程及结果可以看出，本章所介绍的非球面背向共轭校正检验和自准校正透镜共轭校正检验反射非球面的概念及原理与零位补偿检验是不同的，由此引出共轭校正的概念。

1.1　背向共轭校正检验非球面的原理及其三级像差理论

参照光学系统设计符号规定[3]，本书规定：顺光路时，符号上方的箭头为 $\rightarrow$，文中省略；逆光路时，符号上方的箭头为 $\leftarrow$。依据三级像差理论，设定规化条件，论述单非球面透镜自身内反射非球面检验如下。

1.1.1　背向共轭校正检验非球面的原理

待检非球面具有物像共轭的两点(不消球差)，位于待检非球面顶点和顶点曲率中心之间的点称为共轭前点，位于待检非球面顶点曲率中心左侧的点称为共轭后点，本书计算和设计根据此定义进行。

校正用球面或者透镜将物点(发光点)成像于待检非球面的一个共轭点，待检非球面将该共轭点成像于另一个共轭点，另一个共轭点为自准面的自准点。

单非球面透镜的两个面分别为非球面和球面，可利用该球面背向校正待检非球面生成的球差，同时该球面也是系统自准面，系统光阑位于该球面上，光线两次经过待检非球面。

1. 背向共轭校正检验非球面的光路

背向共轭校正检验非球面的光路示意图如图 1.1 所示。系统由球差校正球面 1、待检非球面 2、自准面 3 组成，r_1、r_3 分别为面 1、面 3 的曲率半径，r_{02} 为待检非球面顶点曲率半径，其中面 1 和面 3 是同一个半反半透面，$r_1 = r_3$。面 1 校正待检内反射非球面 2 的球差，自准面 3 将沿其法线方向入射的光线自准返回，不生成球差。

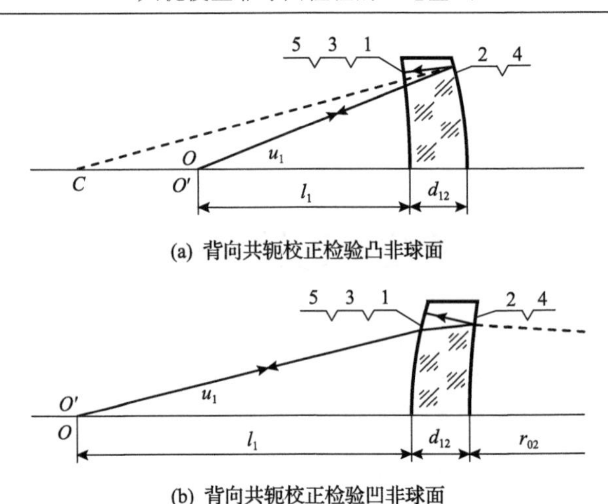

(a) 背向共轭校正检验凸非球面

(b) 背向共轭校正检验凹非球面

图 1.1　背向共轭校正检验非球面的光路示意图

单非球面透镜材料折射率为 n，有如下关系：

$$n_1 = 1,\quad n_1' = n_2 = n,\quad \overleftarrow{n}_2' = \overleftarrow{n}_3 = -n,\quad n_3' = n_4 = n$$

$$\overleftarrow{n}_4' = \overleftarrow{n}_5 = -n,\quad \overleftarrow{n}_5' = -1$$

$$r_1 = r_3 = r_5,\quad r_{02} = r_{04}$$

光线从轴上 O 点发出，经球面 1 折射到待检非球面 2(经球面 1 折射的光线成像于待检非球面 2 的一个物像共轭点)，经待检非球面 2 反射到自准面 3(成像于待检非球面 2 的另一个物像共轭点)，经面 3 自准反射，光线按原路返回 O 点。

2. 检验光路中各相关参数的关系

图 1.1 所示检验光路中各参数关系如下。

1) 系统各面光线入射高度 h、孔径角 u 及间距 d 之间的关系

$$h_1 = l_1 u_1,\quad h_{02} = h_1 - d_{12}u_1' = h_1 - d_{12}u_2,\quad h_3 = h_{02} - \overleftarrow{d}_{23}\overleftarrow{u}_2'$$

$$d_{12} = -\overleftarrow{d}_{23} = d_{34} = -\overleftarrow{d}_{45}$$

$$u_1' = u_2,\quad \overleftarrow{u}_2' = \overleftarrow{u}_3 = u_3' = u_4,\quad \overleftarrow{u}_4' = \overleftarrow{u}_5 = u_2,\quad \overleftarrow{u}_5' = u_1$$

2) 各面近轴公式

对于面 1，有

$$\begin{cases} \dfrac{n_1' - n_1}{r_1} = \dfrac{n_1'}{l_1'} - \dfrac{n_1}{l_1} \\ \dfrac{(n-1)h_1}{r_1} = nu_1' - u_1 \end{cases} \tag{1.1}$$

对于面 2，有

$$\begin{cases}\dfrac{\bar{n}_2'-n_2}{r_{02}}=\dfrac{\bar{n}_2'}{\bar{l}_2'}-\dfrac{n_2}{l_2}\\ \dfrac{2h_{02}}{r_{02}}=\bar{u}_2'+u_2\end{cases} \tag{1.2}$$

对于自准面 3，有

$$\begin{cases}\dfrac{n_3'-\bar{n}_3}{r_3}=\dfrac{n_3'}{l_3'}-\dfrac{\bar{n}_3}{\bar{l}_3}\\ \dfrac{h_3}{r_3}=u_3'=\bar{u}_3\end{cases} \tag{1.3}$$

1.1.2　背向共轭校正检验非球面的三级像差理论

根据三级像差理论，图 1.1 所示自准检验光路的消球差条件为

$$S_1=h_1P_1+h_{02}\bar{P}_2+h_{02}^4K_2+h_3P_3+h_{04}\bar{P}_4+h_{04}^4K_4+h_5\bar{P}_5=0 \tag{1.4}$$

式中，

$$h_1=h_5,\ \ h_{02}=h_{04}$$

$$\bar{P}_5=P_1=\left(\frac{u_1'-u_1}{1/n'-1/n_1}\right)^2\left(\frac{u_1'}{n_1'}-\frac{u_1}{n_1}\right)=n\left(\frac{u_1'-u_1}{n-1}\right)^2(u_1'-nu_1)$$

$$\bar{P}_4=\bar{P}_2=\left(\frac{\bar{u}_2'-u_2}{1/\bar{n}_2'-1/n_2}\right)^2\left(\frac{\bar{u}_2'}{\bar{n}_2'}-\frac{u_2}{n_2}\right)=-\frac{n(\bar{u}_2'-u_2)^2(\bar{u}_2'+u_2)}{4}$$

$$P_3=\left(\frac{u_3'-\bar{u}_3}{1/n_3'-1/\bar{n}_3}\right)^2\left(\frac{u_3'}{n_3'}-\frac{\bar{u}_3}{\bar{n}_3}\right)=0$$

$$K_2=K_4=-\frac{\bar{n}_2'-n_2}{r_{02}^3}e_2^2=\frac{2n}{r_{02}^3}e_2^2$$

因此，有

$$S_1=2h_1P_1+2h_{02}\bar{P}_2+2h_{02}^4K_2=0$$

可得背向共轭校正检验非球面的光路的消球差条件为

$$h_1\left(\frac{u_1'-u_1}{n-1}\right)^2(u_1'-nu_1)-h_{02}\frac{\left(\bar{u}_2'-u_2\right)^2\left(\bar{u}_2'+u_2\right)}{4}+h_{02}^4\frac{2}{r_{02}^3}e_2^2=0 \tag{1.5}$$

1.2 背向共轭校正检验凸非球面

如图 1.1(a)所示，设定规化条件，根据式(1.5)，对背向共轭校正检验凸非球面(内反射为凹面)的方法介绍如下。

1.2.1 背向共轭校正检验凸非球面光路中各参数的关系

1. 规化条件

根据图 1.1(a)，设定规化条件为

$$h_{02}=1,\quad r_{02}=-1,\quad u_{02}=\frac{h_{02}}{r_{02}}=-1,\quad d_{12}=-\bar{d}_{23}=0.05$$

2. 规化条件下的各相关参数

$\bar{u}_2'$ 为待检非球面 2 的内反射角，也是自准面 3 的入射角，将规化值代入式(1.2)，可得

$$\bar{u}_2'+u_2=-2 \tag{1.6}$$

将规化值代入式(1.1)，可得

$$\frac{1}{r_1}=-\frac{n\left(2+\bar{u}_2'\right)+u_1}{(n-1)h_1} \tag{1.7}$$

将规化值代入式(1.3)，可得

$$\frac{1}{r_3}=\frac{u_3'}{h_3}=\frac{\bar{u}_3}{h_3}=\frac{\bar{u}_2'}{h_3} \tag{1.8}$$

已知 $r_1=r_3$，联立式(1.7)和式(1.8)可得

$$u_1=-\left[(n-1)\bar{u}_2'\frac{h_1}{h_3}+n\left(2+\bar{u}_2'\right)\right] \tag{1.9}$$

各面光线入射高度 h 为

$$\begin{cases} h_1 = h_{02} - d_{12}\left(2+\bar{u}_2'\right) = 1 - d_{12}\left(2+\bar{u}_2'\right) \\ h_3 = h_{02} - \overleftarrow{d}_{23}\bar{u}_2' = 1 + d_{12}\bar{u}_2' \end{cases} \tag{1.10}$$

1.2.2　背向共轭校正检验凸非球面的分析

设定透镜材料为 K9 光学玻璃，其对波长 $\lambda = 0.6328\mu\text{m}$ 激光的折射率 $n_{0.6328} = 1.514664$。依次改变自准角 u_2' 的值，分析求解对应的规化光学系统和待检非球面的偏心率 e_2^2。

1. 设定自准角 $u_3' = \bar{u}_3 = \bar{u}_2' = 1$

1) 自准面 3 的前截距 $\overleftarrow{l}_3$、曲率半径 r_3 和光线入射高度 h_3

$$\overleftarrow{l}_2' = \frac{h_{02}}{\bar{u}_2'} = 1$$
$$\overleftarrow{l}_3 = \overleftarrow{l}_2' - \overleftarrow{d}_{23} = \overleftarrow{l}_2' + d_{12} = 1.05$$
$$r_3 = \overleftarrow{l}_3 = l_3' = 1.05$$
$$h_3 = \overleftarrow{l}_3\bar{u}_3 = \overleftarrow{l}_3\bar{u}_2' = 1.05$$

2) 面 1 的光线入射高度 h_1

$$u_2 = -\left(2+\bar{u}_2'\right) = -3$$
$$h_1 = h_{02} - d_{12}\left(2+\bar{u}_2'\right) = 0.85$$

3) 面 1 的孔径角 u_1

根据式(1.9)有

$$u_1 = -\left[(n-1)\bar{u}_2'\frac{h_1}{h_3} + n\left(2+\bar{u}_2'\right)\right] = -4.960625$$

4) 面 1 的曲率半径 r_1

根据式(1.7)有

$$\frac{1}{r_1} = -\frac{n\left(2+\bar{u}_2'\right)+u_1}{(n-1)h_1} = 0.95238095, \quad r_1 = 1.05$$

这说明 $r_1 = r_3$。

5) 面 1 的前截距 l_1

$$l_1 = \frac{h_1}{u_1} = -0.171349$$

6) 面 2 的偏心率 e_2^2

将所得相关参数代入式(1.5)，求解可得

$$e_2^2 = 31.839476$$

7) 规化光学系统图

自准角 $\bar{u}_2' = 1$ 对应的背向共轭校正检验凸非球面的规化光学系统如图 1.2 所示。

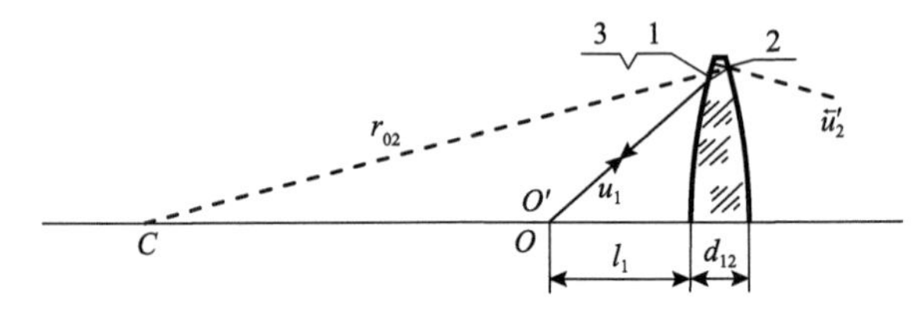

图 1.2　自准角 $\bar{u}_2' = 1$ 对应的背向共轭校正检验凸非球面的规化光学系统

2. 设定自准角 $u_3' = \bar{u}_3 = \bar{u}_2' = 0.5$

1) 自准面 3 的前截距 $\bar{l}_3$、曲率半径 r_3 和光线入射高度 h_3

$$\bar{l}_2' = \frac{h_{02}}{\bar{u}_2'} = 2$$
$$\bar{l}_3 = \bar{l}_2' - \bar{d}_{23} = \bar{l}_2' + d_{12} = 2.05$$
$$r_3 = \bar{l}_3 = l_3' = 2.05$$
$$h_3 = \bar{l}_3 \bar{u}_3 = \bar{l}_3 \bar{u}_2' = 1.025$$

2) 面 1 的光线入射高度 h_1

$$h_1 = h_{02} - d_{12}\left(2 + \bar{u}_2'\right) = 0.875$$

3) 面 1 的孔径角 u_1

根据式(1.9)有

$$u_1 = -\left[(n-1)\bar{u}_2' \frac{h_1}{h_3} + n\left(2 + \bar{u}_2'\right)\right] = -4.006334$$

4) 面 1 的曲率半径 r_1

根据式(1.7)有

$$\frac{1}{r_1} = -\frac{n\left(2 + \bar{u}_2'\right) + u_1}{(n-1)h_1} = 0.487805, \quad r_1 = 2.05$$

5) 面 1 的前截距 l_1

$$l_1 = \frac{h_1}{u_1} = -0.218404$$

6) 面 2 的偏心率 e_2^2

将所得相关参数代入式(1.5)，求解可得

$$e_2^2 = 15.622975$$

7) 规化光学系统图

自准角 $\bar{u}_2' = 0.5$ 对应的背向共轭校正检验凸非球面的规化光学系统如图 1.3 所示。

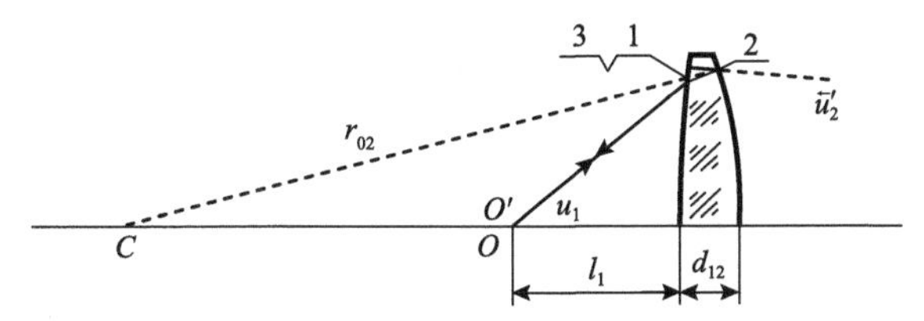

图 1.3　自准角 $\bar{u}_2' = 0.5$ 对应的背向共轭校正检验凸非球面的规化光学系统

3. 设定自准角 $u_3' = \bar{u}_3 = \bar{u}_2' = 0$

1) 自准面 3 的前截距 $\bar{l}_3$、曲率半径 r_3 和光线入射高度 h_3

$$\bar{l}_2' \to \infty, \quad r_3 = \bar{l}_3 = l_3' \to \infty, \quad h_3 = \bar{l}_3\bar{u}_3 = \bar{l}_3\bar{u}_2' = 1$$

2) 面 1 的光线入射高度 h_1

$$h_1 = h_{02} - d_{12}\left(2 + \bar{u}_2'\right) = 1 + d_{12}u_1' = 1 + d_{12}u_2 = 0.9$$

3) 面 1 的孔径角 u_1

根据式(1.9)有

$$u_1 = -\left[(n-1)\bar{u}_2'\frac{h_1}{h_3} + n\left(2 + \bar{u}_2'\right)\right] = -3.029328$$

4) 面 1 的曲率半径 r_1

根据式(1.7)有

$$\frac{1}{r_1} = -\frac{n\left(2 + \bar{u}_2'\right) + u_1}{(n-1)h_1} = 0, \quad r_1 \to \infty$$

这说明 $r_1 = r_3 \to \infty$，面 1 和面 3 为平面。

5) 面 1 的前截距 l_1

$$l_1 = \frac{h_1}{u_1} = -0.297096$$

6) 面 2 的偏心率 e_2^2

根据式(1.5)有

$$h_1\left(\frac{u_1' - u_1}{n-1}\right)^2 (u_1' - nu_1) - h_{02}\frac{(\overleftarrow{u}_2' - u_2)^2(\overleftarrow{u}_2' + u_2)}{4} + h_{02}^4 \frac{2}{r_{02}^3} e_2^2 = 0$$

将所得相关参数代入式(1.5)，求解可得

$$e_2^2 = 5.659145$$

7) 规化光学系统图

自准角 $\overleftarrow{u}_2' = 0$ 对应的背向共轭校正检验凸非球面的规化光学系统如图 1.4 所示。

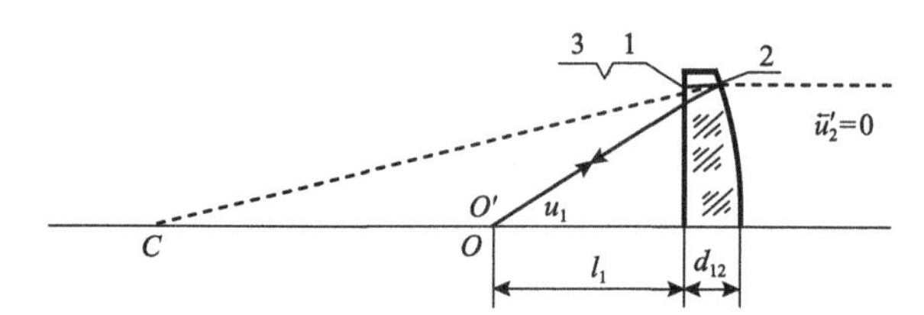

图 1.4　自准角 $\overleftarrow{u}_2' = 0$ 对应的背向共轭校正检验凸非球面的规化光学系统

4. 设定自准角 $u_3' = \overleftarrow{u}_3 = \overleftarrow{u}_2' = -0.5$

1) 自准面 3 的前截距 $\overleftarrow{l}_3$、曲率半径 r_3 和光线入射高度 h_3

$$\overleftarrow{l}_2' = \frac{h_{02}}{\overleftarrow{u}_2'} = -2$$

$$\overleftarrow{l}_3 = \overleftarrow{l}_2' - \overleftarrow{d}_{23} = \overleftarrow{l}_2' + d_{12} = -1.95$$

$$r_3 = \overleftarrow{l}_3 = l_3' = -1.95$$

$$h_3 = \overleftarrow{l}_3 \overleftarrow{u}_3 = \overleftarrow{l}_3 \overleftarrow{u}_2' = 0.975$$

2) 面 1 的光线入射高度 h_1

$$h_1 = 1 + d_{12}u_1' = 1 + d_{12}u_2 = 0.925$$

3) 面 1 的孔径角 u_1

根据式(1.9)有

$$u_1 = -\left[(n-1)\bar{u}_2'\frac{h_1}{h_3} + n\left(2+\bar{u}_2'\right)\right] = -2.027860$$

4) 面 1 的曲率半径 r_1

根据式(1.7)有

$$\frac{1}{r_1} = -\frac{n\left(2+\bar{u}_2'\right)+u_1}{(n-1)h_1} = -0.512819, \quad r_1 = -1.95$$

这说明 $r_1 = r_3$。

5) 面 1 的前截距 l_1

$$l_1 = \frac{h_1}{u_1} = -0.456146$$

6) 面 2 的偏心率 e_2^2

将所得相关参数代入式(1.5)，求解可得

$$e_2^2 = 1.014583$$

7) 规化光学系统图

自准角 $\bar{u}_2' = -0.5$ 对应的背向共轭校正检验凸非球面的规化光学系统如图 1.5 所示。

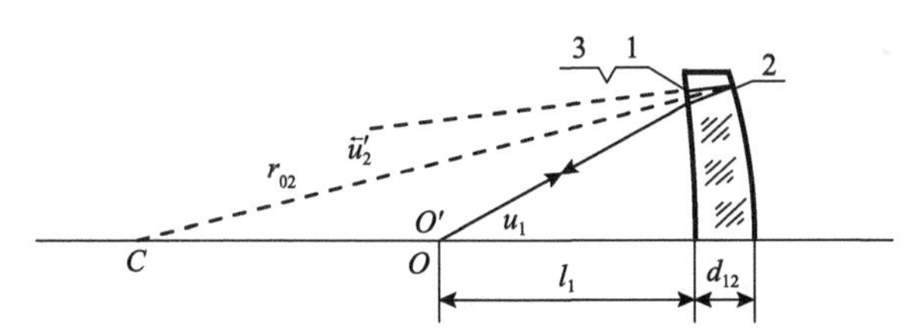

图 1.5　自准角 $\bar{u}_2' = -0.5$ 对应的背向共轭校正检验凸非球面的规化光学系统

5. 设定自准角 $u_3' = \bar{u}_3 = \bar{u}_2' = -1$

1) 自准面 3 的前截距 $\overleftarrow{l}_3$、曲率半径 r_3 和光线入射高度 h_3

$$\overleftarrow{l}_2' = \frac{h_{02}}{\bar{u}_2'} = -1$$

$$\overleftarrow{l}_3 = \overleftarrow{l}_2' - \overleftarrow{d}_{23} = -0.95$$

$$r_3 = \overleftarrow{l}_3 = l_3' = -0.95$$

$$h_3 = \overleftarrow{l}_3\bar{u}_3 = \overleftarrow{l}_3\bar{u}_2' = 0.95$$

2) 面 1 的光线入射高度 h_1

$$h_1 = 1 + d_{12}u_1' = 1 + d_{12}u_2 = 0.95$$

3) 面 1 的孔径角 u_1

根据式(1.9)有

$$u_1 = -\left[(n-1)\bar{u}_2'\frac{h_1}{h_3} + n\left(2+\bar{u}_2'\right)\right] = -1$$

4) 面 1 的曲率半径 r_1

根据式(1.7)有

$$\frac{1}{r_1} = -\frac{n\left(2+\bar{u}_2'\right)+u_1}{(n-1)h_1} = -1.621621, \quad r_1 = -0.95$$

这说明 $r_1 = r_3$。

5) 面 1 的前截距 l_1

$$l_1 = \frac{h_1}{u_1} = -0.95$$

6) 面 2 的偏心率 e_2^2

将所得相关参数代入式(1.5)，求解可得

$$e_2^2 = 0$$

7) 规化光学系统图

自准角 $\bar{u}_2' = -1$ 对应的背向共轭校正检验凸非球面的规化光学系统如图 1.6 所示。此光学系统为同心光学系统。

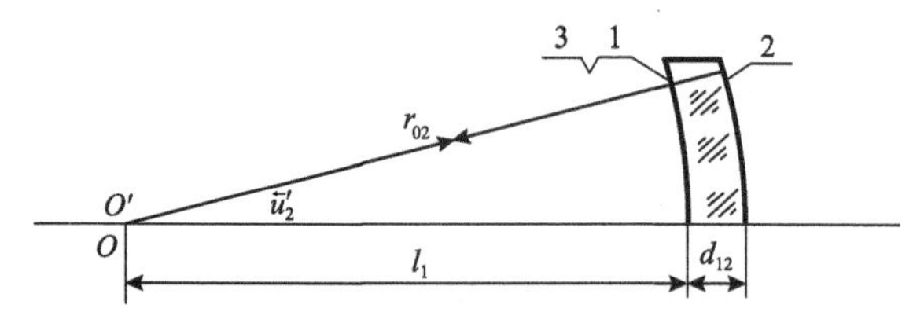

图 1.6 自准角 $\bar{u}_2' = -1$ 对应的背向共轭校正检验凸非球面的规化光学系统

6. 设定自准角 $u_3' = \bar{u}_3 = \bar{u}_2' = -1.5$

1) 自准面 3 的前截距 $\bar{l}_3$、曲率半径 r_3 和光线入射高度 h_3

$$\overleftarrow{l}_2' = \frac{h_{02}}{\overleftarrow{u}_2'} = -0.666667$$

$$\overleftarrow{l}_3 = \overleftarrow{l}_2' - \overleftarrow{d}_{23} = -0.616667$$

$$r_3 = \overleftarrow{l}_3 = l_3' = -0.616667$$

$$h_3 = \overleftarrow{l}_3 \overleftarrow{u}_3 = \overleftarrow{l}_3 \overleftarrow{u}_2' = 0.925$$

2) 面 1 的光线入射高度 h_1

$$h_1 = 1 + d_{12} u_1' = 1 + d_{12} u_2 = 0.975$$

3) 面 1 的孔径角 u_1

根据式(1.9)有

$$u_1 = -\left[(n-1)\overleftarrow{u}_2' \frac{h_1}{h_3} + n\left(2 + \overleftarrow{u}_2'\right) \right] = 0.056394$$

4) 面 1 的曲率半径 r_1

根据式(1.7)有

$$\frac{1}{r_1} = -\frac{n\left(2 + \overleftarrow{u}_2'\right) + u_1}{(n-1)h_1} = -1.621621, \quad r_1 = -0.616667$$

这说明 $r_1 = r_3$。

5) 面 1 的前截距 l_1

$$l_1 = \frac{h_1}{u_1} = 17.289073$$

6) 面 2 的偏心率 e_2^2

将所得相关参数代入式(1.5)，求解可得

$$e_2^2 = -0.083548$$

7) 规化光学系统图

自准角 $\overleftarrow{u}_2' = -1.5$ 对应的背向共轭校正检验凸非球面的规化光学系统如图 1.7 所示。

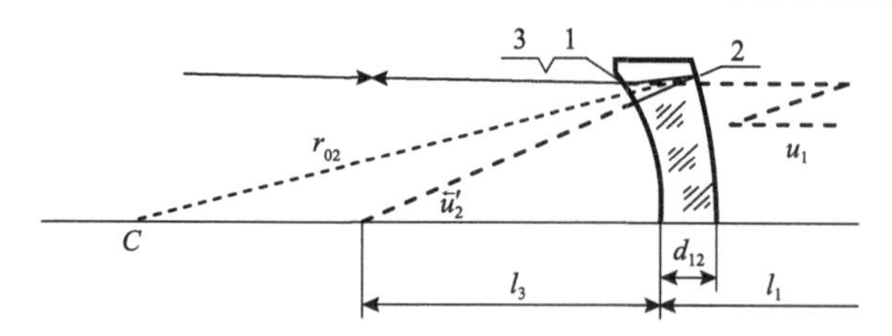

图 1.7　自准角 $\bar{u}_2' = -1.5$ 对应的背向共轭校正检验凸非球面的规化光学系统

1.2.3　背向共轭校正检验凸非球面的总结

1. 不同自准角 $\bar{u}_2'$ 对应的背向共轭校正检验凸非球面的规化光学系统的结构参数

1) 数据列表

在 $r_{02}=-1$、$h_2=1$、$d_{12}=0.05$ 的规化条件下，不同自准角 $\bar{u}_2'$ 对应的背向共轭校正检验凸非球面的规化光学系统的结构参数如表 1.1 所示。

表 1.1　不同自准角 $\bar{u}_2'$ 对应的背向共轭校正检验凸非球面的规化光学系统的结构参数

编号	$\bar{u}_2'$	l_1	u_1	r_1	h_1	h_3	e_2^2
1	1	−0.171349	−4.960625	1.05	0.85	1.05	31.839476
2	0.5	−0.218404	−4.006334	2.05	0.875	1.025	15.622975
3	0	−0.297096	−3.029328	Infinity	0.9	1	5.659145
4	−0.5	−0.456146	−2.02786	−1.95	0.925	0.975	1.014583
5	−1	−0.95	−1	−0.95	0.95	0.95	0
6	−1.5	17.289073	0.056394	−0.616667	0.975	0.925	−0.083548

注：Infinity 表示无穷大。

2) $\bar{u}_2'$-e_2^2 曲线

根据表 1.1 中数据绘制 $\bar{u}_2'$-e_2^2 曲线，如图 1.8 所示。可以看出，在规化条件下，自准角 $\bar{u}_2'$ 随着待检凸非球面的 e_2^2 增大而增大。因此，可以根据待检凸非球面的 e_2^2 值选取合适的自准角 $\bar{u}_2'$。

2. 背向共轭校正检验凸非球面的结论

通过前述背向共轭校正检验凸非球面（内反射面为凹面）的相关计算和分析可知，利用待检非球面的两个共轭点背向共轭校正检验凸非球面的原理是成立的。

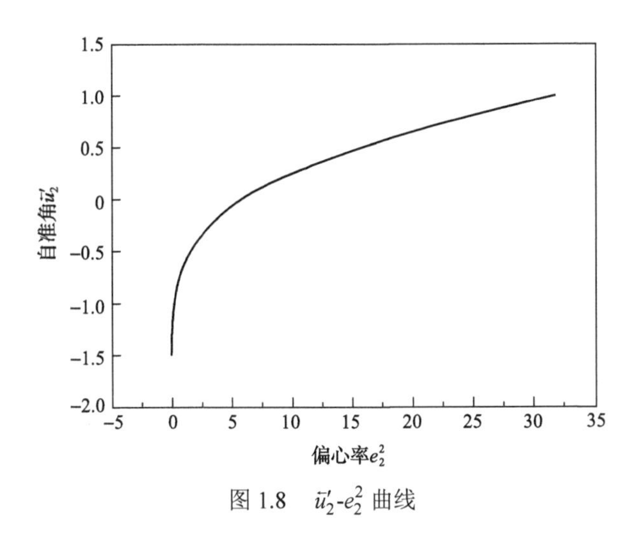

图 1.8　$\bar{u}_2'$-e_2^2 曲线

1.3　背向共轭校正检验凹非球面

如图 1.1(b)所示，设定规化条件，根据式(1.5)，对背向共轭校正检验凹非球面的方法介绍如下。

1.3.1　背向共轭校正检验凹非球面光路中各参数的关系

1. 规化条件

根据图 1.1(b)，设定规化条件为

$$h_{02}=1,\quad r_{02}=1,\quad u_{02}=\frac{h_{02}}{r_{02}}=1,\quad d_{12}=0.05$$

2. 规化条件下的各相关参数

$\bar{u}_2'$ 为待检非球面 2 的反射角，也是自准面 3 的入射角，将规化值代入式(1.2)，可得

$$\begin{cases}\bar{u}_2'+u_2=2\\ \bar{u}_3=u_3'=u_4\end{cases}\tag{1.11}$$

将规化值代入式(1.1)，可得

$$\begin{cases} \dfrac{(n-1)h_1}{r_1} = nu_1' - u_1 \\ \dfrac{1}{r_1} = \dfrac{n\left(2-\bar{u}_2'\right)-u_1}{(n-1)h_1} \end{cases} \tag{1.12}$$

将规化值代入式(1.3)，可得

$$\frac{1}{r_3} = \frac{u_3'}{h_3} = \frac{\bar{u}_3}{h_3} = \frac{\bar{u}_2'}{h_3} \tag{1.13}$$

已知$r_1 = r_3$，联立式(1.12)和式(1.13)可得

$$\begin{cases} \dfrac{\bar{u}_2'}{h_3} = \dfrac{n\left(2-\bar{u}_2'\right)-u_1}{(n-1)h_1} \\ u_1 = n\left(2-\bar{u}_2'\right)-(n-1)\bar{u}_2'\dfrac{h_1}{h_3} \end{cases} \tag{1.14}$$

光线入射高度h为

$$\begin{cases} h_{02} = h_1 - d_{12}u_2 \\ h_3 = h_{02} - \bar{d}_{23}\bar{u}_2' \end{cases} \tag{1.15}$$

1.3.2　背向共轭校正检验凹非球面的分析

设定透镜材料为K9光学玻璃，其对波长$\lambda = 0.6328\mu m$激光的折射率$n_{0.6328} = 1.514664$。依次改变自准角u_2'的值，分析求解对应的规化光学系统和待检非球面的偏心率e_2^2。

1. 设定自准角$u_3' = \bar{u}_3 = \bar{u}_2' = 2.5$

1) 自准面3的前截距$\bar{l}_3$、曲率半径r_3和光线入射高度h_3

$$\bar{l}_2' = \frac{h_{02}}{\bar{u}_2'} = 0.4$$

$$\bar{l}_3 = \bar{l}_2' - \bar{d}_{23} = \bar{l}_2' + d_{12} = 0.45$$

$$r_3 = \bar{l}_3 = l_3' = 0.45$$

$$h_3 = \bar{l}_3\bar{u}_3 = \bar{l}_3\bar{u}_2' = 1.125$$

2) 面 1 的光线入射高度 h_1

$$h_1 = h_{02} + d_{12}\left(2 - \bar{u}_2'\right) = 0.975$$

3) 面 1 的孔径角 u_1

根据式(1.14)有

$$u_1 = n\left(2 - \bar{u}_2'\right) - (n-1)\bar{u}_2' \frac{h_1}{h_3} = -1.872437$$

4) 面 1 的曲率半径 r_1

根据式(1.12)有

$$\frac{1}{r_1} = \frac{n\left(2 - \bar{u}_2'\right) - u_1}{(n-1)h_1} = 2.222222, \quad r_1 = 0.45$$

这说明 $r_1 = r_3$。

5) 面 1 的前截距 l_1

$$l_1 = \frac{h_1}{u_1} = -0.520712$$

6) 面 2 的偏心率 e_2^2

根据式(1.5)有

$$h_1\left(\frac{u_1' - u_1}{n-1}\right)^2\left(u_1' - nu_1\right) - h_{02}\frac{\left(\bar{u}_2' - u_2\right)^2\left(\bar{u}_2' + u_2\right)}{4} + h_{02}^4\frac{2}{r_{02}^3}e_2^2 = 0$$

将所得相关参数代入式(1.5)，求解可得

$$e_2^2 = -5.848527$$

7) 规化光学系统图

自准角 $\bar{u}_2' = 2.5$ 对应的背向共轭校正检验凹非球面的规化光学系统如图 1.9 所示。

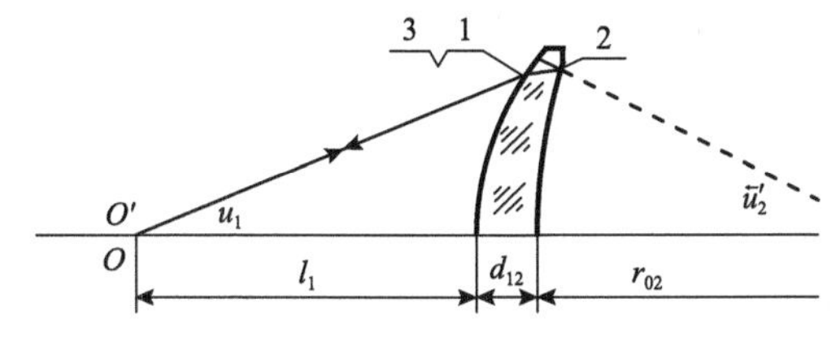

图 1.9　自准角 $\bar{u}_2' = 2.5$ 对应的背向共轭校正检验凹非球面的规化光学系统

2. 设定自准角 $u_3' = \bar{u}_3 = \bar{u}_2' = 2$

1) 自准面 3 的前截距 $\bar{l}_3$、曲率半径 r_3 和光线入射高度 h_3

$$\bar{l}_2' = \frac{h_{02}}{\bar{u}_2'} = 0.5$$

$$\bar{l}_3 = \bar{l}_2' - \bar{d}_{23} = \bar{l}_2' + d_{12} = 0.55$$

$$r_3 = \bar{l}_3 = l_3' = 0.55$$

$$h_3 = \bar{l}_3\bar{u}_3 = \bar{l}_3\bar{u}_2' = 1.1$$

2) 面 1 的光线入射高度 h_1

$$h_1 = h_{02} + d_{12}\left(2 - \bar{u}_2'\right) = 1 + d_{12}u_2 = 1$$

3) 面 1 的孔径角 u_1

根据式(1.14)有

$$u_1 = n\left(2 - \bar{u}_2'\right) - (n-1)\bar{u}_2'\frac{h_1}{h_3} = -0.935753$$

4) 面 1 的曲率半径 r_1

根据式(1.12)有

$$\frac{1}{r_1} = \frac{n\left(2 - \bar{u}_2'\right) - u_1}{(n-1)h_1} = 1.818182, \quad r_1 = 0.55$$

这说明 $r_1 = r_3$。

5) 面 1 的前截距 l_1

$$l_1 = \frac{h_1}{u_1} = -1.068658$$

6) 面 2 的偏心率 e_2^2

将所得相关参数代入式(1.5)，求解可得

$$e_2^2 = -1.342729$$

7) 规化光学系统图

自准角 $\bar{u}_2' = 2$ 对应的背向共轭校正检验凹非球面的规化光学系统如图 1.10 所示。

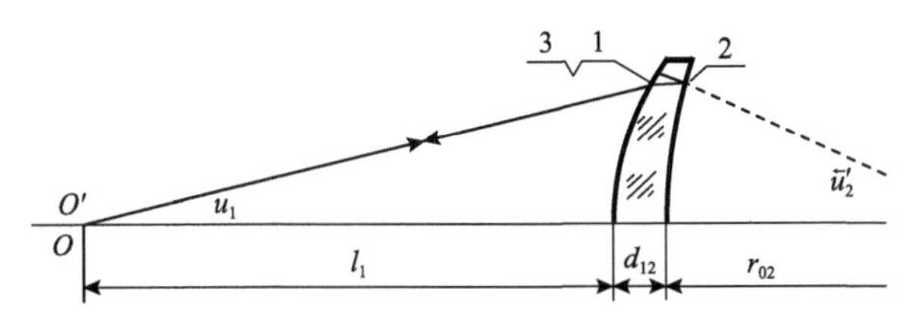

图 1.10　自准角 $\bar{u}_2' = 2$ 对应的背向共轭校正检验凹非球面的规化光学系统

3. 设定自准角 $u_3' = \bar{u}_3 = \bar{u}_2' = 1.75$

1) 自准面 3 的前截距 $\bar{l}_3$、曲率半径 r_3 和光线入射高度 h_3

$$\bar{l}_2' = \frac{h_{02}}{\bar{u}_2'} = 0.571429$$

$$\bar{l}_3 = \bar{l}_2' - \bar{d}_{23} = \bar{l}_2' + d_{12} = 0.621429$$

$$r_3 = \bar{l}_3 = l_3' = 0.621429$$

$$h_3 = \bar{l}_3 \bar{u}_3 = \bar{l}_3 \bar{u}_2' = 1.0875$$

2) 面 1 的光线入射高度 h_1

$$h_1 = h_{02} + d_{12}\left(2 - \bar{u}_2'\right) = 1.0125$$

3) 面 1 的孔径角 u_1

根据式(1.14)有

$$u_1 = n\left(2 - \bar{u}_2'\right) - (n-1)\bar{u}_2' \frac{h_1}{h_3} = -0.459881$$

4) 面 1 的曲率半径 r_1

根据式(1.12)有

$$\frac{1}{r_1} = \frac{n\left(2 - \bar{u}_2'\right) - u_1}{(n-1)h_1} = 1.609195, \quad r_1 = 0.621429$$

这说明 $r_1 = r_3$。

5) 面 1 的前截距 l_1

$$l_1 = \frac{h_1}{u_1} = -2.201656$$

6) 面 2 的偏心率 e_2^2

将所得相关参数代入式(1.5)，求解可得

$$e_2^2 = -0.349175$$

7) 规化光学系统图

自准角 $\bar{u}_2' = 1.75$ 对应的背向共轭校正检验凹非球面的规化光学系统如图 1.11 所示。

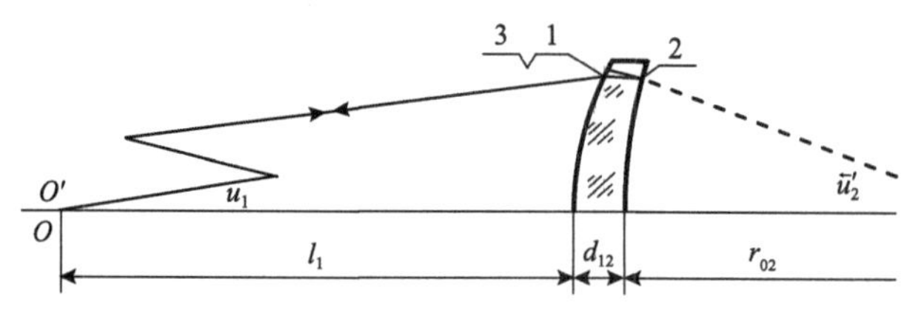

图 1.11　自准角 $\bar{u}_2' = 1.75$ 对应的背向共轭校正检验凹非球面的规化光学系统

4. 设定自准角 $u_3' = \bar{u}_3 = \bar{u}_2' = 1.5$

1) 自准面 3 的前截距 $\bar{l}_3$、曲率半径 r_3 和光线入射高度 h_3

$$\bar{l}_2' = \frac{h_{02}}{\bar{u}_2'} = 0.666667$$

$$\bar{l}_3 = \bar{l}_2' - \bar{d}_{23} = \bar{l}_2' + d_{12} = 0.716667$$

$$r_3 = \bar{l}_3 = l_3' = 0.716667$$

$$h_3 = \bar{l}_3 \bar{u}_3 = \bar{l}_3 \bar{u}_2' = 1.075$$

2) 面 1 的光线入射高度 h_1

$$h_1 = h_{02} + d_{12}\left(2 - \bar{u}_2'\right) = 1.025$$

3) 面 1 的孔径角 u_1

根据式(1.14)有

$$u_1 = n\left(2 - \bar{u}_2'\right) - (n-1)\bar{u}_2' \frac{h_1}{h_3} = 0.021243$$

4) 面 1 的曲率半径 r_1

根据式(1.12)有

$$\frac{1}{r_1}=\frac{n\left(2-\bar{u}_2'\right)-u_1}{(n-1)h_1}=1.395349,\quad r_1=0.716667$$

这说明 $r_1=r_3$。

5) 面 1 的前截距 l_1

$$l_1=\frac{h_1}{u_1}=48.251189$$

6) 面 2 的偏心率 e_2^2

将所得相关参数代入式(1.5)，求解可得

$$e_2^2=0.042528$$

7) 规化光学系统图

自准角 $\bar{u}_2'=1.5$ 对应的背向共轭校正检验凹非球面的规化光学系统如图 1.12 所示。$u_1>0$，该系统是发散光学系统。

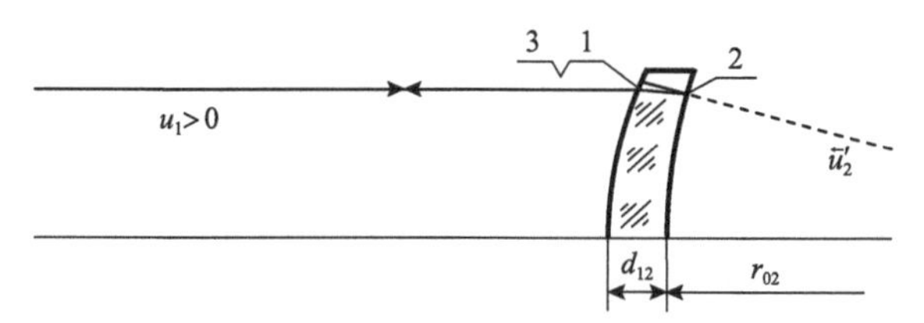

图 1.12　自准角 $\bar{u}_2'=1.5$ 对应的背向共轭校正检验凹非球面的规化光学系统

1.3.3　背向共轭校正检验凹非球面的总结

1. 不同自准角 $\bar{u}_2'$ 对应的背向共轭校正检验凹非球面的规化光学系统的结构参数

1) 数据列表

在 $r_{02}=1$、$h_2=1$、$d_{12}=0.05$ 的规化条件下，不同自准角 $\bar{u}_2'$ 对应的背向共轭校正检验凹非球面的规化光学系统的结构参数如表 1.2 所示。

2) $\bar{u}_2'$-e_2^2 曲线

根据表 1.2 中数据绘制 $\bar{u}_2'$-e_2^2 曲线，如图 1.13 所示。可以看出，在规化条件下，自准角 $\bar{u}_2'$ 随着待检凹非球面的 e_2^2 增大而减小。因此，可以根据待检凹非球面的 e_2^2 值选取合适的自准角 $\bar{u}_2'$。

表 1.2 不同自准角 $\bar{u}_2'$ 对应的背向共轭校正检验凹非球面的规化光学系统的结构参数

编号	$\bar{u}_2'$	l_1	u_1	r_1	h_1	h_3	e_2^2
1	2.5	−0.520712	−1.872437	0.45	0.975	1.125	−5.848527
2	2	−1.068658	−0.935753	0.55	1	1.1	−1.342729
3	1.75	−2.201656	−0.459881	0.621429	1.0125	1.0875	−0.349175
4	1.5	48.251189	0.021243	0.716667	1.025	1.075	0.042528

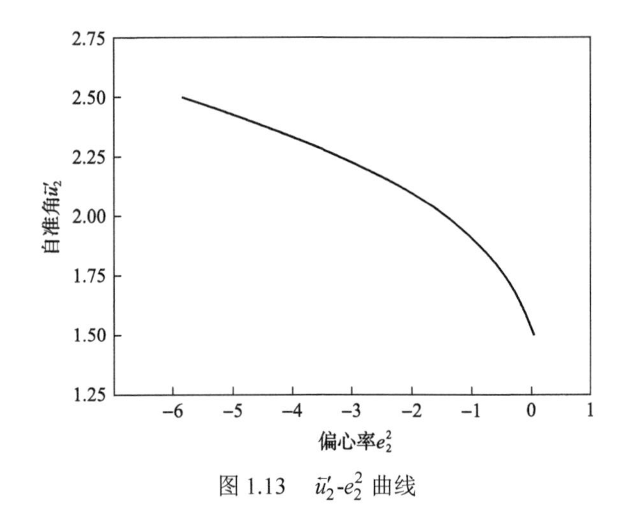

图 1.13 $\bar{u}_2'$-e_2^2 曲线

2. 背向共轭校正检验凹非球面的结论

通过前述背向共轭校正检验凹非球面的相关计算和分析可知，利用待检非球面的两个共轭点背向共轭校正检验凹非球面的原理是成立的。

1.4 利用自准校正透镜共轭校正检验非球面的原理

将图 1.1 中待检内反射非球面从非球面透镜中分离出来，可实现自准校正透镜对非球面的共轭校正检验，分离出的单透镜具有一个自准面(半反半透面)且可校正系统球差，称为自准校正透镜。

1. 自准校正透镜检验凹非球面

将图 1.1(a)中的待检凸非球面从单非球面透镜分离出来后，凸内反射非球面变成独立的凹非球面。自准校正透镜检验凹非球面的光路示意图如图 1.14 所示。

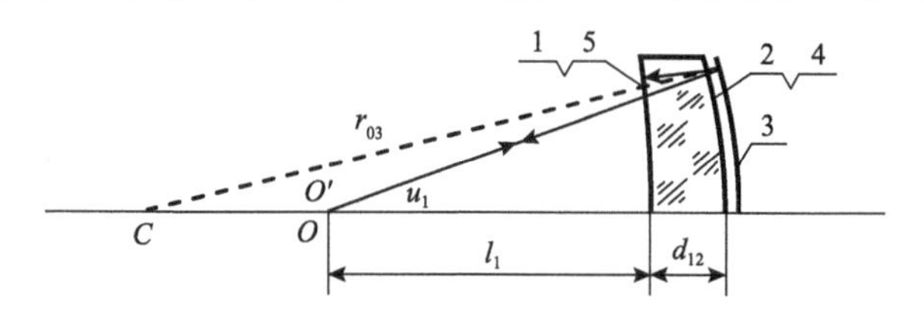

图 1.14　自准校正透镜检验凹非球面的光路示意图

自准校正透镜检验凹非球面的方法，在结构形式、像差校正方式、系统光阑和自准面位置等方面与道尔凹非球面检验是不同的[5-7]，道尔凹非球面检验时补偿透镜位于待检凹非球面顶点和顶点曲率中心之间，待检凹非球面是自准面。

2. 自准校正透镜检验凸非球面

将图 1.1(b)中的待检凹内反射非球面从单非球面透镜分离出来后，凹内反射非球面变成凸非球面。自准校正透镜检验凸非球面的光路示意图如图 1.15 所示。

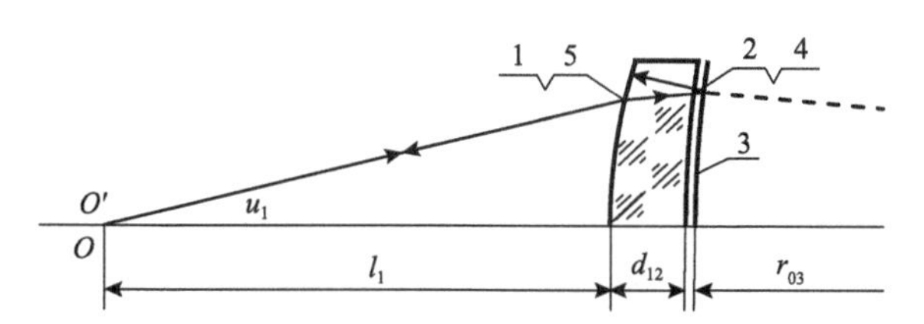

图 1.15　自准校正透镜检验凸非球面的光路示意图

自准校正透镜检验凸非球面的方法，在结构形式、像差校正方式、系统光阑和自准面位置等方面与辛普森凸非球面检验是不同的[5,6]。辛普森凸非球面检验是利用凸非球面两个消球差共轭点来实现的，自准校正透镜检验同样也利用了凸非球面的两个共轭点，但并不要求这对共轭点为消球差共轭点，利用自准校正透镜校正非球面产生的球差。

3. 自准校正透镜检验非球面的原理

从图 1.14 和图 1.15 可以看出，光线从轴上 O 点发出，经面 1、2 构成的校正透镜折射到待检非球面 3(凹或凸)，经待检非球面 3 反射到面 4(面 2)和面 5(面 1)构成的自准校正透镜，面 5 为半反半透自准面，光线经面 5 自准反射按原路返回 O 点，从而实现非球面自准检验。

点 O 经面 1 和面 2 构成校正透镜形成的像点与待检反射非球面的共轭后点重合，待检反射非球面的共轭后点经待检反射非球面反射成像到共轭前点，共轭前点是校正面 4 和自准面 5 构成的自准校正透镜的自准点，校正透镜(面 1 和面 2)与自准校正透镜(面 4 和面 5)是同一透镜，校正透镜和自准校正透镜校正待检反射非球面(面 3)产生的球差，可实现自准校正透镜共轭校正检验非球面。

第 2 章　利用自准校正透镜凹面自准检验凸非球面

根据第 1 章论述，凹内反射非球面从单非球面透镜分离出来后变成了凸非球面，实现了单透镜检验凸非球面，该单透镜为自准校正透镜，本章将对自准校正透镜凹面自准检验凸非球面[8]的情况进行详细介绍。

2.1　利用自准校正透镜凹面自准检验凸非球面的三级像差理论

如图 2.1 所示，依据三级像差理论，对自准校正透镜凹面自准检验凸非球面进行论述。

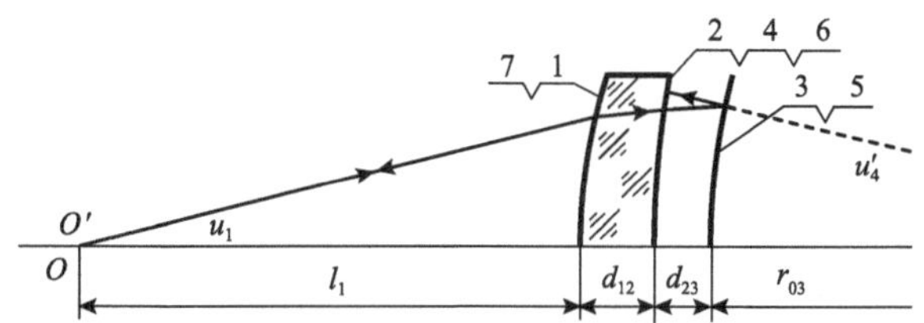

图 2.1　自准校正透镜凹面自准检验凸非球面的光路示意图

2.1.1　利用自准校正透镜凹面自准检验凸非球面的光路中各参数的关系

如图 2.1 所示，面 4 为自准面(半反半透面)，从轴上物点 O 发出的光线经自准校正透镜面 1 和面 2 折射到待检凸非球面 3，经面 3 反射到面 4，经面 4 自准反射后按原路返回 O 点，面 2、面 4 是同一个半反半透面。

1. 规化条件

设定规化条件为

$$h_{03}=1,\quad r_{03}=1,\quad u_1\leqslant 0,\quad d_{12}=0.05$$

2. 规化条件下的各相关参数

1) 折射率 n

设定折射率 n 为

$$n_1 = 1, \quad n_1' = n_2 = n, \quad n_2' = n_3 = 1, \quad \overleftarrow{n}_3' = \overleftarrow{n}_4 = -1$$
$$n_4' = n_5 = 1, \quad \overleftarrow{n}_5' = \overleftarrow{n}_6 = -1, \quad \overleftarrow{n}_6' = \overleftarrow{n}_7 = -n, \quad \overleftarrow{n}_7' = -1$$

2) 系统各间距 d

如图 2.1 所示有

$$d_{12} = -\overleftarrow{d}_{67} = 0.05, \quad d_{23} = -\overleftarrow{d}_{34} = d_{45} = -\overleftarrow{d}_{56} = 0.05$$

3) 光线入射高度 h

$$\begin{cases} h_1 = h_2 + d_{12}u_1' = l_1 u_1 \\ h_2 = h_{03} + d_{23}u_2' \\ h_{03} = \overleftarrow{l}_3' \overleftarrow{u}_3' = 1 \\ h_4 = h_{03} - \overleftarrow{d}_{34}\overleftarrow{u}_3' \end{cases} \tag{2.1}$$

4) 各孔径角 u

$$u_1 = \overleftarrow{u}_7', \quad u_1' = u_2 = \overleftarrow{u}_6' = \overleftarrow{u}_7, \quad u_2' = u_3 = \overleftarrow{u}_5' = \overleftarrow{u}_6, \quad \overleftarrow{u}_3' = \overleftarrow{u}_4 = u_4' = u_5$$

根据近轴公式，有

$$\begin{cases} \dfrac{(n_1' - n_1)h_1}{r_1} = n_1'u_1' - n_1 u_1 \\ \dfrac{(n_2' - n_2)h_2}{r_2} = n_2'u_2' - n_2 u_2 \\ \dfrac{(\overleftarrow{n}_3' - n_3)h_{03}}{r_{03}} = \overleftarrow{n}_3'\overleftarrow{u}_3 - n_3 u_3 \\ \dfrac{(n_4' - \overleftarrow{n}_4)h_4}{r_4} = n_4'u_4' - \overleftarrow{n}_4\overleftarrow{u}_4 \end{cases} \tag{2.2}$$

式中，

$$r_1 = r_7, \quad r_2 = r_4 = r_6, \quad r_{03} = r_{05} = 1$$

2.1.2　利用自准校正透镜凹面自准检验凸非球面的光学系统的消球差条件

根据三级像差理论，P 表示单面的像差参量，图 2.1 所示检验光路的消球差条件为

$$S_1 = h_1P_1 + h_2P_2 + h_{03}\overleftarrow{P}_3 + h_{03}^4K_3 + h_4P_4 + h_{05}\overleftarrow{P}_5 + h_{05}^4K_5 + h_6\overleftarrow{P}_6 + h_7\overleftarrow{P}_7 = 0 \tag{2.3}$$

对于自准光学系统，有

$$h_1 = h_7,\quad P_1 = \bar{P}_7,\quad h_2 = h_6,\quad P_2 = \bar{P}_6,\quad h_{03} = h_{05},\quad \bar{P}_3 = \bar{P}_5,\quad P_4 = 0$$

$$K_3 = K_5 = -\frac{\bar{n}_3' - n_3}{r_{03}^3} e_3^2 = 2e_3^2$$

$$\begin{cases} P_1 = \left(\dfrac{u_1' - u_1}{1/n_1' - 1/n_1}\right)^2 \left(\dfrac{u_1'}{n_1'} - \dfrac{u_1}{n_1}\right) = n\left(\dfrac{u_1' - u_1}{n-1}\right)^2 (u_1' - nu_1) \\ P_2 = \left(\dfrac{u_2' - u_2}{1/n_2' - 1/n_2}\right)^2 \left(\dfrac{u_2'}{n_2'} - \dfrac{u_2}{n_2}\right) = n\left(\dfrac{u_2' - u_2}{n-1}\right)^2 (nu_2' - u_2) \\ \bar{P}_3 = \left(\dfrac{\bar{u}_3' - u_3}{1/\bar{n}_3' - 1/n_3}\right)^2 \left(\dfrac{\bar{u}_3'}{\bar{n}_3'} - \dfrac{u_3}{n_3}\right) = -\dfrac{(\bar{u}_3' - u_3)^2}{2} \\ P_4 = \left(\dfrac{u_4' - \bar{u}_4}{1/n_4' - 1/\bar{n}_4}\right)^2 \left(\dfrac{u_4'}{n_4'} - \dfrac{\bar{u}_4}{\bar{n}_4}\right) = 0 \end{cases} \tag{2.4}$$

化简式(2.3)可得

$$e_3^2 = -\frac{h_1 P_1 + h_2 P_2 + \bar{P}_3}{2} \tag{2.5}$$

2.2　利用自准校正透镜凹面自准检验凸非球面的分析

根据规化条件和三级像差理论，给定不同自准角 $\bar{u}_3'$，再设定不同起始孔径角 u_1，求解对应规化光学系统。

2.2.1　自准角 $\bar{u}_3' = 2.5$ 对应的自准校正透镜凹面自准检验凸非球面的规化光学系统

1. 自准角 $\bar{u}_3' = 2.5$ 对应的自准校正透镜凹面自准检验凸非球面的规化光学系统的相关参数

1) 孔径角 u_3

根据规化条件及式(2.2)有

$$\bar{u}_3' + u_3 = 2,\quad u_3 = 2 - \bar{u}_3' = -0.5$$

2) 曲率半径 r_2 和 r_4

根据式(2.1)有

$$h_{03} = \bar{l}_3' \bar{u}_3' = 1, \quad \bar{l}_3' = \frac{h_{03}}{\bar{u}_3'} = 0.4, \quad r_4 = r_2 = \bar{l}_4 = \bar{l}_3' - \bar{d}_{34} = 0.45$$

3）光线入射高度 h_2 和 h_4

根据式(2.1)有

$$h_2 = 1 + d_{23} u_3 = 0.975, \quad h_4 = h_{03} - \bar{d}_{34} \bar{u}_3' = 1 + d_{23} \bar{u}_3' = 1.125$$

4）孔径角 u_2

根据式(2.2)有

$$u_1' = u_2 = \frac{u_2'}{n} - \frac{(1-n)h_2}{nr_2} = 0.4061$$

5）光线入射高度 h_1

根据式(2.1)有

$$h_1 = h_2 + d_{12} u_1' = 0.995305$$

2. 求解不同起始孔径角 u_1 对应的自准校正透镜凹面自准检验凸非球面的规化光学系统

求解当 $\bar{u}_3' = 2.5$ 时不同起始孔径角 u_1 对应的自准校正透镜凹面自准检验凸非球面的规化光学系统如下。

1）设定起始孔径角 $u_1 = 0$

(1) 求解 l_1 和 r_1。

根据式(2.1)和式(2.2)有

$$l_1 \to \infty, \quad \frac{(n-1)h_1}{r_1} = nu_1' - u_1 = 0.615105, \quad r_1 = 0.832781$$

(2) 求解 P。

根据式(2.4)有

$$P_1 = n\left(\frac{u_1' - u_1}{n-1}\right)^2 (u_1' - nu_1) = 0.382973$$

$$P_2 = n\left(\frac{u_2' - u_2}{n-1}\right)^2 (nu_2' - u_2) = -5.462133$$

$$\bar{P}_3 = -\frac{(\bar{u}_3' - u_3)^2}{2} = -4.5$$

$$P_4 = 0$$

(3) 求解偏心率 e_3^2。

根据式(2.5)有

$$e_3^2=-\frac{h_1P_1+h_2P_2+\overleftarrow{P}_3}{2}=4.722202$$

整理所得规化光学系统的结构参数为

$$u_1=0,\quad u_1'=u_2=0.4061,\quad u_2'=u_3=-0.5,\quad \overleftarrow{u}_3'=\overleftarrow{u}_4=u_4'=u_5=2.5$$

$$l_1\to\infty,\quad d_{12}=0.05,\quad d_{23}=0.05,\quad \overleftarrow{d}_{34}=-0.05,\quad d_{45}=0.05$$

$$h_1=0.995305,\quad h_2=0.975,\quad h_{03}=1,\quad h_4=1.125$$

$$r_1=0.832781,\quad r_2=r_4=0.45,\quad r_{03}=1,\quad e_3^2=4.722202$$

$\overleftarrow{u}_3'=2.5$、$u_1=0$ 对应的自准校正透镜凹面自准检验凸非球面的规化光学系统如图 2.2 所示。

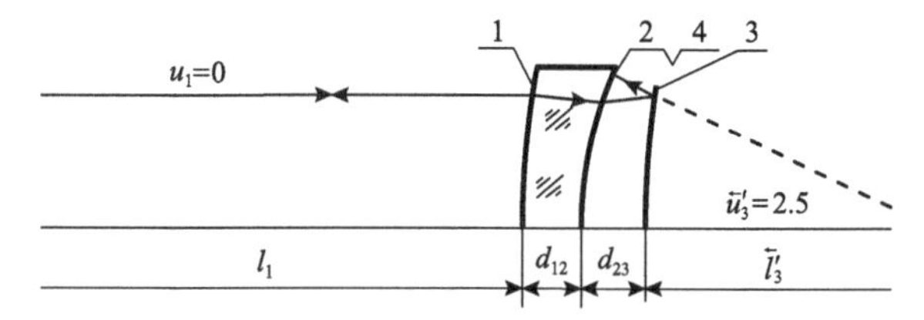

图 2.2　$\overleftarrow{u}_3'=2.5$、$u_1=0$ 对应的自准校正透镜凹面自准检验凸非球面的规化光学系统

2) 设定起始孔径角 $u_1=-0.25$

(1) 求解 l_1 和 r_1。

根据式(2.1)和式(2.2)有

$$l_1=\frac{h_1}{u_1}=-3.981220,\quad r_1=\frac{(n-1)h_1}{nu_1'-u_1}=0.592122$$

(2) 求解 P。

根据式(2.4)有

$$P_1=n\left(\frac{u_1'-u_1}{n-1}\right)^2(u_1'-nu_1)=1.931741$$

$$P_2=n\left(\frac{u_2'-u_2}{n-1}\right)^2(nu_2'-u_2)=-5.462128$$

$$\overleftarrow{P}_3=-\frac{\left(\overleftarrow{u}_3'-u_3\right)^2}{2}=-4.5$$

$$P_4=0$$

(3) 求解偏心率 e_3^2。

根据式(2.5)有

$$e_3^2 = -\frac{h_1 P_1 + h_2 P_2 + \overleftarrow{P}_3}{2} = 3.951452$$

整理所得规化光学系统的结构参数为

$$u_1 = -0.25, \quad u_1' = u_2 = 0.4061, \quad u_2' = u_3 = -0.5, \quad \overleftarrow{u}_3' = \overleftarrow{u}_4 = 2.5$$

$$l_1 = -3.981220, \quad d_{12} = 0.05, \quad d_{23} = 0.05, \quad \overleftarrow{d}_{34} = -0.05, \quad d_{45} = 0.05$$

$$h_1 = 0.995305, \quad h_2 = 0.975, \quad h_{03} = 1, \quad h_4 = 1.125$$

$$r_1 = 0.592122, \quad r_2 = r_4 = 0.45, \quad r_{03} = 1, \quad e_3^2 = 3.951452$$

$\overleftarrow{u}_3' = 2.5$、$u_1 = -0.25$ 对应的自准校正透镜凹面自准检验凸非球面的规化光学系统如图 2.3 所示。

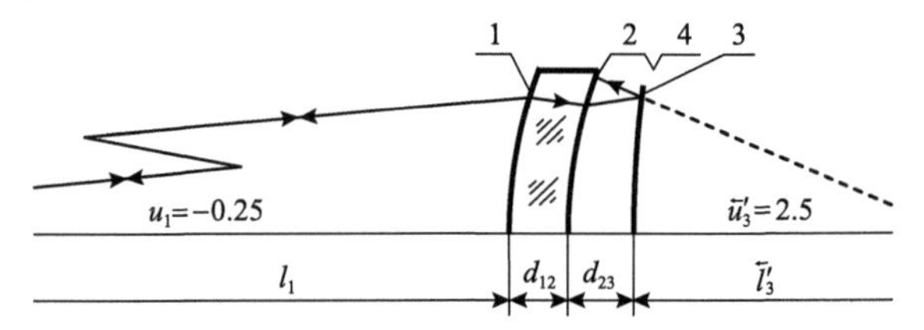

图 2.3 $\overleftarrow{u}_3' = 2.5$、$u_1 = -0.25$ 对应的自准校正透镜凹面自准检验凸非球面的规化光学系统

3) 设定起始孔径角 $u_1 = -0.5$

(1) 求解 l_1 和 r_1。

根据式(2.1)和式(2.2)有

$$l_1 = \frac{h_1}{u_1} = -1.990610, \quad r_1 = \frac{(n-1)h_1}{nu_1' - u_1} = 0.459372$$

(2) 求解 P。

根据式(2.4)有

$$P_1 = n\left(\frac{u_1' - u_1}{n-1}\right)^2 (u_1' - nu_1) = 5.462133$$

$$P_2 = n\left(\frac{u_2' - u_2}{n-1}\right)^2 (nu_2' - u_2) = -5.462133$$

$$\overleftarrow{P}_3 = -\frac{(\overleftarrow{u}_3' - u_3)^2}{2} = -4.5$$

$$P_4 = 0$$

(3) 求解偏心率 e_3^2。

根据式(2.5)有

$$e_3^2 = -\frac{h_1P_1 + h_2P_2 + \overleftarrow{P}_3}{2} = 2.194545$$

整理所得规化光学系统的结构参数为

$$u_1 = -0.5,\quad u_1' = u_2 = 0.4061,\quad u_2' = u_3 = -0.5,\quad \overleftarrow{u}_3' = \overleftarrow{u}_4 = 2.5$$

$$l_1 = -1.990610,\quad d_{12} = 0.05,\quad d_{23} = 0.05,\quad \overleftarrow{d}_{34} = -0.05,\quad d_{45} = 0.05$$

$$h_1 = 0.995305,\quad h_2 = 0.975,\quad h_{03} = 1,\quad h_4 = 1.125$$

$$r_1 = 0.459372,\quad r_2 = r_4 = 0.45,\quad r_{03} = 1,\quad e_3^2 = 2.194545$$

$\overleftarrow{u}_3' = 2.5$、$u_1 = -0.5$ 对应的自准校正透镜凹面自准检验凸非球面的规化光学系统如图 2.4 所示。

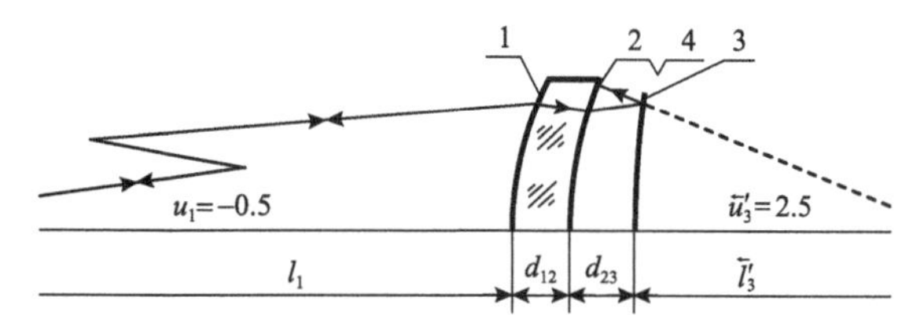

图 2.4　$\overleftarrow{u}_3' = 2.5$、$u_1 = -0.5$ 对应的自准校正透镜凹面自准检验凸非球面的规化光学系统

4) 设定起始孔径角 $u_1 = -0.75$

(1) 求解 l_1 和 r_1。

根据式(2.1)和式(2.2)有

$$l_1 = \frac{h_1}{u_1} = -1.327073,\quad r_1 = \frac{(n-1)h_1}{nu_1' - u_1} = 0.375244$$

(2) 求解 P。

根据式(2.4)有

$$P_1 = n\left(\frac{u_1' - u_1}{n-1}\right)^2 (u_1' - nu_1) = 11.786143$$

$$P_2 = n\left(\frac{u_2' - u_2}{n-1}\right)^2 (nu_2' - u_2) = -5.462133$$

$$\overleftarrow{P}_3 = -\frac{(\overleftarrow{u}_3' - u_3)^2}{2} = -4.5$$

$$P_4 = 0$$

(3) 求解偏心率 e_3^2。

根据式(2.5)有

$$e_3^2 = -\frac{h_1 P_1 + h_2 P_2 + \bar{P}_3}{2} = -0.952614$$

整理所得规化光学系统结构参数为

$$u_1 = -0.75, \quad u_1' = u_2 = 0.4061, \quad u_2' = u_3 = -0.5, \quad \bar{u}_3' = \bar{u}_4 = 2.5$$

$$l_1 = -1.327073, \quad d_{12} = 0.05, \quad d_{23} = 0.05, \quad \bar{d}_{34} = -0.05, \quad d_{45} = 0.05$$

$$h_1 = 0.995305, \quad h_2 = 0.975, \quad h_{03} = 1, \quad h_4 = 1.125$$

$$r_1 = 0.375244, \quad r_2 = r_4 = 0.45, \quad r_{03} = 1, \quad e_3^2 = -0.952614$$

$\bar{u}_3' = 2.5$、$u_1 = -0.75$ 对应的自准校正透镜凹面自准检验凸非球面的规化光学系统如图 2.5 所示。

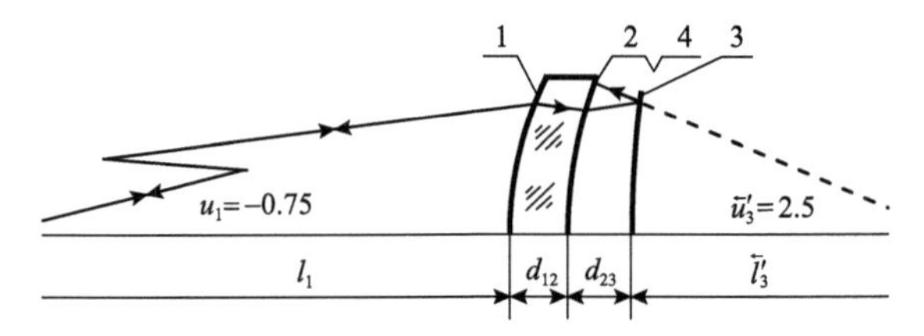

图 2.5　$\bar{u}_3' = 2.5$、$u_1 = -0.75$ 对应的自准校正透镜凹面自准检验凸非球面的规化光学系统

5) 设定起始孔径角 $u_1 = -1$

(1) 求解 l_1 和 r_1。

根据式(2.1)和式(2.2)有

$$l_1 = \frac{h_1}{u_1} = -0.995305, \quad r_1 = \frac{(n-1)h_1}{nu_1' - u_1} = 0.317161$$

(2) 求解 P。

根据式(2.4)有

$$P_1 = n\left(\frac{u_1' - u_1}{n-1}\right)^2 (u_1' - nu_1) = 21.715773$$

$$P_2 = n\left(\frac{u_2' - u_2}{n-1}\right)^2 (nu_2' - u_2) = -5.462133$$

$$\bar{P}_3 = -\frac{(\bar{u}_3' - u_3)^2}{2} = -4.5$$

$$P_4 = 0$$

(3) 求解偏心率 e_3^2。

根据式(2.5)有

$$e_3^2 = -\frac{h_1 P_1 + h_2 P_2 + \overleftarrow{P}_3}{2} = -5.894119$$

整理所得规化光学系统的结构参数为

$$u_1 = -1,\quad u_1' = u_2 = 0.4061,\quad u_2' = u_3 = -0.5,\quad \bar{u}_3' = \bar{u}_4 = 2.5$$

$$l_1 = -0.995305,\quad d_{12} = 0.05,\quad d_{23} = 0.05,\quad \overleftarrow{d}_{34} = -0.05,\quad d_{45} = 0.05$$

$$h_1 = 0.995305,\quad h_2 = 0.975,\quad h_{03} = 1,\quad h_4 = 1.125$$

$$r_1 = 0.317161,\quad r_2 = r_4 = 0.45,\quad r_{03} = 1,\quad e_3^2 = -5.894119$$

$\bar{u}_3' = 2.5$、$u_1 = -1$ 对应的自准校正透镜凹面自准检验凸非球面的规化光学系统如图 2.6 所示。

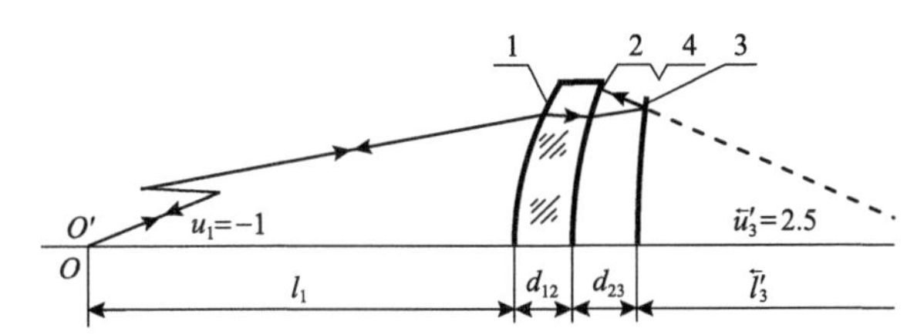

图 2.6　$\bar{u}_3' = 2.5$、$u_1 = -1$ 对应的自准校正透镜凹面自准检验凸非球面的规化光学系统

3. 自准角 $\bar{u}_3' = 2.5$ 时不同 u_1 对应的自准校正透镜凹面自准检验凸非球面的规化光学系统的结构参数

自准角 $\bar{u}_3' = 2.5$ 时不同 u_1 对应的自准校正透镜凹面自准检验凸非球面的规化光学系统的结构参数如表 2.1 所示。

表 2.1　自准角 $\bar{u}_3' = 2.5$ 时不同 u_1 对应的自准校正透镜凹面自准检验凸非球面的规化光学系统的结构参数

编号	u_1	l_1	r_1	e_3^2
1	0	Infinity	0.832781	4.722202
2	−0.25	−3.981220	0.592122	3.951452
3	−0.5	−1.990610	0.459372	2.194545
4	−0.75	−1.327073	0.375244	−0.952614
5	−1	−0.995305	0.317161	−5.894119

注：u_1 为起始孔径角；l_1 为面 1 的前截距(起始距离)；r_1 为面 1 的曲率半径；e_3^2 为待检非球面的偏心率；余同。

2.2.2 自准角 $\bar{u}_3' = 2.25$ 对应的自准校正透镜凹面自准检验凸非球面的规化光学系统

1. 自准角 $\bar{u}_3' = 2.25$ 对应的自准校正透镜凹面自准检验凸非球面的规化光学系统的相关参数

1) 孔径角 u_3

根据规化条件和式(2.2)有

$$\bar{u}_3' + u_3 = 2, \quad u_3 = 2 - \bar{u}_3' = -0.25$$

2) 曲率半径 r_2 和 r_4

根据式(2.1)有

$$h_{03} = \bar{l}_3' \bar{u}_3' = 1, \quad \bar{l}_3' = 0.444444, \quad r_4 = r_2 = \bar{l}_4 = \bar{l}_3' - \bar{d}_{34} = 0.494444$$

3) 光线入射高度 h_2 和 h_4

根据式(2.1)有

$$h_2 = 1 + d_{23} u_3 = 0.9875, \quad h_4 = h_{03} - \bar{d}_{34} \bar{u}_3' = 1.1125$$

4) 孔径角 u_2

根据式(2.2)有

$$u_2 = u_1' = 0.513568$$

5) 光线入射高度 h_1

根据式(2.1)有

$$h_1 = h_2 + d_{12} u_1' = 1.013178$$

2. 求解不同起始孔径角 u_1 对应的自准校正透镜凹面自准检验凸非球面的规化光学系统

求解当 $\bar{u}_3' = 2.25$ 时不同起始孔径角 u_1 对应的自准校正透镜凹面自准检验凸非球面的规化光学系统如下。

1) 设定起始孔径角 $u_1 = 0$

(1) 求解 l_1 和 r_1。

根据式(2.2)有

$$l_1 \to \infty, \quad \frac{(n-1)h_1}{r_1} = n u_1' - u_1 = 0.777883, \quad r_1 = 0.670341$$

(2) 求解 P。

根据式(2.4)有

$$P_1 = n\left(\frac{u_1' - u_1}{n-1}\right)^2 (u_1' - nu_1) = 0.774573$$

$$P_2 = n\left(\frac{u_2' - u_2}{n-1}\right)^2 (nu_2' - u_2) = -2.974694$$

$$\overleftarrow{P}_3 = -\frac{(\overleftarrow{u}_3' - u_3)^2}{2} = -3.125$$

$$P_4 = 0$$

(3) 求解偏心率 e_3^2。

根据式(2.5)有

$$e_3^2 = -\frac{h_1 P_1 + h_2 P_2 + \overleftarrow{P}_3}{2} = 2.638865$$

整理可得规化光学系统的结构参数为

$$u_1 = 0,\quad u_1' = u_2 = 0.513568,\quad u_2' = u_3 = -0.25,\quad \overleftarrow{u}_3' = \overleftarrow{u}_4 = u_4' = 2.25$$

$$l_1 \to \infty,\quad d_{12} = 0.05,\quad d_{23} = 0.05,\quad \overleftarrow{d}_{34} = -0.05,\quad d_{45} = 0.05$$

$$h_1 = 1.013178,\quad h_2 = 0.9875,\quad h_{03} = 1,\quad h_4 = 1.1125$$

$$r_1 = 0.670341,\quad r_2 = r_4 = 0.494444,\quad r_{03} = 1,\quad e_3^2 = 2.638865$$

$\overleftarrow{u}_3' = 2.25$、$u_1 = 0$ 对应的自准校正透镜凹面自准检验凸非球面的规化光学系统如图 2.7 所示。

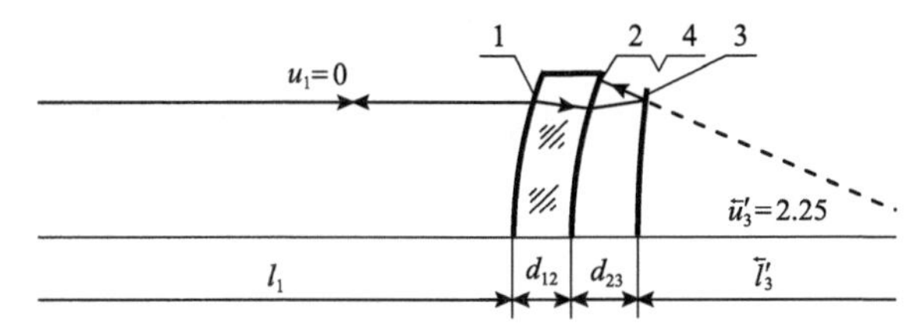

图 2.7　$\overleftarrow{u}_3' = 2.25$、$u_1 = 0$ 对应的自准校正透镜凹面自准检验凸非球面的规化光学系统

2) 设定起始孔径角 $u_1 = -0.25$

(1) 求解 l_1 和 r_1。

根据式(2.1)和式(2.2)有

$$l_1=\frac{h_1}{u_1}=-4.052712,\quad r_1=\frac{(n-1)h_1}{nu_1'-u_1}=0.507302$$

(2) 求解 P。

根据式(2.4)有

$$P_1=n\left(\frac{u_1'-u_1}{n-1}\right)^2(u_1'-nu_1)=2.974694$$

$$P_2=n\left(\frac{u_2'-u_2}{n-1}\right)^2(nu_2'-u_2)=-2.974694$$

$$\overleftarrow{P}_3=-\frac{(\overleftarrow{u}_3'-u_3)^2}{2}=-3.125$$

$$P_4=0$$

(3) 求解偏心率 e_3^2。

根据式(2.5)有

$$e_3^2=-\frac{h_1P_1+h_2P_2+\overleftarrow{P}_3}{2}=1.524307$$

整理可得规化光学系统结构参数为

$$u_1=-0.25,\quad u_1'=u_2=0.513568,\quad u_2'=u_3=-0.25,\quad \overleftarrow{u}_3'=\overleftarrow{u}_4=2.25$$

$$l_1=-4.052712,\quad d_{12}=0.05,\quad d_{23}=0.05,\quad \overleftarrow{d}_{34}=-0.05,\quad d_{45}=0.05$$

$$h_1=1.013178,\quad h_2=0.9875,\quad h_{03}=1,\quad h_4=1.1125$$

$$r_1=0.507302,\quad r_2=r_4=0.494444,\quad r_{03}=1,\quad e_3^2=1.524307$$

$\overleftarrow{u}_3'=2.25$、$u_1=-0.25$ 对应的自准校正透镜凹面自准检验凸非球面的规化光学系统如图 2.8 所示。

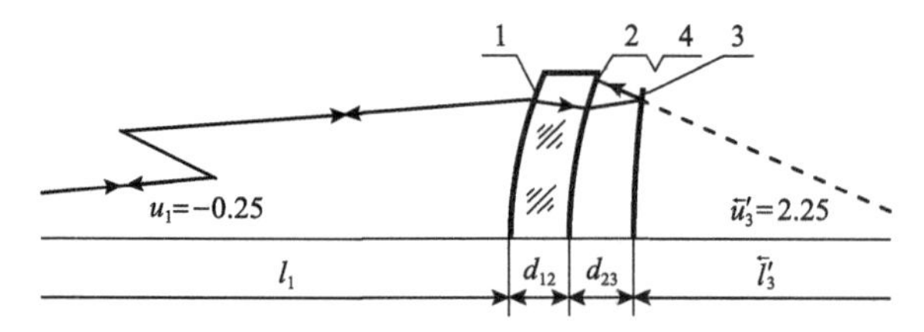

图 2.8　$\overleftarrow{u}_3'=2.25$、$u_1=-0.25$ 对应的自准校正透镜凹面自准检验凸非球面的规化光学系统

3) 设定起始孔径角 $u_1 = -0.5$

(1) 求解 l_1 和 r_1。

根据式(2.1)和式(2.2)有

$$l_1 = \frac{h_1}{u_1} = -2.026357, \quad \frac{(n-1)h_1}{r_1} = nu_1' - u_1 = 1.277883, \quad r_1 = 0.408055$$

(2) 求解 P。

根据式(2.4)有

$$P_1 = n\left(\frac{u_1' - u_1}{n-1}\right)^2 (u_1' - nu_1) = 7.465955$$

$$P_2 = n\left(\frac{u_2' - u_2}{n-1}\right)^2 (nu_2' - u_2) = -2.974694$$

$$\overleftarrow{P}_3 = -\frac{(\overleftarrow{u}_3' - u_3)^2}{2} = -3.125$$

$$P_4 = 0$$

(3) 求解偏心率 e_3^2。

根据式(2.5)有

$$e_3^2 = -\frac{h_1 P_1 + h_2 P_2 + \overleftarrow{P}_3}{2} = -0.750917$$

整理可得规化光学系统的结构参数为

$$u_1 = -0.5, \quad u_1' = u_2 = 0.513568, \quad u_2' = u_3 = -0.25, \quad \overleftarrow{u}_3' = \overleftarrow{u}_4 = 2.25$$

$$l_1 = -2.026357, \quad d_{12} = 0.05, \quad d_{23} = 0.05, \quad \overleftarrow{d}_{34} = -0.05, \quad d_{45} = 0.05$$

$$h_1 = 1.013178, \quad h_2 = 0.9875, \quad h_{03} = 1, \quad h_4 = 1.1125$$

$$r_1 = 0.408055, \quad r_2 = r_4 = 0.494444, \quad r_{03} = 1, \quad e_3^2 = -0.750917$$

$\overleftarrow{u}_3' = 2.25$、$u_1 = -0.5$ 对应的自准校正透镜凹面自准检验凸非球面的规化光学系统如图 2.9 所示。

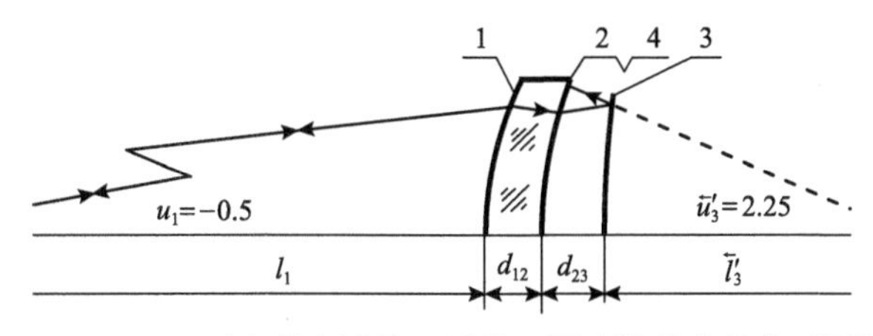

图 2.9　$\overleftarrow{u}_3' = 2.25$、$u_1 = -0.5$ 对应的自准校正透镜凹面自准检验凸非球面的规化光学系统

4) 设定起始孔径角 $u_1=-0.75$

(1) 求解 l_1 和 r_1。

根据式(2.1)和式(2.2)有

$$l_1=\frac{h_1}{u_1}=-1.350905,\quad r_1=\frac{(n-1)h_1}{nu_1'-u_1}=0.341287$$

(2) 求解 P。

根据式(2.4)有

$$P_1=n\left(\frac{u_1'-u_1}{n-1}\right)^2(u_1'-nu_1)=15.060356$$

$$P_2=n\left(\frac{u_2'-u_2}{n-1}\right)^2(nu_2'-u_2)=-2.974694$$

$$\overleftarrow{P}_3=-\frac{(\overleftarrow{u}_3'-u_3)^2}{2}=-3.125$$

$$P_4=0$$

(3) 求解偏心率 e_3^2。

根据式(2.5)有

$$e_3^2=-\frac{h_1P_1+h_2P_2+\overleftarrow{P}_3}{2}=-4.598159$$

整理可得规化光学系统的结构参数为

$$u_1=-0.75,\quad u_1'=u_2=0.513568,\quad u_2'=u_3=-0.25,\quad \overleftarrow{u}_3'=\overleftarrow{u}_4=2.25$$

$$l_1=-1.350905,\quad d_{12}=0.05,\quad d_{23}=0.05,\quad \overleftarrow{d}_{34}=-0.05,\quad d_{45}=0.05$$

$$h_1=1.013178,\quad h_2=0.9875,\quad h_{03}=1,\quad h_4=1.1125$$

$$r_1=0.341287,\quad r_2=r_4=0.494444,\quad r_{03}=1,\quad e_3^2=-4.598159$$

$\overleftarrow{u}_3'=2.25$、$u_1=-0.75$ 对应的自准校正透镜凹面自准检验凸非球面的规化光学系统如图 2.10 所示。

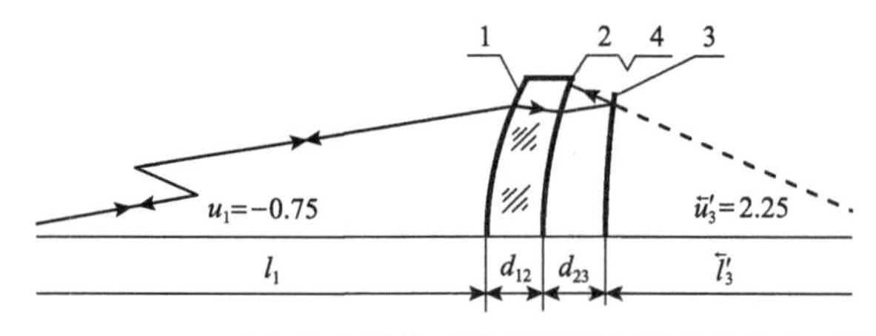

图 2.10　$\overleftarrow{u}_3'=2.25$、$u_1=-0.75$ 对应的自准校正透镜凹面自准检验凸非球面的规化光学系统

5）设定起始孔径角 $u_1=-1$

（1）求解 l_1 和 r_1。

根据式（2.1）和式（2.2）有

$$l_1=\frac{h_1}{u_1}=-1.013178,\quad r_1=\frac{(n-1)h_1}{nu_1'-u_1}=0.293296$$

（2）求解 P。

根据式（2.4）有

$$P_1=n\left(\frac{u_1'-u_1}{n-1}\right)^2(u_1'-nu_1)=26.569898$$

$$P_2=n\left(\frac{u_2'-u_2}{n-1}\right)^2(nu_2'-u_2)=-2.974694$$

$$\overleftarrow{P}_3=-\frac{(\overleftarrow{u}_3'-u_3)^2}{2}=-3.125$$

$$P_4=0$$

（3）求解 e_3^2。

根据式（2.5）有

$$e_3^2=-\frac{h_1P_1+h_2P_2+\overleftarrow{P}_3}{2}=-10.428768$$

整理可得规化光学系统的结构参数为

$$u_1=-1,\quad u_1'=u_2=0.513568,\quad u_2'=u_3=-0.25,\quad \overleftarrow{u}_3'=\overleftarrow{u}_4=2.25$$

$$l_1=-1.013178,\quad d_{12}=0.05,\quad d_{23}=0.05,\quad \overleftarrow{d}_{34}=-0.05,\quad d_{45}=0.05$$

$$h_1=1.013178,\quad h_2=0.9875,\quad h_{03}=1,\quad h_4=1.1125$$

$$r_1=0.293296,\quad r_2=r_4=0.494444,\quad r_{03}=1,\quad e_3^2=-10.428768$$

$\overleftarrow{u}_3'=2.25$、$u_1=-1$ 对应的自准校正透镜凹面自准检验凸非球面的规化光学系统如图 2.11 所示。

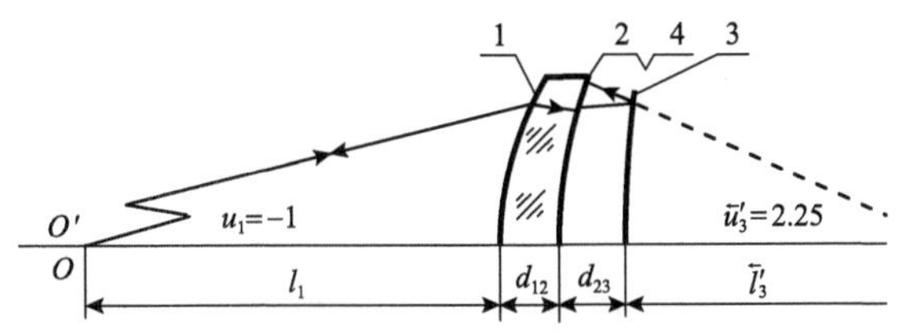

图 2.11　$\overleftarrow{u}_3'=2.25$、$u_1=-1$ 对应的自准校正透镜凹面自准检验凸非球面的规化光学系统

3. 自准角 $\bar{u}_3'=2.25$ 时不同 u_1 对应的自准校正透镜凹面自准检验凸非球面的规化光学系统的结构参数

自准角 $\bar{u}_3'=2.25$ 时不同 u_1 对应的自准校正透镜凹面自准检验凸非球面的规化光学系统的结构参数如表 2.2 所示。

表 2.2 自准角 $\bar{u}_3'=2.25$ 时不同 u_1 对应的自准校正透镜凹面自准检验凸非球面的规化光学系统的结构参数

编号	u_1	l_1	r_1	e_3^2
1	0	Infinity	0.670341	2.638865
2	−0.25	−4.052712	0.507302	1.524307
3	−0.5	−2.026357	0.408055	−0.750917
4	−0.75	−1.350905	0.341287	−4.598159
5	−1	−1.013178	0.293296	−10.428768

2.2.3 自准角 $\bar{u}_3'=2$ 对应的自准校正透镜凹面自准检验凸非球面的规化光学系统

1. 自准角 $\bar{u}_3'=2$ 对应的自准校正透镜凹面自准检验凸非球面的规化光学系统的相关参数

1) 孔径角 u_3

根据规化条件和式(2.2)有

$$\bar{u}_3'+u_3=2,\quad u_3=2-\bar{u}_3'=0$$

2) 曲率半径 r_2 和 r_4

根据式(2.1)有

$$h_{03}=\overleftarrow{l}_3'\bar{u}_3'=1,\quad \overleftarrow{l}_3'=0.5,\quad r_4=r_2=\overleftarrow{l}_4=\overleftarrow{l}_3'-\overleftarrow{d}_{34}=0.55$$

3) 光线入射高度 h_2 和 h_4

根据式(2.1)有

$$h_2=1+d_{23}u_3=1,\quad h_4=h_{03}-\overleftarrow{d}_{34}\bar{u}_3'=1+d_{23}\bar{u}_3'=1.1$$

4) 孔径角 u_2

根据式(2.2)有

$$u_2=u_1'=0.617796$$

5）光线入射高度 h_1

根据式（2.1）有

$$h_1 = h_2 + d_{12}u_1' = 1.030890$$

2. 求解不同起始孔径角 u_1 对应的自准校正透镜凹面自准检验凸非球面的规化光学系统

求解当 $\bar{u}_3' = 2$ 时不同起始孔径角 u_1 对应的自准校正透镜凹面自准检验凸非球面的规化光学系统如下。

1）设定起始孔径角 $u_1 = 0$

（1）求解 l_1 和 r_1。

根据式（2.2）有

$$l_1 \to \infty, \quad \frac{(n-1)h_1}{r_1} = nu_1' - u_1 = 0.935753, \quad r_1 = 0.566989$$

（2）求解 P。

根据式（2.4）有

$$P_1 = n\left(\frac{u_1' - u_1}{n-1}\right)^2 (u_1' - nu_1) = 1.348351$$

$$P_2 = n\left(\frac{u_2' - u_2}{n-1}\right)^2 (nu_2' - u_2) = -1.348351$$

$$\bar{P}_3 = -\frac{(\bar{u}_3' - u_3)^2}{2} = -2$$

$$P_4 = 0$$

（3）求解偏心率 e_3^2。

根据式（2.5）有

$$e_3^2 = -\frac{h_1P_1 + h_2P_2 + \bar{P}_3}{2} = 0.979175$$

整理可得规化光学系统的结构参数为

$$u_1 = 0, \quad u_1' = u_2 = 0.617796, \quad u_2' = u_3 = 0, \quad \bar{u}_3' = \bar{u}_4 = 2$$

$$l_1 \to \infty, \quad d_{12} = 0.05, \quad d_{23} = 0.05, \quad \bar{d}_{34} = -0.05, \quad d_{45} = 0.05$$

$$h_1 = 1.030890, \quad h_2 = 1, \quad h_{03} = 1, \quad h_4 = 1.1$$

$$r_1 = 0.566989, \quad r_2 = r_4 = 0.55, \quad r_{03} = 1, \quad e_3^2 = 0.979175$$

$\bar{u}_3' = 2$、$u_1 = 0$ 对应的自准校正透镜凹面自准检验凸非球面的规化光学系统如图 2.12 所示。

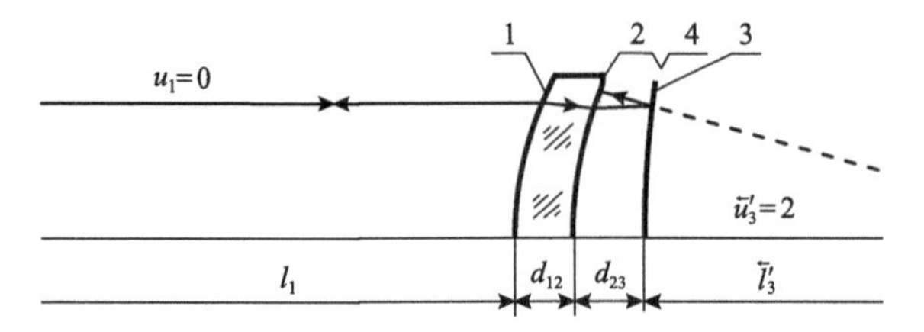

图 2.12　$\bar{u}_3' = 2$、$u_1 = 0$ 对应的自准校正透镜凹面自准检验凸非球面的规化光学系统

2) 设定起始孔径角 $u_1 = -0.25$

(1) 求解 l_1 和 r_1。

根据式(2.1)和式(2.2)有

$$l_1 = \frac{h_1}{u_1} = -4.123559, \quad r_1 = \frac{(n-1)h_1}{nu_1' - u_1} = 0.447447$$

(2) 求解 P。

根据式(2.4)有

$$P_1 = n\left(\frac{u_1' - u_1}{n-1}\right)^2 (u_1' - nu_1) = 4.291056$$

$$P_2 = n\left(\frac{u_2' - u_2}{n-1}\right)^2 (nu_2' - u_2) = -1.348351$$

$$\bar{P}_3 = -\frac{(\bar{u}_3' - u_3)^2}{2} = -2$$

$$P_4 = 0$$

(3) 求解偏心率 e_3^2。

根据式(2.5)有

$$e_3^2 = -\frac{h_1 P_1 + h_2 P_2 + \bar{P}_3}{2} = -0.537627$$

整理可得规化光学系统的结构参数为

$$u_1=-0.25,\quad u_1'=u_2=0.617796,\quad u_2'=u_3=0,\quad \bar{u}_3'=\bar{u}_4=2$$

$$l_1=-4.123559,\quad d_{12}=0.05,\quad d_{23}=0.05,\quad \bar{d}_{34}=-0.05,\quad d_{45}=0.05$$

$$h_1=1.030890,\quad h_2=1,\quad h_{03}=1,\quad h_4=1.1$$

$$r_1=0.447447,\quad r_2=r_4=0.55,\quad r_{03}=1,\quad e_3^2=-0.537627$$

$\bar{u}_3'=2$、$u_1=-0.25$ 对应的自准校正透镜凹面自准检验凸非球面的规化光学系统如图 2.13 所示。

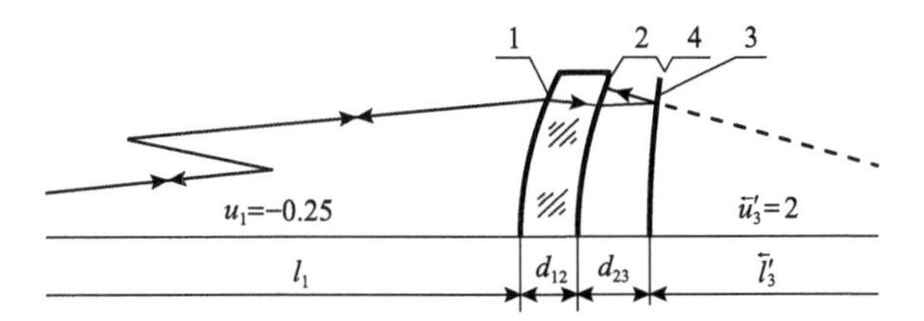

图 2.13　$\bar{u}_3'=2$、$u_1=-0.25$ 对应的自准校正透镜凹面自准检验凸非球面的规化光学系统

3) 设定起始孔径角 $u_1=-0.5$

(1) 求解 l_1 和 r_1。

根据式(2.1)和式(2.2)有

$$l_1=\frac{h_1}{u_1}=-2.061780,\quad r_1=\frac{(n-1)h_1}{nu_1'-u_1}=0.369536$$

(2) 求解 P。

根据式(2.4)有

$$P_1=n\left(\frac{u_1'-u_1}{n-1}\right)^2(u_1'-nu_1)=9.825089$$

$$P_2=n\left(\frac{u_2'-u_2}{n-1}\right)^2(nu_2'-u_2)=-1.348351$$

$$\bar{P}_3=-\frac{(\bar{u}_3'-u_3)^2}{2}=-2$$

$$P_4=0$$

(3) 求解偏心率 e_3^2。

根据式(2.5)有

$$e_3^2=-\frac{h_1P_1+h_2P_2+\overleftarrow{P}_3}{2}=-3.390116$$

整理可得规化光学系统的结构参数为

$$u_1=-0.5,\quad u_1'=u_2=0.617796,\quad u_2'=u_3=0,\quad \overleftarrow{u}_3'=\overleftarrow{u}_4=2$$

$$l_1=-2.061780,\quad d_{12}=0.05,\quad d_{23}=0.05,\quad \overleftarrow{d}_{34}=-0.05,\quad d_{45}=0.05$$

$$h_1=1.030890,\quad h_2=1,\quad h_{03}=1,\quad h_4=1.1$$

$$r_1=0.369536,\quad r_2=r_4=0.55,\quad r_{03}=1,\quad e_3^2=-3.390116$$

$\overleftarrow{u}_3'=2$、$u_1=-0.5$ 对应的自准校正透镜凹面自准检验凸非球面的规化光学系统如图 2.14 所示。

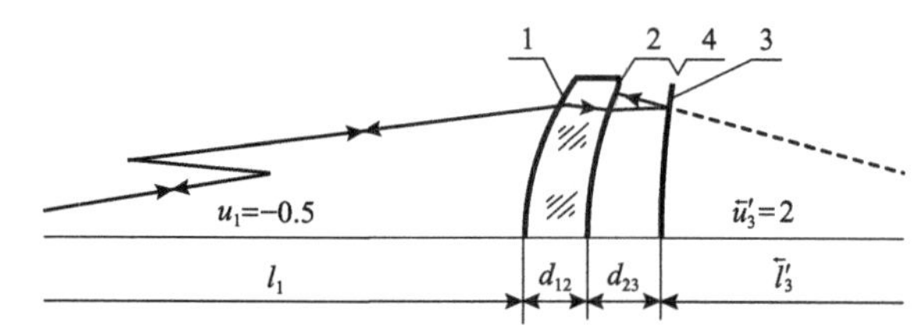

图 2.14　$\overleftarrow{u}_3'=2$、$u_1=-0.5$ 对应的自准校正透镜凹面自准检验凸非球面的规化光学系统

4) 设定起始孔径角 $u_1=-0.75$

(1) 求解 l_1 和 r_1。

根据式(2.1)和式(2.2)有

$$l_1=\frac{h_1}{u_1}=-1.374520,\quad r_1=\frac{(n-1)h_1}{nu_1'-u_1}=0.314733$$

(2) 求解 P。

根据式(2.4)有

$$P_1=n\left(\frac{u_1'-u_1}{n-1}\right)^2(u_1'-nu_1)=18.762452$$

$$P_2=n\left(\frac{u_2'-u_2}{n-1}\right)^2(nu_2'-u_2)=-1.348351$$

$$\overleftarrow{P}_3=-\frac{(\overleftarrow{u}_3'-u_3)^2}{2}=-2$$

$$P_4=0$$

(3) 求解偏心率 e_3^2。

根据式(2.5)有

$$e_3^2 = -\frac{h_1 P_1 + h_2 P_2 + \overleftarrow{P}_3}{2} = -7.996834$$

整理可得规化光学系统的结构参数为

$$u_1 = -0.75,\quad u_1' = u_2 = 0.617796,\quad u_2' = u_3 = 0,\quad \overleftarrow{u}_3' = \overleftarrow{u}_4 = 2$$

$$l_1 = -1.374520,\quad d_{12} = 0.05,\quad d_{23} = 0.05,\quad \overleftarrow{d}_{34} = -0.05,\quad d_{45} = 0.05$$

$$h_1 = 1.030890,\quad h_2 = 1,\quad h_{03} = 1,\quad h_4 = 1.1$$

$$r_1 = 0.314733,\quad r_2 = r_4 = 0.55,\quad r_{03} = 1,\quad e_3^2 = -7.996834$$

$\overleftarrow{u}_3' = 2$、$u_1 = -0.75$ 对应的自准校正透镜凹面自准检验凸非球面的规化光学系统如图 2.15 所示。

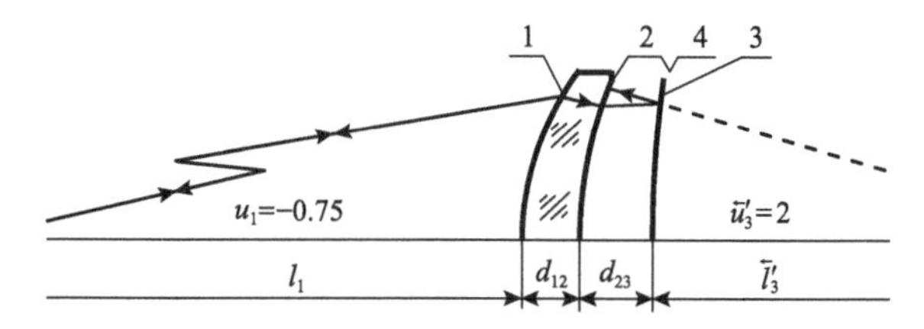

图 2.15　$\overleftarrow{u}_3' = 2$、$u_1 = -0.75$ 对应的自准校正透镜凹面自准检验凸非球面的规化光学系统

5) 设定起始孔径角 $u_1 = -1$

(1) 求解 l_1 和 r_1。

根据式(2.1)和式(2.2)有

$$l_1 = \frac{h_1}{u_1} = -1.030890,\quad r_1 = \frac{(n-1)h_1}{nu_1' - u_1} = 0.274086$$

(2) 求解 P。

根据式(2.4)有

$$P_1 = n\left(\frac{u_1' - u_1}{n-1}\right)^2 (u_1' - nu_1) = 31.915145$$

$$P_2 = n\left(\frac{u_2' - u_2}{n-1}\right)^2 (nu_2' - u_2) = -1.348351$$

$$\overleftarrow{P}_3 = -\frac{(\overleftarrow{u}_3' - u_3)^2}{2} = -2$$

$$P_4 = 0$$

(3) 求解偏心率 e_3^2。

根据式(2.5)有

$$e_3^2 = -\frac{h_1P_1 + h_2P_2 + \overleftarrow{P}_3}{2} = -14.776323$$

整理可得规化光学系统的结构参数为

$$u_1 = -1,\quad u_1' = u_2 = 0.617796,\quad u_2' = u_3 = 0,\quad \overleftarrow{u}_3' = \overleftarrow{u}_4 = 2$$

$$l_1 = -1.030890,\quad d_{12} = 0.05,\quad d_{23} = 0.05,\quad \overleftarrow{d}_{34} = -0.05,\quad d_{45} = 0.05$$

$$h_1 = 1.030890,\quad h_2 = 1,\quad h_{03} = 1,\quad h_4 = 1.1$$

$$r_1 = 0.274086,\quad r_2 = r_4 = 0.55,\quad r_{03} = 1,\quad e_3^2 = -14.776323$$

$\overleftarrow{u}_3' = 2$、$u_1 = -1$ 对应的自准校正透镜凹面自准检验凸非球面的规化光学系统如图 2.16 所示。

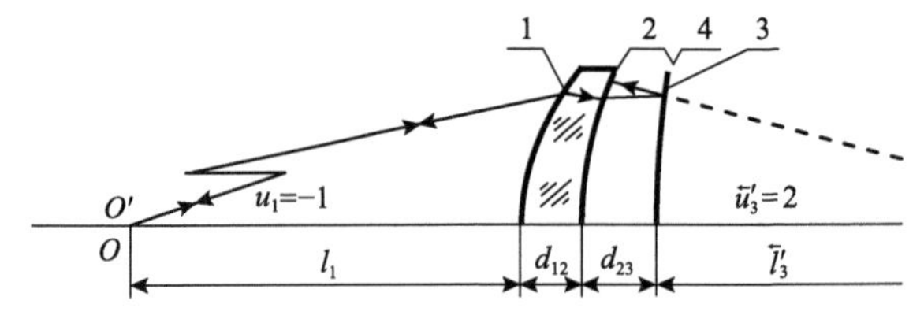

图 2.16　$\overleftarrow{u}_3' = 2$、$u_1 = -1$ 对应的自准校正透镜凹面自准检验凸非球面的规化光学系统

3. 自准角 $\overleftarrow{u}_3' = 2$ 时不同 u_1 对应的自准校正透镜凹面自准检验凸非球面的规化光学系统的结构参数

自准角 $\overleftarrow{u}_3' = 2$ 时不同 u_1 对应的自准校正透镜凹面自准检验凸非球面的规化光学系统的结构参数如表 2.3 所示。

表 2.3　自准角 $\overleftarrow{u}_3' = 2$ 时不同 u_1 对应的自准校正透镜凹面自准检验凸非球面的规化光学系统的结构参数

编号	u_1	l_1	r_1	e_3^2
1	0	Infinity	0.566989	0.979175
2	−0.25	−4.123559	0.447447	−0.537627
3	−0.5	−2.061780	0.369536	−3.390116
4	−0.75	−1.374520	0.314733	−7.996834
5	−1	−1.030689	0.274086	−14.776323

2.2.4 自准角 $\overleftarrow{u}'_3 = 1.75$ 对应的自准校正透镜凹面自准检验凸非球面的规化光学系统

1. 求解自准角 $\overleftarrow{u}'_3 = 1.75$ 对应的自准校正透镜凹面自准检验凸非球面的规化光学系统的相关参数

1) 孔径角 u_3

根据规化条件和式(2.2)有

$$\overleftarrow{u}'_3 + u_3 = 2, \quad u'_2 = u_3 = 2 - \overleftarrow{u}'_3 = 0.25$$

2) 曲率半径 r_2 和 r_4

根据式(2.1)有

$$h_{03} = \overleftarrow{l}'_3 \overleftarrow{u}'_3 = 1, \quad \overleftarrow{l}'_3 = 0.571429, \quad r_4 = r_2 = \overleftarrow{l}_4 = \overleftarrow{l}'_3 - \overleftarrow{d}_{34} = 0.621529$$

3) 光线入射高度 h_2 和 h_4

根据式(2.1)有

$$h_2 = 1 + d_{23} u_3 = 1.0125, \quad h_4 = h_{03} - \overleftarrow{d}_{34} \overleftarrow{u}'_3 = 1 + d_{23} \overleftarrow{u}'_3 = 1.0875$$

4) 孔径角 u_2

根据式(2.2)有

$$u'_1 = u_2 = 0.718673$$

5) 光线入射高度 h_1

根据式(2.1)有

$$h_1 = h_2 + d_{12} u'_1 = 1.048434$$

2. 求解不同起始孔径角 u_1 对应的自准校正透镜凹面自准检验凸非球面的规化光学系统

求解当 $\overleftarrow{u}'_3 = 1.75$ 时不同起始孔径角 u_1 对应的自准校正透镜凹面自准检验凸非球面的规化光学系统如下。

1) 设定起始孔径角 $u_1 = 0$

(1) 求解 l_1 和 r_1。

根据式(2.2)有

$$l_1 \to \infty, \quad \frac{(n-1)h_1}{r_1} = n u'_1 - u_1 = 1.088547, \quad r_1 = 0.495698$$

(2) 求解 P。

根据式(2.4)有

$$P_1 = n\left(\frac{u_1' - u_1}{n-1}\right)^2 (u_1' - nu_1) = 2.122569$$

$$P_2 = n\left(\frac{u_2' - u_2}{n-1}\right)^2 (nu_2' - u_2) = -0.427066$$

$$\overleftarrow{P}_3 = -\frac{(\overleftarrow{u}_3' - u_3)^2}{2} = -1.125$$

$$P_4 = 0$$

(3) 求解偏心率 e_3^2。

根据式(2.5)有

$$e_3^2 = -\frac{h_1P_1 + h_2P_2 + \overleftarrow{P}_3}{2} = -0.333984$$

整理可得规化光学系统的结构参数为

$$u_1 = 0,\quad u_1' = u_2 = 0.718673,\quad u_2' = u_3 = 0.25,\quad \overleftarrow{u}_3' = \overleftarrow{u}_4 = 1.75$$

$$l_1 \to \infty,\quad d_{12} = 0.05,\quad d_{23} = 0.05,\quad \overleftarrow{d}_{34} = -0.05,\quad d_{45} = 0.05$$

$$h_1 = 1.048434,\quad h_2 = 1.0125,\quad h_{03} = 1,\quad h_4 = 1.0875$$

$$r_1 = 0.495698,\quad r_2 = r_4 = 0.621429,\quad r_{03} = 1,\quad e_3^2 = -0.333984$$

$\overleftarrow{u}_3' = 1.75$、$u_1 = 0$ 对应的自准校正透镜凹面自准检验凸非球面的规化光学系统如图 2.17 所示。

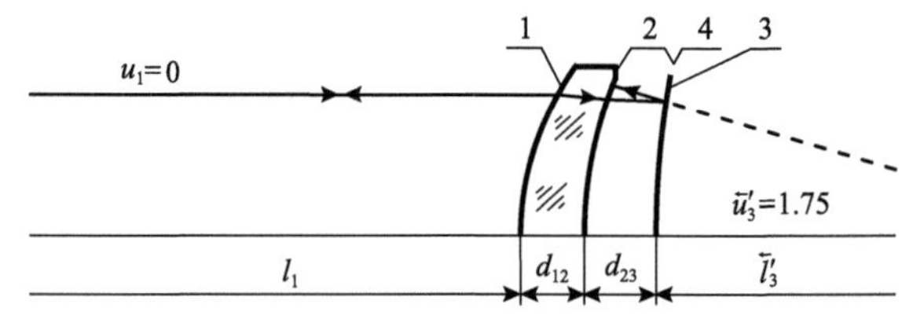

图 2.17　$\overleftarrow{u}_3' = 1.75$、$u_1 = 0$ 对应的自准校正透镜凹面自准检验凸非球面的规化光学系统

2) 设定起始孔径角 $u_1 = -0.25$

(1) 求解 l_1 和 r_1。

根据式(2.1)和式(2.2)有

$$l_1=\frac{h_1}{u_1}=-4.193735,\quad \frac{(n-1)h_1}{r_1}=nu_1'-u_1=1.338547,\quad r_1=0.403117$$

(2)求解 P。

根据式(2.4)有

$$P_1=n\left(\frac{u_1'-u_1}{n-1}\right)^2(u_1'-nu_1)=5.887939$$

$$P_2=n\left(\frac{u_2'-u_2}{n-1}\right)^2(nu_2'-u_2)=-0.427066$$

$$\overleftarrow{P}_3=-\frac{(\overleftarrow{u}_3'-u_3)^2}{2}=-1.125$$

$$P_4=0$$

(3)求解偏心率 e_3^2。

根据式(2.5)有

$$e_3^2=-\frac{h_1P_1+h_2P_2+\overleftarrow{P}_3}{2}=-2.307854$$

整理可得规化光学系统的结构参数为

$$u_1=-0.25,\quad u_1'=u_2=0.718673,\quad u_2'=u_3=0.25,\quad \overleftarrow{u}_3'=\overleftarrow{u}_4=1.75$$

$$l_1=-4.193735,\quad d_{12}=0.05,\quad d_{23}=0.05,\quad \overleftarrow{d}_{34}=-0.05,\quad d_{45}=0.05$$

$$h_1=1.048434,\quad h_2=1.0125,\quad h_{03}=1,\quad h_4=1.0875$$

$$r_1=0.403117,\quad r_2=r_4=0.621429,\quad r_{03}=1,\quad e_3^2=-2.307854$$

$\overleftarrow{u}_3'=1.75$、$u_1=-0.25$ 对应的自准校正透镜凹面自准检验凸非球面的规化光学系统如图 2.18 所示。

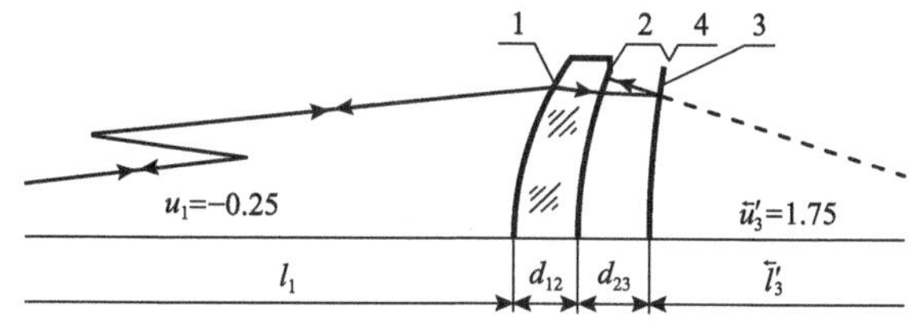

图 2.18　$\overleftarrow{u}_3'=1.75$、$u_1=-0.25$ 对应的自准校正透镜凹面自准检验凸非球面的规化光学系统

3) 设定起始孔径角 $u_1 = -0.5$

(1) 求解 l_1 和 r_1。

根据式(2.1)和式(2.2)有

$$l_1 = \frac{h_1}{u_1} = -2.096867, \quad r_1 = \frac{(n-1)h_1}{nu_1' - u_1} = 0.339676$$

(2) 求解 P。

根据式(2.4)有

$$P_1 = n\left(\frac{u_1' - u_1}{n-1}\right)^2 (u_1' - nu_1) = 12.535176$$

$$P_2 = n\left(\frac{u_2' - u_2}{n-1}\right)^2 (nu_2' - u_2) = -0.427066$$

$$\overleftarrow{P}_3 = -\frac{(\overleftarrow{u}_3' - u_3)^2}{2} = -1.125$$

$$P_4 = 0$$

(3) 求解偏心率 e_3^2。

根据式(2.5)有

$$e_3^2 = -\frac{h_1 P_1 + h_2 P_2 + \overleftarrow{P}_3}{2} = -5.792448$$

整理可得规化光学系统的结构参数为

$$u_1 = -0.5, \quad u_1' = u_2 = 0.718673, \quad u_2' = u_3 = 0.25, \quad \overleftarrow{u}_3' = \overleftarrow{u}_4 = 1.75$$

$$l_1 = -2.096867, \quad d_{12} = 0.05, \quad d_{23} = 0.05, \quad \overleftarrow{d}_{34} = -0.05, \quad d_{45} = 0.05$$

$$h_1 = 1.048434, \quad h_2 = 1.0125, \quad h_{03} = 1, \quad h_4 = 1.0875$$

$$r_1 = 0.339676, \quad r_2 = r_4 = 0.621429, \quad r_{03} = 1, \quad e_3^2 = -5.792448$$

$\overleftarrow{u}_3' = 1.75$、$u_1 = -0.5$ 对应的自准校正透镜凹面自准检验凸非球面的规化光学系统如图 2.19 所示。

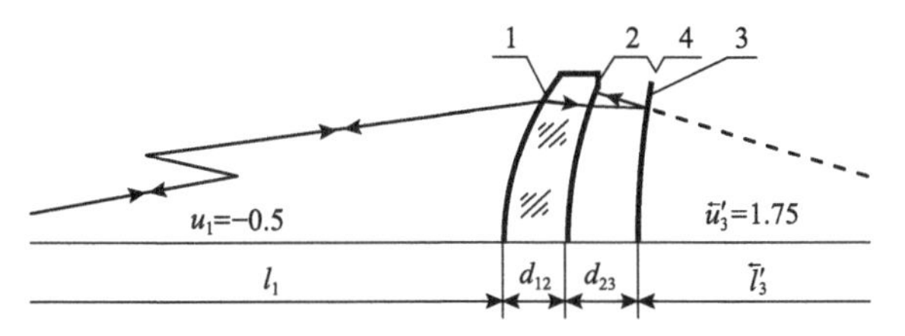

图 2.19　$\bar{u}_3'=1.75$、$u_1=-0.5$ 对应的自准校正透镜凹面自准检验凸非球面的规化光学系统

4) 设定起始孔径角 $u_1=-0.75$

(1) 求解 l_1 和 r_1。

根据式(2.1)和式(2.2)有

$$l_1=\frac{h_1}{u_1}=-1.397912,\quad r_1=\frac{(n-1)h_1}{nu_1'-u_1}=0.293488$$

(2) 求解 P。

根据式(2.4)有

$$P_1=n\left(\frac{u_1'-u_1}{n-1}\right)^2(u_1'-nu_1)=22.876281$$

$$P_2=n\left(\frac{u_2'-u_2}{n-1}\right)^2(nu_2'-u_2)=-0.427066$$

$$\bar{P}_3=-\frac{(\bar{u}_3'-u_3)^2}{2}=-1.125$$

$$P_4=0$$

(3) 求解偏心率 e_3^2。

根据式(2.5)有

$$e_3^2=-\frac{h_1P_1+h_2P_2+\bar{P}_3}{2}=-11.213429$$

整理可得规化光学系统的结构参数为

$$u_1=-0.75,\quad u_1'=u_2=0.718673,\quad u_2'=u_3=0.25,\quad \bar{u}_3'=\bar{u}_4=1.75$$

$$l_1=-1.397912,\quad d_{12}=0.05,\quad d_{23}=0.05,\quad \bar{d}_{34}=-0.05,\quad d_{45}=0.05$$

$$h_1=1.048434,\quad h_2=1.0125,\quad h_{03}=1,\quad h_4=1.0875$$

$$r_1=0.293488,\quad r_2=r_4=0.621429,\quad r_{03}=1,\quad e_3^2=-11.213429$$

$\bar{u}_3' = 1.75$、$u_1 = -0.75$ 对应的自准校正透镜凹面自准检验凸非球面的规化光学系统如图 2.20 所示。

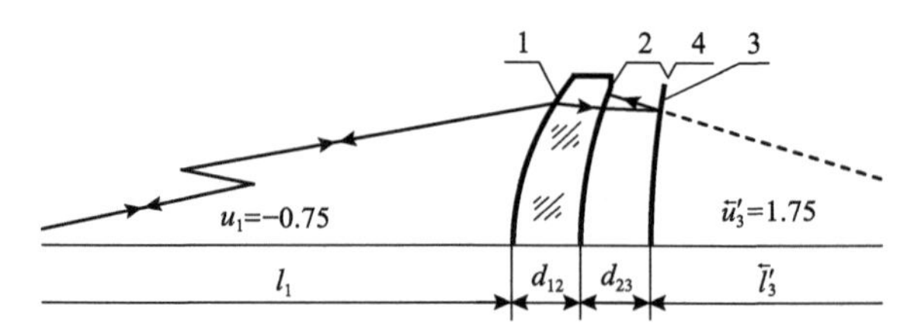

图 2.20　$\bar{u}_3' = 1.75$、$u_1 = -0.75$ 对应的自准校正透镜凹面自准检验凸非球面的规化光学系统

5）设定起始孔径角 $u_1 = -1$

（1）求解 l_1 和 r_1。

根据式（2.1）和式（2.2）有

$$l_1 = \frac{h_1}{u_1} = -1.048434, \quad r_1 = \frac{(n-1)h_1}{nu_1' - u_1} = 0.258357$$

（2）求解 P。

根据式（2.4）有

$$P_1 = n\left(\frac{u_1' - u_1}{n-1}\right)^2 (u_1' - nu_1) = 37.723254$$

$$P_2 = n\left(\frac{u_2' - u_2}{n-1}\right)^2 (nu_2' - u_2) = -0.427066$$

$$\bar{P}_3 = -\frac{(\bar{u}_3' - u_3)^2}{2} = -1.125$$

$$P_4 = 0$$

（3）求解偏心率 e_3^2。

根据式（2.5）有

$$e_3^2 = -\frac{h_1 P_1 + h_2 P_2 + \bar{P}_3}{2} = -18.996462$$

整理可得规化光学系统的结构参数为

$$u_1 = -1, \quad u_1' = u_2 = 0.718673, \quad u_2' = u_3 = 0.25, \quad \bar{u}_3' = \bar{u}_4 = 1.75$$

$$l_1 = -1.048434, \quad d_{12} = 0.05, \quad d_{23} = 0.05, \quad \bar{d}_{34} = -0.05, \quad d_{45} = 0.05$$

$$h_1 = 1.048434, \quad h_2 = 1.0125, \quad h_{03} = 1, \quad h_4 = 1.0875$$

$$r_1 = 0.293488, \quad r_2 = r_4 = 0.621429, \quad r_{03} = 1, \quad e_3^2 = -18.996462$$

$\bar{u}_3' = 1.75$、$u_1 = -1$ 对应的自准校正透镜凹面自准检验凸非球面的规化光学系统如图 2.21 所示。

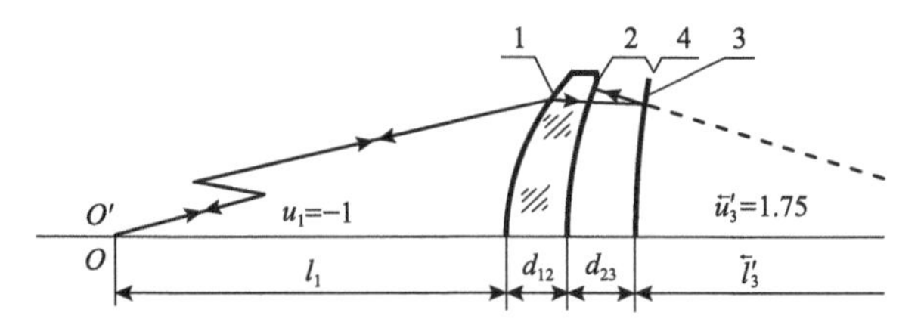

图 2.21　$\bar{u}_3' = 1.75$、$u_1 = -1$ 对应的自准校正透镜凹面自准检验凸非球面的规化光学系统

3. 自准角 $\bar{u}_3' = 1.75$ 时不同 u_1 对应的自准校正透镜凹面自准检验凸非球面的规化光学系统的结构参数

自准角 $\bar{u}_3' = 1.75$ 时不同 u_1 对应的自准校正透镜凹面自准检验凸非球面的规化光学系统的结构参数如表 2.4 所示。

表 2.4　自准角 $\bar{u}_3' = 1.75$ 时不同 u_1 对应的自准校正透镜凹面自准检验凸非球面的规化光学系统的结构参数

编号	u_1	l_1	r_1	e_3^2
1	0	Infinity	0.495698	−0.333984
2	−0.25	−4.193735	0.403117	−2.307854
3	−0.5	−2.096867	0.339676	−5.792448
4	−0.75	−1.397912	0.293488	−11.213429
5	−1	−1.048434	0.258357	−18.996462

2.2.5　自准角 $\bar{u}_3' = 1.5$ 对应的自准校正透镜凹面自准检验凸非球面的规化光学系统

1. 求解自准角 $\bar{u}_3' = 1.5$ 对应的自准校正透镜凹面自准检验凸非球面的规化光学系统的相关参数

1) 孔径角 u_3

根据规化条件和式(2.2)有

$$\bar{u}_3' + u_3 = 2, \quad u_2' = u_3 = 2 - \bar{u}_3' = 0.5$$

2) 曲率半径 r_2 和 r_4

根据式(2.1)有

$$h_{03}=\overleftarrow{l}_3'\overleftarrow{u}_3'=1,\quad \overleftarrow{l}_3'=0.666667,\quad r_2=r_4=\overleftarrow{l}_4=\overleftarrow{l}_3'-\overleftarrow{d}_{34}=0.716667$$

3) 光线入射高度 h_2 和 h_4

根据式(2.1)有

$$h_2=1+d_{23}u_3=1.025,\quad h_4=h_{03}-\overleftarrow{d}_{34}\overleftarrow{u}_3'=1.075$$

4) 孔径角 u_2

根据式(2.2)有

$$u_1'=u_2=0.816081$$

5) 光线入射高度 h_1

根据式(2.1)有

$$h_1=h_2+d_{12}u_1'=1.065804$$

2. 求解不同起始孔径角 u_1 对应的自准校正透镜凹面自准检验凸非球面的规化光学系统

求解当 $\overleftarrow{u}_3'=1.5$ 时不同起始孔径角 u_1 对应的自准校正透镜凹面自准检验凸非球面的规化光学系统如下。

1) 设定起始孔径角 $u_1=0$

(1) 求解 l_1 和 r_1。

根据式(2.2)有

$$l_1\to\infty,\quad r_1=\frac{(n-1)h_1}{nu_1'-u_1}=0.443763$$

(2) 求解 P。

根据式(2.4)有

$$P_1=n\left(\frac{u_1'-u_1}{n-1}\right)^2(u_1'-nu_1)=3.107916$$

$$P_2=n\left(\frac{u_2'-u_2}{n-1}\right)^2(nu_2'-u_2)=-0.033564$$

$$\overleftarrow{P}_3=-\frac{(\overleftarrow{u}_3'-u_3)^2}{2}=-0.5$$

$$P_4=0$$

(3) 求解偏心率 e_3^2。

根据式(2.5)有

$$e_3^2 = -\frac{h_1 P_1 + h_2 P_2 + \overleftarrow{P}_3}{2} = -1.389013$$

整理可得规化光学系统的结构参数为

$$u_1 = 0,\quad u_1' = u_2 = 0.816081,\quad u_2' = u_3 = 0.5,\quad \overleftarrow{u}_3' = \overleftarrow{u}_4 = 1.5$$

$$l_1 \to \infty,\quad d_{12} = 0.05,\quad d_{23} = 0.05,\quad \overleftarrow{d}_{34} = -0.05,\quad d_{45} = 0.05$$

$$h_1 = 1.065804,\quad h_2 = 1.025,\quad h_{03} = 1,\quad h_4 = 1.075$$

$$r_1 = 0.443763,\quad r_2 = r_4 = 0.716667,\quad r_{03} = 1,\quad e_3^2 = -1.389013$$

$\overleftarrow{u}_3' = 1.5$、$u_1 = 0$ 对应的自准校正透镜凹面自准检验凸非球面的规化光学系统如图 2.22 所示。

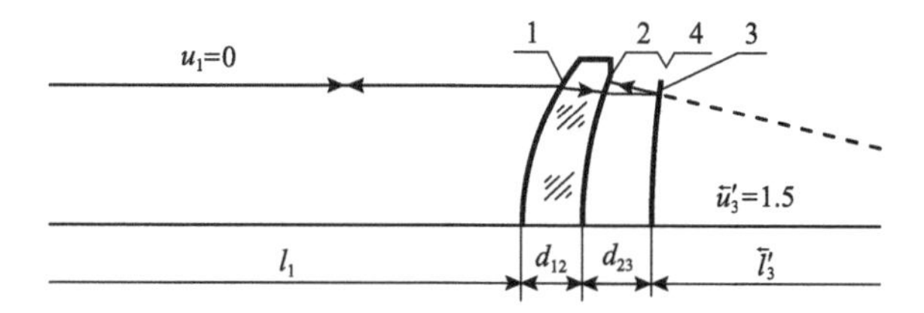

图 2.22　$\overleftarrow{u}_3' = 1.5$、$u_1 = 0$ 对应的自准校正透镜凹面自准检验凸非球面的规化光学系统

2) 设定起始孔径角 $u_1 = -0.25$

(1) 求解 l_1 和 r_1。

根据式(2.1)和式(2.2)有

$$l_1 = \frac{h_1}{u_1} = -4.263216,\quad r_1 = \frac{(n-1)h_1}{nu_1' - u_1} = 0.369110$$

(2) 求解 P。

根据式(2.4)有

$$P_1 = n\left(\frac{u_1' - u_1}{n-1}\right)^2 (u_1' - nu_1) = 7.764707$$

$$P_2 = n\left(\frac{u_2' - u_2}{n-1}\right)^2 (nu_2' - u_2) = -0.033564$$

$$\overleftarrow{P}_3 = -\frac{(\overleftarrow{u}_3' - u_3)^2}{2} = -0.5$$

$$P_4 = 0$$

(3) 求解偏心率 e_3^2。

根据式(2.5)有

$$e_3^2 = -\frac{h_1P_1 + h_2P_2 + \overleftarrow{P}_3}{2} = -3.870632$$

整理可得规化光学系统的结构参数为

$$u_1 = -0.25,\quad u_1' = u_2 = 0.816081,\quad u_2' = u_3 = 0.5,\quad \overleftarrow{u}_3' = \overleftarrow{u}_4 = 1.5$$

$$l_1 = -4.263216,\quad d_{12} = 0.05,\quad d_{23} = 0.05,\quad \overleftarrow{d}_{34} = -0.05,\quad d_{45} = 0.05$$

$$h_1 = 1.065804,\quad h_2 = 1.025,\quad h_{03} = 1,\quad h_4 = 1.075$$

$$r_1 = 0.369110,\quad r_2 = r_4 = 0.716667,\quad r_{03} = 1,\quad e_3^2 = -3.870632$$

$\overleftarrow{u}_3' = 1.5$、$u_1 = -0.25$ 对应的自准校正透镜凹面自准检验凸非球面的规化光学系统如图 2.23 所示。

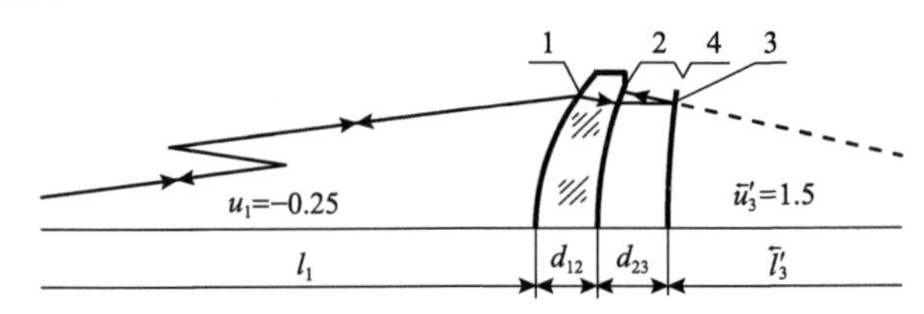

图 2.23　$\overleftarrow{u}_3' = 1.5$、$u_1 = -0.25$ 对应的自准校正透镜凹面自准检验凸非球面的规化光学系统

3) 设定起始孔径角 $u_1 = -0.5$

(1) 求解 l_1 和 r_1。

根据式(2.1)和式(2.2)有

$$l_1 = \frac{h_1}{u_1} = -2.131608,\quad r_1 = \frac{(n-1)h_1}{nu_1' - u_1} = 0.315958$$

(2) 求解 P。

根据式(2.4)有

$$P_1 = n\left(\frac{u_1' - u_1}{n-1}\right)^2 (u_1' - nu_1) = 15.583935$$

$$P_2 = n\left(\frac{u_2' - u_2}{n-1}\right)^2 (nu_2' - u_2) = -0.033564$$

$$\overleftarrow{P}_3 = -\frac{(\overleftarrow{u}_3' - u_3)^2}{2} = -0.5$$

$$P_4 = 0$$

(3) 求解偏心率 e_3^2。

根据式(2.5)有

$$e_3^2 = -\frac{h_1 P_1 + h_2 P_2 + \overleftarrow{P}_3}{2} = -8.037509$$

整理可得规化光学系统的结构参数为

$$u_1 = -0.5, \quad u_1' = u_2 = 0.816081, \quad u_2' = u_3 = 0.5, \quad \overleftarrow{u}_3' = \overleftarrow{u}_4 = 1.5$$

$$l_1 = -2.131608, \quad d_{12} = 0.05, \quad d_{23} = 0.05, \quad \overleftarrow{d}_{34} = -0.05, \quad d_{45} = 0.05$$

$$h_1 = 1.065804, \quad h_2 = 1.025, \quad h_{03} = 1, \quad h_4 = 1.075$$

$$r_1 = 0.315958, \quad r_2 = r_4 = 0.716667, \quad r_{03} = 1, \quad e_3^2 = -8.037509$$

$\overleftarrow{u}_3' = 1.5$、$u_1 = -0.5$ 对应的自准校正透镜凹面自准检验凸非球面的规化光学系统如图 2.24 所示。

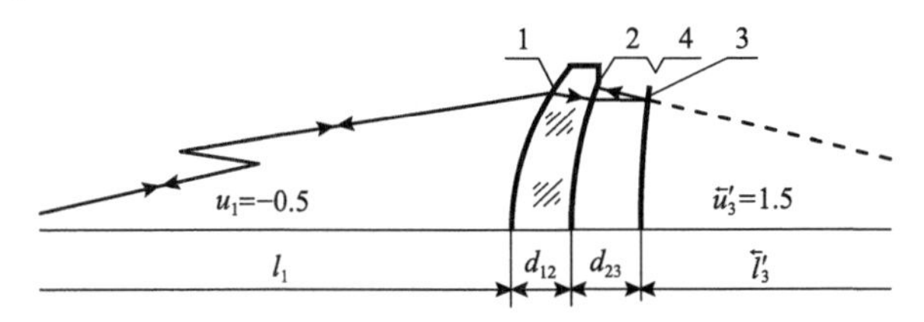

图 2.24　$\overleftarrow{u}_3' = 1.5$、$u_1 = -0.5$ 对应的自准校正透镜凹面自准检验凸非球面的规化光学系统

4) 设定起始孔径角 $u_1 = -0.75$

(1) 求解 l_1 和 r_1。

根据式(2.1)和式(2.2)有

$$l_1 = \frac{h_1}{u_1} = -1.421072, \quad r_1 = \frac{(n-1)h_1}{nu_1' - u_1} = 0.276186$$

(2) 求解 P。

根据式(2.4)有

$$P_1 = n\left(\frac{u_1' - u_1}{n-1}\right)^2 (u_1' - nu_1) = 27.377571$$

$$P_2 = n\left(\frac{u_2' - u_2}{n-1}\right)^2 (nu_2' - u_2) = -0.033564$$

$$\overleftarrow{P}_3 = -\frac{(\overleftarrow{u}_3' - u_3)^2}{2} = -0.5$$

$$P_4 = 0$$

(3) 求解偏心率 e_3^2。

根据式(2.5)有

$$e_3^2 = -\frac{h_1P_1 + h_2P_2 + \overleftarrow{P}_3}{2} = -14.322362$$

整理可得规化光学系统的结构参数为

$$u_1 = -0.75,\quad u_1' = u_2 = 0.816081,\quad u_2' = u_3 = 0.5,\quad \overleftarrow{u}_3' = \overleftarrow{u}_4 = 1.5$$

$$l_1 = -1.421072,\quad d_{12} = 0.05,\quad d_{23} = 0.05,\quad \overleftarrow{d}_{34} = -0.05,\quad d_{45} = 0.05$$

$$h_1 = 1.065804,\quad h_2 = 1.025,\quad h_{03} = 1,\quad h_4 = 1.075$$

$$r_1 = 0.276186,\quad r_2 = r_4 = 0.716667,\quad r_{03} = 1,\quad e_3^2 = -14.322362$$

$\overleftarrow{u}_3' = 1.5$、$u_1 = -0.75$ 对应的自准校正透镜凹面自准检验凸非球面的规化光学系统如图 2.25 所示。

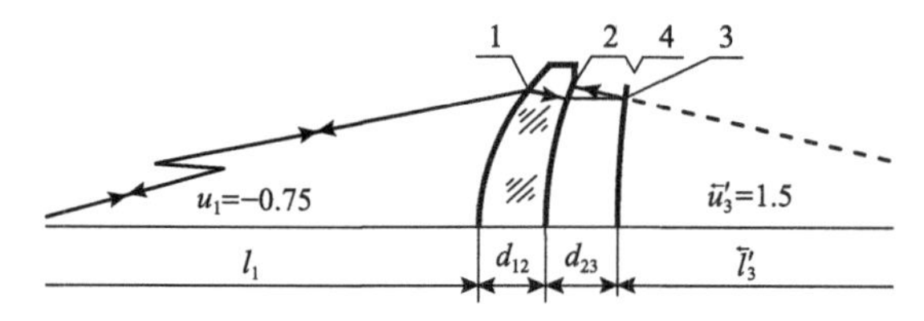

图 2.25　$\overleftarrow{u}_3' = 1.5$、$u_1 = -0.75$ 对应的自准校正透镜凹面自准检验凸非球面的规化光学系统

5) 设定起始孔径角 $u_1 = -1$

(1) 求解 l_1 和 r_1。

根据式(2.1)和式(2.2)有

$$l_1 = \frac{h_1}{u_1} = -1.065804,\quad r_1 = \frac{(n-1)h_1}{nu_1' - u_1} = 0.245308$$

(2) 求解 P。

根据式(2.4)有

$$P_1 = n\left(\frac{u_1' - u_1}{n-1}\right)^2 (u_1' - nu_1) = 43.957625$$

$$P_2 = n\left(\frac{u_2' - u_2}{n-1}\right)^2 (nu_2' - u_2) = -0.033564$$

$$\overleftarrow{P}_3 = -\frac{(\overleftarrow{u}_3' - u_3)^2}{2} = -0.5$$

$$P_4 = 0$$

(3) 求解偏心率 e_3^2。

根据式(2.5)有

$$e_3^2 = -\frac{h_1 P_1 + h_2 P_2 + \overleftarrow{P}_3}{2} = -23.157906$$

整理可得规化光学系统的结构参数为

$$u_1 = -1,\quad u_1' = u_2 = 0.816081,\quad u_2' = u_3 = 0.5,\quad \overleftarrow{u}_3' = \overleftarrow{u}_4 = 1.5$$

$$l_1 = -1.065804,\quad d_{12} = 0.05,\quad d_{23} = 0.05,\quad \overleftarrow{d}_{34} = -0.05,\quad d_{45} = 0.05$$

$$h_1 = 1.065804,\quad h_2 = 1.025,\quad h_{03} = 1,\quad h_4 = 1.075$$

$$r_1 = 0.245308,\quad r_2 = r_4 = 0.716667,\quad r_{03} = 1,\quad e_3^2 = -23.157906$$

$\overleftarrow{u}_3' = 1.5$、$u_1 = -1$ 对应的自准校正透镜凹面自准检验凸非球面的规化光学系统如图 2.26 所示。

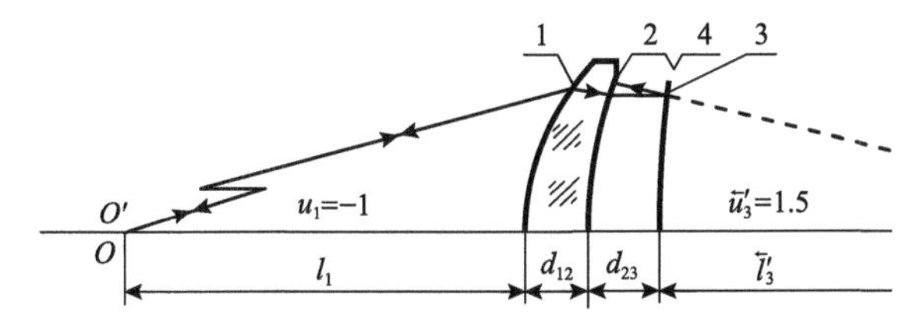

图 2.26　$\overleftarrow{u}_3' = 1.5$、$u_1 = -1$ 对应的自准校正透镜凹面自准检验凸非球面的规化光学系统

3. 自准角 $\overleftarrow{u}_3' = 1.5$ 时不同 u_1 对应的自准校正透镜凹面自准检验凸非球面的规化光学系统的结构参数

自准角 $\overleftarrow{u}_3' = 1.5$ 时不同 u_1 对应的自准校正透镜凹面自准检验凸非球面的规化光学系统的结构参数如表 2.5 所示。

表 2.5　自准角 $\overleftarrow{u}_3' = 1.5$ 时不同 u_1 对应的自准校正透镜凹面自准检验凸非球面的规化光学系统的结构参数

编号	u_1	l_1	r_1	e_3^2
1	0	Infinity	0.443763	−1.389013
2	−0.25	−4.263216	0.369110	−3.870632
3	−0.5	−2.131608	0.315958	−8.037509
4	−0.75	−1.421072	0.276186	−14.322362
5	−1	−1.065804	0.245308	−23.157906

2.3　利用自准校正透镜凹面自准检验凸非球面的光学系统

设计 $r_{03}=1800\text{mm}$ 时不同通光口径 Φ 和不同偏心率 e_3^2 对应的凸非球面检验光学系统，同时给出像质评价结果。检验光学系统评价标准为待检非球面设计残余波面像差峰谷值 $\text{PV}\leqslant 0.05\lambda$。

1) 自准校正透镜凹面自准检验 $r_{03}=1800\text{mm}$、$e_3^2=-1$ 凸非球面的光学系统(有限远)

将规化光学系统的结构参数放大 1800 倍，利用 Zemax 程序进行优化设计，得到的结构参数如表 2.6 所示，光学系统如图 2.27(a) 所示，系统球差曲线如图 2.27(b) 所示，系统设计残余波面像差如图 2.27(c) 所示，其峰谷值 $\text{PV}=0.0996\lambda$。光线经待检凸非球面反射两次，故待检凸非球面的设计残余波面像差 $\text{PV}\leqslant 0.0498\lambda$。

表 2.6　自准校正透镜凹面自准检验 $r_{03}=1800\text{mm}$、$e_3^2=-1$ 凸非球面的光学系统的结构参数(有限远)

Surf	Type	Radius	Thickness	Glass	Diameter	Conic
OBJ	Standard	Infinity	4326.0700	—	0.0000	0.0000
1	Standard	746.1133	90.0000	K9	250.9069	0.0000
2	Standard	927.6226	90.0000	—	244.1187	0.0000
3	Standard	1800.0000	−90.0000	MIRROR	245.7420	1.0000
STO	Standard	927.6226	90.0000	MIRROR	270.5933	0.0000
5	Standard	1800.0000	−90.0000	MIRROR	245.7409	1.0000
6	Standard	927.6226	−90.0000	K9	244.1163	0.0000
7	Standard	746.1133	−4326.0700	—	250.9036	0.0000
IMA	Standard	Infinity	—	—	0.0620	0.0000

注：Surf 为对应面的编号；Type 为对应面的类型；Radius 为对应面的曲率半径；Thickness 为面与面之间的间距；Glass 为面与面之间的材料；Diameter 对应面的直径；Conic 为对应面的二次曲面系数；OBJ 表示该面为物面；STO 表示系统光阑位于该面；IMA 表示该面为像面；Standard 表示该面为标准面；Infinity 表示该面的曲率半径为无穷大；K9 表示透镜材料为 K9 光学玻璃；MIRROR 表示该面为反射面。余同。

2) 自准校正透镜凹面自准检验 $r_{03}=1800\text{mm}$、$e_3^2=-1$ 凸非球面的光学系统(无限远)

将规化光学系统的结构参数放大 1800 倍，利用 Zemax 程序进行优化设计，得到的结构参数如表 2.7 所示，光学系统如图 2.28(a) 所示，系统球差曲线如图 2.28(b) 所示，系统设计残余波面像差如图 2.28(c) 所示，其峰谷值 $\text{PV}=0.1\lambda$。光线经待检凸非球面反射两次，故待检凸非球面的设计残余波面像差 PV ≤ 0.05λ。

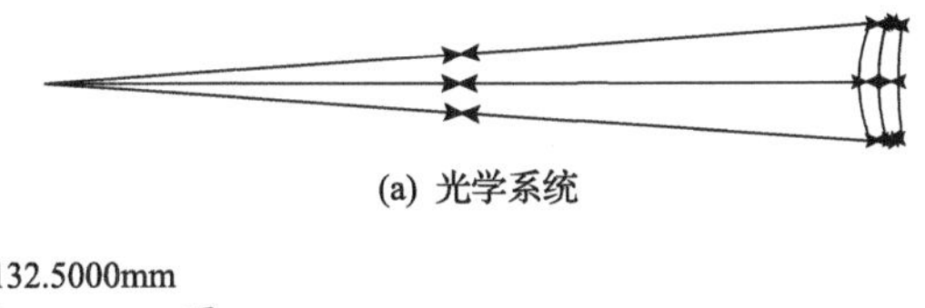

(a) 光学系统

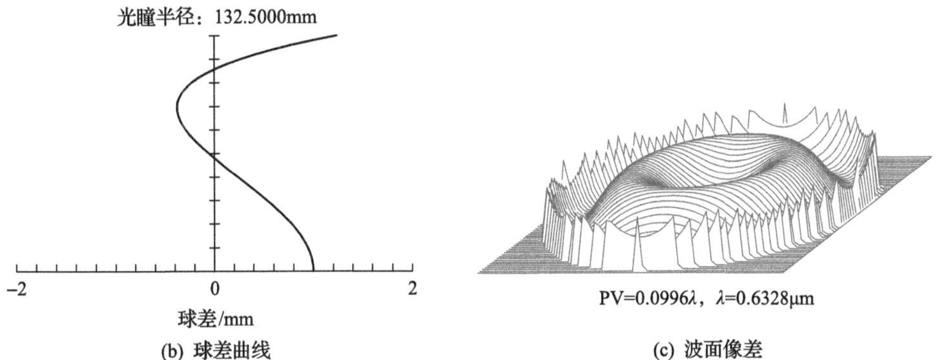

(b) 球差曲线　　(c) 波面像差

图 2.27　自准校正透镜凹面自准检验 $r_{03}=1800\text{mm}$、$e_3^2=-1$ 凸非球面的光学系统(有限远)

表 2.7　自准校正透镜凹面自准检验 $r_{03}=1800\text{mm}$、$e_3^2=-1$ 凸非球面的光学系统的结构参数(无限远)

Surf	Type	Radius	Thickness	Glass	Diameter	Conic
OBJ	Standard	Infinity	Infinity	—	0.0000	0.0000
1	Standard	833.9689	90.0000	K9	352.0000	0.0000
2	Standard	1212.1143	90.0000	—	339.8577	0.0000
3	Standard	1800.0000	−90.0000	MIRROR	333.3604	1.0000
STO	Standard	1212.1143	90.0000	MIRROR	358.6030	0.0000
5	Standard	1800.0000	−90.0000	MIRROR	333.3416	1.0000
6	Standard	1212.1143	−90.0000	K9	339.8184	0.0000
7	Standard	833.9689	−1800.0000	—	351.9469	0.0000
8	Paraxial	—	−100.0000	—	351.5355	0.0000
IMA	Standard	Infinity	—	—	0.0011	0.0000

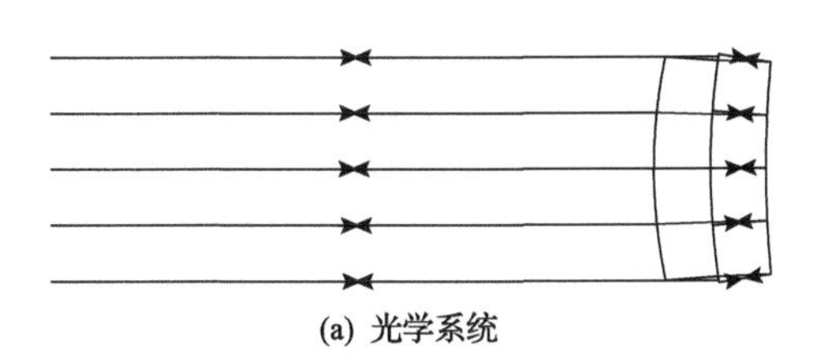

(a) 光学系统

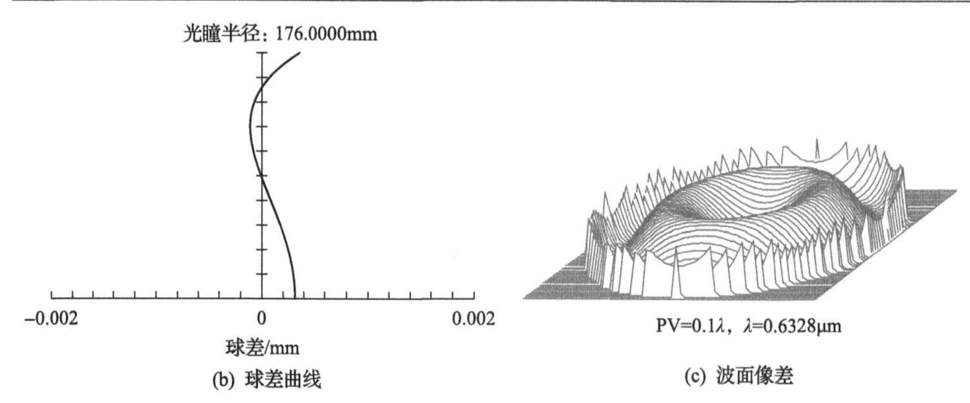

(b) 球差曲线

(c) 波面像差

图 2.28　自准校正透镜凹面自准检验 $r_{03}=1800\text{mm}$、$e_3^2=-1$ 凸非球面的光学系统(无限远)

3) 自准校正透镜凹面自准检验 $r_{03}=1800\text{mm}$、$e_3^2=-1.4$ 凸非球面的光学系统(有限远)

将规化光学系统的结构参数放大 1800 倍，利用 Zemax 程序进行优化设计，得到的结构参数如表2.8所示，光学系统如图2.29(a)所示，系统球差曲线如图2.29(b)所示，系统设计残余波面像差如图 2.29(c)所示，其峰谷值 $\text{PV}=0.099\lambda$。光线经待检凸非球面反射两次，故待检凸非球面的设计残余波面像差 $\text{PV}\leqslant 0.0495\lambda$。

表 2.8　自准校正透镜凹面自准检验 $r_{03}=1800\text{mm}$、$e_3^2=-1.4$ 凸非球面的光学系统的结构参数(有限远)

Surf	Type	Radius	Thickness	Glass	Diameter	Conic
OBJ	Standard	743.6095	4960.6710	—	0.0000	0.0000
1	Standard	969.9395	90.0000	K9	257.3710	0.0000
2	Standard	1800.0000	90.0000	—	249.9805	0.0000
3	Standard	969.9395	−90.0000	MIRROR	250.3822	1.4000
STO	Standard	1800.0000	90.0000	MIRROR	274.5745	0.0000
5	Standard	969.9395	−90.0000	MIRROR	250.3812	1.4000
6	Standard	743.6095	−90.0000	K9	249.9783	0.0000
7	Standard	Infinity	−4960.6710	—	257.3680	0.0000
IMA	Standard	Infinity	—	—	0.0637	0.0000

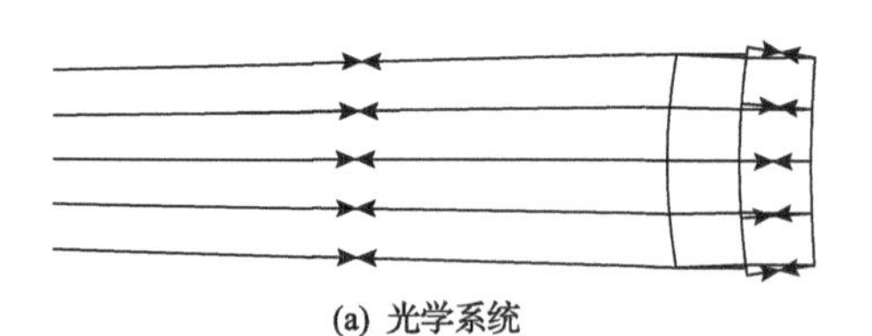

(a) 光学系统

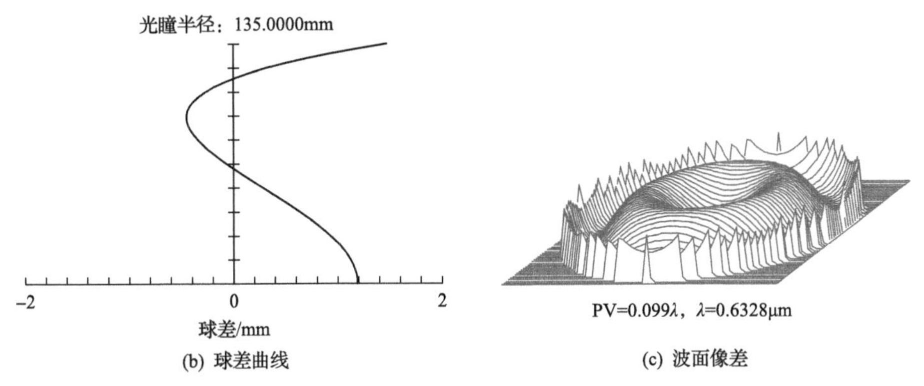

(b) 球差曲线　　(c) 波面像差

图 2.29　自准校正透镜凹面自准检验 $r_{03}=1800\text{mm}$、$e_3^2=-1.4$ 的凸非球面的光学系统(有限远)

4) 自准校正透镜凹面自准检验 $r_{03}=1800\text{mm}$、$e_3^2=-1.4$ 凸非球面的光学系统(无限远)

将规化光学系统的结构参数放大 1800 倍，利用 Zemax 程序进行优化设计，得到的结构参数如表 2.9 所示，光学系统如图 2.30(a)所示，系统球差曲线如图 2.30(b)所示，系统设计残余波面像差如图 2.30(c)所示，其峰谷值 PV = 0.0997λ。光线经待检凸非球面反射两次，故待检凸非球面的设计残余波面像差为 PV ≤ 0.05λ。

表 2.9　自准校正透镜凹面自准检验 $r_{03}=1800\text{mm}$、$e_3^2=-1.4$ 凸非球面的光学系统的结构参数(无限远)

Surf	Type	Radius	Thickness	Glass	Diameter	Conic
OBJ	Standard	Infinity	Infinity	—	0.0000	0.0000
1	Standard	799.3325	90.0000	K9	362.0000	0.0000
2	Standard	1288.5700	90.0000	—	349.2600	0.0000
3	Standard	1800.0000	–90.0000	MIRROR	340.8617	1.4000
STO	Standard	1288.5700	90.0000	MIRROR	365.2296	0.0000
5	Standard	1800.0000	–90.0000	MIRROR	340.8606	1.4000
6	Standard	1288.5700	–90.0000	K9	349.2579	0.0000
7	Standard	799.3325	–1800.0000	—	361.9972	0.0000
8	Paraxial	—	–100.0000	—	361.9753	0.0000
IMA	Standard	Infinity	—	—	0.0010	0.0000

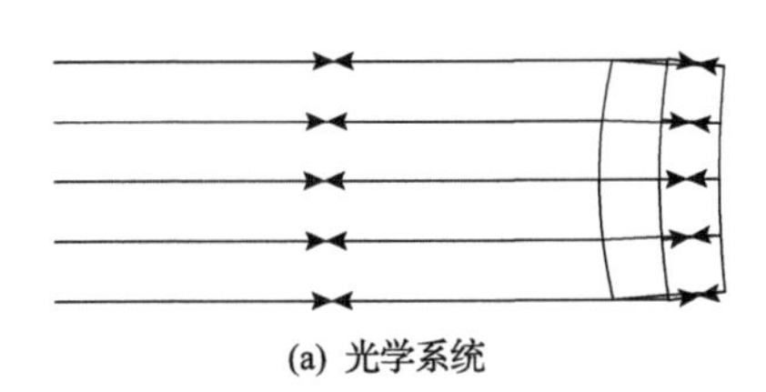
(a) 光学系统

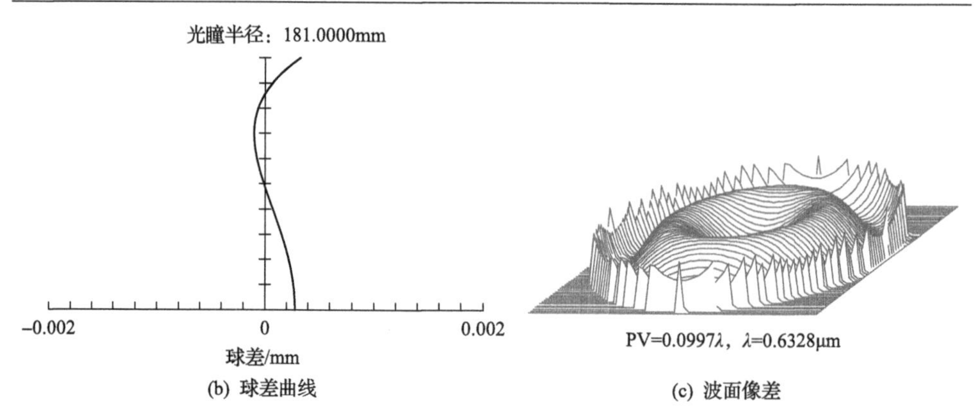

(b) 球差曲线

(c) 波面像差

图 2.30 自准校正透镜凹面自准检验 $r_{03}=1800\text{mm}$、$e_3^2=-1.4$ 凸非球面的光学系统(无限远)

5) 自准校正透镜凹面自准检验 $r_{03}=1800\text{mm}$、$e_3^2=-2$ 凸非球面的光学系统(有限远)

将规化光学系统的结构参数放大 1800 倍，利用 Zemax 程序进行优化设计，得到的结构参数如表 2.10 所示，光学系统如图 2.31(a)所示，系统球差曲线如图 2.31(b)所示，系统设计残余波面像差如图 2.31(c)所示，其峰谷值 PV = 0.099λ。光线经待检凸非球面反射两次，故待检凸非球面的设计残余波面像差 PV ≤ 0.0495λ。

表 2.10 自准校正透镜凹面自准检验 $r_{03}=1800\text{mm}$、$e_3^2=-2$ 凸非球面的光学系统的结构参数(有限远)

Surf	Type	Radius	Thickness	Glass	Diameter	Conic
OBJ	Standard	Infinity	18226.4400	—	0.0000	0.0000
1	Standard	752.7279	90.0000	K9	340.5353	0.0000
2	Standard	1244.5919	90.0000	—	328.7603	0.0000
3	Standard	1800.0000	–90.0000	MIRROR	321.6558	2.0000
STO	Standard	1244.5919	90.0000	MIRROR	345.5342	0.0000
5	Standard	1800.0000	–90.0000	MIRROR	321.6542	2.0000
6	Standard	1244.5919	–90.0000	K9	328.7570	0.0000
7	Standard	752.7279	–18226.4400	—	340.5309	0.0000
IMA	Standard	Infinity	—	—	0.1643	0.0000

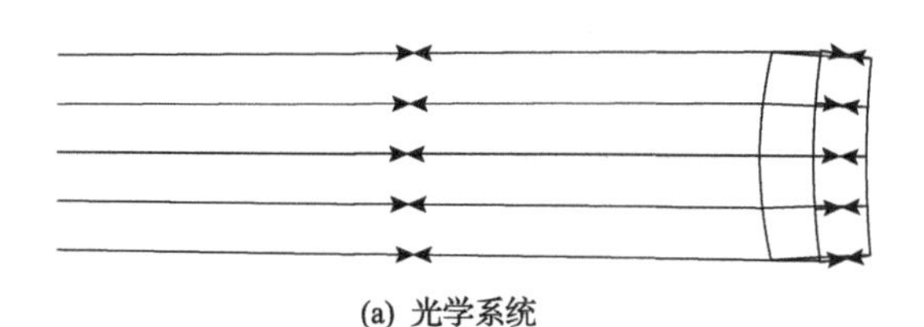
(a) 光学系统

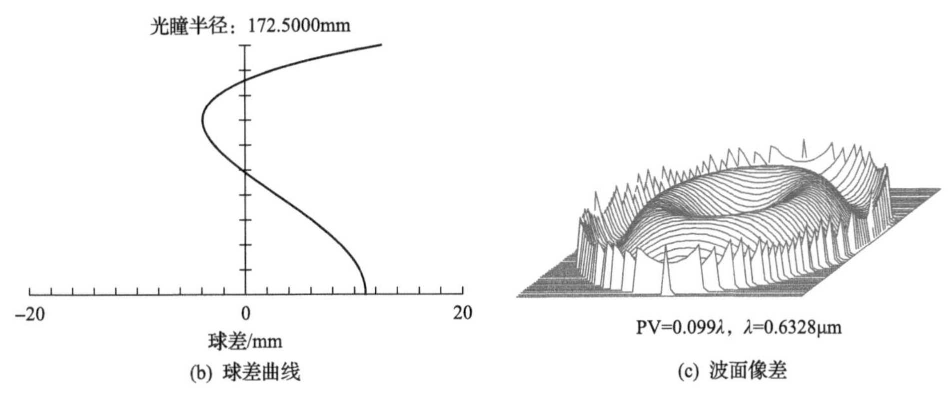

(b) 球差曲线　　(c) 波面像差

图 2.31　自准校正透镜凹面自准检验 $r_{03}=1800\text{mm}$、$e_3^2=-2$ 凸非球面的光学系统(有限远)

6) 自准校正透镜凹面自准检验 $r_{03}=1800\text{mm}$、$e_3^2=-2$ 凸非球面的光学系统(无限远)

将规化光学系统的结构参数放大 1800 倍，利用 Zemax 程序进行优化设计，得到的结构参数如表 2.11 所示，光学系统如图 2.32(a)所示，系统球差曲线如图 2.32(b)所示，系统设计残余波面像差如图 2.32(c)所示，其峰谷值 PV = 0.0999 λ。光线经待检凸非球面反射两次，故待检凸非球面的设计残余波面像差 PV ≤ 0.0499 λ。

表 2.11　自准校正透镜凹面自准检验 $r_{03}=1800\text{mm}$、$e_3^2=-2$ 凸非球面的光学系统的结构参数(无限远)

Surf	Type	Radius	Thickness	Glass	Diameter	Conic
OBJ	Standard	Infinity	Infinity	—	0.0000	0.0000
1	Standard	750.4125	90.0000	K9	413.0000	0.0000
2	Standard	1436.7445	90.0000	—	398.5589	0.0000
3	Standard	1800.0000	−90.0000	MIRROR	385.7463	2.0000
STO	Standard	1436.7445	90.0000	MIRROR	410.4811	0.0000
5	Standard	1800.0000	−90.0000	MIRROR	385.7454	2.0000
6	Standard	1436.7445	−90.0000	K9	398.5570	0.0000
7	Standard	750.4125	−1000.0000	—	412.9975	0.0000
8	Paraxial	—	−100.0000	—	412.9759	0.0000
IMA	Standard	Infinity	—	—	0.0009	0.0000

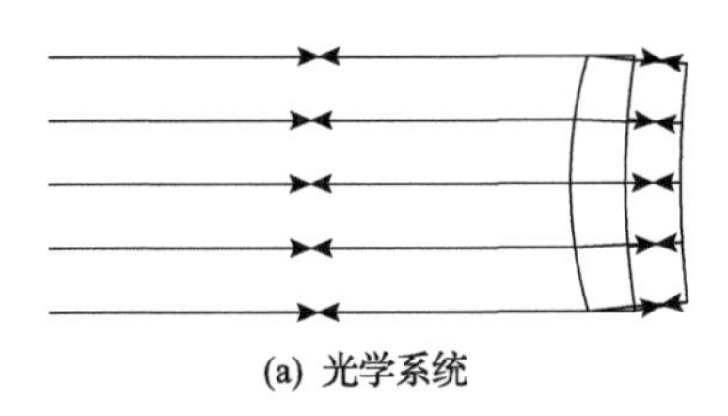

(a) 光学系统

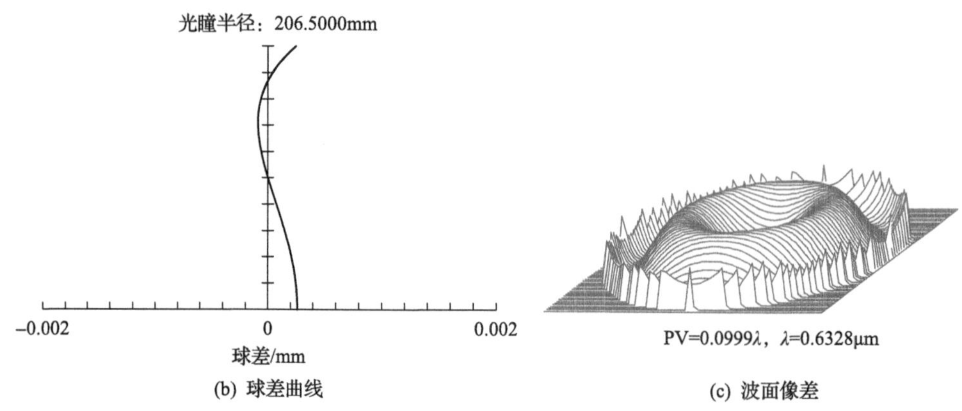

(b) 球差曲线　　(c) 波面像差

图 2.32　自准校正透镜凹面自准检验 $r_{03}=1800\text{mm}$、$e_3^2=-2$ 凸非球面的光学系统(无限远)

7) 自准校正透镜凹面自准检验 $r_{03}=1800\text{mm}$、$e_3^2=-2.484$ 凸非球面的光学系统(无限远)

将规化光学系统的结构参数放大 1800 倍，利用 Zemax 程序进行优化设计，得到的结构参数如表 2.12 所示，光学系统如图 2.33(a)所示，系统球差曲线如图 2.33(c)所示，系统设计残余波面像差如图 2.33(b)所示，其峰谷值 $\text{PV}=0.0311\lambda$，光线经待检凸非球面反射两次，故待检非球面的设计残余波面像差 $\text{PV}\leqslant 0.0156\lambda$。

表 2.12　自准校正透镜凹面自准检验 $r_{03}=1800\text{mm}$、$e_3^2=-2.484$ 凸非球面的光学系统的结构参数(无限远)

Surf	Type	Radius	Thickness	Glass	Diameter	Conic
OBJ	Standard	Infinity	Infinity	—	0.0000	0.0000
1	Standard	714.2269	90.0000	K9	536.7200	0.0000
2	Standard	1598.6350	90.0000	—	520.7482	0.0000
3	Standard	1800.0000	−90.0000	MIRROR	500.0152	2.4840
STO	Standard	1598.6350	90.0000	MIRROR	528.7400	0.0000
5	Standard	1800.0000	−90.0000	MIRROR	500.0154	2.4840
6	Standard	1598.6350	−90.0000	K9	520.7488	0.0000
7	Standard	714.2269	−1800.0000	—	536.7206	0.0000
8	Paraxial	—	−100.0000	—	536.7263	0.0000
IMA	Standard	Infinity	—	—	0.0003	0.0000

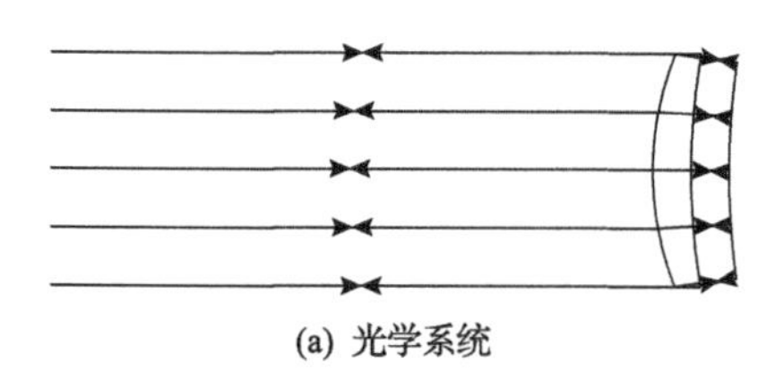

(a) 光学系统

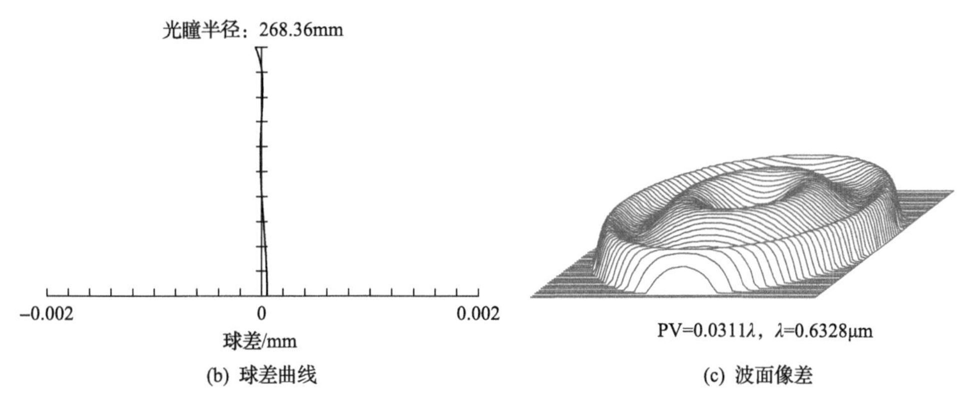

(b) 球差曲线　(c) 波面像差

图 2.33　自准校正透镜凹面自准检验 $r_{03}=1800\text{mm}$、$e_3^2=-2.484$ 凸非球面的光学系统(无限远)

2.4　本章小结

利用自准校正透镜凹面自准可对全口径凸双曲面、凸抛物面、凸椭球面、凸球面和凸扁球面进行无遮拦检验。

从设计结果可以看出，物点在无限远的设计结果比物点在有限远的设计结果好，物点在无限远时自准校正透镜的光焦度比物点在有限远时的小，所引起的高级球差小。$r_{03}=1800\text{mm}$、$e_3^2=-2.484$ 的凸非球面检验光学系统中的高级球差得到了很好的平衡，设计结果非常好。然而用自准校正透镜凹面自准检验偏心率为 $-1.5\leqslant e_3^2\leqslant 1$ 的大口径、大相对孔径非球面是非常困难的。针对这一问题，将自准校正透镜凹面自准改为凸面自准，可降低自准校正透镜的光焦度，从而改进设计效果，自准校正透镜凸面自准检验凸非球面的方法将在第 3 章中进行介绍。

第 3 章　利用自准校正透镜凸面自准检验凸非球面

根据第 2 章论述，利用自准校正透镜凸面自准检验凸非球面可改善检验效果，本章将对自准校正透镜凸面自准检验凸非球面的情况进行详细论述。

3.1　利用自准校正透镜凸面自准检验凸非球面的三级像差理论

如图 3.1 所示，依据三级像差理论，对自准校正透镜凸面自准检验凸非球面的方法进行论述如下。

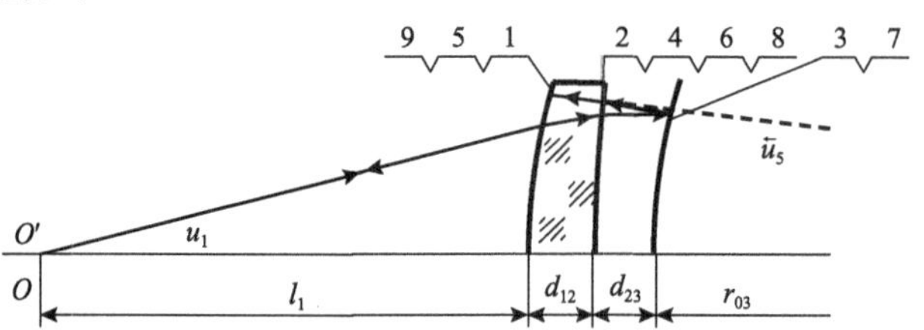

图 3.1　自准校正透镜凸面自准检验凸非球面的光路示意图

3.1.1　规化光学系统的求解

如图 3.1 所示，从轴上物点 O 发出的光线经自准校正透镜面 1 和 2 折射到待检凸非球面 3，经待检凸非球面 3 反射到面 4，经面 4 折射到自准面 5(半反半透面)，经面 5 自准反射后按原路返回 O 点。下面先设定系统规化条件，给出规化系统各参数关系，然后给出规化系统的求解流程。

1. 规化条件及规化系统各参数的关系

1) 规化条件

设定规化条件为

$$h_{03}=1,\quad r_{03}=1,\quad d_{23}=0.05$$

2) 折射率 n

设定折射率 n 为

$$n_1=1,\quad n_1'=n_2=n,\quad n_2'=n_3=1,\quad \bar{n}_3'=\bar{n}_4=-1,\quad \bar{n}_4'=\bar{n}_5=-n$$

$$n_5' = n_6 = n, \quad n_6' = n_7 = 1, \quad \bar{n}_7' = \bar{n}_8 = -1, \quad \bar{n}_8' = \bar{n}_9 = -n, \quad \bar{n}_9' = -1$$

3) 系统各间距 d

根据图 3.1 有

$$d_{12} = 0.05, \quad d_{12} = -\bar{d}_{45} = d_{56} = -\bar{d}_{89}$$

$$d_{23} = 0.05, \quad d_{23} = -\bar{d}_{34} = d_{67} = -\bar{d}_{78}, \quad u_3 + \bar{u}_3' = 2$$

4) 各面光线入射高度 h

$$\begin{cases} h_1 = h_2 + d_{12}u_1' = h_9 = l_1 u_1 \\ h_2 = h_{03} + d_{23}u_2' = h_8 \\ h_4 = h_{03} - \bar{d}_{34}\bar{u}_3' = h_6 \\ h_5 = h_4 - \bar{d}_{45}\bar{u}_4' \end{cases} \tag{3.1}$$

5) 各面孔径角 u

$$u_1 = \bar{u}_9', \quad u_1' = u_2 = \bar{u}_8' = \bar{u}_9, \quad u_2' = u_3 = \bar{u}_7' = \bar{u}_8$$

$$\bar{u}_3' = \bar{u}_4 = u_6' = u_7, \quad \bar{u}_4' = \bar{u}_5 = u_5' = u_6$$

6) 各面曲率半径 r

在规化条件下，待检非球面 $r_{03} = r_{07} = 1$，根据近轴公式有

$$\begin{cases} \dfrac{(n_1' - n_1)h_1}{r_1} = n_1'u_1' - n_1u_1, & r_1 = \dfrac{(n-1)h_1}{nu_1' - u_1} \\ \dfrac{(n_2' - n_2)h_2}{r_2} = n_2'u_2' - n_2u_2, & r_2 = \dfrac{(1-n)h_2}{u_2' - nu_2} \\ \dfrac{(\bar{n}_4' - \bar{n}_4)h_4}{r_4} = \bar{n}_4'\bar{u}_4' - \bar{n}_4\bar{u}_4, & r_4 = \dfrac{(n-1)h_4}{n\bar{u}_4' - \bar{u}_4} \\ \dfrac{(n_5' - \bar{n}_5)h_5}{r_5} = n_5'u_5' - \bar{n}_5\bar{u}_5, & r_5 = \dfrac{h_5}{u_5'} = \dfrac{h_5}{\bar{u}_4'} \end{cases} \tag{3.2}$$

式中，

$$r_1 = r_5 = r_9, \quad r_2 = r_4 = r_6 = r_8$$

2. 规化光学系统结构参数求解

1) 求解 u_2 和 $\bar{u}_4'$ 的关系

根据式(3.2)有

$$\frac{nu_2 - u_2'}{h_2} = \frac{n\bar{u}_4' - \bar{u}_4}{h_4}$$

$$\begin{cases} u_2 = \dfrac{1}{n}\left[\dfrac{h_2}{h_4}\left(n\bar{u}_4' - \bar{u}_4\right) + u_2'\right] \\ \bar{u}_4' = \dfrac{1}{n}\left[\dfrac{h_4}{h_2}\left(nu_2 - u_2'\right) + \bar{u}_4\right] \end{cases} \tag{3.3}$$

2) 求解 u_1 和 u_5' 的关系

根据式(3.2)有

$$r_1 = \frac{(n-1)h_1}{\left(nu_1' - u_1\right)}, \quad r_5 = \frac{h_5}{u_5'}$$

$$h_4 = h_5, \quad r_1 = r_5$$

$$u_5' = \frac{\left(nu_1' - u_1\right)h_5}{(n-1)h_1} = \bar{u}_4' = \frac{1}{n}\left[\frac{h_4}{h_2}\left(nu_2 - u_2'\right) + \bar{u}_4\right]$$

为计算方便，假设单透镜为薄透镜，即 $d_{12} = -\bar{d}_{45} = 0$，有

$$h_1 = h_2, \quad h_4 = h_5$$

$$u_1 = nu_1' - (n-1)u_1' + \frac{n-1}{n}u_3 - \frac{(n-1)h_2}{nh_4}\bar{u}_3'$$

$$u_1' = u_1 - \frac{n-1}{n}\left(u_3 - \frac{h_2}{h_4}\bar{u}_3'\right) \tag{3.4}$$

已知 n、d_{23}，设定 $\bar{u}_3'$，可求出 u_3、h_2 和 h_4，再设定 u_1 可求解 u_1'，又有 $u_1' = u_2$，就可以利用 u_2 求解规化光学系统其他结构参数，即完成自准校正透镜为薄透镜时的规化光学系统结构参数的求解。

3) 求解单透镜厚度 $d_{12} = 0.05$ 时的规化光学系统结构参数

保持单透镜为薄透镜 $d_{12} = 0$ 时规化光学系统中的结构参数 u_2、$\bar{u}_4'$、h_2、h_4、r_2、r_4 和 $r_{03} = 1$ 不变，仅改变 r_1、r_5、h_1、h_5 和 u_1。

根据式(3.1)和式(3.2)求解 h_1、h_5、r_5 和 u_1。

3.1.2　系统消球差条件

根据三级像差理论，P 表示单面像差参量，图 3.1 所示光学系统的消球差条件为

$$S_1 = h_1P_1 + h_2P_2 + h_{03}\bar{P}_3 + h_{03}^4K_3 + h_4\bar{P}_4 + h_5P_5 + h_6P_6 + h_{07}\bar{P}_7 + h_{07}^4K_7 + h_8\bar{P}_8 + h_9\bar{P}_9 = 0$$

式中，

$$h_1 = h_9,\quad P_1 = \bar{P}_9,\quad h_2 = h_8,\quad P_2 = \bar{P}_8,\quad h_{03} = h_{07}$$

$$\bar{P}_3 = \bar{P}_7,\quad h_4 = h_6,\quad \bar{P}_4 = P_6,\quad K_3 = K_7,\quad P_5 = 0$$

$$\begin{cases} P_1 = \left(\dfrac{u_1' - u_1}{1/n_1' - 1/n_1}\right)^2\left(\dfrac{u_1'}{n_1'} - \dfrac{u_1}{n_1}\right) = n\left(\dfrac{u_1' - u_1}{n-1}\right)^2(u_1' - nu_1) \\ P_2 = \left(\dfrac{u_2' - u_2}{1/n_2' - 1/n_2}\right)^2\left(\dfrac{u_2'}{n_2'} - \dfrac{u_2}{n_2}\right) = n\left(\dfrac{u_2' - u_2}{n-1}\right)^2(nu_2' - u_2) \\ \bar{P}_3 = \left(\dfrac{\bar{u}_3' - u_3}{1/\bar{n}_3' - 1/n_3}\right)^2\left(\dfrac{\bar{u}_3'}{\bar{n}_3'} - \dfrac{u_3}{n_3}\right) = -\dfrac{(\bar{u}_3' - u_3)^2}{2} \\ \bar{P}_4 = \left(\dfrac{\bar{u}_4' - \bar{u}_4}{1/\bar{n}_4' - 1/\bar{n}_4}\right)^2\left(\dfrac{\bar{u}_4'}{\bar{n}_4'} - \dfrac{\bar{u}_4}{\bar{n}_4}\right) = -n\left(\dfrac{\bar{u}_4' - \bar{u}_4}{n-1}\right)^2(\bar{u}_4' - n\bar{u}_4) \end{cases} \tag{3.5}$$

$$u_5' = \bar{u}_5,\quad K_3 = -\frac{\bar{n}_3' - n_3}{r_{03}^3}e_3^2 = 2e_3^2$$

化简可得

$$e_3^2 = -\frac{h_1P_1 + h_2P_2 + \bar{P}_3 + h_4\bar{P}_4}{2} \tag{3.6}$$

3.2　利用自准校正透镜凸面自准检验凸非球面的分析

下面先给定$\bar{u}_3'$，然后根据三级像差理论和规化条件，求解不同起始孔径角u_1对应的规化光学系统。

3.2.1　自准角 $\bar{u}_3' = 2.5$ 对应的自准校正透镜凸面自准检验凸非球面的规化光学系统

设定$\bar{u}_3' = 2.5$，先假设自准校正透镜为薄透镜，即$d_{12} = 0$；求解对应的规化光学系统的结构参数，然后在其基础上求解$d_{12} = 0.05$的规化光学系统的结构参数。本章中单透镜采用 K9 光学玻璃，其对波长$\lambda = 0.6328\mu m$激光的折射率为$n_{0.6328} = 1.514664$。

1. 求解自准角 $\bar{u}_3'=2.5$ 对应的自准校正透镜凸面自准检验凸非球面的规化光学系统的相关参数

1）求解 u_3

根据规化条件有

$$\bar{u}_3'+u_3=2,\quad u_3=u_2'=-0.5,\quad \bar{u}_4=\bar{u}_3'=2.5$$

2）求解 h_2 和 h_4

根据式（3.1）有

$$h_2=h_1=1+d_{23}u_3=0.975,\quad h_4=h_5=h_{03}-\bar{d}_{34}\bar{u}_3'=1.125$$

2. 求解自准角 $\bar{u}_3'=2.5$ 时不同 u_1 对应的自准校正透镜凸面自准检验凸非球面的规化光学系统

根据上述 $\bar{u}_3'=2.5$ 时的相关参数，求解不同 u_1 对应的自准校正透镜凸面自准检验凸非球面的规化光学系统的结构参数如下。

1）设定起始孔径角 $u_1=0$

（1）求解 l_1、u_1'、u_2 和 $\bar{u}_4'$。

已知 $u_1=0$，有

$$l_1=\frac{h_1}{u_1}\to\infty$$

根据式（3.4）求解 u_1'，有

$$u_1'=u_2=u_1-\frac{n-1}{n}\left(u_3-\frac{h_2}{h_4}\bar{u}_3'\right)=0.9061$$

根据式（3.3）求解 $\bar{u}_4'$，有

$$\bar{u}_4'=\frac{1}{n}\left[\frac{h_4}{h_2}(nu_2-u_2')+\bar{u}_4\right]=3.076923$$

整理可得

$$u_1=0,\quad u_2=u_1'=0.9061,\quad u_3=u_2'=-0.5$$

$$\bar{u}_4=\bar{u}_3'=2.5,\quad \bar{u}_5=\bar{u}_4'=3.076923$$

（2）求解 P。

根据式（3.5）有

$$P_1 = n\left(\frac{u_1' - u_1}{n-1}\right)^2 (u_1' - nu_1) = 4.253999$$

$$P_2 = n\left(\frac{u_2' - u_2}{n-1}\right)^2 (nu_2' - u_2) = -18.806423$$

$$\overleftarrow{P}_3 = -\frac{(\overleftarrow{u}_3' - u_3)^2}{2} = -4.5$$

$$\overleftarrow{P}_4 = -n\left(\frac{\overleftarrow{u}_4' - \overleftarrow{u}_4}{n-1}\right)^2 (\overleftarrow{u}_4' - n\overleftarrow{u}_4) = 1.350834$$

$$P_5 = 0$$

(3) 求解偏心率 e_3^2。

根据式(3.6)有

$$e_3^2 = -\frac{h_1 P_1 + h_2 P_2 + \overleftarrow{P}_3 + h_4 \overleftarrow{P}_4}{2} = 8.584464$$

(4) 求解曲率半径 r。

根据式(3.2)有

$$r_1 = \frac{(n-1)h_1}{nu_1' - u_1} = 0.365625$$

$$r_2 = \frac{(1-n)h_2}{u_2' - nu_2} = 0.267992$$

$$r_4 = \frac{(n-1)h_4}{n\overleftarrow{u}_4' - \overleftarrow{u}_4} = 0.267992$$

$$r_5 = \frac{h_5}{\overleftarrow{u}_4'} = 0.365625$$

(5) 自准校正透镜为薄透镜，即 $d_{12} = 0$，对应的规化光学系统的结构参数。

$$r_1 = r_5 = 0.365625, \quad r_2 = r_4 = 0.267992, \quad r_{03} = 1$$

$$l_1 \to \infty, \quad d_{12} = 0, \quad d_{23} = 0.05, \quad \overleftarrow{d}_{34} = -0.05, \quad \overleftarrow{d}_{45} = 0$$

$$h_1 = h_2 = 0.975, \quad h_{03} = 1, \quad h_4 = h_5 = 1.125, \quad e_3^2 = 8.584464$$

(6) 自准校正透镜中心厚度 $d_{12} = 0.05$ 对应的规化光学系统的结构参数。

保持自准校正透镜为薄透镜时对应的规化光学系统中的结构参数 u_2、$\overleftarrow{u}_4'$、h_2、h_4、r_2、r_4 和 $r_{03} = 1$ 不变，仅改变 r_1、r_5、h_1、h_5 和 u_1。

根据式(3.1)和式(3.2)求解h_5、r_5、h_1、u_1和l_1，有

$$h_5 = h_4 - \bar{d}_{45}\bar{u}_4' = 1.278846, \quad r_5 = r_1 = \frac{h_5}{\bar{u}_5} = \frac{h_5}{\bar{u}_4'} = 0.415625$$

$$h_1 = h_2 + d_{12}u_1' = 1.020305$$

$$u_1 = nu_1' - \frac{(n-1)h_1}{r_1} = 0.109004, \quad l_1 = \frac{h_1}{u_1} = 9.360207$$

将得到的u_1代入式(3.5)求解P_1，有

$$P_1 = n\left(\frac{u_1' - u_1}{n-1}\right)^2 (u_1' - nu_1) = 2.692185$$

上述P_2、$\bar{P}_3$、$\bar{P}_4$、P_5保持不变，将得到的P_1和h_1代入式(3.6)求解偏心率e_3^2，有

$$e_3^2 = -\frac{h_1P_1 + h_2P_2 + \bar{P}_3 + h_4\bar{P}_4}{2} = 9.284866$$

整理上述参数可得，$\bar{u}_3' = 2.5$、$u_1 = 0.109004$、$d_{12} = 0.05$对应的自准校正透镜凸面自准检验凸非球面的规化光学系统的结构参数如表3.1所示，对应的规化光学系统如图3.2所示。$u_1 > 0$，该系统是发散系统，这里光学系统图没有反映发散光路的真实情况，仅供参考。

表3.1　$\bar{u}_3' = 2.5$、$u_1 = 0.109004$、$d_{12} = 0.05$对应的自准校正透镜凸面自准检验凸非球面的规化光学系统的结构参数

Surf	Type	Radius	Thickness	Glass	Diameter	Conic
OBJ	Standard	Infinity	−9.3602	—	0.0000	0.0000
1	Standard	0.4156	0.0500	K9	0.1600	0.0000
2	Standard	0.2679	0.0500	—	0.1600	0.0000
3	Standard	1.0000	−0.0500	MIRROR	0.1600	−9.2849
4	Standard	0.2679	−0.0500	K9	0.1600	0.0000
STO	Standard	0.4156	0.0500	MIRROR	0.1600	0.0000
6	Standard	0.2679	0.0500	—	0.1600	0.0000
7	Standard	1.0000	−0.0500	MIRROR	0.1600	−9.2849
8	Standard	0.2679	−0.0500	K9	0.1600	0.0000
9	Standard	0.4156	9.3692	—	0.1600	0.0000
IMA	Standard	Infinity	—	—	0.0000	0.0000

图 3.2　$\bar{u}_3'=2.5$、$u_1=0.109004$、$d_{12}=0.05$ 对应的自准校正透镜凸面自准检验凸非球面的规化光学系统

2）设定起始孔径角 $u_1=-0.25$

（1）求解 l_1 和 u_1'、u_2、$\bar{u}_4'$。

$$l_1=\frac{h_1}{u_1}=-3.9$$

根据式（3.4）求解 u_1'，有

$$u_1'=u_2=u_1-\frac{n-1}{n}\left(u_3-\frac{h_2}{h_4}\bar{u}_3'\right)=0.6561$$

根据式（3.3）求解 $\bar{u}_4'$，有

$$\bar{u}_4'=\frac{1}{n}\left[\frac{h_4}{h_2}(nu_2-u_2')+\bar{u}_4\right]=2.788462$$

整理可得

$$u_1=-0.25,\quad u_2=u_1'=0.6561,\quad u_3=u_2'=-0.5$$

$$\bar{u}_4=\bar{u}_3'=2.5,\quad \bar{u}_5=\bar{u}_4'=2.788462$$

（2）求解 P。

根据式（3.5）有

$$P_1=n\left(\frac{u_1'-u_1}{n-1}\right)^2(u_1'-nu_1)=4.858066$$

$$P_2=n\left(\frac{u_2'-u_2}{n-1}\right)^2(nu_2'-u_2)=-10.802758$$

$$\bar{P}_3=-\frac{(\bar{u}_3'-u_3)^2}{2}=-4.5$$

$$\bar{P}_4=-n\left(\frac{\bar{u}_4'-\bar{u}_4}{n-1}\right)^2(\bar{u}_4'-n\bar{u}_4)=0.474965$$

$$P_5=0$$

(3) 求解偏心率 e_3^2。

根据式(3.6)有

$$e_3^2 = -\frac{h_1 P_1 + h_2 P_2 + \overleftarrow{P}_3 + h_4 \overleftarrow{P}_4}{2} = 4.880870$$

(4) 求解曲率半径 r。

根据式(3.2)有

$$r_1 = \frac{(n-1)h_1}{nu_1' - u_1} = 0.403448$$

$$r_2 = \frac{(1-n)h_2}{u_2' - nu_2} = 0.335927$$

$$r_4 = \frac{(n-1)h_4}{n\overleftarrow{u}_4' - \overleftarrow{u}_4} = 0.335927$$

$$r_5 = \frac{h_5}{\overleftarrow{u}_4'} = 0.403448$$

(5) 自准校正透镜为薄透镜，即 $d_{12} = 0$，对应的规化光学系统的结构参数。

$$r_1 = r_5 = 0.403448, \quad r_2 = r_4 = 0.335927, \quad r_{03} = 1$$

$$l_1 = -3.9, \quad d_{12} = 0, \quad d_{23} = 0.05, \quad \overleftarrow{d}_{34} = -0.05, \quad \overleftarrow{d}_{45} = 0$$

$$h_1 = h_2 = 0.975, \quad h_{03} = 1, \quad h_4 = h_5 = 1.125, \quad e_3^2 = 4.880870$$

(6) 求解自准校正透镜中心厚度 $d_{12} = 0.05$ 对应的规化光学系统的结构参数。

保持自准校正透镜为薄透镜时对应的规化光学系统中的结构参数 u_2、$\overleftarrow{u}_4'$、h_2、h_4、r_2、r_4 和 $r_{03} = 1$ 不变，仅改变 r_1、r_5、h_1、h_5 和 u_1。

根据式(3.1)和式(3.2)求解 h_5、r_5、h_1、u_1 和 l_1，有

$$h_5 = h_4 - \overleftarrow{d}_{45}\overleftarrow{u}_4' = 1.264423, \quad r_5 = r_1 = \frac{h_5}{\overleftarrow{u}_5} = \frac{h_5}{\overleftarrow{u}_4'} = 0.453448$$

$$h_1 = h_2 + d_{12}u_1' = 1.007805$$

$$u_1 = nu_1' - \frac{(n-1)h_1}{r_1} = -0.150089, \quad l_1 = \frac{h_1}{u_1} = -6.714769$$

根据式(3.5)求解 P_1，有

$$P_1 = n\left(\frac{u_1' - u_1}{n-1}\right)^2 (u_1' - nu_1) = 3.283333$$

上述P_2、$\bar{P}_3$、$\bar{P}_4$、P_5保持不变，根据式(3.6)求解偏心率e_3^2，有

$$e_3^2 = -\frac{h_1 P_1 + h_2 P_2 + \bar{P}_3 + h_4 \bar{P}_4}{2} = 5.594697$$

整理上述参数可得，$\bar{u}_3' = 2.5$、$u_1 = -0.150089$、$d_{12} = 0.05$对应的自准校正透镜凸面自准检验凸非球面的规化光学系统的结构参数如表 3.2 所示，对应的规化光学系统如图 3.3 所示。

表 3.2　$\bar{u}_3' = 2.5$、$u_1 = -0.150089$、$d_{12} = 0.05$ 对应的自准校正透镜凸面自准检验凸非球面的规化光学系统的结构参数

Surf	Type	Radius	Thickness	Glass	Diameter	Conic
OBJ	Standard	Infinity	6.7147	—	0.0000	0.0000
1	Standard	0.4534	0.0500	K9	0.1600	0.0000
2	Standard	0.3359	0.0500	—	0.1600	0.0000
3	Standard	1.0000	−0.0500	MIRROR	0.1600	−5.5947
4	Standard	0.3359	−0.0500	K9	0.1600	0.0000
STO	Standard	0.4534	0.0500	MIRROR	0.1600	0.0000
6	Standard	0.3359	0.0500	—	0.1600	0.0000
7	Standard	1.0000	−0.0500	MIRROR	0.1600	−5.5947
8	Standard	0.3359	−0.0500	K9	0.1600	0.0000
9	Standard	0.4534	−6.7147	—	0.1600	0.0000
IMA	Standard	Infinity	—	—	0.0000	0.0000

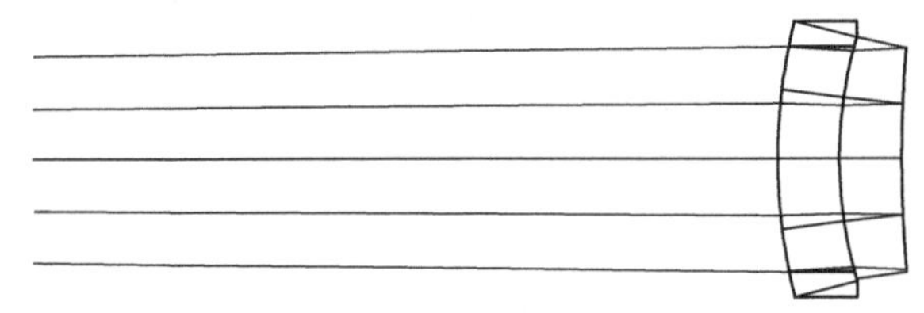

图 3.3　$\bar{u}_3' = 2.5$、$u_1 = -0.150089$、$d_{12} = 0.05$ 对应的自准校正透镜凸面自准检验凸非球面的规化光学系统

3) 设定起始孔径角$u_1 = -0.5$

(1) 求解l_1和u_1'、u_2、$\bar{u}_4'$。

$$l_1 = \frac{h_1}{u_1} = -1.95$$

根据式(3.4)和式(3.3)求解u_1'、$\bar{u}_4'$，有

$$u_1' = u_2 = u_1 - \frac{n-1}{n}\left(u_3 - \frac{h_2}{h_4}\bar{u}_3'\right) = 0.4061$$

$$\bar{u}_4' = \frac{1}{n}\left[\frac{h_4}{h_2}\left(nu_2 - u_2'\right) + \bar{u}_4\right] = 2.5$$

整理可得

$$u_1 = -0.5,\quad u_2 = u_1' = 0.4061,\quad u_3 = u_2' = -0.5$$

$$\bar{u}_4 = \bar{u}_3' = 2.5,\quad \bar{u}_5 = \bar{u}_4' = 2.5$$

(2)求解P。

根据式(3.5)有

$$P_1 = n\left(\frac{u_1' - u_1}{n-1}\right)^2\left(u_1' - nu_1\right) = 5.462133$$

$$P_2 = n\left(\frac{u_2' - u_2}{n-1}\right)^2\left(nu_2' - u_2\right) = -5.462133$$

$$\bar{P}_3 = -\frac{\left(\bar{u}_3' - u_3\right)^2}{2} = -4.5$$

$$\bar{P}_4 = 0$$

$$P_5 = 0$$

(3)求解偏心率e_3^2。

根据式(3.6)有

$$e_3^2 = -\frac{h_1 P_1 + h_2 P_2 + \bar{P}_3 + h_4 \bar{P}_4}{2} = 2.25$$

(4)求解曲率半径r。

根据式(3.2)有

$$r_1 = \frac{(n-1)h_1}{nu_1' - u_1} = 0.45$$

$$r_2 = \frac{(1-n)h_2}{u_2' - nu_2} = 0.45$$

$$r_4 = \frac{(n-1)h_4}{n\bar{u}_4' - \bar{u}_4} = 0.45$$

$$r_5 = \frac{h_5}{\bar{u}_4'} = 0.45$$

(5) 自准校正透镜为薄透镜，即 $d_{12}=0$，对应的规化光学系统的结构参数。

$$r_1=r_5=0.45,\quad r_2=r_4=0.45,\quad r_{03}=1$$

$$l_1=-1.951,\quad d_{12}=0,\quad d_{23}=0.05,\quad \overleftarrow{d}_{34}=-0.05,\quad \overleftarrow{d}_{45}=0$$

$$h_1=h_2=0.975,\quad h_{03}=1,\quad h_4=1.125,\quad e_3^2=2.25$$

(6) 求解自准校正透镜中心厚度 $d_{12}=0.05$ 对应的规化光学系统的结构参数。

保持自准校正透镜为薄透镜时对应的规化光学系统中的结构参数 u_2、$\overleftarrow{u}_4'$、h_2、h_4、r_2、r_4 和 $r_{03}=1$ 不变，仅改变 r_1、r_5、h_1、h_5 和 u_1。

根据式 (3.1) 和式 (3.2) 求解 h_5、r_5、h_1、u_1 和 l_1，有

$$h_5=h_4-\overleftarrow{d}_{45}\overleftarrow{u}_4'=1.25,\quad r_5=r_1=\frac{h_5}{\overleftarrow{u}_5}=\frac{h_5}{\overleftarrow{u}_4'}=0.5$$

$$h_1=h_2+d_{12}u_1'=0.995305$$

$$u_1=nu_1'-\frac{(n-1)h_1}{r_1}=-0.409390,\quad l_1=\frac{h_1}{u_1}=-2.431190$$

根据式 (3.5) 求解 P_1，有

$$P_1=n\left(\frac{u_1'-u_1}{n-1}\right)^2\left(u_1'-nu_1\right)=3.902414$$

根据式 (3.6) 求解偏心率 e_3^2，有

$$e_3^2=-\frac{h_1P_1+h_2P_2+\overleftarrow{P}_3+h_4\overleftarrow{P}_4}{2}=2.970744$$

整理上述参数可得，$\overleftarrow{u}_3'=2.5$、$u_1=-0.409390$、$d_{12}=0.05$ 对应的自准校正透镜凸面自准检验凸非球面的规化光学系统的结构参数如表 3.3 所示，对应的规化光学系统如图 3.4 所示。

表 3.3　$\overleftarrow{u}_3'=2.5$、$u_1=-0.409390$、$d_{12}=0.05$ 对应的自准校正透镜凸面自准检验凸非球面的规化光学系统的结构参数

Surf	Type	Radius	Thickness	Glass	Diameter	Conic
OBJ	Standard	Infinity	2.4312	—	0.0000	0.0000
1	Standard	0.5000	0.0500	K9	0.1600	0.0000
2	Standard	0.4500	0.0500	—	0.1600	0.0000

续表

Surf	Type	Radius	Thickness	Glass	Diameter	Conic
3	Standard	1.0000	−0.0500	MIRROR	0.1600	−2.9707
4	Standard	0.4500	−0.0500	K9	0.1600	0.0000
STO	Standard	0.5000	0.0500	MIRROR	0.1600	0.0000
6	Standard	0.4500	0.0500	—	0.1600	0.0000
7	Standard	1.0000	−0.0500	MIRROR	0.1600	−2.9707
8	Standard	0.4500	−0.0500	K9	0.1600	0.0000
9	Standard	0.5000	−2.4312	—	0.1600	0.0000
IMA	Standard	Infinity	—	—	0.0000	0.0000

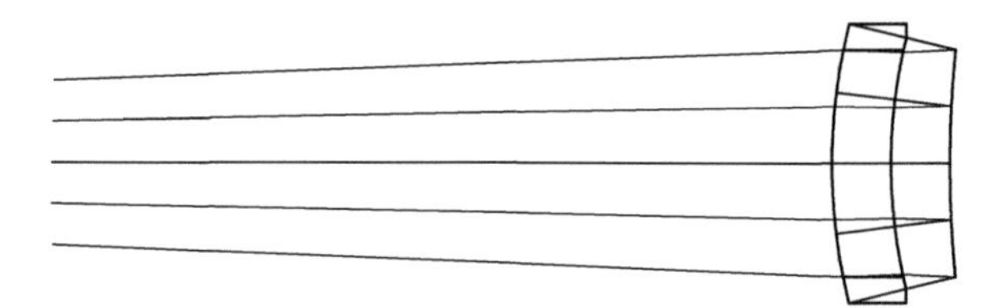

图 3.4　$\bar{u}_3' = 2.5$、$u_1 = -0.409390$、$d_{12} = 0.05$ 对应的自准校正透镜凸面自准检验凸非球面的规化光学系统

4) 设定起始孔径角 $u_1 = -0.75$

(1) 求解 l_1 和 u_1'、u_2、$\bar{u}_4'$。

$$l_1 = \frac{h_1}{u_1} = -1.3$$

根据式(3.4)求解 u_1'，有

$$u_2 = u_1' = u_1 - \frac{n-1}{n}\left(u_3 - \frac{h_2}{h_4}\bar{u}_3'\right) = 0.1561$$

根据式(3.3)求解 $\bar{u}_4'$，有

$$\bar{u}_4' = \frac{1}{n}\left[\frac{h_4}{h_2}\left(nu_2 - u_2'\right) + \bar{u}_4\right] = 2.211538$$

整理可得

$$u_1 = -0.75,\quad u_2 = u_1' = 0.1561,\quad u_3 = u_2' = -0.5$$

$$\bar{u}_4 = \bar{u}_3' = 2.5,\quad \bar{u}_5 = \bar{u}_4' = 2.211538$$

(2) 求解 P。

根据式(3.5)有

$$P_1 = n\left(\frac{u_1' - u_1}{n-1}\right)^2 (u_1' - nu_1) = 6.066196$$

$$P_2 = n\left(\frac{u_2' - u_2}{n-1}\right)^2 (nu_2' - u_2) = -2.248459$$

$$\overleftarrow{P}_3 = -\frac{(\overleftarrow{u}_3' - u_3)^2}{2} = -4.5$$

$$\overleftarrow{P}_4 = -n\left(\frac{\overleftarrow{u}_4' - \overleftarrow{u}_4}{n-1}\right)^2 (\overleftarrow{u}_4' - n\overleftarrow{u}_4) = 0.749478$$

$$P_5 = 0$$

(3) 求解偏心率 e_3^2。

根据式(3.6)有

$$e_3^2 = -\frac{h_1 P_1 + h_2 P_2 + \overleftarrow{P}_3 + h_4 \overleftarrow{P}_4}{2} = -0.032729$$

(4) 求解曲率半径 r。

根据式(3.2)有

$$r_1 = \frac{(n-1)h_1}{nu_1' - u_1} = 0.508696$$

$$r_2 = \frac{(1-n)h_2}{u_2' - nu_2} = 0.681383$$

$$r_4 = \frac{(n-1)h_4}{n\overleftarrow{u}_4' - \overleftarrow{u}_4} = 0.681383$$

$$r_5 = \frac{h_5}{\overleftarrow{u}_4'} = 0.508696$$

(5) 自准校正透镜为薄透镜，即 $d_{12} = 0$，对应的规化光学系统的结构参数。

$$r_1 = r_5 = 0.508696, \quad r_2 = r_4 = 0.681383, \quad r_{03} = 1$$

$$l_1 = -1.3, \quad d_{12} = 0, \quad d_{23} = 0.05, \quad \overleftarrow{d}_{34} = -0.05, \quad \overleftarrow{d}_{45} = 0$$

$$h_1 = h_2 = 0.975, \quad h_{03} = 1, \quad h_4 = 1.125, \quad e_3^2 = -0.032729$$

(6) 求解自准校正透镜中心厚度 $d_{12}=0.05$ 对应的规化光学系统的结构参数。

保持自准校正透镜为薄透镜时对应的规化光学系统中的结构参数 u_2、$\bar{u}_4'$、h_2、h_4、r_2、r_4 和 $r_{03}=1$ 不变，仅改变 r_1、r_5、h_1、h_5 和 u_1。

根据式(3.1)和式(3.2)求解 h_5、r_5、h_1、u_1 和 l_1，有

$$h_5=h_4-\bar{d}_{45}\bar{u}_4'=1.235577,\quad r_5=r_1=\frac{h_5}{\bar{u}_5}=\frac{h_5}{\bar{u}_4'}=0.558696$$

$$h_1=h_2+d_{12}u_1'=0.982805$$

$$u_1=nu_1'-\frac{(n-1)h_1}{r_1}=-0.668909,\quad l_1=\frac{h_1}{u_1}=-1.469266$$

根据式(3.5)求解 P_1，有

$$P_1=n\left(\frac{u_1'-u_1}{n-1}\right)^2(u_1'-nu_1)=4.550955$$

根据式(3.6)求解偏心率 e_3^2，有

$$e_3^2=-\frac{h_1P_1+h_2P_2+\bar{P}_3+h_4\bar{P}_4}{2}=0.688193$$

整理上述参数可得，$\bar{u}_3'=2.5$、$u_1=-0.668909$、$d_{12}=0.05$ 对应的自准校正透镜凸面自准检验凸非球面的规化光学系统的结构参数如表 3.4 所示，对应的规化光学系统如图 3.5 所示。

表 3.4 $\bar{u}_3'=2.5$、$u_1=-0.668909$、$d_{12}=0.05$ 对应的自准校正透镜凸面自准检验凸非球面的规化光学系统的结构参数

Surf	Type	Radius	Thickness	Glass	Diameter	Conic
OBJ	Standard	Infinity	1.4693	—	0.0000	0.0000
1	Standard	0.5587	0.0500	K9	0.1600	0.0000
2	Standard	0.6814	0.0500	—	0.1600	0.0000
3	Standard	1.0000	−0.0500	MIRROR	0.1600	−0.6882
4	Standard	0.6814	−0.0500	K9	0.1600	0.0000
STO	Standard	0.5586	0.0500	MIRROR	0.1600	0.0000
6	Standard	0.6814	0.0500	—	0.1600	0.0000
7	Standard	1.0000	−0.0500	MIRROR	0.1600	−0.6882
8	Standard	0.6814	−0.0500	K9	0.1600	0.0000
9	Standard	0.5587	−1.4693	—	0.1600	0.0000
IMA	Standard	Infinity	—	—	0.0000	0.0000

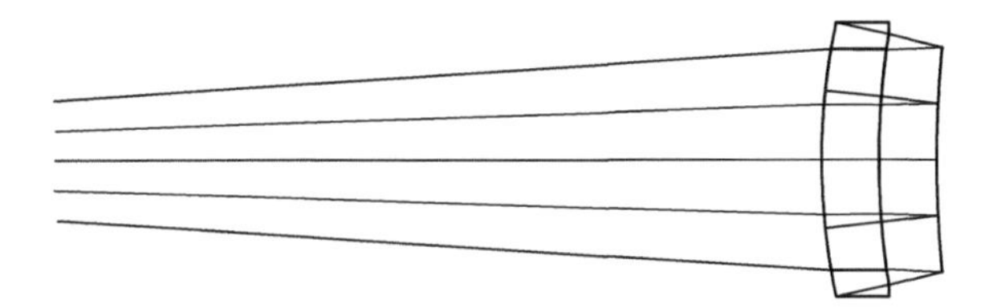

图 3.5　$\bar{u}_3' = 2.5$、$u_1 = -0.668909$、$d_{12} = 0.05$ 对应的自准校正透镜凸面自准检验凸非球面的规化光学系统

5) 设定起始孔径角 $u_1 = -1$

(1) 求解 l_1 和 u_1'、u_2、$\bar{u}_4'$。

$$l_1 = \frac{h_1}{u_1} = -0.975$$

根据式(3.4)求解 u_1'，有

$$u_1' = u_2 = u_1 - \frac{n-1}{n}\left(u_3 - \frac{h_2}{h_4}\bar{u}_3'\right) = -0.0939$$

根据式(3.3)求解 $\bar{u}_4'$，有

$$\bar{u}_4' = \frac{1}{n}\left[\frac{h_4}{h_2}(nu_2 - u_2') + \bar{u}_4\right] = 1.923077$$

整理可得

$$u_1 = -1, \quad u_2 = u_1' = -0.0939, \quad u_3 = u_2' = -0.5$$

$$\bar{u}_4 = \bar{u}_3' = 2.5, \quad \bar{u}_5 = \bar{u}_4' = 1.923077$$

(2) 求解 P。

根据式(3.5)有

$$P_1 = n\left(\frac{u_1' - u_1}{n-1}\right)^2 (u_1' - nu_1) = 6.670266$$

$$P_2 = n\left(\frac{u_2' - u_2}{n-1}\right)^2 (nu_2' - u_2) = -0.625650$$

$$\bar{P}_3 = -\frac{(\bar{u}_3' - u_3)^2}{2} = -4.5$$

$$\bar{P}_4 = -n\left(\frac{\bar{u}_4' - \bar{u}_4}{n-1}\right)^2 (\bar{u}_4' - n\bar{u}_4) = 3.546936$$

$$P_5 = 0$$

(3) 求解偏心率 e_3^2。

根据式(3.6)有

$$e_3^2 = -\frac{h_1 P_1 + h_2 P_2 + \overleftarrow{P}_3 + h_4 \overleftarrow{P}_4}{2} = -2.691902$$

(4) 求解曲率半径 r。

根据式(3.2)有

$$r_1 = \frac{(n-1)h_1}{nu_1' - u_1} = 0.585$$

$$r_2 = \frac{(1-n)h_2}{u_2' - nu_2} = 1.402557$$

$$r_4 = \frac{(n-1)h_4}{n\overleftarrow{u}_4' - \overleftarrow{u}_4} = 1.402557$$

$$r_5 = \frac{h_5}{\overleftarrow{u}_4'} = 0.585$$

(5) 自准校正透镜为薄透镜，即 $d_{12} = 0$，对应的规化光学系统的结构参数。

$$r_1 = r_5 = 0.585, \quad r_2 = r_4 = 1.402557, \quad r_{03} = 1$$

$$l_1 = -0.975, \quad d_{12} = 0, \quad d_{23} = 0.05, \quad \overleftarrow{d}_{34} = -0.05, \quad \overleftarrow{d}_{45} = 0$$

$$h_1 = h_2 = 0.975, \quad h_{03} = 1, \quad h_4 = 1.125, \quad e_3^2 = -2.691902$$

(6) 求解自准校正透镜中心厚度 $d_{12} = 0.05$ 对应的规化光学系统的结构参数。

保持自准校正透镜为薄透镜时对应的规化光学系统中的结构参数 u_2、$\overleftarrow{u}_4'$、h_2、h_4、r_2、r_4 和 $r_{03} = 1$ 不变，仅改变 r_1、r_5、h_1、h_5 和 u_1。

根据式(3.1)和式(3.2)求解 h_5、r_5、h_1、u_1 和 l_1，有

$$h_5 = h_4 - \overleftarrow{d}_{45}\overleftarrow{u}_4' = 1.221154, \quad r_5 = r_1 = \frac{h_5}{\overleftarrow{u}_5} = 0.635000$$

$$h_1 = h_2 + d_{12}u_1' = 0.970305$$

$$u_1 = nu_1' - \frac{(n-1)h_1}{r_1} = -0.928654, \quad l_1 = \frac{h_1}{u_1} = -1.044851$$

根据式(3.5)求解 P_1，有

$$P_1 = n\left(\frac{u_1' - u_1}{n-1}\right)^2 (u_1' - nu_1) = 5.230586$$

根据式(3.6)求解偏心率e_3^2，有

$$e_3^2 = -\frac{h_1 P_1 + h_2 P_2 + \bar{P}_3 + h_4 \bar{P}_4}{2} = -1.977779$$

整理上述参数可得，$\bar{u}_3' = 2.5$、$u_1 = -0.928654$、$d_{12} = 0.05$ 对应的自准校正透镜凸面自准检验凸非球面的规化光学系统的结构参数如表 3.5 所示，对应的规化光学系统如图 3.6 所示。

表 3.5　$\bar{u}_3' = 2.5$、$u_1 = -0.928654$、$d_{12} = 0.05$ 对应的自准校正透镜凸面自准检验凸非球面的规化光学系统的结构参数

Surf	Type	Radius	Thickness	Glass	Diameter	Conic
OBJ	Standard	Infinity	1.0449	—	0.0000	0.0000
1	Standard	0.6350	0.0500	K9	0.1600	0.0000
2	Standard	1.4026	0.0500	—	0.1600	0.0000
3	Standard	1.0000	−0.0500	MIRROR	0.1600	1.9778
4	Standard	1.4026	−0.0500	K9	0.1600	0.0000
STO	Standard	0.6350	0.0500	MIRROR	0.1600	0.0000
6	Standard	1.4026	0.0500	—	0.1600	0.0000
7	Standard	1.0000	−0.0500	MIRROR	0.1600	1.9778
8	Standard	1.4026	−0.0500	K9	0.1600	0.0000
9	Standard	0.6350	−1.0449	—	0.1600	0.0000
IMA	Standard	Infinity	—	—	0.0000	0.0000

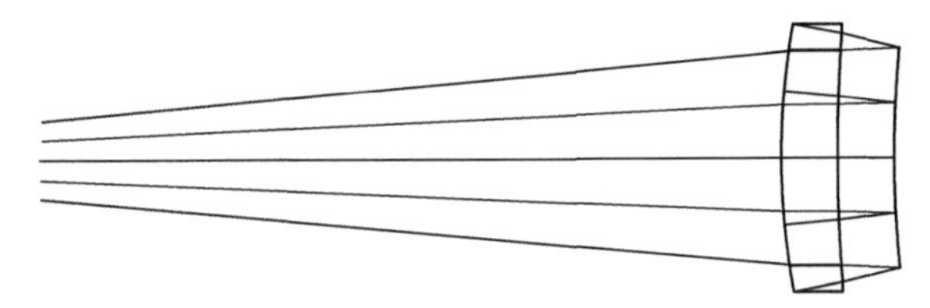

图 3.6　$\bar{u}_3' = 2.5$、$u_1 = -0.928654$、$d_{12} = 0.05$ 对应的自准校正透镜凸面自准检验凸非球面的规化光学系统

3. 自准角 $\bar{u}_3' = 2.5$ 时不同 u_1 值对应的自准校正透镜凸面自准检验凸非球面的规化光学系的结构参数

自准角 $\bar{u}_3' = 2.5$ 时不同 u_1 对应的自准校正透镜凸面自准检验凸非球面的规化光学系统的结构参数如表 3.6 所示。

表 3.6　自准角 $\bar{u}_3'=2.5$ 时不同 u_1 对应的自准校正透镜凸面自准检验凸非球面的规化光学系统的结构参数

编号	u_1	l_1	r_1	r_2	e_3^2
1	0.109004	9.360207	0.415625	0.267922	9.284866
2	−0.150089	−6.714769	0.453448	0.335927	5.594697
3	−0.409390	−2.431190	0.5	0.45	2.970744
4	−0.668909	−1.469266	0.558696	0.681383	0.688193
5	−0.928654	−1.044851	0.635000	1.402557	−1.977779

3.2.2　自准角 $\bar{u}_3'=2.25$ 对应的自准校正透镜凸面自准检验凸非球面的规化光学系统

设定 $\bar{u}_3'=2.25$，先假设自准校正透镜为薄透镜，即 $d_{12}=0$，求解对应的规化光学系统的结构参数，然后在其基础上求解 $d_{12}=0.05$ 的规化光学系统的结构参数。

1. 求解自准角 $\bar{u}_3'=2.25$ 对应的自准校正透镜凸面自准检验凸非球面的规化光学系统的相关参数

1）求解 u_3

根据规化条件有

$$u_3=2-\bar{u}_3'=-0.25,\quad \bar{u}_3'=\bar{u}_4=2.25$$

2）求解 h_2 和 h_4

根据式(3.1)有

$$h_2=h_1=1+d_{23}u_3=0.9875,\quad h_4=h_5=h_{03}-\overleftarrow{d}_{34}\bar{u}_3'=1.1125$$

2. 求解自准角 $\bar{u}_3'=2.25$ 时不同 u_1 对应的自准校正透镜凸面自准检验凸非球面的规化光学系统

根据上述 $\bar{u}_3'=2.25$ 时的相关参数，求解不同 u_1 对应的自准校正透镜凸面自准检验凸非球面的规化光学系统的结构参数如下。

1）设定起始孔径角 $u_1=0$

(1) 求解 u_1'、u_2、$\bar{u}_4'$。

已知 $u_1=0$，有

$$l_1=\frac{h_1}{u_1}\to\infty$$

根据式(3.4)求解 u_1'，有

$$u_1' = u_2 = u_1 - \frac{n-1}{n}\left(u_3 - \frac{h_2}{h_4}\bar{u}_3'\right) = 0.763568$$

根据式(3.3)求解 $\bar{u}_4'$，有

$$\bar{u}_4' = \frac{1}{n}\left[\frac{h_4}{h_2}(nu_2 - u_2') + \bar{u}_4\right] = 2.531646$$

整理可得

$$u_1 = 0,\quad u_2 = u_1' = 0.763568,\quad u_3 = u_2' = -0.25$$

$$\bar{u}_4 = \bar{u}_3' = 2.25,\quad \bar{u}_5 = \bar{u}_4' = 2.531646$$

(2) 求解 P。

根据式(3.5)有

$$P_1 = n\left(\frac{u_1' - u_1}{n-1}\right)^2 (u_1' - nu_1) = 2.545723$$

$$P_2 = n\left(\frac{u_2' - u_2}{n-1}\right)^2 (nu_2' - u_2) = -6.710101$$

$$\bar{P}_3 = -\frac{(\bar{u}_3' - u_3)^2}{2} = -3.125$$

$$\bar{P}_4 = -n\left(\frac{\bar{u}_4' - \bar{u}_4}{n-1}\right)^2 (\bar{u}_4' - n\bar{u}_4) = 0.397513$$

$$P_5 = 0$$

(3) 求解偏心率 e_3^2。

根据式(3.6)有

$$e_3^2 = -\frac{h_1 P_1 + h_2 P_2 + \bar{P}_3 + h_4 \bar{P}_4}{2} = 3.397545$$

(4) 求解曲率半径 r。

根据式(3.2)有

$$r_1 = \frac{(n-1)h_1}{nu_1' - u_1} = 0.439438$$

$$r_2 = \frac{(1-n)h_2}{u_2' - nu_2} = 0.361332$$

$$r_4 = \frac{(n-1)h_4}{n\bar{u}_4' - \bar{u}_4} = 0.361332$$

$$r_5 = \frac{h_5}{\bar{u}_4'} = 0.439438$$

(5) 自准校正透镜为薄透镜，即 $d_{12} = 0$，对应的规化光学系统的结构参数。

$$r_1 = r_5 = 0.439437, \quad r_2 = r_4 = 0.361332, \quad r_{03} = 1$$

$$l_1 \to \infty, \quad d_{12} = 0, \quad d_{23} = 0.05, \quad \bar{d}_{34} = -0.05, \quad \bar{d}_{45} = 0$$

$$h_1 = h_2 = 0.9875, \quad h_{03} = 1, \quad h_4 = h_5 = 1.1125, \quad e_3^2 = 3.397545$$

(6) 求解自准校正透镜中心厚度 $d_{12} = 0.05$ 对应的规化光学系统的结构参数。

保持自准校正透镜为薄透镜时对应的规化光学系统中的结构参数 u_2、$\bar{u}_4'$、h_2、h_4、r_2、r_4 和 $r_{03} = 1$ 不变，仅改变 r_1、r_5、h_1、h_5 和 u_1。

根据式(3.1)和式(3.2)求解 h_5、r_5、h_1、u_1 和 l_1，有

$$h_5 = h_4 - \bar{d}_{45}\bar{u}_4' = 1.239082, \quad r_5 = r_1 = \frac{h_5}{\bar{u}_5} = \frac{h_5}{\bar{u}_4'} = 0.489438$$

$$h_1 = h_2 + d_{12}u_1' = 1.025678$$

$$u_1 = nu_1' - \frac{(n-1)h_1}{r_1} = 0.078005, \quad l_1 = \frac{h_1}{u_1} = 13.148947$$

根据式(3.5)求解 P_1，有

$$P_1 = n\left(\frac{u_1' - u_1}{n-1}\right)^2 (u_1' - nu_1) = 1.734617$$

根据式(3.6)求解偏心率 e_3^2，有

$$e_3^2 = -\frac{h_1P_1 + h_2P_2 + \bar{P}_3 + h_4\bar{P}_4}{2} = 3.764916$$

整理上述参数可得，$\bar{u}_3' = 2.25$、$u_1 = 0.078005$、$d_{12} = 0.05$ 对应的自准校正透镜凸面自准检验凸非球面的规化光学系统的结构参数如表 3.7 所示，对应的规化光学系统如图 3.7 所示。$u_1 > 0$，该系统是发散光学系统。

表 3.7　$\bar{u}_3'=2.25$、$u_1=0.078005$、$d_{12}=0.05$ 对应的自准校正透镜凸面自准检验凸非球面的规化光学系统的结构参数

Surf	Type	Radius	Thickness	Glass	Diameter	Conic
OBJ	Standard	Infinity	−13.1489	—	0.0000	0.0000
1	Standard	0.4894	0.0500	K9	0.1600	0.0000
2	Standard	0.3613	0.0500	—	0.1600	0.0000
3	Standard	1.0000	−0.0500	MIRROR	0.1600	−3.7649
4	Standard	0.3613	−0.0500	K9	0.1600	0.0000
STO	Standard	0.4894	0.0500	MIRROR	0.1600	0.0000
6	Standard	0.3613	0.0500	—	0.1600	0.0000
7	Standard	1.0000	−0.0500	MIRROR	0.1600	−3.7649
8	Standard	0.3613	−0.0500	K9	0.1600	0.0000
9	Standard	0.4894	13.1489	—	0.1600	0.0000
IMA	Standard	Infinity	—	—	0.0000	0.0000

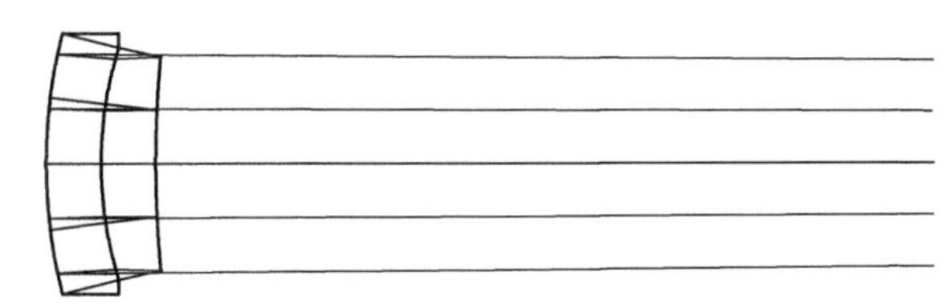

图 3.7　$\bar{u}_3'=2.25$、$u_1=0.078005$、$d_{12}=0.05$ 对应的自准校正透镜凸面自准检验凸非球面的规化光学系统

2）设定起始孔径角 $u_1=-0.25$

（1）求解 l_1 和 u_1'、u_2、$\bar{u}_4'$。

$$l_1=\frac{h_1}{u_1}=-3.95$$

根据式（3.4）求解 u_1'，有

$$u_1'=u_2=u_1-\frac{n-1}{n}\left(u_3-\frac{h_2}{h_4}\bar{u}_3'\right)=0.513568$$

根据式（3.3）求解 $\bar{u}_4'$，有

$$\bar{u}_4'=\frac{1}{n}\left[\frac{h_4}{h_2}\left(nu_2-u_2'\right)+\bar{u}_4\right]=2.25$$

整理可得

$$u_1 = -0.25, \quad u_2 = u_1' = 0.513568, \quad u_3 = u_2' = -0.25$$

$$\overleftarrow{u}_4 = \overleftarrow{u}_3' = 2.25, \quad \overleftarrow{u}_5 = \overleftarrow{u}_4' = 2.25$$

(2) 求解 P。

根据式(3.5)有

$$P_1 = n\left(\frac{u_1' - u_1}{n-1}\right)^2 (u_1' - nu_1) = 2.974694$$

$$P_2 = n\left(\frac{u_2' - u_2}{n-1}\right)^2 (nu_2' - u_2) = -2.974694$$

$$\overleftarrow{P}_3 = -\frac{(\overleftarrow{u}_3' - u_3)^2}{2} = -3.125$$

$$\overleftarrow{P}_4 = -n\left(\frac{\overleftarrow{u}_4' - \overleftarrow{u}_4}{n-1}\right)^2 (\overleftarrow{u}_4' - n\overleftarrow{u}_4) = 0$$

$$P_5 = 0$$

(3) 求解偏心率 e_3^2。

根据式(3.6)有

$$e_3^2 = -\frac{h_1 P_1 + h_2 P_2 + \overleftarrow{P}_3 + h_4 \overleftarrow{P}_4}{2} = 1.5625$$

(4) 求解曲率半径 r。

根据式(3.2)有

$$r_1 = \frac{(n-1)h_1}{nu_1' - u_1} = 0.494444$$

$$r_2 = \frac{(1-n)h_2}{u_2' - nu_2} = 0.494444$$

$$r_4 = \frac{(n-1)h_4}{n\overleftarrow{u}_4' - \overleftarrow{u}_4} = 0.494444$$

$$r_5 = \frac{h_5}{\overleftarrow{u}_4'} = 0.494444$$

(5) 自准校正透镜为薄透镜，即 $d_{12} = 0$，对应的规化光学系统的结构参数。

$$r_1 = r_5 = 0.494444, \quad r_2 = r_4 = 0.494444, \quad r_{03} = 1$$

$$l_1 = -3.95, \quad d_{12} = 0, \quad d_{23} = 0.05, \quad \overleftarrow{d}_{34} = -0.05, \quad \overleftarrow{d}_{45} = 0$$

$$h_1 = h_2 = 0.9875, \quad h_{03} = 1, \quad h_4 = h_5 = 1.1125, \quad e_3^2 = 1.5625$$

(6) 求解自准校正透镜中心厚度 $d_{12} = 0.05$ 对应的规化光学系统的结构参数。

保持自准校正透镜为薄透镜时对应的规化光学系统中的结构参数 u_2、$\overleftarrow{u}_4'$、h_2、h_4、r_2、r_4 和 $r_{03} = 1$ 不变，仅改变 r_1、r_5、h_1、h_5 和 u_1。

根据式 (3.1) 和式 (3.2) 求解 h_5、r_5、h_1、u_1 和 l_1，有

$$h_5 = h_4 - d_{45}\overleftarrow{u}_4' = 1.225, \quad r_5 = r_1 = \frac{h_5}{\overleftarrow{u}_5} = \frac{h_5}{\overleftarrow{u}_4'} = 0.544444$$

$$h_1 = h_2 + d_{12}u_1' = 1.013178$$

$$u_1 = nu_1' - \frac{(n-1)h_1}{r_1} = -0.179876, \quad l_1 = \frac{h_1}{u_1} = -5.632635$$

根据式 (3.5) 求解 P_1，有

$$P_1 = n\left(\frac{u_1' - u_1}{n-1}\right)^2 (u_1' - nu_1) = 2.161350$$

根据式 (3.6) 求解偏心率 e_3^2，有

$$e_3^2 = -\frac{h_1P_1 + h_2P_2 + \overleftarrow{P}_3 + h_4\overleftarrow{P}_4}{2} = 1.936338$$

整理上述参数可得，$\overleftarrow{u}_3' = 2.25$、$u_1 = -0.179876$、$d_{12} = 0.05$ 对应的自准校正透镜凸面自准检验凸非球面的规化光学系统的结构参数如表 3.8 所示，对应的的规化光学系统如图 3.8 所示。

表 3.8　$\overleftarrow{u}_3' = 2.25$、$u_1 = -0.179876$、$d_{12} = 0.05$ 对应的自准校正透镜凸面自准检验凸非球面的规化光学系统的结构参数

Surf	Type	Radius	Thickness	Glass	Diameter	Conic
OBJ	Standard	Infinity	5.6326	—	0.0000	0.0000
1	Standard	0.5444	0.0500	K9	0.1600	0.0000
2	Standard	0.4944	0.0500	—	0.1600	0.0000
STO	Standard	1.0000	−0.0500	MIRROR	0.1600	−1.9363
4	Standard	0.4944	−0.0500	K9	0.1600	0.0000
5	Standard	0.5444	0.0500	MIRROR	0.1600	0.0000

续表

Surf	Type	Radius	Thickness	Glass	Diameter	Conic
6	Standard	0.4944	0.0500	—	0.1600	0.0000
7	Standard	1.0000	−0.0500	MIRROR	0.1600	−1.9363
8	Standard	0.4944	−0.0500	K9	0.1600	0.0000
9	Standard	0.5444	−5.6326	—	0.1600	0.0000
IMA	Standard	Infinity	—	—	0.0000	0.0000

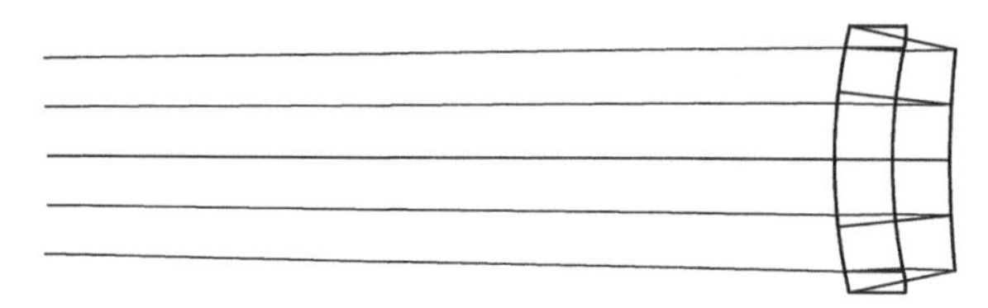

图 3.8　$\bar{u}_3' = 2.25$、$u_1 = -0.179876$、$d_{12} = 0.05$对应的自准校正透镜凸面自准检验凸非球面的规化光学系统

3）设定起始孔径角$u_1 =- 0.5$

（1）求解l_1和u_1'、u_2、$\bar{u}_4'$。

$$l_1 = \frac{h_1}{u_1} =- 1.975$$

根据式（3.4）求解u_1'，有

$$u_1' = u_2 = u_1 - \frac{n-1}{n}\left(u_3 - \frac{h_2}{h_4}\bar{u}_3'\right) = 0.263568$$

根据式（3.3）求解$\bar{u}_4'$，有

$$\bar{u}_4' = \frac{1}{n}\left[\frac{h_4}{h_2}(nu_2 - u_2') + \bar{u}_4\right] = 1.968354$$

整理可得

$$u_1 =-0.5,\quad u_2 = u_1' = 0.263568,\quad u_3 = u_2' =-0.25$$

$$\bar{u}_4 = \bar{u}_3' = 2.25,\quad \bar{u}_5 = \bar{u}_4' = 1.968354$$

（2）求解P。

根据式（3.5）有

$$P_1 = n\left(\frac{u_1' - u_1}{n-1}\right)^2 (u_1' - nu_1) = 3.403664$$

$$P_2 = n\left(\frac{u_2' - u_2}{n-1}\right)^2 (nu_2' - u_2) = -0.968628$$

$$\bar{P}_3 = -\frac{(\bar{u}_3' - u_3)^2}{2} = -3.125$$

$$\bar{P}_4 = -n\left(\frac{\bar{u}_4' - \bar{u}_4}{n-1}\right)^2 (\bar{u}_4' - n\bar{u}_4) = 0.653023$$

$$P_5 = 0$$

(3) 求解偏心率 e_3^2。

根据式(3.6)有

$$e_3^2 = -\frac{h_1 P_1 + h_2 P_2 + \bar{P}_3 + h_4 \bar{P}_4}{2} = -0.003043$$

(4) 求解曲率半径 r。

根据式(3.2)有

$$r_1 = \frac{(n-1)h_1}{nu_1' - u_1} = 0.565193$$

$$r_2 = \frac{(1-n)h_2}{u_2' - nu_2} = 0.782837$$

$$r_4 = \frac{(n-1)h_4}{n\bar{u}_4' - \bar{u}_4} = 0.782837$$

$$r_5 = \frac{h_5}{\bar{u}_4'} = 0.565193$$

(5) 自准校正透镜为薄透镜，即 $d_{12} = 0$，对应的规化光学系统的结构参数。

$$r_1 = r_5 = 0.565193, \quad r_2 = r_4 = 0.782838, \quad r_{03} = 1$$

$$l_1 = -1.975, \quad d_{12} = 0, \quad d_{23} = 0.05, \quad \bar{d}_{34} = -0.05, \quad \bar{d}_{45} = 0$$

$$h_1 = h_2 = 0.9875, \quad h_{03} = 1, \quad h_4 = h_5 = 1.1125, \quad e_3^2 = -0.003043$$

(6) 求解自准校正透镜中心厚度 $d_{12} = 0.05$ 对应的规化光学系统的结构参数。

保持自准校正透镜为薄透镜时对应的规化光学系统中的结构参数 u_2、$\bar{u}_4'$、h_2、h_4、r_2、r_4 和 $r_{03} = 1$ 不变，仅改变 r_1、r_5、h_1、h_5 和 u_1。

根据式(3.1)和式(3.2)求解 h_5、r_5、h_1、u_1 和 l_1，有

$$h_5 = h_4 - \bar{d}_{45}\bar{u}_4' = 1.209180, \quad r_5 = r_1 = \frac{h_5}{\bar{u}_5} = 0.615193$$

$$h_1 = h_2 + d_{12}u_1' = 1.000678$$

$$u_1 = nu_1' - \frac{(n-1)h_1}{r_1} = -0.437941, \quad l_1 = \frac{h_1}{u_1} = -\frac{1.013178}{0.449520} = -2.284963$$

根据式(3.5)求解 P_1，有

$$P_1 = n\left(\frac{u_1' - u_1}{n-1}\right)^2 (u_1' - nu_1) = 2.608361$$

根据式(3.6)求解偏心率 e_3^2，有

$$e_3^2 = -\frac{h_1P_1 + h_2P_2 + \bar{P}_3 + h_4\bar{P}_4}{2} = 0.372451$$

整理上述参数可得，$\bar{u}_3' = 2.25$、$u_1 = -0.437941$、$d_{12} = 0.05$ 对应的自准校正透镜凸面自准检验凸非球面的规化光学系统的结构参数如表 3.9 所示，对应的规化光学系统如图 3.9 所示。

表 3.9　$\bar{u}_3' = 2.25$、$u_1 = -0.437941$、$d_{12} = 0.05$ 对应的自准校正透镜凸面自准检验凸非球面的规化光学系统的结构参数

Surf	Type	Radius	Thickness	Glass	Diameter	Conic
OBJ	Standard	Infinity	2.2850	—	0.0000	0.0000
1	Standard	0.6152	0.0500	K9	0.1600	0.0000
2	Standard	0.7828	0.0500	—	0.1600	0.0000
3	Standard	1.0000	−0.0500	MIRROR	0.1600	−0.3725
4	Standard	0.7828	−0.0500	K9	0.1600	0.0000
STO	Standard	0.6152	0.0500	MIRROR	0.1600	0.0000
6	Standard	0.7828	0.0500	—	0.1600	0.0000
7	Standard	1.0000	−0.0500	MIRROR	0.1600	−0.3725
8	Standard	0.7828	−0.0500	K9	0.1600	0.0000
9	Standard	0.6152	−2.2850	—	0.1600	0.0000
IMA	Standard	Infinity	—	—	0.0000	0.0000

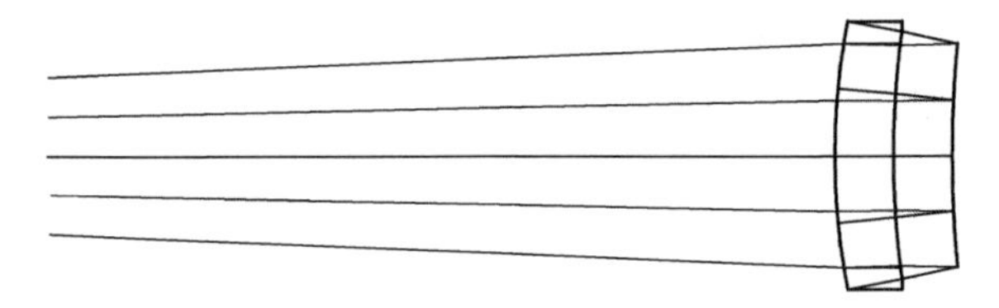

图 3.9　$\bar{u}_3' = 2.25$、$u_1 = -0.437941$、$d_{12} = 0.05$ 对应的自准校正透镜凸面自准检验凸非球面的规化光学系统

4) 设定起始孔径角 $u_1 = -0.75$

(1) 求解 l_1 和 u_1'、u_2、$\bar{u}_4'$。

$$l_1 = \frac{h_1}{u_1} = -1.316667$$

根据式(3.4)求解 u_1'，有

$$u_1' = u_2 = u_1 - \frac{n-1}{n}\left(u_3 - \frac{h_2}{h_4}\bar{u}_3'\right) = 0.013568$$

根据式(3.3)求解 $\bar{u}_4'$，有

$$\bar{u}_4' = \frac{1}{n}\left[\frac{h_4}{h_2}(nu_2 - u_2') + \bar{u}_4\right] = 1.686709$$

整理可得

$$u_1 = -0.75, \quad u_2 = u_1' = 0.013568, \quad u_3 = u_2' = -0.25$$

$$\bar{u}_4 = \bar{u}_3' = 2.25, \quad \bar{u}_5 = \bar{u}_4' = 1.686709$$

(2) 求解 P。

根据式(3.5)有

$$P_1 = n\left(\frac{u_1' - u_1}{n-1}\right)^2 (u_1' - nu_1) = 3.832635$$

$$P_2 = n\left(\frac{u_2' - u_2}{n-1}\right)^2 (nu_2' - u_2) = -0.155811$$

$$\bar{P}_3 = -\frac{(\bar{u}_3' - u_3)^2}{2} = -3.125$$

$$\bar{P}_4 = -n\left(\frac{\bar{u}_4' - \bar{u}_4}{n-1}\right)^2 (\bar{u}_4' - n\bar{u}_4) = 3.123111$$

$$P_5 = 0$$

(3) 求解偏心率 e_3^2。

根据式(3.6)有

$$e_3^2 = -\frac{h_1 P_1 + h_2 P_2 + \bar{P}_3 + h_4 \bar{P}_4}{2} = -1.990162$$

(4) 求解曲率半径 r。

根据式(3.2)有

$$r_1 = \frac{(n-1)h_1}{nu_1' - u_1} = 0.659568$$

$$r_2 = \frac{(1-n)h_2}{u_2' - nu_2} = 1.878507$$

$$r_4 = \frac{(n-1)h_4}{n\overleftarrow{u}_4' - \overleftarrow{u}_4} = 1.878507$$

$$r_5 = \frac{h_5}{\overleftarrow{u}_4'} = 0.659568$$

(5) 自准校正透镜为薄透镜，即 $d_{12}=0$，对应的规化光学系统的结构参数。

$$r_1 = r_5 = 0.659569, \quad r_2 = r_4 = 1.878507, \quad r_{03} = 1$$

$$l_1 = -1.316667, \quad d_{12} = 0, \quad d_{23} = 0.05, \quad \overleftarrow{d}_{34} = -0.05, \quad \overleftarrow{d}_{45} = 0$$

$$h_1 = h_2 = 0.9875, \quad h_{03} = 1, \quad h_4 = h_5 = 1.1125, \quad e_3^2 = -1.990162$$

(6) 求解自准校正透镜中心厚度 $d_{12}=0.05$ 对应的规化光学系统的结构参数。

保持自准校正透镜为薄透镜时对应的规化光学系统中的结构参数 u_2、$\overleftarrow{u}_4'$、h_2、h_4、r_2、r_4 和 $r_{03}=1$ 不变，仅改变 r_1、r_5、h_1、h_5 和 u_1。

根据式(3.1)和式(3.2)求解 h_5、r_5、h_1、u_1 和 l_1，有

$$h_5 = h_4 - \overleftarrow{d}_{45}\overleftarrow{u}_4' = 1.196835, \quad r_5 = r_1 = \frac{h_5}{\overleftarrow{u}_5} = 0.709568$$

$$h_1 = h_2 + d_{12}u_1' = 0.988178$$

$$u_1 = nu_1' - \frac{(n-1)h_1}{r_1} = -0.696195, \quad l_1 = \frac{h_1}{u_1} = -1.419399$$

根据式(3.5)求解 P_1，有

$$P_1 = n\left(\frac{u_1' - u_1}{n-1}\right)^2 (u_1' - nu_1) = 3.076764$$

根据式(3.6)求解偏心率 e_3^2，有

$$e_3^2 = -\frac{h_1 P_1 + h_2 P_2 + \bar{P}_3 + h_4 \bar{P}_4}{2} = -1.617994$$

整理上述参数可得 $\bar{u}_3' = 2.25$、$u_1 = -0.696195$、$d_{12} = 0.05$ 对应的自准校正透镜凸面自准检验凸非球面的规化光学系统的结构参数如表 3.10 所示，对应的规化光学系统如图 3.10 所示。

表 3.10　$\bar{u}_3' = 2.25$、$u_1 = -0.696195$、$d_{12} = 0.05$ 对应的自准校正透镜凸面自准检验凸非球面的规化光学系统的结构参数

Surf	Type	Radius	Thickness	Glass	Diameter	Conic
OBJ	Standard	Infinity	1.4194	—	0.0000	0.0000
1	Standard	0.7096	0.0500	K9	0.1600	0.0000
2	Standard	1.8785	0.0500	—	0.1600	0.0000
3	Standard	1.0000	−0.0500	MIRROR	0.1600	1.6180
4	Standard	1.8785	−0.0500	K9	0.1600	0.0000
STO	Standard	0.7095	0.0500	MIRROR	0.1600	0.0000
6	Standard	1.8785	0.0500	—	0.1600	0.0000
7	Standard	1.0000	−0.0500	MIRROR	0.1600	1.6180
8	Standard	1.8785	−0.0500	K9	0.1600	0.0000
9	Standard	0.7096	−1.4194	—	0.1600	0.0000
IMA	Standard	Infinity	—	—	0.0000	0.0000

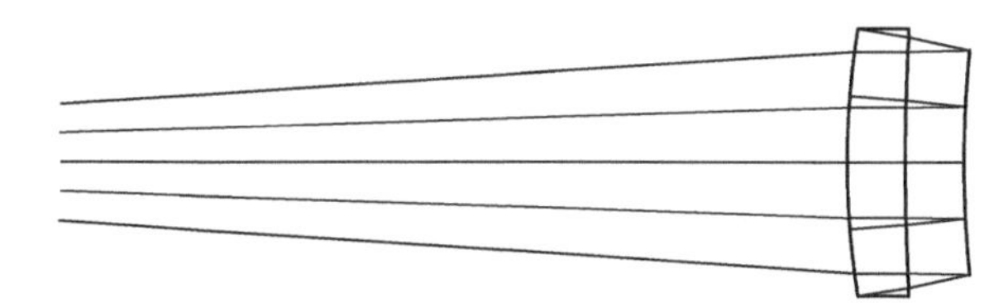

图 3.10　$\bar{u}_3' = 2.25$、$u_1 = -0.696195$、$d_{12} = 0.05$ 对应的自准校正透镜凸面自准检验凸非球面的规化光学系统

5) 设定起始孔径角 $u_1 = -1$

(1) 求解 l_1 和 u_1'、u_2、$\bar{u}_4'$。

$$l_1 = \frac{h_1}{u_1} = -0.9875$$

根据式(3.4)求解 u_1'，有

$$u_1' = u_2 = u_1 - \frac{n-1}{n}\left(u_3 - \frac{h_2}{h_4}\bar{u}_3'\right) = -0.236432$$

根据式(3.3)求解 $\bar{u}_4'$，有

$$\bar{u}_4' = \frac{1}{n}\left[\frac{h_4}{h_2}(nu_2 - u_2') + \bar{u}_4\right] = 1.405063$$

整理可得

$$u_1 = -1, \quad u_2 = u_1' = -0.236432, \quad u_3 = u_2' = -0.25$$

$$\bar{u}_4 = \bar{u}_3' = 2.25, \quad \bar{u}_5 = \bar{u}_4' = 1.405063$$

(2) 求解 P。

根据式(3.5)有

$$P_1 = n\left(\frac{u_1' - u_1}{n-1}\right)^2 (u_1' - nu_1) = 4.261605$$

$$P_2 = n\left(\frac{u_2' - u_2}{n-1}\right)^2 (nu_2' - u_2) = -0.00015$$

$$\bar{P}_3 = -\frac{(\bar{u}_3' - u_3)^2}{2} = -3.125$$

$$\bar{P}_4 = -n\left(\frac{\bar{u}_4' - \bar{u}_4}{n-1}\right)(\bar{u}_4' - n\bar{u}_4)^2 = 8.176793$$

$$P_5 = 0$$

(3) 求解偏心率 e_3^2。

根据式(3.6)有

$$e_3^2 = -\frac{h_1 P_1 + h_2 P_2 + \bar{P}_3 + h_4 \bar{P}_4}{2} = -5.089935$$

(4) 求解曲率半径 r。

根据式(3.2)有

$$r_1 = \frac{(n-1)h_1}{nu_1' - u_1} = 0.791779$$

$$r_2 = \frac{(1-n)h_2}{u_2' - nu_2} = -4.700804$$

$$r_4 = \frac{(n-1)h_4}{n\bar{u}_4' - \bar{u}_4} = -4.700804$$

$$r_5 = \frac{h_5}{\bar{u}_4'} = 0.791779$$

(5) 自准校正透镜为薄透镜，即 $d_{12}=0$，对应的规化光学系统的结构参数。

$$r_1=r_5=0.791779,\quad r_2=r_4=-4.700804,\quad r_{03}=1$$

$$l_1=-0.9875,\quad d_{12}=0,\quad d_{23}=0.05,\quad \overleftarrow{d}_{34}=-0.05,\quad \overleftarrow{d}_{45}=0$$

$$h_1=h_2=0.9875,\quad h_{03}=1,\quad h_4=h_5=1.1125,\quad e_3^2=-5.089935$$

(6) 求解自准校正透镜中心厚度 $d_{12}=0.05$ 对应的规化光学系统的结构参数。

保持自准校正透镜为薄透镜时对应的规化光学系统中的结构参数 u_2、$\overleftarrow{u}_4'$、h_2、h_4、r_2、r_4 和 $r_{03}=1$ 不变，仅改变 r_1、r_5、h_1、h_5 和 u_1。

根据式 (3.1) 和式 (3.2) 求解 h_5、r_5、h_1、u_1 和 l_1，有

$$h_5=h_4-\overleftarrow{d}_{45}\overleftarrow{u}_4'=1.182753,\quad r_5=r_1=\frac{h_5}{\overleftarrow{u}_5}=0.841779$$

$$h_1=h_2+d_{12}u_1'=0.975678$$

$$u_1=nu_1'-\frac{(n-1)h_1}{r_1}=-0.954646,\quad l_1=\frac{h_1}{u_1}=-1.022032$$

根据式 (3.5) 求解 P_1，有

$$P_1=n\left(\frac{u_1'-u_1}{n-1}\right)^2\left(u_1'-nu_1\right)=3.567746$$

根据式 (3.6) 求解偏心率 e_3^2，有

$$e_3^2=-\frac{h_1P_1+h_2P_2+\overleftarrow{P}_3+h_4\overleftarrow{P}_4}{2}=-4.726253$$

整理上述参数可得，$\overleftarrow{u}_3'=2.25$、$u_1=-0.954646$、$d_{12}=0.05$ 对应的自准校正透镜凸面自准检验凸非球面的规化光学系统的结构参数如表 3.11 所示，对应的规化光学系统如图 3.11 所示。

表 3.11　$\overleftarrow{u}_3'=2.25$、$u_1=-0.954646$、$d_{12}=0.05$ 对应的自准校正透镜凸面自准检验凸非球面的规化光学系统的结构参数

Surf	Type	Radius	Thickness	Glass	Diameter	Conic
OBJ	Standard	Infinity	1.0220	—	0.0000	0.0000
1	Standard	0.8418	0.0500	K9	0.1600	0.0000
2	Standard	−4.7008	0.0500	—	0.1600	0.0000

续表

Surf	Type	Radius	Thickness	Glass	Diameter	Conic
3	Standard	1.0000	−0.0500	MIRROR	0.1600	4.7263
4	Standard	−4.7008	−0.0500	K9	0.1600	0.0000
STO	Standard	0.8418	0.0500	MIRROR	0.1600	0.0000
6	Standard	−4.7008	0.0500	—	0.1600	0.0000
7	Standard	1.0000	−0.0500	MIRROR	0.1600	4.7263
8	Standard	−4.7008	−0.0500	K9	0.1600	0.0000
9	Standard	0.8418	−1.0220	—	0.1600	0.0000
IMA	Standard	Infinity	—	—	0.0000	0.0000

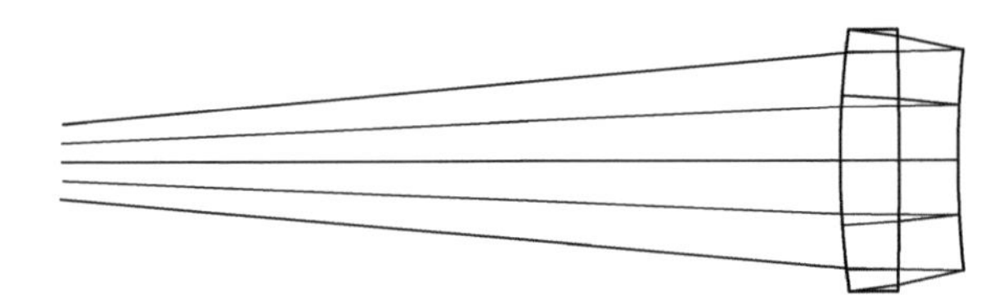

图 3.11　$\bar{u}_3' = 2.25$、$u_1 = -0.954646$、$d_{12} = 0.05$ 对应的自准校正透镜凸面自准检验凸非球面的规化光学系统

3. 自准角 $\bar{u}_3' = 2.25$ 时不同 u_1 值对应的自准校正透镜凸面自准检验凸非球面的规化光学系统的结构参数

自准角 $\bar{u}_3' = 2.25$ 时不同 u_1 对应的自准校正透镜凸面自准检验凸非球面的规化光学系统的结构参数如表 3.12 所示。

表 3.12　自准角 $\bar{u}_3' = 2.25$ 时不同 u_1 对应的自准校正透镜凸面自准检验凸非球面的规化光学系统的结构参数

编号	u_1	l_1	r_1	r_2	e_3^2
1	0.078005	13.148947	0.489430	0.361332	3.764916
2	−0.179876	−5.632635	0.544444	0.494444	1.936338
3	−0.437941	−2.284963	0.615193	0.782838	0.372451
4	−0.696195	−1.419399	0.709568	1.878507	−1.617994
5	−0.954646	−1.022032	0.841779	−4.700804	−4.726253

3.2.3　自准角 $\bar{u}_3' = 2$ 对应的自准校正透镜凸面自准检验凸非球面的规化光学系统

设定 $\bar{u}_3' = 2$，先假设自准校正透镜为薄透镜，即 $d_{12} = 0$，求解对应的规化光学系统的结构参数，然后在其基础上求解 $d_{12} = 0.05$ 的规化光学系统的结构参数。

1. 求解自准角 $\bar{u}_3'=2$ 对应的自准校正透镜凸面自准检验凸非球面的规化光学系统的相关参数

1）求解 u_3

根据规化条件有

$$u_3=2-\bar{u}_3'=0,\quad \bar{u}_3'=\bar{u}_4=2$$

2）求解 h_2 和 h_4

根据式(3.1)有

$$h_2=h_1=1+d_{23}u_3=1,\quad h_4=h_5=h_{03}-\bar{d}_{34}\bar{u}_3'=1.1$$

2. 求解自准角 $\bar{u}_3{}'=2$ 时不同 u_1 对应的自准校正透镜凸面自准检验凸非球面的规化光学系统

根据上述 $\bar{u}_3{}'=2$ 时的相关参数，求解不同 u_1 对应的自准校正透镜凸面自准检验凸非球面的规化光学系统的结构参数如下。

1）起始孔径角 $u_1=0$

(1) 求解 u_1'、u_2、$\bar{u}_4'$。

已知 $u_1=0$，有

$$l_1=\frac{h_1}{u_1}\to\infty$$

根据式(3.4)求解 u_1'，有

$$u_1'=u_2=u_1-\frac{n-1}{n}\left(u_3-\frac{h_2}{h_4}\bar{u}_3'\right)=0.617796$$

根据式(3.3)求解 $\bar{u}_4'$，有

$$\bar{u}_4'=\frac{1}{n}\left[\frac{h_4}{h_2}\left(nu_2-u_2'\right)+\bar{u}_4\right]=2$$

整理可得

$$u_1=0,\quad u_2=u_1'=0.617796,\quad u_3=u_2'=0$$

$$\bar{u}_4=\bar{u}_3'=2,\quad \bar{u}_5=\bar{u}_4'=2$$

(2) 求解 P。

根据式(3.5)有

$$P_1 = n\left(\frac{u_1' - u_1}{n-1}\right)^2 (u_1' - nu_1) = 1.348351$$

$$P_2 = n\left(\frac{u_2' - u_2}{n-1}\right)^2 (nu_2' - u_2) = -1.348351$$

$$\bar{P}_3 = -\frac{(\bar{u}_3' - u_3)^2}{2} = -2$$

$$\bar{P}_4 = -n\left(\frac{\bar{u}_4' - \bar{u}_4}{n-1}\right)^2 (\bar{u}_4' - n\bar{u}_4) = 0$$

$$P_5 = 0$$

(3) 求解偏心率 e_3^2。

根据式(3.6)有

$$e_3^2 = -\frac{h_1 P_1 + h_2 P_2 + \bar{P}_3 + h_4 \bar{P}_4}{2} = 1$$

(4) 求解曲率半径 r。

根据式(3.2)有

$$r_1 = \frac{(n-1)h_1}{nu_1' - u_1} = 0.55$$

$$r_2 = \frac{(1-n)h_2}{u_2' - nu_2} = 0.55$$

$$r_4 = \frac{(n-1)h_4}{n\bar{u}_4' - \bar{u}_4} = 0.55$$

$$r_5 = \frac{h_5}{\bar{u}_4'} = 0.55$$

(5) 自准校正透镜为薄透镜，即 $d_{12} = 0$，对应的规化光学系统的结构参数。

$$r_1 = r_2 = r_4 = r_5 = 0.55, \quad r_{03} = 1$$

$$l_1 \to \infty, \quad d_{12} = 0, \quad d_{23} = 0.05, \quad \bar{d}_{34} = -0.05, \quad \bar{d}_{45} = 0$$

$$h_1 = h_2 = 1, \quad h_{03} = 1, \quad h_4 = h_5 = 1.1, \quad e_3^2 = 1$$

(6) 求解自准校正透镜中心厚度 $d_{12} = 0.05$ 对应的规化光学系统的结构参数。

保持自准校正透镜为薄透镜时对应的规化光学系统中的结构参数 u_2、$\bar{u}_4'$、h_2、h_4、r_2、r_4 和 $r_{03}=1$ 不变，仅改变 r_1、r_5、h_1、h_5 和 u_1。

根据式(3.1)和式(3.2)求解 h_5、r_5、h_1、u_1 和 l_1，有

$$h_5 = h_4 - \bar{d}_{45}\bar{u}_4' = 1.2, \quad r_5 = r_1 = \frac{h_5}{\bar{u}_5} = 0.6$$

$$h_1 = h_2 + d_{12}u_1' = 1.030890$$

$$u_1 = nu_1' - \frac{(n-1)h_1}{r_1} = 0.051483, \quad l_1 = \frac{h_1}{u_1} = 20.023901$$

根据式(3.5)求解 P_1，有

$$P_1 = n\left(\frac{u_1' - u_1}{n-1}\right)^2 (u_1' - nu_1) = 0.989982$$

根据式(3.6)求解偏心率 e_3^2，有

$$e_3^2 = -\frac{h_1P_1 + h_2P_2 + \bar{P}_3 + h_4\bar{P}_4}{2} = 1.163895$$

整理上述参数可得，$\bar{u}_3' = 2$、$u_1 = 0.051483$、$d_{12} = 0.05$ 对应的自准校正透镜凸面自准检验凸非球面的规化光学系统的结构参数如表 3.13 所示，对应的规化光学系统如图 3.12 所示。$u_1 > 0$，该系统是发散光学系统。

表 3.13　$\bar{u}_3' = 2$、$u_1 = 0.051483$、$d_{12} = 0.05$ 对应的自准校正透镜凸面自准检验凸非球面的规化光学系统的结构参数

Surf	Type	Radius	Thickness	Glass	Diameter	Conic
OBJ	Standard	Infinity	−20.0243	—	0.0000	0.0000
1	Standard	0.6000	0.0500	K9	0.1600	0.0000
2	Standard	0.5500	0.0500	—	0.1600	0.0000
3	Standard	1.0000	−0.0500	MIRROR	0.1600	−1.1639
4	Standard	0.5500	−0.0500	K9	0.1600	0.0000
STO	Standard	0.6000	0.0500	MIRROR	0.1600	0.0000
6	Standard	0.5500	0.0500	—	0.1600	0.0000
7	Standard	1.0000	−0.0500	MIRROR	0.1600	−1.1639
8	Standard	0.5500	−0.0500	K9	0.1600	0.0000
9	Standard	0.6000	20.0243	—	0.1600	0.0000
IMA	Standard	Infinity	—	—	0.0000	0.0000

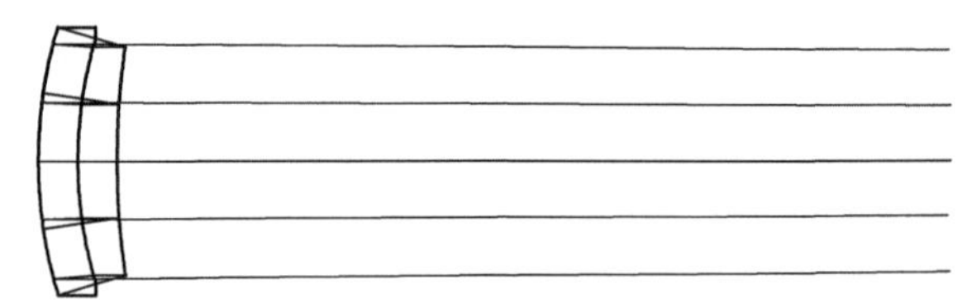

图 3.12　$\bar{u}_3'=2$、$u_1=0.051483$、$d_{12}=0.05$ 对应的自准校正透镜凸面自准检验凸非球面的规化光学系统

2）设定起始孔径角 $u_1=-0.25$

（1）求解 l_1 和 u_1'、u_2、$\bar{u}_4'$。

$$l_1=\frac{h_1}{u_1}=-4$$

根据式（3.4）求解 u_1'，有

$$u_1'=u_2=u_1-\frac{n-1}{n}\left(u_3-\frac{h_2}{h_4}\bar{u}_3'\right)=0.367796$$

根据式（3.3）求解 $\bar{u}_4'$，有

$$\bar{u}_4'=\frac{1}{n}\left[\frac{h_4}{h_2}\left(nu_2-u_2'\right)+\bar{u}_4\right]=1.725$$

整理可得

$$u_1=-0.25,\quad u_2=u_1'=0.367796,\quad u_3=u_2'=0$$

$$\bar{u}_4=\bar{u}_3'=2,\quad \bar{u}_5=\bar{u}_4'=1.725$$

（2）求解 P。

根据式（3.5）有

$$P_1=n\left(\frac{u_1'-u_1}{n-1}\right)^2\left(u_1'-nu_1\right)=1.629168$$

$$P_2=n\left(\frac{u_2'-u_2}{n-1}\right)^2\left(nu_2'-u_2\right)=-0.284504$$

$$\bar{P}_3=-\frac{\left(\bar{u}_3'-u_3\right)^2}{2}=-2$$

$$\bar{P}_4=-n\left(\frac{\bar{u}_4'-\bar{u}_4}{n-1}\right)^2\left(\bar{u}_4'-n\bar{u}_4\right)=0.564054$$

$$P_5=0$$

(3) 求解偏心率 e_3^2。

根据式(3.6)有

$$e_3^2 = -\frac{h_1 P_1 + h_2 P_2 + \overleftarrow{P}_3 + h_4 \overleftarrow{P}_4}{2} = 0.017438$$

(4) 求解曲率半径 r。

根据式(3.2)有

$$r_1 = \frac{(n-1)h_1}{nu_1' - u_1} = 0.637681$$

$$r_2 = \frac{(1-n)h_2}{u_2' - nu_2} = 0.923849$$

$$r_4 = \frac{(n-1)h_4}{n\overleftarrow{u}_4' - \overleftarrow{u}_4} = 0.923849$$

$$r_5 = \frac{h_5}{\overleftarrow{u}_4'} = 0.637681$$

(5) 自准校正透镜为薄透镜，即 $d_{12} = 0$，对应的规化光学系统的结构参数。

$$r_1 = r_5 = 0.637681, \quad r_2 = r_4 = 0.923849, \quad r_{03} = 1$$

$$l_1 = -4, \quad d_{12} = 0, \quad d_{23} = 0.05, \quad \overleftarrow{d}_{34} = -0.05, \quad \overleftarrow{d}_{45} = 0$$

$$h_1 = h_2 = 1, \quad h_{03} = 1, \quad h_4 = h_5 = 1.1, \quad e_3^2 = 0.017438$$

(6) 求解自准校正透镜中心厚度 $d_{12} = 0.05$ 对应的规化光学系统的结构参数。

保持自准校正透镜为薄透镜时对应的规化光学系统中的结构参数 u_2、$\overleftarrow{u}_4'$、h_2、h_4、r_2、r_4 和 $r_{03} = 1$ 不变，仅改变 r_1、r_5、h_1、h_5 和 u_1。

根据式(3.1)和式(3.2)求解 h_5、r_5、h_1、u_1 和 l_1，有

$$h_5 = h_4 - \overleftarrow{d}_{45}\overleftarrow{u}_4' = 1.18625, \quad r_5 = r_1 = \frac{h_5}{\overleftarrow{u}_5} = 0.687681$$

$$h_1 = h_2 + d_{12}u_1' = 1.01839$$

$$u_1 = nu_1' - \frac{(n-1)h_1}{r_1} = -0.205081, \quad l_1 = \frac{h_1}{u_1} = -4.965787$$

根据式(3.5)求解 P_1，有

$$P_1 = n\left(\frac{u_1' - u_1}{n-1}\right)^2 (u_1' - nu_1) = 1.273189$$

根据式(3.6)求解偏心率 e_3^2，有

$$e_3^2 = -\frac{h_1 P_1 + h_2 P_2 + \overleftarrow{P}_3 + h_4 \overleftarrow{P}_4}{2} = 0.183721$$

整理上述参数可得，$\bar{u}_3' = 2$、$u_1 = -0.205081$、$d_{12} = 0.05$ 对应的自准校正透镜凸面自准检验凸非球面的规化光学系统的结构参数如表 3.14 所示，对应的规化光学系统如图 3.13 所示。

表 3.14　$\bar{u}_3' = 2$、$u_1 = -0.205081$、$d_{12} = 0.05$ 对应的自准校正透镜凸面自准检验凸非球面的规化光学系统的结构参数

Surf	Type	Radius	Thickness	Glass	Diameter	Conic
OBJ	Standard	Infinity	4.9658	—	0.0000	0.0000
1	Standard	0.6877	0.0500	K9	0.1600	0.0000
2	Standard	0.9238	0.0500	—	0.1600	0.0000
3	Standard	1.0000	−0.0500	MIRROR	0.1600	−0.1837
4	Standard	0.9238	−0.0500	K9	0.1600	0.0000
STO	Standard	0.6876	0.0500	MIRROR	0.1600	0.0000
6	Standard	0.9238	0.0500	—	0.1600	0.0000
7	Standard	1.0000	−0.0500	MIRROR	0.1600	−0.1837
8	Standard	0.9238	−0.0500	K9	0.1600	0.0000
9	Standard	0.6877	−4.9658	—	0.1600	0.0000
IMA	Standard	Infinity	—	—	0.0000	0.0000

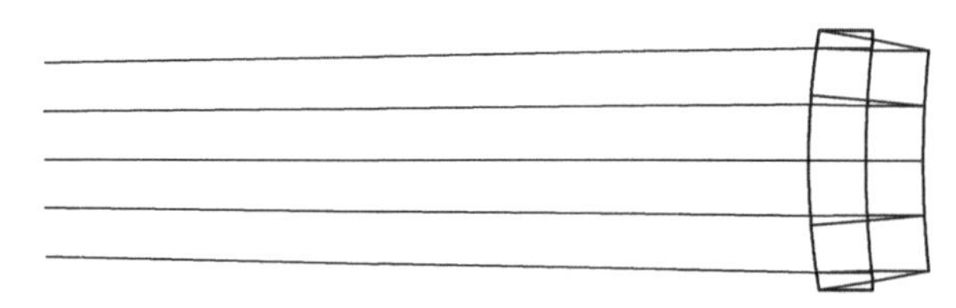

图 3.13　$\bar{u}_3' = 2$、$u_1 = -0.205081$、$d_{12} = 0.05$ 对应的自准校正透镜凸面自准检验凸非球面的规化光学系统

3) 设定起始孔径角 $u_1 = -0.5$

(1) 求解 l_1 和 u_1'、u_2、$\bar{u}_4'$。

$$l_1 = \frac{h_1}{u_1} = -2$$

根据式(3.4)求解 u_1'，有

$$u_1' = u_2 = u_1 - \frac{n-1}{n}\left(u_3 - \frac{h_2}{h_4}\bar{u}_3'\right) = 0.117796$$

根据式(3.3)求解 $\bar{u}_4'$，有

$$\bar{u}_4' = \frac{1}{n}\left[\frac{h_4}{h_2}(nu_2 - u_2') + \bar{u}_4\right] = 1.45$$

整理可得

$$u_1 = -0.5,\quad u_2 = u_1' = 0.117796,\quad u_3 = u_2' = 0$$

$$\bar{u}_4 = \bar{u}_3' = 2,\quad \bar{u}_5 = \bar{u}_4' = 1.45$$

(2) 求解 P。

根据式(3.5)有

$$P_1 = n\left(\frac{u_1' - u_1}{n-1}\right)^2 (u_1' - nu_1) = 1.909984$$

$$P_2 = n\left(\frac{u_2' - u_2}{n-1}\right)^2 (nu_2' - u_2) = -0.009347$$

$$\bar{P}_3 = -\frac{(\bar{u}_3' - u_3)^2}{2} = -2$$

$$\bar{P}_4 = -n\left(\frac{\bar{u}_4' - \bar{u}_4}{n-1}\right)^2 (\bar{u}_4' - n\bar{u}_4)^2 = 2.731910$$

$$P_5 = 0$$

(3) 求解偏心率 e_3^2。

根据式(3.6)有

$$e_3^2 = -\frac{h_1 P_1 + h_2 P_2 + \bar{P}_3 + h_4 \bar{P}_4}{2} = -1.452869$$

(4) 求解曲率半径 r。

根据式(3.2)有

$$r_1 = \frac{(n-1)h_1}{nu_1' - u_1} = 0.758621$$

$$r_2 = \frac{(1-n)h_2}{u_2' - nu_2} = 2.884553$$

$$r_4 = \frac{(n-1)h_4}{n\bar{u}_4' - \bar{u}_4} = 2.884553$$

$$r_5=\frac{h_5}{\overleftarrow{u}_4'}=0.758621$$

(5) 自准校正透镜为薄透镜，即 $d_{12}=0$ 对应的规化光学系统的结构参数。

$$r_1=r_5=0.758621,\quad r_2=r_4=2.884553,\quad r_{03}=1$$

$$l_1=-2,\quad d_{12}=0,\quad d_{23}=0.05,\quad \overleftarrow{d}_{34}=-0.05,\quad \overleftarrow{d}_{45}=0$$

$$h_1=h_2=1,\quad h_{03}=1,\quad h_4=h_5=1.1,\quad e_3^2=-1.452869$$

(6) 求解自准校正透镜中心厚度 $d_{12}=0.05$ 对应的规化光学系统的结构参数。

保持自准校正透镜为薄透镜时对应的规化光学系统中的结构参数 u_2、$\overleftarrow{u}_4'$、h_2、h_4、r_2、r_4 和 $r_{03}=1$ 不变，仅改变 r_1、r_5、h_1、h_5 和 u_1。

根据式(3.1)和式(3.2)求解 h_5、r_5、h_1、u_1 和 l_1，有

$$h_5=h_4-\overleftarrow{d}_{45}\overleftarrow{u}_4'=1.1725,\quad r_5=r_1=\frac{h_5}{\overleftarrow{u}_5}=0.808621$$

$$h_1=h_2+d_{12}u_1'=1.005890$$

$$u_1=nu_1'-\frac{(n-1)h_1}{r_1}=-0.461799,\quad l_1=\frac{h_1}{u_1}=-2.178196$$

根据式(3.5)求解 P_1，有

$$P_1=n\left(\frac{u_1'-u_1}{n-1}\right)^2(u_1'-nu_1)=1.569935$$

根据式(3.6)求解偏心率 e_3^2，有

$$e_3^2=-\frac{h_1P_1+h_2P_2+\overleftarrow{P}_3+h_4\overleftarrow{P}_4}{2}=-1.287468$$

整理上述参数可得，$\overleftarrow{u}_3'=2$、$u_1=-0.461799$、$d_{12}=0.05$ 对应的自准校正透镜凸面自准检验凸非球面的规化光学系统的结构参数如表 3.15 所示，对应的规化光学系统如图 3.14 所示。

表 3.15　$\overleftarrow{u}_3'=2$、$u_1=-0.461799$、$d_{12}=0.05$ 对应的自准校正透镜凸面自准检验凸非球面的规化光学系统的结构参数

Surf	Type	Radius	Thickness	Glass	Diameter	Conic
OBJ	Standard	Infinity	2.1782	—	0.0000	0.0000
1	Standard	0.8086	0.0500	K9	0.1600	0.0000
2	Standard	2.8846	0.0500	—	0.1600	0.0000
3	Standard	1.0000	−0.0500	MIRROR	0.1600	1.2875

续表

Surf	Type	Radius	Thickness	Glass	Diameter	Conic
4	Standard	2.8846	−0.0500	K9	0.1600	0.0000
STO	Standard	0.8086	0.0500	MIRROR	0.1600	0.0000
6	Standard	2.8846	0.0500	—	0.1600	0.0000
7	Standard	1.0000	−0.0500	MIRROR	0.1600	1.2875
8	Standard	2.8846	−0.0500	K9	0.1600	0.0000
9	Standard	0.8086	−2.1782	—	0.1600	0.0000
IMA	Standard	Infinity	—	—	0.0000	0.0000

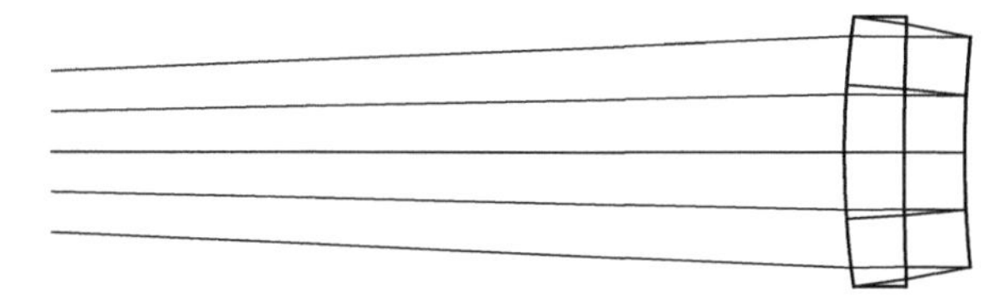

图 3.14　$\bar{u}_3' = 2$、$u_1 = -0.461799$、$d_{12} = 0.05$ 对应的自准校正透镜凸面自准检验凸非球面的规化光学系统

4）设定起始孔径角 $u_1 = -0.75$

（1）求解 l_1 和 u_1'、u_2、$\bar{u}_4'$。

$$l_1 = \frac{h_1}{u_1} = -1.333333$$

根据式（3.4）求解 u_1'，有

$$u_1' = u_2 = u_1 - \frac{n-1}{n}\left(u_3 - \frac{h_2}{h_4}\bar{u}_3'\right) = 0.132204$$

根据式（3.3）求解 u_4'，有

$$\bar{u}_4' = \frac{1}{n}\left[\frac{h_4}{h_2}(nu_2 - u_2') + \bar{u}_4\right] = 1.175$$

整理可得

$$u_1 = -0.75, \quad u_2 = u_1' = -0.1322, \quad u_3 = u_2' = 0$$

$$\bar{u}_4 = \bar{u}_3' = 2, \quad \bar{u}_5 = \bar{u}_4' = 1.175$$

(2) 求解 P。

根据式(3.5)有

$$P_1 = n\left(\frac{u_1' - u_1}{n-1}\right)^2 (u_1' - nu_1) = 2.190797$$

$$P_2 = n\left(\frac{u_2' - u_2}{n-1}\right)^2 (nu_2' - u_2) = 0.013213$$

$$\overleftarrow{P}_3 = -\frac{(\overleftarrow{u}_3' - u_3)^2}{2} = -2$$

$$\overleftarrow{P}_4 = -n\left(\frac{\overleftarrow{u}_4' - \overleftarrow{u}_4}{n-1}\right)^2 (\overleftarrow{u}_4' - n\overleftarrow{u}_4) = 7.217108$$

$$P_5 = 0$$

(3) 求解偏心率 e_3^2。

根据式(3.6)有

$$e_3^2 = -\frac{h_1 P_1 + h_2 P_2 + \overleftarrow{P}_3 + h_4 \overleftarrow{P}_4}{2} = -4.071416$$

(4) 求解曲率半径 r。

根据式(3.2)有

$$r_1 = \frac{(n-1)h_1}{nu_1' - u_1} = 0.936170$$

$$r_2 = \frac{(1-n)h_2}{u_2' - nu_2} = -2.570168$$

$$r_4 = \frac{(n-1)h_4}{n\overleftarrow{u}_4' - \overleftarrow{u}_4} = -2.570168$$

$$r_5 = \frac{h_5}{\overleftarrow{u}_4'} = 0.936170$$

(5) 自准校正透镜为薄透镜，即 $d_{12} = 0$，对应的规化光学系统的结构参数。

$$r_1 = r_5 = 0.936170, \quad r_2 = r_4 = -2.570168, \quad r_{03} = 1$$

$$l_1 = -1.333333, \quad d_{12} = 0, \quad d_{23} = 0.05, \quad \overleftarrow{d}_{34} = -0.05, \quad \overleftarrow{d}_{45} = 0$$

$$h_1 = h_2 = 1, \quad h_{03} = 1, \quad h_4 = h_5 = 1.1, \quad e_3^2 = -4.071416$$

(6) 求解自准校正透镜中心厚度 $d_{12}=0.05$ 对应的规化光学系统的结构参数。

保持自准校正透镜为薄透镜时对应的规化光学系统中的结构参数 u_2、$\bar{u}_4'$、h_2、h_4、r_2、r_4 和 $r_{03}=1$ 不变，仅改变 r_1、r_5、h_1、h_5 和 u_1。

根据式 (3.1) 和式 (3.2) 求解 h_5、r_5、h_1、u_1 和 l_1，有

$$h_5=h_4-\bar{d}_{45}\bar{u}_4'=1.158750,\quad r_5=r_1=\frac{h_5}{\bar{u}_5}=0.986170$$

$$h_1=h_2+d_{12}u_1'=0.993900$$

$$u_1=nu_1'-\frac{(n-1)h_1}{r_1}=-0.718677,\quad l_1=\frac{h_1}{u_1}=-1.382248$$

根据式 (3.5) 求解 P_1，有

$$P_1=n\left(\frac{u_1'-u_1}{n-1}\right)^2(u_1'-nu_1)=1.880966$$

根据式 (3.6) 求解偏心率 e_3^2，有

$$e_3^2=-\frac{h_1P_1+h_2P_2+\bar{P}_3+h_4\bar{P}_4}{2}=-3.910282$$

整理上述参数可得，$\bar{u}_3'=2$、$u_1=-0.718677$、$d_{12}=0.05$ 对应的自准校正透镜凸面自准检验凸非球面的规化光学系统的结构参数如表 3.16 所示，对应的规化光学系统如图 3.15 所示。

表 3.16　$\bar{u}_3'=2$、$u_1=-0.718677$、$d_{12}=0.05$ 对应的自准校正透镜凸面自准检验凸非球面的规化光学系统的结构参数

Surf	Type	Radius	Thickness	Glass	Diameter	Conic
OBJ	Standard	Infinity	1.3822	—	0.0000	0.0000
1	Standard	0.9862	0.0500	K9	0.1600	0.0000
2	Standard	−2.5702	0.0500	—	0.1600	0.0000
3	Standard	1.0000	−0.0500	MIRROR	0.1600	3.9103
4	Standard	−2.5702	−0.0500	K9	0.1600	0.0000
STO	Standard	0.9862	0.0500	MIRROR	0.1600	0.0000
6	Standard	−2.5702	0.0500	—	0.1600	0.0000
7	Standard	1.0000	−0.0500	MIRROR	0.1600	3.9103
8	Standard	−2.5702	−0.0500	K9	0.1600	0.0000
9	Standard	0.9862	−1.3822	—	0.1600	0.0000
IMA	Standard	Infinity	—	—	0.0000	0.0000

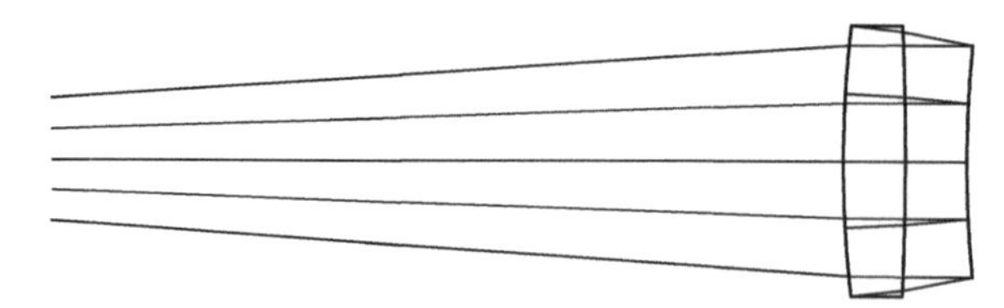

图 3.15　$\bar{u}_3' = 2$、$u_1 = -0.718677$、$d_{12} = 0.05$ 对应的自准校正透镜凸面自准检验凸非球面的规化光学系统

5）设定起始孔径角 $u_1 = -1$

（1）求解 l_1 和 u_1'、u_2、$\bar{u}_4'$。

$$l_1 = \frac{h_1}{u_1} = -1$$

根据式（3.4）求解 u_1'，有

$$u_1' = u_2 = u_1 - \frac{n-1}{n}\left(u_3 - \frac{h_2}{h_4}\bar{u}_3'\right) = -0.382204$$

根据式（3.3）求解 $\bar{u}_4'$，有

$$\bar{u}_4' = \frac{1}{n}\left[\frac{h_4}{h_2}(nu_2 - u_2') + \bar{u}_4\right] = 0.9$$

整理可得

$$u_1 = -1,\quad u_2 = u_1' = -0.382204,\quad u_3 = u_2' = 0$$

$$\bar{u}_4 = \bar{u}_3' = 2,\quad \bar{u}_5 = \bar{u}_4' = 0.9$$

（2）求解 P。

根据式（3.5）有

$$P_1 = n\left(\frac{u_1' - u_1}{n-1}\right)^2 (u_1' - nu_1) = 2.471616$$

$$P_2 = n\left(\frac{u_2' - u_2}{n-1}\right)^2 (nu_2' - u_2) = 0.319268$$

$$\bar{P}_3 = -\frac{(\bar{u}_3' - u_3)^2}{2} = -2$$

$$\bar{P}_4 = -n\left(\frac{\bar{u}_4' - \bar{u}_4}{n-1}\right)^2 (\bar{u}_4' - n\bar{u}_4) = 14.733185$$

$$P_5 = 0$$

(3) 求解偏心率 e_3^2。

根据式(3.6)有

$$e_3^2 = -\frac{h_1 P_1 + h_2 P_2 + \bar{P}_3 + h_4 \bar{P}_4}{2} = -8.498694$$

(4) 求解 r。

根据式(3.2)有

$$r_1 = \frac{(n-1)h_1}{nu_1' - u_1} = 1.222222$$

$$r_2 = \frac{(1-n)h_2}{u_2' - nu_2} = -0.889021$$

$$r_4 = \frac{(n-1)h_4}{n\bar{u}_4' - \bar{u}_4} = -0.889021$$

$$r_5 = \frac{h_5}{\bar{u}_4'} = 1.222222$$

(5) 自准校正透镜为薄透镜，即 $d_{12}=0$，对应的规化光学系统的结构参数。

$$r_1 = r_5 = 1.222222,\quad r_2 = r_4 = -0.889021,\quad r_{03} = 1$$

$$l_1 = -1,\quad d_{12} = 0,\quad d_{23} = 0.05,\quad \bar{d}_{34} = -0.05,\quad \bar{d}_{45} = 0$$

$$h_1 = h_2 = 1,\quad h_{03} = 1,\quad h_4 = h_5 = 1.1,\quad e_3^2 = -8.498694$$

(6) 求自准校正透镜中心厚度 $d_{12}=0.05$ 对应的规化光学系统的结构参数。

保持自准校正透镜为薄透镜时对应的规化光学系统中的结构参数 u_2、$\bar{u}_4'$、h_2、h_4、r_2、r_4 和 $r_{03}=1$ 不变，仅改变 r_1、r_5、h_1、h_5 和 u_1。

根据式(3.1)和式(3.2)求解 h_5、r_5、h_1、u_1 和 l_1，有

$$h_5 = h_4 - \bar{d}_{45}\bar{u}_4' = 1.145,\quad r_5 = r_1 = \frac{h_5}{\bar{u}_5} = 1.272222$$

$$h_1 = h_2 + d_{12}u_1' = 0.980890$$

$$u_1 = nu_1' - \frac{(n-1)h_1}{r_1} = -0.975720,\quad l_1 = \frac{h_1}{u_1} = -1.005299$$

根据式(3.5)求解 P_1，有

$$P_1 = n\left(\frac{u_1' - u_1}{n-1}\right)^2 (u_1' - nu_1) = 2.207078$$

根据式(3.6)求解e_3^2，有

$$e_3^2 = -\frac{h_1P_1 + h_2P_2 + \bar{P}_3 + h_4\bar{P}_4}{2} = -8.345336$$

整理上述参数可得，$\bar{u}_3' = 2$、$u_1 = -0.975720$、$d_{12} = 0.05$对应的自准校正透镜凸面自准检验凸非球面的规化光学系统的结构参数如表3.17所示，对应的规化光学系统如图3.16所示。

表3.17　$\bar{u}_3' = 2$、$u_1 = -0.975720$、$d_{12} = 0.05$对应的自准校正透镜凸面自准检验凸非球面的规化光学系统的结构参数

Surf	Type	Radius	Thickness	Glass	Diameter	Conic
OBJ	Standard	Infinity	1.0053	—	0.0000	0.0000
1	Standard	1.2722	0.0500	K9	0.1600	0.0000
2	Standard	−0.8890	0.0500	—	0.1600	0.0000
3	Standard	1.0000	−0.0500	MIRROR	0.1600	8.3453
4	Standard	−0.8890	−0.0500	K9	0.1600	0.0000
STO	Standard	1.2722	0.0500	MIRROR	0.1600	0.0000
6	Standard	−0.8890	0.0500	—	0.1600	0.0000
7	Standard	1.0000	−0.0500	MIRROR	0.1600	8.3453
8	Standard	−0.8890	−0.0500	K9	0.1600	0.0000
9	Standard	1.2722	−1.0053	—	0.1600	0.0000
IMA	Standard	Infinity	—	—	0.0000	0.0000

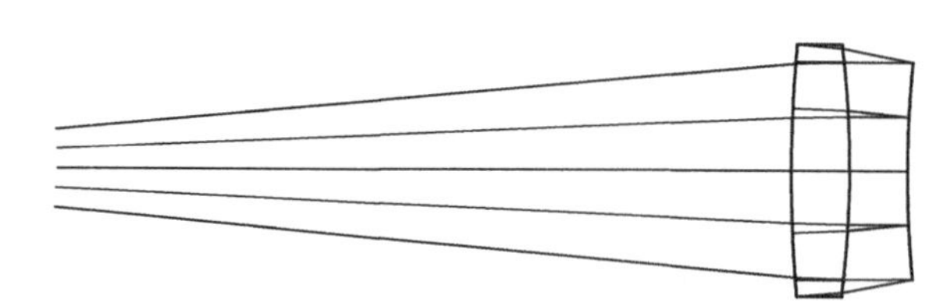

图3.16　$\bar{u}_3' = 2$、$u_1 = -0.975720$、$d_{12} = 0.05$对应的自准校正透镜凸面自准检验凸非球面的规化光学系统

3. 自准角$\bar{u}_3' = 2$时不同u_1值对应的自准校正透镜凸面自准检验凸非球面的规化光学系统的结构参数

自准角$\bar{u}_3' = 2$时不同u_1对应的自准校正透镜凸面自准检验凸非球面的规化光学系统的结构参数如表3.18所示。

表 3.18　$\bar{u}_3' = 2$ 时不同 u_1 对应的自准校正透镜凸面自准检验凸非球面的规化光学系统的结构参数

编号	u_1	l_1	r_1	r_2	e_3^2
1	0.051483	20.023901	0.6	0.55	1.163895
2	−0.205081	−4.965787	0.687681	0.923849	0.183721
3	−0.461799	−2.178196	0.808621	2.884553	−1.287468
4	−0.718677	−1.382248	0.986170	−2.570168	−3.910282
5	−0.975720	−1.005299	1.272222	−0.889021	−8.345336

3.2.4　自准角 $\bar{u}_3' = 1.75$ 对应的自准校正透镜凸面自准检验凸非球面的规化光学系统

设定 $\bar{u}_3'=1.75$，先假设自准校正透镜为薄透镜，即 $d_{12}=0$，求解对应的规化光学系统的结构参数，然后在其基础上求解 $d_{12}=0.05$ 的规化光学系统的结构参数。

1. 求解自准角 $\bar{u}_3' = 1.75$ 对应的自准校正透镜凸面自准检验凸非球面的规化光学系统的相关参数

1) 求解 u_3

根据规化条件有

$$u_3 = 0.25, \quad \bar{u}_3' = \bar{u}_4 = 1.75$$

2) 求解 h_2 和 h_4

根据式(3.1)有

$$h_2 = h_1 = 1 + d_{23}u_3 = 1.0125, \quad h_4 = h_5 = h_{03} - \bar{d}_{34}\bar{u}_3' = 1.0875$$

2. 求解自准角 $\bar{u}_3' = 1.75$ 时不同 u_1 对应的自准校正透镜凸面自准检验凸非球面的规化光学系统

根据上述 $\bar{u}_3' = 1.75$ 时的相关参数，求解不同 u_1 对应的自准校正透镜凸面自准检验凸非球面的规化光学系统的结构参数如下。

1) 设定起始孔径角 $u_1 = 0$

(1) 求解 u_1'、u_2、$\bar{u}_4'$。

已知 $u_1 = 0$，有

$$l_1 = \frac{h_1}{u_1} \to \infty$$

根据式(3.4)求解 u_1'，有

$$u_1' = u_2 = u_1 - \frac{n-1}{n}\left(u_3 - \frac{h_2}{h_4}\bar{u}_3'\right) = 0.468673$$

根据式(3.3)求解$\bar{u}_4'$，有

$$\bar{u}_4' = \frac{1}{n}\left[\frac{h_4}{h_2}(nu_2 - u_2') + \bar{u}_4\right] = 1.481481$$

整理可得

$$u_1 = 0, \quad u_2 = u_1' = 0.468673, \quad u_3 = u_2' = 0.25$$

$$\bar{u}_4 = \bar{u}_3' = 1.75, \quad \bar{u}_5 = \bar{u}_4' = 1.481481$$

(2)求解P。

根据式(3.5)有

$$P_1 = n\left(\frac{u_1' - u_1}{n-1}\right)^2 (u_1' - nu_1) = 0.588677$$

$$P_2 = n\left(\frac{u_2' - u_2}{n-1}\right)^2 (nu_2' - u_2) = -0.024611$$

$$\bar{P}_3 = -\frac{(\bar{u}_3' - u_3)^2}{2} = -1.125$$

$$\bar{P}_4 = -n\left(\frac{\bar{u}_4' - \bar{u}_4}{n-1}\right)^2 (\bar{u}_4' - n\bar{u}_4) = 0.482057$$

$$P_5 = 0$$

(3)求解偏心率e_3^2。

根据式(3.6)有

$$e_3^2 = -\frac{h_1 P_1 + h_2 P_2 + \bar{P}_3 + h_4 \bar{P}_4}{2} = 0.014823$$

(4)求解曲率半径r。

根据式(3.2)有

$$r_1 = \frac{(n-1)h_1}{nu_1' - u_1} = 0.734063$$

$$r_2 = \frac{(1-n)h_2}{u_2' - nu_2} = 1.133112$$

$$r_4 = \frac{(n-1)h_4}{n\overleftarrow{u}_4' - \overleftarrow{u}_4} = 1.133112$$

$$r_5 = \frac{h_5}{\overleftarrow{u}_4'} = 0.734063$$

(5) 自准校正透镜为薄透镜，即 $d_{12}=0$，对应的规化光学系统的结构参数。

$$r_1 = r_5 = 0.734063, \quad r_2 = r_4 = 1.133112, \quad r_{03} = 1$$

$$l_1 \to \infty, \quad d_{12} = 0, \quad d_{23} = 0.05, \quad \overleftarrow{d}_{34} = -0.05, \quad \overleftarrow{d}_{45} = 0$$

$$h_1 = h_2 = 1.0125, \quad h_{03} = 1, \quad h_4 = h_5 = 1.0875, \quad e_3^2 = 0.014823$$

(6) 求解自准校正透镜中心厚度 $d_{12} = 0.05$ 对应的规化光学系统的结构参数。

保持自准校正透镜为薄透镜时对应的规化光学系统中的结构参数 u_2、$\overleftarrow{u}_4'$、h_2、h_4、r_2、r_4 和 $r_{03}=1$ 不变，仅改变 r_1、r_5、h_1、h_5 和 u_1。

根据式 (3.1) 和式 (3.2) 求解 h_5、r_5、h_1、u_1 和 l_1，有

$$h_5 = h_4 - \overleftarrow{d}_{45}\overleftarrow{u}_4' = 1.161574, \quad r_5 = r_1 = \frac{h_5}{\overleftarrow{u}_5} = 0.784063$$

$$h_1 = h_2 + d_{12}u_1' = 1.035934$$

$$u_1 = nu_1' - \frac{(n-1)h_1}{r_1} = 0.029887, \quad l_1 = \frac{h_1}{u_1} = 34.661163$$

根据式 (3.5) 求解 P_1，有

$$P_1 = n\left(\frac{u_1' - u_1}{n-1}\right)^2 (u_1' - nu_1) = 0.466151$$

根据式 (3.6) 求解偏心率 e_3^2，有

$$e_3^2 = -\frac{h_1P_1 + h_2P_2 + \overleftarrow{P}_3 + h_4\overleftarrow{P}_4}{2} = 0.071390$$

整理上述参数可得，$\overleftarrow{u}_3' = 1.75$、$u_1 = 0.029887$、$d_{12} = 0.05$ 对应的自准校正透镜凸面自准检验凸非球面的规化光学系统的结构参数如表 3.19 所示，对应的规化光学系统如图 3.17 所示。$u_1 > 0$，该系统是发散光学系统。

表 3.19　$\bar{u}_3' = 1.75$、$u_1 = 0.029887$、$d_{12} = 0.05$ 对应的自准校正透镜凸面自准检验凸非球面的规化光学系统的结构参数

Surf	Type	Radius	Thickness	Glass	Diameter	Conic
OBJ	Standard	Infinity	−34.6617	—	0.0000	0.0000
1	Standard	0.7841	0.0500	K9	0.1600	0.0000
2	Standard	1.1331	0.0500	—	0.1600	0.0000
3	Standard	1.0000	−0.0500	MIRROR	0.1600	−0.0714
4	Standard	1.1331	−0.0500	K9	0.1600	0.0000
STO	Standard	0.7841	0.0500	MIRROR	0.1600	0.0000
6	Standard	1.1331	0.0500	—	0.1600	0.0000
7	Standard	1.0000	−0.0500	MIRROR	0.1600	−0.0714
8	Standard	1.1331	−0.0500	K9	0.1600	0.0000
9	Standard	0.7841	34.6617	—	0.1600	0.0000
IMA	Standard	Infinity	—	—	0.0000	0.0000

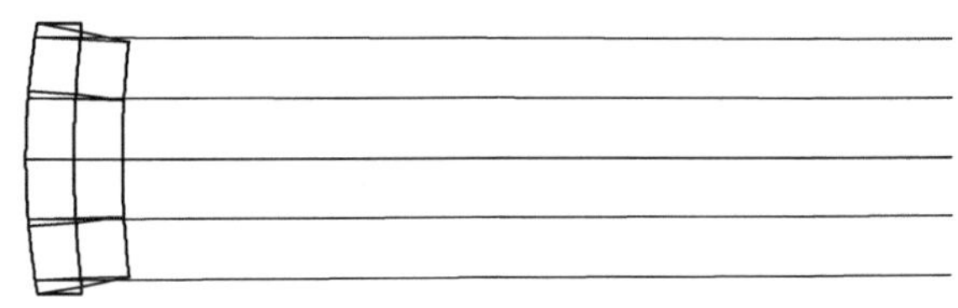

图 3.17　$\bar{u}_3' = 1.75$、$u_1 = 0.029887$、$d_{12} = 0.05$ 对应的自准校正透镜凸面自准检验凸非球面的规化光学系统

2) 设定起始孔径角 $u_1 = -0.25$

(1) 求解 l_1 和 u_1'、u_2、$\bar{u}_4'$。

$$l_1 = \frac{h_1}{u_1} = -4.05$$

根据式(3.4)求解 u_1'，有

$$u_1' = u_2 = u_1 - \frac{n-1}{n}\left(u_3 - \frac{h_2}{h_4}\bar{u}_3'\right) = 0.218673$$

根据式(3.3)求解 $\bar{u}_4'$，有

$$\bar{u}_4' = \frac{1}{n}\left[\frac{h_4}{h_2}\left(nu_2 - u_2'\right) + \bar{u}_4\right] = 1.212963$$

整理可得

$$u_1 = -0.25,\quad u_2 = u_1' = 0.218673,\quad u_3 = u_2' = 0.25$$

$$\bar{u}_4 = \bar{u}_3' = 1.75,\quad \bar{u}_5 = \bar{u}_4' = 1.212963$$

(2) 求解 P。

根据式(3.5)有

$$P_1 = n\left(\frac{u_1' - u_1}{n-1}\right)^2 (u_1' - nu_1) = 0.750288$$

$$P_2 = n\left(\frac{u_2' - u_2}{n-1}\right)^2 (nu_2' - u_2) = 0.000898$$

$$\bar{P}_3 = -\frac{(\bar{u}_3' - u_3)^2}{2} = -1.125$$

$$\bar{P}_4 = -n\left(\frac{\bar{u}_4' - \bar{u}_4}{n-1}\right)^2 (\bar{u}_4' - n\bar{u}_4) = 2.371074$$

$$\bar{P}_5 = 0$$

(3) 求解偏心率 e_3^2。

根据式(3.6)有

$$e_3^2 = -\frac{h_1 P_1 + h_2 P_2 + \bar{P}_3 + h_4 \bar{P}_4}{2} = -1.107060$$

(4) 求解曲率半径 r。

根据式(3.2)有

$$r_1 = \frac{(n-1)h_1}{nu_1' - u_1} = 0.896565$$

$$r_2 = \frac{(1-n)h_2}{u_2' - nu_2} = 6.416239$$

$$r_4 = \frac{(n-1)h_4}{n\bar{u}_4' - \bar{u}_4} = 6.416239$$

$$r_5 = \frac{h_5}{\bar{u}_4'} = 0.896565$$

(5) 自准校正透镜为薄透镜，即 $d_{12} = 0$，对应的规化光学系统的结构参数。

$$r_1 = r_5 = 0.896565, \quad r_2 = r_4 = 6.416239, \quad r_{03} = 1$$

$$l_1 = -4.05, \quad d_{12} = 0, \quad d_{23} = 0.05, \quad \overleftarrow{d}_{34} = -0.05, \quad \overleftarrow{d}_{45} = 0$$

$$h_1 = h_2 = 1.0125, \quad h_{03} = 1, \quad h_4 = h_5 = 1.0875, \quad e_3^2 = -1.107060$$

(6) 求解自准校正透镜中心厚度 $d_{12} = 0.05$ 对应的规化光学系统的结构参数。

保持自准校正透镜为薄透镜时对应的规化光学系统中的结构参数 u_2、$\overleftarrow{u}_4'$、h_2、h_4、r_2、r_4 和 $r_{03} = 1$ 不变，仅改变 r_1、r_5、h_1、h_5 和 u_1。

根据式(3.1)和式(3.2)求解 h_5、r_5、h_1、u_1 和 l_1，有

$$h_5 = h_4 - \overleftarrow{d}_{45}\overleftarrow{u}_4' = 1.148148, \quad r_5 = r_1 = \frac{h_5}{\overleftarrow{u}_5} = 0.946565$$

$$h_1 = h_2 + d_{12}u_1' = 1.023434$$

$$u_1 = nu_1' - \frac{(n-1)h_1}{r_1} = -0.225244, \quad l_1 = \frac{h_1}{u_1} = -4.543676$$

根据式(3.5)求解 P_1，有

$$P_1 = n\left(\frac{u_1' - u_1}{n-1}\right)^2 (u_1' - nu_1) = 0.630863$$

根据式(3.6)求解偏心率 e_3^2，有

$$e_3^2 = -\frac{h_1P_1 + h_2P_2 + \overleftarrow{P}_3 + h_4\overleftarrow{P}_4}{2} = -1.050049$$

整理上述参数可得，$\overleftarrow{u}_3' = 1.75$、$u_1 = -0.225244$、$d_{12} = 0.05$ 对应的自准校正透镜凸面自准检验凸非球面的规化光学系统的结构参数如表 3.20 所示，对应的规化光学系统如图 3.18 所示。

表 3.20　$\overleftarrow{u}_3' = 1.75$、$u_1 = -0.225244$、$d_{12} = 0.05$ 对应的自准校正透镜凸面自准检验凸非球面的规化光学系统的结构参数

Surf	Type	Radius	Thickness	Glass	Diameter	Conic
OBJ	Standard	Infinity	4.5437	—	0.0000	0.0000
1	Standard	0.9466	0.0500	K9	0.1600	0.0000
2	Standard	6.4163	0.0500	—	0.1600	0.0000
3	Standard	1.0000	−0.0500	MIRROR	0.1600	1.0501
4	Standard	6.4163	−0.0500	K9	0.1600	0.0000

续表

Surf	Type	Radius	Thickness	Glass	Diameter	Conic
STO	Standard	0.9466	0.0500	MIRROR	0.1600	0.0000
6	Standard	6.4163	0.0500	—	0.1600	0.0000
7	Standard	1.0000	−0.0500	MIRROR	0.1600	1.0501
8	Standard	6.4163	−0.0500	K9	0.1600	0.0000
9	Standard	0.9466	−4.5437	—	0.1600	0.0000
IMA	Standard	Infinity	—	—	0.0000	0.0000

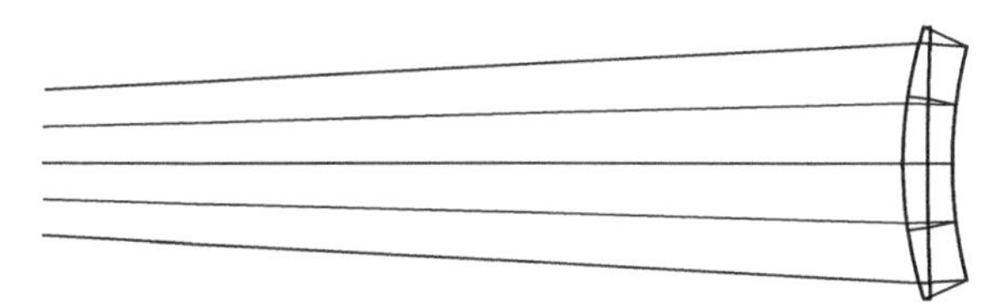

图 3.18 $\bar{u}_3'=1.75$、$u_1=-0.225244$、$d_{12}=0.05$ 对应的自准校正透镜凸面自准检验凸非球面的规化光学系统

3) 设定起始孔径角 $u_1=-0.5$

(1) 求解 l_1 和 u_1'、u_2、$\bar{u}_4'$。

$$l_1=\frac{h_1}{u_1}=-2.025$$

根据式(3.4)求解 u_1'，有

$$u_1'=u_2=u_1-\frac{n-1}{n}\left(u_3-\frac{h_2}{h_4}\bar{u}_3'\right)=-0.031327$$

根据式(3.3)求解 $\bar{u}_4'$，有

$$\bar{u}_4'=\frac{1}{n}\left[\frac{h_4}{h_2}(nu_2-u_2')+\bar{u}_4\right]=0.944444$$

整理可得

$$u_1=-0.5,\quad u_2=u_1'=-0.031327,\quad u_3=u_2'=0.25$$

$$\bar{u}_4=\bar{u}_3'=1.75,\quad \bar{u}_5=\bar{u}_4'=0.944444$$

(2) 求解 P。

根据式(3.5)有

$$P_1 = n\left(\frac{u_1' - u_1}{n-1}\right)^2 (u_1' - nu_1) = 0.911900$$

$$P_2 = n\left(\frac{u_2' - u_2}{n-1}\right)^2 (nu_2' - u_2) = 0.185554$$

$$\overleftarrow{P}_3 = -\frac{(\overleftarrow{u}_3' - u_3)^2}{2} = -1.125$$

$$\overleftarrow{P}_4 = -n\left(\frac{\overleftarrow{u}_4' - \overleftarrow{u}_4}{n-1}\right)^2 (\overleftarrow{u}_4' - n\overleftarrow{u}_4) = 6.331318$$

$$P_5 = 0$$

(3) 求解偏心率 e_3^2。

根据式(3.6)有

$$e_3^2 = -\frac{h_1 P_1 + h_2 P_2 + \overleftarrow{P}_3 + h_4 \overleftarrow{P}_4}{2} = -3.435740$$

(4) 求解曲率半径 r。

根据式(3.2)有

$$r_1 = \frac{(n-1)h_1}{nu_1' - u_1} = 1.151471$$

$$r_2 = \frac{(1-n)h_2}{u_2' - nu_2} = -1.751878$$

$$r_4 = \frac{(n-1)h_4}{n\overleftarrow{u}_4' - \overleftarrow{u}_4} = -1.751878$$

$$r_5 = \frac{h_5}{\overleftarrow{u}_4'} = 1.151471$$

(5) 自准校正透镜为薄透镜，即 $d_{12} = 0$，对应的规化光学系统的结构参数。

$$r_1 = r_5 = 1.151471, \quad r_2 = r_4 = -1.751878, \quad r_{03} = 1$$

$$l_1 = -2.025, \quad d_{12} = 0, \quad d_{23} = 0.05, \quad \overleftarrow{d}_{34} = -0.05, \quad \overleftarrow{d}_{45} = 0$$

$$h_1 = h_2 = 1.0125, \quad h_{03} = 1, \quad h_4 = h_5 = 1.0875, \quad e_3^2 = -3.435740$$

(6) 求解自准校正透镜中心厚度 $d_{12} = 0.05$ 对应的规化光学系统的结构参数。

保持自准校正透镜为薄透镜时对应的规化光学系统中的结构参数 u_2、$\overleftarrow{u}_4'$、h_2、h_4、r_2、r_4 和 $r_{03} = 1$ 不变，仅改变 r_1、r_5、h_1、h_5 和 u_1。

根据式(3.1)和式(3.2)求解 h_5、r_5、h_1、u_1 和 l_1，有

$$h_5 = h_4 - \bar{d}_{45}\bar{u}'_4 = 1.134722, \quad r_5 = r_1 = \frac{h_5}{\bar{u}_5} = 1.201471$$

$$h_1 = h_2 + d_{12}u'_1 = 1.010934$$

$$u_1 = nu'_1 - \frac{(n-1)h_1}{r_1} = -0.480496, \quad l_1 = \frac{h_1}{u_1} = -2.103938$$

根据式(3.5)求解 P_1，有

$$P_1 = n\left(\frac{u'_1 - u_1}{n-1}\right)^2 (u'_1 - nu_1) = 0.803498$$

根据式(3.6)求解偏心率 e_3^2，有

$$e_3^2 = -\frac{h_1P_1 + h_2P_2 + \bar{P}_3 + h_4\bar{P}_4}{2} = -3.380232$$

整理上述参数可得，$\bar{u}'_3 = 1.75$、$u_1 = -0.480496$、$d_{12} = 0.05$ 对应的自准校正透镜凸面自准检验凸非球面的规化光学系统的结构参数如表 3.21 所示，对应的规化光学系统如图 3.19 所示。

表 3.21　$\bar{u}'_3 = 1.75$、$u_1 = -0.480496$、$d_{12} = 0.05$ 对应的自准校正透镜凸面自准检验凸非球面的规化光学系统的结构参数

Surf	Type	Radius	Thickness	Glass	Diameter	Conic
OBJ	Standard	Infinity	2.1039	—	0.0000	0.0000
1	Standard	1.2015	0.0500	K9	0.1600	0.0000
2	Standard	−1.7518	0.0500	—	0.1600	0.0000
3	Standard	1.0000	−0.0500	MIRROR	0.1600	3.3802
4	Standard	−1.7518	−0.0500	K9	0.1600	0.0000
STO	Standard	1.2015	0.0500	MIRROR	0.1600	0.0000
6	Standard	−1.7518	0.0500	—	0.1600	0.0000
7	Standard	1.0000	−0.0500	MIRROR	0.1600	3.3802
8	Standard	−1.7518	−0.0500	K9	0.1600	0.0000
9	Standard	1.2014	−2.1039	—	0.1600	0.0000
IMA	Standard	Infinity	—	—	0.0000	0.0000

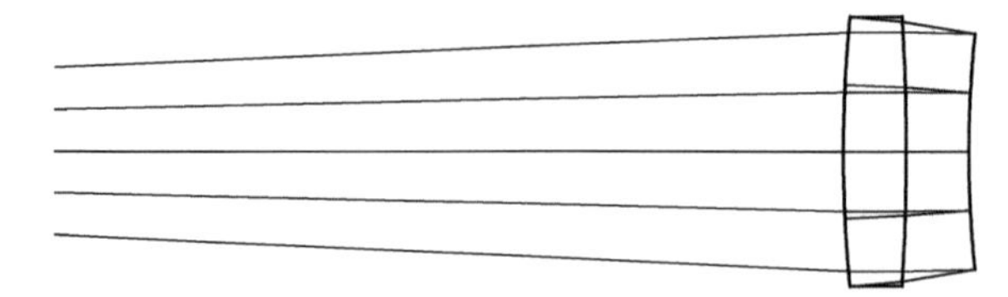

图 3.19　$\bar{u}_3'=1.75$、$u_1=-0.480496$、$d_{12}=0.05$ 对应的自准校正透镜凸面自准检验凸非球面的规化光学系统

4) 设定起始孔径角 $u_1=-0.75$

(1) 求解 l_1 和 u_1'、u_2、$\bar{u}_4'$。

$$l_1=\frac{h_1}{u_1}=-1.35$$

根据式(3.4)求解 u_1'，有

$$u_1'=u_2=u_1-\frac{n-1}{n}\left(u_3-\frac{h_2}{h_4}\bar{u}_3'\right)=-0.281327$$

根据式(3.3)求解 $\bar{u}_4'$，有

$$\bar{u}_4'=\frac{1}{n}\left[\frac{h_4}{h_2}(nu_2-u_2')+\bar{u}_4\right]=0.675926$$

整理可得

$$u_1=-0.75,\quad u_2=u_1'=-0.281327,\quad u_3=u_2'=0.25$$

$$\bar{u}_4=\bar{u}_3'=1.75,\quad \bar{u}_5=\bar{u}_4'=0.675926$$

(2) 求解 P。

根据式(3.5)有

$$P_1=n\left(\frac{u_1'-u_1}{n-1}\right)^2(u_1'-nu_1)=1.073511$$

$$P_2=n\left(\frac{u_2'-u_2}{n-1}\right)^2(nu_2'-u_2)=1.065450$$

$$\bar{P}_3=-\frac{(\bar{u}_3'-u_3)^2}{2}=-1.125$$

$$\bar{P}_4=-n\left(\frac{\bar{u}_4'-\bar{u}_4}{n-1}\right)^2(\bar{u}_4'-n\bar{u}_4)=13.027055$$

$$P_5=0$$

(3) 求解偏心率 e_3^2。

根据式(3.6)有

$$e_3^2 = -\frac{h_1 P_1 + h_2 P_2 + \overleftarrow{P}_3 + h_4 \overleftarrow{P}_4}{2} = -7.603810$$

(4) 求解曲率半径 r。

根据式(3.2)有

$$r_1 = \frac{(n-1)h_1}{nu_1' - u_1} = 1.608904$$

$$r_2 = \frac{(1-n)h_2}{u_2' - nu_2} = -0.770721$$

$$r_4 = \frac{(n-1)h_4}{n\overleftarrow{u}_4' - \overleftarrow{u}_4} = -0.770721$$

$$r_5 = \frac{h_5}{\overleftarrow{u}_4'} = 1.608904$$

(5) 自准校正透镜为薄透镜，即 $d_{12} = 0$，对应的规化光学系统的结构参数。

$$r_1 = r_5 = 1.608904, \quad r_2 = r_4 = -0.770721, \quad r_{03} = 1$$

$$l_1 = -1.35, \quad d_{12} = 0, \quad d_{23} = 0.05, \quad \overleftarrow{d}_{34} = -0.05, \quad \overleftarrow{d}_{45} = 0$$

$$h_1 = h_2 = 1.0125, \quad h_{03} = 1, \quad h_4 = h_5 = 1.0875, \quad e_3^2 = -7.603810$$

(6) 求解自准校正透镜中心厚度 $d_{12} = 0.05$ 对应的规化光学系统的结构参数。

保持自准校正透镜为薄透镜时对应的规化光学系统中的结构参数 u_2、$\overleftarrow{u}_4'$、h_2、h_4、r_2、r_4 和 $r_{03} = 1$ 不变，仅改变 r_1、r_5、h_1、h_5 和 u_1。

根据式(3.1)和式(3.2)求解 h_5、r_5、h_1、u_1 和 l_1，有

$$h_5 = h_4 - \overleftarrow{d}_{45}\overleftarrow{u}_4' = 1.121296, \quad r_5 = r_1 = \frac{h_5}{\overleftarrow{u}_5} = 1.658904$$

$$h_1 = h_2 + d_{12}u_1' = 0.998434$$

$$u_1 = nu_1' - \frac{(n-1)h_1}{r_1} = -0.735874, \quad l_1 = \frac{h_1}{u_1} = -1.356800$$

根据式(3.5)求解 P_1，有

$$P_1 = n\left(\frac{u_1' - u_1}{n-1}\right)^2 (u_1' - nu_1) = 0.984495$$

根据式(3.6)求解偏心率e_3^2，有

$$e_3^2 = -\frac{h_1 P_1 + h_2 P_2 + \bar{P}_3 + h_4 \bar{P}_4}{2} = -7.551822$$

整理上述参数可得，$\bar{u}_3' = 1.75$、$u_1 = -0.735874$、$d_{12} = 0.05$对应的自准校正透镜凸面自准检验凸非球面的规化光学系统的结构参数如表3.22，对应的规化光学系统如图3.20所示。

表3.22　$\bar{u}_3' = 1.75$、$u_1 = -0.735874$、$d_{12} = 0.05$对应的自准校正透镜凸面自准检验凸非球面的规化光学系统的结构参数

Surf	Type	Radius	Thickness	Glass	Diameter	Conic
OBJ	Standard	Infinity	1.3568	—	0.0000	0.0000
1	Standard	1.6089	0.0500	K9	0.1600	0.0000
2	Standard	−0.7707	0.0500	—	0.1600	0.0000
3	Standard	1.0000	−0.0500	MIRROR	0.1600	7.5518
4	Standard	−0.7707	−0.0500	K9	0.1600	0.0000
STO	Standard	1.6089	0.0500	MIRROR	0.1600	0.0000
6	Standard	−0.7707	0.0500	—	0.1600	0.0000
7	Standard	1.0000	−0.0500	MIRROR	0.1600	7.5518
8	Standard	−0.7707	−0.0500	K9	0.1600	0.0000
9	Standard	1.6089	−1.3568	—	0.1600	0.0000
IMA	Standard	Infinity	—	—	0.0000	0.0000

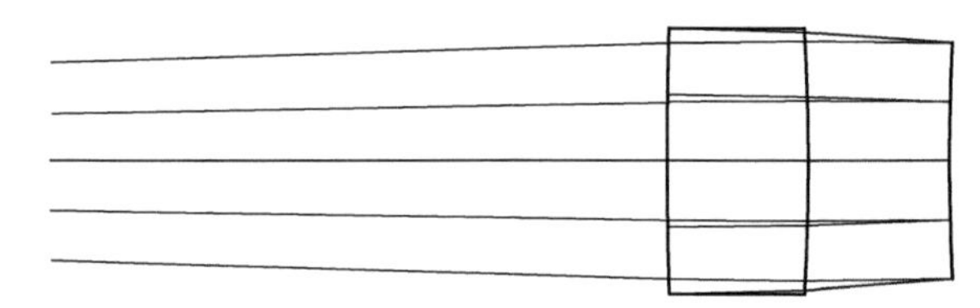

图3.20　$\bar{u}_3' = 1.75$、$u_1 = -0.735874$、$d_{12} = 0.05$对应的自准校正透镜凸面自准检验凸非球面的规化光学系统

5) 设定起始孔径角$u_1 = -1$

(1) 求解l_1和u_1'、u_2、$\bar{u}_4'$。

$$l_1 = \frac{h_1}{u_1} = -1.0125$$

根据式(3.4)求解u_1'，有

$$u_1' = u_2 = u_1 - \frac{n-1}{n}\left(u_3 - \frac{h_2}{h_4}\bar{u}_3'\right) = -0.531327$$

根据式(3.3)求解 $\bar{u}_4'$，有

$$\bar{u}_4' = \frac{1}{n}\left[\frac{h_4}{h_2}(nu_2 - u_2') + \bar{u}_4\right] = 0.407407$$

整理可得

$$u_1 = -1, \quad u_2 = u_1' = -0.531327, \quad u_3 = u_2' = 0.25$$

$$\bar{u}_4 = \bar{u}_3' = 1.75, \quad \bar{u}_5 = \bar{u}_4' = 0.407407$$

(2) 求解 P。

根据式(3.5)有

$$P_1 = n\left(\frac{u_1' - u_1}{n-1}\right)^2 (u_1' - nu_1) = 1.2351122$$

$$P_2 = n\left(\frac{u_2' - u_2}{n-1}\right)^2 (nu_2' - u_2) = 3.1766878$$

$$\bar{P}_3 = -\frac{(\bar{u}_3' - u_3)^2}{2} = -1.125$$

$$\bar{P}_4 = -n\left(\frac{\bar{u}_4' - \bar{u}_4}{n-1}\right)^2 (\bar{u}_4' - n\bar{u}_4) = 23.122553$$

$$P_5 = 0$$

(3) 求解偏心率 e_3^2。

根据式(3.6)有

$$e_3^2 = -\frac{h_1P_1 + h_2P_2 + \bar{P}_3 + h_4\bar{P}_4}{2} = -14.243862$$

(4) 求解曲率半径 r。

根据式(3.2)有

$$r_1 = \frac{(n-1)h_1}{nu_1' - u_1} = 2.669318$$

$$r_2 = \frac{(1-n)h_2}{u_2' - nu_2} = -0.494033$$

$$r_4 = \frac{(n-1)h_4}{n\bar{u}_4' - \bar{u}_4} = -0.494033$$

$$r_5 = \frac{h_5}{\bar{u}_4'} = 2.669318$$

(5) 自准校正透镜为薄透镜，即 $d_{12}=0$，对应的规化光学系统的结构参数。

$$r_1=r_5=2.669318,\quad r_2=r_4=-0.494033,\quad r_{03}=1$$

$$l_1=-1.0125,\quad d_{12}=0,\quad d_{23}=0.05,\quad \overleftarrow{d}_{34}=-0.05,\quad \overleftarrow{d}_{45}=0$$

$$h_1=h_2=1.0125,\quad h_{03}=1,\quad h_4=h_5=1.0875,\quad e_3^2=-14.243862$$

(6) 求解自准校正透镜中心厚度 $d_{12}=0.05$ 对应的规化光学系统的结构参数。

保持自准校正透镜为薄透镜时对应的规化光学系统中的结构参数 u_2、$\overleftarrow{u}_4'$、h_2、h_4、r_2、r_4 和 $r_{03}=1$ 不变，仅改变 r_1、r_5、h_1、h_5 和 u_1。

根据式 (3.1) 和式 (3.2) 求解 h_5、r_5、h_1、u_1 和 l_1，有

$$h_5=h_4-\overleftarrow{d}_{45}\overleftarrow{u}_4'=1.107870,\quad r_1=r_5=\frac{h_5}{\overleftarrow{u}_5}=2.719318$$

$$h_1=h_2+d_{12}u_1'=0.985934$$

$$u_1=nu_1'-\frac{(n-1)h_1}{r_1}=-0.991383,\quad l_1=\frac{h_1}{u_1}=-0.994504$$

根据式 (3.5) 求解 P_1，有

$$P_1=n\left(\frac{u_1'-u_1}{n-1}\right)^2(u_1'-nu_1)=1.174322$$

根据式 (3.6) 求解偏心率 e_3^2，有

$$e_3^2=-\frac{h_1P_1+h_2P_2+\overleftarrow{P}_3+h_4\overleftarrow{P}_4}{2}=-14.197483$$

整理上述参数可得，$\overleftarrow{u}_3'=1.75$、$u_1=-0.991383$、$d_{12}=0.05$ 对应的自准校正透镜凸面自准检验凸非球面的规化光学系统的结构参数如表 3.23 所示，对应的规化光学系统如图 3.21 所示。

表 3.23　$\overleftarrow{u}_3'=1.75$、$u_1=-0.991383$、$d_{12}=0.05$ 对应的自准校正透镜凸面自准检验凸非球面的规化光学系统的结构参数

Surf	Type	Radius	Thickness	Glass	Diameter	Conic
OBJ	Standard	Infinity	0.9945	—	0.0000	0.0000
1	Standard	2.7193	0.0500	K9	0.1600	0.0000
2	Standard	−0.4940	0.0500		0.1600	0.0000
3	Standard	1.0000	−0.0500	MIRROR	0.1600	14.1975

续表

Surf	Type	Radius	Thickness	Glass	Diameter	Conic
4	Standard	−0.4940	−0.0500	K9	0.1600	0.0000
STO	Standard	2.7193	0.0500	MIRROR	0.1600	0.0000
6	Standard	−0.4940	0.0500	—	0.1600	0.0000
7	Standard	1.0000	−0.0500	MIRROR	0.1600	14.1975
8	Standard	−0.4940	−0.0500	K9	0.1600	0.0000
9	Standard	2.7193	−0.9945	—	0.1600	0.0000
IMA	Standard	Infinity	—	—	0.0000	0.0000

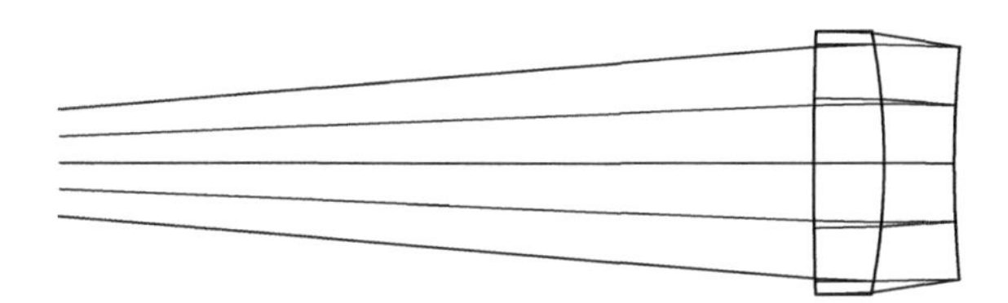

图 3.21　$\bar{u}_3'=1.75$、$u_1=-0.991383$、$d_{12}=0.05$ 对应的自准校正透镜凸面自准检验凸非球面的规化光学系统

3. 自准角 $\bar{u}_3'=1.75$ 时不同 u_1 值对应的自准校正透镜凸面自准检验凸非球面的规化光学系统的结构参数

自准角 $\bar{u}_3'=1.75$ 时不同 u_1 对应的自准校正透镜凸面自准检验凸非球面的规化光学系统的结构参数如表 3.24 所示。

表 3.24　自准角 $\bar{u}_3'=1.75$ 时不同 u_1 对应的自准校正透镜凸面自准检验凸非球面的规化光学系统的结构参数

编号	u_1	l_1	r_1	r_2	e_3^2
1	0.029887	34.661163	0.784063	1.133112	0.071390
2	−0.225244	−4.543676	0.946565	6.416239	−1.050049
3	−0.480496	−2.103938	1.201471	−1.751878	−3.380232
4	−0.735874	−1.356800	1.658904	−0.770721	−7.551822
5	−0.991383	−0.994504	2.719318	−0.494033	−14.197483

3.2.5　自准角 $\bar{u}_3'=1.5$ 对应的自准校正透镜凸面自准检验凸非球面的规化光学系统

设定 $\bar{u}_3'=1.5$，先假设自准校正透镜为薄透镜，即 $d_{12}=0$，求解对应的规化光学系统的结构参数，然后在其基础上求解 $d_{12}=0.05$ 的规化光学系统的结构参数。

1. 求解自准角 $\bar{u}_3'=1.5$ 对应的自准校正透镜凸面自准检验凸非球面的规化光学系统的相关参数

1) 求解 u_3

根据规化条件有

$$\bar{u}_3'+u_3=2,\quad \bar{u}_3'=\bar{u}_4=1.5,\quad u_3=2-1.5=0.5$$

2) 求解 h_2 和 h_4

根据式(3.1)有

$$h_2=h_1=1+d_{23}u_3=1.025,\quad h_4=h_5=h_{03}-\bar{d}_{34}\bar{u}_3'=1.075$$

2. 求解自准角 $\bar{u}_3'=1.5$ 时不同 u_1 对应的自准校正透镜凸面自准检验凸非球面的规化光学系统

根据上述 $\bar{u}_3'=1.5$ 的参数，求解不同 u_1 对应的自准校正透镜凸面自准检验凸非球面的规化光学系统的结构参数如下。

1) 设定起始孔径角 $u_1=0$

(1) 求解 u_1'、u_2、$\bar{u}_4'$。

$$l_1=\frac{h_1}{u_1}\to\infty$$

根据式(3.4)求解 u_1'，有

$$u_1'=u_2=u_1-\frac{n-1}{n}\left(u_3-\frac{h_2}{h_4}\bar{u}_3'\right)=0.316081$$

根据式(3.3)求解 $\bar{u}_4'$，有

$$\bar{u}_4'=\frac{1}{n}\left[\frac{h_4}{h_2}(nu_2-u_2')+\bar{u}_4\right]=0.975610$$

整理可得

$$u_1=0,\quad u_2=u_1'=0.316081,\quad u_3=u_2'=0.5$$

$$\bar{u}_4=\bar{u}_3'=1.5,\quad \bar{u}_5=\bar{u}_4'=0.975610$$

(2) 求解 P。

根据式(3.5)有

$$P_1 = n\left(\frac{u_1' - u_1}{n-1}\right)^2 (u_1' - nu_1) = 0.180578$$

$$P_2 = n\left(\frac{u_2' - u_2}{n-1}\right)^2 (nu_2' - u_2) = 0.085351$$

$$\bar{P}_3 = -\frac{(\bar{u}_3' - u_3)^2}{2} = -0.5$$

$$\bar{P}_4 = -n\left(\frac{\bar{u}_4' - \bar{u}_4}{n-1}\right)^2 (\bar{u}_4' - n\bar{u}_4) = 2.038508$$

$$P_5 = 0$$

(3) 求解偏心率 e_3^2。

根据式(3.6)有

$$e_3^2 = -\frac{h_1P_1 + h_2P_2 + \bar{P}_3 + h_4\bar{P}_4}{2} = -0.981986$$

(4) 求解曲率半径 r。

根据式(3.2)有

$$r_1 = \frac{(n-1)h_1}{nu_1' - u_1} = 1.101875$$

$$r_2 = \frac{(1-n)h_2}{u_2' - nu_2} = -24.833394$$

$$r_4 = \frac{(n-1)h_4}{n\bar{u}_4' - \bar{u}_4} = -24.833394$$

$$r_5 = \frac{h_5}{\bar{u}_4'} = 1.101875$$

(5) 自准校正透镜为薄透镜，即 $d_{12} = 0$，对应的规化光学系统的结构参数。

$$r_1 = r_5 = 1.101875, \quad r_2 = r_4 = -24.833394, \quad r_{03} = 1$$

$$l_1 \to \infty, \quad d_{12} = 0, \quad d_{23} = 0.05, \quad \bar{d}_{34} = -0.05, \quad \bar{d}_{45} = 0$$

$$h_1 = h_2 = 1.025, \quad h_{03} = 1, \quad h_4 = h_5 = 1.075, \quad e_3^2 = -0.981986$$

(6) 求解自准校正透镜中心厚度 $d_{12} = 0.05$ 对应的规化光学系统的结构参数。

保持自准校正透镜为薄透镜时对应的规化光学系统中的结构参数 u_2、$\bar{u}_4'$、h_2、

h_4、r_2、r_4和$r_{03}=1$不变，仅改变r_1、r_5、h_1、h_5和u_1。

根据式(3.1)和式(3.2)求解h_5、r_5、h_1、u_1和l_1，有

$$h_5 = h_4 - \bar{d}_{45}\bar{u}'_4 = 1.123780, \quad r_5 = r_1 = \frac{h_5}{\bar{u}_5} = 1.151875$$

$$h_1 = h_2 + d_{12}u'_1 = 1.040804$$

$$u_1 = nu'_1 - \frac{(n-1)h_1}{r_1} = 0.013720, \quad l_1 = \frac{h_1}{u_1} = 75.858685$$

根据式(3.5)和式(3.6)求解P_1和偏心率e_3^2，有

$$P_1 = n\left(\frac{u'_1 - u_1}{n-1}\right)^2 (u'_1 - nu_1) = 0.154377$$

$$e_3^2 = -\frac{h_1P_1 + h_2P_2 + \bar{P}_3 + h_4\bar{P}_4}{2} = -0.969778$$

整理上述参数可得，$\bar{u}'_3 = 1.5$、$u_1 = 0.013720$、$d_{12} = 0.05$对应的自准校正透镜凸面自准检验凸非球面的规化光学系统的结构参数如表3.25所示，对应的规化光学系统如图3.22所示。$u_1 > 0$，该系统是发散光学系统。

表3.25　$\bar{u}'_3 = 1.5$、$u_1 = 0.013720$、$d_{12} = 0.05$对应的自准校正透镜凸面自准检验凸非球面的规化光学系统的结构参数

Surf	Type	Radius	Thickness	Glass	Diameter	Conic
OBJ	Standard	Infinity	−75.8587	—	0.0000	0.0000
1	Standard	1.1519	0.0500	K9	0.1600	0.0000
2	Standard	−24.8326	0.0500	—	0.1600	0.0000
3	Standard	1.0000	−0.0500	MIRROR	0.1600	0.9698
4	Standard	−24.8326	−0.0500	K9	0.1600	0.0000
STO	Standard	1.1518	0.0500	MIRROR	0.1600	0.0000
6	Standard	−24.8325	0.0500	—	0.1600	0.0000
7	Standard	1.0000	−0.0500	MIRROR	0.1600	0.9698
8	Standard	−24.8325	−0.0500	K9	0.1600	0.0000
9	Standard	1.1519	75.8587	—	0.1600	0.0000
IMA	Standard	Infinity	—	—	0.0000	0.0000

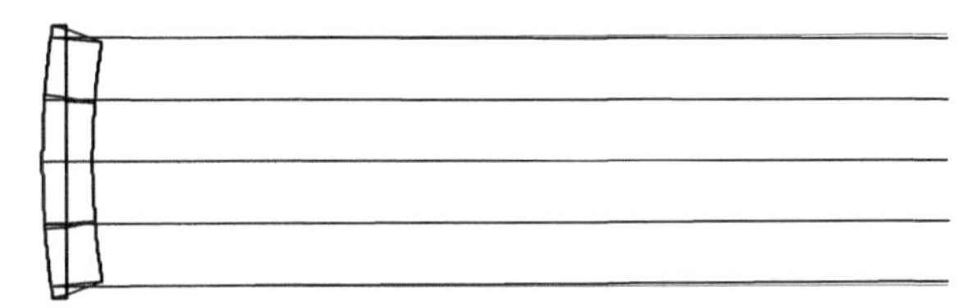

图 3.22　$\bar{u}_3'=1.5$、$u_1=0.013720$、$d_{12}=0.05$ 对应的自准校正透镜凸面自准检验凸非球面的规化光学系统

2) 设定起始孔径角 $u_1=-0.25$

(1) 求解 l_1 和 u_1'、u_2、$\bar{u}_4'$。

$$l_1=\frac{h_1}{u_1}=-4.1$$

根据式(3.4)求解 u_1'，有

$$u_1'=u_2=u_1-\frac{n-1}{n}\left(u_3-\frac{h_2}{h_4}\bar{u}_3'\right)=0.066081$$

根据式(3.3)求解 $\bar{u}_4'$，有

$$\bar{u}_4'=\frac{1}{n}\left[\frac{h_4}{h_2}(nu_2-u_2')+\bar{u}_4\right]=0.713415$$

整理可得

$$u_1=-0.25,\quad u_2=u_1'=0.066081,\quad u_3=u_2'=0.5$$

$$\bar{u}_4=\bar{u}_3'=1.5,\quad \bar{u}_5=\bar{u}_4'=0.713415$$

(2) 求解 P。

根据式(3.5)有

$$P_1=n\left(\frac{u_1'-u_1}{n-1}\right)^2(u_1'-nu_1)=0.254086$$

$$P_2=n\left(\frac{u_2'-u_2}{n-1}\right)^2(nu_2'-u_2)=0.744253$$

$$\bar{P}_3=-\frac{(\bar{u}_3'-u_3)^2}{2}=-0.5$$

$$\bar{P}_4=-n\left(\frac{\bar{u}_4'-\bar{u}_4}{n-1}\right)^2(\bar{u}_4'-n\bar{u}_4)=5.514294$$

$$P_5=0$$

(3) 求解偏心率 e_3^2。

根据式(3.6)有

$$e_3^2=-\frac{h_1P_1+h_2P_2+\overleftarrow{P}_3+h_4\overleftarrow{P}_4}{2}=-3.225582$$

(4) 求解曲率半径 r。

根据式(3.2)有

$$r_1=\frac{(n-1)h_1}{nu_1'-u_1}=1.506838$$

$$r_2=\frac{(1-n)h_2}{u_2'-nu_2}=-1.319127$$

$$r_4=\frac{(n-1)h_4}{n\overleftarrow{u}_4'-\overleftarrow{u}_4}=-1.319127$$

$$r_5=\frac{h_5}{\overleftarrow{u}_4'}=1.506838$$

(5) 自准校正透镜为薄透镜，即 $d_{12}=0$，对应的规化光学系统的结构参数。

$$r_1=r_5=1.506838,\quad r_2=r_4=-1.319127,\quad r_{03}=1$$

$$l_1=-4.1,\quad d_{12}=0,\quad d_{23}=0.05,\quad \overleftarrow{d}_{34}=-0.05,\quad \overleftarrow{d}_{45}=0$$

$$h_1=h_2=1.025,\quad h_{03}=1,\quad h_4=h_5=1.075,\quad e_3^2=-3.225582$$

(6) 求解自准校正透镜中心厚度 $d_{12}=0.05$ 对应的规化光学系统的结构参数。

保持自准校正透镜为薄透镜时对应的规化光学系统中的结构参数 u_2、$\overleftarrow{u}_4'$、h_2、h_4、r_2、r_4 和 $r_{03}=1$ 不变，仅改变 r_1、r_5、h_1、h_5 和 u_1。

根据式(3.1)和式(3.2)求解 h_5、r_5、h_1、u_1 和 l_1，有

$$h_5=h_4-\overleftarrow{d}_{45}\overleftarrow{u}_4'=1.110670,\quad r_5=r_1=\frac{h_5}{\overleftarrow{u}_5}=1.556838$$

$$h_1=h_2+d_{12}u_1'=1.028304$$

$$u_1=nu_1'-\frac{(n-1)h_1}{r_1}=-0.239849,\quad l_1=\frac{h_1}{u_1}=-4.287305$$

根据式(3.5)求解 P_1，有

$$P_1 = n\left(\frac{u_1' - u_1}{n-1}\right)^2 (u_1' - nu_1) = 0.229798$$

根据式(3.6)求解偏心率 e_3^2，有

$$e_3^2 = -\frac{h_1 P_1 + h_2 P_2 + \overleftarrow{P}_3 + h_4 \overleftarrow{P}_4}{2} = -3.213514$$

整理上述参数可得，$\bar{u}_3' = 1.5$、$u_1 = -0.239849$、$d_{12} = 0.05$ 对应的自准校正透镜凸面自准检验凸非球面的规化光学系统的结构参数如表 3.26 所示，对应的规化光学系统如图 3.23 所示。

表 3.26　$\bar{u}_3' = 1.5$、$u_1 = -0.239849$、$d_{12} = 0.05$ 对应的自准校正透镜凸面自准检验凸非球面的规化光学系统的结构参数

Surf	Type	Radius	Thickness	Glass	Diameter	Conic
OBJ	Standard	Infinity	4.2873	—	0.0000	0.0000
1	Standard	1.5568	0.0500	K9	0.1600	0.0000
2	Standard	−1.3191	0.0500	—	0.1600	0.0000
3	Standard	1.0000	−0.0500	MIRROR	0.1600	3.2135
4	Standard	−1.3191	−0.0500	K9	0.1600	0.0000
STO	Standard	1.5568	0.0500	MIRROR	0.1600	0.0000
6	Standard	−1.3191	0.0500	—	0.1600	0.0000
7	Standard	1.0000	−0.0500	MIRROR	0.1600	3.2135
8	Standard	−1.3191	−0.0500	K9	0.1600	0.0000
9	Standard	1.5568	−4.2873	—	0.1600	0.0000
IMA	Standard	Infinity	—	—	0.0000	0.0000

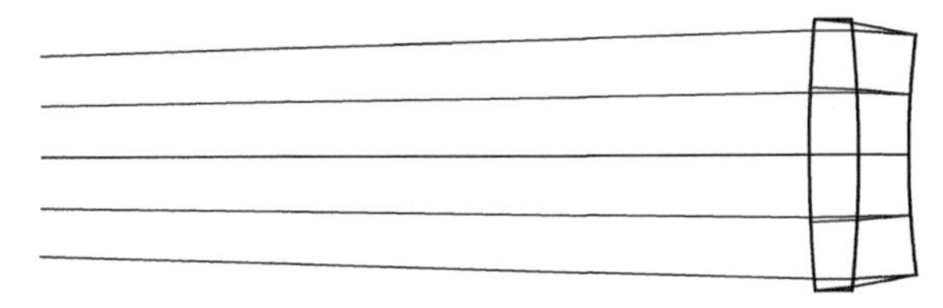

图 3.23　$\bar{u}_3' = 1.5$、$u_1 = -0.239849$、$d_{12} = 0.05$ 对应的自准校正透镜凸面自准检验凸非球面的规化光学系统

3) 设定起始孔径角 $u_1 = -0.5$

(1) 求解 l_1 和 u_1'、u_2、$\bar{u}_4'$。

$$l_1 = \frac{h_1}{u_1} = -2.05$$

根据式(3.4)求解 u_1'，有

$$u_1' = u_2 = u_1 - \frac{n-1}{n}\left(u_3 - \frac{h_2}{h_4}\bar{u}_3'\right) = -0.183919$$

根据式(3.3)求解 $\bar{u}_4'$，有

$$\bar{u}_4' = \frac{1}{n}\left[\frac{h_4}{h_2}(nu_2 - u_2') + \bar{u}_4\right] = 0.451220$$

整理可得

$$u_1 = -0.5, \quad u_2 = u_1' = -0.183919, \quad u_3 = u_2' = 0.5$$

$$\bar{u}_4 = \bar{u}_3' = 1.5, \quad \bar{u}_5 = \bar{u}_4' = 0.451220$$

(2)求解 P。

根据式(3.5)有

$$P_1 = n\left(\frac{u_1' - u_1}{n-1}\right)^2 (u_1' - nu_1) = 0.327593$$

$$P_2 = n\left(\frac{u_2' - u_2}{n-1}\right)^2 (nu_2' - u_2) = 2.517577$$

$$\bar{P}_3 = -\frac{(\bar{u}_3' - u_3)^2}{2} = -0.5$$

$$\bar{P}_4 = -n\left(\frac{\bar{u}_4' - \bar{u}_4}{n-1}\right)^2 (\bar{u}_4' - n\bar{u}_4) = 11.452349$$

$$P_5 = 0$$

(3)求解偏心率 e_3^2。

根据式(3.6)有

$$e_3^2 = -\frac{h_1P_1 + h_2P_2 + \bar{P}_3 + h_4\bar{P}_4}{2} = -7.363787$$

(4)求解曲率半径 r。

根据式(3.2)有

$$r_1 = \frac{(n-1)h_1}{nu_1' - u_1} = 2.382432$$

$$r_2 = \frac{(1-n)h_2}{u_2' - nu_2} = -0.677559$$

$$r_4 = \frac{(n-1)h_4}{n\bar{u}_4' - \bar{u}_4} = -0.677559$$

$$r_5 = \frac{h_5}{\bar{u}_4'} = \frac{2.5}{1.125} = 2.382432$$

(5) 自准校正透镜为薄透镜，即 $d_{12} = 0$，对应的规化光学系统的结构参数。

$$r_1 = r_5 = 2.382432, \quad r_2 = r_4 = -0.677559, \quad r_{03} = 1$$

$$l_1 = -2.05, \quad d_{12} = 0, \quad d_{23} = 0.05, \quad \overleftarrow{d}_{34} = -0.05, \quad \overleftarrow{d}_{45} = 0$$

$$h_1 = h_2 = 1.025, \quad h_{03} = 1, \quad h_4 = h_5 = 1.075, \quad e_3^2 = -7.363787$$

(6) 求解自准校正透镜中心厚度 $d_{12} = 0.05$ 对应的规化光学系统的结构参数。

保持自准校正透镜为薄透镜时对应的规化光学系统中的结构参数 u_2、$\bar{u}_4'$、h_2、h_4、r_2、r_4 和 $r_{03} = 1$ 不变，仅改变 r_1、r_5、h_1、h_5 和 u_1。

根据式(3.1)和式(3.2)求解 h_5、r_5、h_1、u_1 和 l_1，有

$$h_5 = h_4 - \overleftarrow{d}_{45}\bar{u}_4' = 1.097610, \quad r_1 = r_5 = \frac{h_5}{\bar{u}_5} = 2.432432$$

$$h_1 = h_2 + d_{12}u_1' = 1.0158$$

$$u_1 = nu_1' - \frac{(n-1)h_1}{r_1} = -0.493503, \quad l_1 = \frac{h_1}{u_1} = -2.058355$$

根据式(3.5)求解 P_1，有

$$P_1 = n\left(\frac{u_1' - u_1}{n-1}\right)^2 (u_1' - nu_1) = 0.308870$$

根据式(3.6)求解偏心率 e_3^2，有

$$e_3^2 = -\frac{h_1P_1 + h_2P_2 + \overleftarrow{P}_3 + h_4\overleftarrow{P}_4}{2} = -7.352771$$

整理上述参数可得，$\bar{u}_3' = 1.5$、$u_1 = -0.493503$、$d_{12} = 0.05$ 对应的自准校正透镜凸面自准检验凸非球面的规化光学系统的结构参数如表 3.27 所示，对应的规化光学系统如图 3.24 所示。

表 3.27　$\bar{u}_3'=1.5$、$u_1=-0.493503$、$d_{12}=0.05$ 对应的自准校正透镜凸面自准检验凸非球面的规化光学系统的结构参数

Surf	Type	Radius	Thickness	Glass	Diameter	Conic
OBJ	Standard	Infinity	2.0583	—	0.0000	0.0000
1	Standard	2.4324	0.0500	K9	0.1600	0.0000
2	Standard	−0.6775	0.0500	—	0.1600	0.0000
3	Standard	1.0000	−0.0500	MIRROR	0.1600	7.3528
4	Standard	−0.6775	−0.0500	K9	0.1600	0.0000
STO	Standard	2.4324	0.0500	MIRROR	0.1600	0.0000
6	Standard	−0.6775	0.0500	—	0.1600	0.0000
7	Standard	1.0000	−0.0500	MIRROR	0.1600	7.3528
8	Standard	−0.6775	−0.0500	K9	0.1600	0.0000
9	Standard	2.4324	−2.0583	—	0.1600	0.0000
IMA	Standard	Infinity	—	—	0.0000	0.0000

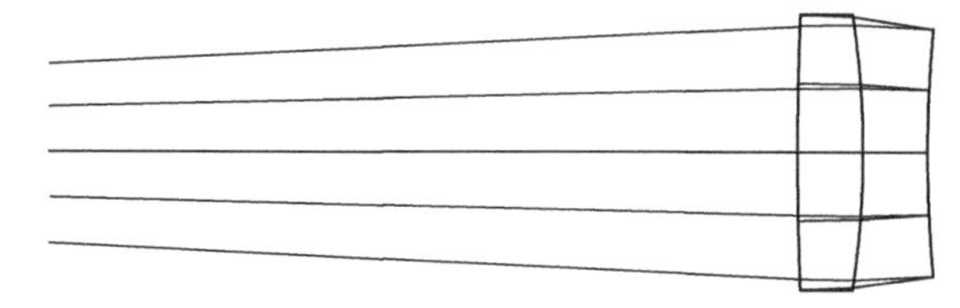

图 3.24　$\bar{u}_3'=1.5$、$u_1=-0.493503$、$d_{12}=0.05$ 对应的自准校正透镜凸面自准检验凸非球面的规化光学系统

4) 设定起始孔径角 $u_1=-0.75$

(1) 求解 l_1 和 u_1'、u_2、$\bar{u}_4'$。

$$l_1=\frac{h_1}{u_1}=-1.366667$$

根据式(3.4)求解 u_1'，有

$$u_1'=u_2=u_1-\frac{n-1}{n}\left(u_3-\frac{h_2}{h_4}\bar{u}_3'\right)=-0.433919$$

根据式(3.3)求解 $\bar{u}_4'$，有

$$\bar{u}_4'=\frac{1}{n}\left[\frac{h_4}{h_2}(nu_2-u_2')+\bar{u}_4\right]=0.189024$$

整理可得

$$u_1 = -0.75,\quad u_2 = u_1' = -0.433919,\quad u_3 = u_2' = 0.5$$

$$\bar{u}_4 = \bar{u}_3' = 1.5,\quad \bar{u}_5 = \bar{u}_4' = 0.189024$$

(2) 求解 P。

根据式(3.5)有

$$P_1 = n\left(\frac{u_1' - u_1}{n-1}\right)^2 (u_1' - nu_1) = 0.4011$$

$$P_2 = n\left(\frac{u_2' - u_2}{n-1}\right)^2 (nu_2' - u_2) = 5.941414$$

$$\bar{P}_3 = -\frac{(\bar{u}_3' - u_3)^2}{2} = -0.5$$

$$\bar{P}_4 = -n\left(\frac{\bar{u}_4' - \bar{u}_4}{n-1}\right)^2 (\bar{u}_4' - n\bar{u}_4) = 20.471105$$

$$P_5 = 0$$

(3) 求解偏心率 e_3^2。

根据式(3.6)有

$$e_3^2 = -\frac{h_1P_1 + h_2P_2 + \bar{P}_3 + h_4\bar{P}_4}{2} = -14.003758$$

(4) 求解曲率半径 r。

根据式(3.2)有

$$r_1 = \frac{(n-1)h_1}{nu_1' - u_1} = 5.687097$$

$$r_2 = \frac{(1-n)h_2}{u_2' - nu_2} = -0.455852$$

$$r_4 = \frac{(n-1)h_4}{n\bar{u}_4' - \bar{u}_4} = -0.455852$$

$$r_5 = \frac{h_5}{\bar{u}_4'} = \frac{2.5}{1.125} = 5.687097$$

(5) 自准校正透镜为薄透镜，即 $d_{12} = 0$，对应的规化光学系统的结构参数。

$$r_1 = r_5 = 5.687097,\quad r_2 = r_4 = -0.455852,\quad r_{03} = 1$$

$$l_1 = -1.366667,\quad d_{12} = 0,\quad d_{23} = 0.05,\quad \bar{d}_{34} = -0.05,\quad \bar{d}_{45} = 0$$

$$h_1 = h_2 = 1.025,\quad h_{03} = 1,\quad h_4 = h_5 = 1.075,\quad e_3^2 = -14.003758$$

(6) 求解自准校正透镜中心厚度 $d_{12}=0.05$ 对应的规化光学系统的结构参数。

保持自准校正透镜为薄透镜时对应的规化光学系统中的结构参数 u_2、$\bar{u}_4'$、h_2、h_4、r_2、r_4 和 $r_{03}=1$ 不变，仅改变 r_1、r_5、h_1、h_5 和 u_1。

根据式 (3.1) 和式 (3.2) 求解 h_5、r_5、h_1、u_1 和 l_1，有

$$h_5 = h_4 - \overleftarrow{d}_{45}\bar{u}_4' = 1.084451, \quad r_5 = r_1 = \frac{h_5}{\bar{u}_5} = 5.737100$$

$$h_1 = h_2 + d_{12}u_1' = 1.003304$$

$$u_1 = nu_1' - \frac{(n-1)h_1}{r_1} = -0.747245, \quad l_1 = \frac{h_1}{u_1} = -1.342670$$

根据式 (3.5) 求解 P_1，有

$$P_1 = n\left(\frac{u_1' - u_1}{n-1}\right)^2 (u_1' - nu_1) = 0.391797$$

根据式 (3.6) 求解偏心率 e_3^2，有

$$e_3^2 = -\frac{h_1P_1 + h_2P_2 + \overleftarrow{P}_3 + h_4\overleftarrow{P}_4}{2} = -13.994740$$

整理上述参数可得，$\bar{u}_3'=1.5$、$u_1=-0.747245$、$d_{12}=0.05$ 对应的自准校正透镜凸面自准检验凸非球面的规化光学系统的结构参数如表 3.28 所示，对应的自准校正透镜凸面自准检验凸非球面的规化光学系统如图 3.25 所示。

表 3.28　$\bar{u}_3'=1.5$、$u_1=-0.747245$、$d_{12}=0.05$ 对应的自准校正透镜凸面自准检验凸非球面的规化光学系统的结构参数

Surf	Type	Radius	Thickness	Glass	Diameter	Conic
OBJ	Standard	Infinity	1.3427	—	0.0000	0.0000
1	Standard	5.7371	0.0500	K9	0.1600	0.0000
2	Standard	−0.4558	0.0500	—	0.1600	0.0000
3	Standard	1.0000	−0.0500	MIRROR	0.1600	13.9947
4	Standard	−0.4558	−0.0500	K9	0.1600	0.0000
STO	Standard	5.7371	0.0500	MIRROR	0.1600	0.0000
6	Standard	−0.4558	0.0500	—	0.1600	0.0000
7	Standard	1.0000	−0.0500	MIRROR	0.1600	13.9947
8	Standard	−0.4558	−0.0500	K9	0.1600	0.0000
9	Standard	5.7371	−1.3427	—	0.1600	0.0000
IMA	Standard	Infinity	—	—	0.0000	0.0000

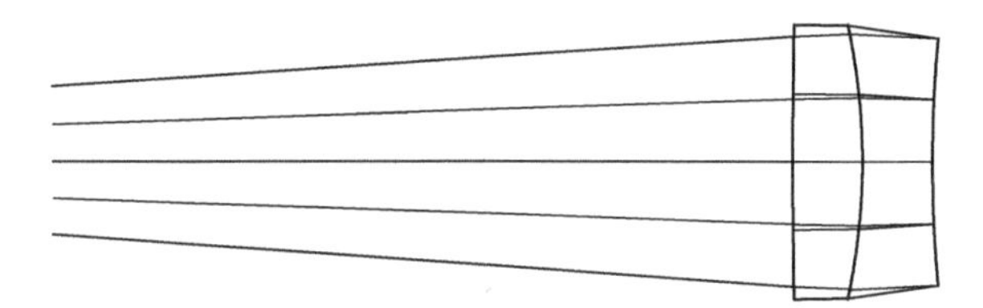

图 3.25　$\bar{u}_3'=1.5$、$u_1=-0.747245$、$d_{12}=0.05$ 对应的自准校正透镜凸面自准检验凸非球面的规化光学系统

5) 设定起始孔径角 $u_1=-1$

(1) 求解 l_1 和 u_1'、u_2、$\bar{u}_4'$。

$$l_1=\frac{h_1}{u_1}=-1.025$$

根据式(3.4)求解 u_1'，有

$$u_1'=u_2=u_1-\frac{n-1}{n}\left(u_3-\frac{h_2}{h_4}u_3'\right)=-0.683919$$

根据式(3.3)求解 $\bar{u}_4'$，有

$$\bar{u}_4'=\frac{1}{n}\left[\frac{h_4}{h_2}(nu_2-u_2')+u_4\right]=-0.073171$$

整理可得

$$u_1=-1,\quad u_2=u_1'=-0.683919,\quad u_3=u_2'=0.5$$

$$\bar{u}_4=\bar{u}_3'=1.5,\quad \bar{u}_5=\bar{u}_4'=-0.073171$$

(2) 求解 P。

根据式(3.5)有

$$P_1=n\left(\frac{u_1'-u_1}{n-1}\right)^2(u_1'-nu_1)=0.474608$$

$$P_2=n\left(\frac{u_2'-u_2}{n-1}\right)^2(nu_2'-u_2)=11.551858$$

$$\bar{P}_3=-\frac{(\bar{u}_3'-u_3)^2}{2}=-0.5$$

$$\bar{P}_4=-n\left(\frac{\bar{u}_4'-\bar{u}_4}{n-1}\right)^2(\bar{u}_4'-n\bar{u}_4)=33.189000$$

$$P_5=0$$

(3) 求解偏心率 e_3^2。

根据式(3.6)有

$$e_3^2 = -\frac{h_1 P_1 + h_2 P_2 + \overleftarrow{P}_3 + h_4 \overleftarrow{P}_4}{2} = -23.752651$$

(4) 求解曲率半径 r。

根据式(3.2)有

$$r_1 = \frac{(n-1)h_1}{nu_1' - u_1} = -14.691667$$

$$r_2 = \frac{(1-n)h_2}{u_2' - nu_2} = -0.343456$$

$$r_4 = \frac{(n-1)h_4}{n\overleftarrow{u}_4' - \overleftarrow{u}_4} = -0.343456$$

$$r_5 = \frac{h_5}{\overleftarrow{u}_4'} = \frac{2.5}{1.125} = -14.691667$$

(5) 自准校正透镜为薄透镜，即 $d_{12} = 0$，对应的规化光学系统的结构参数。

$$r_1 = r_5 = -14.691667, \quad r_2 = r_4 = -0.343456, \quad r_{03} = 1$$

$$l_1 = -1.025, \quad d_{12} = 0, \quad d_{23} = 0.05, \quad \overleftarrow{d}_{34} = -0.05, \quad \overleftarrow{d}_{45} = 0$$

$$h_1 = h_2 = 1.025, \quad h_{03} = 1, \quad h_4 = h_5 = 1.075, \quad e_3^2 = -23.752651$$

(6) 求解自准校正透镜中心厚度 $d_{12} = 0.05$ 对应的规化光学系统的结构参数。

保持自准校正透镜为薄透镜时对应的规化光学系统中的结构参数 u_2、$\overleftarrow{u}_4'$、h_2、h_4、r_2、r_4 和 $r_{03} = 1$ 不变，仅改变 r_1、r_5、h_1、h_5 和 u_1。

根据式(3.1)和式(3.2)求解 h_5、r_5、h_1、u_1 和 l_1，有

$$h_5 = h_4 - \overleftarrow{d}_{45}\overleftarrow{u}_4' = 1.071341, \quad r_5 = r_1 = \frac{h_5}{\overleftarrow{u}_5} = -14.641667$$

$$h_1 = h_2 + d_{12}u_1' = 0.990804$$

$$u_1 = nu_1' - \frac{(n-1)h_1}{r_1} = -1.001079, \quad l_1 = \frac{h_1}{u_1} = -0.989736$$

根据式(3.5)求解 P_1，有

$$P_1 = n\left(\frac{u_1' - u_1}{n-1}\right)^2 (u_1' - nu_1) = 0.478795$$

根据式(3.6)求解偏心率 e_3^2，有

$$e_3^2 = -\frac{h_1 P_1 + h_2 P_2 + \overleftarrow{P}_3 + h_4 \overleftarrow{P}_4}{2} = -23.746611$$

整理上述参数可得，$\bar{u}_3' = 1.5$、$u_1 = -1.001079$、$d_{12} = 0.05$ 对应的自准校正透镜凸面自准检验凸非球面的规化光学系统的结构参数如表 3.29 所示，对应的规化光学系统如图 3.26 所示。

表 3.29　$\bar{u}_3' = 1.5$、$u_1 = -1.001079$、$d_{12} = 0.05$ 对应的自准校正透镜凸面自准检验凸非球面的规化光学系统的结构参数

Surf	Type	Radius	Thickness	Glass	Diameter	Conic
OBJ	Standard	Infinity	0.9897	—	0.0000	0.0000
1	Standard	−14.6417	0.0500	K9	0.1600	0.0000
2	Standard	−0.3435	0.0500	—	0.1600	0.0000
3	Standard	1.0000	−0.0500	MIRROR	0.1600	23.7466
4	Standard	−0.3435	−0.0500	K9	0.1600	0.0000
STO	Standard	−14.6417	0.0500	MIRROR	0.1600	0.0000
6	Standard	−0.3435	0.0500	—	0.1600	0.0000
7	Standard	1.0000	−0.0500	MIRROR	0.1600	23.7466
8	Standard	−0.3435	−0.0500	K9	0.1600	0.0000
9	Standard	−14.6417	−0.9897	—	0.1600	0.0000
IMA	Standard	Infinity	—	—	0.0000	0.0000

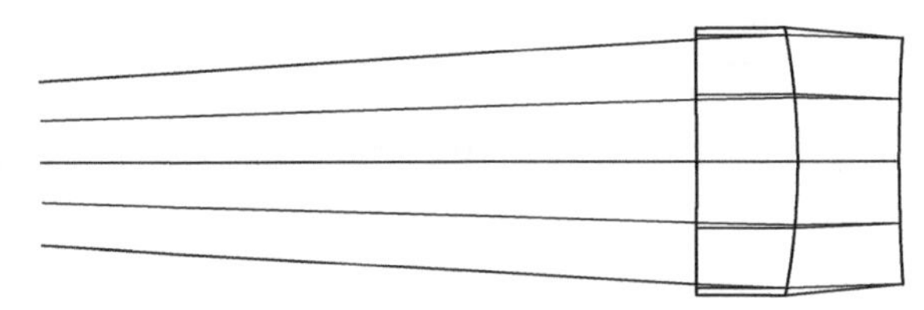

图 3.26　$\bar{u}_3' = 1.5$、$u_1 = -1.001079$、$d_{12} = 0.05$ 对应的自准校正透镜凸面自准检验凸非球面的规化光学系统

3. 自准角 $\bar{u}_3' = 1.5$ 时不同 u_1 对应的自准校正透镜凸面自准检验凸非球面的规化光学系统的结构参数

自准角 $\bar{u}_3' = 1.5$ 时不同 u_1 对应的自准校正透镜凸面自准检验凸非球面的规化

光学系统的结构参数如表 3.30 所示。

表 3.30　自准角 $\bar{u}_3'=1.5$ 时不同 u_1 对应的自准校正透镜凸面自准检验凸非球面的规化光学系统的结构参数

编号	u_1	l_1	r_1	r_2	e_3^2
1	0.013720	75.858685	1.151875	−24.833394	−0.969778
2	−0.239849	−4.287305	1.556838	−1.319127	−3.213514
3	−0.493503	−2.058355	2.432432	−0.677559	−7.352771
4	−0.747245	−1.342670	5.737100	−0.455852	−13.994740
5	−1.001079	−0.989736	−14.641667	−0.343456	−23.746611

3.2.6　自准校正透镜凸面自准检验凸非球面的总结

整理以上求解的规化光学系统的结构参数，绘制起始孔径角 u_1 与待检非球面偏心率 e_3^2 的 u_1-e_3^2 关系曲线，如图 3.27 所示。可以看出，在自准角一定时，起始孔径角 u_1 随待检非球面偏心率 e_3^2 增大而增大，具体实际检验光路设计时可参考图 3.27，依据待检面的偏心率 e_3^2 选择合适的自准角和起始孔径角，来求解待检非球面检验光学系统的规化结构参数。

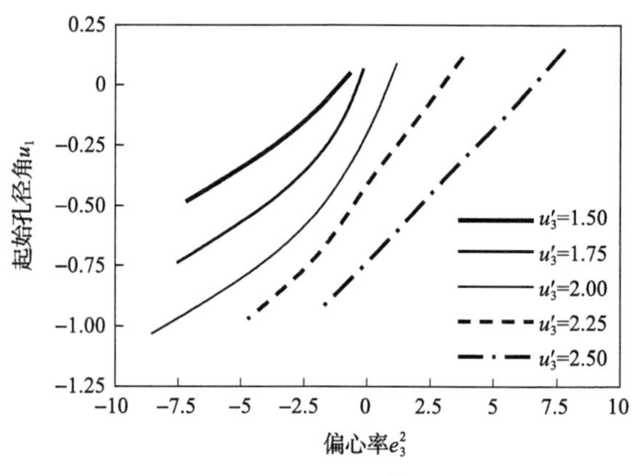

图 3.27　不同 u_3' 时 u_1-e_3^2 关系曲线

3.3　利用自准校正透镜凸面自准检验凸非球面的光学系统

以 $r_0=1800$mm 的凸非球面为例，将系统设计残余波面像差的峰谷值 PV≤0.1λ 作为评价标准，针对不同 e_3^2 值的凸非球面，给出其最大可检测口径对应的检验光学系统。

将不同 e_3^2 值对应的规化光学系统参数输入到 Zemax 软件，经放大优化后，最终设计结果如下。

1. 自准校正透镜凸面自准检验 $e_3^2=4$ 的凸非球面的光学系统

自准校正透镜凸面自准检验 $e_3^2=4$ 的凸非球面的光学系统如图 3.28(a)所示，待检凸非球面最大通光口径 $\Phi=540.50$mm；系统球差曲线如图 3.28(b)所示，系统设计残余波面像差如图 3.28(c)所示，其峰谷值 PV = 0.0999λ。光线经待检凸非球面反射两次，故待检凸非球面的设计残余波面像差峰谷值 PV ≤ 0.0499λ。

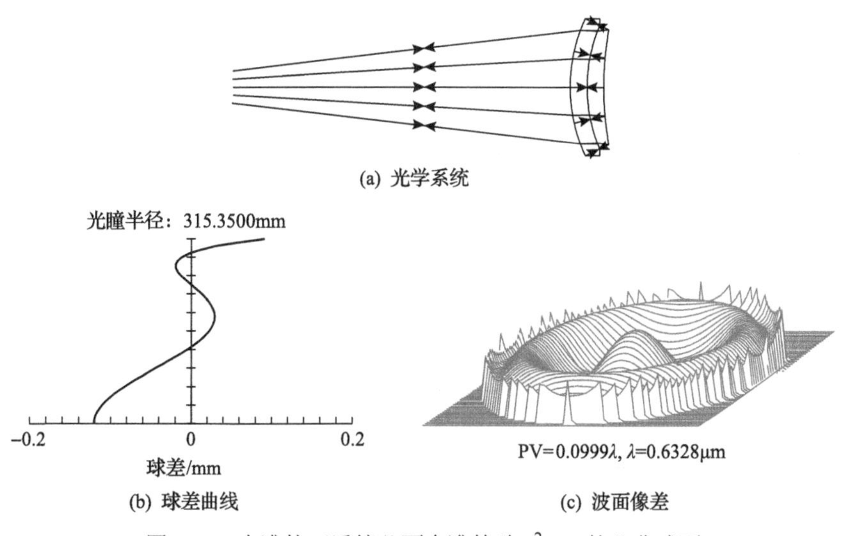

图 3.28　自准校正透镜凸面自准检验 $e_3^2=4$ 的凸非球面

2. 自准校正透镜凸面自准检验 $e_3^2=3$ 的凸非球面的光学系统

自准校正透镜凸面自准检验 $e_3^2=3$ 的凸非球面的光学系统如图 3.29(a)所示，待检凸非球面最大通光口径 $\Phi=612.10$mm；系统球差曲线如图 3.29(b)所示，系统设计残余波面像差如图 3.29(c)所示，其峰谷值 PV = 0.0999λ。光线经待检凸非球面反射两次，故待检凸非球面设计残余波面像差的峰谷值 PV ≤ 0.0499λ。

3. 自准校正透镜凸面自准检验 $e_3^2=2.5$ 的凸非球面的光学系统

自准校正透镜凸面自准检验 $e_3^2=2.5$ 的凸非球面的光学系统如图 3.30(a)所示，待检凸非球面最大通光口径 $\Phi=663.28$mm；系统球差曲线如图 3.30(b)所示，系统设计残余波面像差如图 3.30(c)所示，其峰谷值 PV = 0.0999λ。光线经待检凸非球面反射两次，故待检凸非球面设计残余波面像差的峰谷值 PV ≤ 0.0499λ。

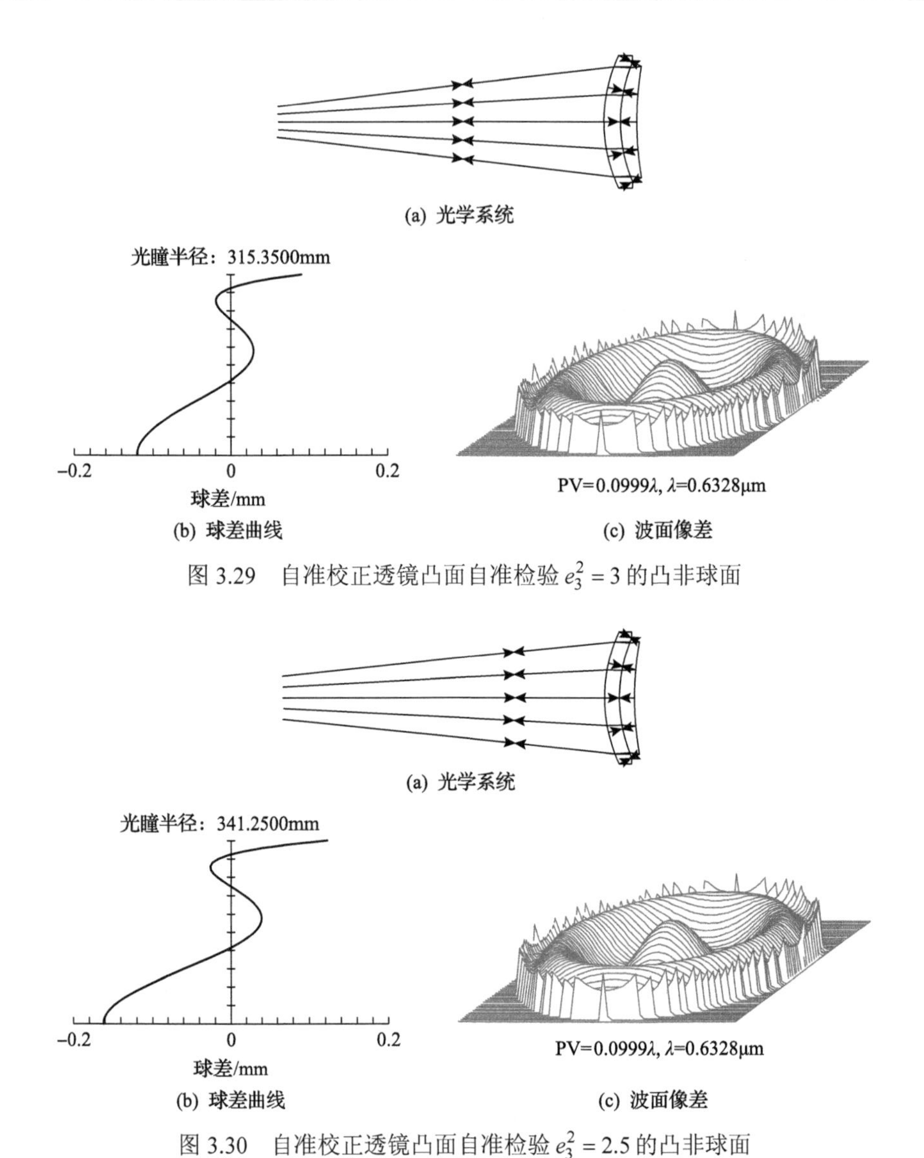

(a) 光学系统

(b) 球差曲线　　(c) 波面像差

图 3.29　自准校正透镜凸面自准检验 $e_3^2=3$ 的凸非球面

(a) 光学系统

(b) 球差曲线　　(c) 波面像差

图 3.30　自准校正透镜凸面自准检验 $e_3^2=2.5$ 的凸非球面

4. 自准校正透镜凸面自准检验 $e_3^2=2$ 的凸非球面的光学系统

自准校正透镜凸面自准检验 $e_3^2=2$ 的凸非球面的光学系统如图 3.31(a)所示，待检凸非球面最大通光口径 $\Phi=733.17\text{mm}$；系统球差曲线如图 3.31(b)所示，系统设计残余波面像差如图 3.31(c)所示，其峰谷值 $\text{PV}=0.1\lambda$。光线经待检凸非球面反射两次，故待检凸非球面设计残余波面像差的峰谷值 $\text{PV}\leqslant 0.05\lambda$。

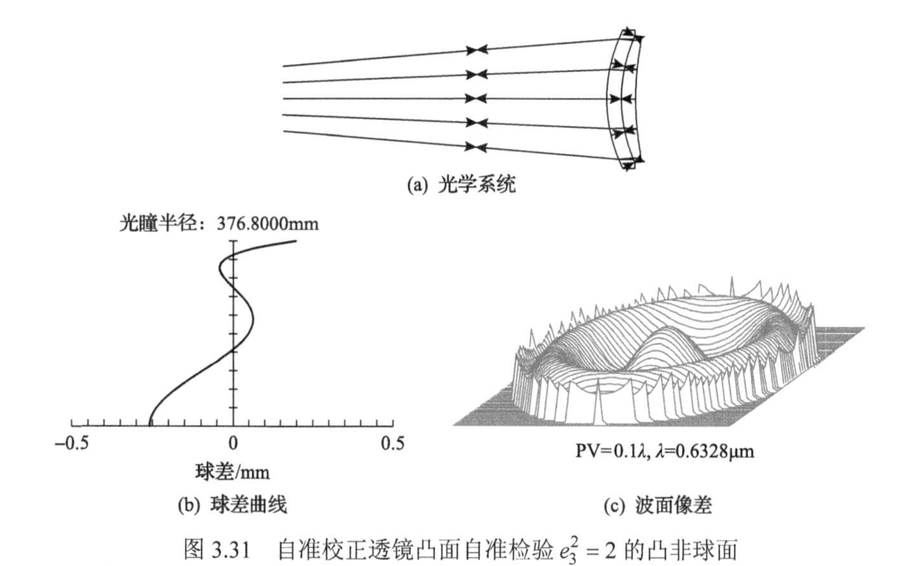

(b) 球差曲线　(c) 波面像差

图 3.31　自准校正透镜凸面自准检验 $e_3^2=2$ 的凸非球面

5. 自准校正透镜凸面自准检验 $e_3^2=1.5$ 的凸非球面的光学系统

自准校正透镜凸面自准检验 $e_3^2=1.5$ 的凸非球面的光学系统如图 3.32(a)所示，待检凸非球面最大通光口径 $\varPhi=836.67\text{mm}$；系统球差曲线如图 3.32(b)所示，系统设计残余波面像差如图 3.32(c)所示，其峰谷值 $\text{PV}=0.1\lambda$。光线经待检凸非球面反射两次，故待检凸非球面设计残余波面像差峰谷值 $\text{PV}\leqslant 0.05\lambda$。

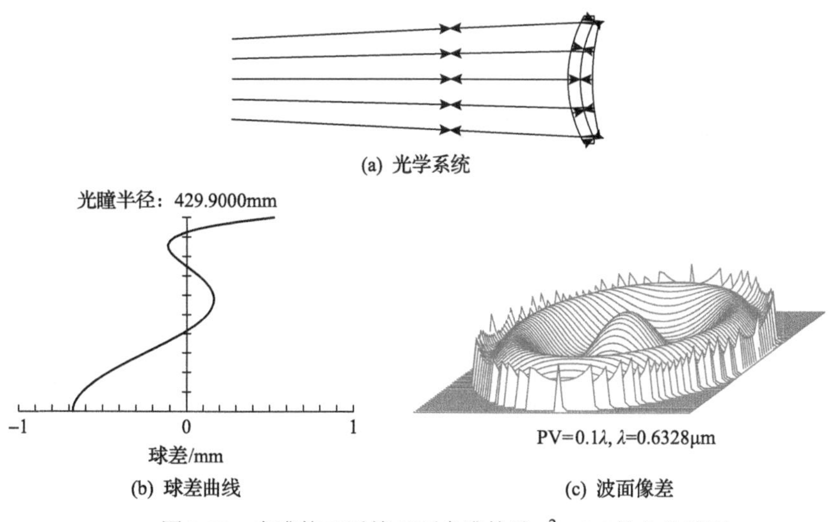

(b) 球差曲线　(c) 波面像差

图 3.32　自准校正透镜凸面自准检验 $e_3^2=1.5$ 的凸非球面

6. 自准校正透镜凸面自准检验 $e_3^2=1.013$ 的凸非球面的光学系统

自准校正透镜凸面自准检验 $e_3^2=1.013$ 的凸非球面的光学系统如图 3.33(a)所示，待检凸非球面最大通光口径 $\Phi=1015.93\text{mm}$；系统球差曲线如图 3.33(b)所示，系统设计残余波面像差如图 3.33(c)所示，其峰谷值 $\text{PV}=0.1\lambda$。光线经待检凸非球面反射两次，故待检凸非球面设计残余波面像差的峰谷值 $\text{PV}\leqslant 0.05\lambda$。

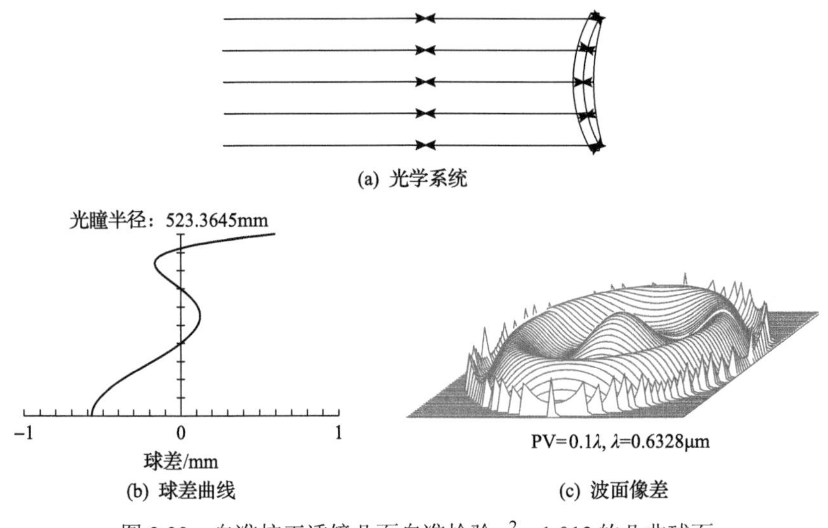

(b) 球差曲线　(c) 波面像差

图 3.33　自准校正透镜凸面自准检验 $e_3^2=1.013$ 的凸非球面

7. 自准校正透镜凸面自准检验 $e_3^2=1$ 的凸非球面的光学系统

自准校正透镜凸面自准检验 $e_3^2=1$ 的凸非球面的光学系统如图 3.34(a)所示，待检凸非球面最大通光口径 $\Phi=722.70\text{mm}$；系统球差曲线如图 3.34(b)所示，系统设计残余波面像差如图 3.34(c)所示，其峰谷值 $\text{PV}=0.1\lambda$。光线经待检凸非球面反射两次，故待检凸非球面设计残余波面像差的峰谷值 $\text{PV}\leqslant 0.05\lambda$。

8. 自准校正透镜凸面自准检验 $e_3^2=0.5$ 的凸非球面的光学系统

自准校正透镜凸面自准检验 $e_3^2=1$ 的凸非球面的光学系统如图 3.35(a)所示，待检凸非球面最大通光口径 $\Phi=434.44\text{mm}$；系统球差曲线如图 3.35(b)所示，系统设

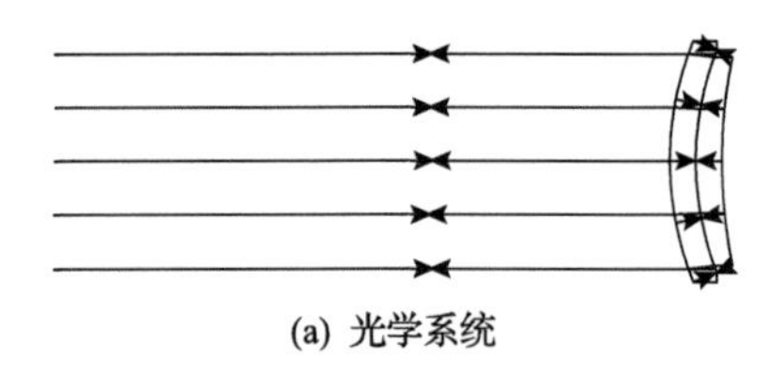
(a) 光学系统

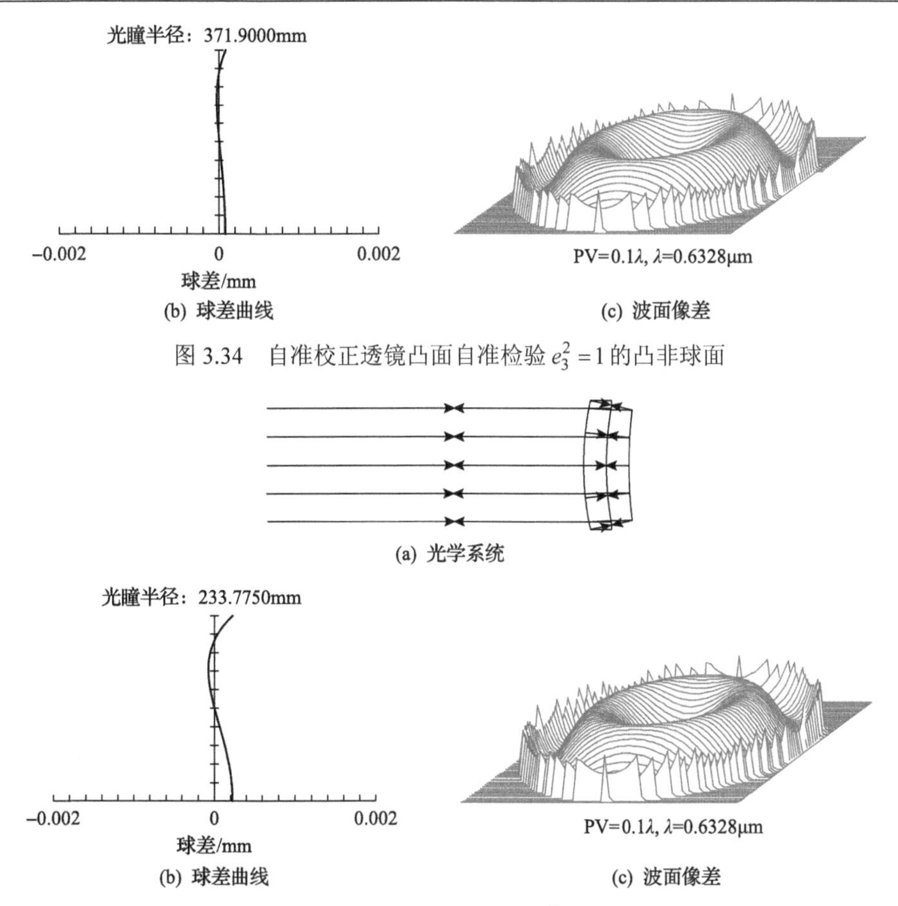

(b) 球差曲线　　(c) 波面像差

图 3.34　自准校正透镜凸面自准检验 $e_3^2=1$ 的凸非球面

(b) 球差曲线　　(c) 波面像差

图 3.35　自准校正透镜凸面自准检验 $e_3^2=0.5$ 的凸非球面

计残余波面像差如图 3.35(c)所示，其峰谷值 PV = 0.1λ。光线经待检凸非球面反射两次，故待检凸非球面设计残余波面像差的峰谷值 PV ≤ 0.05λ。

9. 自准校正透镜凸面自准检验 $e_3^2=0$ 的凸球面的光学系统

自准校正透镜凸面自准检验 $e_3^2=0$ 的凸球面的光学系统如图 3.36(a)所示，待检凸球面最大通光口径 Φ = 528.42mm；系统球差曲线如图 3.36(b)所示，系统设计残余波面像差如图 3.36(c)所示，其峰谷值 PV = 0.1λ。光线经待检凸球面反射两次，故待检凸球面设计残余波面像差的峰谷值 PV ≤ 0.05λ。

10. 自准校正透镜凸面自准检验 $e_3^2=-0.5$ 的凸非球面的光学系统

自准校正透镜凸面自准检验 $e_3^2=-0.5$ 的凸非球面的光学系统如图 3.37(a)所示，待检凸非球面最大通光口径 Φ = 462.7mm；系统球差曲线如图 3.37(b)所示，系统设计残余波面像差如图 3.37(c)所示，其峰谷值 PV = 0.1λ。光线经待检凸非球面反射两次，故待检凸非球面设计残余波面像差的峰谷值 PV ≤ 0.05λ。

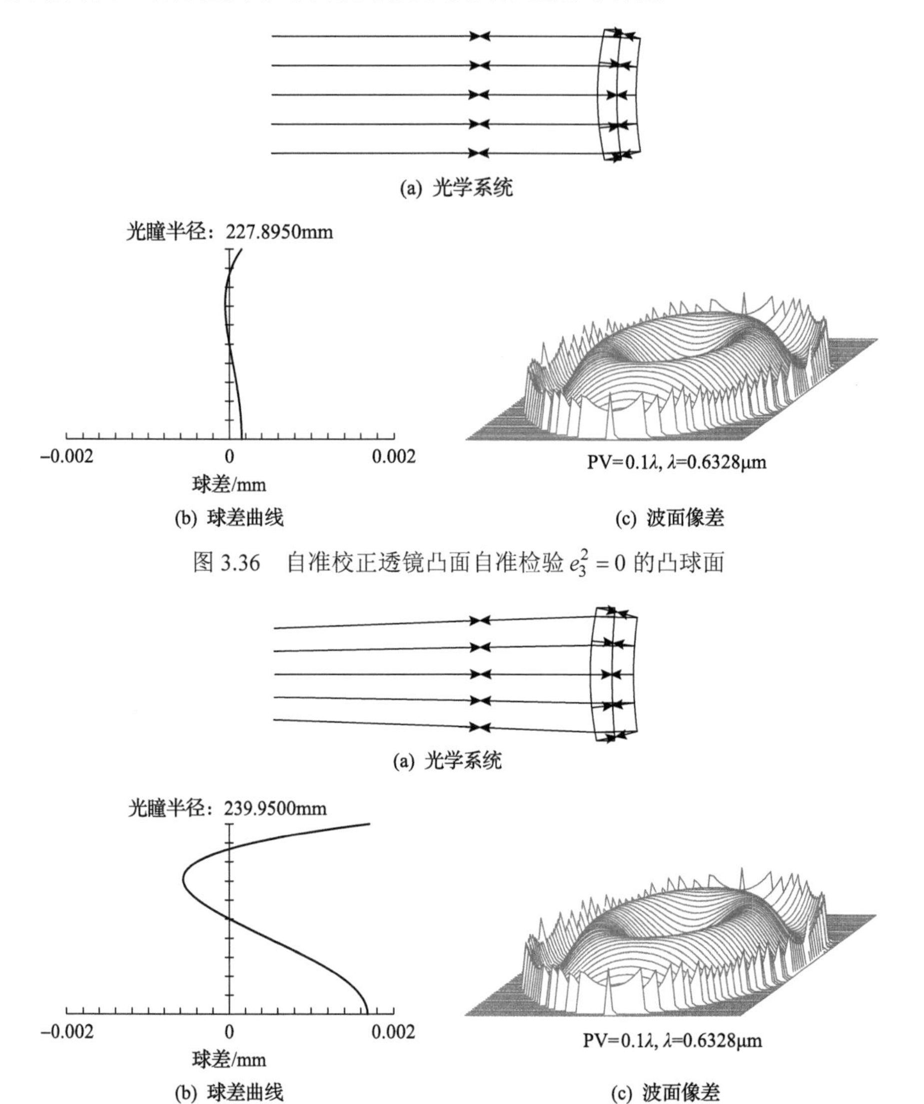

图 3.36　自准校正透镜凸面自准检验 $e_3^2 = 0$ 的凸球面

图 3.37　自准校正透镜凸面自准检验 $e_3^2 = -0.5$ 的凸非球面

11. 自准校正透镜凸面自准检验 $e_3^2 = -1$ 的凸非球面的光学系统

自准校正透镜凸面自准检验 $e_3^2 = -1$ 的凸非球面的光学系统如图 3.38(a)所示，待检凸非球面最大通光口径 Φ = 451.42mm；系统球差曲线如图 3.38(b)所示，系统设计残余波面像差如图 3.38(c)所示，其峰谷值 PV = 0.1λ，光线经待检凸非球面反

射两次，故待检凸非球面设计残余波面像差的峰谷值 PV ≤ 0.05λ。

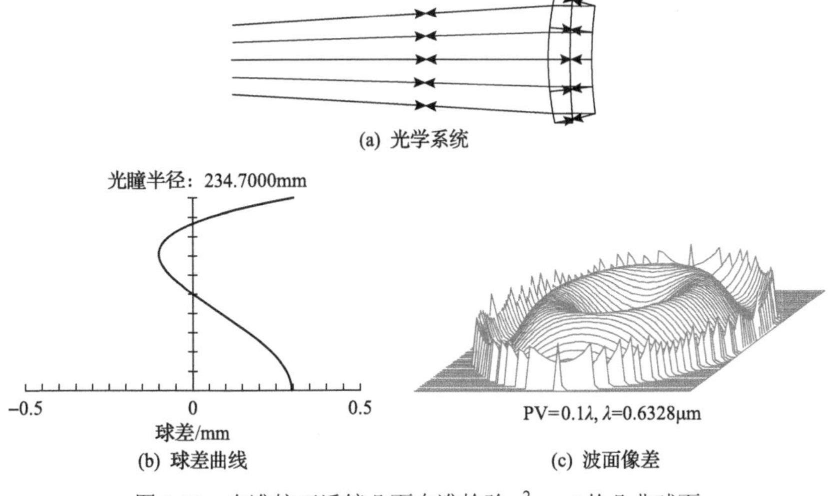

(b) 球差曲线　　(c) 波面像差

图 3.38　自准校正透镜凸面自准检验 $e_3^2 = -1$ 的凸非球面

12. 自准校正透镜凸面自准检验 $e_3^2 = -1.25$ 的凸非球面的光学系统

自准校正透镜凸面自准检验 $e_3^2 = -1.25$ 的凸非球面的光学系统如图 3.39(a)所示，待检凸非球面最大通光口径 $\varPhi = 464.2\text{mm}$；系统球差曲线如图 3.39(b)所示，系统设计残余波面像差如图 3.39(c)所示，其峰谷值 PV = 0.1λ。光线经待检凸非球面反射两次，故待检凸非球面设计残余波面像差的峰谷值 PV ≤ 0.05λ。

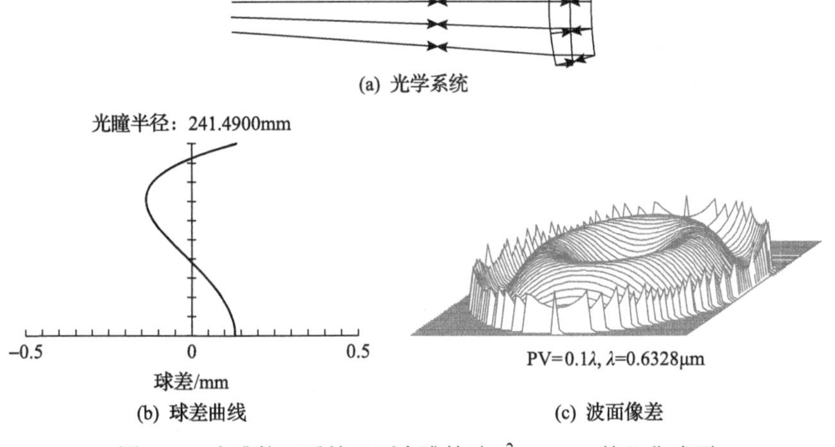

(b) 球差曲线　　(c) 波面像差

图 3.39　自准校正透镜凸面自准检验 $e_3^2 = -1.25$ 的凸非球面

13. 自准校正透镜凸面自准检验 $e_3^2=-1.5$ 的凸非球面的光学系统

自准校正透镜凸面自准检验 $e_3^2=-1.5$ 的凸非球面的光学系统如图 3.40(a)所示，待检凸非球面最大通光口径 $\Phi=505.85\text{mm}$；系统球差曲线如图 3.40(b)所示，系统设计残余波面像差如图 3.40(c)所示，其峰谷值 $\text{PV}=0.1\lambda$。光线经待检凸非球面反射两次，故待检凸非球面设计残余波面像差的峰谷值 $\text{PV}\leqslant 0.05\lambda$。

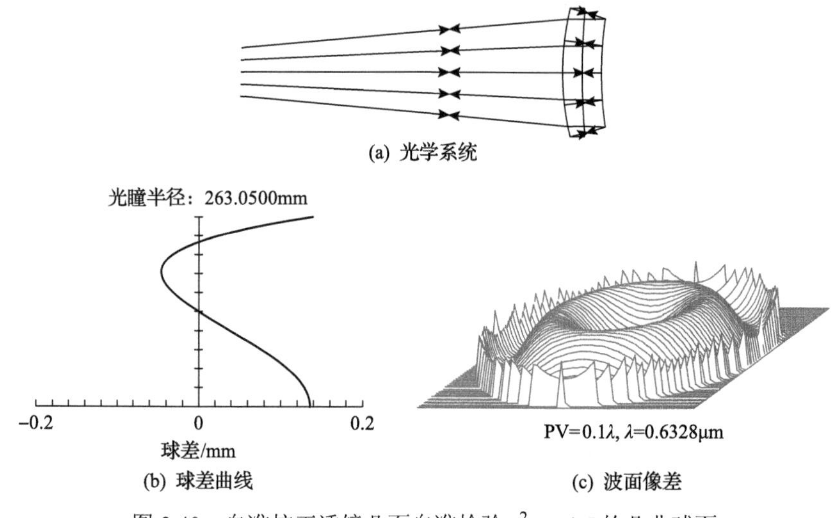

(a) 光学系统

(b) 球差曲线　　(c) 波面像差

图 3.40　自准校正透镜凸面自准检验 $e_3^2=-1.5$ 的凸非球面

14. 自准校正透镜凸面自准检验 $e_3^2=-1.732328$ 的凸非球面的光学系统

自准校正透镜凸面自准检验 $e_3^2=-1.732328$ 的凸非球面的光学系统如图 3.41(a)所示，待检凸非球面最大通光口径 $\Phi=980.65\text{mm}$；系统球差曲线如图 3.41(b)所示，系统设计残余波面像差如图 3.41(c)所示，其峰谷值 $\text{PV}=0.1\lambda$。光线经待检凸非球面反射两次，故待检凸非球面设计残余波面像差的峰谷值 $\text{PV}\leqslant 0.05\lambda$。

15. 自准校正透镜凸面自准检验 $e_3^2=-1.75$ 的凸非球面的光学系统

自准校正透镜凸面自准检验 $e_3^2=-1.75$ 的凸非球面的光学系统如图 3.42(a)所示，凸非球面最大通光口径 $\Phi=926.7\text{mm}$；系统球差曲线如图 3.42(b)所示，系统

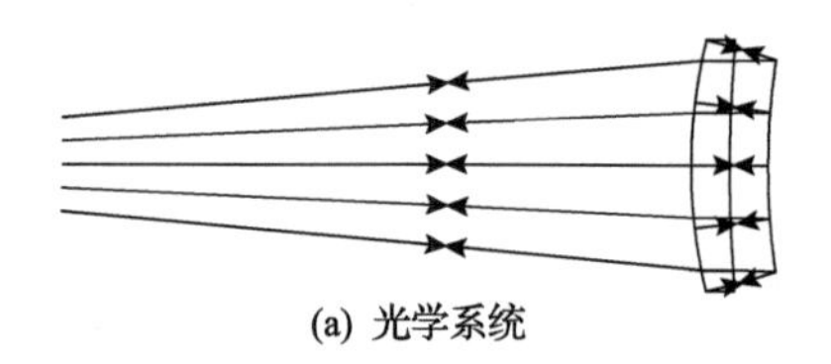

(a) 光学系统

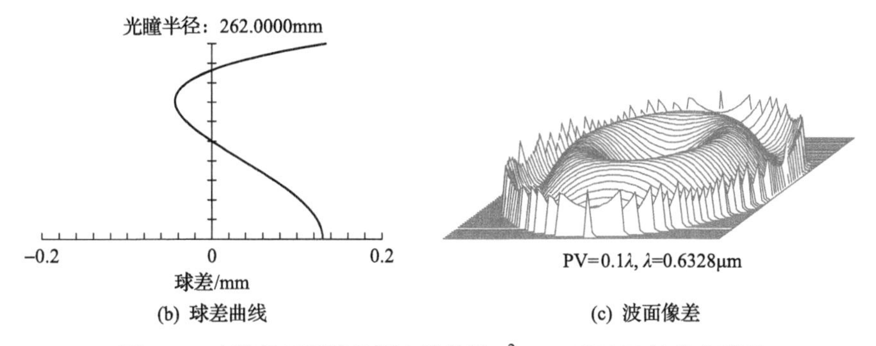

(b) 球差曲线　(c) 波面像差

图 3.41　自准校正透镜凸面自准检验 $e_3^2=-1.732328$ 的凸非球面

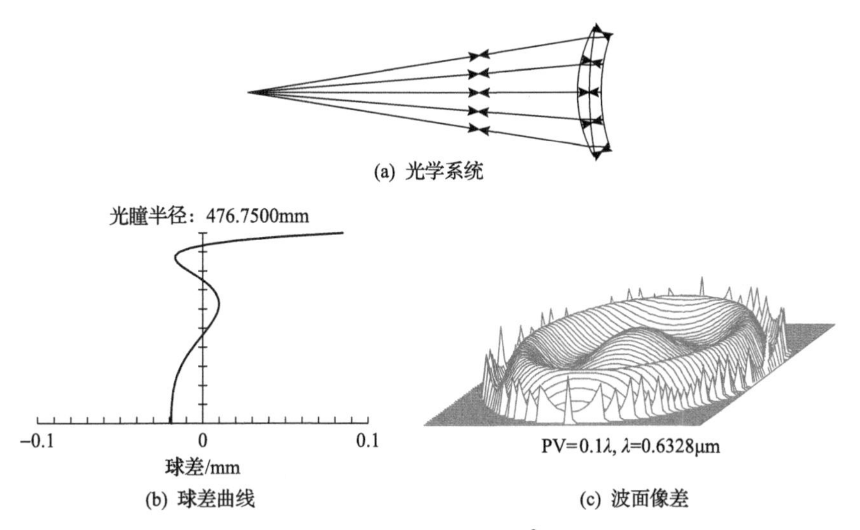

(a) 光学系统

(b) 球差曲线　(c) 波面像差

图 3.42　自准校正透镜凸面自准检验 $e_3^2=-1.75$ 凸非球面

设计残余波面像差如图 3.42(c)所示，其峰谷值 $\mathrm{PV}=0.1\lambda$。光线经待检凸非球面反射两次，故待检凸非球面设计残余波面像差的峰谷值 $\mathrm{PV}\leqslant 0.05\lambda$。

16. 自准校正透镜凸面自准检验 $e_3^2=-2$ 的凸非球面的光学系统

光学系统优化设计后得出结果如下。

自准校正透镜凸面自准检验 $e_3^2=-2$ 的凸非球面的光学系统如图 3.43(a)所示，待检凸非球面最大通光口径 $\Phi=849.24\mathrm{mm}$；系统球差曲线如图 3.43(b)所示，系统设计残余波面像差如图 3.43(c)所示，其峰谷值 $\mathrm{PV}=0.1\lambda$。光线经待检凸非球面反射两次，故待检凸非球面设计残余波面像差的峰谷值 $\mathrm{PV}\leqslant 0.05\lambda$。

17. 自准校正透镜凸面自准检验 $e_3^2=-3$ 的凸非球面的光学系统

自准校正透镜凸面自准检验 $e_3^2=-3$ 的凸非球面的光学系统如图 3.44(a)所示，

待检凸非球面最大通光口径 $\Phi = 658.48\text{mm}$；系统球差曲线如图 3.44(b)所示，系统设计残余波面像差如图 3.44(c)所示，其峰谷值 PV = 0.1λ。光线经待检凸非球面反射两次，故待检凸非球面设计残余波面像差的峰谷值 PV ≤ 0.05λ。

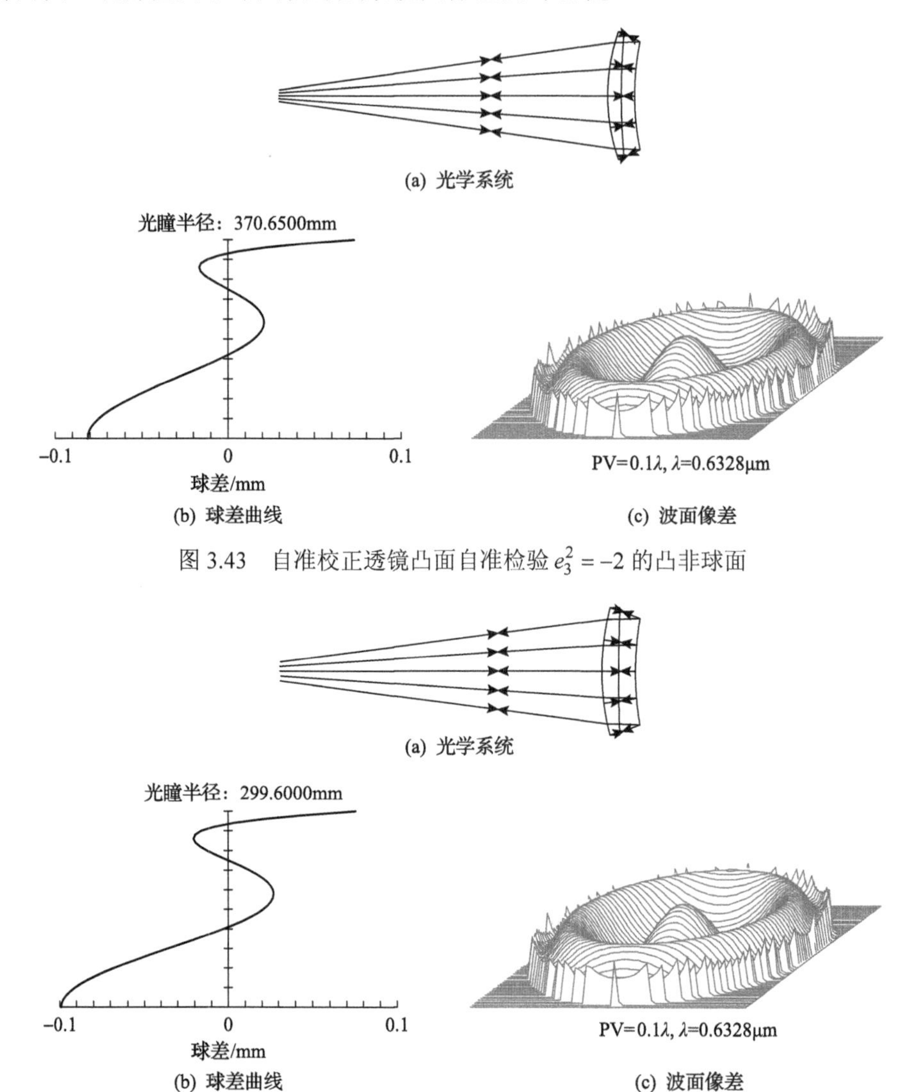

(a) 光学系统

(b) 球差曲线　　(c) 波面像差

图 3.43　自准校正透镜凸面自准检验 $e_3^2 = -2$ 的凸非球面

(a) 光学系统

(b) 球差曲线　　(c) 波面像差

图 3.44　自准校正透镜凸面自准检验 $e_3^2 = -3$ 的凸非球面

18. 自准校正透镜凸面自准检验 $e_3^2 = -4$ 的凸非球面的光学系统

自准校正透镜凸面自准检验 $e_3^2 = -4$ 的凸非球面的光学系统如图 3.45(a)所示，待检凸非球面最大通光口径 $\Phi = 607.14\text{mm}$；系统球差曲线如图 3.45(b)所示，系统设计残余波面像差如图3.45(c)所示，其峰谷值PV = 0.1λ。光线经待检凸非球面反射两次，故待检凸非球面设计残余波面像差的峰谷值PV ≤ 0.05λ。

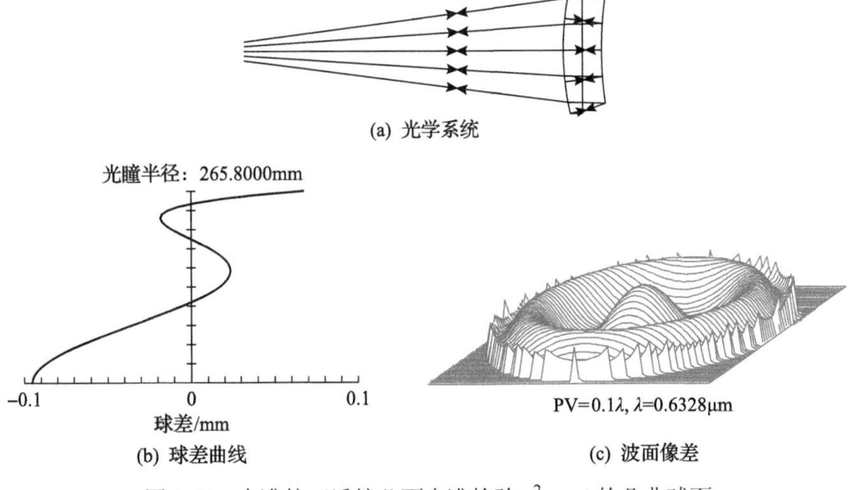

图3.45　自准校正透镜凸面自准检验 $e_3^2 = -4$ 的凸非球面

3.4　本 章 小 结

将上述自准校正透镜凸面自准检验不同 e_3^2 值（$r_{03} = 1800\text{mm}$）凸非球面的光学系统的设计结果总结如下。

1. 列 e_3^2-Φ-A 的数据表

将待检凸非球面的偏心率 e_3^2 对应可检验最大的通光口径 Φ 和相对孔径 A 的值列入表3.31。

$$A = \frac{\Phi}{f_{03}} = \frac{2\Phi}{r_{03}}, \quad r_{03} = 2f_{03}$$

式中，f_{03} 为待检凸非球面的焦距。

表3.31　e_3^2-Φ-A 规化参数

编号	e_3^2	Φ	A
1	4.000	540.500	1/1.665
2	3.000	612.100	1/1.470
3	2.500	663.280	1/1.357
4	2.000	733.170	1/1.228

续表

编号	e_3^2	Φ	A
5	1.500	836.670	1/1.076
6	1.013	1015.930	1/0.886
7	1.000	722.700	1/1.245
8	0.500	434.440	1/2.072
9	0.000	528.420	1/1.703
10	−0.500	462.700	1/1.945
11	−1.000	451.420	1/1.994
12	−1.250	464.200	1/1.939
13	−1.500	505.850	1/1.779
14	−1.732	980.650	1/0.918
15	−1.750	926.700	1/0.971
16	−2.000	849.240	1/1.060
17	−3.000	658.480	1/1.367
18	−4.000	607.140	1/1.482

2. Φ-e_3^2 曲线

以偏心率 e_3^2 为横坐标，以 e_3^2 对应的可检凸非球面的最大通光口径 Φ 为纵坐标，绘制 Φ-e_3^2 关系曲线，如图 3.46 所示。可以看出，e_3^2 在[−4,4]区间内，Φ 有两个极大值。

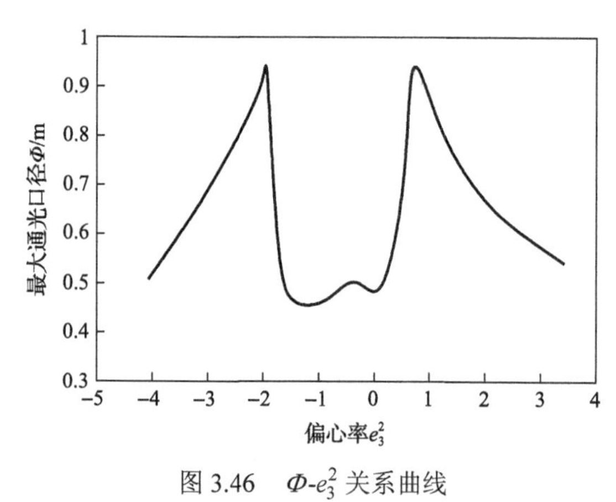

图 3.46　Φ-e_3^2 关系曲线

3. e_3^2 值与自准校正透镜的关系

从图 3.28～图 3.45 中光学系统的结构可以看出：当 $e_3^2>1$ 时，自准校正透镜为负透镜，其光焦度 $\varphi<0$ ；当 $e_3^2 \leqslant -1$ 时，自准校正透镜为正透镜，其光焦度 $\varphi>0$。

4. 优点

自准校正透镜凸面自准的校正能力明显优于凹面自准校正能力。在图 3.46 中两个通光口径 $\boldsymbol{\Phi}$ 的极大值附近，校正能力是很强的。

5. 缺点

实际检测时，此类检验光学系统光路长，灵敏度高，当大口径非球面加工公差要求比较严格时，对光学加工不利，因此这类光学系统还需要进一步改进。

第 4 章　校正透镜与自准校正透镜组合检验凸非球面

为提高第 3 章自准校正透镜凸面自准检验凸非球面的能力，在其光路中增加 1 片校正透镜，利用校正透镜和自准校正透镜组合检验凸非球面，这种组合可分为两种类型：①负校正透镜与自准校正透镜组合；②正校正透镜与自准校正透镜组合。本章对这两种组合检验凸非球面的方法进行了分析，并给出了相应设计结果。

4.1　利用校正透镜与自准校正透镜组合检验凸非球面的三级像差理论

利用三级像差理论，对校正透镜与自准校正透镜组合检验凸非球面的方法进行分析，系统自准面位于自准校正透镜的凸面，光路如图 4.1 所示。

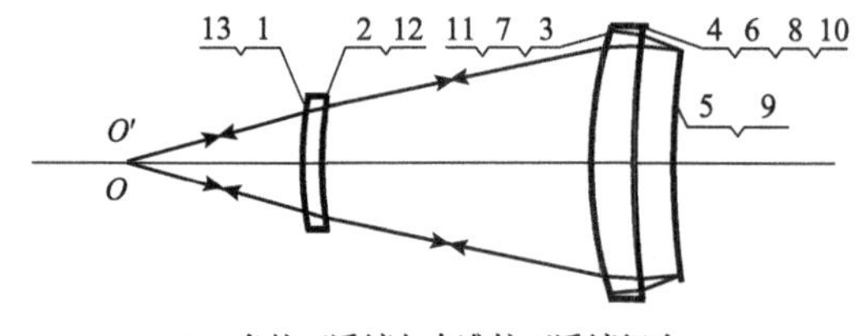

(a) 负校正透镜与自准校正透镜组合

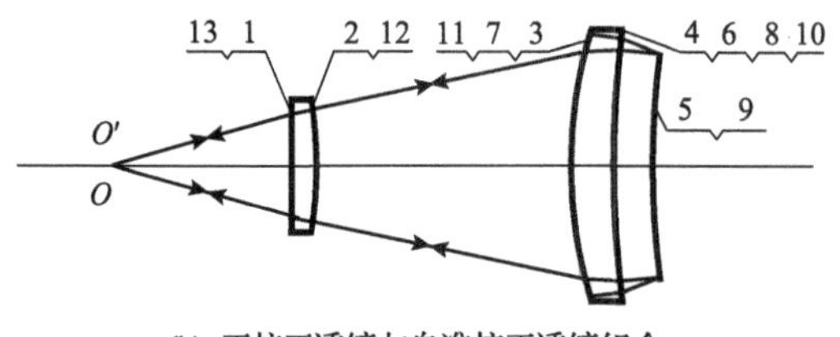

(b) 正校正透镜与自准校正透镜组合

图 4.1　校正透镜与自准校正透镜组合检验凸非球面的光路示意图

4.1.1　规化光学系统的相关参数

如图 4.1 所示，光线从轴上 O 点发出，经校正透镜(1-2)和自准校正透镜(3-4)后所成像点与待检凸非球面(5)的共轭后点重合，经待检凸非球面(5)反射后，其像点与待检凸非球面(5)的共轭前点重合；光线经待检凸非球面(5)反射到自准校正透镜(6-7)，经面 7(半反半透)自准反射后，按原路返回 O 点。

下面先设定系统规化条件，给出规化系统各参数关系，然后给出规化系统的求解流程。

1) 规化条件

设定规化条件为

$$h_{05}=h_{09}=1,\quad r_{05}=r_{09}=1,\quad d_{45}=0.05$$

2) 折射率 n

设定折射率 n 为

$$n_1=1,\quad n_1'=n_2=n,\quad n_2'=n_3=1,\quad n_3'=n_4=n,\quad n_4'=n_5=1$$

$$\overleftarrow{n}_5'=\overleftarrow{n}_6=-1,\quad \overleftarrow{n}_6'=\overleftarrow{n}_7=-n,\quad n_7'=n_8=n,\quad n_8'=n_9=1,\quad \overleftarrow{n}_9'=\overleftarrow{n}_{10}=-1$$

$$\overleftarrow{n}_{10}'=\overleftarrow{n}_{11}=-n,\quad \overleftarrow{n}_{11}'=\overleftarrow{n}_{12}=-1,\quad \overleftarrow{n}_{12}'=\overleftarrow{n}_{13}=-n,\quad \overleftarrow{n}_{13}'=-1$$

本章中的透镜均采用 K9 光学玻璃，其对波长 $\lambda=0.6328\mu\text{m}$ 激光的折射率为 $n_{0.6328}=1.514664$。

3) 系统间距 d

为方便计算，先将校正透镜(1-2)和自准校正透镜(3-4)当成薄透镜处理，即

$$d_{12}=-\overleftarrow{d}_{12\text{-}13}=0,\quad d_{23}=-\overleftarrow{d}_{11\text{-}12},\quad d_{34}=-\overleftarrow{d}_{67}=d_{78}=-\overleftarrow{d}_{10\text{-}11}=0$$

$$d_{45}=-\overleftarrow{d}_{56}=d_{89}=-\overleftarrow{d}_{9\text{-}10}=0.05$$

4) 各面光线入射高度 h

$$\begin{cases} h_1=h_2=l_1u_1 \\ h_3=h_4=h_2-d_{23}u_2'=h_{05}+d_{45}u_4' \\ h_{05}=h_{09}=1 \\ h_6=h_8=h_{05}-\overleftarrow{d}_{56}\overleftarrow{u}_5' \\ h_7=h_6-\overleftarrow{d}_{67}\overleftarrow{u}_6' \end{cases} \tag{4.1}$$

5) 各面孔径角 u

$$u_1=\overleftarrow{u}_{13}',\quad u_1'=u_2=\overleftarrow{u}_{12}'=\overleftarrow{u}_{13},\quad u_2'=u_3=\overleftarrow{u}_{11}'=\overleftarrow{u}_{12}$$

$$u_3'=u_4=\overleftarrow{u}_{10}'=\overleftarrow{u}_{11},\quad u_4'=u_5=\overleftarrow{u}_9'=\overleftarrow{u}_{10}$$

$$\overleftarrow{u}_5'=\overleftarrow{u}_6=u_8'=u_9,\quad \overleftarrow{u}_6'=\overleftarrow{u}_7=u_7'=u_8$$

6）各面曲率半径 r

在规化条件下，对待检非球面有 $r_{05}=r_{09}=1$，根据近轴公式有

$$\begin{cases}\dfrac{(n_1'-n_1)h_1}{r_1}=n_1'u_1'-n_1u_1, & r_1=\dfrac{(n-1)h_1}{nu_1'-u_1}\\ \dfrac{(n_2'-n_2)h_2}{r_2}=n_2'u_2'-n_2u_2, & r_2=\dfrac{(1-n)h_2}{u_2'-nu_2}\\ \dfrac{(n_3'-n_3)h_3}{r_3}=n_3'u_3'-n_3u_3, & r_3=\dfrac{(n-1)h_3}{nu_3'-u_3}\\ \dfrac{(n_4'-n_4)h_4}{r_4}=n_4'u_4'-n_4u_4, & r_4=\dfrac{(1-n)h_4}{u_4'-nu_4}\end{cases} \tag{4.2}$$

式中，

$$r_1=r_{13},\quad r_2=r_{12},\quad r_3=r_7=r_{11},\quad r_4=r_6=r_8=r_{10}$$

4.1.2　规化光学系统的求解

1. 校正透镜和自准校正透镜组合检验凸非球面的光学系统的消球差条件

根据三级像差理论，图 4.1 所示系统消球差条件为 $S_1=0$，即

$$\begin{aligned}S_1=&h_1P_{1\text{-}2}+h_3P_{3\text{-}4}+h_{05}\overleftarrow{P}_5+h_{05}^4K_5+h_6\overleftarrow{P}_{6\text{-}7}\\&+h_8P_{7\text{-}8}+h_{09}\overleftarrow{P}_9+h_{09}^4K_9+h_{10}\overleftarrow{P}_{10\text{-}11}+h_{12}\overleftarrow{P}_{12\text{-}13}=0\end{aligned}$$

式中，面 1 和面 2 构成透镜与面 12 和面 13 构成的透镜是由两个相同面构成的校正透镜。

$$h_1=h_2=h_{1\text{-}2}=h_{12}=h_{13},\quad P_{1\text{-}2}=\overleftarrow{P}_{12\text{-}13},\quad h_3=h_{11},\quad h_4=h_{10}$$

$$P_{3\text{-}4}=\overleftarrow{P}_{10\text{-}11},\quad h_{05}=h_{09}=1,\quad \overleftarrow{P}_5=\overleftarrow{P}_9,\quad h_6=h_8,\quad \overleftarrow{P}_{6\text{-}7}=P_{7\text{-}8},\quad P_7=0$$

$$K_5=K_9=-\frac{\overleftarrow{n}_5'-n_5}{r_{05}^3}e_5^2=2e_5^2$$

代入上述参数可得

$$S_1=2h_1P_{1\text{-}2}+2h_3P_{3\text{-}4}+2\overleftarrow{P}_5+4e_5^2+2h_6\overleftarrow{P}_{6\text{-}7}=0$$

整理可得

$$e_5^2=-\left(\frac{h_1P_{1\text{-}2}}{2}+\frac{h_3P_{3\text{-}4}+\overleftarrow{P}_5+h_6\overleftarrow{P}_{6\text{-}7}}{2}\right) \tag{4.3}$$

式中，$P_{1\text{-}2}$ 为校正透镜的像差参量；h_1 为光线在校正透镜上的入射高度；$P_{3\text{-}4}$、$\overleftarrow{P}_5$ 和 $\overleftarrow{P}_{6\text{-}7}$ 为对应单面的像差参量。

$$
\begin{cases}
P_3 = \left(\dfrac{u_3' - u_3}{1/n_3' - 1/n_3}\right)^2 \left(\dfrac{u_3'}{n_3'} - \dfrac{u_3}{n_3}\right) = n\left(\dfrac{u_3' - u_3}{n-1}\right)^2 (u_3' - nu_3) \\
P_4 = \left(\dfrac{u_4' - u_4}{1/n_4' - 1/n_4}\right)^2 \left(\dfrac{u_4'}{n_4'} - \dfrac{u_4}{n_4}\right) = n\left(\dfrac{u_4' - u_4}{n-1}\right)^2 (nu_4' - u_4) \\
\overleftarrow{P}_5 = \left(\dfrac{\overleftarrow{u}_5' - u_5}{1/\overleftarrow{n}_5' - 1/n_5}\right)^2 \left(\dfrac{\overleftarrow{u}_5'}{\overleftarrow{n}_5'} - \dfrac{u_5}{n_5}\right) = -\dfrac{(\overleftarrow{u}_5' - u_5)^2}{2} \\
\overleftarrow{P}_6 = \left(\dfrac{\overleftarrow{u}_6' - \overleftarrow{u}_6}{1/\overleftarrow{n}_6' - 1/\overleftarrow{n}_6}\right)^2 \left(\dfrac{\overleftarrow{u}_6'}{\overleftarrow{n}_6'} - \dfrac{\overleftarrow{u}_6}{\overleftarrow{n}_6}\right) = -n\left(\dfrac{\overleftarrow{u}_6' - \overleftarrow{u}_6}{n-1}\right)^2 (\overleftarrow{u}_6' - n\overleftarrow{u}_6) \\
P_7 = \left(\dfrac{u_7' - \overleftarrow{u}_7}{1/n_7' - 1/\overleftarrow{n}_7}\right)^2 \left(\dfrac{u_7'}{n_7'} - \dfrac{\overleftarrow{u}_7}{\overleftarrow{n}_7}\right) = 0
\end{cases}
\tag{4.4}
$$

2. 校正薄透镜曲率半径 r_1 和 r_2 的求解[4, 5]

1) 设定 h_1 和 $h_1 P_{1\text{-}2}$

在规化条件下设定 h_1，有

$$0.05 < h_1 < 0.4$$

在规化条件下，对扁球面 $e_5^2 < 0$，校正透镜 (1-2) 为正透镜时，$P_{1\text{-}2}$ 取正值，其取值范围为

$$0 < +h_1 P_{1\text{-}2} < -\frac{e_5^2}{3}$$

$e_5^2 > 0$ 时校正透镜 (1-2) 为负透镜时，$P_{1\text{-}2}$ 取负值，其取值范围为

$$0 > +h_1 P_{1\text{-}2} > -\frac{e_5^2}{3}$$

校正透镜 (1-2) 生成偏角为 $h_1 \varphi_{1\text{-}2}$，有

$$h_1 \varphi_{1\text{-}2} = u_2' - u_1 = u_3 - u_1, \quad \varphi_{1\text{-}2} = \frac{u_2' - u_1}{h_1} = \frac{u_3 - u_1}{h_1}$$

校正透镜 (1-2) 为正透镜时，偏角可在如下范围内取值：

$$0 < (\Delta u_{1\text{-}2} = u_2' - u_1 = u_3 - u_1) < 0.3$$

校正透镜 (1-2) 为负透镜时，偏角可在如下范围内取值：

$$-0.3 < (\Delta u_{1\text{-}2} = u_2' - u_1 = u_3 - u_1) < 0$$

2) 求解校正薄透镜的曲率半径 r_1 和 r_2

为求解校正薄透镜 (1-2) 的曲率半径 r_1 和 r_2，将校正薄透镜 (1-2) 进行自身规

化，$P_{1\text{-}2}$ 与规化 $\boldsymbol{P}_{1\text{-}2}$ 的关系式为

$$P_{1\text{-}2}=(h_1\varphi_{1\text{-}2})^3\boldsymbol{P}_{1\text{-}2}$$

规化的 $\boldsymbol{P}_{1\text{-}2}$ 与弯曲 $Q_{1\text{-}2}$ 的关系式为

$$\boldsymbol{P}_{1\text{-}2}=P_0^{\infty}-\frac{n}{n+2}(\upsilon_1+\upsilon_1^2)+\frac{n+2}{n}\left[Q_{1\text{-}2}+\frac{3n}{2(n-1)(n+2)}-\frac{2n+2}{n+2}\upsilon_1\right]^2$$

用 $Q_{1\text{-}2}$ 表示，有

$$Q_{1\text{-}2}=\frac{2n+2}{n+2}\upsilon_1-\frac{3n}{2(n-1)(n+2)}\pm\sqrt{\left[\boldsymbol{P}_{1\text{-}2}-P_0^{\infty}+\frac{n}{n+2}(\upsilon_1+\upsilon_1^2)\right]\frac{n}{n+2}}$$

式中，P_0^{∞} 为校正单透镜 $\boldsymbol{P}$ 的极小值；υ 为校正单透镜入射孔径角的规化值。

$$P_0^{\infty}=\frac{n}{(n-1)^2}\left[1-\frac{9}{4(n+2)}\right]=2.057595,\quad \upsilon_1=\frac{u_1}{h_1\varphi_{1\text{-}2}}$$

$Q_{1\text{-}2}$ 与校正透镜曲率半径 r_1、r_2 的关系为

$$c_1=Q_{1\text{-}2}+\frac{n}{n-1}=c_5,\quad r_1=\frac{1}{c_1\varphi_{1\text{-}2}}=r_{13}$$

$$c_2=Q_{1\text{-}2}+1=c_4,\quad r_2=\frac{1}{c_2\varphi_{1\text{-}2}}=r_{12}$$

因此，弯曲 $Q_{1\text{-}2}$ 与 c_1 和 c_2 成正比，与校正透镜曲率半径 r 成反比，故弯曲 $Q_{1\text{-}2}$ 值不宜取太大，否则校正透镜曲率半径 r 会太小，产生的高级球差偏大，对球差校正不利。

3. 校正透镜与自准校正透镜组合检验凸非球面的规化光学系统的求解流程

1) 分配 e_5^2

利用式(4.3)，将 e_5^2 分配给校正透镜和自准校正透镜，即

$$e_5^2=e_{5\text{-}1}^2+e_{5\text{-}2}^2=-\left(\frac{h_1P_{1\text{-}2}}{2}+\frac{h_3P_{3\text{-}4}+\bar{P}_5+h_6\bar{P}_{6\text{-}7}}{2}\right)$$

式中，$e_{5\text{-}1}^2$ 为自准校正透镜的分量；$e_{5\text{-}2}^2$ 为校正透镜分量。

根据第 3 章的三级像差理论，设定 $e_{5\text{-}1}^2$ 值，求解自准校正透镜的结构参数，再由 $e_{5\text{-}2}^2=e_5^2-e_{5\text{-}1}^2$，求解校正薄透镜曲率半径 r_1 和 r_2。

2) 校正透镜与自准校正透镜的组合

将所求得的两个系统进行组合，即可得到校正透镜与自准校正透镜组合检验凸非球面的规化光学系统。

4.2　利用校正透镜与自准校正透镜组合检验凸非球面的光学系统

以 $\Phi=600\text{mm}$、$r_{05}=1800\text{mm}$ 的凸非球为例，将不同 e_3^2 值对应的规化光学系统参数输入到 Zemax 软件，经放大优化后，最终设计结果如下。

1. 校正透镜与自准校正透镜组合检验 $\Phi=600\text{mm}$、$r_{05}=1800\text{mm}$、$e_5^2=3.1$ 的凸非球面

校正透镜与自准校正透镜组合检验 $\Phi=600\text{mm}$、$r_{05}=1800\text{mm}$、$e_5^2=3.1$ 的凸非球面的光学系统如图 4.2(a)所示，系统球差曲线如图 4.2(b)所示，系统设计残余波面像差如图 4.2(c)所示，其峰谷值 $\text{PV}=0.0617\lambda$。光线经待检凸非球面反射两次，待检凸非球面的设计残余波面像差峰谷值 $\text{PV}\leqslant 0.0308\lambda$。

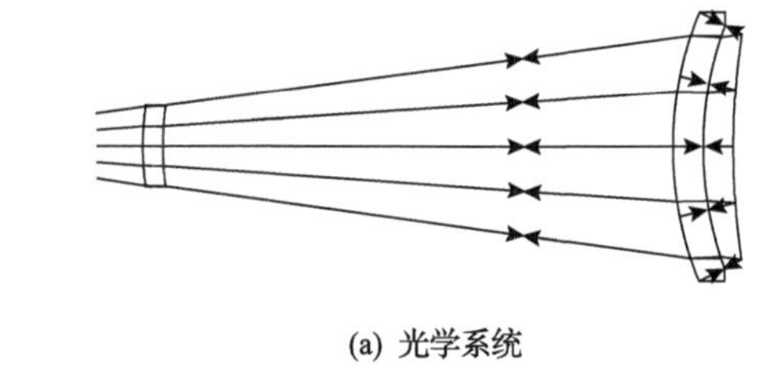

(a) 光学系统

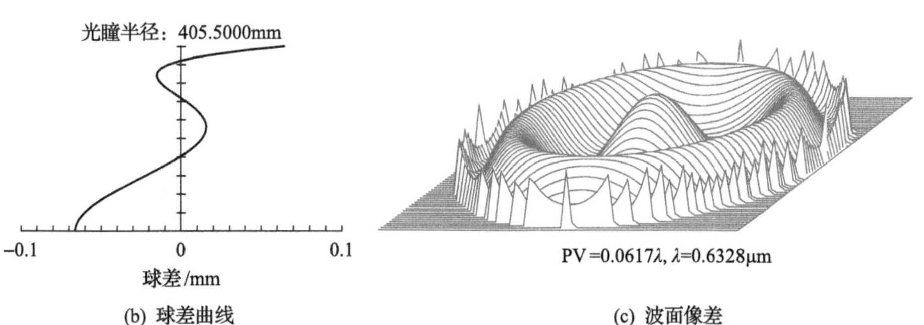

(b) 球差曲线　　(c) 波面像差

图 4.2　校正透镜与自准校正透镜组合检验 $\Phi=600\text{mm}$、$r_{05}=1800\text{mm}$、$e_5^2=3.1$ 的凸非球面

2. 校正透镜与自准校正透镜组合检验 $\Phi=600\text{mm}$、$r_{05}=1800\text{mm}$、$e_5^2=3$ 的凸非球面

校正透镜与自准校正透镜组合检验 $\Phi=600\text{mm}$、$r_{05}=1800\text{mm}$、$e_5^2=3$ 的凸非球面的光学系统如图 4.3(a)所示，系统球差曲线如图 4.3(b)所示，系统设计残余波面像差如图 4.3(c)所示，其峰谷值 $\text{PV}=0.0567\lambda$。光线经待检凸非球面反射

两次，待检凸非球面的设计残余波面像差峰谷值 PV ≤ 0.0284 λ。

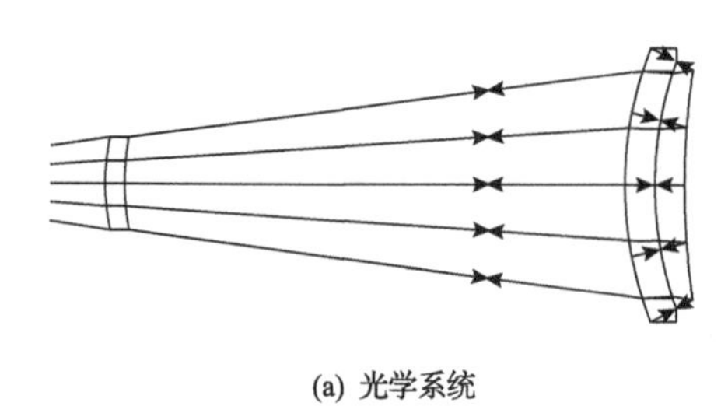

(a) 光学系统

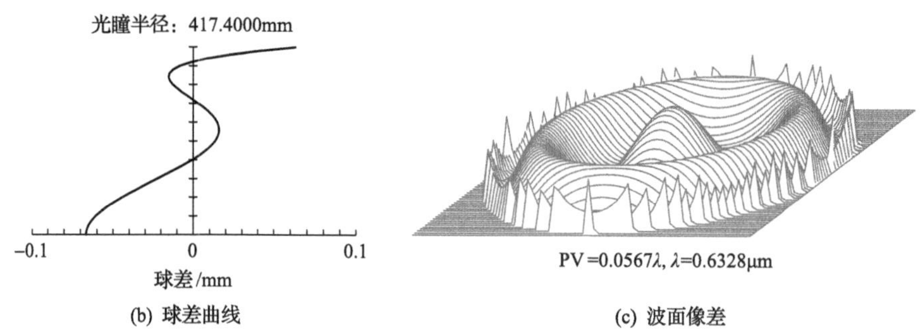

(b) 球差曲线　　(c) 波面像差

图 4.3　校正透镜与自准校正透镜组合检验 $\Phi = 600$mm、$r_{05} = 1800$mm、$e_5^2 = 3$ 的凸非球面

3. 校正透镜与自准校正透镜组合检验 $\Phi = 600$mm、$r_{05} = 1800$mm、$e_5^2 = 2.5$ 的凸非球面

校正透镜与自准校正透镜组合检验 $\Phi = 600$mm、$r_{05} = 1800$mm、$e_5^2 = 2.5$ 的凸非球面的光学系统如图 4.4(a)所示，系统球差曲线如图 4.4(b)所示，系统设计残余波面像差如图4.4(c)所示，其峰谷值 PV = 0.0088 λ。光线经待检凸非球面反射两次，待检凸非球面的设计残余波面像差峰谷值 PV ≤ 0.0044 λ。

4. 校正透镜与自准校正透镜组合检验 $\Phi = 600$mm、$r_{05} = 1800$mm、$e_5^2 = 2$ 的凸非球面

校正透镜与自准校正透镜组合检验 $\Phi = 600$mm、$r_{05} = 1800$mm、$e_5^2 = 2$ 的凸非球面的光学系统如图 4.5(a)所示，系统球差曲线如图 4.5(b)所示，系统设计残余波面像差如图 4.5(c)所示，其峰谷值 PV = 0.0162 λ。光线经待检凸非球面反射两次，待检凸非球面的设计残余波面像差峰谷值 PV ≤ 0.0081 λ。

5. 校正透镜与自准校正透镜组合检验 $\Phi = 600$mm、$r_{05} = 1800$mm、$e_5^2 = 1.5$ 的凸非球面

校正透镜与自准校正透镜组合检验 $\Phi = 600$mm、$r_{05} = 1800$mm、$e_5^2 = 1.5$ 的凸非球面的光学系统如图 4.6(a)所示，系统球差曲线如图 4.6(b)所示，系统设计残余

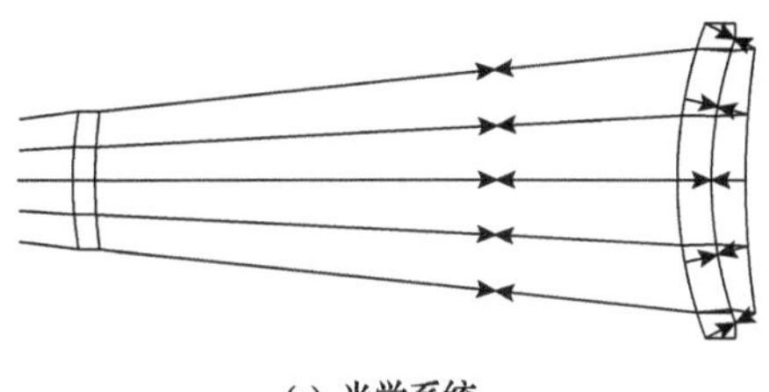

(a) 光学系统

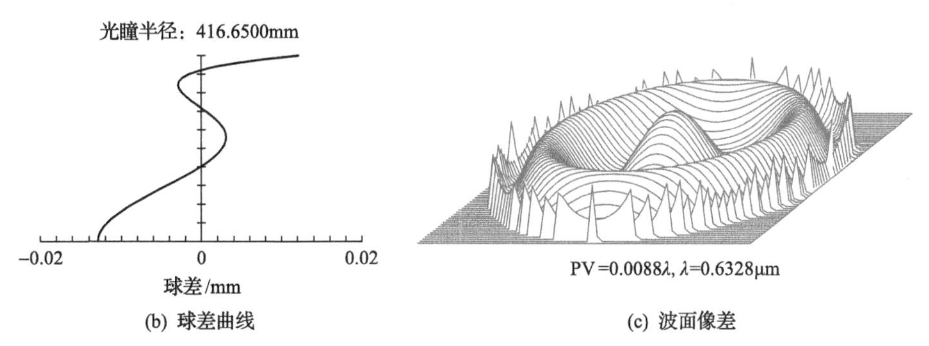

(b) 球差曲线　　(c) 波面像差

图 4.4　校正透镜与自准校正透镜组合检验 $\Phi=600\,\text{mm}$、$r_{05}=1800\,\text{mm}$、$e_5^2=2.5$ 的凸非球面

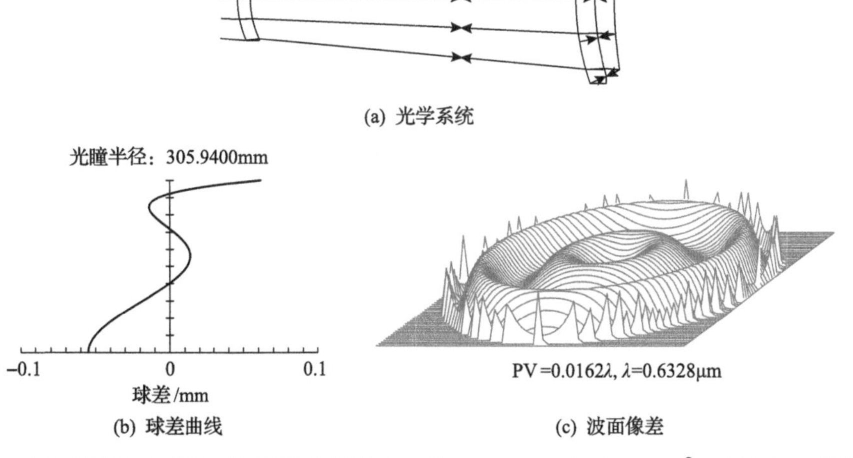

(a) 光学系统

(b) 球差曲线　　(c) 波面像差

图 4.5　校正透镜与自准校正透镜组合检验 $\Phi=600\,\text{mm}$、$r_{05}=1800\,\text{mm}$、$e_5^2=2$ 的凸非球面

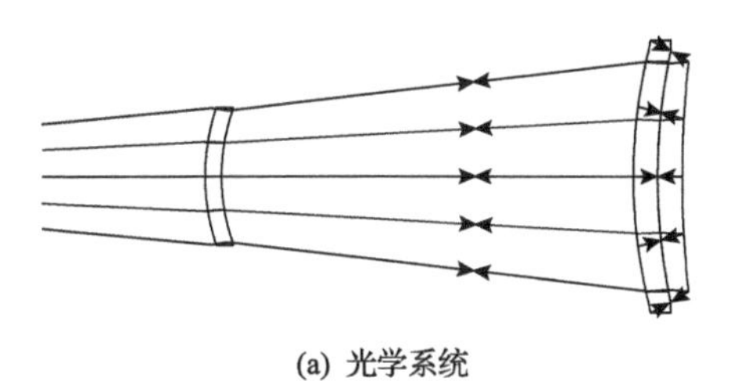

(a) 光学系统

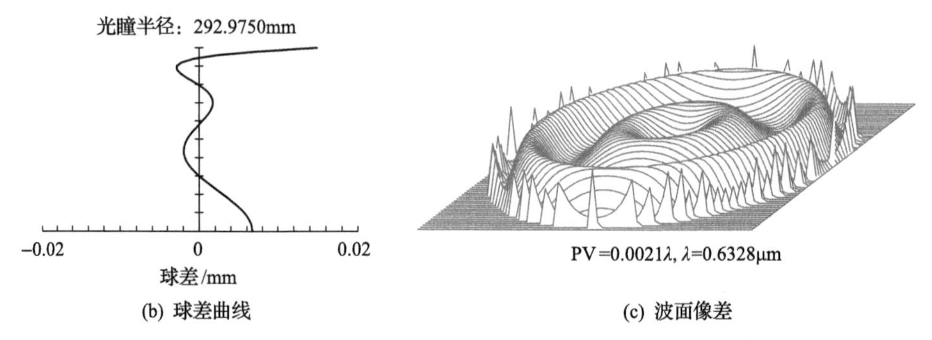

(b) 球差曲线　　(c) 波面像差

图 4.6　校正透镜与自准校正透镜组合检验 $\Phi = 600\,\text{mm}$、$r_{05} = 1800\,\text{mm}$、$e_5^2 = 1.5$ 的凸非球面

余波面像差如图 4.6(c)所示，其峰谷值 $\text{PV} = 0.0021\lambda$。光线经待检凸非球面反射两次，待检凸非球面的设计残余波面像差峰谷值 $\text{PV} \leqslant 0.0011\lambda$。

6. 校正透镜与自准校正透镜组合检验 $\Phi = 600\,\text{mm}$、$r_{05} = 1800\,\text{mm}$、$e_5^2 = 1$ 的凸非球面

校正透镜与自准校正透镜组合检验 $\Phi = 600\,\text{mm}$、$r_{05} = 1800\,\text{mm}$、$e_5^2 = 1$ 的凸非球面的光学系统如图 4.7(a)所示，系统球差曲线如图 4.7(b)所示，系统设计残余波面像差如图 4.7(c)所示，其峰谷值 $\text{PV} = 0.0036\lambda$。光线经待检凸非球面反射两次，待检凸非球面的设计残余波面像差峰谷值 $\text{PV} \leqslant 0.0018\lambda$。

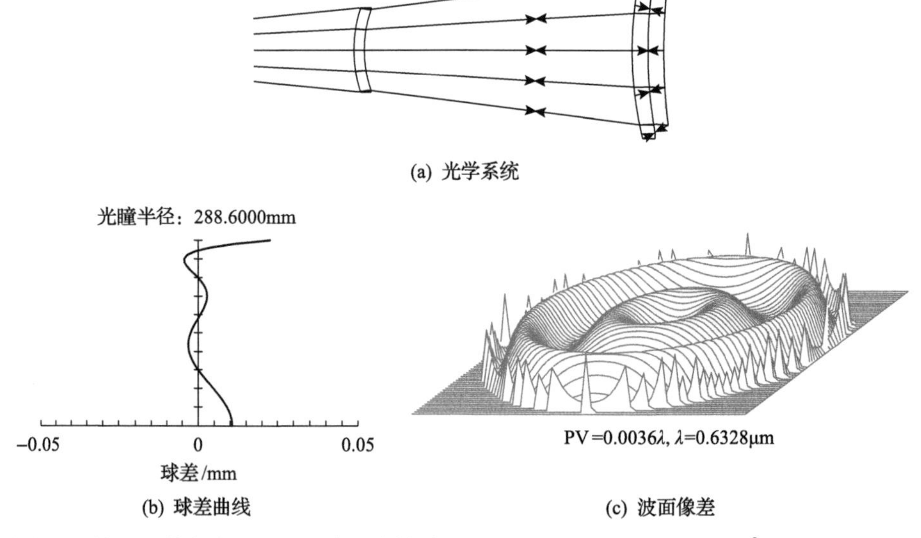

(a) 光学系统

(b) 球差曲线　　(c) 波面像差

图 4.7　校正透镜与自准校正透镜组合检验 $\Phi = 600\,\text{mm}$、$r_{05} = 1800\,\text{mm}$、$e_5^2 = 1$ 的凸非球面

7. 校正透镜与自准校正透镜组合检验 $\Phi=600\,\text{mm}$、$r_{05}=1800\,\text{mm}$、$e_5^2=0.5$ 的凸非球面

校正透镜与自准校正透镜组合检验 $\Phi=600\,\text{mm}$、$r_{05}=1800\,\text{mm}$、$e_5^2=0.5$ 凸非球面的光学系统如图 4.8(a)所示，系统球差曲线如图 4.8(b)所示，系统设计残余波面像差如图 4.8(c)所示，其峰谷值 PV = 0.0036λ。光线经待检凸非球面反射两次，待检凸非球面的设计残余波面像差峰谷值 PV ≤ 0.0018λ。

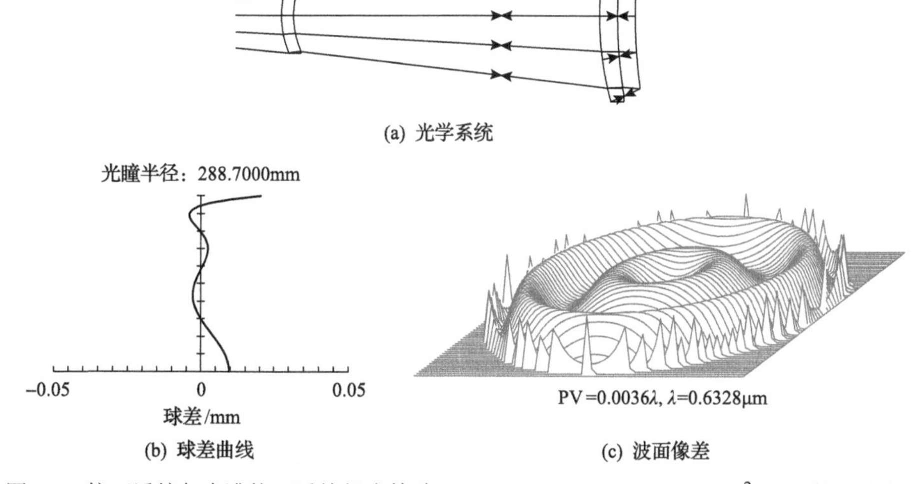

(a) 光学系统

(b) 球差曲线

(c) 波面像差

图 4.8　校正透镜与自准校正透镜组合检验 $\Phi=600\,\text{mm}$、$r_{05}=1800\,\text{mm}$、$e_5^2=0.5$ 的凸非球面

8. 校正透镜与自准校正透镜组合检验 $\Phi=600\,\text{mm}$、$r_{05}=1800\,\text{mm}$、$e_5^2=0$ 的凸球面

校正透镜与自准校正透镜组合检验 $\Phi=600\,\text{mm}$、$r_{05}=1800\,\text{mm}$、$e_5^2=0$ 的凸球面的光学系统如图 4.9(a)所示，系统球差曲线如图 4.9(b)所示，系统设计残余波面像差如图 4.9(c)所示，其峰谷值 PV = 0.004λ。光线经待检凸球面反射两次，待检凸球面设计残余波面像差峰谷值 PV ≤ 0.002λ。

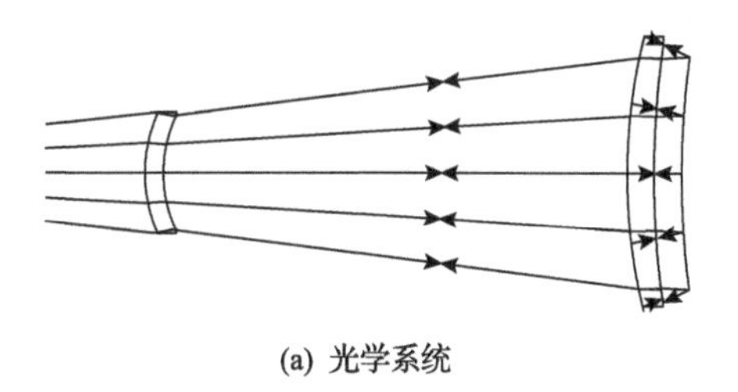

(a) 光学系统

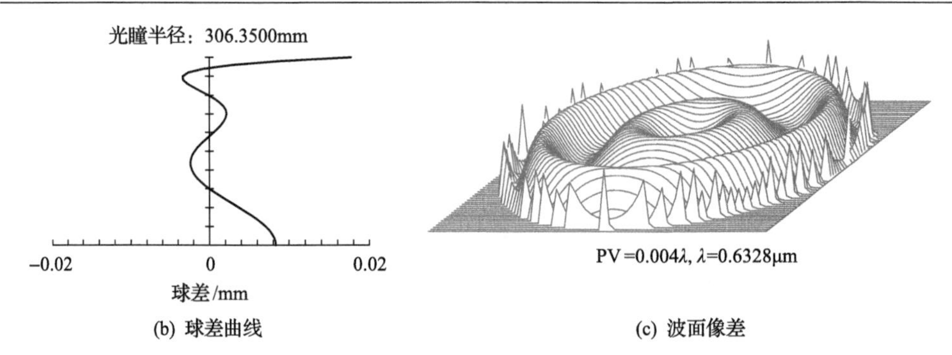

(b) 球差曲线　　(c) 波面像差

图 4.9　校正透镜与自准校正透镜组合检验 $\Phi = 600\,\text{mm}$、$r_{05} = 1800\,\text{mm}$、$e_5^2 = 0$ 的凸球面

9. 校正透镜与自准校正透镜组合检验 $\Phi = 600\,\text{mm}$、$r_{05} = 1800\,\text{mm}$、$e_5^2 = -0.5$ 的凸非球面

校正透镜与自准校正透镜组合检验 $\Phi = 600\,\text{mm}$、$r_{05} = 1800\,\text{mm}$、$e_5^2 = -0.5$ 的凸非球面的光学系统如图 4.10(a)所示，系统球差曲线如图 4.10(b)所示，系统设计残余波面像差如图 4.10(c)所示，其峰谷值 PV = 0.0011λ。光线经待检凸非球面反射两次，待检凸非球面的设计残余波面像差峰谷值 PV ⩽ 0.00055λ。

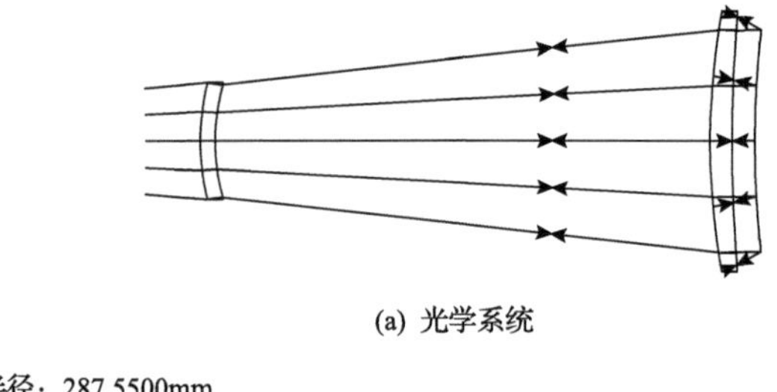

(a) 光学系统

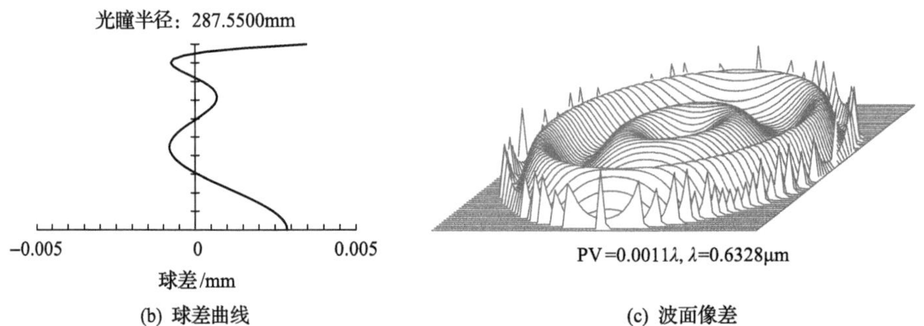

(b) 球差曲线　　(c) 波面像差

图 4.10　校正透镜与自准校正透镜组合检验 $\Phi = 600\,\text{mm}$、$r_{05} = 1800\,\text{mm}$、$e_5^2 = -0.5$ 的凸非球面

10. 校正透镜与自准校正透镜组合检验 $\Phi = 600\,\text{mm}$、$r_{05} = 1800\,\text{mm}$、$e_5^2 = -1$ 的凸非球面

校正透镜与自准校正透镜组合检验 $\Phi = 600\,\text{mm}$、$r_{05} = 1800\,\text{mm}$、$e_5^2 = -1$ 的凸

非球面的光学系统如图 4.11(a)所示，系统球差曲线如图 4.11(b)所示，系统设计残余波面像差如图 4.11(c)所示，其峰谷值 PV = 0.0011λ。光线经待检凸非球面反射两次，待检凸非球面的设计残余波面像差峰谷值 PV ⩽ 0.00055λ。

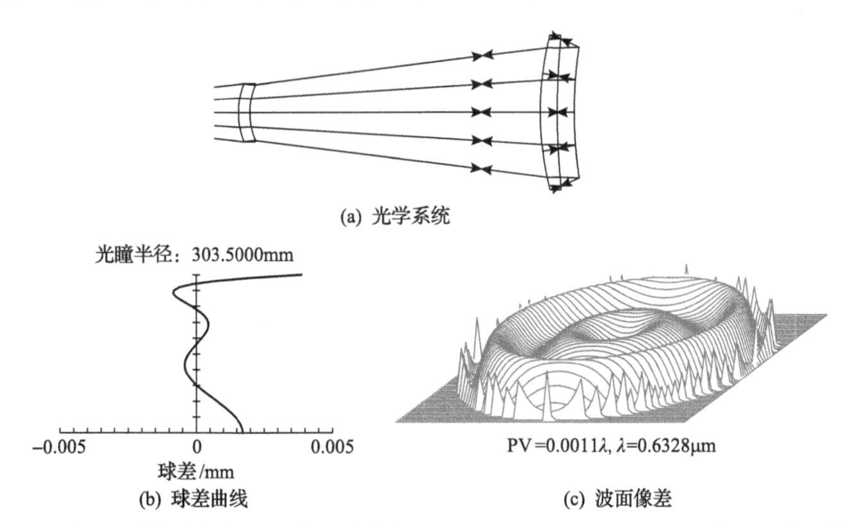

图 4.11　校正透镜与自准校正透镜组合检验 $\Phi = 600\text{mm}$、$r_{05} = 1800\text{mm}$、$e_5^2 = -1$ 的凸非球面

11. 校正透镜与自准校正透镜组合检验 $\Phi = 600\text{mm}$、$r_{05} = 1800\text{mm}$、$e_5^2 = -1.25$ 的凸非球面

校正透镜与自准校正透镜组合检验 $\Phi = 600\text{mm}$、$r_{05} = 1800\text{mm}$、$e_5^2 = -1.25$ 的凸非球面的光学系统如图 4.12(a)所示，系统球差曲线如图 4.12(b)所示，系统设

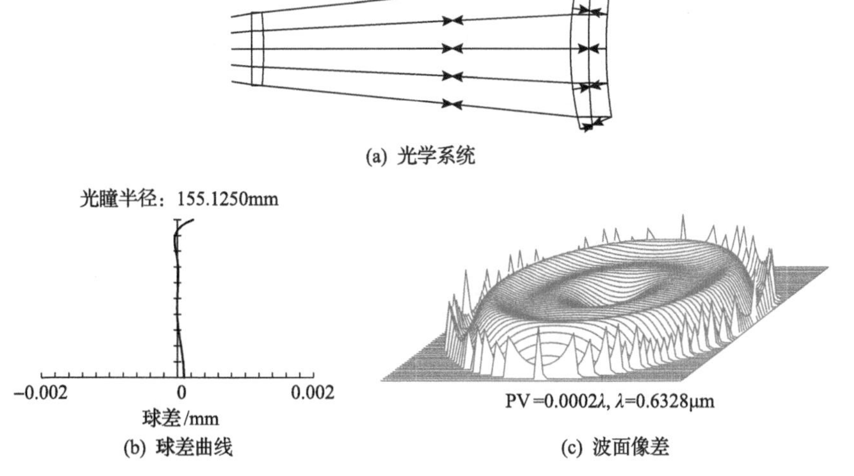

图 4.12　校正透镜与自准校正透镜组合检验 $\Phi = 600\text{mm}$、$r_{05} = 1800\text{mm}$、$e_5^2 = -1.25$ 的凸非球面

计残余波面像差如图 4.12(c)所示，其峰谷值 PV = 0.0002λ。光线经待检凸非球面反射两次，待检凸非球面设计残余波面像差峰谷值 PV ⩽ 0.0001λ。

12. 校正透镜与自准校正透镜组合检验 $\varPhi = 600\,\text{mm}$、$r_{05} = 1800\,\text{mm}$、$e_5^2 = -1.5$ 的凸非球面

校正透镜与自准校正透镜组合检验 $\varPhi = 600\,\text{mm}$、$r_{05} = 1800\,\text{mm}$、$e_5^2 = -1.5$ 的凸非球面的光学系统如图 4.13(a)所示，系统球差曲线如图 4.13(b)所示，系统设计残余波面像差如图 4.13(c)所示，其峰谷值 PV = 0.0002λ。光线经待检凸非球面反射两次，待检凸非球面的设计残余波面像差峰谷值 PV ⩽ 0.0001λ。

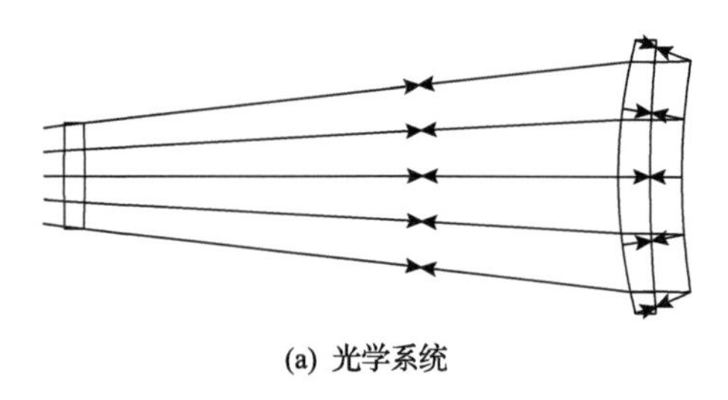

(a) 光学系统

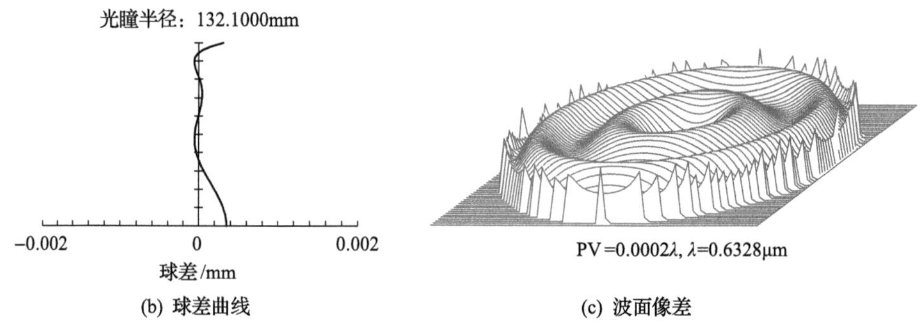

(b) 球差曲线　　(c) 波面像差

图 4.13　校正透镜与自准校正透镜组合检验 $\varPhi = 600\,\text{mm}$、$r_{05} = 1800\,\text{mm}$、$e_5^2 = -1.5$ 的凸非球面

13. 校正透镜与自准校正透镜组合检验 $\varPhi = 600\,\text{mm}$、$r_{05} = 1800\,\text{mm}$、$e_5^2 = -2$ 的凸非球面

校正透镜与自准校正透镜组合检验 $\varPhi = 600\,\text{mm}$、$r_{05} = 1800\,\text{mm}$、$e_5^2 = -2$ 的凸非球面的光学系统如图 4.14(a)所示，系统球差曲线如图 4.14(b)所示，系统设计残余波面像差如图 4.14(c)所示，其峰谷值 PV = 0.0008λ。光线经待检凸非球面反射两次，待检凸非球面的设计残余波面像差峰谷值 PV ⩽ 0.0004λ。

14. 校正透镜与自准校正透镜组合检验 $\varPhi = 600\,\text{mm}$、$r_{05} = 1800\,\text{mm}$、$e_5^2 = -2.5$ 的凸非球面

校正透镜与自准校正透镜组合检验 $\varPhi = 600\,\text{mm}$、$r_{05} = 1800\,\text{mm}$、$e_5^2 = -2.5$ 的

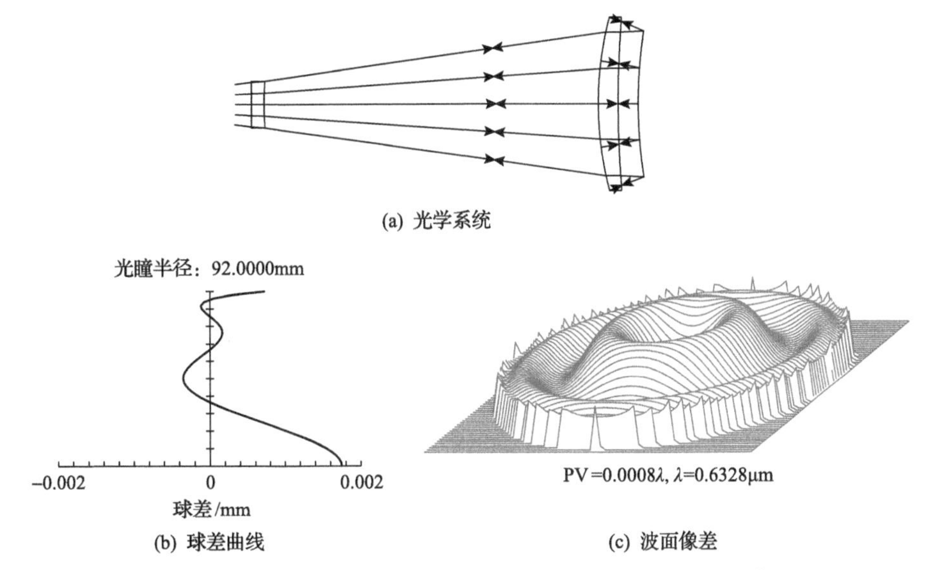

(a) 光学系统

(b) 球差曲线

(c) 波面像差

图 4.14　校正透镜与自准校正透镜组合检验 $\Phi=600\text{mm}$、$r_{05}=1800\text{mm}$、$e_5^2=-2$ 的凸非球面

凸非球面的光学系统如图 4.15(a)所示，系统球差曲线如图 4.15(b)所示，系统设计残余波面像差如图 4.15(c)所示，其峰谷值 PV = 0.021λ。光线经待检凸非球面反射两次，待检凸非球面的设计残余波面像差峰谷值 PV ⩽ 0.0105λ。

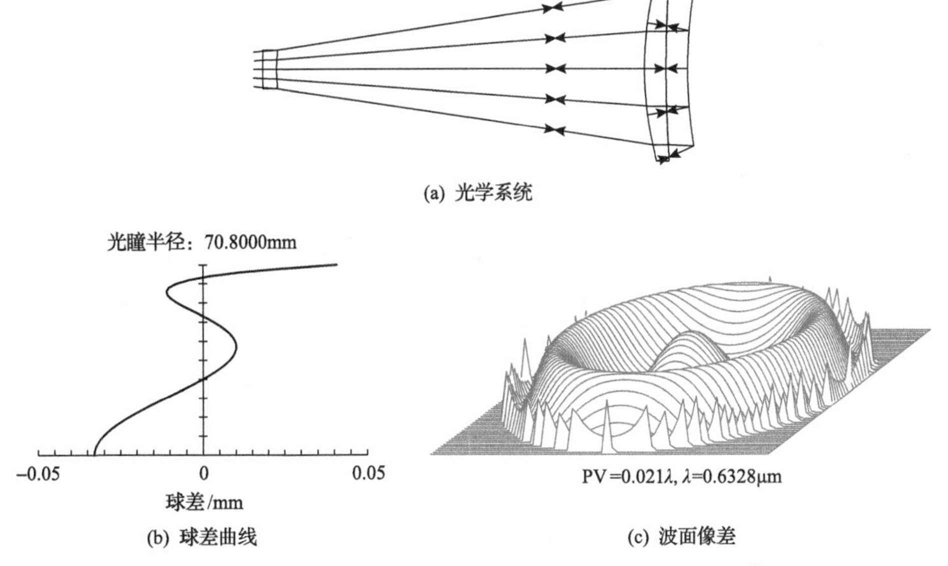

(a) 光学系统

(b) 球差曲线

(c) 波面像差

图 4.15　校正透镜与自准校正透镜组合检验 $\Phi=600\text{mm}$、$r_{05}=1800\text{mm}$、$e_5^2=-2.5$ 的凸非球面

15. 校正透镜与自准校正透镜组合检验 $\Phi = 600\text{mm}$、$r_{05} = 1800\text{mm}$、$e_5^2 = -3$ 的凸非球面

校正透镜与自准校正透镜组合检验 $\Phi = 600\text{mm}$、$r_{05} = 1800\text{mm}$、$e_5^2 = -3$ 的凸非球面的光学系统如图 4.16(a)所示，系统球差曲线如图 4.16(b)所示，系统设计残余波面像差如图 4.16(c)所示，其峰谷值 PV = 0.0033λ。光线经待检凸非球面反射两次，待检凸非球面的设计残余波面像差峰谷值 PV = 0.00165λ。

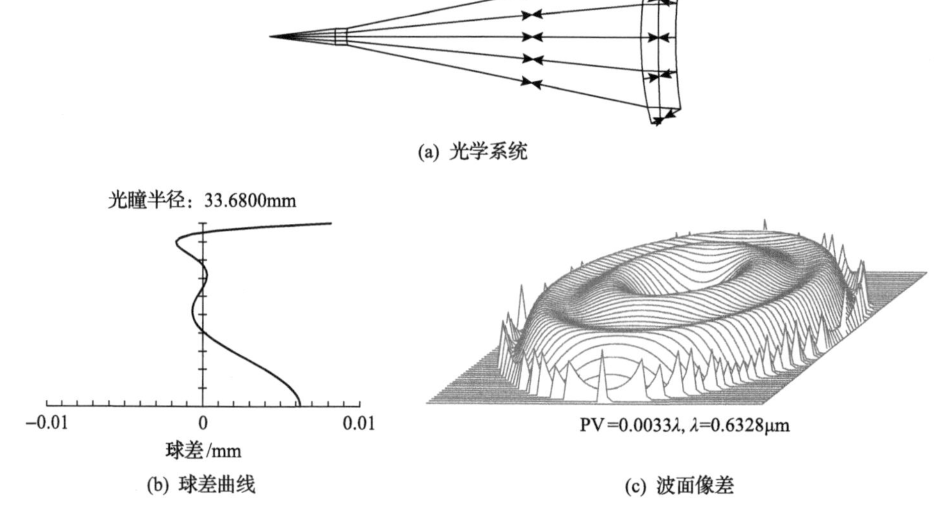

(a) 光学系统

(b) 球差曲线

(c) 波面像差

图 4.16 校正透镜与自准校正透镜组合检验 $\Phi = 600\text{mm}$、$r_{05} = 1800\text{mm}$、$e_5^2 = -3$ 的凸非球面

16. 校正透镜与自准校正透镜组合检验 $\Phi = 600\text{mm}$、$r_{05} = 1800\text{mm}$、$e_5^2 = -3.25$ 的凸非球面

校正透镜与自准校正透镜组合检验 $\Phi = 600\text{mm}$、$r_{05} = 1800\text{mm}$、$e_5^2 = -3.25$ 的凸非球面的光学系统如图 4.17(a)所示，系统球差曲线如图 4.17(b)所示，系统设计残余波面像差如图 4.17(c)所示，其峰谷值 PV = 0.0048λ。光线经待检凸非球面反射两次，待检凸非球面的设计残余波面像差峰谷值 PV ≤ 0.0024λ。

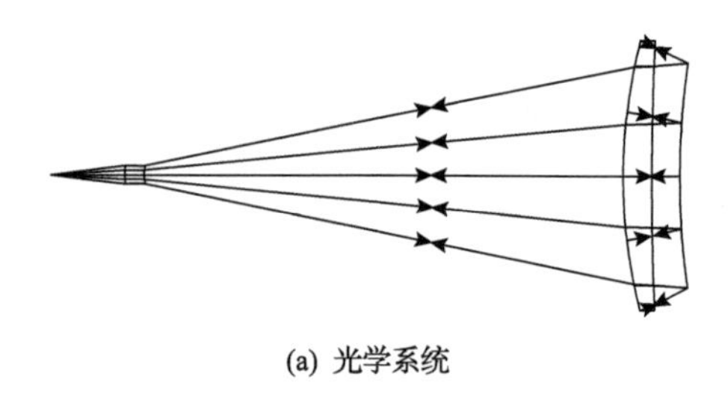

(a) 光学系统

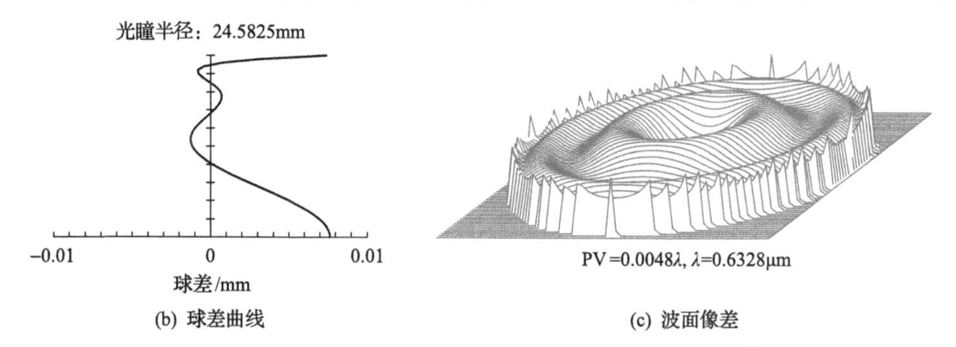

(b) 球差曲线　　(c) 波面像差

图 4.17　校正透镜与自准校正透镜组合检验 $\Phi=600\,\text{mm}$、$r_{05}=1800\,\text{mm}$、$e_5^2=-3.25$ 的凸非球面

通过上述设计结果可以看出，可采用校正透镜与自准校正透镜组合检验 $-3.25\leqslant e_5^2\leqslant 3.1$ 的凸非球面，且效果优异。

4.3　利用校正透镜与自准校正透镜组合检验凸非球面的原理及分析

通过上述计算分析以及实际凸非球面的检验光学系统的设计结果，对校正透镜与自准校正透镜组合检验凸非球面可得出如下结论。

4.3.1　共轭校正检验凸非球面的原理

共轭校正检验凸非球面的原理图如图 4.18 所示。从物点 O'（共轭后点）发出的光线入射到待检凸非球面 1，经其反射后形成发散光线，这些发散光线的交点为待检凸非球面的虚像点 O''（共轭前点），在发散光线前加入凹反射面 2，光线经凹反射面 2 自准后，按原路返回至点 O'，一般凸非球面共轭前点和共轭后点之间的成像是包含有像差的，通过引入自准校正透镜或者带有自准校正透镜的透镜组，利用自准校正透镜的自准面进行自准，同时自准校正透镜或者带有自准校正透镜的透镜组可以消除凸非球面成像的像差，即可实现共轭校正检验凸非球面。

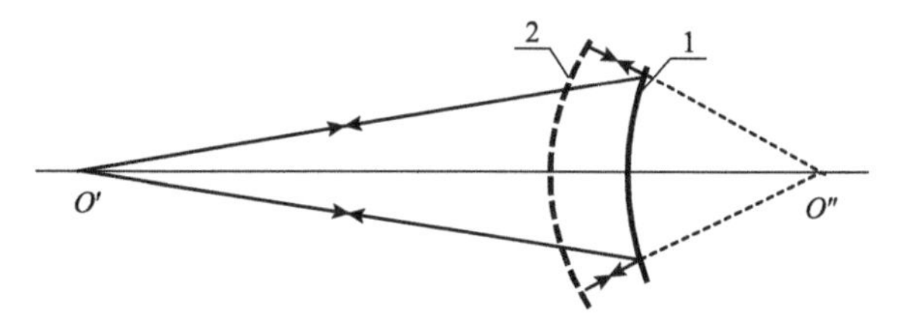

图 4.18　共轭校正检验凸非球面的原理图

自准校正透镜起到两个作用：①自准校正透镜的凸面使光线内反射自准。②自

准校正透镜校正待检凸非球面生成的球差。自准校正透镜位于共轭后点与待检凸非球面之间，从共轭后点 O' 发出的光线会先后穿过自准校正透镜，说明自准校正透镜被二次利用。

在共轭后点 O' 与自准校正透镜之间还可再增加校正透镜，形成组合光学系统对凸非球面进行检验。

本书第 1～4 章中，就是根据共轭校正检验凸非球面的原理来进行凸非球面检验光学系统设计的，由相关设计结果和分析可知，共轭校正检验凸非球面的原理是正确的，实际应用也是可行的。

4.3.2　利用校正透镜与自准校正透镜组合检验凸非球面的分析

校正透镜与自准校正透镜组合检验凸非球面是共轭校正检验凸非球面的一种应用，相对于只采用自准校正透镜检验凸非球面的光学系统，校正透镜的引入增加了球差校正单元，可在自准校正透镜和校正透镜之间重新分配光焦度 φ，提高了对凸非球面的校正检验能力。

由 4.2 节的设计实例可以看出，对于 $\Phi = 600\,\mathrm{mm}$、$r_{05} = 1800\,\mathrm{mm}$、$-3.25 \leqslant e_5^2 \leqslant 3.1$ 的凸非球面，采用校正透镜与自准校正透镜组合检验的效果非常好，优化后系统设计残余波面像差峰谷值 PV 趋近于零，说明这种组合共轭校正检验凸非球面的能力很强。

第5章　共轭校正检验凹非球面及其三级像差理论

凹非球面的共轭校正检验是利用凹非球面的一对轴上物像共轭点来实现的，从一个共轭点发出的光线经凹非球面反射成像于另一个共轭点，这种成像一般含有球差，利用共轭校正辅助光学系统在实现光路自准的同时，对共轭成像球差进行校正，可实现凹非球面共轭校正检验。辅助光学系统有单透镜、双透镜或三透镜等形式。

5.1　非球面检验发展回顾

历史上利用辅助光学系统实现非球面检验的方法主要包括经典检验[9-15]和零位补偿检验[16-24]，通过简要回顾经典检验和零位补偿检验的典型方法，对这两类检验方法的特点和相应的三级像差表达式介绍分析如下。

5.1.1　经典非球面检验

经典检验是利用凸或凹非球面的一对消球差共轭点进行自准检验的。

1. 凹抛物面检验

如图5.1所示，光线从待检凹抛物面轴上焦点 O 发出，经凹抛物面1反射到自准平面2，经平面2自准反射，光线按原路返回 O 点。

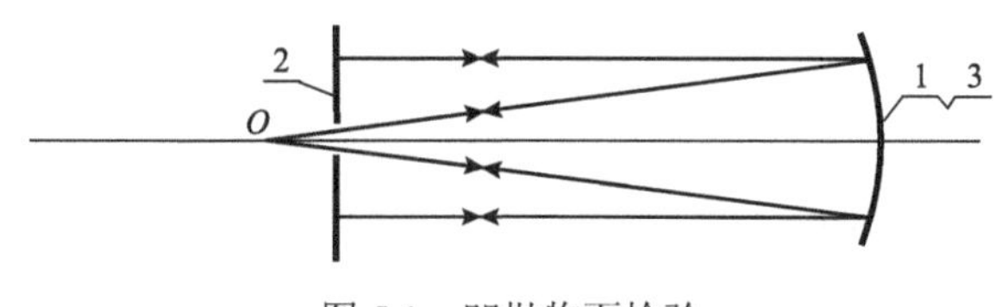

图5.1　凹抛物面检验

2. 亨德尔凸双曲面检验

如图5.2所示，光线从待检凸双曲面轴上共轭后点 O 发出，经待检凸双曲面

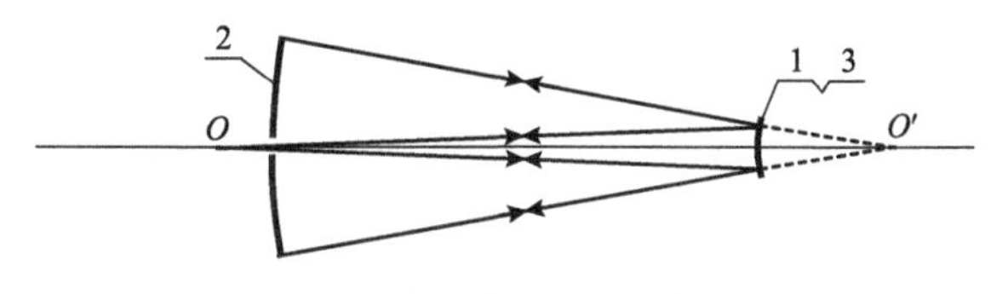

图5.2　亨德尔凸双曲面检验

1 反射到自准球面 2，待检凸双曲面 1 的共轭前点 O' 与自准球面 2 的球心重合，光线经自准球面 2 自准按原路返回 O 点。

3. 辛普森凸双曲面检验

如图 5.3 所示，光线从轴上 O 点发出，经自准校正透镜 1 折射成像的像点与待检凸双曲面 2 的共轭后点重合，自准校正透镜 1 折射的光线经待检凸双曲面 2 反射到自准校正透镜的面 3(凹面)，面 3 的球心与待检凸双曲面 2 的共轭前点 O' 重合，光线经面 3 自准反射，按原路返回 O 点。

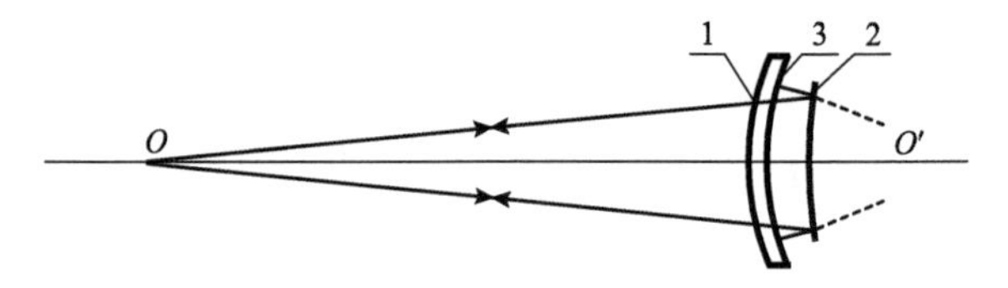

图 5.3　辛普森凸双曲面检验

4. 透射凸非球面检验

如图 5.4 所示，光线从轴上待检透射凸非球面 1 的共轭后点 O 发出，经待检透射凸非球面 1 折射到自准球面 2，待检透射凸非球面 1 的共轭前点 O' 与自准球面 2 的球心重合，光线经球面 2 内反射自准，按原路返回 O 点。

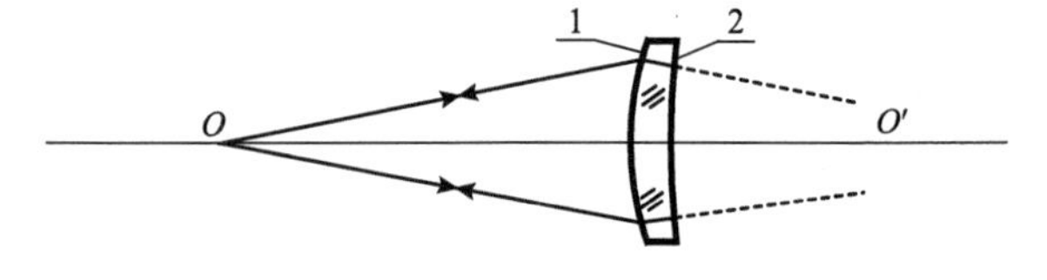

图 5.4　透射凸非球面检验

5. 经典非球面检验的三级像差表达式

上述 1～4 的非球面检验方法均利用了非球面自身消球差共轭点，其三级像差表达式为

$$S_1 = h_{01}\bar{P}_1 + h_{01}^4 K_1 + h_2 \vec{P}_2 + h_{03}\bar{P}_3 + h_{03}^4 K_3 = 0 \tag{5.1}$$

式中，面 2 为自准面，故 $\vec{P}_2 = 0$，待检凸非球面 1 和面 3 是同一个面。

$$h_{01}\bar{P}_1 = h_{03}^4 \bar{P}_3,\quad h_{01} = h_{03},\quad K_1 = K_3,\quad K_1 = -\frac{n_1' - n_1}{r_{01}^3} e_1^2$$

$$h_{01}\bar{P}_1 + h_{01}^4 K_1 = 0 \tag{5.2}$$

可利用式(5.2)求解出消球差的两个共轭点。

5.1.2　零位补偿非球面检验

零位补偿非球面检验是利用补偿镜生成的球差补偿待检凹非球面的法距差来实现自准检验的。

1. 道尔凹非球面检验

如图 5.5 所示，光线从轴上 O 点发出，经补偿正透镜 1 折射到待检凹非球面 2，经待检凹非球面 2 自准反射，按原路返回 O 点，这是正透镜前零位补偿检验。

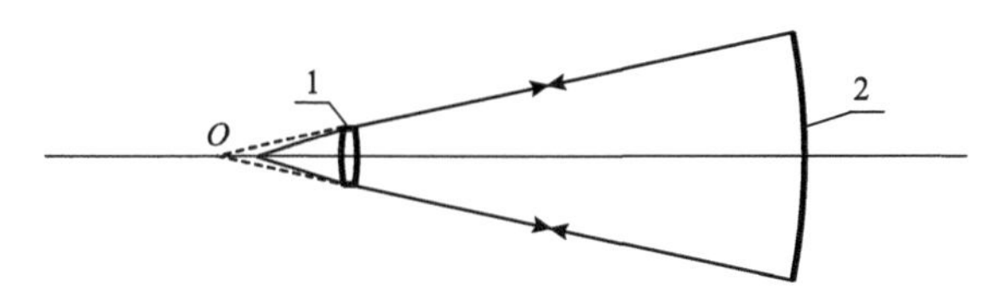

图 5.5　道尔凹非球面检验

2. 改进的道尔凹非球面检验

如图 5.6 所示，光线从轴上 O 点发出，经补偿负透镜 1 折射到待检凹扁球面 2，经待检凹扁球面 2 自准反射，按原路返回 O 点，这是负透镜前零位补偿检验。

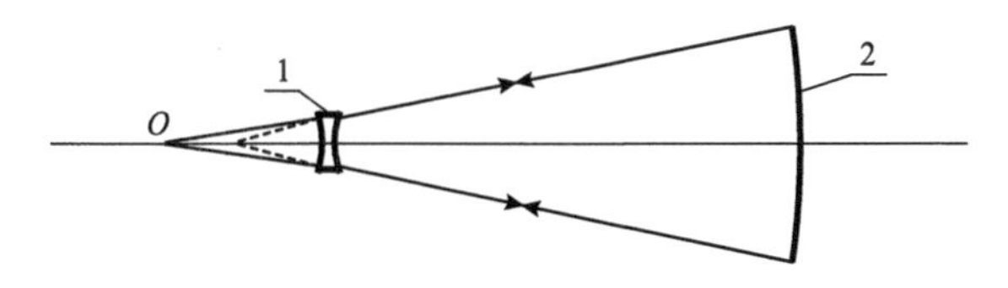

图 5.6　道尔凹扁球面检验

3. 奥夫纳尔凹非球面检验

如图 5.7 所示，光线从轴上 O 点发出，经补偿正透镜 1 和场镜 2 折射到待检

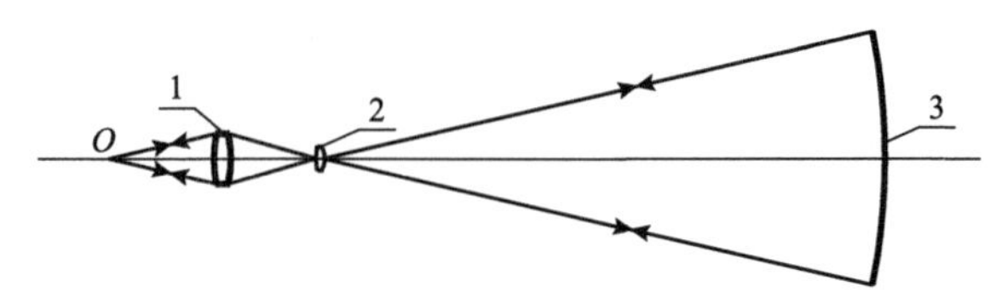

图 5.7　奥夫纳尔凹非球面检验

凹非球面 3，经待检凹非球面 3 自准反射，按原路返回 O 点，这是正透镜后零位补偿检验。

4. 马克苏托夫凹非球面检验

如图 5.8 所示，光线从轴上 O 点发出，经补偿凹反射镜 1 反射到待检凹非球面 2，经待检凹非球面 2 自准反射，按原路返回 O 点，这是凹反射镜前零位补偿检验。

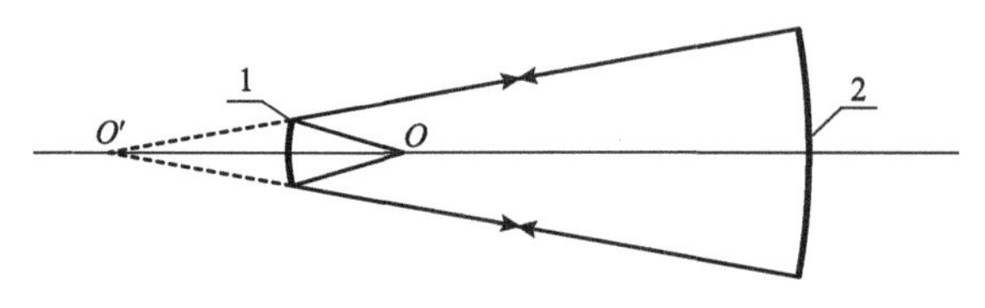

图 5.8　马克苏托夫凹非球面检验

5. 萨菲尔凹非球面检验

如图 5.9 所示，光线从轴上 O 点发出，经三片无光焦度补偿透镜 1 折射到待检凹非球面 2，经待检凹非球面 2 自准反射，按原路返回 O 点，这是三片无光焦度透镜前零位补偿检验。

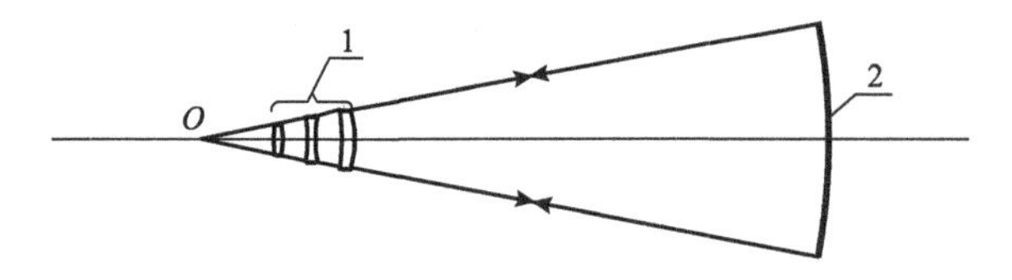

图 5.9　萨菲尔凹非球面检验

6. 零位补偿检验的三级像差表达式

上述凹非球面检验是利用补偿镜生成的球差补偿待检凹非球面的法距差来进行自准检验的，奥夫纳尔凹非球面检验的三级像差表达式为

$$S_1 = h_1\vec{P}_1 + h_2\vec{P}_2 + h_{03}\overleftarrow{P}_3 + h_{03}^4 K_3 + h_4\overleftarrow{P}_4 + h_5\overleftarrow{P}_5 = 0 \tag{5.3}$$

式中，补偿透镜 1 和 5 相同，故 $h_1\vec{P}_1 = h_5\overleftarrow{P}_5$，2 和 4 为同一场镜，故 $h_2\vec{P}_2 = h_4\overleftarrow{P}_4 = 0$，待检凹非球面 3 为自准面，故 $h_{03}\overleftarrow{P}_3 = 0$，可得

$$S_1 = 2h_1\vec{P}_1 + h_{03}^4 K_3 = 0, \quad K_3 = -\frac{\vec{n}_3' - \vec{n}_3}{r_{03}^3} e_3^2 = \frac{2}{r_{03}^3} e_3^2$$

$$2h_1\vec{P}_1 + h_{03}^4 K_3 = 0 \tag{5.4}$$

利用补偿透镜 1(5) 生成的球差补偿待检凹非球面 3 的法距差。

7. 零位补偿检验的结论

零位补偿检验实现了利用小透镜检验大口径凹非球面，使大口径凹非球面的生产制造成为可能。

5.2　共轭校正检验凹非球面

前述零位补偿检验，其补偿镜位于待检非球面近轴曲率中心左侧区间或者右侧区间，左右两个区间互不相关，大大降低了系统补偿能力，故利用零位补偿检验大口径、大相对孔径的凹非球面是难以实现的。本书提出了共轭校正检验凹非球面的方法，该方法可实现大口径、大相对孔径的凹非球面检验，甚至可实现超大口径、超大相对孔径的凹非球面检验。

5.2.1　共轭校正检验凹非球面的原理

1. 物像共轭关系

如图 5.10 所示，设定待检凹非球面 3 有两个不消球差的共轭点，将在近轴曲率中心右边的点定义为共轭前点 O''，在近轴曲率中心左边的点定义为共轭后点 O'。光线先通过的共轭点为物点，经待检凹非球面 3 成像的点为像点，共轭前点 O'' 和共轭后点 O' 物像共轭。

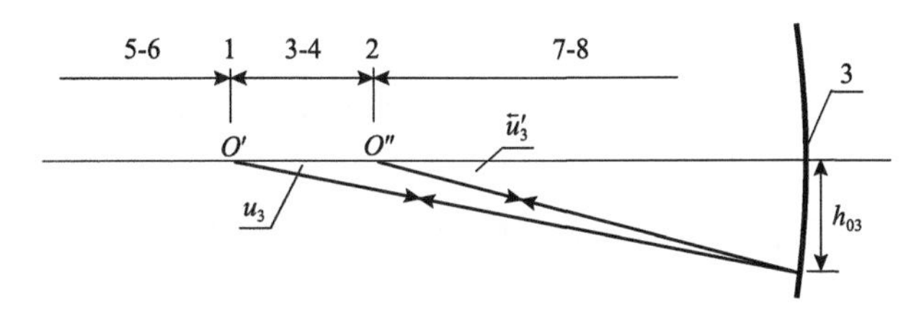

图 5.10　待检凹非球面轴上区间的划分

2. 待检凹非球面轴上区间的划分

待检凹非球面共轭后点所在位置 1 和共轭前点所在位置 2，将光轴分为前中后三区，共轭前点前(右侧)为前区(7-8)，共轭前点和后点之间为中区(3-4)，共轭后点后(左侧)为后区(5-6)。

3. 自准校正透镜的放置

自准校正透镜可放置在共轭后点 O' 或前点 O'' 处，也可放置在中区(3-4)、后区(5-6)和前区(7-8)内，确定好自准校正透镜的放置位置以及自准校正面上光线入射高度 h_2 和自准光线入射高度 h_4，就可确定光学系统的结构。

4. 零位补偿检验与共轭校正检验的区别

零位补偿检验以近轴曲率中心为界，分前补偿和后补偿，自准面位于待检凹非球面上，光线经待检凹非球面反射一次。

共轭校正检验以共轭前点和后点为界，分前区、中区和后区，共轭前点和后点和三个区间是相关的，自准面位于自准校正透镜上，光线经待检凹非球面反射两次。自准校正负透镜位于共轭前点前，校正扁球面能力强；校正透镜与自准校正透镜对接组合可进一步增强检验能力。

5.2.2　自准校正薄透镜放置的位置

1. 自准校正薄透镜放置在共轭后点 O'，共轭后点 O' 为物点

光线从 O' 点发出后，经待检凹非球面 3 反射成像到其共轭前点 O''，系统结构示意图如图 5.11 所示，其中 $h_2=0$，$h_4>0$。

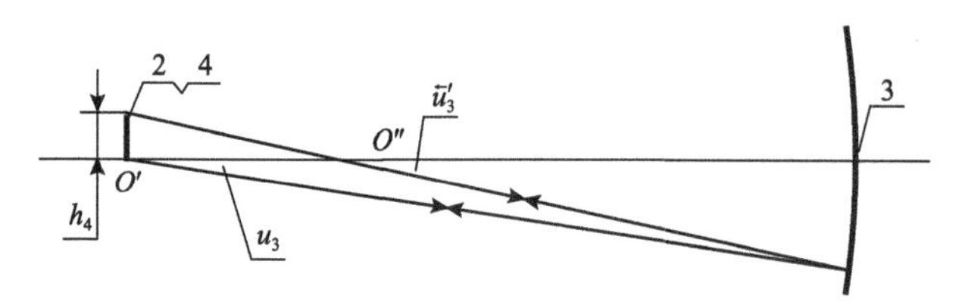

图 5.11　自准校正薄透镜放置在共轭后点 O' (物点)的系统结构示意图

2. 自准校正薄透镜放置在共轭前点 O''，共轭前点 O'' 为物点

光线从共轭前点 O'' 发出，经待检凹非球面 3 反射成像到共轭后点 O'，系统结构示意图如图 5.12 所示，其中 $h_2=0$，$h_4<0$。

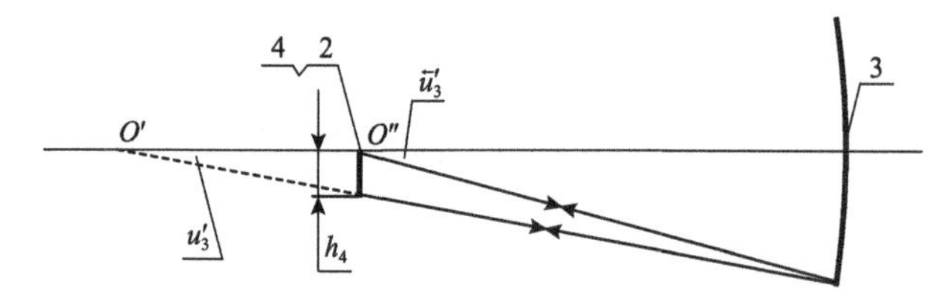

图 5.12　自准校正薄透镜放置在共轭前点 O'' (物点)的系统结构示意图

3. 自准校正薄透镜放置在共轭前点 O'' 和后点 O' 之间，共轭后点 O' 为物点

光线从共轭后点 O' 发出，经待检凹非球面 3 反射成像到共轭前点 O''，系统结构示意图如图 5.13 所示，其中 $h_2 = -h_4 < 0$。

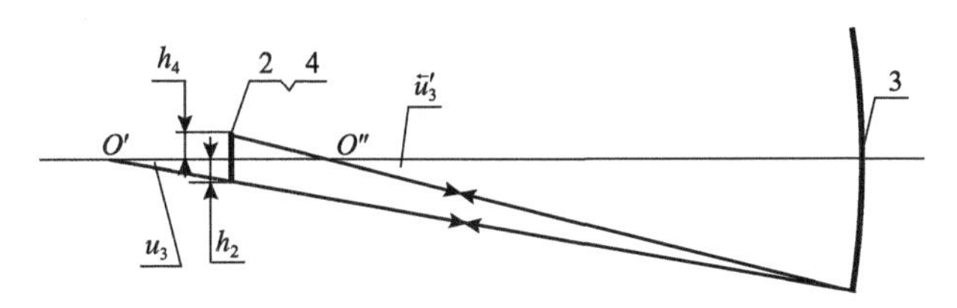

图 5.13　自准校正薄透镜放置在共轭前点 O'' 和后点 O' (物点)之间的系统结构示意图

4. 自准校正薄透镜放置在共轭前点 O'' 和后点 O' 之间，共轭前点 O'' 为物点

光线从共轭前点 O'' 发出，经待检凹非球面 3 反射成像到共轭后点 O'，系统结构示意图如图 5.14 所示，其中 $h_2 = -h_4 > 0$。

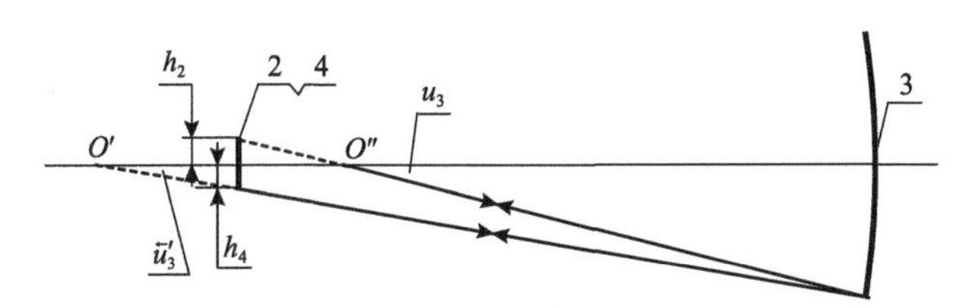

图 5.14　自准校正薄透镜放置在共轭前点 O'' (物点)和后点 O' 之间的系统结构示意图

5. 自准校正薄透镜放置在共轭后点 O' 后，共轭后点 O' 为物点

光线从共轭后点 O' 发出，经待检凹非球面 3 反射成像到共轭前点 O''，系统结构示意图如图 5.15 所示，其中 $0 < h_2 < h_4$。

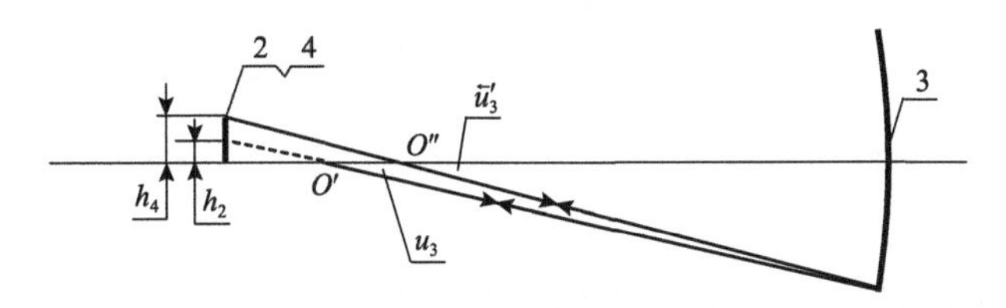

图 5.15　自准校正薄透镜放置在共轭后点 O' (物点)后的系统结构示意图

6. 自准校正薄透镜放置在共轭后点 O' 后，共轭前点 O'' 为物点

光线从共轭前点 O'' 发出，经待检凹非球面 3 反射成像到共轭后点 O'，系统结构示意图如图 5.16 所示，其中 $h_2 > h_4 > 0$。

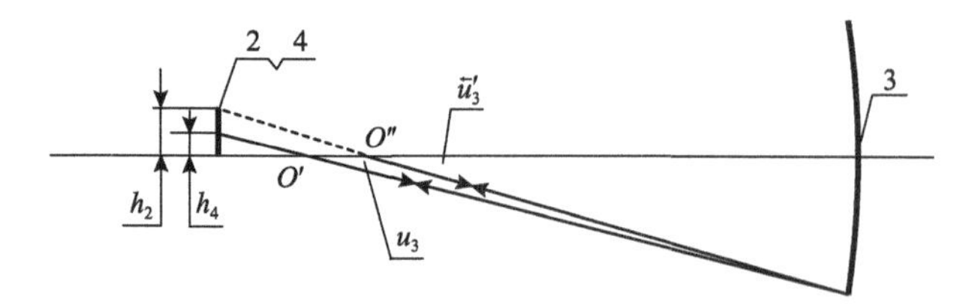

图 5.16　自准校正薄透镜放置在共轭后点 O' 后且共轭前点 O'' 为物点的系统结构示意图

7. 自准校正薄透镜放置在共轭前点 O'' 前，共轭后点 O' 为物点

光线从共轭后点 O' 发出，经待检凹非球面 3 反射成像到共轭前点 O''，系统结构示意图如图 5.17 所示，其中 $h_2 < h_4 < 0$。

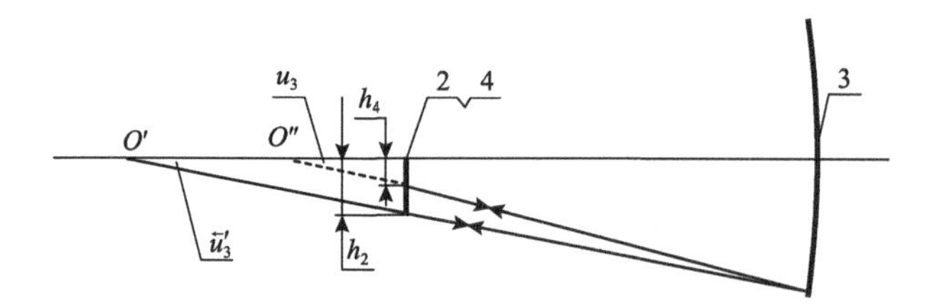

图 5.17　自准校正薄透镜放置在共轭前点 O'' 前且共轭后点 O' 为物点的系统结构示意图

8. 自准校正薄透镜放置在共轭前点 O'' 前，共轭前点 O'' 为物点

光线从共轭前点 O'' 发出，经待检凹非球面 3 反射成像到共轭后点 O'，系统结构示意图如图 5.18 所示，其中 $h_4 < h_2 < 0$。

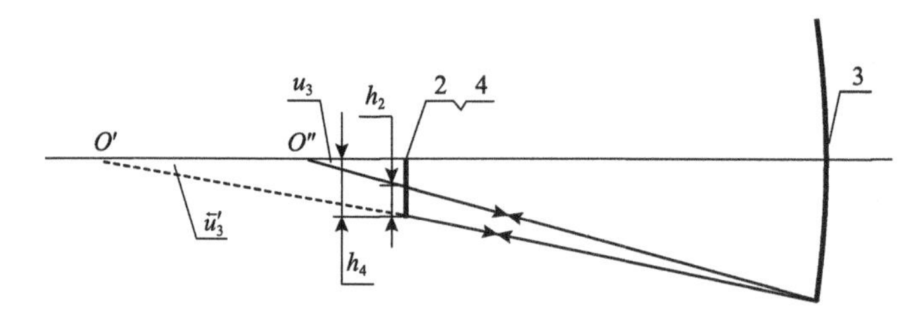

图 5.18　自准校正薄透镜放置在共轭前点 O''（物点）前的系统结构示意图

5.2.3　共轭校正检验凹非球面的光学系统的结构分析

1. 自准校正透镜位于共轭后点 O'，共轭后点 O' 为物点

共轭后点 O' 为待检凹非球面物点，前点 O'' 为待检凹非球面像点，系统光路如图 5.19 所示。光线从轴上 O 点发出，经校正透镜面 1 和面 2 折射成像到共轭后点 O'，经待检凹非球面 3 反射到共轭前点 O''，入射到自准校正透镜面 4 和面 5，经

面 5 自准反射，按原路返回 O 点。

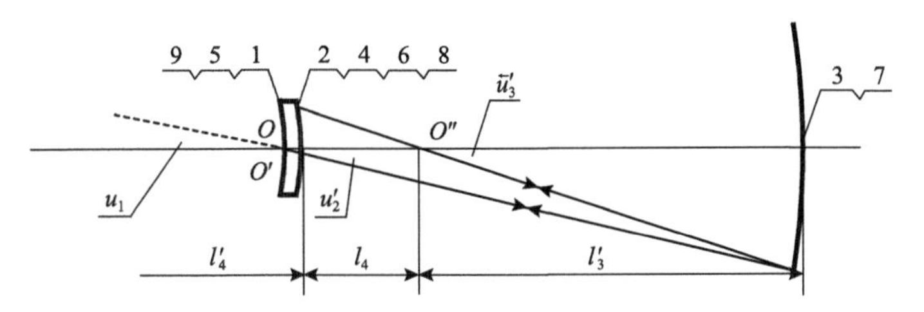

图 5.19　自准校正透镜位于共轭后点 O'（物点）的系统光路

光路特点：

(1) 根据规化条件 $h_{03}=-1$，轴上物点发出光线指向光轴下方，光线在透镜面 1 和面 2 上的入射高度 $h_1<0$、$h_2<0$，在待检凹非球面 3 的入射高度 $h_{03}=-1$，在自准校正透镜面 4 和面 5 上的入射高度 $h_4>0$、$h_5>0$。

(2) 共轭后点 O' 为待检凹非球面物点，共轭前点 O'' 为待检凹非球面像点，点 O 距离 O' 很近。

(3) 面 5 是自准面，不生成像差，面 1、面 2 和面 4 都是球差校正面，因 h_1、h_2 接近于 0，故面 1 和面 2 的球差校正贡献很小。

2. 自准校正透镜位于共轭前点 O''，共轭前点 O'' 为物点

共轭前点 O'' 为待检凹非球面物点，共轭后点 O' 为待检凹非球面像点，系统光路如图 5.20 所示。光线从轴上 O 点发出，经透镜面 1 和面 2 折射成像到共轭前点 O''，从共轭前点 O'' 发出的光线入射到待检凹非球面 3，经待检凹非球面 3 反射到共轭后点 O'，入射到自准校正透镜面 4 和面 5，光线经自准面 5 自准反射，按原路返回 O 点。

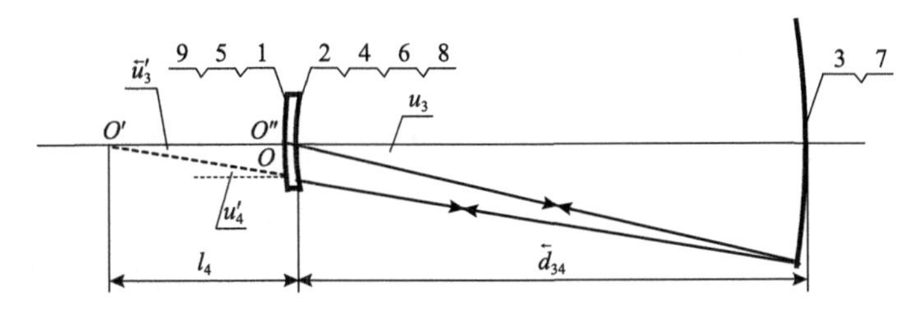

图 5.20　自准校正透镜位于共轭前点 O''（物点）的系统光路

光路特点：

(1) 根据规化条件 $h_{03}=-1$，轴上物点发出光线指向光轴下方，光线在透镜面 1 和面 2 上的入射高度 $h_1<0$、$h_2<0$，在待检凹非球面 3 的入射高度 $h_{03}=-1$，在自准校正透镜面 4 和面 5 上的入射高度 $h_4<0$，$h_5<0$。

(2) 共轭前点 O'' 为待检凹非球面物点，共轭后点 O' 为待检凹非球面像点，点

O 距离 O'' 很近。

(3) 面 5 是自准面，不生成球差；面 1、面 2 和面 4 都是球差校正面，因 h_1、h_2 接近于 0，故面 1 和面 2 的球差校正贡献很小。

3. 自准校正透镜位于共轭前点 O'' 和后点 O' 之间，共轭后点 O' 为物点

自准校正透镜位于共轭前点和后点之间，待检非球面共轭后点 O' 为物点，共轭前点 O'' 为像点，系统光路如图 5.21 所示。光线从轴上 O 点发出，经校正透镜面 1 和面 2 折射成像到共轭后点 O'，从共轭后点 O' 发出的光线入射到待检凹非球面 3，经待检凹非球面 3 反射，经过共轭前点 O''，入射到自准校正透镜面 4 和面 5，光线经面 5 自准反射，按原路返回 O 点。

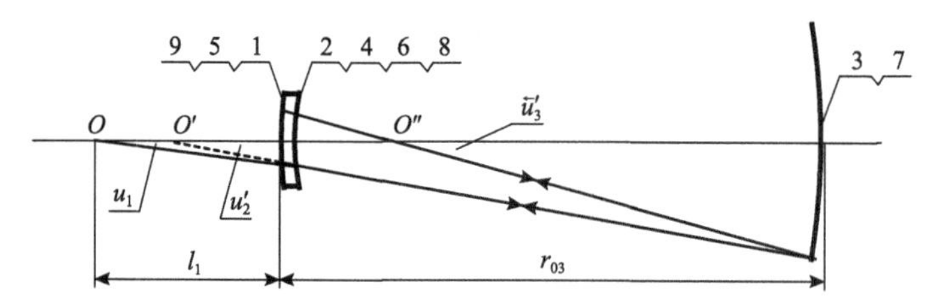

图 5.21　自准校正透镜位于共轭前点 O'' 和后点 O'（物点）之间的系统光路

光路特点：

(1) 根据规化条件 $h_{03}=-1$，轴上物点发出光线指向光轴下方，光线在透镜面 1 和面 2 上的入射高度 $h_1<0$、$h_2<0$，在待检凹非球面 3 的入射高度 $h_{03}=-1$，在自准校正透镜面 4 和面 5 上的高度 $h_4>0$、$h_5>0$。

(2) 共轭后点 O' 为待检凹非球面物点，共轭前点 O'' 为待检凹非球面像点。

(3) 面 5 是自准面，不生成像差；面 1、面 2 和面 4 是球差校正面，其中面 1 和面 2 球差校正贡献相对较小。

4. 自准校正透镜位于共轭前点 O'' 和后点 O' 之间，共轭前点 O'' 为物点

待检非球面共轭前点 O'' 为物点，共轭后点 O' 为像点，系统光路如图 5.22 所示。光线从轴上 O 点发出，经校正透镜面 1 和面 2 折射成像到共轭前点 O''，经共

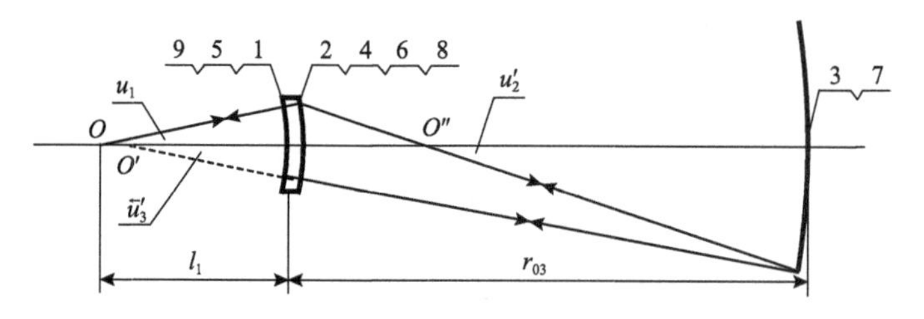

图 5.22　自准校正透镜位于共轭前点 O''（物点）和后点 O' 之间的系统光路

轭前点 O'' 后入射到待检凹非球面 3，经待检凹非球面 3 反射后(成像到共轭后点 O')，入射到自准校正透镜面 4 和面 5，经面 5 自准反射，按原路返回 O 点。

光路特点：

(1) 根据规化条件 $h_{03}=-1$，轴上物点发出光线指向光轴上方，光线在透镜面 1 和面 2 上的入射高度 $h_1>0$、$h_2>0$，在待检凹非球面 3 的入射高度 $h_{03}=-1$，在自准校正透镜面 4 和面 5 上的入射高度 $h_4<0$、$h_5<0$。

(2) 共轭前点 O'' 为待检凹非球面物点，共轭后点 O' 为待检凹非球面像点。

(3) 面 5 是自准面，不生成球差，面 1、面 2 和面 4 都是球差校正面，可提高对待检凹非球面 3 所生成球差的校正能力。

5. 自准校正透镜位于共轭后点 O' 后，共轭后点 O' 为物点

自准校正透镜位于共轭后点 O' 后，待检非球面共轭后点 O' 为物点，共轭后点 O'' 为像点，系统光路如图 5.23 所示。光线从轴上 O 点发出，经透镜面 1 和面 2 折射后(成像到共轭后点 O')，入射到待检凹非球面 3，由待检凹非球面 3 反射后，经共轭前点 O'' 入射到自准校正透镜面 4 和面 5，经面 5 自准反射，按原路返回 O 点。

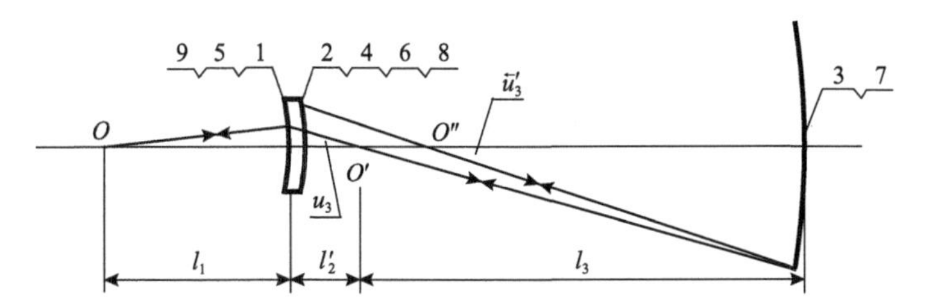

图 5.23　自准校正透镜位于共轭后点 O' (物点)后的系统光路

光路特点：

(1) 根据规化条件 $h_{03}=-1$，轴上物点发出光线指向光轴上方，光线在透镜面 1 和面 2 上的入射高度 $h_1>0$、$h_2>0$，在待检凹非球面 3 的入射高度 $h_{03}=-1$，在自准校正透镜面 4 和面 5 上的入射高度 $h_4>0$、$h_5>0$。

(2) 共轭后点 O' 为待检凹非球面物点，共轭前点 O'' 为待检凹非球面像点。

(3) 面 5 是自准面，不生成球差，面 1、面 2 和面 4 都是球差校正面，可提高对待检凹非球面 3 所生成球差的校正能力。

6. 自准校正透镜位于共轭后点 O' 后，共轭前点 O'' 为物点

自准校正透镜位于共轭后点 O' 后，待检凹非球面共轭前点 O'' 为物点，系统光路如图 5.24 所示。光线从轴上 O 点发出，经透镜面 1 和面 2 折射(成像到共轭前点 O'')后，入射到待检凹非球面 3，由面 3 反射后，经过共轭后点 O'，入射到自准校正透镜面 4 和面 5，经面 5 自准反射，按原路返回 O 点。

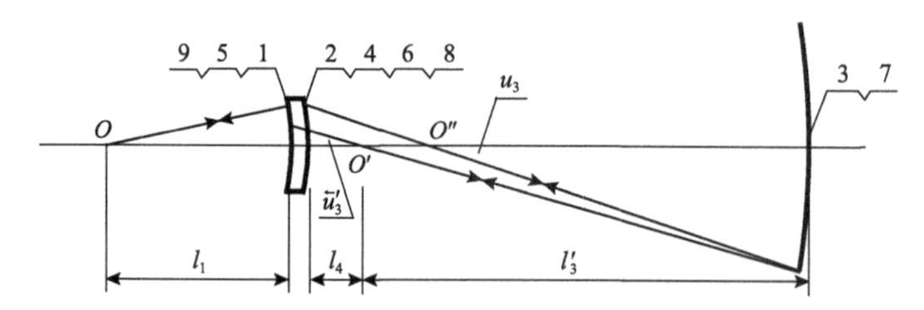

图 5.24　自准校正透镜位于共轭后点 O' 后且共轭前点 O'' 为物点的系统光路

光路特点：

(1) 根据规化条件 $h_{03}=-1$，轴上物点发出光线指向光轴上方，光线在透镜面 1 和面 2 上的入射高度 $h_1>0$、$h_2>0$，在待检凹非球面 3 的入射高度 $h_{03}=-1$，在自准校正透镜面 4 和面 5 上的入射高度 $h_4>0$、$h_5>0$。

(2) 共轭前点 O'' 为待检凹非球面物点，共轭后点 O' 为待检凹非球面像点。

(3) 面 5 是自准面，不生成球差，面 1、面 2 和面 4 均是球差校正面，可提高对待检凹非球面 3 生成球差的校正能力。

7. 自准校正透镜位于共轭前点 O'' 前，共轭后点 O' 为物点

自准校正透镜位于共轭前点 O'' 前，待检凹非球面共轭后点 O' 为物点，系统光路如图 5.25 所示。光线从轴上 O 点发出，经透镜面 1 和面 2 折射后(成像到共轭后点 O')，入射到待检凹非球面 3，由待检凹非球面 3 反射(指向共轭前点 O'')，入射到自准校正透镜面 4 和面 5，经面 5 自准

反射，按原路返回 O 点。

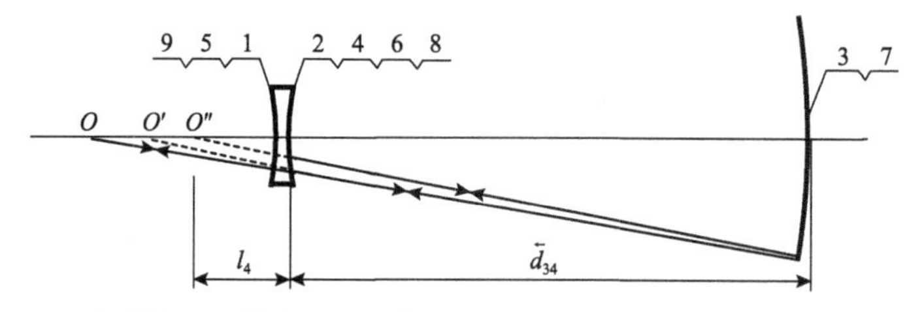

图 5.25　自准校正透镜位于共轭前点 O'' 前且共轭后点 O' 为物点的系统光路

光路特点：

(1) 根据规化条件 $h_{03}=-1$，轴上物点发出光线指向光轴下方，光线在透镜面 1 和面 2 上的入射高度 $h_1<0$、$h_2<0$，在待检凹反射非球面 3 的入射高度 $h_{03}=-1$，在自准校正透镜面 4 和面 5 上的入射高度 $h_4<0$、$h_5<0$。

(2) 共轭后点 O' 为待检凹非球面物点，共轭前点 O'' 为待检凹非球面像点。

(3) 面 5 是自准面，不生成球差；自准校正透镜是负透镜，面 4 可校正凹扁球面生成的球差，面 1、面 2 和面 4 均是球差校正面，可提高对待检凹非球面 3 生

成球差的校正能力。

8. 自准校正透镜位于共轭前点 O'' 前，共轭前点 O'' 为物点

自准校正透镜位于共轭前点 O'' 前，待检凹非球面共轭前点 O'' 为物点，系统光路如图 5.26 所示。光线从轴上 O 点发出，经透镜面 1 和面 2 折射后(成像到共轭前点 O'')，入射到待检凹非球面 3，经待检凹非球面 3 反射(成像到共轭后点 O')，入射到自准校正透镜面 4 和面 5，经面 5 自准反射，按原路返回 O 点。

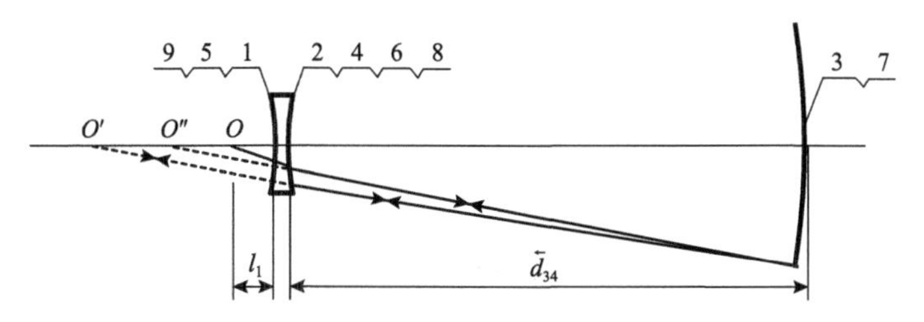

图 5.26　自准校正透镜位于共轭前点 O'' (物点)前的系统光路

光路特点：

(1) 根据规化条件 $h_{03}=-1$，轴上物点发出光线指向光轴下方，光线在透镜面 1 和面 2 上的入射高度 $h_1<0$、$h_2<0$，在待检凹非球面 3 的入射高度 $h_{03}=-1$，在自准校正透镜面 4 和面 5 上的入射高度 $h_4<0$、$h_5<0$。

(2) 共轭前点 O'' 为待检凹非球面物点，共轭后点 O' 为待检凹非球面像点。

(3) 面 5 是自准面，不生成球差；自准校正透镜是负透镜，面 4 可校正凹扁球面生成的球差，面 1、面 2 和面 4 均是球差校正面，可提高对待检凹非球面 3 生成球差的校正能力。

5.3　共轭校正检验凹非球面的光路参数关系及三级像差理论

5.2 节介绍了凹非球面共轭校正检验的光学系统结构，在此基础上，本节利用三级像差理论[1,3]给出自准校正透镜共轭校正检验凹非球面的规化光学系统结构的求解方法，并对自准校正透镜-校正透镜双透镜组合检验和校正透镜与自准校正透镜-校正透镜三透镜组合检验的情况进行了分析，并给出了相应的消球差条件。

5.3.1　确定参数

1. 规化条件及系统各参数关系

1) 规化条件

设定规化条件为

$$r_{03}=-1,\quad h_{03}=-1,\quad u_{03}=u'_{03}=1$$

2) 折射率 n

设定折射率 n 为

$$n_1=1,\quad n'_1=n_2=n,\quad n'_2=n_3=1,\quad \overleftarrow{n}'_3=\overleftarrow{n}_4=-1,\quad \overleftarrow{n}'_4=\overleftarrow{n}_5=-n$$

$$n'_5=n_6=n,\quad n'_6=n_7=1,\quad \overleftarrow{n}'_7=\overleftarrow{n}_8=-1,\quad \overleftarrow{n}'_8=\overleftarrow{n}_9=-n,\quad \overleftarrow{n}'_9=-1$$

本章中的透镜采用 K9 光学玻璃，其对波长 $\lambda=0.6328\mu m$ 激光的折射率为 $n_{0.6328}=1.514664$。

3) 系统间距 d

为便于计算，先将自准校正透镜当做薄透镜，即设定其厚度为零。

$$d_{12}=-d_{45}=d_{56}=-d_{89}=0,\quad d_{23}=-\overleftarrow{d}_{34}=d_{67}=-\overleftarrow{d}_{78}$$

4) 各面光线入射高度 h

$$h_1=l_1u_1=h_2=h_8=h_9,\quad h_2=h_1-d_{12}u'_1,\quad h_{03}=-1=h_2-d_{23}u'_2=h_{07}$$

$$h_4=h_{03}-\overleftarrow{d}_{34}\overleftarrow{u}'_3=h_6,\quad h_5=h_4-\overleftarrow{d}_{45}\overleftarrow{u}'_4$$

5) 各面孔径角 u

$$u_1=\overleftarrow{u}'_9,\quad u'_1=u_2=\overleftarrow{u}'_8=\overleftarrow{u}_9,\quad u'_2=u_3=\overleftarrow{u}'_7=\overleftarrow{u}_8,$$

$$\overleftarrow{u}'_3=\overleftarrow{u}_4=u'_6=u_7,\quad \overleftarrow{u}'_4=\overleftarrow{u}_5=u'_5=u_6$$

2. 自准校正透镜

将自准校正透镜看作薄透镜，即 $\overleftarrow{d}_{45}=-d_{12}=0$，面 5 和面 1 是同一面，面 4 和面 2 是同一面，因此有如下关系式：

$$r_5=r_1,\quad r_4=r_2,\quad h_4=h_5=\overleftarrow{l}_4\overleftarrow{u}_4,\quad h_1=h_2=l_1u_1=l'_2u'_2$$

薄透镜光焦度表达式为

$$\frac{1}{f'_{1-2}}=\varphi_{1-2}=(n-1)\left(\frac{1}{r_1}-\frac{1}{r_2}\right)=\frac{1}{l'_2}-\frac{1}{l_1}$$

式中，n 为透镜材料折射率。

1）面 1 为同心自准面时，有

$$r_1=l_1,\quad r_1=l_1,\quad \frac{n-1}{r_2}=\frac{n}{l_1}-\frac{1}{l_2'},\quad (n-1)\frac{h_1}{r_2}=\frac{nh_1}{l_1}-\frac{h_1}{l_2'}=nu_1-u_2' \tag{5.5}$$

对于前截距 $l_1\to\infty$, $u_1=0$ 时，式（5.5）变为

$$l_2'=-\frac{r_2}{n-1},\quad (n-1)\frac{h_1}{r_2}=-\frac{h_1}{l_2'}=-u_2',\quad u_2'=-(n-1)\frac{h_1}{r_2} \tag{5.6}$$

根据式（5.6），$l_2'=1$，成实像，自准面 1 是平面，如图 5.27 所示。

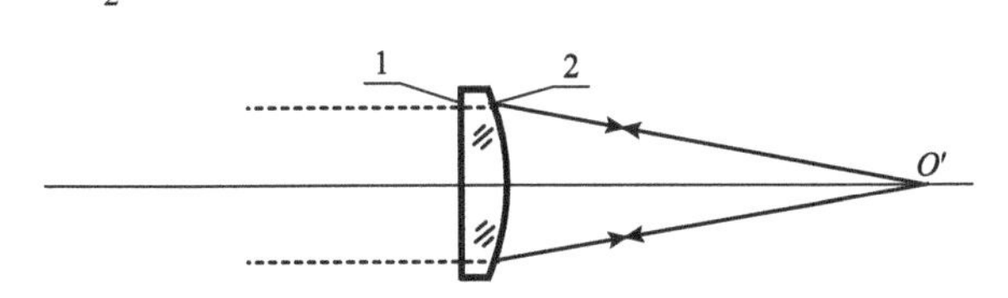

图 5.27　成实像且平面 1 为自准面

根据式（5.6），$l_2'=-1$，成虚像，自准面 1 是平面，如图 5.28 所示。

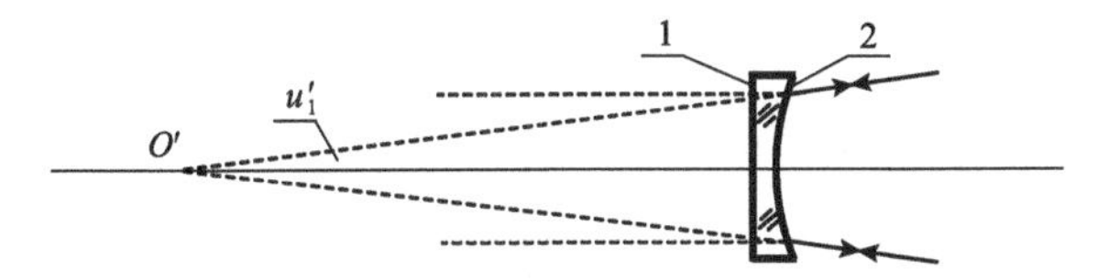

图 5.28　成虚像且平面 1 为自准面

2）面 2 为同心自准面时，有

$$r_2=l_2',\quad \frac{n-1}{r_1}=\frac{n}{l_2'}-\frac{1}{l_1},\quad (n-1)\frac{h}{r_1}=nu_2'-u_1 \tag{5.7}$$

对于前截距 $l_1\to\infty$, $u_1=0$ 时，式（5.7）变为

$$\begin{cases}\dfrac{n-1}{r_1}=\dfrac{n}{l_2'}-\dfrac{1}{l_1}, & l_2'=\left(\dfrac{n}{n-1}\right)r_1\\[2ex] (n-1)\dfrac{h}{r_1}=nu_2'-u_1, & u_2'=\left(\dfrac{n-1}{n}\right)\dfrac{h}{r_1}\end{cases} \tag{5.8}$$

根据式（5.8），$l_2'=1$，成实像，自准面 2 为球面，如图 5.29 所示。
根据式（5.8），$l_2'=-1$，成虚像，自准面 2 为球面，如图 5.30 所示。

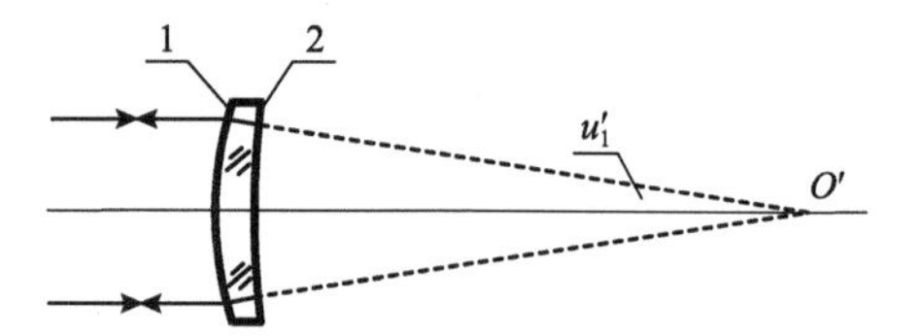

图 5.29　成实像且球面 2 为自准面

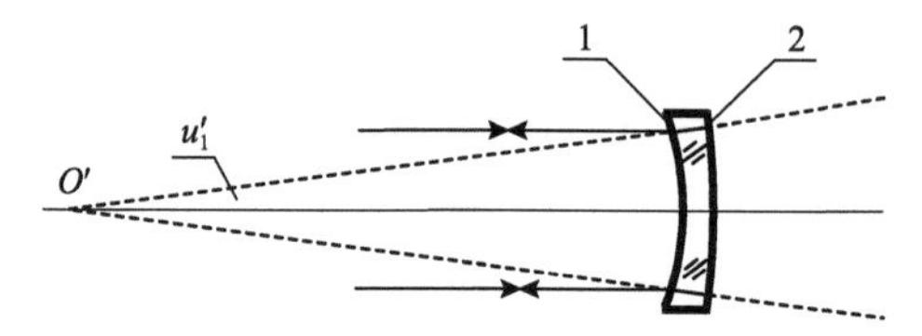

图 5.30　成虚像且球面 2 为自准面

3. 相关各参数的求解

1) 求解 l_3、u_3、$\overleftarrow{l}_3'$、$\overleftarrow{u}_3'$

如图 5.10～图 5.26 所示，校正透镜面 2 与待检凹非球面 3 的间距为 d_{23}，待检凹非球面 3 到自准校正透镜面 4 的间距为 d_{34}。

根据转面公式求解 d_{23}，有

$$l_3 = l_2' - d_{23}, \quad l_3 - l_2' = -d_{23}$$

$$l_3 u_3 - l_2' u_3 = h_{03} - h_2 = -d_{23} u_3, \quad d_{23} = -\frac{h_{03} - h_2}{u_3}$$

根据转面公式求解 $\overleftarrow{d}_{34}$，有

$$\overleftarrow{l}_4 = \overleftarrow{l}_3' - \overleftarrow{d}_{34}, \quad \overleftarrow{l}_4 - \overleftarrow{l}_3' = -\overleftarrow{d}_{34}, \quad \overleftarrow{l}_4 \overleftarrow{u}_3' - \overleftarrow{l}_3' \overleftarrow{u}_3' = h_4 - h_{03} = -\overleftarrow{d}_{34} \overleftarrow{u}_3'$$

$$d_{23} = -\frac{h_{03} - h_2}{u_3}, \quad \overleftarrow{d}_{34} = -\frac{h_4 - h_{03}}{\overleftarrow{u}_3'}, \quad d_{23} = -\overleftarrow{d}_{34}$$

$$-\frac{h_4 - h_{03}}{\overleftarrow{u}_3'} = \frac{h_{03} - h_4}{\overleftarrow{u}_3'} = \frac{h_{03} - h_2}{u_3}, \quad \frac{h_{03} - h_4}{h_{03} - h_2} = \frac{\overleftarrow{u}_3'}{u_3} = \frac{2 - u_3}{u_3} = \frac{2}{u_3} - 1$$

$$\frac{h_{03} - h_4}{h_{03} - h_2} = \frac{2}{u_3} - 1, \quad \frac{2}{u_3} = \frac{h_{03} - h_4}{h_{03} - h_2} + 1 = \frac{2h_{03} - (h_4 + h_2)}{h_{03} - h_2}$$

$$2 - \overleftarrow{u}_3' = \frac{2(h_{03} - h_2)}{2h_{03} - (h_4 + h_2)}, \quad \overleftarrow{u}_3' = 2 - \frac{2(h_{03} - h_2)}{2h_{03} - (h_4 + h_2)}$$

得到

$$\begin{cases} u_3 = \dfrac{2(h_{03} - h_2)}{2h_{03} - (h_4 + h_2)}, & l_3 = \dfrac{h_{03}}{u_3} \\ \overleftarrow{u}_3' = \dfrac{2(h_{03} - h_4)}{2h_{03} - (h_4 + h_2)}, & \overleftarrow{l}_3' = \dfrac{h_{03}}{\overleftarrow{u}_3'} \end{cases} \tag{5.9}$$

设定 h_4 和 h_2，根据式(5.9)求解 l_3 和 u_3、$\overleftarrow{l}_3'$ 和 $\overleftarrow{u}_3'$，然后可进一步求得

$$\overleftarrow{u}_4 = \overleftarrow{u}_3', \quad \overleftarrow{l}_4 = \overleftarrow{l}_3' - \overleftarrow{d}_{34}, \quad u_2' = u_3, \quad l_2' = l_3 + d_{23}$$

2) 求解 r_4、$\overleftarrow{l}_4'$ 和 r_5

根据式(5.5)有

$$(n-1)\frac{h_4}{r_4} = \frac{nh_4}{\overleftarrow{l}_4} - \frac{h_4}{\overleftarrow{l}_4'} = n\overleftarrow{u}_4 - \overleftarrow{u}_4'$$

已知 l_4、$\overleftarrow{u}_4$ 和 h_4，设定 $\overleftarrow{u}_4'$ 和 $\overleftarrow{d}_{45}$，可求解 r_4 和 $\overleftarrow{l}_4'$，然后可进一步求得

$$r_4 = r_2, \quad r_5 = \overleftarrow{l}_5 = \overleftarrow{l}_4' - \overleftarrow{d}_{45}$$

3) 求解 u_2 和 l_2

根据式(5.5)有

$$(n-1)\frac{h_2}{r_2} = \frac{nh_2}{l_2} - \frac{h_2}{l_2'} = nu_2 - u_2'$$

已知 h_2、u_2' 和 r_2，设定 $\overleftarrow{u}_4'$，可求解 u_2、l_2，然后可进一步求得

$$d_{12} = -\overleftarrow{d}_{45}, \quad l_1' = l_2 + d_{12}, \quad h_1 = l_1'u_1'$$

根据近轴公式求解 l_1，有

$$(n-1)\frac{h_1}{r_1} = \frac{nh_2}{l_1'} - \frac{h_2}{l_1} = nu_1' - u_1$$

已知 h_1、u_1' 和 r_1，可求解 u_1 和 l_1。

根据上述方法，可求解出自准校正透镜共轭校正检验凹非球面的光学系统的规化结构参数。

5.3.2　共轭校正检验凹非球面的三级像差理论

1. 自准校正透镜共轭校正检验凹非球面

如图 5.31 所示，自准校正单透镜位于待检凹非球面的顶点曲率中心附近，共轭后点 O' 为物点，共轭前点 O'' 为像点。

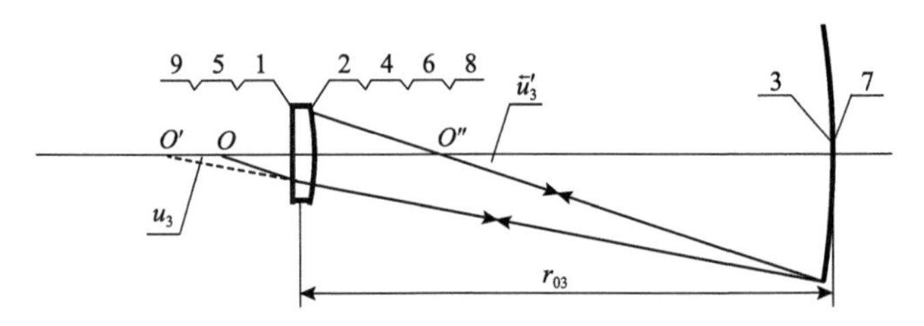

图 5.31　自准校正透镜共轭校正检验凹非球面

光线从轴上 O 点发出，经面 1、2、3、4 入射到面 5，经面 5 自准，按原路返回 O 点，只采用自准校正透镜单透镜检验系统的消球差表达式为

$$S_1 = h_1\vec{P}_{1\text{-}2} + h_{03}\overleftarrow{P}_3 + h_{03}^4K_3 + h_4\overleftarrow{P}_{4\text{-}5} + h_5\vec{P}_{5\text{-}6} + h_{07}\overleftarrow{P}_7 + h_{07}^4K_7 + h_8\overleftarrow{P}_{8\text{-}9} = 0 \qquad (5.10\text{a})$$

式中，

$$h_1\vec{P}_{1\text{-}2} = h_8\overleftarrow{P}_{8\text{-}9},\quad h_{03}\overleftarrow{P}_3 = h_{07}\overleftarrow{P}_7,\quad h_{03}^4K_3 = h_{07}^4K_7,\quad h_4\overleftarrow{P}_{4\text{-}5} = h_5\vec{P}_{5\text{-}6}$$

$$K_3 = -\frac{\overleftarrow{n}_3' - \vec{n}_3}{r_{03}^3}e_3^2 = \frac{2}{r_{03}^3}e_3^2$$

式中，P 表示相应薄透镜的像差参量。

化简式(5.10a)可得

$$h_1\vec{P}_{1\text{-}2} + h_{03}\overleftarrow{P}_3 + h_{03}^4K_3 + h_4\overleftarrow{P}_{4\text{-}5} = 0 \qquad (5.10\text{b})$$

系统光阑位于面 5 上。

2. 自准校正透镜-校正透镜双透镜组合共轭校正检验凹非球面

如图 5.32 所示，光线从轴上 O 点发出，经面 1 和面 2 构成的校正透镜与球面 3 和面 4 构成的校正透镜折射到待检非球面 5(成像于面 5 的共轭后点 O')，经待检非球面 5 反射成像到面 5 的共轭前点 O''，光线入射到面 6 和面 7 构成的校正透镜与面 8 和面 9 构成的自准校正透镜，经面 9 自准，按原路返回点 O，该双透镜组合检验凹非球面光学系统的消球差表达式为

$$\begin{aligned} S_1 = {} & h_1P_{1\text{-}2} + h_3P_{3\text{-}4} + h_{05}P_5 + h_{05}^4K_5 + h_6\overleftarrow{P}_{6\text{-}7} + h_8\overleftarrow{P}_{8\text{-}9} + h_9P_{9\text{-}10} \\ & + h_{11}\vec{P}_{11\text{-}12} + h_{013}\overleftarrow{P}_{13} + h_{013}^4K_{13} + h_{14}\overleftarrow{P}_{14\text{-}15} + h_{16}\overleftarrow{P}_{16\text{-}17} = 0 \end{aligned} \qquad (5.11\text{a})$$

式中，

$$h_1P_{1\text{-}2} = h_{16}\overleftarrow{P}_{16\text{-}17},\quad h_3P_{3\text{-}4} = h_{14}\overleftarrow{P}_{14\text{-}15},\quad h_{05}P_5 = h_{013}\overleftarrow{P}_{13},$$
$$h_{05}^4K_5 = h_{013}^4K_{13},\quad h_6\overleftarrow{P}_{6\text{-}7} = h_{11}\vec{P}_{11\text{-}12},\quad h_8\overleftarrow{P}_{8\text{-}9} = h_9\vec{P}_{9\text{-}10}$$

式中，P 表示相应薄透镜的像差参量。

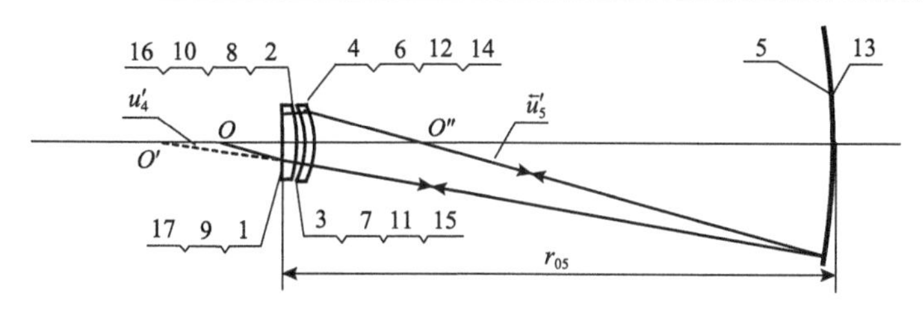

图 5.32　自准校正透镜-校正透镜双透镜组合共轭校正检验凹非球面

化简式(5.11a)可得

$$h_1P_{1\text{-}2}+h_3P_{3\text{-}4}+h_{05}P_5+h_{05}^4K_5+h_6\bar{P}_{6\text{-}7}+h_8\bar{P}_{8\text{-}9}=0 \tag{5.11b}$$

系统光阑位于面 9 上。

3. 校正透镜与自准校正透镜-校正透镜三透镜组合共轭校正检验凹非球面

如图 5.33 所示，光线从轴上 O 点发出，经球面 1 与 2 构成的校正透镜、球面 3 与 4 构成的校正透镜和球面 5 与 6 构成的校正透镜折射到待检非球面 7(成虚像于待检非球面 7 的共轭后点 O)，经待检非球面 7 反射成像到面 7 的共轭前点 O''，光线入射到球面 8 与 9 构成的校正透镜、球面 10 与 11 构成的自准校正透镜。球面 11 为自准面，经面 11 自准，光线按原路返回成像到 O 点，该三透镜组合检验凹非球面光学系统的消球差表达式为

$$\begin{aligned}S_1&=h_1P_{1\text{-}2}+h_3(P_{3\text{-}4}+P_{5\text{-}6})+h_{07}P_7+h_{07}^4K_7+h_8(\bar{P}_{8\text{-}9}+\bar{P}_{10\text{-}11})\\&\quad+h_{11}(P_{11\text{-}12}+P_{13\text{-}14})+h_{015}\bar{P}_{13}+h_{015}^4K_{15}+h_{16}(\bar{P}_{16\text{-}17}+\bar{P}_{18\text{-}19})+h_{20}\bar{P}_{20\text{-}21}=0\end{aligned} \tag{5.12a}$$

式中，

$$h_1P_{1\text{-}2}=h_{20}\bar{P}_{20\text{-}21},\quad h_3(P_{3\text{-}4}+P_{5\text{-}6})=h_{16}(\bar{P}_{16\text{-}17}+\bar{P}_{18\text{-}19}),\quad h_{07}P_7=h_{015}P_{13}$$
$$h_{07}^4K_7=h_{015}^4K_{15},\quad h_8(\bar{P}_{8\text{-}9}+\bar{P}_{10\text{-}11})=h_{11}(P_{11\text{-}12}+P_{13\text{-}14})$$

式中，P 表示相应薄透镜的像差参量。

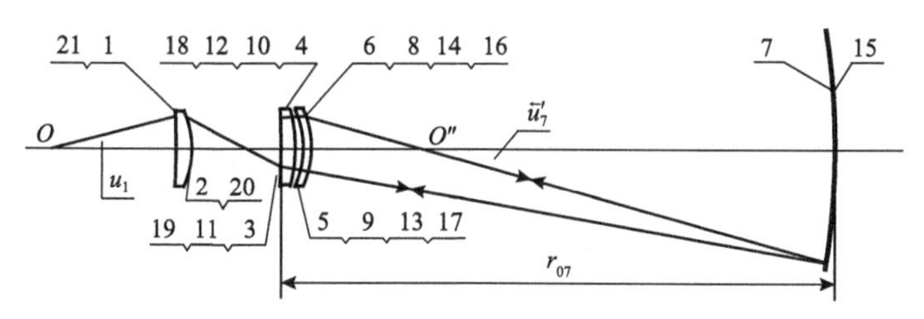

图 5.33　校正透镜与自准校正透镜-校正透镜三透镜组合共轭校正检验凹非球面

化简式(5.12a)可得

$$h_1 P_{1\text{-}2} + h_3 (P_{3\text{-}4} + P_{5\text{-}6}) + h_{07} P_7 + h_{07}^4 K_7 + h_8 (\bar{P}_{8\text{-}9} + \bar{P}_{10\text{-}11}) = 0 \tag{5.12b}$$

系统光阑位于面 11 上。

5.4 本 章 小 结

本章依据三级像差理论在分析经典非球面检验、零位补偿非球面检验的基础上提出了共轭校正凹非球面检验，并给出了自准校正透镜（单透镜）、自准校正透镜-校正透镜组合(双透镜)和校正透镜与自准校正透镜-校正透镜组合(三透镜)共轭校正检验凹非球面光学系统的消球差表达式。通过对共轭校正检验凹非球面光学系统的原理、三级像差理论和结构形式的论述，为共轭校正凹非球面检验的光学系统设计奠定了理论基础。

共轭校正非球面检验的原理对凸、凹非球面都是适用的；采用共轭校正检验时，校正透镜在自准前后可使用两次。共轭校正分后区、共轭后点、中区、共轭前点和前区，这些区域都是相关的，故校正能力强。要说明的是，校正 $e^2 > 0$ 的凹非球面以正透镜为主，校正 $e^2 < 0$ 的凹扁非球面以负透镜为主。

第6章　自准校正透镜位于共轭后点的规化光学系统

本章设定待检凹非球面规化参数$u_{03}=1$、$h_{03}=-1$、$r_{03}=-1$，自准校正透镜规化厚度$d=0.008$，系统面5为自准面，设定多组通光口径$\Phi_4(2h_4)$和$\Phi_2(2h_2)$，求解不同自准角$\bar{u}_4'$对应的自准校正透镜位于待检凹非球面共轭后点O'的规化光学系统，并给出了计算结果和$\bar{u}_4'$-e_3^2关系曲线。

6.1　h_4=0.1、h_2=−0.008对应的规化光学系统

如图6.1所示，设定规化值$h_4=0.1$和$h_2=-0.008$，进行规化光学系统设计，给出不同自准角$\bar{u}_4'$对应的规化光学系统的设计结果。

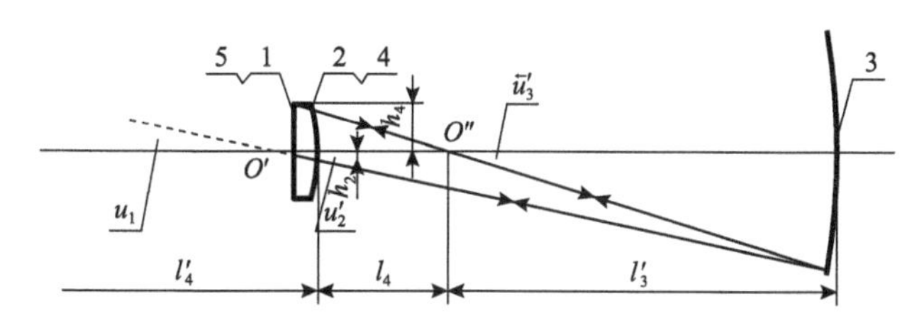

图6.1　自准校正透镜位于凹非球面共轭后点O'的检验光路

6.1.1　待检凹非球面相关参数的求解

1. u_3、$\bar{u}_3'$、l_3、$\bar{l}_3'$和$\bar{P}_3$、$h_{03}\bar{P}_3$的求解

1) u_3、$\bar{u}_3'$、l_3和$\bar{l}_3'$的求解

已知$h_{03}=-1$、$h_4=0.1$、$h_2=-0.008$，根据式(5.9)有

$$u_3=u_2'=\frac{2(h_{03}-h_2)}{2h_{03}-(h_4+h_2)}=0.948375,\quad l_3=\frac{h_{03}}{u_3}=-1.054435$$

$$\bar{u}_3'=\bar{u}_4=\frac{2(h_{03}-h_4)}{2h_{03}-(h_4+h_2)}=1.051625,\quad \bar{l}_3'=\frac{h_{03}}{\bar{u}_3'}=-0.950909$$

2) $\bar{P}_3$和$h_{03}\bar{P}_3$的求解

已知$u_3=0.948375$、$\bar{u}_3'=1.051625$、$h_{03}=-1$，有

$$\bar{P}_3=-\frac{(\bar{u}_3'-u_3)^2}{2}=-0.005330,\quad h_{03}\bar{P}_3=0.005330$$

2. $\overleftarrow{l}_4$、$\overleftarrow{d}_{34}$、l_2'和d_{23}的求解

1) $\overleftarrow{l}_4$和l_2'的求解

已知$h_4=0.1$、$\overleftarrow{u}_4=1.051625$、$h_2=-0.008$、$u_2'=0.948375$，有

$$\overleftarrow{l}_4=\frac{h_4}{\overleftarrow{u}_4}=0.095091,\quad l_2'=\frac{h_2}{u_2'}=\frac{h_2}{u_3}=-0.008435$$

2) $\overleftarrow{d}_{34}$和d_{23}的求解

已知$\overleftarrow{l}_4=0.095091$、$\overleftarrow{l}_3'=-0.950909$、$l_3=-1.054435$、$l_2'=-0.008435$，根据转面公式有

$$\overleftarrow{d}_{34}=\overleftarrow{l}_3'-\overleftarrow{l}_4=-1.046$$

$$d_{23}=l_2'-l_3=1.046$$

6.1.2　自准角$\overleftarrow{u}_4'=-0.5$对应的规化光学系统

1. 面4和面5相关参数的求解

1) $\overleftarrow{l}_4'$和r_4的求解

自准校正透镜面4的折射(自准)角$\overleftarrow{u}_4'=-0.5$，有

$$\overleftarrow{l}_4'=\frac{h_4}{\overleftarrow{u}_4'}=-0.2$$

已知$\overleftarrow{n}_4'=-1.514664$、$\overleftarrow{n}_4=-1$、$\overleftarrow{l}_4=0.095091$、$\overleftarrow{l}_4'=-0.2$，根据近轴公式有

$$\frac{\overleftarrow{n}_4'-\overleftarrow{n}_4}{r_4}=\frac{\overleftarrow{n}_4'}{\overleftarrow{l}_4'}-\frac{\overleftarrow{n}_4}{\overleftarrow{l}_4},\quad r_4=-\frac{0.514664}{18.089573}=-0.028451$$

2) $\overleftarrow{P}_4$和$h_4\overleftarrow{P}_4$的求解

已知$\overleftarrow{n}_4'=-1.514664$、$\overleftarrow{n}_4=-1$、$\overleftarrow{u}_4=1.051625$、$\overleftarrow{u}_4'=-0.5$、$h_4=0.1$，有

$$\overleftarrow{P}_4=\left(\frac{\overleftarrow{u}_4'-\overleftarrow{u}_4}{1/\overleftarrow{n}_4'-1/\overleftarrow{n}_4}\right)^2\left(\frac{\overleftarrow{u}_4'}{\overleftarrow{n}_4'}-\frac{\overleftarrow{u}_4}{\overleftarrow{n}_4}\right)=28.812593,\quad h_4\overleftarrow{P}_4=2.881259$$

3) $\overleftarrow{l}_5$和自准面r_5的求解

已知自准校正透镜厚度$\overleftarrow{d}_{45}=-0.008$，根据转面公式有

$$\overleftarrow{l}_5 = \overleftarrow{l}'_4 - \overleftarrow{d}_{45} = -0.192, \quad r_5 = \overleftarrow{l}_5 = -0.192$$

2. 面2和面1相关参数的求解

1) l_2和u_2的求解

已知$r_2 = -0.028451$、$n'_2 = 1$、$n_2 = 1.514664$、$l'_2 = -0.008435$、$h_2 = -0.008$，根据近轴公式有

$$\frac{n'_2 - n_2}{r_2} = \frac{n'_2}{l'_2} - \frac{n_2}{l_2}, \quad l_2 = -0.011085, \quad u_2 = u'_1 = \frac{h_2}{l_2} = 0.721672$$

2) P_2和h_2P_2的求解

已知$n'_2 = 1$、$n_2 = 1.514664$、$u'_2 = 0.948375$、$u_2 = 0.721672$、$h_2 = -0.008$，有

$$P_2 = \left(\frac{u'_2 - u_2}{1/n'_2 - 1/n_2}\right)^2 \left(\frac{u'_2}{n'_2} - \frac{u_2}{n_2}\right) = 0.210069, \quad h_2P_2 = -0.001681$$

3) l_1、l'_1、h_1和u_1的求解

已知$n_1 = 1$、$n'_1 = 1.514664$、$l_2 = -0.011085$、$d_{12} = 0.008$、$u'_1 = 0.721672$。根据转面公式和近轴公式有

$$l'_1 = l_2 + d_{12} = -0.003085, \quad h_1 = l'_1u'_1 = -0.002227, \quad r_1 = r_5 = -0.192$$

$$\frac{n'_1 - n_1}{r_1} = \frac{n'_1}{l'_1} - \frac{n_1}{l_1}, \quad l_1 = -0.002048, \quad u_1 = \frac{h_1}{l_1} = 1.087123$$

4) P_1和h_1P_1的求解

已知$n_1' = 1.514664$、$n_1 = 1$、$u_1' = 0.721672$、$u_1 = 1.087123$、$h_1 = -0.002227$，有

$$P_1 = \left(\frac{u'_1 - u_1}{1/n'_1 - 1/n_1}\right)^2 \left(\frac{u'_1}{n'_1} - \frac{u_1}{n_1}\right) = -0.706391, \quad h_1P_1 = 0.001573$$

3. e_3^2的求解

已知$d_{12} = 0.008$、$h_1P_1 = 0.001573$、$h_2P_2 = -0.001681$、$h_{03}\overleftarrow{P}_3 = 0.005330$、$h_4\overleftarrow{P}_4 = 2.881259$、$h_5P_5 = 0$，根据式(5.10b)有

$$e_3^2 = \frac{h_1P_1 + h_2P_2 + h_{03}\overleftarrow{P}_3 + h_4\overleftarrow{P}_4}{2} = 1.443241$$

4. 规化光学系统

将上述数据整理代入Zemax程序验算可得系统$S_1 = 0$，说明计算正确。对应的

规化光学系统的结构参数如表 6.1 所示，规化光学系统如图 6.2 所示。

表 6.1　$h_4=0.1$、$h_2=-0.008$、$\overleftarrow{u}'_4=-0.5$ 对应的规化光学系统的结构参数

Surf	Type	Radius	Thickness	Glass	Diameter	Conic
OBJ	Standard	Infinity	0.0020	—	0.0000	0.0000
1	Standard	−0.1920	0.0080	K9	0.0004	0.0000
2	Standard	−0.0285	1.0460	—	0.0016	0.0000
STO	Standard	−1.0000	−1.0460	MIRROR	0.2000	−1.4432
4	Standard	−0.0285	−0.0080	K9	0.0174	0.0000
5	Standard	−0.1920	0.0080	MIRROR	0.0168	0.0000
6	Standard	−0.0285	1.0460	—	0.0174	0.0000
7	Standard	−1.0000	−1.0460	MIRROR	0.1860	−1.4432
8	Standard	−0.0285	−0.0080	K9	0.0024	0.0000
9	Standard	−0.1920	−0.0020	—	0.0012	0.0000
IMA	Standard	Infinity	—	—	0.0008	0.0000

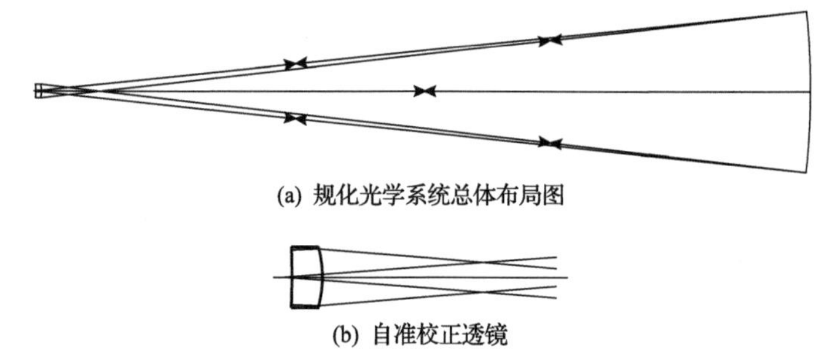

(a) 规化光学系统总体布局图

(b) 自准校正透镜

图 6.2　$h_4=0.1$、$h_2=-0.008$、$\overleftarrow{u}'_4=-0.5$ 对应的规化光学系统

6.1.3　自准角 $\overleftarrow{u}'_4=0$ 对应的规化光学系统

1. 面 4 和面 5 相关参数的求解

1) $\overleftarrow{l}'_4$ 和 r_4 的求解

已知自准校正透镜面 4 的折射(自准)角 $\overleftarrow{u}'_4=\overleftarrow{u}_5=0$，有

$$\overleftarrow{l}'_4=\frac{h_4}{\overleftarrow{u}'_4}\to\infty$$

已知 $\overleftarrow{n}'_4=-1.514664$、$\overleftarrow{n}_4=-1$、$\overleftarrow{l}_4=0.095091$、$\overleftarrow{l}'_4\to\infty$，根据近轴公式有

$$\frac{\overleftarrow{n}'_4-\overleftarrow{n}_4}{r_4}=\frac{\overleftarrow{n}'_4}{\overleftarrow{l}'_4}-\frac{\overleftarrow{n}_4}{\overleftarrow{l}_4},\quad r_4=-0.04894$$

2) $\bar{P}_4$ 和 $h_4\bar{P}_4$ 的求解

已知 $\bar{n}_4' = -1.514664$、$\bar{n}_4 = -1$、$\bar{u}_4 = 1.051625$、$\bar{u}_4' = 0$、$h_4 = 0.1$，有

$$\bar{P}_4 = \left(\frac{\bar{u}_4' - \bar{u}_4}{1/\bar{n}_4' - 1/\bar{n}_4}\right)^2 \left(\frac{\bar{u}_4'}{\bar{n}_4'} - \frac{\bar{u}_4}{\bar{n}_4}\right) = 10.073213, \quad h_4\bar{P}_4 = 1.007321$$

3) $\bar{l}_5$ 和自准面 r_5 的求解

已知自准校正透镜厚度 $\bar{d}_{45} = -0.008$，根据转面公式有

$$\bar{l}_5 = \bar{l}_4' - \bar{d}_{45} \to \infty, \quad r_5 = \bar{l}_5 \to \infty$$

2. 面 2 和面 1 相关参数的求解

1) l_2 和 u_2 的求解

已知 $r_2 = r_4 = -0.04894$、$n_2' = 1$、$n_2 = 1.514664$、$l_2' = -0.008435$、$h_2 = -0.008$，根据近轴公式有

$$\frac{n_2' - n_2}{r_2} = \frac{n_2'}{l_2'} - \frac{n_2}{l_2}, \quad l_2 = -0.011736, \quad u_2 = u_1' = 0.681672$$

2) P_2 和 h_2P_2 的求解

已知 $n_2' = 1$、$n_2 = 1.514664$、$u_2' = 0.948375$、$u_2 = 0.681672$、$h_2 = -0.008$，有

$$P_2 = \left(\frac{u_2' - u_2}{1/n_2' - 1/n_2}\right)^2 \left(\frac{u_2'}{n_2'} - \frac{u_2}{n_2}\right) = 0.30701, \quad h_2P_2 = -0.002456$$

3) l_1、l_1'、h_1 和 u_1 的求解

已知 $n_1 = 1$、$n_1' = 1.514664$、$l_2 = -0.011736$、$d_{12} = 0.008$、$u_2 = u_1' = 0.681672$，根据转面公式和近轴公式有

$$l_2 = l_1' - d_{12} = -0.011736, \quad l_1' = l_2 + d_{12} = -0.003736$$

$$h_1 = l_1'u_1' = -0.002547, \quad r_1 = r_5 \to \infty$$

$$\frac{n_1' - n_1}{r_1} = \frac{n_1'}{l_1'} - \frac{n_1}{l_1}, \quad l_1 = -0.002466, \quad u_1 = 1.032505$$

4) P_1 和 h_1P_1 的求解

已知 $n_1' = 1.514664$、$n_1 = 1$、$u_1' = 0.681672$、$u_1 = 1.032505$、$h_1 = -0.002547$，有

$$P_1 = \left(\frac{u_1' - u_1}{1/n_1' - 1/n_1} \right)^2 \left(\frac{u_1'}{n_1'} - \frac{u_1}{n_1} \right) = -0.620937, \quad h_1 P_1 = 0.001581$$

3. e_3^2的求解

已知 $d_{12} = 0.008$、$h_1 P_1 = 0.001581$、$h_2 P_2 = -0.002456$、$h_{03} \bar{P}_3 = 0.005330$、$h_4 \bar{P}_4 = 1.007301$、$h_5 P_5 = 0$，根据式(5.10b)有

$$e_3^2 = \frac{h_1 P_1 + h_2 P_2 + h_{03} \bar{P}_3 + h_4 \bar{P}_4}{2} = 0.505888$$

4. 规化光学系统

将上述数据整理代入 Zemax 程序验算可得系统 $S_1 = 0$，说明计算正确。对应的规化光学系统的结构参数如表 6.2 所示，规化光学系统如图 6.3 所示。

表 6.2　$h_4 = 0.1$、$h_2 = -0.008$、$\bar{u}_4' = 0$ 对应的规化光学系统的结构参数

Surf	Type	Radius	Thickness	Glass	Diameter	Conic
OBJ	Standard	Infinity	0.0025	—	0.0000	0.0000
1	Standard	Infinity	0.0080	K9	0.0005	0.0000
2	Standard	−0.0489	1.0460	—	0.0016	0.0000
STO	Standard	−1.0000	−1.0460	MIRROR	0.2000	−0.5059
4	Standard	−0.0489	−0.0080	K9	0.0191	0.0000
5	Standard	Infinity	0.0080	MIRROR	0.0191	0.0000
6	Standard	−0.0489	1.0460	—	0.0191	0.0000
7	Standard	−1.0000	−1.0460	MIRROR	0.2007	−0.5059
8	Standard	−0.0489	−0.0080	K9	0.0014	0.0000
9	Standard	Infinity	−0.0025	—	0.0004	0.0000
IMA	Standard	Infinity	—	—	0.0002	0.0000

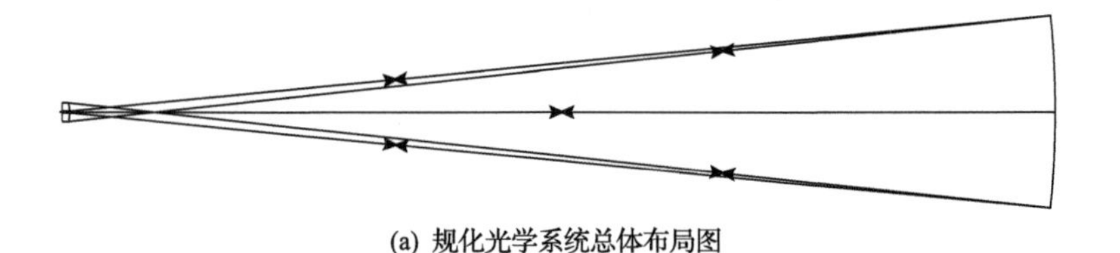

(a) 规化光学系统总体布局图

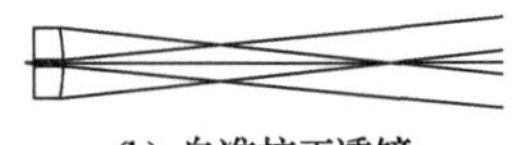

(b) 自准校正透镜

图 6.3　$h_4=0.1$、$h_2=-0.008$、$\overleftarrow{u}_4'=0$ 对应的规化光学系统

6.1.4　自准角 $\overleftarrow{u}_4'=0.5$ 对应的规化光学系统

1. 面 4 和面 5 相关参数的求解

1) $\overleftarrow{l}_4'$ 和 r_4 的求解

已知自准校正透镜面 4 的折射(自准)角 $\overleftarrow{u}_4'=\overleftarrow{u}_5=0.5$，有

$$\overleftarrow{l}_4'=\frac{h_4}{\overleftarrow{u}_4'}=0.2$$

已知 $\overleftarrow{n}_4'=-1.514664$、$\overleftarrow{n}_4=-1$、$\overleftarrow{l}_4=0.095091$、$\overleftarrow{l}_4'=0.2$，根据近轴公式有

$$\frac{\overleftarrow{n}_4'-\overleftarrow{n}_4}{r_4}=\frac{\overleftarrow{n}_4'}{\overleftarrow{l}_4'}-\frac{\overleftarrow{n}_4}{\overleftarrow{l}_4},\quad r_4=-0.174881$$

2) $\overleftarrow{P}_4$ 和 $h_4\overleftarrow{P}_4$ 的求解

已知 $\overleftarrow{n}_4'=-1.514664$、$\overleftarrow{n}_4=-1$、$\overleftarrow{u}_4=1.051625$、$\overleftarrow{u}_4'=0.5$、$h_4=0.1$，有

$$\overleftarrow{P}_4=\left(\frac{\overleftarrow{u}_4'-\overleftarrow{u}_4}{1/\overleftarrow{n}_4'-1/\overleftarrow{n}_4}\right)^2\left(\frac{\overleftarrow{u}_4'}{\overleftarrow{n}_4'}-\frac{\overleftarrow{u}_4}{\overleftarrow{n}_4}\right)=1.901618,\quad h_4\overleftarrow{P}_4=0.190161$$

3) $\overleftarrow{l}_5$ 和自准面 r_5 的求解

已知自准校正透镜厚度 $\overleftarrow{d}_{45}=-0.008$，根据转面公式有

$$\overleftarrow{l}_5=\overleftarrow{l}_4'-\overleftarrow{d}_{45}=0.208,\quad r_5=\overleftarrow{l}_5=0.208$$

2. 面 2 和面 1 相关参数的求解

1) l_2 和 u_2 的求解

已知 $r_2=r_4=-0.174881$、$n_2'=1$、$n_2=1.514664$、$l_2'=-0.008435$、$h_2=-0.008$，根据近轴公式有

$$\frac{n_2'-n_2}{r_2}=\frac{n_2'}{l_2'}-\frac{n_2}{l_2},\quad l_2=-0.012467,\quad u_2=u_1'=\frac{h_2}{l_2}=0.641672$$

2) P_2 和 h_2P_2 的求解

已知 $n_2'=1$、$n_2=1.514664$、$u_2'=0.948375$、$u_2=0.641672$、$h_2=-0.008$，有

$$P_2=\left(\frac{u_2'-u_2}{1/n_2'-1/n_2}\right)^2\left(\frac{u_2'}{n_2'}-\frac{u_2}{n_2}\right)=0.427522,\quad h_2P_2=-0.003420$$

3) l_1、l_1'、h_1和u_1求解

已知 $n_1=1$、$n_1'=1.514664$、$l_2=-0.012467$、$d_{12}=0.008$、$u_1'=0.641672$，根据转面公式和近轴公式有

$$l_1'=l_2+d_{12}=-0.004467,\quad h_1=l_1'u_1'=-0.002867,\quad r_1=r_5=0.208$$

$$\frac{n_1'-n_1}{r_1}=\frac{n_1'}{l_1'}-\frac{n_1}{l_1},\quad l_1=-0.002928,\quad u_1=\frac{h_1}{l_1}=0.979011$$

4) P_1和h_1P_1的求解

已知$n_1'=1.514664$、$n_1=1$、$u_1'=0.641672$、$u_1=0.979011$、$h_1=-0.002867$，有

$$P_1=\left(\frac{u_1'-u_1}{1/n_1'-1/n_1}\right)^2\left(\frac{u_1'}{n_1'}-\frac{u_1}{n_1}\right)=-0.547395,\quad h_1P_1=0.001569$$

3. e_3^2的求解

已知 $d_{12}=0.008$、$h_1P_1=0.001569$、$h_2P_2=-0.003420$、$h_{03}\overleftarrow{P}_3=0.005330$、$h_4\overleftarrow{P}_4=0.190161$、$h_5P_5=0$，根据式(5.10b)有

$$e_3^2=\frac{h_1P_1+h_2P_2+h_{03}\overleftarrow{P}_3+h_4\overleftarrow{P}_4}{2}=0.096820$$

4. 规化光学系统

将上述数据整理代入 Zemax 程序验算可得系统 $S_1=0$，说明计算正确。对应的规化光学系统的结构参数如表 6.3 所示，规化光学系统如图 6.4 所示。

表 6.3 $h_4=0.1$、$h_2=-0.008$、$\bar{u}_4'=0.5$ 对应的规化光学系统的结构参数

Surf	Type	Radius	Thickness	Glass	Diameter	Conic
OBJ	Standard	Infinity	0.0029	—	0.0000	0.0000
1	Standard	0.2080	0.0080	K9	0.0006	0.0000
2	Standard	−0.1749	1.0460	—	0.0016	0.0000
STO	Standard	−1.0000	−1.0460	MIRROR	0.2000	−0.0968
4	Standard	−0.1749	−0.0080	K9	0.0199	0.0000
5	Standard	0.2080	0.0080	MIRROR	0.0206	0.0000
6	Standard	−0.1749	1.0460	—	0.0199	0.0000

续表

Surf	Type	Radius	Thickness	Glass	Diameter	Conic
7	Standard	−1.0000	−1.0460	MIRROR	0.2006	−0.0968
8	Standard	−0.1749	−0.0080	K9	0.0014	0.0000
9	Standard	0.2080	−0.0029	—	0.0004	0.0000
IMA	Standard	Infinity	—	—	0.0002	0.0000

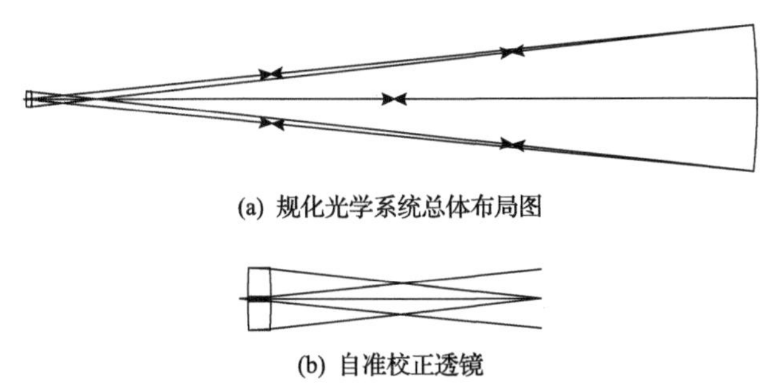

(a) 规化光学系统总体布局图

(b) 自准校正透镜

图 6.4　$h_4 = 0.1$、$h_2 = -0.008$、$\overleftarrow{u}'_4 = 0.5$ 对应的规化光学系统

6.1.5　自准角 $\overleftarrow{u}'_4 = 1.5$ 对应的规化光学系统

1. 面 4 和面 5 相关参数的求解

1) $\overleftarrow{l}'_4$ 和 r_4 的求解

已知自准校正透镜面 4 的折射(自准)角 $\overleftarrow{u}'_4 = \overleftarrow{u}_5 = 1.5$，有

$$\overleftarrow{l}'_4 = \frac{h_4}{\overleftarrow{u}'_4} = 0.066667$$

已知 $\overleftarrow{n}'_4 = -1.514664$、$\overleftarrow{n}_4 = -1$、$\overleftarrow{l}_4 = 0.095091$、$\overleftarrow{l}'_4 = 0.066667$，根据近轴公式有

$$\frac{\overleftarrow{n}'_4 - \overleftarrow{n}_4}{r_4} = \frac{\overleftarrow{n}'_4}{\overleftarrow{l}'_4} - \frac{\overleftarrow{n}_4}{\overleftarrow{l}_4}, \quad r_4 = 0.042173$$

2) $\overleftarrow{P}_4$ 和 $h_4\overleftarrow{P}_4$ 的求解

已知 $\overleftarrow{n}'_4 = -1.514664$、$\overleftarrow{n}_4 = -1$、$\overleftarrow{u}_4 = 1.051625$、$\overleftarrow{u}'_4 = 1.5$、$h_4 = 0.1$，有

$$\overleftarrow{P}_4 = \left(\frac{\overleftarrow{u}'_4 - \overleftarrow{u}_4}{1/\overleftarrow{n}'_4 - 1/\overleftarrow{n}_4}\right)^2 \left(\frac{\overleftarrow{u}'_4}{\overleftarrow{n}'_4} - \frac{\overleftarrow{u}_4}{\overleftarrow{n}_4}\right) = 0.106752, \quad h_4\overleftarrow{P}_4 = 0.010675$$

3) $\overleftarrow{l}_5$ 和自准面 r_5 的求解

已知自准校正透镜厚度 $\overleftarrow{d}_{45} = -0.008$，根据转面公式有

$$\overleftarrow{l}_5 = \overleftarrow{l}'_4 - \overleftarrow{d}_{45} = 0.074667, \quad r_5 = l'_5 = \overleftarrow{l}_5 = \overleftarrow{l}'_4 - \overleftarrow{d}_{45} = 0.074667$$

2. 面 2 和面 1 相关参数的求解

1) l_2 和 u_2 的求解

已知 $r_2 = r_4 = 0.042173$、$n'_2 = 1$、$n_2 = 1.514664$、$l'_2 = -0.008435$、$h_2 = -0.008$，根据近轴公式有

$$\frac{n'_2 - n_2}{r_2} = \frac{n'_2}{l'_2} - \frac{n_2}{l_2}, \quad l_2 = -0.014243, \quad u_2 = u'_1 = \frac{h_2}{l_2} = 0.561672$$

2) P_2 和 h_2P_2 的求解

已知 $n'_2 = 1$、$n_2 = 1.514664$、$u'_2 = 0.948375$、$u_2 = 0.561672$、$h_2 = -0.008$，有

$$P_2 = \left(\frac{u'_2 - u_2}{1/n'_2 - 1/n_2}\right)^2 \left(\frac{u'_2}{n'_2} - \frac{u_2}{n_2}\right) = 0.748048, \quad h_2P_2 = -0.005984$$

3) l_1、l'_1、h_1 和 u_1 的求解

已知 $n_1 = 1$、$n'_1 = 1.514664$、$l_2 = -0.014243$、$d_{12} = 0.008$、$u'_1 = 0.561672$，根据转面公式和近轴公式有

$$l'_1 = l_2 + d_{12} = -0.006243, \quad h_1 = l'_1u'_1 = -0.003507, \quad r_1 = r_5 = 0.074667$$

$$\frac{n'_1 - n_1}{r_1} = \frac{n'_1}{l'_1} - \frac{n_1}{l_1}, \quad l_1 = -0.004008, \quad u_1 = 0.874916$$

4) P_1 和 h_1P_1 的求解

已知 $n'_1 = 1.514664$、$n_1 = 1$、$u'_1 = 0.561672$、$u_1 = 0.874916$、$h_1 = -0.003507$，有

$$P_1 = \left(\frac{u'_1 - u_1}{1/n'_1 - 1/n_1}\right)^2 \left(\frac{u'_1}{n'_1} - \frac{u_1}{n_1}\right) = -0.428409, \quad h_1P_1 = 0.001502$$

3. e_3^2 的求解

已知 $d_{12} = 0.008$、$h_1P_1 = 0.001502$、$h_2P_2 = -0.005984$、$h_3\overleftarrow{P}_3 = 0.005330$、$h_4\overleftarrow{P}_4 = 0.010675$、$h_5P_5 = 0$，根据式(5.10b)有

$$e_3^2 = \frac{h_1P_1 + h_2P_2 + h_{03}\overleftarrow{P}_3 + h_4\overleftarrow{P}_4}{2} = 0.005762$$

4. 规化光学系统

将上述数据整理代入 Zemax 程序验算可得系统 $S_1=0$，说明计算正确。对应的规化光学系统的结构参数如表 6.4 所示，规化光学系统如图 6.5 所示。

表 6.4　$h_4=0.1$、$h_2=-0.008$、$\bar{u}_4'=1.5$ 对应的规化光学系统的结构参数

Surf	Type	Radius	Thickness	Glass	Diameter	Conic
OBJ	Standard	Infinity	0.0040	—	0.0000	0.0000
1	Standard	0.0747	0.0080	K9	0.0007	0.0000
2	Standard	0.0422	1.0460	—	0.0016	0.0000
STO	Standard	−1.0000	−1.0460	MIRROR	0.2000	−0.0058
4	Standard	0.0422	−0.0080	K9	0.0198	0.0000
5	Standard	0.0747	0.0080	MIRROR	0.0223	0.0000
6	Standard	0.0422	1.0460	—	0.0198	0.0000
7	Standard	−1.0000	−1.0460	MIRROR	0.1979	−0.0058
8	Standard	0.0422	−0.0080	K9	0.0017	0.0000
9	Standard	0.0747	−0.0040	—	0.0009	0.0000
IMA	Standard	Infinity	—	—	0.0002	0.0000

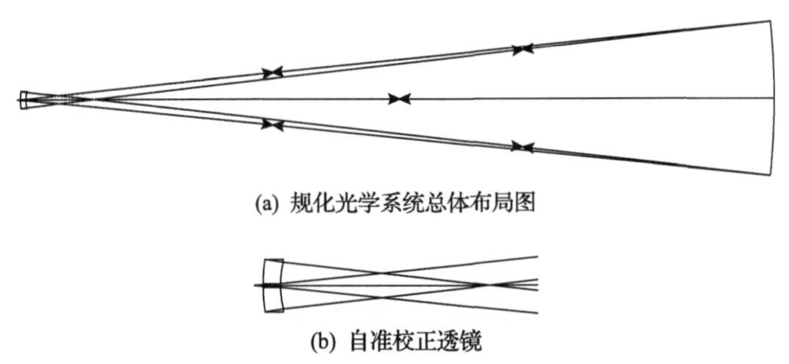

(a) 规化光学系统总体布局图

(b) 自准校正透镜

图 6.5　$h_4=0.1$、$h_2=-0.008$、$\bar{u}_4'=1.5$ 对应的规化光学系统

6.1.6　自准角 $\bar{u}_4'=2$ 对应的规化光学系统

1. 面 4 和面 5 相关参数的求解

1) $\bar{l}_4'$ 和 r_4 的求解

已知自准校正透镜面 4 的折射(自准)角 $\bar{u}_4'=\bar{u}_5=2$，有

$$\bar{l}_4'=\frac{h_4}{\bar{u}_4'}=0.05$$

已知 $\overleftarrow{n}_4'=-1.514664$、$\overleftarrow{n}_4=-1$、$\overleftarrow{l}_4=0.095091$、$\overleftarrow{l}_4'=0.05$，根据近轴公式有

$$\frac{\overleftarrow{n}_4'-\overleftarrow{n}_4}{r_4}=\frac{\overleftarrow{n}_4'}{\overleftarrow{l}_4'}-\frac{\overleftarrow{n}_4}{\overleftarrow{l}_4},\quad r_4=0.026023$$

2) $\overleftarrow{P}_4$ 和 $h_4\overleftarrow{P}_4$ 的求解

已知 $\overleftarrow{n}_4'=-1.514664$、$\overleftarrow{n}_4=-1$、$u_4=1.051625$、$\overleftarrow{u}_4'=2$、$h_4=0.1$，有

$$\overleftarrow{P}_4=\left(\frac{\overleftarrow{u}_4'-\overleftarrow{u}_4}{1/\overleftarrow{n}_4'-1/\overleftarrow{n}_4}\right)^2\left(\frac{\overleftarrow{u}_4'}{\overleftarrow{n}_4'}-\frac{\overleftarrow{u}_4}{\overleftarrow{n}_4}\right)=-2.093985,\quad h_4\overleftarrow{P}_4=-0.209399$$

3) $\overleftarrow{l}_5$ 和自准面 r_5 的求解

已知自准校正透镜厚度 $\overleftarrow{d}_{45}=-0.008$，根据转面公式有

$$\overleftarrow{l}_5=\overleftarrow{l}_4'-\overleftarrow{d}_{45}=0.058,\quad r_5=\overleftarrow{l}_5=0.058$$

2. 面 2 和面 1 相关参数的求解

1) l_2 和 u_2 的求解

已知 $r_2=r_4=0.026023$、$n_2'=1$、$n_2=1.514664$、$l_2'=-0.008435$、$h_2=-0.008$，根据近轴公式有

$$\frac{n_2'-n_2}{r_2}=\frac{n_2'}{l_2'}-\frac{n_2}{l_2},\quad l_2=-0.015335,\quad u_2=u_1'=\frac{h_2}{l_2}=0.521672$$

2) P_2 和 h_2P_2 的求解

已知 $n_2'=1$、$n_2=1.514664$、$u_2'=0.948375$、$u_2=0.521672$、$h_2=-0.008$，有

$$P_2=\left(\frac{u_2'-u_2}{1/n_2'-1/n_2}\right)^2\left(\frac{u_2'}{n_2'}-\frac{u_2}{n_2}\right)=0.952452,\quad h_2P_2=-0.007620$$

3) l_1、l_1'、h_1 和 u_1 的求解

已知 $n_1=1$、$n_1'=1.514664$、$l_2=-0.015335$、$d_{12}=0.008$、$u_1'=0.521672$，根据转面公式和近轴公式有

$$l_1'=l_2+d_{12}=-0.007335,\quad h_1=l_1'u_1'=-0.003827,\quad r_1=r_5=0.058$$

$$\frac{n_1'-n_1}{r_1}=\frac{n_1'}{l_1'}-\frac{n_1}{l_1},\quad l_1=-0.004643,\quad u_1=0.824114$$

4) P_1 和 h_1P_1 的求解

已知 $n_1'=1.514664$、$n_1=1$、$u_1'=0.521672$、$u_1=0.824114$、$h_1=-0.003827$，有

$$P_1=\left(\frac{u_1'-u_1}{1/n_1'-1/n_1}\right)^2\left(\frac{u_1'}{n_1'}-\frac{u_1}{n_1}\right)=-0.380047,\quad h_1P_1=0.001454$$

3. e_3^2 的求解

已知 $d_{12}=0.008$、$h_1P_1=0.001454$、$h_2P_2=-0.007620$、$h_3\overleftarrow{P}_3=0.005330$、$h_4\overleftarrow{P}_4=-0.209399$、$h_5P_5=0$，根据式(5.10b)有

$$e_3^2=\frac{h_1P_1+h_2P_2+h_{03}\overleftarrow{P}_3+h_4\overleftarrow{P}_4}{2}=-0.105117$$

4. 规化光学系统

将上述数据整理代入 Zemax 程序验算可得系统 $S_1=0$，说明计算正确。对应的规化光学系统的结构参数如表 6.5 所示，规化光学系统如图 6.6 所示。

表 6.5　$h_4=0.1$、$h_2=-0.008$、$\bar{u}_4'=2$ 对应的规化光学系统的结构参数

Surf	Type	Radius	Thickness	Glass	Diameter	Conic
OBJ	Standard	Infinity	0.0046	—	0.0000	0.0000
1	Standard	0.0580	0.0080	K9	0.0008	0.0000
2	Standard	0.0260	1.0460	—	0.0016	0.0000
STO	Standard	−1.0000	−1.0460	MIRROR	0.2000	0.1051
4	Standard	0.0260	−0.0080	K9	0.0199	0.0000
5	Standard	0.0580	0.0080	MIRROR	0.0235	0.0000
6	Standard	0.0260	1.0460	—	0.0199	0.0000
7	Standard	−1.0000	−1.0460	MIRROR	0.1960	0.1051
8	Standard	0.0260	−0.0080	K9	0.0019	0.0000
9	Standard	0.0580	−0.0046	—	0.0012	0.0000
IMA	Standard	Infinity	—	—	0.0004	0.0000

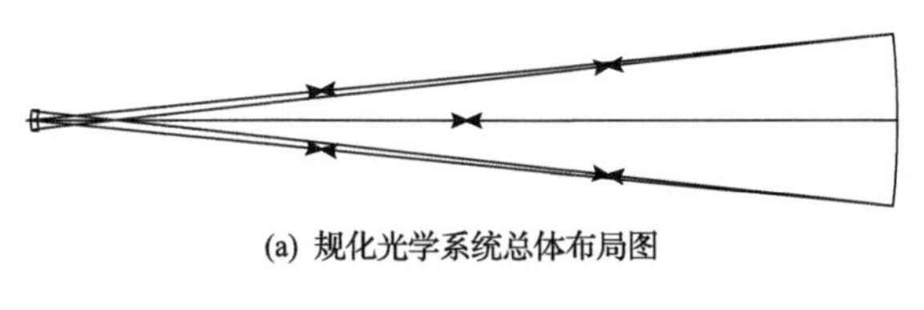

(a) 规化光学系统总体布局图

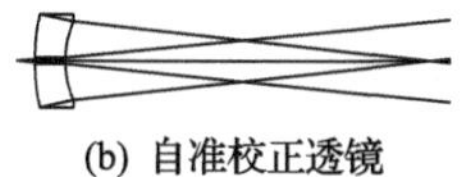

(b) 自准校正透镜

图 6.6　$h_4=0.1$、$h_2=-0.008$、$\bar{u}_4'=2$ 对应的规化光学系统

6.2 $h_4=0.125$、$h_2=-0.008$ 对应的规化光学系统

如图 6.1 所示，设定规化值 $h_4=0.125$ 和 $h_2=-0.008$，按照 6.1 节的计算方法求解不同自准角 $\overleftarrow{u}'_4$ 对应的规化光学系统。

6.2.1 待检凹非球面相关参数的求解

1. u_3、$\overleftarrow{u}'_3$、l_3、$\overleftarrow{l}'_3$ 和 $\overleftarrow{P}_3$、$h_{03}\overleftarrow{P}_3$ 的求解

1) u_3、$\overleftarrow{u}'_3$、l_3 和 $\overleftarrow{l}'_3$ 的求解

已知 $h_{03}=-1$、$h_4=0.125$、$h_2=-0.008$，根据式(5.9)有

$$u_3=u'_2=0.937175,\quad l_3=-1.067036$$

$$\overleftarrow{u}'_3=\overleftarrow{u}_4=1.062825,\quad \overleftarrow{l}'_3=-0.940889$$

2) $\overleftarrow{P}_3$ 和 $h_{03}\overleftarrow{P}_3$ 的求解

已知 $u_3=0.937175$、$\overleftarrow{u}'_3=1.062825$、$h_{03}=-1$，有

$$\overleftarrow{P}_3=-0.007894,\quad h_{03}\overleftarrow{P}_3=0.007894$$

2. $\overleftarrow{l}_4$、$\overleftarrow{d}_{34}$、l'_2 和 d_{23} 的求解

1) $\overleftarrow{l}_4$ 和 l'_2 的求解

已知 $h_4=0.125$、$\overleftarrow{u}_4=1.062825$、$h_2=-0.008$、$u'_2=0.937175$，有

$$\overleftarrow{l}_4=0.117611,\quad l'_2=-0.008536$$

2) $\overleftarrow{d}_{34}$ 和 d_{23} 的求解

已知 $\overleftarrow{l}_4=0.117611$、$\overleftarrow{l}'_3=-0.940889$、$l_3=-1.067036$、$l'_2=-0.008536$，根据转面公式有

$$\overleftarrow{d}_{34}=-1.0585,\quad d_{23}=1.0585$$

6.2.2 自准角 $\overleftarrow{u}'_4=-0.5$ 对应的规化光学系统

1. 面 4 和面 5 相关参数的求解

1) $\overleftarrow{l}'_4$ 和 r_4 的求解

$$\overleftarrow{u}'_4=\overleftarrow{u}_5=-0.5,\quad \overleftarrow{l}'_4=-0.25,\quad r_4=-0.035345$$

2) $\bar{P}_4$ 和 $h_4\bar{P}_4$ 的求解

$$\bar{P}_4 = 29.466950, \quad h_4\bar{P}_4 = 3.683369$$

3) $\bar{l}_5$ 和自准面 r_5 的求解

$$\bar{d}_{45} = -0.008, \quad r_5 = l_5' = \bar{l}_5 = -0.242$$

2. 面 2 和面 1 相关参数的求解

1) l_2 和 u_2 的求解

$$l_2 = -0.0115, \quad u_2 = u_1' = 0.695643$$

2) P_2 和 h_2P_2 的求解

$$P_2 = 0.241477, \quad h_2P_2 = -0.001932$$

3) l_1、l_1'、h_1 和 u_1 的求解

$$l_1' = -0.0035, \quad h_1 = l_1'u_1' = -0.002435$$

$$r_1 = r_5 = -0.242, \quad l_1 = -0.002322, \quad u_1 = 1.048487$$

4) P_1 和 h_1P_1 的求解

$$P_1 = -0.635367, \quad h_1P_1 = 0.001547$$

3. e_3^2 的求解

$$e_3^2 = \frac{h_1P_1 + h_2P_2 + h_{03}\bar{P}_3 + h_4\bar{P}_4}{2} = 1.845439$$

4. 规化光学系统

将上述数据整理代入 Zemax 程序验算可得系统 $S_1 = 0$，说明计算正确。对应的规化光学系统的结构参数如表 6.6 所示，规化光学系统与图 6.2 类似。

表 6.6　$h_4 = 0.125$、$h_2 = -0.008$、$\bar{u}_4' = -0.5$ 对应的规化光学系统的结构参数

Surf	Type	Radius	Thickness	Glass	Diameter	Conic
OBJ	Standard	Infinity	0.0023	—	0.0000	0.0000
1	Standard	−0.2420	0.0080	K9	0.0005	0.0000
2	Standard	−0.0353	1.0585	—	0.0016	0.0000

续表

Surf	Type	Radius	Thickness	Glass	Diameter	Conic
STO	Standard	–1.0000	–1.0585	MIRROR	0.2000	–1.8454
4	Standard	−0.0353	−0.0080	K9	0.0215	0.0000
5	Standard	−0.2420	0.0080	MIRROR	0.0210	0.0000
6	Standard	−0.0353	1.0585	—	0.0216	0.0000
7	Standard	–1.0000	–1.0585	MIRROR	0.1879	–1.8454
8	Standard	−0.0353	−0.0080	K9	0.0023	0.0000
9	Standard	−0.2420	−0.0023	—	0.0012	0.0000
IMA	Standard	Infinity	—	—	0.0008	0.0000

6.2.3　自准角 $\bar{u}_4'=0$ 对应的规化光学系统

1. 面 4 和面 5 相关参数的求解

1) $\bar{l}_4'$ 和 r_4 的求解

$$\bar{u}_4' = \bar{u}_5 = 0, \quad \bar{l}_4' \to \infty, \quad r_4 = -0.060530$$

2) $\bar{P}_4$ 和 $h_4\bar{P}_4$ 的求解

$$\bar{P}_4 = 10.398483, \quad h_4\bar{P}_4 = 1.299810$$

3) $\bar{l}_5$ 和自准面 r_5 的求解

$$\bar{d}_{45} = -0.008, \quad r_5 = l_5' = \bar{l}_5 \to \infty$$

2. 面 2 和面 1 相关参数的求解

1) l_2 和 u_2 的求解

$$l_2 = -0.012055, \quad u_2 = u_1' = 0.663643$$

2) P_2 和 h_2P_2 的求解

$$P_2 = 0.323392, \quad h_2P_2 = -0.002587$$

3) l_1、l_1'、h_1 和 u_1 的求解

$$l_1' = -0.004055, \quad h_1 = -0.002691$$

$$r_1 = r_5 \to \infty, \quad l_1 = -0.002677, \quad u_1 = 1.005196$$

4) P_1 和 h_1P_1 的求解

$$P_1 = -0.572959, \quad h_1P_1 = 0.001542$$

3. e_3^2 的求解

$$e_3^2 = \frac{h_1P_1 + h_2P_2 + h_{03}\bar{P}_3 + h_4\bar{P}_4}{2} = 0.653329$$

4. 规化光学系统

将上述数据整理代入 Zemax 程序验算可得系统 $S_1 = 0$，说明计算正确。对应的规化光学系统的结构参数如表 6.7 所示，规化光学系统与图 6.3 类似。

表 6.7 $h_4 = 0.125$、$h_2 = -0.008$、$\bar{u}_4' = 0$ 对应的规化光学系统的结构参数

Surf	Type	Radius	Thickness	Glass	Diameter	Conic
OBJ	Standard	Infinity	0.0027	—	0.0000	0.0000
1	Standard	Infinity	0.0080	K9	0.0005	0.0000
2	Standard	−0.0605	1.0585	—	0.0016	0.0000
STO	Standard	−1.0000	−1.0585	MIRROR	0.2000	−0.6533
4	Standard	−0.0605	−0.0080	K9	0.0239	0.0000
5	Standard	Infinity	0.0080	MIRROR	0.0239	0.0000
6	Standard	−0.0605	1.0585	—	0.0239	0.0000
7	Standard	−1.0000	−1.0585	MIRROR	0.2007	−0.6533
8	Standard	−0.0605	−0.0080	K9	0.0014	0.0000
9	Standard	Infinity	−0.0027	—	0.0003	0.0000
IMA	Standard	Infinity	—	—	0.0002	0.0000

6.2.4 自准角 $\bar{u}_4' = 0.5$ 对应的规化光学系统

1. 面 4 和面 5 相关参数的求解

1) $\bar{l}_4'$ 和 r_4 的求解

$$\bar{u}_4' = \bar{u}_5 = 0.5, \quad \bar{l}_4' = 0.25, \quad r_4 = -0.210588$$

2) $\bar{P}_4$ 和 $h_4\bar{P}_4$ 的求解

$$\bar{P}_4 = 2.010336, \quad h_4\bar{P}_4 = 0.251292$$

3) $\overleftarrow{l}_5$ 和自准面 r_5 的求解

$$\overleftarrow{d}_{45}=-0.008,\quad r_5=l_5'=\overleftarrow{l}_5=0.258$$

2. 面 2 和面 1 相关参数的求解

1) l_2 和 u_2 的求解

$$l_2=-0.012665,\quad u_2=0.631643$$

2) P_2 和 h_2P_2 的求解

$$P_2=0.420565,\quad h_2P_2=-0.003365$$

3) l_1、l_1'、h_1 和 u_1 的求解

$$l_1'=-0.004665,\quad h_1=-0.002947$$

$$r_1=r_5=-0.258,\quad l_1=-0.003061,\quad u_1=0.962605$$

4) P_1 和 h_1P_1 的求解

$$P_1=-0.517614,\quad h_1P_1=0.001525$$

3. e_3^2 的求解

$$e_3^2=\frac{h_1P_1+h_2P_2+h_{03}\overleftarrow{P}_3+h_4\overleftarrow{P}_4}{2}=0.128673$$

4. 规化光学系统

将上述数据整理代入 Zemax 程序验算可得系统 $S_1=0$，说明计算正确。对应的规化光学系统的结构参数如表 6.8 所示，规化光学系统与图 6.4 类似。

表 6.8　$h_4=0.125$、$h_2=-0.008$、$\bar{u}_4'=0.5$ 对应的规化光学系统的结构参数

Surf	Type	Radius	Thickness	Glass	Diameter	Conic
OBJ	Standard	Infinity	0.0031	—	0.0000	0.0000
1	Standard	−0.2580	0.0080	K9	0.0200	0.0000
2	Standard	−0.2106	1.0585	—	0.0200	0.0000

续表

Surf	Type	Radius	Thickness	Glass	Diameter	Conic
STO	Standard	−1.0000	−1.0585	MIRROR	0.2000	−0.1287
4	Standard	−0.2106	−0.0080	K9	0.0200	0.0000
5	Standard	0.2580	0.0080	MIRROR	0.0200	0.0000
6	Standard	−0.2106	1.0585	—	0.0200	0.0000
7	Standard	−1.0000	−1.0585	MIRROR	0.2000	−0.1287
8	Standard	−0.2106	−0.0080	K9	0.0200	0.0000
9	Standard	−0.2580	−0.0031	—	0.0200	0.0000
IMA	Standard	Infinity	—	—	0.0000	0.0000

6.2.5　自准角 $\bar{u}_4'=1.5$ 对应的规化光学系统

1. 面 4 和面 5 相关参数的求解

1) $\bar{l}_4'$ 和 r_4 的求解

$$\bar{u}_4' = \bar{u}_5 = 1.5,\quad \bar{l}_4' = 0.083333,\quad r_4 = 0.053204$$

2) $\bar{P}_4$ 和 $h_4\bar{P}_4$ 的求解

$$\bar{P}_4 = 0.120025,\quad h_4\bar{P}_4 = 0.015003$$

3) $\bar{l}_5$ 和自准面 r_5 的求解

$$\bar{d}_{45} = -0.008,\quad r_5 = l_5' = \bar{l}_5 = 0.091333$$

2. 面 2 和面 1 相关参数的求解

1) l_2 和 u_2 的求解

$$l_2 = -0.014093,\quad u_2 = u_1' = 0.567643$$

2) P_2 和 h_2P_2 的求解

$$P_2 = 0.665186,\quad h_2P_2 = -0.005321$$

3) l_1、l_1'、h_1 和 u_1 的求解

$$l_1' = -0.006039,\quad h_1 = -0.003459$$

$$r_1 = r_5 = 0.091333, \quad l_1 = -0.003934, \quad u_1 = 0.879279$$

4) P_1 和 h_1P_1 的求解

$$P_1 = -0.424379, \quad h_1P_1 = 0.001468$$

3. e_3^2 的求解

$$e_3^2 = \frac{h_1P_1 + h_2P_2 + h_{03}\bar{P}_3 + h_4\bar{P}_4}{2} = 0.009522$$

4. 规化光学系统

将上述数据整理代入 Zemax 程序验算可得系统 $S_1 = 0$，说明计算正确。对应的规化光学系统的结构参数如表 6.9 所示，规化光学系统与图 6.5 类似。

表 6.9　$h_4 = 0.125$、$h_2 = -0.008$、$\bar{u}_4' = 1.5$ 对应的规化光学系统的结构参数

Surf	Type	Radius	Thickness	Glass	Diameter	Conic
OBJ	Standard	Infinity	0.0039	—	0.0000	0.0000
1	Standard	0.0913	0.0080	K9	0.0007	0.0000
2	Standard	0.0532	1.0585	—	0.0016	0.0000
STO	Standard	−1.0000	−1.0585	MIRROR	0.2000	−0.0095
4	Standard	0.0532	−0.0080	K9	0.0247	0.0000
5	Standard	0.0913	0.0080	MIRROR	0.0273	0.0000
6	Standard	0.0532	1.0585	—	0.0247	0.0000
7	Standard	−1.0000	−1.0585	MIRROR	0.1979	−0.0095
8	Standard	0.0532	−0.0080	K9	0.0018	0.0000
9	Standard	0.0913	−0.0039	—	0.0009	0.0000
IMA	Standard	Infinity	—	—	0.0002	0.0000

6.2.6　自准角 $\bar{u}_4' = 2$ 对应的规化光学系统

1. 面 4 和面 5 相关参数的求解

1) $\bar{l}_4'$ 和 r_4 的求解

$$\bar{u}_4' = \bar{u}_5 = 2, \quad \bar{l}_4' = 0.0625, \quad r_4 = 0.032714$$

2) $\bar{P}_4$ 和 $h_4\bar{P}_4$ 的求解

$$\bar{P}_4 = -1.959624, \quad h_4\bar{P}_4 = -0.244953$$

3) $\overleftarrow{l}_5$ 和自准面 r_5 的求解

$$\overleftarrow{d}_{45} = -0.008, \quad r_5 = l_5' = \overleftarrow{l}_5 = 0.0705$$

2. 面 2 和面 1 相关参数的求解

1) l_2 和 u_2 的求解

$$l_2 = -0.014935, \quad u_2 = u_1' = 0.535643$$

2) P_2 和 h_2P_2 的求解

$$P_2 = 0.814882, \quad h_2P_2 = -0.006519$$

3) l_1、l_1'、h_1 和 u_1 的求解

$$l_1' = -0.006935, \quad h_1 = -0.003715$$

$$r_1 = r_5 = 0.0705, \quad l_1 = -0.004431, \quad u_1 = 0.838438$$

4) P_1 和 h_1P_1 的求解

$$P_1 = -0.384987, \quad h_1P_1 = 0.001430$$

3. e_3^2 的求解

$$e_3^2 = \frac{h_1P_1 + h_2P_2 + h_{03}\overleftarrow{P}_3 + h_4\overleftarrow{P}_4}{2} = -0.121074$$

4. 规化光学系统

将上述数据整理代入 Zemax 程序验算可得系统 $S_1 = 0$，说明计算正确。对应的规化光学系统的结构参数如表 6.10 所示，规化光学系统与图 6.6 类似。

表 6.10　$h_4 = 0.125$、$h_2 = -0.008$、$\bar{u}_4' = 2$ 对应的规化光学系统的结构参数

Surf	Type	Radius	Thickness	Glass	Diameter	Conic
OBJ	Standard	Infinity	0.0043	—	0.0000	0.0000
1	Standard	0.0705	0.0080	K9	0.0007	0.0000
2	Standard	0.0327	1.0585	—	0.0016	0.0000
STO	Standard	–1.0000	–1.0585	MIRROR	0.2000	0.1211
4	Standard	0.0327	–0.0080	K9	0.0248	0.0000
5	Standard	0.0705	0.0080	MIRROR	0.0285	0.0000
6	Standard	0.0327	1.0585	—	0.0248	0.0000

续表

Surf	Type	Radius	Thickness	Glass	Diameter	Conic
7	Standard	–1.0000	–1.0585	MIRROR	0.1959	0.1211
8	Standard	0.0327	–0.0080	K9	0.0020	0.0000
9	Standard	0.0705	–0.0043	—	0.0012	0.0000
IMA	Standard	Infinity	—	—	0.0005	0.0000

6.3 h_4=0.15、h_2=–0.008 对应的规化光学系统

如图 6.1 所示，设定规化值 $h_4=0.15$ 和 $h_2=-0.008$，按照 6.1 节的计算方法求解不同自准角 $\bar{u}_4'$ 对应的规化光学系统。

6.3.1 待检凹非球面相关参数的求解

1. u_3、$\bar{u}_3'$、l_3、$\bar{l}_3'$ 和 $\bar{P}_3$、$h_{03}\bar{P}_3$ 的求解

1) u_3、$\bar{u}_3'$、l_3 和 $\bar{l}_3'$ 的求解

已知 $h_{03}=-1$、$h_4=0.15$、$h_2=-0.008$，根据式(5.9)有

$$u_3=u_2'=0.926237,\quad l_3=-1.079637$$

$$\bar{u}_3'=\bar{u}_4=1.073763,\quad \bar{l}_3'=-0.931304$$

2) $\bar{P}_3$ 和 $h_{03}\bar{P}_3$ 的求解

已知 $u_3=0.926237$、$\bar{u}_3'=1.073763$、$h_{03}=-1$，有

$$\bar{P}_3=-0.010882,\quad h_{03}\bar{P}_3=0.010882$$

2. $\bar{l}_4$、$\bar{d}_{34}$、l_2' 和 d_{23} 的求解

1) $\bar{l}_4$ 和 l_2' 的求解

已知 $h_4=0.15$、$\bar{u}_4=1.073763$、$h_2=-0.008$、$u_2'=0.926237$，有

$$\bar{l}_4=0.139696,\quad l_2'=-0.008637$$

2) $\bar{d}_{34}$ 和 d_{23} 的求解

已知 $\bar{l}_4=0.139696$、$\bar{l}_3'=-0.931304$、$l_3=-1.079637$、$l_2'=-0.008637$，根据转面公式有

$$\bar{d}_{34}=\bar{l}_3'-\bar{l}_4=-1.071,\quad d_{23}=l_2'-l_3=1.071$$

6.3.2 自准角 $\bar{u}_4'=-0.5$ 对应的规化光学系统

1. 面4和面5相关参数的求解

1) $\bar{l}_4'$ 和 r_4 的求解

$$\bar{u}_4'=\bar{u}_5=-0.5,\quad \bar{l}_4'=-0.3,\quad r_4=-0.04216$$

2) $\bar{P}_4$ 和 $h_4\bar{P}_4$ 的求解

$$\bar{P}_4=30.115508,\quad h_4\bar{P}_4=4.517326$$

3) $\bar{l}_5$ 和自准面 r_5 的求解

$$\bar{d}_{45}=-0.008,\quad r_5=l_5'=\bar{l}_5=-0.292$$

2. 面2和面1相关参数的求解

1) l_2 和 u_2 的求解

$$l_2=-0.011835,\quad u_2=u_1'=0.675989$$

2) P_2 和 h_2P_2 的求解

$$P_2=0.260325,\quad h_2P_2=-0.002083$$

3) l_1、l_1'、h_1 和 u_1 的求解

$$l_1'=-0.003835,\quad h_1=-0.002592$$

$$r_1=r_5=-0.292,\quad l_1=-0.002543,\quad u_1=1.019327$$

4) P_1 和 h_1P_1 的求解

$$P_1=-0.58507,\quad h_1P_1=0.001517$$

3. e_3^2 的求解

$$e_3^2=\frac{h_1P_1+h_2P_2+h_{03}\bar{P}_3+h_4\bar{P}_4}{2}=2.263821$$

4. 规化光学系统

将上述数据整理代入 Zemax 程序验算可得系统 $S_1=0$，说明计算正确。对应的

规化光学系统的结构参数如表 6.11 所示，规化光学系统与图 6.2 类似。

表 6.11　$h_4=0.15$、$h_2=-0.008$、$\bar{u}_4'=-0.5$ 对应的规化光学系统的结构参数

Surf	Type	Radius	Thickness	Glass	Diameter	Conic
OBJ	Standard	Infinity	0.0025	—	0.0000	0.0000
1	Standard	−0.2920	0.0080	K9	0.0005	0.0000
2	Standard	−0.0422	1.0710	—	0.0016	0.0000
STO	Standard	−1.0000	−1.0710	MIRROR	0.2000	−2.2638
4	Standard	−0.0422	−0.0080	K9	0.0257	0.0000
5	Standard	−0.2920	0.0080	MIRROR	0.0252	0.0000
6	Standard	−0.0422	1.0710	—	0.0257	0.0000
7	Standard	−1.0000	−1.0710	MIRROR	0.1869	−2.2638
8	Standard	−0.0422	−0.0080	K9	0.0026	0.0000
9	Standard	−0.2920	−0.0025	—	0.0015	0.0000
IMA	Standard	Infinity	—	—	0.0010	0.0000

6.3.3　自准角 $\bar{u}_4'=0$ 对应的规化光学系统

1. 面 4 和面 5 相关参数的求解

1) $\bar{l}_4'$ 和 r_4 的求解

$$\bar{u}_4' = \bar{u}_5 = 0, \quad \bar{l}_4' \to \infty, \quad r_4 = -0.071896$$

2) $\bar{P}_4$ 和 $h_4\bar{P}_4$ 的求解

$$\bar{P}_4 = 10.722848, \quad h_4\bar{P}_4 = 1.608427$$

3) $\bar{l}_5$ 和自准面 r_5 的求解

$$\bar{d}_{45} = -0.008, \quad \bar{l}_5 = r_5 = l_5' \to \infty$$

2. 面 2 和面 1 相关参数的求解

1) l_2 和 u_2 的求解

$$l_2 = -0.012321, \quad u_2 = u_1' = 0.649322$$

2) P_2 和 h_2P_2 的求解

$$P_2 = 0.330455, \quad h_2P_2 = -0.002644$$

3) l_1、l'_1、h_1 和 u_1 的求解

$$l'_1 = -0.004055,\quad h_1 = -0.002691$$

$$r_1 = r_5 \to \infty,\quad l_1 = -0.002852,\quad u_1 = 0.983505$$

4) P_1 和 h_1P_1 的求解

$$P_1 = -0.536661,\quad h_1P_1 = 0.001506$$

3. e_3^2 的求解

$$e_3^2 = \frac{h_1P_1 + h_2P_2 + h_{03}\bar{P}_3 + h_4\bar{P}_4}{2} = 0.809085$$

4. 规化光学系统

将上述数据整理代入 Zemax 程序验算可得系统 $S_1 = 0$，说明计算正确。对应的规化光学系统的结构参数如表 6.12 所示，规化光学系统与图 6.3 类似。

表 6.12　$h_4 = 0.15$、$h_2 = -0.008$、$\bar{u}'_4 = 0$ 对应的规化光学系统的结构参数

Surf	Type	Radius	Thickness	Glass	Diameter	Conic
OBJ	Standard	Infinity	0.0028	—	0.0000	0.0000
1	Standard	Infinity	0.0080	K9	0.0006	0.0000
2	Standard	−0.0719	1.0710	—	0.0016	0.0000
STO	Standard	−1.0000	−1.0710	MIRROR	0.2000	−0.8091
4	Standard	−0.0719	−0.0080	K9	0.0286	0.0000
5	Standard	Infinity	0.0080	MIRROR	0.0286	0.0000
6	Standard	−0.0719	1.0710	—	0.0286	0.0000
7	Standard	−1.0000	−1.0710	MIRROR	0.2007	−0.8091
8	Standard	−0.0719	−0.0080	K9	0.0014	0.0000
9	Standard	Infinity	−0.0028	—	0.0003	0.0000
IMA	Standard	Infinity	—	—	0.0002	0.0000

6.3.4　自准角 $\bar{u}'_4 = 0.5$ 对应的规化光学系统

1. 面 4 和面 5 相关参数的求解

1) $\bar{l}'_4$ 和 r_4 的求解

$$\bar{u}'_4 = \bar{u}_5 = 0.5,\quad \bar{l}'_4 = 0.3,\quad r_4 = -0.243970$$

2) $\bar{P}_4$ 和 $h_4\bar{P}_4$ 的求解

$$\bar{P}_4 = 2.120422, \quad h_4\bar{P}_4 = 0.318063$$

3) $\bar{l}_5$ 和自准面 r_5 的求解

$$\bar{d}_{45} = -0.008, \quad r_5 = l_5' = \bar{l}_5 = 0.308$$

2. 面 2 和面 1 相关参数的求解

1) l_2 和 u_2 的求解

$$l_2 = -0.012848, \quad u_2 = u_1' = 0.622655$$

2) P_2 和 h_2P_2 的求解

$$P_2 = 0.411218, \quad h_2P_2 = -0.003290$$

3) l_1、l_1'、h_1 和 u_1 的求解

$$l_1' = -0.004848, \quad h_1 = -0.003019$$

$$r_1 = r_5 = 0.308, \quad l_1 = -0.003184, \quad u_1 = 0.948158$$

4) P_1 和 h_1P_1 的求解

$$P_1 = -0.492864, \quad h_1P_1 = 0.001488$$

3. e_3^2 的求解

$$e_3^2 = \frac{h_1P_1 + h_2P_2 + h_{03}\bar{P}_3 + h_4\bar{P}_4}{2} = 0.163572$$

4. 规化光学系统

将上述数据整理代入 Zemax 程序验算可得系统 $S_1 = 0$，说明计算正确。对应的规化光学系统的结构参数如表 6.13 所示，规化光学系统与图 6.4 类似。

表 6.13　$h_4 = 0.15$、$h_2 = -0.008$、$\bar{u}_4' = 0.5$ 对应的规化光学系统的结构参数

Surf	Type	Radius	Thickness	Glass	Diameter	Conic
OBJ	Standard	Infinity	0.0031	—	0.0000	0.0000
1	Standard	0.3080	0.0080	K9	0.0006	0.0000
2	Standard	−0.2440	1.0710	—	0.0016	0.0000
STO	Standard	−1.0000	−1.0710	MIRROR	0.2000	−0.1636
4	Standard	−0.2440	−0.0080	K9	0.0298	0.0000

续表

Surf	Type	Radius	Thickness	Glass	Diameter	Conic
5	Standard	0.3080	0.0080	MIRROR	0.0305	0.0000
6	Standard	−0.2440	1.0710	—	0.0298	0.0000
7	Standard	−1.0000	−1.0710	MIRROR	0.2008	−0.1636
8	Standard	−0.2440	−0.0080	K9	0.0013	0.0000
9	Standard	0.3080	−0.0031	—	0.0003	0.0000
IMA	Standard	Infinity	—	—	0.0003	0.0000

6.3.5　自准角 $\bar{u}_4'=1.5$ 对应的规化光学系统

1. 面 4 和面 5 相关参数的求解

1) $\overleftarrow{l}_4'$ 和 r_4 的求解

$$\bar{u}_4' = \bar{u}_5 = 1.5,\quad \overleftarrow{l}_4' = 0.1,\quad r_4 = 0.064428$$

2) $\overleftarrow{P}_4$ 和 $h_4\overleftarrow{P}_4$ 的求解

$$\overleftarrow{P}_4 = 0.131306,\quad h_4\overleftarrow{P}_4 = 0.019696$$

3) $\overleftarrow{l}_5$ 和自准面 r_5 的求解

$$\overleftarrow{d}_{45} = -0.008,\quad r_5 = l_5' = \overleftarrow{l}_5 = 0.108$$

2. 面 2 和面 1 相关参数的求解

1) l_2 和 u_2 的求解

$$l_2 = -0.014052,\quad u_2 = u_1' = 0.569322$$

2) P_2 和 h_2P_2 的求解

$$P_2 = 0.607247,\quad h_2P_2 = -0.004858$$

3) l_1、l_1'、h_1 和 u_1 的求解

$$l_1' = -0.006052,\quad h_1 = -0.003445$$

$$r_1 = r_5 = 0.108,\quad l_1 = -0.003921,\quad u_1 = 0.878750$$

4) P_1 和 h_1P_1 的求解

$$P_1 = -0.417030, \quad h_1P_1 = 0.001437$$

3. e_3^2 的求解

$$e_3^2 = \frac{h_1P_1 + h_2P_2 + h_{03}\overleftarrow{P}_3 + h_4\overleftarrow{P}_4}{2} = 0.013578$$

4. 规化光学系统

将上述数据整理代入 Zemax 程序验算可得系统 $S_1 = 0$，说明计算正确。对应的规化光学系统的结构参数如表 6.14 所示，规化光学系统与图 6.5 类似。

表 6.14　$h_4 = 0.15$、$h_2 = -0.008$、$\bar{u}_4' = 1.5$ 对应的规化光学系统的结构参数

Surf	Type	Radius	Thickness	Glass	Diameter	Conic
OBJ	Standard	Infinity	0.0039	—	0.0000	0.0000
1	Standard	0.1080	0.0080	K9	0.0007	0.0000
2	Standard	0.0644	1.0710	—	0.0016	0.0000
STO	Standard	−1.0000	−1.0710	MIRROR	0.2000	−0.0136
4	Standard	0.0644	−0.0080	K9	0.0296	0.0000
5	Standard	0.1080	0.0080	MIRROR	0.0322	0.0000
6	Standard	0.0644	1.0710	—	0.0297	0.0000
7	Standard	−1.0000	−1.0710	MIRROR	0.1979	−0.0136
8	Standard	0.0644	−0.0080	K9	0.0018	0.0000
9	Standard	0.1080	−0.0039	—	0.0009	0.0000
IMA	Standard	Infinity	—	—	0.0002	0.0000

6.3.6　自准角 $\bar{u}_4' = 2$ 时对应的规化光学系统

1. 面 4 和面 5 相关参数的求解

1) $\overleftarrow{l}_4'$ 和 r_4 的求解

$$\bar{u}_4' = \bar{u}_5 = 2, \quad \overleftarrow{l}_4' = 0.075, \quad r_4 = 0.039477$$

2) $\overleftarrow{P}_4$ 和 $h_4\overleftarrow{P}_4$ 的求解

$$\overleftarrow{P}_4 = -1.832870, \quad h_4\overleftarrow{P}_4 = -0.274931$$

3) $\overleftarrow{l}_5$ 和自准面 r_5 的求解

$$\overleftarrow{d}_{45} = -0.008, \quad r_5 = l_5' = \overleftarrow{l}_5 = 0.083$$

2. 面 2 和面 1 相关参数的求解

1) l_2 和 u_2 的求解

$$l_2 = -0.014742, \quad u_2 = u_1' = 0.542655$$

2) P_2 和 h_2P_2 的求解

$$P_2 = 0.723813, \quad h_2P_2 = -0.005791$$

3) l_1、l_1'、h_1 和 u_1 的求解

$$l_1' = -0.006742, \quad h_1 = -0.003659$$

$$r_1 = r_5 = 0.083, \quad l_1 = -0.004332, \quad u_1 = 0.844627$$

4) P_1 和 h_1P_1 的求解

$$P_1 = -0.384129, \quad h_1P_1 = 0.001405$$

3. e_3^2 的求解

$$e_3^2 = \frac{h_1P_1 + h_2P_2 + h_{03}\bar{P}_3 + h_4\bar{P}_4}{2} = -0.134217$$

4. 规化光学系统

将上述数据整理代入 Zemax 程序验算可得系统 $S_1 = 0$，说明计算正确。对应的规化光学系统的结构参数如表 6.15 所示，规化光学系统与图 6.6 类似。

表 6.15　$h_4 = 0.15$、$h_2 = -0.008$、$\bar{u}_4' = 2$ 对应的规化光学系统的结构参数

Surf	Type	Radius	Thickness	Glass	Diameter	Conic
OBJ	Standard	Infinity	0.0043	—	0.0000	0.0000
1	Standard	0.0830	0.0080	K9	0.0007	0.0000
2	Standard	0.0395	1.0710	—	0.0016	0.0000
STO	Standard	−1.0000	−1.0710	MIRROR	0.2000	0.1342
4	Standard	0.0395	−0.0080	K9	0.0292	0.0000
5	Standard	0.0830	0.0080	MIRROR	0.0329	0.0000
6	Standard	0.0395	1.0710	—	0.0292	0.0000
7	Standard	−1.0000	−1.0710	MIRROR	0.1888	0.1342
8	Standard	0.0395	−0.0080	K9	0.0031	0.0000
9	Standard	0.0830	−0.0043	—	0.0024	0.0000
IMA	Standard	Infinity	—	—	0.0018	0.0000

6.4 $h_4=0.175$、$h_2=-0.008$ 对应的规化光学系统

如图 6.1 所示，设定规化值 $h_4=0.175$ 和 $h_2=-0.008$，按照 6.1 节的计算方法求解不同自准角 $\bar{u}_4'$ 对应的规化光学系统。

6.4.1 待检凹非球面相关参数的求解

1. u_3、$\bar{u}_3'$、l_3、$\bar{l}_3'$ 和 $\bar{P}_3$、$h_{03}\bar{P}_3$ 的求解

1) u_3、$\bar{u}_3'$、l_3 和 $\bar{l}_3'$ 的求解

已知 $h_{03}=-1$、$h_4=0.175$、$h_2=-0.008$，根据式(5.9)有

$$u_3=u_2'=0.915551,\quad l_3=-1.092238$$

$$\bar{u}_3'=\bar{u}_4=1.084449,\quad \bar{l}_3'=-0.922128$$

2) $\bar{P}_3$ 和 $h_{03}\bar{P}_3$ 的求解

已知 $u_3=0.915551$、$\bar{u}_3'=1.084449$、$h_{03}=-1$，有

$$\bar{P}_3=-0.014263,\quad h_{03}\bar{P}_3=0.014263$$

2. $\bar{l}_4$、$\bar{d}_{34}$、l_2' 和 d_{23} 的求解

1) $\bar{l}_4$ 和 l_2' 的求解

已知 $h_4=0.175$、$\bar{u}_4=1.084449$、$h_2=-0.008$、$u_2'=0.915551$，有

$$\bar{l}_4=0.161372,\quad l_2'=-0.008738$$

2) $\bar{d}_{34}$ 和 d_{23} 的求解

已知 $\bar{l}_4=0.161372$、$\bar{l}_3'=-0.922128$、$l_3=-1.092238$、$l_2'=-0.008738$，根据转面公式有

$$\bar{d}_{34}=\bar{l}_3'-\bar{l}_4=-1.0835,\quad d_{23}=l_2'-l_3=1.0835$$

6.4.2 自准角 $\bar{u}_4'=-0.5$ 对应的规化光学系统

1. 面 4 和面 5 相关参数的求解

1) $\bar{l}_4'$ 和 r_4 的求解

$$\bar{u}_4'=\bar{u}_5=-0.5,\quad \bar{l}_4'=-0.35,\quad r_4=-0.048902$$

2) $\bar{P}_4$ 和 $h_4\bar{P}_4$ 的求解

$$\bar{P}_4 = 30.758211, \quad h_4\bar{P}_4 = 5.382687$$

3) $\bar{l}_5$ 和自准面 r_5 的求解

$$\bar{d}_{45} = -0.008, \quad r_5 = \bar{l}_5 = l'_5 = -0.342$$

2. 面 2 和面 1 相关参数的求解

1) l_2 和 u_2 的求解

$$l_2 = -0.012120, \quad u_2 = u'_1 = 0.660045$$

2) P_2 和 h_2P_2 的求解

$$P_2 = 0.271288, \quad h_2P_2 = -0.002170$$

3) l_1、l'_1、h_1 和 u_1 的求解

$$l'_1 = -0.004120, \quad h_1 = -0.002720$$

$$r_1 = r_5 = -0.342, \quad l_1 = -0.002732, \quad u_1 = 0.995654$$

4) P_1 和 h_1P_1 的求解

$$P_1 = -0.546198, \quad h_1P_1 = 0.001485$$

3. e_3^2 的求解

$$e_3^2 = \frac{h_1P_1 + h_2P_2 + h_{03}\bar{P}_3 + h_4\bar{P}_4}{2} = 2.698133$$

4. 规化光学系统

将上述数据整理代入 Zemax 程序验算可得系统 $S_1 = 0$，说明计算正确。对应的规化光学系统的结构参数如表 6.16 所示，规化光学系统与图 6.2 类似。

表 6.16　$h_4 = 0.175$、$h_2 = -0.008$、$\bar{u}'_4 = -0.5$ 对应的规化光学系统的结构参数

Surf	Type	Radius	Thickness	Glass	Diameter	Conic
OBJ	Standard	Infinity	0.0027	—	0.0000	0.0000
1	Standard	−0.3420	0.0080	K9	0.0005	0.0000

续表

Surf	Type	Radius	Thickness	Glass	Diameter	Conic
2	Standard	−0.0489	1.0835	—	0.0016	0.0000
STO	Standard	−1.0000	−1.0835	MIRROR	0.2000	−2.6981
4	Standard	−0.0489	−0.0080	K9	0.0298	0.0000
5	Standard	−0.3420	0.0080	MIRROR	0.0293	0.0000
6	Standard	−0.0489	1.0835	—	0.0299	0.0000
7	Standard	−1.0000	−1.0835	MIRROR	0.1858	−2.6981
8	Standard	−0.0489	−0.0080	K9	0.0028	0.0000
9	Standard	−0.3420	−0.0027	—	0.0018	0.0000
IMA	Standard	Infinity	—	—	0.0012	0.0000

6.4.3 自准角 $\overleftarrow{u}'_4=0$ 对应的规化光学系统

1. 面 4 和面 5 相关参数的求解

1) $\overleftarrow{l}'_4$ 和 r_4 的求解

$$\overleftarrow{u}'_4=\overleftarrow{u}_5=0,\quad \overleftarrow{l}'_4\to\infty,\quad r_4=-0.083053$$

2) $\overleftarrow{P}_4$ 和 $h_4\overleftarrow{P}_4$ 的求解

$$\overleftarrow{P}_4=11.046174,\quad h_4\overleftarrow{P}_4=1.933080$$

3) $\overleftarrow{l}_5$ 和自准面 r_5 的求解

$$\overleftarrow{d}_{45}=-0.008,\quad \overleftarrow{l}_5=\overleftarrow{l}'_4-\overleftarrow{d}_{45}=l'_5=r_5\to\infty$$

2. 面 2 和面 1 相关参数的求解

1) l_2 和 u_2 的求解

$$l_2=-0.012555,\quad u_2=u'_1=0.637188$$

2) P_2 和 h_2P_2 的求解

$$P_2=0.332125,\quad h_2P_2=-0.002657$$

3) l_1、l'_1、h_1 和 u_1 的求解

$$l'_1=-0.004555,\quad h_1=-0.002902$$

$$r_1 = r_5 \to \infty, \quad l_1 = -0.003007, \quad u_1 = 0.965126$$

4) P_1和h_1P_1的求解

$$P_1 = -0.507135, \quad h_1P_1 = 0.001472$$

3. e_3^2的求解

$$e_3^2 = \frac{h_1P_1 + h_2P_2 + h_{03}\bar{P}_3 + h_4\bar{P}_4}{2} = 0.973079$$

4. 规化光学系统

将上述数据整理代入 Zemax 程序验算可得系统 $S_1 = 0$，说明计算正确。对应的规化光学系统的结构参数如表 6.17 所示，规化光学系统与图 6.3 类似。

表 6.17　$h_4 = 0.175$、$h_2 = -0.008$、$\bar{u}_4' = 0$ 对应的规化光学系统的结构参数

Surf	Type	Radius	Thickness	Glass	Diameter	Conic
OBJ	Standard	Infinity	0.0030	—	0.0000	0.0000
1	Standard	Infinity	0.0080	K9	0.0006	0.0000
2	Standard	−0.0831	1.0835	—	0.0016	0.0000
STO	Standard	−1.0000	−1.0835	MIRROR	0.2000	−0.9731
4	Standard	−0.0831	−0.0080	K9	0.0333	0.0000
5	Standard	Infinity	0.0080	MIRROR	0.0333	0.0000
6	Standard	−0.0831	1.0835	—	0.0333	0.0000
7	Standard	−1.0000	−1.0835	MIRROR	0.2006	−0.9731
8	Standard	−0.0831	−0.0080	K9	0.0014	0.0000
9	Standard	Infinity	−0.0030	—	0.0003	0.0000
IMA	Standard	Infinity	—	—	0.0002	0.0000

6.4.4　自准角 $\bar{u}_4' = 0.5$ 对应的规化光学系统

1. 面 4 和面 5 相关参数的求解

1) $\bar{l}_4'$和r_4的求解

$$\bar{u}_4' = \bar{u}_5 = 0.5, \quad \bar{l}_4' = 0.35, \quad r_4 = -0.275334$$

2) $\bar{P}_4$和$h_4\bar{P}_4$的求解

$$\bar{P}_4 = 2.231753, \quad h_4\bar{P}_4 = 0.390557$$

3) $\overleftarrow{l}_5$ 和自准面 r_5 的求解

$$\overleftarrow{d}_{45} = -0.008, \quad r_5 = l_5' = \overleftarrow{l}_5 = 0.358$$

2. 面 2 和面 1 相关参数的求解

1) l_2 和 u_2 的求解

$$l_2 = -0.013022, \quad u_2 = u_1' = 0.614331$$

2) P_2 和 h_2P_2 的求解

$$P_2 = 0.400767, \quad h_2P_2 = -0.003206$$

3) l_1、l_1'、h_1 和 u_1 的求解

$$l_1' = -0.005022, \quad h_1 = -0.003085$$

$$r_1 = r_5 = 0.358, \quad l_1 = -0.0033, \quad u_1 = 0.934941$$

4) P_1 和 h_1P_1 的求解

$$P_1 = -0.471284, \quad h_1P_1 = 0.001454$$

3. e_3^2 的求解

$$e_3^2 = \frac{h_1P_1 + h_2P_2 + h_{03}\overleftarrow{P}_3 + h_4\overleftarrow{P}_4}{2} = 0.201534$$

4. 规化光学系统

将上述数据整理代入 Zemax 程序验算可得系统 $S_1 = 0$，说明计算正确。对应的规化光学系统的结构参数如表 6.18 所示，规化光学系统与图 6.4 类似。

表 6.18　$h_4 = 0.175$、$h_2 = -0.008$、$\overleftarrow{u}_4' = 0.5$ 对应的规化光学系统的结构参数

Surf	Type	Radius	Thickness	Glass	Diameter	Conic
OBJ	Standard	Infinity	0.0030	—	0.0000	0.0000
1	Standard	0.3580	0.0080	K9	0.0006	0.0000
2	Standard	0.2753	1.0835	—	0.0016	0.0000
STO	Standard	−1.0000	−1.0835	MIRROR	0.2000	−0.2015
4	Standard	0.2753	−0.0080	K9	0.0347	0.0000
5	Standard	0.3580	0.0080	MIRROR	0.0354	0.0000

续表

Surf	Type	Radius	Thickness	Glass	Diameter	Conic
6	Standard	0.2753	1.0835	—	0.0347	0.0000
7	Standard	−1.0000	−1.0835	MIRROR	0.2008	−0.2015
8	Standard	0.2753	−0.0080	K9	0.0013	0.0000
9	Standard	0.3580	−0.0030	—	0.0003	0.0000
IMA	Standard	Infinity	—	—	0.0003	0.0000

6.4.5 自准角 $\overleftarrow{u}'_4=1.5$ 对应的规化光学系统

1. 面 4 和面 5 相关参数的求解

1) $\overleftarrow{l}'_4$ 和 r_4 的求解

$$\overleftarrow{u}'_4=\overleftarrow{u}_5=1.5,\quad \overleftarrow{l}'_4=0.116667,\quad r_4=0.075842$$

2) $\overleftarrow{P}_4$ 和 $h_4\overleftarrow{P}_4$ 的求解

$$\overleftarrow{P}_4=0.140787,\quad h_4\overleftarrow{P}_4=0.024638$$

3) $\overleftarrow{l}_5$ 和自准面 r_5 的求解

$$\overleftarrow{l}_5=\overleftarrow{l}'_4-\overleftarrow{d}_{45}=0.124667$$

$$r_5=l'_5=\overleftarrow{l}_5=0.124667$$

2. 面 2 和面 1 相关参数的求解

1) l_2 和 u_2 的求解

$$l_2=-0.014069,\quad u_2=u'_1=0.568617$$

2) P_2 和 h_2P_2 的求解

$$P_2=0.563105,\quad h_2P_2=-0.004505$$

3) l_1、l'_1、h_1 和 u_1 的求解

$$l'_1=-0.006069,\quad h_1=-0.003451$$

$$r_1=r_5=0.124667,\quad l_1=-0.003942,\quad u_1=0.875511$$

4) P_1 和 h_1P_1 的求解

$$P_1 = -0.407963, \quad h_1P_1 = 0.001408$$

3. e_3^2 的求解

$$e_3^2 = \frac{h_1P_1 + h_2P_2 + h_{03}\bar{P}_3 + h_4\bar{P}_4}{2} = 0.017902$$

4. 规化光学系统

将上述数据整理代入 Zemax 程序验算可得系统 $S_1 = 0$，说明计算正确。对应的规化光学系统的结构参数如表 6.19 所示，规化光学系统与图 6.5 类似。

表 6.19　$h_4=0.175$、$h_2=-0.008$、$\bar{u}_4'=1.5$ 对应的规化光学系统的结构参数

Surf	Type	Radius	Thickness	Glass	Diameter	Conic
OBJ	Standard	Infinity	0.0039	—	0.0000	0.0000
1	Standard	0.1247	0.0080	K9	0.0007	0.0000
2	Standard	0.0758	1.0835	—	0.0016	0.0000
STO	Standard	−1.0000	−1.0835	MIRROR	0.2000	−0.0179
4	Standard	0.0758	−0.0080	K9	0.0342	0.0000
5	Standard	0.1247	0.0080	MIRROR	0.0368	0.0000
6	Standard	0.0758	1.0835	—	0.0343	0.0000
7	Standard	−1.0000	−1.0835	MIRROR	0.1940	−0.0179
8	Standard	0.0758	−0.0080	K9	0.0025	0.0000
9	Standard	0.1247	−0.0039	—	0.0016	0.0000
IMA	Standard	Infinity	—	—	0.0010	0.0000

6.4.6　自准角 $\bar{u}_4'=2$ 对应的规化光学系统

1. 面 4 和面 5 相关参数的求解

1) $\bar{l}_4'$ 和 r_4 的求解

$$\bar{u}_4' = \bar{u}_5 = 2, \quad \bar{l}_4' = 0.0875, \quad r_4 = 0.046309$$

2) $\bar{P}_4$ 和 $h_4\bar{P}_4$ 的求解

$$\bar{P}_4 = -1.713243, \quad h_4\bar{P}_4 = -0.299818$$

3) $\overleftarrow{l}_5$ 和自准面 r_5 的求解

$$\overleftarrow{d}_{45} = -0.008, \quad r_5 = l_5' = \overleftarrow{l}_5 = 0.0955$$

2. 面 2 和面 1 相关参数的求解

1) l_2 和 u_2 的求解

$$l_2 = -0.014658, \quad u_2 = u_1' = 0.545760$$

2) P_2 和 h_2P_2 的求解

$$P_2 = 0.657621, \quad h_2P_2 = -0.005261$$

3) l_1、l_1'、h_1 和 u_1 的求解

$$l_1' = -0.006658, \quad h_1 = -0.003634$$

$$r_1 = r_5 = 0.0955, \quad l_1 = -0.004294, \quad u_1 = 0.846226$$

4) P_1 和 h_1P_1 的求解

$$P_1 = -0.379955, \quad h_1P_1 = 0.001381$$

3. e_3^2 的求解

$$e_3^2 = \frac{h_1P_1 + h_2P_2 + h_{03}\overleftarrow{P}_3 + h_4\overleftarrow{P}_4}{2} = -0.144717$$

4. 规化光学系统

将上述数据整理代入 Zemax 程序验算可得系统 $S_1 = 0$，说明计算正确。对应的规化光学系统的结构参数如表 6.20 所示，规化光学系统与图 6.6 类似。

表 6.20　$h_4 = 0.175$、$h_2 = -0.008$、$\overline{u}_4' = 2$ 对应的规化光学系统的结构参数

Surf	Type	Radius	Thickness	Glass	Diameter	Conic
OBJ	Standard	Infinity	0.0042	—	0.0000	0.0000
1	Standard	0.0955	0.0080	K9	0.0007	0.0000
2	Standard	0.0463	1.0835	—	0.0016	0.0000
STO	Standard	−1.0000	−1.0835	MIRROR	0.2000	0.1447
4	Standard	0.0463	−0.0080	K9	0.0346	0.0000
5	Standard	0.0955	0.0080	MIRROR	0.0385	0.0000

续表

Surf	Type	Radius	Thickness	Glass	Diameter	Conic
6	Standard	0.0463	1.0835	—	0.0347	0.0000
7	Standard	–1.0000	–1.0835	MIRROR	0.1958	0.1447
8	Standard	0.0463	–0.0080	K9	0.0022	0.0000
9	Standard	0.0955	–0.0042	—	0.0014	0.0000
IMA	Standard	Infinity	—	—	0.0007	0.0000

6.5　h_4=0.2、h_2=–0.008 对应的规化光学系统

如图 6.1 所示，设定规化值 $h_4=0.2$ 和 $h_2=-0.008$，按照 6.1 节的计算方法求解不同自准角 $\bar{u}'_4$ 对应的规化光学系统。

6.5.1　待检凹非球面相关参数的求解

1. u_3、$\bar{u}'_3$、l_3、$\bar{l}'_3$ 和 $\bar{P}_3$、$h_{03}\bar{P}_3$ 的求解

1) u_3、$\bar{u}'_3$、l_3 和 $\bar{l}'_3$ 的求解

已知 $h_{03}=-1$、$h_4=0.2$、$h_2=-0.008$，根据式(5.9)有

$$u_3=u'_2=0.905109,\quad l_3=-1.104839$$

$$\bar{u}'_3=\bar{u}_4=1.094891,\quad \bar{l}'_3=-0.913333$$

2) $\bar{P}_3$ 和 $h_{03}\bar{P}_3$ 的求解

已知 $u_3=0.905109$、$\bar{u}'_3=1.094891$、$h_{03}=-1$，有

$$\bar{P}_3=-0.018008,\quad h_{03}\bar{P}_3=0.018008$$

2. $\bar{l}_4$、$\bar{d}_{34}$、l'_2 和 d_{23} 的求解

1) $\bar{l}_4$ 和 l'_2 的求解

已知 $h_4=0.2$、$\bar{u}_4=1.094891$、$h_2=-0.008$、$u'_2=0.905109$，有

$$\bar{l}_4=0.182667,\quad l'_2=-0.008839$$

2) $\bar{d}_{34}$ 和 d_{23} 的求解

已知 $\bar{l}_4=0.182667$、$\bar{l}'_3=-0.913333$、$l_3=-1.104839$、$l'_2=-0.008839$，根据转面公式有

$$\overleftarrow{d}_{34} = \overleftarrow{l}'_3 - \overleftarrow{l}_4 = -1.096, \quad d_{23} = l'_2 - l_3 = 1.096$$

6.5.2 自准角 $\overleftarrow{u}'_4=-0.5$ 对应的规化光学系统

1. 面 4 和面 5 相关参数的求解

1) $\overleftarrow{l}'_4$ 和 r_4 的求解

$$\overleftarrow{u}'_4 = \overleftarrow{u}_5 = -0.5, \quad \overleftarrow{l}'_4 = -0.4, \quad r_4 = -0.055573$$

2) $\overleftarrow{P}_4$ 和 $h_4\overleftarrow{P}_4$ 的求解

$$\overleftarrow{P}_4 = 31.395011, \quad h_4\overleftarrow{P}_4 = 6.279002$$

3) $\overleftarrow{l}_5$ 和自准面 r_5 的求解

$$\overleftarrow{d}_{45} = -0.008, \quad \overleftarrow{l}_5 = \overleftarrow{l}'_4 - \overleftarrow{d}_{45} = -0.392, \quad r_5 = l'_5 = \overleftarrow{l}_5 = -0.392$$

2. 面 2 和面 1 相关参数的求解

1) l_2 和 u_2 的求解

$$l_2 = -0.012375, \quad u_2 = u'_1 = 0.646479$$

2) P_2 和 h_2P_2 的求解

$$P_2 = 0.277103, \quad h_2P_2 = -0.002217$$

3) l_1、l'_1、h_1 和 u_1 的求解

$$l'_1 = l_2 + d_{12} = -0.004375, \quad h_1 = l'_1u'_1 = -0.002828$$

$$r_1 = r_5 = -0.392, \quad l_1 = -0.002899, \quad u_1 = 0.975485$$

4) P_1 和 h_1P_1 的求解

$$P_1 = -0.514406, \quad h_1P_1 = 0.001455$$

3. e_3^2 的求解

$$e_3^2 = \frac{h_1P_1 + h_2P_2 + h_{03}\overleftarrow{P}_3 + h_4\overleftarrow{P}_4}{2} = 3.148124$$

4. 规化光学系统

将上述数据整理代入 Zemax 程序验算可得系统 $S_1 = 0$，说明计算正确。对应的

规化光学系统的结构参数如表 6.21 所示，规化光学系统与图 6.2 类似。

表 6.21　$h_4=0.2$、$h_2=-0.008$、$\overleftarrow{u}_4'=-0.5$ 对应的规化光学系统的结构参数

Surf	Type	Radius	Thickness	Glass	Diameter	Conic
OBJ	Standard	Infinity	0.0028	—	0.0000	0.0000
1	Standard	−0.3920	0.0080	K9	0.0006	0.0000
2	Standard	−0.0556	1.0960	—	0.0016	0.0000
STO	Standard	−1.0000	−1.0960	MIRROR	0.2000	−3.1481
4	Standard	−0.0556	−0.0080	K9	0.0339	0.0000
5	Standard	−0.3920	0.0080	MIRROR	0.0334	0.0000
6	Standard	−0.0556	1.0960	—	0.0339	0.0000
7	Standard	−1.0000	−1.0960	MIRROR	0.1847	−3.1481
8	Standard	−0.0556	−0.0080	K9	0.0031	0.0000
9	Standard	−0.3920	−0.0028	—	0.0021	0.0000
IMA	Standard	Infinity	—	—	0.0015	0.0000

6.5.3　自准角 $\overleftarrow{u}_4'=0$ 对应的规化光学系统

1. 面 4 和面 5 相关参数的求解

1) $\overleftarrow{l}_4'$ 和 r_4 的求解

$$\overleftarrow{u}_4' = \overleftarrow{u}_5 = 0,\quad \overleftarrow{l}_4' \to \infty,\quad r_4 = -0.094012$$

2) $\overleftarrow{P}_4$ 和 $h_4\overleftarrow{P}_4$ 的求解

$$\overleftarrow{P}_4 = 11.368341,\quad h_4\overleftarrow{P}_4 = 2.273668$$

3) $\overleftarrow{l}_5$ 和自准面 r_5 的求解

$$\overleftarrow{d}_{45} = -0.008,\quad \overleftarrow{l}_5 = l_5' = r_5 = \overleftarrow{l}_4' - \overleftarrow{d}_{45} \to \infty$$

2. 面 2 和面 1 相关参数的求解

1) l_2 和 u_2 的求解

$$l_2 = -0.01277,\quad u_2 = u_1' = 0.626479$$

2) P_2 和 h_2P_2 的求解

$$P_2 = 0.330496,\quad h_2P_2 = -0.002644$$

3) l_1、l'_1、h_1 和 u_1 的求解

$$l'_1 = l_2 + d_{12} = -0.004770, \quad h_1 = -0.002988$$

$$r_1 = r_5 \to \infty, \quad l_1 = -0.003149, \quad u_1 = 0.948905$$

4) P_1 和 h_1P_1 的求解

$$P_1 = -0.481992, \quad h_1P_1 = 0.001440$$

3. e_3^2 的求解

$$e_3^2 = \frac{h_1P_1 + h_2P_2 + h_{03}\overleftarrow{P}_3 + h_4\overleftarrow{P}_4}{2} = 1.145236$$

4. 规化光学系统

将上述数据整理代入 Zemax 程序验算可得系统 $S_1 = 0$，说明计算正确。对应的规化光学系统的结构参数如表 6.22 所示，规化光学系统与图 6.3 类似。

表 6.22　$h_4 = 0.2$、$h_2 = -0.008$、$\bar{u}'_4 = 0$ 对应的规化光学系统的结构参数

Surf	Type	Radius	Thickness	Glass	Diameter	Conic
OBJ	Standard	Infinity	0.0031	—	0.0000	0.0000
1	Standard	Infinity	0.0080	K9	0.0006	0.0000
2	Standard	−0.0940	1.0960	—	0.0016	0.0000
STO	Standard	−1.0000	−1.0960	MIRROR	0.2000	−1.1452
4	Standard	−0.0940	−0.0080	K9	0.0380	0.0000
5	Standard	Infinity	0.0080	MIRROR	0.0380	0.0000
6	Standard	−0.0940	1.0960	—	0.0380	0.0000
7	Standard	−1.0000	−1.0960	MIRROR	0.2006	−1.1452
8	Standard	−0.0940	−0.0080	K9	0.0013	0.0000
9	Standard	Infinity	−0.0031	—	0.0003	0.0000
IMA	Standard	Infinity	—	—	0.0003	0.0000

6.5.4　自准角 $\bar{u}'_4 = 0.5$ 对应的规化光学系统

1. 面 4 和面 5 相关参数的求解

1) $\overleftarrow{l}'_4$ 和 r_4 的求解

$$\bar{u}'_4 = \bar{u}_5 = 0.5, \quad \overleftarrow{l}'_4 = 0.4, \quad r_4 = -0.304933$$

2) $\bar{P}_4$ 和 $h_4\bar{P}_4$ 的求解

$$\bar{P}_4 = 2.344218, \quad h_4\bar{P}_4 = 0.468844$$

3) $\bar{l}_5$ 和自准面 r_5 的求解

$$\bar{d}_{45} = -0.008, \quad r_5 = l_5' = \bar{l}_5 = 0.408$$

2. 面 2 和面 1 相关参数的求解

1) l_2 和 u_2 的求解

$$l_2 = -0.013191, \quad u_2 = u_1' = 0.606479$$

2) P_2 和 h_2P_2 的求解

$$P_2 = 0.389844, \quad h_2P_2 = -0.003119$$

3) l_1、l_1'、h_1 和 u_1 的求解

$$l_1' = -0.005191, \quad h_1 = -0.003148$$

$$r_1 = r_5 = 0.408, \quad l_1 = -0.003412, \quad u_1 = 0.922583$$

4) P_1 和 h_1P_1 的求解

$$P_1 = -0.451922, \quad h_1P_1 = 0.001423$$

3. e_3^2 的求解

$$e_3^2 = \frac{h_1P_1 + h_2P_2 + h_{03}\bar{P}_3 + h_4\bar{P}_4}{2} = 0.242578$$

4. 规化光学系统

将上述数据整理代入 Zemax 程序验算可得系统 $S_1 = 0$，说明计算正确。对应的规化光学系统的结构参数如表 6.23 所示，规化光学系统与图 6.4 类似。

表 6.23 $h_4=0.2$、$h_2=-0.008$、$\bar{u}_4'=0.5$ 对应的规化光学系统的结构参数

Surf	Type	Radius	Thickness	Glass	Diameter	Conic
OBJ	Standard	Infinity	0.0034	—	0.0000	0.0000
1	Standard	0.4080	0.0080	K9	0.0006	0.0000

续表

Surf	Type	Radius	Thickness	Glass	Diameter	Conic
2	Standard	−0.3049	1.0960	—	0.0016	0.0000
STO	Standard	−1.0000	−1.0960	MIRROR	0.2000	−0.2426
4	Standard	−0.3049	−0.0080	K9	0.0397	0.0000
5	Standard	0.4080	0.0080	MIRROR	0.0403	0.0000
6	Standard	−0.3049	1.0960	—	0.0396	0.0000
7	Standard	−1.0000	−1.0960	MIRROR	0.2009	−0.2426
8	Standard	−0.3049	−0.0080	K9	0.0012	0.0000
9	Standard	0.4080	−0.0034	—	0.0003	0.0000
IMA	Standard	Infinity	—	—	0.0004	0.0000

6.5.5　自准角 $\overleftarrow{u}'_4=1.5$ 对应的规化光学系统

1. 面 4 和面 5 相关参数的求解

1) $\overleftarrow{l}'_4$ 和 r_4 的求解

$$\overleftarrow{u}'_4=\overleftarrow{u}_5=1.5,\quad \overleftarrow{l}'_4=0.133333,\quad r_4=0.087446$$

2) $\overleftarrow{P}_4$ 和 $h_4\overleftarrow{P}_4$ 的求解

$$\overleftarrow{P}_4=0.148643,\quad h_4\overleftarrow{P}_4=0.029729$$

3) $\overleftarrow{l}_5$ 和自准面 r_5 的求解

$$\overleftarrow{d}_{45}=-0.008,\quad r_5=l'_5=\overleftarrow{l}_5=0.141330$$

2. 面 2 和面 1 相关参数的求解

1) l_2 和 u_2 的求解

$$l_2=-0.014122,\quad u_2=u'_1=0.566479$$

2) P_2 和 h_2P_2 的求解

$$P_2=0.527502,\quad h_2P_2=-0.004220$$

3) l_1、l'_1、h_1 和 u_1 的求解

$$l'_1=-0.006122,\quad h_1=-0.003468$$

$$r_1 = r_5 = 0.141333, \quad l_1 = -0.003983, \quad u_1 = 0.870655$$

4) P_1 和 $h_1 P_1$ 的求解

$$P_1 = -0.398008, \quad h_1 P_1 = 0.001380$$

3. e_3^2 的求解

$$e_3^2 = \frac{h_1 P_1 + h_2 P_2 + h_{03} \overleftarrow{P}_3 + h_4 \overleftarrow{P}_4}{2} = 0.022449$$

4. 规化光学系统

将上述数据整理代入 Zemax 程序验算可得系统 $S_1 = 0$，说明计算正确。对应的规化光学系统的结构参数如表 6.24 所示，规化光学系统与图 6.5 类似。

表 6.24　$h_4 = 0.2$、$h_2 = -0.008$、$\overleftarrow{u}_4' = 1.5$ 对应的规化光学系统的结构参数

Surf	Type	Radius	Thickness	Glass	Diameter	Conic
OBJ	Standard	Infinity	0.0039	—	0.0000	0.0000
1	Standard	0.1413	0.0080	K9	0.0007	0.0000
2	Standard	0.0874	1.0960	—	0.0016	0.0000
STO	Standard	−1.0000	−1.0960	MIRROR	0.2000	−0.0224
4	Standard	0.0874	−0.0080	K9	0.0395	0.0000
5	Standard	0.1413	0.0080	MIRROR	0.0421	0.0000
6	Standard	0.0874	1.0960	—	0.0395	0.0000
7	Standard	−1.0000	−1.0960	MIRROR	0.1979	−0.0224
8	Standard	0.0874	−0.0080	K9	0.0019	0.0000
9	Standard	0.1413	−0.0039	—	0.0010	0.0000
IMA	Standard	Infinity	—	—	0.0003	0.0000

6.5.6 自准角 $\overleftarrow{u}_4' = 2$ 对应的规化光学系统

1. 面 4 和面 5 相关参数的求解

1) $\overleftarrow{l}_4'$ 和 r_4 的求解

$$\overleftarrow{u}_4' = \overleftarrow{u}_5 = 2, \quad \overleftarrow{l}_4' = 0.1, \quad r_4 = 0.053211$$

2) $\overleftarrow{P}_4$ 和 $h_4 \overleftarrow{P}_4$ 的求解

$$\overleftarrow{P}_4 = -1.600295, \quad h_4 \overleftarrow{P}_4 = -0.320059$$

3) $\overleftarrow{l}_5$ 和自准面 r_5 的求解

$$\overleftarrow{d}_{45} = -0.008, \quad r_5 = l_5' = \overleftarrow{l}_5 = 0.108$$

2. 面 2 和面 1 相关参数的求解

1) l_2 和 u_2 的求解

$$l_2 = -0.014639, \quad u_2 = u_1' = 0.546479$$

2) P_2 和 h_2P_2 的求解

$$P_2 = 0.606362, \quad h_2P_2 = -0.004851$$

3) l_1、l_1'、h_1 和 u_1 的求解

$$l_1' = -0.006639, \quad h_1 = -0.003628$$

$$r_1 = r_5 = 0.108, \quad l_1 = -0.004294, \quad u_1 = 0.845022$$

4) P_1 和 h_1P_1 的求解

$$P_1 = -0.373809, \quad h_1P_1 = 0.001356$$

3. e_3^2 的求解

$$e_3^2 = \frac{h_1P_1 + h_2P_2 + h_{03}\overleftarrow{P}_3 + h_4\overleftarrow{P}_4}{2} = -0.152773$$

4. 规化光学系统

将上述数据整理代入 Zemax 程序验算可得系统 $S_1 = 0$，说明计算正确。对应的规化光学系统的结构参数如表 6.25 所示，规化光学系统与图 6.6 类似。

表 6.25　$h_4 = 0.2$、$h_2 = -0.008$、$\bar{u}_4' = 2$ 对应的规化光学系统的结构参数

Surf	Type	Radius	Thickness	Glass	Diameter	Conic
OBJ	Standard	Infinity	0.0042	—	0.0000	0.0000
1	Standard	0.1080	0.0080	K9	0.0200	0.0000
2	Standard	0.0532	1.0960	—	0.0200	0.0000
STO	Standard	−1.0000	−1.0960	MIRROR	0.2000	0.1528
4	Standard	0.0532	−0.0080	K9	0.0200	0.0000
5	Standard	0.1080	0.0080	MIRROR	0.0200	0.0000
6	Standard	0.0532	1.0960	—	0.0200	0.0000

续表

Surf	Type	Radius	Thickness	Glass	Diameter	Conic
7	Standard	–1.0000	–1.0960	MIRROR	0.2000	0.1528
8	Standard	0.0532	–0.0080	K9	0.0200	0.0000
9	Standard	0.1080	–0.0042	—	0.0200	0.0000
IMA	Standard	Infinity	—	—	0.0000	0.0000

6.6 本 章 小 结

本章在规化条件下，根据三级像差理论，对自准校正透镜位于共轭后点的规化光学系统进行了计算和分析，为今后进行实际凹非球面检验光学系统设计奠定了理论基础。

根据 6.1～6.5 节的计算数据绘制$\bar{u}_4'$-e_3^2关系曲线，并对自准校正透镜位于共轭后点的凹非球面检验总结如下。

1. u_4'-e_3^2 关系数据

1) $h_4=0.1$、$h_2=-0.008$ 时不同 $\bar{u}_4'$ 对应的 e_3^2 值

$h_4=0.1$、$h_2=-0.008$ 时不同 $\bar{u}_4'$ 对应的 e_3^2 值如表 6.26 所示。

表 6.26 $h_4=0.1$、$h_2=-0.008$ 时不同 $\bar{u}_4'$ 对应的 e_3^2 值

编号	$\bar{u}_4'$	e_3^2
1	−0.5	1.443241
2	0	0.505888
3	0.5	0.096820
4	1.5	0.005762
5	2	−0.105117

2) $h_4=0.125$、$h_2=-0.008$ 时不同 $\bar{u}_4'$ 对应的 e_3^2 值

$h_4=0.125$、$h_2=-0.008$ 时不同 $\bar{u}_4'$ 对应的 e_3^2 值如表 6.27 所示。

表 6.27 $h_4=0.125$、$h_2=-0.008$ 时不同 $\bar{u}_4'$ 对应的 e_3^2 值

编号	$\bar{u}_4'$	e_3^2
1	−0.5	1.845439
2	0	0.653329
3	0.5	0.128673
4	1.5	0.009522
5	2	−0.121074

3) $h_4=0.15$、$h_2=-0.008$ 时不同 $\bar{u}_4'$ 对应的 e_3^2 值

$h_4=0.15$、$h_2=-0.008$ 时不同 $\bar{u}_4'$ 对应的 e_3^2 值如表 6.28 所示。

表 6.28　$h_4=0.15$、$h_2=-0.008$ 时不同 $\bar{u}_4'$ 对应的 e_3^2 值

编号	$\bar{u}_4'$	e_3^2
1	−0.5	2.263821
2	0	0.809085
3	0.5	0.163572
4	1.5	0.013578
5	2	−0.134217

4) $h_4=0.175$、$h_2=-0.008$ 时不同 $\bar{u}_4'$ 对应的 e_3^2 值

$h_4=0.175$、$h_2=-0.008$ 时不同 $\bar{u}_4'$ 对应的 e_3^2 值如表 6.29 所示。

表 6.29　$h_4=0.175$、$h_2=-0.008$ 时不同 $\bar{u}_4'$ 对应的 e_3^2 值

编号	$\bar{u}_4'$	e_3^2
1	−0.5	2.698133
2	0	0.973079
3	0.5	0.201534
4	1.5	0.017902
5	2	−0.144717

5) $h_4=0.2$、$h_2=-0.008$ 时不同 $\bar{u}_4'$ 对应的 e_3^2 值

$h_4=0.2$、$h_2=-0.008$ 时不同 $\bar{u}_4'$ 对应的 e_3^2 值如表 6.30 所示。

表 6.30　$h_4=0.2$、$h_2=-0.008$ 时不同 $\bar{u}_4'$ 对应的 e_3^2 值

编号	$\bar{u}_4'$	e_3^2
1	−0.5	3.148124
2	0	1.145236
3	0.5	0.242578
4	1.5	0.022449
5	2	−0.152773

2. $\bar{u}_4'$-e_3^2 关系曲线

根据上述计算结果绘制 $\bar{u}_4'$-e_3^2 关系曲线，如图 6.7 所示。可以看出，自准校正

透镜位于共轭后点的检验光学系统可适用于任何凹非球面的检验，但不同自准校正透镜对不同凹非球面的校正检验能力有所差异。当自准校正透镜为正透镜时，对 $e_3^2>0$ 凹非球面生成球差的校正能力强；当自准校正透镜为负透镜时，对 $e_3^2<0$ 凹扁球面生成球差的校正能力强。

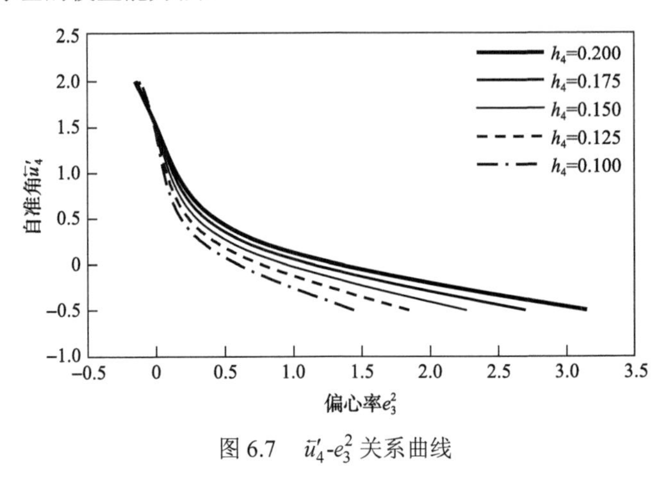

图 6.7　$\bar{u}_4'$-e_3^2 关系曲线

通过对自准校正透镜位于共轭后点的规化光学系统的分析、计算，并绘制 $\bar{u}_4'$-e_3^2 关系曲线，证实此方法原理正确。

第 7 章　自准校正透镜位于共轭前点的规化光学系统

本章中待检凹非球面规化值、自准校正透镜厚度规化值以及自准面设定与第 6 章相同，设定多组通光口径 $\varPhi_4(2h_4)$ 和 $\varPhi_2(2h_2)$，求解不同自准角 $\bar{u}_4'$ 对应的自准校正透镜位于待检凹非球面共轭前点 O''（共轭前点 O'' 为物点，共轭后点 O' 为像点）的规化光学系统，并给出计算结果和 $\bar{u}_4'$ - e_3^2 关系曲线。

7.1　h_4=−0.1、h_2=−0.008 对应的规化光学系统

如图 7.1 所示，设定规化值 $h_4=-0.1$ 和 $h_2=-0.008$，针对不同自准角 $\bar{u}_4'$ 进行规化光学系统设计，并给出设计计算结果。

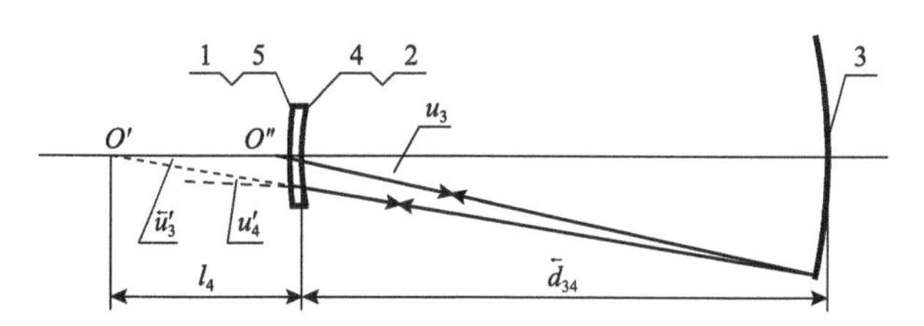

图 7.1　自准校正透镜位于凹非球面共轭前点 O'' 的检验光路

7.1.1　待检凹非球面相关参数的求解

1. u_3、$\bar{u}_3'$、l_3、$\bar{l}_3'$ 和 $\bar{P}_3$、$h_{03}\bar{P}_3$ 的求解

1) u_3、$\bar{u}_3'$、l_3 和 $\bar{l}_3'$ 的求解

已知 $h_{03}=-1$、$h_4=-0.1$、$h_2=-0.008$，根据式(5.9)有

$$u_3=u_2'=\frac{2\left(h_{03}-h_2\right)}{2h_{03}-\left(h_4+h_2\right)}=1.048626,\quad l_3=\frac{h_{03}}{u_3}=-0.953629$$

$$\bar{u}_3'=\bar{u}_4=\frac{2\left(h_{03}-h_4\right)}{2h_{03}-\left(h_4+h_2\right)}=0.951374,\quad \bar{l}_3'=\frac{h_{03}}{\bar{u}_3'}=-1.051111$$

2) $\overleftarrow{P}_3$ 和 $h_{03}\overleftarrow{P}_3$ 的求解

已知 $u_3 = 1.048626$、$\overleftarrow{u}_3' = 0.951374$、$h_{03} = -1$，有

$$\overleftarrow{P}_3 = -\frac{\left(\overleftarrow{u}_3' - u_3\right)^2}{2} = -0.004729, \quad h_{03}\overleftarrow{P}_3 = 0.004729$$

2. $\overleftarrow{l}_4$、$\overleftarrow{d}_{34}$、l_2' 和 d_{23} 的求解

1) $\overleftarrow{l}_4$ 和 l_2' 的求解

已知 $h_4 = -0.1$、$\overleftarrow{u}_4 = 0.951374$、$h_2 = -0.008$、$u_2' = 1.048626$，有

$$\overleftarrow{l}_4 = \frac{h_4}{\overleftarrow{u}_4} = -0.105111, \quad l_2' = \frac{h_2}{u_2'} = -0.007629$$

2) $\overleftarrow{d}_{34}$ 和 d_{23} 的求解

已知 $\overleftarrow{l}_4 = -0.105111$、$\overleftarrow{l}_3' = -1.051111$、$l_3 = -0.953629$、$l_2' = -0.007629$，根据转面公式有

$$\overleftarrow{d}_{34} = \overleftarrow{l}_3' - \overleftarrow{l}_4 = -0.946, \quad d_{23} = l_2' - l_3 = 0.946$$

7.1.2　自准角 $\overleftarrow{u}_4' = -0.5$ 对应的规化光学系统

1. 面 4 和面 5 相关参数的求解

1) $\overleftarrow{l}_4'$ 和 r_4 的求解

已知自准校正透镜第 4 面的折射(自准)角 $\overleftarrow{u}_4' = \overleftarrow{u}_5 = -0.5$，有

$$\overleftarrow{l}_4' = \frac{h_4}{\overleftarrow{u}_4'} = 0.2$$

已知 $\overleftarrow{n}_4' = -1.514664$、$\overleftarrow{n}_4 = -1$、$\overleftarrow{l}_4 = -0.105111$、$\overleftarrow{l}_4' = 0.2$，根据近轴公式有

$$\frac{\overleftarrow{n}_4' - \overleftarrow{n}_4}{r_4} = \frac{\overleftarrow{n}_4'}{\overleftarrow{l}_4'} - \frac{\overleftarrow{n}_4}{\overleftarrow{l}_4}, \quad r_4 = 0.03012$$

2) $\overleftarrow{P}_4$ 和 $h_4\overleftarrow{P}_4$ 的求解

已知 $\overleftarrow{n}_4' = -1.514664$、$\overleftarrow{n}_4 = -1$、$\overleftarrow{u}_3' = 0.951374$、$\overleftarrow{u}_4' = -0.5$、$h_4 = -0.1$，有

$$\overleftarrow{P}_4 = \left(\frac{\overleftarrow{u}_4' - \overleftarrow{u}_4}{1/\overleftarrow{n}_4' - 1/\overleftarrow{n}_4}\right)^2 \left(\frac{\overleftarrow{u}_4'}{\overleftarrow{n}_4'} - \frac{\overleftarrow{u}_4}{\overleftarrow{n}_4}\right) = 23.380608, \quad h_4\overleftarrow{P}_4 = -2.338061$$

3) $\overleftarrow{l}_5$ 和自准面 r_5 的求解

已知自准校正透镜厚度 $\overleftarrow{d}_{45}=-0.008$，根据转面公式有

$$\overleftarrow{l}_5=\overleftarrow{l}'_4-\overleftarrow{d}_{45}=0.208,\quad r_5=\overleftarrow{l}_5=l'_5=0.208$$

2. 面 2 和面 1 相关参数的求解

1) l_2 和 u_2 的求解

已知 $r_2=r_4=0.030120$、$n'_2=1$、$n_2=1.514664$、$l'_2=-0.007629$、$h_2=-0.008$，根据近轴公式有

$$\frac{n'_2-n_2}{r_2}=\frac{n'_2}{l'_2}-\frac{n_2}{l_2},\quad l_2=-0.013288,\quad u_2=\frac{h_2}{l_2}=0.602067$$

2) P_2 和 h_2P_2 的求解

已知 $n'_2=1$、$n_2=1.514664$、$u'_2=1.048626$、$u_2=0.602067$、$h_2=-0.008$，有

$$P_2=\left(\frac{u'_2-u_2}{1/n'_2-1/n_2}\right)^2\left(\frac{u'_2}{n'_2}-\frac{u_2}{n_2}\right)=1.124637,\quad h_2P_2=-0.008997$$

3) l_1、l'_1、h_1 和 u_1 的求解

已知 $n_1=1$、$n'_1=1.514664$、$l_2=-0.013288$、$d_{12}=0.008$、$u'_1=0.602067$，根据转面公式和近轴公式有

$$l'_1=l_2+d_{12}=-0.005288,\quad h_1=l'_1u'_1=-0.003183,\quad r_1=r_5=0.208$$

$$\frac{n'_1-n_1}{r_1}=\frac{n'_1}{l'_1}-\frac{n_1}{l_1},\quad l_1=-0.003461,\quad u_1=\frac{h_1}{l_1}=0.919806$$

4) P_1 和 h_1P_1 的求解

已知 $n_1=1$、$n'_1=1.514664$、$u_1=0.919806$、$u'_1=0.602067$、$h_1=-0.003183$，有

$$P_1=\left(\frac{u'_1-u_1}{1/n'_1-1/n_1}\right)^2\left(\frac{u'_1}{n'_1}-\frac{u_1}{n_1}\right)=-0.456729,\quad h_1P_1=0.001454$$

3. e_3^2 的求解

已知 $h_1P_1=0.001454$、$h_2P_2=-0.008997$、$h_3\overleftarrow{P}_3=0.004729$、$h_5P_5=0$、$h_4\overleftarrow{P}_4=-2.338061$，根据式(5.10b)有

$$e_3^2 = \frac{h_1P_1 + h_2P_2 + h_{03}\overleftarrow{P}_3 + h_4\overleftarrow{P}_4}{2} = -1.170437$$

4. 规化光学系统

将上述数据整理代入 Zemax 程序验算可得系统 $S_1 = 0$，说明计算正确。对应的规化光学系统的结构参数如表 7.1 所示，规化光学系统如图 7.2 所示。

表 7.1　$h_4 = -0.1$、$h_2 = -0.008$、$\bar{u}'_4 = -0.5$ 对应的规化光学系统的结构参数

Surf	Type	Radius	Thickness	Glass	Diameter	Conic
OBJ	Standard	Infinity	0.0035	—	0.0000	0.0000
1	Standard	0.2080	0.0080	K9	0.0200	0.0000
2	Standard	0.0301	0.9460	—	0.0200	0.0000
STO	Standard	−1.0000	−0.9460	MIRROR	0.2000	1.1704
4	Standard	0.0301	−0.0080	K9	0.0200	0.0000
5	Standard	0.2080	0.0080	MIRROR	0.0200	0.0000
6	Standard	0.0301	0.9460	—	0.0200	0.0000
7	Standard	−1.0000	−0.9460	MIRROR	0.2000	1.1704
8	Standard	0.0301	−0.0080	K9	0.0200	0.0000
9	Standard	0.2080	−0.0035	—	0.0200	0.0000
IMA	Standard	Infinity	—	—	0.0000	0.0000

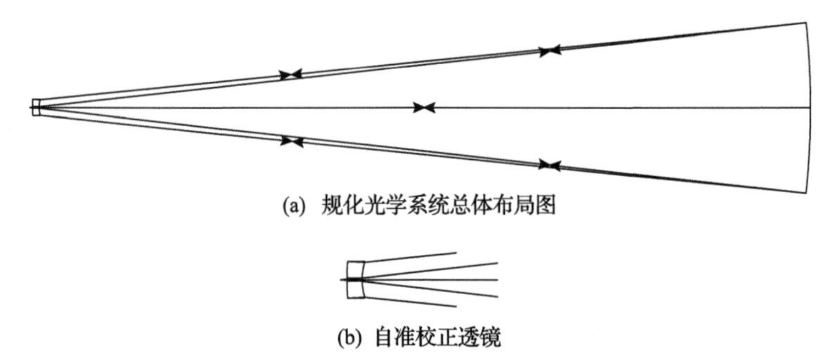

(a) 规化光学系统总体布局图

(b) 自准校正透镜

图 7.2　$h_4 = -0.1$、$h_2 = -0.008$、$\bar{u}'_4 = -0.5$ 对应的规化光学系统

7.1.3　自准角 $\bar{u}'_4 = 0$ 对应的规化光学系统

1. 面 4 和面 5 相关参数的求解

1) $\bar{l}'_4$ 和 r_4 的求解

已知自准校正透镜第 4 面的折射(自准)角 $\bar{u}'_4 = \bar{u}_5 = 0$，有

$$\bar{l}_4' = \frac{h_4}{\bar{u}_4'} \to \infty$$

已知 $\bar{n}_4' = -1.514664$、$\bar{n}_4 = -1$、$\bar{u}_4 = 0.951374$、$\bar{l}_4 = -0.105111$、$\bar{l}_4' \to \infty$，根据近轴公式有

$$\frac{\bar{n}_4' - \bar{n}_4}{r_4} = \frac{\bar{n}_4'}{\bar{l}_4'} - \frac{\bar{n}_4}{\bar{l}_4'}, \quad r_4 = 0.054097$$

2) $\bar{P}_4$ 和 $h_4\bar{P}_4$ 的求解

已知 $\bar{n}_4' = -1.514664$、$\bar{n}_4 = -1$、$\bar{u}_4 = 0.951374$、$\bar{u}_4' = 0$、$h_4 = -0.1$，有

$$\bar{P}_4 = \left(\frac{\bar{u}_4' - \bar{u}_4}{1/\bar{n}_4' - 1/\bar{n}_4}\right)^2 \left(\frac{\bar{u}_4'}{\bar{n}_4'} - \frac{\bar{u}_4}{\bar{n}_4}\right) = 7.458288, \quad h_4\bar{P}_4 = -0.745829$$

3) $\bar{l}_5$ 和自准面 r_5 的求解

已知自准校正透镜厚度 $\bar{d}_{45} = -0.008$，根据转面公式有

$$r_5 = l_5' = \bar{l}_5 = \bar{l}_4' - \bar{d}_{45} \to \infty$$

2. 面 2 和面 1 相关参数的求解

1) l_2 和 u_2 的求解

已 知 $r_2 = r_4 = 0.054097$、$n_2' = 1$、$n_2 = 1.514664$、$l_2' = -0.007629$、$h_2 = -0.008$，根据近轴公式有

$$\frac{n_2' - n_2}{r_2} = \frac{n_2'}{l_2'} - \frac{n_2}{l_2}, \quad l_2 = -0.01246, \quad u_2 = u_1' = 0.642067$$

2) P_2 和 h_2P_2 的求解

已知 $n_2' = 1$、$n_2 = 1.514664$、$u_2' = 1.048626$、$u_2 = 0.642067$、$h_2 = -0.008$，有

$$P_2 = \left(\frac{u_2' - u_2}{1/n_2' - 1/n_2}\right)^2 \left(\frac{u_2'}{n_2'} - \frac{u_2}{n_2}\right) = 0.894377, \quad h_2P_2 = -0.007155$$

3) l_1、l_1'、h_1 和 u_1 的求解

已知 $n_1 = 1$、$n_1' = 1.514664$、$l_2 = -0.01246$、$d_{12} = 0.008$、$u_1' = 0.642067$，根据转面公式和近轴公式有

$$l_1' = l_2 + d_{12} = -0.00446, \quad r_1 = r_5 \to \infty, \quad h_1 = l_1' u_1' = -0.002863$$

$$\frac{n_1' - n_1}{r_1} = \frac{n_1'}{l_1'} - \frac{n_1}{l_1}, \quad l_1 = -0.002944, \quad u_1 = 0.972516$$

4) P_1和h_1P_1的求解

已知$n_1' = 1.514664$、$n_1 = 1$、$u_1' = 0.642067$、$u_1 = 0.972516$、$h_1 = -0.002863$，有

$$P_1 = \left(\frac{u_1' - u_1}{1/n_1' - 1/n_1}\right)^2 \left(\frac{u_1'}{n_1'} - \frac{u_1}{n_1}\right) = -0.518873, \quad h_1 P_1 = 0.001486$$

3. e_3^2的求解

已 知 $h_1P_1 = 0.001486$、$h_2P_2 = -0.007155$、$h_{03}\bar{P}_3 = 0.004729$、$h_5P_5 = 0$、$h_4\bar{P}_4 = -0.745829$，根据式(5.10b)有

$$e_3^2 = \frac{h_1P_1 + h_2P_2 + h_{03}\bar{P}_3 + h_4\bar{P}_4}{2} = -0.373385$$

4. 规化光学系统

将上述数据整理代入 Zemax 程序验算可得系统$S_1 = 0$，说明计算正确。对应的规化光学系统的结构参数如表 7.2 所示，规化光学系统如图 7.3 所示。

表 7.2　$h_4 = -0.1$、$h_2 = -0.008$、$\bar{u}_4' = 0$ 对应的规化光学系统的结构参数

Surf	Type	Radius	Thickness	Glass	Diameter	Conic
OBJ	Standard	Infinity	0.0029	—	0.0000	0.0000
1	Standard	Infinity	0.0080	K9	0.0006	0.0000
2	Standard	0.0541	0.9460	—	0.0016	0.0000
STO	Standard	−1.0000	−0.9460	MIRROR	0.2000	0.3733
4	Standard	0.0541	−0.0080	K9	0.0195	0.0000
5	Standard	Infinity	0.0080	MIRROR	0.0195	0.0000
6	Standard	0.0541	0.9460	—	0.0195	0.0000
7	Standard	−1.0000	−0.9460	MIRROR	0.2017	0.3733
8	Standard	0.0541	−0.0080	K9	0.0018	0.0000
9	Standard	Infinity	−0.0029	—	0.0008	0.0000
IMA	Standard	Infinity	—	—	0.0002	0.0000

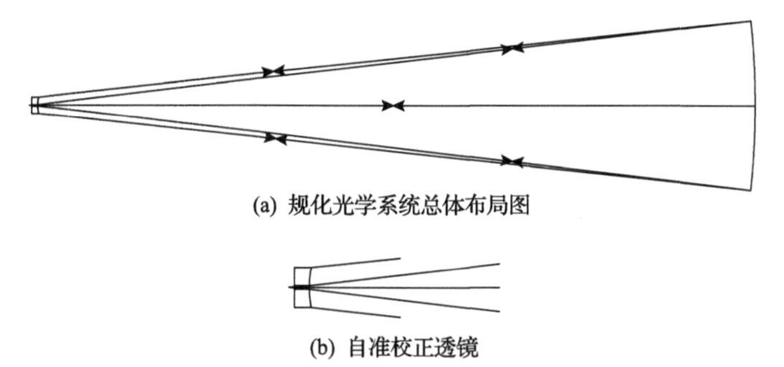

(a) 规化光学系统总体布局图

(b) 自准校正透镜

图 7.3　$h_4=-0.1$、$h_2=-0.008$、$\bar{u}'_4=0$ 对应的规化光学系统

7.1.4　自准角 $\bar{u}'_4=0.5$ 对应的规化光学系统

1. 面 4 和面 5 相关参数的求解

1) $\bar{l}'_4$ 和 r_4 的求解

已知自准校正透镜第 4 面的折射(自准)角 $\bar{u}'_4=\bar{u}_5=0.5$，有

$$\bar{l}'_4=\frac{h_4}{\bar{u}'_4}=-0.2$$

已知 $\bar{n}'_4=-1.514664$、$\bar{n}_4=-1$、$\bar{l}_4=-0.105111$、$\bar{l}'_4=-0.2$，根据近轴公式有

$$\frac{\bar{n}'_4-\bar{n}_4}{r_4}=\frac{\bar{n}'_4}{\bar{l}'_4}-\frac{\bar{n}_4}{\bar{l}_4},\quad r_4=0.265233$$

2) $\bar{P}_4$ 和 $h_4\bar{P}_4$ 的求解

已知 $\bar{n}'_4=-1.514664$、$\bar{n}_4=-1$、$\bar{u}'_3=0.951374$、$\bar{u}'_4=0.5$、$h_4=-0.1$，有

$$\bar{P}_4=\left(\frac{\bar{u}'_4-\bar{u}_4}{1/\bar{n}'_4-1/\bar{n}_4}\right)^2\left(\frac{\bar{u}'_4}{\bar{n}'_4}-\frac{\bar{u}_4}{\bar{n}_4}\right)=1.09632,\quad h_4\bar{P}_4=-0.109632$$

3) $\bar{l}_5$ 和自准面 r_5 的求解

已知自准校正透镜厚度 $\bar{d}_{45}=-0.008$，根据转面公式有

$$\bar{l}_5=\bar{l}'_4-\bar{d}_{45}=-0.192,\quad r_5=l'_5=\bar{l}_5=-0.192$$

2. 面 2 和面 1 相关参数的求解

1) l_2 和 u_2 的求解

已知 $r_2=r_4=0.265233$、n'_2=1、$n_2=1.514664$、$l'_2=-0.007629$、$h_2=-0.008$，根

据近轴公式有

$$\frac{n_2'-n_2}{r_2}=\frac{n_2'}{l_2'}-\frac{n_2}{l_2},\quad l_2=-0.011729,\quad u_2=\frac{h_2}{l_2}=0.682067$$

2) P_2 和 h_2P_2 的求解

已知 $n_2'=1$、$n_2=1.514664$、$u_2'=1.048626$、$u_2=0.682067$、$h_2=-0.008$，有

$$P_2=\left(\frac{u_2'-u_2}{1/n_2'-1/n_2}\right)^2\left(\frac{u_2'}{n_2'}-\frac{u_2}{n_2}\right)=0.696311,\quad h_2P_2=-0.005570$$

3) l_1、l_1'、h_1 和 u_1 的求解

已知 $n_1=1$、$n_1'=1.514664$、$l_2=-0.011729$、$d_{12}=0.008$、$u_1'=0.682067$，根据转面公式和近轴公式有

$$l_1'=l_2+d_{12}=-0.003729,\quad h_1=l_1'u_1'=-0.002543,\quad r_1=r_5=-0.192$$

$$\frac{n_1'-n_1}{r_1}=\frac{n_1'}{l_1'}-\frac{n_1}{l_1},\quad l_1=-0.002478,\quad u_1=1.026285$$

4) P_1 和 h_1P_1 的求解

已知 $n_1=1$、$n_1'=1.514664$、$u_1=1.026285$、$u_1'=0.682067$、$h_1=-0.002543$，有

$$P_1=\left(\frac{u_1'-u_1}{1/n_1'-1/n_1}\right)^2\left(\frac{u_1'}{n_1'}-\frac{u_1}{n_1}\right)=-0.591092,\quad h_1P_1=0.001503$$

3. e_3^2 的求解

已知 $h_1P_1=0.001503$、$h_2P_2=-0.005570$、$h_{03}\bar{P}_3=0.004729$、$h_5P_5=0$、$h_4\bar{P}_4=-0.109632$，根据式(5.10b)有

$$e_3^2=\frac{h_1P_1+h_2P_2+h_{03}\bar{P}_3+h_4\bar{P}_4}{2}=-0.054485$$

4. 规化光学系统

将上述数据整理代入 Zemax 程序验算可得系统 $S_1=0$，说明计算正确。对应的规化光学系统的结构参数如表 7.3 所示，规化光学系统如图 7.4 所示。

表 7.3 $h_4=-0.1$、$h_2=-0.008$、$\bar{u}_4'=0.5$ 对应的规化光学系统的结构参数

Surf	Type	Radius	Thickness	Glass	Diameter	Conic
OBJ	Standard	Infinity	0.0025	—	0.0000	0.0000
1	Standard	−0.1920	0.0080	K9	0.0005	0.0000
2	Standard	0.2652	0.9460	—	0.0016	0.0000

续表

Surf	Type	Radius	Thickness	Glass	Diameter	Conic
STO	Standard	–1.0000	–0.9460	MIRROR	0.2000	0.0545
4	Standard	0.2652	–0.0080	K9	0.0199	0.0000
5	Standard	–0.1920	0.0080	MIRROR	0.0191	0.0000
6	Standard	0.2652	0.9460	—	0.0199	0.0000
7	Standard	–1.0000	–0.9460	MIRROR	0.2005	0.0545
8	Standard	0.2652	–0.0080	K9	0.0017	0.0000
9	Standard	–0.1920	–0.0025	—	0.0006	0.0000
IMA	Standard	Infinity	—	—	0.0001	0.0000

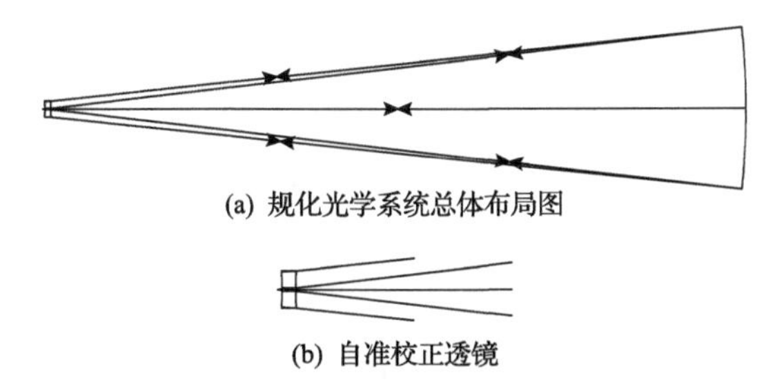

(a) 规化光学系统总体布局图

(b) 自准校正透镜

图 7.4　$h_4=-0.1$、$h_2=-0.008$、$\bar{u}'_4=0.5$ 对应的规化光学系统

7.1.5　自准角 $\bar{u}'_4=1.5$ 对应的规化光学系统

1. 面 4 和面 5 相关参数的求解

1) $\bar{l}'_4$ 和 r_4 的求解

已知自准校正透镜第 4 面的折射(自准)角 $\bar{u}'_4=\bar{u}_5=1.5$，有

$$\bar{l}'_4=\frac{h_4}{\bar{u}'_4}=-0.066667$$

已知 $\bar{n}'_4=-1.514664$、$\bar{n}_4=-1$、$\bar{l}_4=-0.105111$、$\bar{l}'_4=-0.066667$，根据近轴公式有

$$\frac{\bar{n}'_4-\bar{n}_4}{r_4}=\frac{\bar{n}'_4}{\bar{l}'_4}-\frac{\bar{n}_4}{\bar{l}_4},\quad r_4=-0.038971$$

2) $\bar{P}_4$ 和 $h_4\bar{P}_4$ 的求解

已知 $\bar{n}'_4=-1.514664$、$\bar{n}_4=-1$、$\bar{u}'_3=0.951374$、$u'_4=1.5$、$h_4=-0.1$，有

$$\bar{P}_4=\left(\frac{\bar{u}'_4-\bar{u}_4}{1/\bar{n}'_4-1/\bar{n}_4}\right)^2\left(\frac{\bar{u}'_4}{\bar{n}'_4}-\frac{\bar{u}_4}{\bar{n}_4}\right)=-0.101527,\quad h_4\bar{P}_4=0.010153$$

3) $\overleftarrow{l}_5$ 和自准面 r_5 的求解

已知自准校正透镜厚度 $\overleftarrow{d}_{45}=-0.008$，根据转面公式有

$$\overleftarrow{l}_5=\overleftarrow{l}'_4-\overleftarrow{d}_{45}=-0.058667,\quad r_5=\overleftarrow{l}'_5=\overleftarrow{l}_5=-0.058667$$

2. 面 2 和面 1 相关参数的求解

1) l_2 和 u_2 的求解

已知 $r_2=r_4=-0.038971$、$n'_2=1$、$n_2=1.514664$、$l'_2=-0.007629$、$h_2=-0.008$，根据近轴公式有

$$\frac{n'_2-n_2}{r_2}=\frac{n'_2}{l'_2}-\frac{n_2}{l_2},\quad l_2=-0.010498,\quad u_2=\frac{h_2}{l_2}=0.762067$$

2) P_2 和 h_2P_2 的求解

已知 $n'_2=1$、$n_2=1.514664$、$u'_2=1.048626$、$u_2=0.762067$、$h_2=-0.008$，有

$$P_2=\left(\frac{u'_2-u_2}{1/n'_2-1/n_2}\right)^2\left(\frac{u'_2}{n'_2}-\frac{u_2}{n_2}\right)=0.387978,\quad h_2P_2=-0.003104$$

3) l_1、l'_1、h_1 和 u_1 的求解

已知 $n_1=1$、$n'_1=1.514664$、$l_2=-0.010498$、$d_{12}=0.008$、$u'_1=0.762067$，根据转面公式和近轴公式有

$$l'_1=l_2+d_{12}=-0.002498,\quad h_1=l'_1u'_1=-0.001903,\quad r_1=r_5=-0.058667$$

$$\frac{n'_1-n_1}{r_1}=\frac{n'_1}{l'_1}-\frac{n_1}{l_1},\quad l_1=-0.001673,\quad u_1=1.137577$$

4) P_1 和 h_1P_1 的求解

已知 $n_1=1$、$n'_1=1.514664$、$u_1=1.137577$、$u'_1=0.762067$、$h_1=-0.001903$，有

$$P_1=\left(\frac{u'_1-u_1}{1/n'_1-1/n_1}\right)^2\left(\frac{u'_1}{n'_1}-\frac{u_1}{n_1}\right)=-0.774865,\quad h_1P_1=0.001475$$

3. e_3^2 的求解

已知 $h_1P_1=0.001475$、$h_2P_2=-0.003104$、$h_{03}\overleftarrow{P}_3=0.004729$、$h_5P_5=0$、$h_4\overleftarrow{P}_4=0.010153$，根据式(5.10b)有

$$e_3^2 = \frac{h_1 P_1 + h_2 P_2 + h_{03} \bar{P}_3 + h_4 \bar{P}_4}{2} = 0.006626$$

4. 规化光学系统

将上述数据整理代入 Zemax 程序验算可得系统 $S_1 = 0$，说明计算正确。对应的规化光学系统的结构参数如表 7.4 所示，规化光学系统如图 7.5 所示。

表 7.4　$h_4 = -0.1$、$h_2 = -0.008$、$\bar{u}'_4 = 1.5$ 对应的规化光学系统的结构参数

Surf	Type	Radius	Thickness	Glass	Diameter	Conic
OBJ	Standard	Infinity	0.0017	—	0.0000	0.0000
1	Standard	−0.0587	0.0080	K9	0.0004	0.0000
2	Standard	−0.0390	0.9460	—	0.0016	0.0000
STO	Standard	−1.0000	−0.9460	MIRROR	0.2000	−0.0066
4	Standard	−0.0390	−0.0080	K9	0.0197	0.0000
5	Standard	−0.0587	0.0080	MIRROR	0.0175	0.0000
6	Standard	−0.0390	0.9460	—	0.0197	0.0000
7	Standard	−1.0000	−0.9460	MIRROR	0.1971	−0.0066
8	Standard	−0.0390	−0.0080	K9	0.0014	0.0000
9	Standard	−0.0587	−0.0017	—	0.0002	0.0000
IMA	Standard	Infinity	—	—	0.0001	0.0000

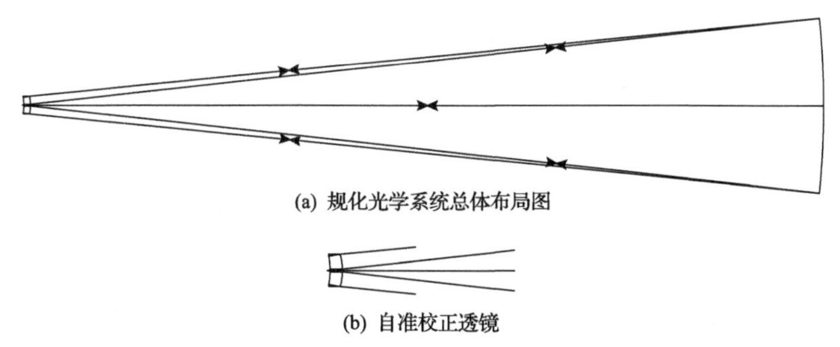

(a) 规化光学系统总体布局图

(b) 自准校正透镜

图 7.5　$h_4 = -0.1$、$h_2 = -0.008$、$\bar{u}'_4 = 1.5$ 对应的规化光学系统

7.1.6　自准角 $\bar{u}'_4 = 2$ 对应的规化光学系统

1. 面 4 和面 5 相关参数的求解

1) $\bar{l}'_4$ 和 r_4 的求解

已知自准校正透镜第 4 面的折射(自准)角 $\bar{u}'_4 = \bar{u}_5 = 2$，有

$$\overleftarrow{l}_4' = \frac{h_4}{\overleftarrow{u}_4'} = -0.05$$

已知$\overleftarrow{n}_4' = -1.514664$、$\overleftarrow{n}_4 = -1$、$\overleftarrow{l}_4 = -0.105111$、$\overleftarrow{l}_4' = -0.05$，根据近轴公式有

$$\frac{\overleftarrow{n}_4' - \overleftarrow{n}_4}{r_4} = \frac{\overleftarrow{n}_4'}{\overleftarrow{l}_4'} - \frac{\overleftarrow{n}_4}{\overleftarrow{l}_4}, \quad r_4 = -0.024768$$

2) $\overleftarrow{P}_4$和$h_4\overleftarrow{P}_4$的求解

已知$\overleftarrow{n}_4' = -1.514664$、$\overleftarrow{n}_4 = -1$、$\overleftarrow{u}_3' = 0.951374$、$u_4' = 2$、$h_4 = -0.1$，有

$$\overleftarrow{P}_4 = \left(\frac{\overleftarrow{u}_4' - \overleftarrow{u}_4}{1/\overleftarrow{n}_4' - 1/\overleftarrow{n}_4}\right)^2 \left(\frac{\overleftarrow{u}_4'}{\overleftarrow{n}_4'} - \frac{\overleftarrow{u}_4}{\overleftarrow{n}_4}\right) = -3.514893, \quad h_4\overleftarrow{P}_4 = 0.351489$$

3) $\overleftarrow{l}_5$和自准面r_5的求解

已知自准校正透镜厚度$\overleftarrow{d}_{45} = -0.008$，根据转面公式有

$$\overleftarrow{l}_5 = \overleftarrow{l}_4' - \overleftarrow{d}_{45} = -0.042, \quad r_5 = l_5' = \overleftarrow{l}_5 = -0.042$$

2. 面 2 和面 1 相关参数的求解

1) l_2和u_2的求解

已知 $r_2 = r_4 = -0.024768$、$n_2' = 1$、$n_2 = 1.514664$、$l_2' = -0.007629$、$h_2 = -0.008$，根据近轴公式有

$$\frac{n_2' - n_2}{r_2} = \frac{n_2'}{l_2'} - \frac{n_2}{l_2}, \quad l_2 = -0.009974, \quad u_2 = \frac{h_2}{l_2} = 0.802067$$

2) P_2和h_2P_2的求解

已知$n_2' = 1$、$n_2 = 1.514664$、$u_2' = 1.048626$、$u_2 = 0.802067$、$h_2 = -0.008$，有

$$P_2 = \left(\frac{u_2' - u_2}{1/n_2' - 1/n_2}\right)^2 \left(\frac{u_2'}{n_2'} - \frac{u_2}{n_2}\right) = 0.273319, \quad h_2P_2 = -0.002187$$

3) l_1、l_1'、h_1和u_1的求解

已知 $n_1 = 1$、$n_1' = 1.514664$、$l_2 = -0.009974$、$d_{12} = 0.008$、$u_1' = 0.802067$，根据转面公式和近轴公式有

$$l_1' = l_2 + d_{12} = -0.001974, \quad h_1 = l_1'u_1' = -0.001583, \quad r_1 = r_5 = -0.042$$

$$\frac{n_1' - n_1}{r_1} = \frac{n_1'}{l_1'} - \frac{n_1}{l_1}, \quad l_1 = -0.001325, \quad u_1 = 1.195458$$

4) P_1和h_1P_1的求解

已知$n_1=1$、$n_1'=1.514664$、$u_1=1.195458$、$u_1'=0.802067$、$h_1=-0.001583$，有

$$P_1=\left(\frac{u_1'-u_1}{1/n_1'-1/n_1}\right)^2\left(\frac{u_1'}{n_1'}-\frac{u_1}{n_1}\right)=-0.892605,\quad h_1P_1=0.001413$$

3．e_3^2的求解

已知$h_1P_1=0.001413$、$h_2P_2=-0.002187$、$h_{03}\bar{P}_3=0.004729$、$h_5P_5=0$、$h_4\bar{P}_4=0.351489$，根据式(5.10b)有

$$e_3^2=\frac{h_1P_1+h_2P_2+h_{03}\bar{P}_3+h_4\bar{P}_4}{2}=0.177723$$

4. 规化光学系统

将上述数据整理代入 Zemax 程序验算可得系统$S_1=0$，说明计算正确。对应的规化光学系统的结构参数如表 7.5 所示，规化光学系统如图 7.6 所示。

表 7.5　$h_4=-0.1$、$h_2=-0.008$、$\bar{u}_4'=2$ 对应的规化光学系统的结构参数

Surf	Type	Radius	Thickness	Glass	Diameter	Conic
OBJ	Standard	Infinity	0.0013	—	0.0000	0.0000
1	Standard	−0.0420	0.0080	K9	0.0003	0.0000
2	Standard	−0.0248	0.9460	—	0.0016	0.0000
STO	Standard	−1.0000	−0.9460	MIRROR	0.2000	−0.1777
4	Standard	−0.0248	−0.0080	K9	0.0199	0.0000
5	Standard	−0.0420	0.0080	MIRROR	0.0171	0.0000
6	Standard	−0.0248	0.9460	—	0.0199	0.0000
7	Standard	−1.0000	−0.9460	MIRROR	0.1942	−0.1777
8	Standard	−0.0248	−0.0080	K9	0.0011	0.0000
9	Standard	−0.0420	−0.0013	—	0.0001	0.0000
IMA	Standard	Infinity	—	—	0.0004	0.0000

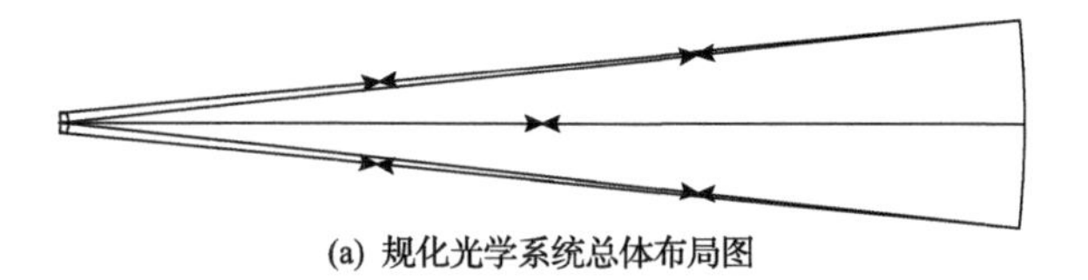

(a) 规化光学系统总体布局图

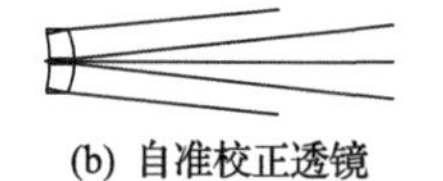

(b) 自准校正透镜

图 7.6　$h_4=-0.1$、$h_2=-0.008$、$\bar{u}_4'=2$ 对应的规化光学系统

7.2　h_4=−0.125、h_2=−0.008 对应的规化光学系统

如图 7.1 所示，设定规化值 h_4=−0.125 和 h_2=−0.008，按照 7.1 节的计算方法求解不同自准角 $\overleftarrow{u}'_4$ 对应的规化光学系统。

7.2.1　待检凹非球面相关参数的求解

1. u_3、$\overleftarrow{u}'_3$、l_3、$\overleftarrow{l}'_3$ 和 $\overleftarrow{P}_3$、$h_{03}\overleftarrow{P}_3$ 的求解

1) u_3、$\overleftarrow{u}'_3$、l_3 和 $\overleftarrow{l}'_3$ 的求解

设定 $h_{03}=-1$、$h_4=-0.125$、$h_2=-0.008$，根据式(5.9)有

$$u'_2=u_3=1.062667,\quad l_3=-0.941028,\quad \overleftarrow{u}_4=\overleftarrow{u}'_3=0.937333,\quad \overleftarrow{l}'_3=-1.066857$$

2) $\overleftarrow{P}_3$ 和 $h_{03}\overleftarrow{P}_3$ 的求解

已知 $u_3=1.062667$、$\overleftarrow{u}'_3=0.937333$、$h_{03}=-1$，有

$$\overleftarrow{P}_3=-0.007854,\quad h_{03}\overleftarrow{P}_3=0.007854$$

2. $\overleftarrow{l}_4$、$\overleftarrow{d}_{34}$、l'_2 和 d_{23} 的求解

1) $\overleftarrow{l}_4$ 和 l'_2 的求解

已知 $h_4=-0.125$、$\overleftarrow{u}_4=0.937333$、$h_2=-0.008$、$u'_2=1.062667$，有

$$\overleftarrow{l}_4=-0.133357,\quad l'_2=-0.007528$$

2) $\overleftarrow{d}_{34}$ 和 d_{23} 的求解

已知 $\overleftarrow{l}_4=-0.133357$、$\overleftarrow{l}'_3=-1.066857$、$l_3=-0.941028$、$l'_2=-0.007528$，根据转面公式有

$$\overleftarrow{d}_{34}=-0.9335,\quad d_{23}=0.9335$$

7.2.2　自准角 $\overleftarrow{u}'_4=-0.5$ 对应的规化光学系统

1. 面 4 和面 5 相关参数的求解

1) $\overleftarrow{l}'_4$ 和 r_4 的求解

$$\overleftarrow{u}'_4=\overleftarrow{u}_5=-0.5,\quad \overleftarrow{l}'_4=0.25,\quad r_4=0.037962$$

2) $\overleftarrow{P}_4$ 和 $h_4\overleftarrow{P}_4$ 的求解

$$\overleftarrow{P}_4 = 22.679141, \quad h_4\overleftarrow{P}_4 = -2.834893$$

3) $\overleftarrow{l}_5$ 和自准面 r_5 的求解

$$\overleftarrow{d}_{45} = -0.008, \quad r_5 = l_5' = \overleftarrow{l}_5 = 0.258$$

2. 面 2 和面 1 相关参数的求解

1) l_2 和 u_2 的求解

$$l_2 = -0.012699, \quad u_2 = 0.629981$$

2) P_2 和 h_2P_2 的求解

$$P_2 = 1.048737, \quad h_2P_2 = -0.008390$$

3) l_1、l_1'、h_1 和 u_1 的求解

$$l_1' = -0.004699, \quad h_1 = -0.002960$$

$$r_1 = r_5 = 0.258, \quad l_1 = -0.003083, \quad u_1 = 0.960114$$

4) P_1 和 h_1P_1 的求解

$$P_1 = -0.513708, \quad h_1P_1 = 0.001521$$

3. e_3^2 的求解

$$e_3^2 = \frac{h_1P_1 + h_2P_2 + h_{03}\overleftarrow{P}_3 + h_4\overleftarrow{P}_4}{2} = -1.416954$$

4. 规化光学系统

将上述数据整理代入 Zemax 程序验算可得系统 $S_1 = 0$，说明计算正确。对应的规化光学系统的结构参数如表 7.6 所示，规化光学系统与图 7.2 类似。

表 7.6　$h_4 = -0.125$、$h_2 = -0.008$、$\bar{u}_4' = -0.5$ 对应的规化光学系统的结构参数

Surf	Type	Radius	Thickness	Glass	Diameter	Conic
OBJ	Standard	Infinity	0.0031	—	0.0000	0.0000
1	Standard	0.2580	0.0080	K9	0.0006	0.0000
2	Standard	0.0380	0.9335	—	0.0016	0.0000

续表

Surf	Type	Radius	Thickness	Glass	Diameter	Conic
STO	Standard	−1.0000	−0.9335	MIRROR	0.2000	1.4170
4	Standard	0.0380	−0.0080	K9	0.0227	0.0000
5	Standard	0.2580	0.0080	MIRROR	0.0236	0.0000
6	Standard	0.0380	0.9335	—	0.0227	0.0000
7	Standard	−1.0000	−0.9335	MIRROR	0.1960	1.4170
8	Standard	0.0380	−0.0080	K9	0.0013	0.0000
9	Standard	0.2580	−0.0031	—	0.0003	0.0000
IMA	Standard	Infinity	—	—	0.0003	0.0000

7.2.3 自准角 $\overleftarrow{u}_4' = 0$ 对应的规化光学系统

1. 面 4 和面 5 相关参数的求解

1) $\overleftarrow{l}_4'$ 和 r_4 的求解

$$\overleftarrow{u}_4' = \overleftarrow{u}_5 = 0, \quad \overleftarrow{l}_4' \to \infty, \quad r_4 = 0.068634$$

2) $\overleftarrow{P}_4$ 和 $h_4\overleftarrow{P}_4$ 的求解

$$\overleftarrow{P}_4 = 7.132901, \quad h_4\overleftarrow{P}_4 = -0.891613$$

3) $\overleftarrow{l}_5$ 和自准面 r_5 的求解

$$\overleftarrow{d}_{45} = -0.008, \quad r_5 = l_5' = \overleftarrow{l}_5 \to \infty$$

2. 面 2 和面 1 相关参数的求解

1) l_2 和 u_2 的求解

$$l_2 = -0.012085, \quad u_2 = 0.661981$$

2) P_2 和 h_2P_2 的求解

$$P_2 = 0.869973, \quad h_2P_2 = -0.006960$$

3) l_1、l_1'、h_1 和 u_1 的求解

$$l_1' = l_2 + d_{12} = -0.004085, \quad h_1 = l_1'u_1' = -0.002704$$

$$r_1 = r_5 \to \infty, \quad l_1 = -0.002697, \quad u_1 = 1.002678$$

4) P_1 和 h_1P_1 的求解

$$P_1 = -0.568664, \quad h_1P_1 = 0.001538$$

3. e_3^2 的求解

$$e_3^2 = \frac{h_1P_1 + h_2P_2 + h_{03}\overleftarrow{P}_3 + h_4\overleftarrow{P}_4}{2} = -0.444590$$

4. 规化光学系统

将上述数据整理代入 Zemax 程序验算可得系统 $S_1 = 0$，说明计算正确。对应的规化光学系统的结构参数如表 7.7 所示，规化光学系统与图 7.3 类似。

表 7.7　h_4=−0.125、h_2=−0.008、$\bar{u}_4' = 0$ 对应的规化光学系统的结构参数

Surf	Type	Radius	Thickness	Glass	Diameter	Conic
OBJ	Standard	Infinity	0.0027	—	0.0000	0.0000
1	Standard	Infinity	0.0080	K9	0.0005	0.0000
2	Standard	0.0686	0.9335	—	0.0016	0.0000
STO	Standard	−1.0000	−0.9335	MIRROR	0.2000	0.4446
4	Standard	0.0686	−0.0080	K9	0.0244	0.0000
5	Standard	Infinity	0.0080	MIRROR	0.0244	0.0000
6	Standard	0.0686	0.9335	—	0.0244	0.0000
7	Standard	−1.0000	−0.9335	MIRROR	0.2016	0.4446
8	Standard	0.0686	−0.0080	K9	0.0019	0.0000
9	Standard	Infinity	−0.0027	—	0.0008	0.0000
IMA	Standard	Infinity	—	—	0.0003	0.0000

7.2.4　自准角 $\bar{u}_4' = 0.5$ 对应的规化光学系统

1. 面 4 和面 5 相关参数的求解

1) $\overleftarrow{l}_4'$ 和 r_4 的求解

$$\bar{u}_4' = \bar{u}_5 = 0.5, \quad \overleftarrow{l}_4' = -0.25, \quad r_4 = 0.357404$$

2) $\overleftarrow{P}_4$ 和 $h_4\overleftarrow{P}_4$ 的求解

$$\overleftarrow{P}_4 = 1.005911, \quad h_4\overleftarrow{P}_4 = -0.125739$$

3) $\overleftarrow{l}_5$ 和自准面 r_5 的求解

$$\overleftarrow{d}_{45} = -0.008, \quad r_5 = l_5' = \overleftarrow{l}_5 = -0.242$$

2. 面 2 和面 1 相关参数的求解

1) l_2 和 u_2 的求解

$$l_2 = -0.011528, \quad u_2 = 0.693981$$

2) P_2 和 h_2P_2 的求解

$$P_2 = 0.711691, \quad h_2P_2 = -0.005694$$

3) l_1、l_1'、h_1 和 u_1 的求解

$$l_1' = -0.003528, \quad h_1 = -0.002448,$$

$$r_1 = r_5 = -0.242, \quad l_1 = -0.002341, \quad u_1 = 1.045941$$

4) P_1 和 h_1P_1 的求解

$$P_1 = -0.630633, \quad h_1P_1 = 0.001544$$

3. e_3^2 的求解

$$e_3^2 = \frac{h_1P_1 + h_2P_2 + h_{03}\overleftarrow{P}_3 + h_4\overleftarrow{P}_4}{2} = -0.061017$$

4. 规化光学系统

将上述数据整理代入 Zemax 程序验算可得系统 $S_1 = 0$，说明计算正确。对应的规化光学系统的结构参数如表 7.8 所示，规化光学系统与图 7.4 类似。

表 7.8 $h_4=-0.125$、$h_2=-0.008$、$\overline{u}_4' = 0.5$ 对应的规化光学系统的结构参数

Surf	Type	Radius	Thickness	Glass	Diameter	Conic
OBJ	Standard	Infinity	0.0023	—	0.0000	0.0000
1	Standard	−0.2420	0.0080	K9	0.0005	0.0000
2	Standard	0.3574	0.9335	—	0.0016	0.0000
STO	Standard	−1.0000	−0.9335	MIRROR	0.2000	0.0610

续表

Surf	Type	Radius	Thickness	Glass	Diameter	Conic
4	Standard	0.3574	−0.0080	K9	0.0249	0.0000
5	Standard	−0.2420	0.0080	MIRROR	0.0241	0.0000
6	Standard	0.3574	0.9335	—	0.0249	0.0000
7	Standard	−1.0000	−0.9335	MIRROR	0.2003	0.0610
8	Standard	0.3574	−0.0080	K9	0.0018	0.0000
9	Standard	−0.2420	−0.0023	—	0.0007	0.0000
IMA	Standard	Infinity	—	—	0.0002	0.0000

7.2.5　自准角 $\bar{u}_4' = 1.5$ 对应的规化光学系统

1. 面 4 和面 5 相关参数的求解

1) $\bar{l}_4'$ 和 r_4 的求解

$$\bar{u}_4' = \bar{u}_5 = 1.5, \quad \bar{l}_4' = -0.083333, \quad r_4 = -0.048202$$

2) $\bar{P}_4$ 和 $h_4\bar{P}_4$ 的求解

$$\bar{P}_4 = -0.145295, \quad h_4\bar{P}_4 = 0.018162$$

3) $\bar{l}_5$ 和自准面 r_5 的求解

$$\bar{d}_{45} = -0.008, \quad r_5 = l_5' = \bar{l}_5 = -0.075333$$

2. 面 2 和面 1 相关参数的求解

1) l_2 和 u_2 的求解

$$l_2 = -0.010554, \quad u_2 = 0.757981$$

2) P_2 和 h_2P_2 的求解

$$P_2 = 0.452078, \quad h_2P_2 = -0.003617$$

3) l_1、l_1'、h_1 和 u_1 的求解

$$l_1' = -0.002554, \quad h_1 = -0.001936$$

$$r_1 = r_5 = -0.075333, \quad l_1 = -0.001706, \quad u_1 = 1.134858$$

4) P_1 和 h_1P_1 的求解

$$P_1 = -0.780495, \quad h_1P_1 = 0.001511$$

3. e_3^2 的求解

$$e_3^2 = \frac{h_1P_1 + h_2P_2 + h_{03}\overleftarrow{P}_3 + h_4\overleftarrow{P}_4}{2} = 0.011955$$

4. 规化光学系统

将上述数据整理代入 Zemax 程序验算可得系统 $S_1 = 0$，说明计算正确。对应的规化光学系统的结构参数如表 7.9 所示，规化光学系统与图 7.5 类似。

表 7.9　h_4=−0.125、h_2=−0.008、$\overleftarrow{u}_4' = 1.5$ 对应的规化光学系统的结构参数

Surf	Type	Radius	Thickness	Glass	Diameter	Conic
OBJ	Standard	Infinity	0.0017	—	0.0000	0.0000
1	Standard	−0.0753	0.0080	K9	0.0004	0.0000
2	Standard	−0.0482	0.9335	—	0.0016	0.0000
STO	Standard	−1.0000	−0.9335	MIRROR	0.2000	−0.0120
4	Standard	−0.0482	−0.0080	K9	0.0247	0.0000
5	Standard	−0.0753	0.0080	MIRROR	0.0225	0.0000
6	Standard	−0.0482	0.9335	—	0.0247	0.0000
7	Standard	−1.0000	−0.9335	MIRROR	0.1971	−0.0120
8	Standard	−0.0482	−0.0080	K9	0.0014	0.0000
9	Standard	−0.0753	−0.0017	—	0.0002	0.0000
IMA	Standard	Infinity	—	—	0.0002	0.0000

7.2.6　自准角 $\overleftarrow{u}_4' = 2$ 对应的规化光学系统

1. 面 4 和面 5 相关参数的求解

1) $\overleftarrow{l}_4'$ 和 r_4 的求解

$$\overleftarrow{u}_4' = \overleftarrow{u}_5 = 2, \quad \overleftarrow{l}_4' = -0.0625, \quad r_4 = -0.030752$$

2) $\overleftarrow{P}_4$ 和 $h_4\overleftarrow{P}_4$ 的求解

$$\overleftarrow{P}_4 = -3.746995, \quad h_4\overleftarrow{P}_4 = 0.468374$$

3) $\overleftarrow{l}_5$ 和自准面 r_5 的求解

$$\overleftarrow{d}_{45} = -0.008, \quad r_5 = l_5' = \overleftarrow{l}_5 = -0.0545$$

2. 面 2 和面 1 相关参数的求解

1) l_2 和 u_2 的求解

$$l_2 = -0.010127, \quad u_2 = 0.789981$$

2) P_2 和 h_2P_2 的求解

$$P_2 = 0.348498, \quad h_2P_2 = -0.002788$$

3) l_1、l_1'、h_1 和 u_1 的求解

$$l_1' = -0.002127, \quad h_1 = -0.001680$$

$$r_1 = r_5 = -0.0545, \quad l_1 = -0.001423, \quad u_1 = 1.180689$$

4) P_1 和 h_1P_1 的求解

$$P_1 = -0.871492, \quad h_1P_1 = 0.001464$$

3. e_3^2 的求解

$$e_3^2 = \frac{h_1P_1 + h_2P_2 + h_{03}\bar{P}_3 + h_4\bar{P}_4}{2} = 0.237452$$

4. 规化光学系统

将上述数据整理代入 Zemax 程序验算可得系统 $S_1 = 0$，说明计算正确。对应的规化光学系统的结构参数如表 7.10 所示，规化光学系统与图 7.6 类似。

表 7.10　$h_4 = -0.125$、$h_2 = -0.008$、$\bar{u}_4' = 2$ 对应的规化光学系统的结构参数

Surf	Type	Radius	Thickness	Glass	Diameter	Conic
OBJ	Standard	Infinity	0.0014	—	0.0000	0.0000
1	Standard	−0.0545	0.0080	K9	0.0003	0.0000
2	Standard	−0.0308	0.9335	—	0.0016	0.0000
STO	Standard	−1.0000	−0.9335	MIRROR	0.2000	−0.2375
4	Standard	−0.0308	−0.0080	K9	0.0249	0.0000
5	Standard	−0.0545	0.0080	MIRROR	0.0222	0.0000
6	Standard	−0.0308	0.9335	—	0.0249	0.0000

续表

Surf	Type	Radius	Thickness	Glass	Diameter	Conic
7	Standard	−1.0000	−0.9335	MIRROR	0.1942	−0.2375
8	Standard	−0.0308	−0.0080	K9	0.0010	0.0000
9	Standard	−0.0545	−0.0014	—	0.0002	0.0000
IMA	Standard	Infinity	—	—	0.0005	0.0000

7.3　h_4=−0.15、h_2=−0.008 对应的规化光学系统

如图 7.1 所示，设定规化值 h_4=−0.15 和 h_2=−0.008，按照 7.1 节的计算方法求解不同自准角 $\bar{u}_4'$ 对应的规化光学系统。

7.3.1　待检凹非球面相关参数的求解

1. u_3、$\bar{u}_3'$、l_3、$\overleftarrow{l}_3'$ 和 $\overleftarrow{P}_3$、$h_{03}\overleftarrow{P}_3$ 的求解

1) u_3、$\bar{u}_3'$、l_3 和 $\overleftarrow{l}_3'$ 的求解

已知 $h_{03}=-1$、$h_4=-0.15$、$h_2=-0.008$，根据式(5.9)有

$$u_2'=u_3=1.077090,\quad l_3=-0.928427,\quad \bar{u}_3'=\bar{u}_4=0.922910,\quad \overleftarrow{l}_3'=-1.083529$$

2) $\overleftarrow{P}_3$ 和 $h_{03}\overleftarrow{P}_3$ 的求解

已知 $u_3=1.077090$、$\bar{u}_3'=0.922910$、$h_{03}=-1$，有

$$\overleftarrow{P}_3=-0.011886,\quad h_{03}\overleftarrow{P}_3=0.011886$$

2. $\overleftarrow{l}_4$、$\overleftarrow{d}_{34}$、l_2' 和 d_{23} 的求解

1) $\overleftarrow{l}_4$ 和 l_2' 的求解

已知 $h_4=-0.15$、$\bar{u}_4=0.922910$、$h_2=-0.008$、$u_2'=1.077090$，有

$$\overleftarrow{l}_4=-0.162529,\quad l_2'=-0.007427$$

2) $\overleftarrow{d}_{34}$ 和 d_{23} 的求解

已知 $\overleftarrow{l}_4=-0.162529$、$\overleftarrow{l}_3'=-1.083529$、$l_3=-0.928427$、$l_2'=-0.007427$，根据转面公式有

$$\overleftarrow{d}_{34}=\overleftarrow{l}_3'-\overleftarrow{l}_4=-0.921,\quad d_{23}=l_2'-l_3=0.921$$

7.3.2　自准角 $\bar{u}_4' = -0.5$ 对应的规化光学系统

1. 面 4 和面 5 相关参数的求解

1) $\overleftarrow{l}_4'$ 和 r_4 的求解

$$\bar{u}_4' = \bar{u}_5 = -0.5, \quad \overleftarrow{l}_4' = 0.3, \quad r_4 = 0.045946$$

2) $\overleftarrow{P}_4$ 和 $h_4\overleftarrow{P}_4$ 的求解

$$\overleftarrow{P}_4 = 21.973360, \quad h_4\overleftarrow{P}_4 = -3.296004$$

3) $\overleftarrow{l}_5$ 和自准面 r_5 的求解

$$\overleftarrow{d}_{45} = -0.008, \quad r_5 = l_5' = \overleftarrow{l}_5 = 0.308$$

2. 面 2 和面 1 相关参数的求解

1) l_2 和 u_2 的求解

$$l_2 = -0.012271, \quad u_2 = 0.651945$$

2) P_2 和 h_2P_2 的求解

$$P_2 = 1.012375, \quad h_2P_2 = -0.008099$$

3) l_1、l_1'、h_1 和 u_1 的求解

$$l_1' = -0.004271, \quad h_1 = -0.002784$$

$$r_1 = r_5 = 0.308, \quad l_1 = -0.002807, \quad u_1 = 0.992130$$

4) P_1 和 h_1P_1 的求解

$$P_1 = -0.563024, \quad h_1P_1 = 0.001568$$

3. e_3^2 的求解

$$e_3^2 = \frac{h_1P_1 + h_2P_2 + h_{03}\overleftarrow{P}_3 + h_4\overleftarrow{P}_4}{2} = -1.645324$$

4. 规化光学系统

将上述数据整理代入 Zemax 程序验算可得系统 $S_1 = 0$，说明计算正确。对应的规化光学系统的结构参数如表 7.11 所示，规化光学系统与图 7.2 类似。

表 7.11 $h_4=-0.15$、$h_2=-0.008$、$\bar{u}_4'=-0.5$ 对应的规化光学系统的结构参数

Surf	Type	Radius	Thickness	Glass	Diameter	Conic
OBJ	Standard	Infinity	0.0028	—	0.0000	0.0000
1	Standard	0.3080	0.0080	K9	0.0006	0.0000
2	Standard	0.0460	0.9210	—	0.0016	0.0000
STO	Standard	−1.0000	−0.9210	MIRROR	0.2000	1.6453
4	Standard	0.0460	−0.0080	K9	0.0274	0.0000
5	Standard	0.3080	0.0080	MIRROR	0.0283	0.0000
6	Standard	0.0460	0.9210	—	0.0273	0.0000
7	Standard	−1.0000	−0.9210	MIRROR	0.1966	1.6453
8	Standard	0.0460	−0.0080	K9	0.0013	0.0000
9	Standard	0.3080	−0.0028	—	0.0003	0.0000
IMA	Standard	Infinity	—	—	0.0003	0.0000

7.3.3 自准角 $\bar{u}_4'=0$ 对应的规化光学系统

1. 面 4 和面 5 相关参数的求解

1) $\bar{l}_4'$ 和 r_4 的求解

$$\bar{u}_4'=\bar{u}_5=0,\quad \bar{l}_4'\to\infty,\quad r_4=0.083648$$

2) $\bar{P}_4$ 和 $h_4\bar{P}_4$ 的求解

$$\bar{P}_4=6.808680,\quad h_4\bar{P}_4=-1.021302$$

3) $\bar{l}_5$ 和自准面 r_5 的求解

$$\bar{d}_{45}=-0.008,\quad r_5=l_5'=\bar{l}_5\to\infty$$

2. 面 2 和面 1 相关参数的求解

1) l_2 和 u_2 的求解

$$l_2=-0.011789,\quad u_2=0.678611$$

2) P_2 和 h_2P_2 的求解

$$P_2=0.865145,\quad h_2P_2=-0.006921$$

3) l_1、l_1'、h_1 和 u_1 的求解

$$l_1' = -0.003789, \quad h_1 = -0.002571$$

$$r_1 = r_5 \to \infty, \quad l_1 = -0.002501, \quad u_1 = 1.027868$$

4) P_1 和 h_1P_1 的求解

$$P_1 = -0.612609, \quad h_1P_1 = 0.001575$$

3. e_3^2 的求解

$$e_3^2 = \frac{h_1P_1 + h_2P_2 + h_{03}\overleftarrow{P}_3 + h_4\overleftarrow{P}_4}{2} = -0.507381$$

4. 规化光学系统

将上述数据整理代入 Zemax 程序验算可得系统 $S_1 = 0$，说明计算正确。对应的规化光学系统的结构参数如表 7.12 所示，规化光学系统与图 7.3 类似。

表 7.12　$h_4 = -0.15$、$h_2 = -0.008$、$\bar{u}_4' = 0$ 对应的规化光学系统的结构参数

Surf	Type	Radius	Thickness	Glass	Diameter	Conic
OBJ	Standard	Infinity	0.0025	—	0.0000	0.0000
1	Standard	Infinity	0.0080	K9	0.0005	0.0000
2	Standard	0.0836	0.9210	—	0.0016	0.0000
STO	Standard	–1.0000	–0.9210	MIRROR	0.2000	0.5074
4	Standard	0.0836	–0.0080	K9	0.0293	0.0000
5	Standard	Infinity	0.0080	MIRROR	0.0293	0.0000
6	Standard	0.0836	0.9210	—	0.0293	0.0000
7	Standard	–1.0000	–0.9210	MIRROR	0.2015	0.5074
8	Standard	0.0836	–0.0080	K9	0.0019	0.0000
9	Standard	Infinity	–0.0025	—	0.0009	0.0000
IMA	Standard	Infinity	—	—	0.0003	0.0000

7.3.4　自准角 $\bar{u}_4' = 0.5$ 对应的规化光学系统

1. 面 4 和面 5 相关参数的求解

1) $\overleftarrow{l}_4'$ 和 r_4 的求解

$$\bar{u}_4' = \bar{u}_5 = 0.5, \quad \overleftarrow{l}_4' = -0.3, \quad r_4 = 0.466243$$

2) $\bar{P}_4$ 和 $h_4\bar{P}_4$ 的求解

$$\bar{P}_4 = 0.918315, \quad h_4\bar{P}_4 = -0.137747$$

3) l_5 和自准面 r_5 的求解

$$\overleftarrow{d}_{45} = -0.008, \quad r_5 = l_5' = \overleftarrow{l}_5 = -0.292$$

2. 面 2 和面 1 相关参数的求解

1) l_2 和 u_2 的求解

$$l_2 = -0.011343, \quad u_2 = 0.705278$$

2) P_2 和 h_2P_2 的求解

$$P_2 = 0.732146, \quad h_2P_2 = -0.005857$$

3) l_1、l_1'、h_1 和 u_1 的求解

$$l_1' = -0.003343, \quad h_1 = -0.002358$$

$$r_1 = r_5 = -0.292, \quad l_1 = -0.002216, \quad u_1 = 1.064104$$

4) P_1 和 h_1P_1 的求解

$$P_1 = -0.667412, \quad h_1P_1 = 0.001574$$

3. e_3^2 的求解

$$e_3^2 = \frac{h_1P_1 + h_2P_2 + h_{03}\bar{P}_3 + h_4\bar{P}_4}{2} = -0.065073$$

4. 规化光学系统

将上述数据整理代入 Zemax 程序验算可得系统 $S_1 = 0$，说明计算正确。对应的规化光学系统的结构参数如表 7.13 所示，规化光学系统与图 7.4 类似。

表 7.13 $h_4 = -0.15$、$h_2 = -0.008$、$\bar{u}_4' = 0.5$ 对应的规化光学系统的结构参数

Surf	Type	Radius	Thickness	Glass	Diameter	Conic
OBJ	Standard	Infinity	0.0022	—	0.0000	0.0000
1	Standard	−0.2920	0.0080	K9	0.0005	0.0000
2	Standard	0.4662	0.9210	—	0.0016	0.0000
STO	Standard	−1.0000	−0.9210	MIRROR	0.2000	0.0651

续表

Surf	Type	Radius	Thickness	Glass	Diameter	Conic
4	Standard	0.4662	−0.0080	K9	0.0299	0.0000
5	Standard	−0.2920	0.0080	MIRROR	0.0291	0.0000
6	Standard	0.4662	0.9210	—	0.0299	0.0000
7	Standard	−1.0000	−0.9210	MIRROR	0.2002	0.0651
8	Standard	0.4662	−0.0080	K9	0.0018	0.0000
9	Standard	−0.2920	−0.0022	—	0.0007	0.0000
IMA	Standard	Infinity	—	—	0.0002	0.0000

7.3.5　自准角 $\overleftarrow{u}_4'=1.5$ 对应的规化光学系统

1. 面 4 和面 5 相关参数的求解

1) $\overleftarrow{l}_4'$ 和 r_4 的求解

$$\overleftarrow{u}_4'=\overleftarrow{u}_5=1.5,\quad \overleftarrow{l}_4'=-0.1,\quad r_4=-0.057224$$

2) $\overleftarrow{P}_4$ 和 $h_4\overleftarrow{P}_4$ 的求解

$$\overleftarrow{P}_4=-0.194441,\quad h_4\overleftarrow{P}_4=0.029166$$

3) $\overleftarrow{l}_5$ 和自准面 r_5 的求解

$$\overleftarrow{d}_{45}=-0.008,\quad r_5=l_5'=\overleftarrow{l}_5=-0.092$$

2. 面 2 和面 1 相关参数的求解

1) l_2 和 u_2 的求解

$$l_2=-0.010546,\quad u_2=0.758611$$

2) P_2 和 h_2P_2 的求解

$$P_2=0.506236,\quad h_2P_2=-0.004050$$

3) l_1、l_1'、h_1 和 u_1 的求解

$$l_1'=-0.002546,\quad h_1=-0.001931$$

$$r_1=r_5=-0.092,\quad l_1=-0.001697,\quad u_1=1.138238$$

4) P_1 和 h_1P_1 的求解

$$P_1 = -0.795622, \quad h_1P_1 = 0.001536$$

3. e_3^2 的求解

$$e_3^2 = \frac{h_1P_1 + h_2P_2 + h_{03}\overleftarrow{P}_3 + h_4\overleftarrow{P}_4}{2} = 0.019269$$

4. 规化光学系统

将上述数据整理代入 Zemax 程序验算可得系统 $S_1 = 0$，说明计算正确。对应的规化光学系统的结构参数如表 7.14 所示，规化光学系统与图 7.5 类似。

表 7.14　h_4=−0.15、h_2=−0.008、$\overleftarrow{u}_4'$=1.5 对应的规化光学系统的结构参数

Surf	Type	Radius	Thickness	Glass	Diameter	Conic
OBJ	Standard	Infinity	0.0017	—	0.0000	0.0000
1	Standard	−0.0920	0.0080	K9	0.0004	0.0000
2	Standard	−0.0572	0.9210	—	0.0016	0.0000
STO	Standard	−1.0000	−0.9210	MIRROR	0.2000	−0.0193
4	Standard	−0.0572	−0.0080	K9	0.0296	0.0000
5	Standard	−0.0920	0.0080	MIRROR	0.0275	0.0000
6	Standard	−0.0572	0.9210	—	0.0296	0.0000
7	Standard	−1.0000	−0.9210	MIRROR	0.1971	−0.0193
8	Standard	−0.0572	−0.0080	K9	0.0013	0.0000
9	Standard	−0.0920	−0.0017	—	0.0002	0.0000
IMA	Standard	Infinity	—	—	0.0002	0.0000

7.3.6　自准角 $\overleftarrow{u}_4' = 2$ 对应的规化光学系统

1. 面 4 和面 5 相关参数的求解

1) $\overleftarrow{l}_4'$ 和 r_4 的求解

$$\overleftarrow{u}_4' = \overleftarrow{u}_5 = 2, \quad \overleftarrow{l}_4' = -0.075, \quad r_4 = -0.036650$$

2) $\overleftarrow{P}_4$ 和 $h_4\overleftarrow{P}_4$ 的求解

$$\overleftarrow{P}_4 = -3.994318, \quad h_4\overleftarrow{P}_4 = 0.599148$$

3) $\overleftarrow{l}_5$ 和自准面 r_5 的求解

$$\overleftarrow{d}_{45} = -0.008, \quad r_5 = l_5' = \overleftarrow{l}_5 = -0.067$$

2. 面 2 和面 1 相关参数的求解

1) l_2 和 u_2 的求解

$$l_2 = -0.010187, \quad u_2 = 0.785278$$

2) P_2 和 h_2P_2 的求解

$$P_2 = 0.412025, \quad h_2P_2 = -0.003296$$

3) l_1、l_1'、h_1 和 u_1 的求解

$$l_1' = -0.002187, \quad h_1 = -0.001718$$

$$r_1 = r_5 = -0.067, \quad l_1 = -0.001460, \quad u_1 = 1.176237$$

4) P_1 和 h_1P_1 的求解

$$P_1 = -0.870829, \quad h_1P_1 = 0.001496$$

3. e_3^2 的求解

$$e_3^2 = \frac{h_1P_1 + h_2P_2 + h_{03}\overleftarrow{P}_3 + h_4\overleftarrow{P}_4}{2} = 0.304617$$

4. 规化光学系统

将上述数据整理代入 Zemax 程序验算可得系统 $S_1 = 0$，说明计算正确。对应的规化光学系统的结构参数如表 7.15 所示，规化光学系统与图 7.6 类似。

表 7.15　$h_4 = -0.15$、$h_2 = -0.008$、$\overline{u}_4' = 2$ 对应的规化光学系统的结构参数

Surf	Type	Radius	Thickness	Glass	Diameter	Conic
OBJ	Standard	Infinity	0.0015	—	0.0000	0.0000
1	Standard	−0.0670	0.0080	K9	0.0003	0.0000
2	Standard	−0.0367	0.9210	—	0.0016	0.0000
STO	Standard	−1.0000	−0.9210	MIRROR	0.2000	−0.3046
4	Standard	−0.0367	−0.0080	K9	0.0299	0.0000
5	Standard	−0.0670	0.0080	MIRROR	0.0273	0.0000

续表

Surf	Type	Radius	Thickness	Glass	Diameter	Conic
6	Standard	−0.0367	0.9210	—	0.0299	0.0000
7	Standard	−1.0000	−0.9210	MIRROR	0.1942	−0.3046
8	Standard	−0.0367	−0.0080	K9	0.0009	0.0000
9	Standard	−0.0670	−0.0015	—	0.0003	0.0000
IMA	Standard	Infinity	—	—	0.0006	0.0000

7.4 h_4=−0.175、h_2=−0.008 对应的规化光学系统

如图 7.1 所示，设定规化值 h_4=−0.175 和 h_2=−0.008，按照 7.1 节的计算方法求解不同自准角 $\bar{u}_4'$ 对应的规化光学系统。

7.4.1 待检凹非球面相关参数的求解

1. u_3、$\bar{u}_3'$、l_3、$\bar{l}_3'$ 和 $\bar{P}_3$、$h_{03}\bar{P}_3$ 的求解

1) u_3、$\bar{u}_3'$、l_3 和 $\bar{l}_3'$ 的求解

已知 $h_{03}=-1$、$h_4=-0.175$、$h_2=-0.008$，根据式(5.9)有

$$u_3=u_2'=1.091910,\quad l_3=-0.915827,\quad \bar{u}_3'=\bar{u}_4=0.908090,\quad \bar{l}_3'=-1.101212$$

2) $\bar{P}_3$ 和 $h_{03}\bar{P}_3$ 的求解

已知 $u_3=1.091910$、$\bar{u}_3'=0.908090$、$h_{03}=-1$，有

$$\bar{P}_3=-0.016895,\quad h_{03}\bar{P}_3=0.016895$$

2. $\bar{l}_4$、$\bar{d}_{34}$、l_2' 和 d_{23} 的求解

1) $\bar{l}_4$ 和 l_2' 的求解

已知 $h_4=-0.175$、$\bar{u}_4=0.908090$、$h_2=-0.008$、$u_2'=1.091910$，有

$$\bar{l}_4=-0.192712,\quad l_2'=-0.007327$$

2) $\bar{d}_{34}$ 和 d_{23} 的求解

已知 $\bar{l}_4=-0.192712$、$\bar{l}_3'=-1.101212$、$l_3=-0.915827$、$l_2'=-0.007327$，根据转面公式有

$$\bar{d}_{34}=-0.9085,\quad d_{23}=0.9085$$

7.4.2 自准角 $\bar{u}_4' = -0.5$ 对应的规化光学系统

1. 面 4 和面 5 相关参数的求解

1) $\overleftarrow{l}_4'$ 和 r_4 的求解

$$\bar{u}_4' = \bar{u}_5 = -0.5, \quad \overleftarrow{l}_4' = 0.35, \quad r_4 = 0.054080$$

2) $\overleftarrow{P}_4$ 和 $h_4\overleftarrow{P}_4$ 的求解

$$\overleftarrow{P}_4 = 21.263540, \quad h_4\overleftarrow{P}_4 = -3.721120$$

3) $\overleftarrow{l}_5$ 和自准面 r_5 的求解

$$\overleftarrow{d}_{45} = -0.008, \quad r_5 = l_5' = \overleftarrow{l}_5 = 0.358$$

2. 面 2 和面 1 相关参数的求解

1) l_2 和 u_2 的求解

$$l_2 = -0.011929, \quad u_2 = 0.670628$$

2) P_2 和 h_2P_2 的求解

$$P_2 = 0.997877, \quad h_2P_2 = -0.007983$$

3) l_1、l_1'、h_1 和 u_1 的求解

$$l_1' = -0.003929, \quad h_1 = -0.002635$$

$$r_1 = r_5 = 0.358, \quad l_1 = -0.002584, \quad u_1 = 1.019564$$

4) P_1 和 h_1P_1 的求解

$$P_1 = -0.608286, \quad h_1P_1 = 0.001603$$

3. e_3^2 的求解

$$e_3^2 = \frac{h_1P_1 + h_2P_2 + h_{03}\overleftarrow{P}_3 + h_4\overleftarrow{P}_4}{2} = -1.855302$$

4. 规化光学系统

将上述数据整理代入 Zemax 程序验算可得系统 $S_1 = 0$，说明计算正确。对应的

规化光学系统的结构参数如表 7.16 所示，规化光学系统与图 7.2 类似。

表 7.16　$h_4=-0.175$、$h_2=-0.008$、$\bar{u}'_4=-0.5$ 对应的规化光学系统的结构参数

Surf	Type	Radius	Thickness	Glass	Diameter	Conic
OBJ	Standard	Infinity	0.0026	—	0.0000	0.0000
1	Standard	0.358000	0.0080	K9	0.0005	0.0000
2	Standard	0.054080	0.9085	—	0.0016	0.0000
STO	Standard	−1.000000	−0.9085	MIRROR	0.2000	1.8553
4	Standard	0.054080	−0.0080	K9	0.0321	0.0000
5	Standard	0.358000	0.0080	MIRROR	0.0330	0.0000
6	Standard	0.054080	0.9085	—	0.0321	0.0000
7	Standard	−1.000000	−0.9085	MIRROR	0.1971	1.8553
8	Standard	0.054080	−0.0080	K9	0.0013	0.0000
9	Standard	0.358000	−0.0026	—	0.0003	0.0000
IMA	Standard	Infinity	—	—	0.0003	0.0000

7.4.3　自准角 $\bar{u}'_4=0$ 对应的规化光学系统

1. 面 4 和面 5 相关参数的求解

1) $\overleftarrow{l}'_4$ 和 r_4 的求解

$$\bar{u}'_4=\bar{u}_5=0,\quad \overleftarrow{l}'_4\to\infty,\quad r_4=0.099182$$

2) $\overleftarrow{P}_4$ 和 $h_4\overleftarrow{P}_4$ 的求解

$$\overleftarrow{P}_4=6.485927,\quad h_4\overleftarrow{P}_4=-1.135037$$

3) $\overleftarrow{l}_5$ 和自准面 r_5 的求解

$$\overleftarrow{d}_{45}=-0.008,\quad r_5=l'_5=\overleftarrow{l}_5=\overleftarrow{l}'_4-\overleftarrow{d}_{45}\to\infty$$

2. 面 2 和面 1 相关参数的求解

1) l_2 和 u_2 的求解

$$l_2=-0.011536,\quad u_2=0.693485$$

2) P_2 和 h_2P_2 的求解

$$P_2=0.871784,\quad h_2P_2=-0.006974$$

3) l_1、l'_1、h_1 和 u_1 的求解

$$l'_1 = -0.003536, \quad h_1 = -0.002452$$

$$r_1 = r_5 \to \infty, \quad l_1 = -0.002334, \quad u_1 = 1.050397$$

4) P_1 和 h_1P_1 的求解

$$P_1 = -0.65378, \quad h_1P_1 = 0.001603$$

3. e_3^2 的求解

$$e_3^2 = \frac{h_1P_1 + h_2P_2 + h_{03}\overleftarrow{P}_3 + h_4\overleftarrow{P}_4}{2} = -0.561757$$

4. 规化光学系统

将上述数据整理代入 Zemax 程序验算可得系统 $S_1 = 0$，说明计算正确。对应的规化光学系统的结构参数如表 7.17 所示，规化光学系统与图 7.3 类似。

表 7.17　h_4=−0.175、h_2=−0.008、$\bar{u}'_4 = 0$ 对应的规化光学系统的结构参数

Surf	Type	Radius	Thickness	Glass	Diameter	Conic
OBJ	Standard	Infinity	0.0023	—	0.0000	0.0000
1	Standard	Infinity	0.0080	K9	0.0005	0.0000
2	Standard	0.0992	0.9085	—	0.0016	0.0000
STO	Standard	−1.0000	−0.9085	MIRROR	0.2000	0.5618
4	Standard	0.0992	−0.0080	K9	0.0342	0.0000
5	Standard	Infinity	0.0080	MIRROR	0.0343	0.0000
6	Standard	0.0992	0.9085	—	0.0343	0.0000
7	Standard	−1.0000	−0.9085	MIRROR	0.2014	0.5618
8	Standard	0.0992	−0.0080	K9	0.0020	0.0000
9	Standard	Infinity	−0.0023	—	0.0009	0.0000
IMA	Standard	Infinity	—	—	0.0004	0.0000

7.4.4　自准角 $\bar{u}'_4 = 0.5$ 对应的规化光学系统

1. 面 4 和面 5 相关参数的求解

1) $\overleftarrow{l}'_4$ 和 r_4 的求解

$$\bar{u}'_4 = \bar{u}_5 = 0.5, \quad \overleftarrow{l}'_4 = -0.35, \quad r_4 = 0.597421$$

2) $\overleftarrow{P}_4$ 和 $h_4\overleftarrow{P}_4$ 的求解

$$\overleftarrow{P}_4 = 0.833707, \quad h_4\overleftarrow{P}_4 = -0.145899$$

3) $\overleftarrow{l}_5$ 和自准面 r_5 的求解

$$\overleftarrow{d}_{45} = -0.008, \quad \overleftarrow{l}'_4 = -0.35, \quad r_5 = l'_5 = \overleftarrow{l}_5 = -0.342$$

2. 面 2 和面 1 相关参数的求解

1) l_2 和 u_2 的求解

$$l_2 = -0.011168, \quad u_2 = 0.716342$$

2) P_2 和 h_2P_2 的求解

$$P_2 = 0.756191, \quad h_2P_2 = -0.00605$$

3) l_1、l'_1、h_1 和 u_1 的求解

$$l'_1 = -0.003168, \quad h_1 = -0.002269$$

$$r_1 = r_5 = 0.342, \quad l_1 = -0.002098, \quad u_1 = 1.081603$$

4) P_1 和 h_1P_1 的求解

$$P_1 = -0.703346, \quad h_1P_1 = 0.001596$$

3. e_3^2 的求解

$$e_3^2 = \frac{h_1P_1 + h_2P_2 + h_{03}\overleftarrow{P}_3 + h_4\overleftarrow{P}_4}{2} = -0.066729$$

4. 规化光学系统

将上述数据整理代入 Zemax 程序验算可得系统 $S_1 = 0$，说明计算正确。对应的规化光学系统的结构参数如表 7.18 所示，规化光学系统与图 7.4 类似。

表 7.18　$h_4 = -0.175$、$h_2 = -0.008$、$\overleftarrow{u}'_4 = 0.5$ 对应的规化光学系统的结构参数

Surf	Type	Radius	Thickness	Glass	Diameter	Conic
OBJ	Standard	Infinity	0.0021	—	0.0000	0.0000
1	Standard	−0.3420	0.0080	K9	0.0005	0.0000
2	Standard	0.5974	0.9085	—	0.0016	0.0000

续表

Surf	Type	Radius	Thickness	Glass	Diameter	Conic
STO	Standard	−1.0000	−0.9085	MIRROR	0.2000	0.0667
4	Standard	0.5974	−0.0080	K9	0.0349	0.0000
5	Standard	−0.3420	0.0080	MIRROR	0.0341	0.0000
6	Standard	0.5974	0.9085	—	0.0318	0.0000
7	Standard	−1.0000	−0.9085	MIRROR	0.3553	0.0667
8	Standard	0.5974	−0.0080	K9	0.0970	0.0000
9	Standard	−0.3420	−0.0021	—	0.0961	0.0000
IMA	Standard	Infinity	—	—	0.0942	0.0000

7.4.5　自准角 $\overleftarrow{u}'_4=1.5$ 对应的规化光学系统

1. 面 4 和面 5 相关参数的求解

1) $\overleftarrow{l}'_4$ 和 r_4 的求解

$$\overleftarrow{u}'_4=\overleftarrow{u}_5=1.5,\quad \overleftarrow{l}'_4=-0.116667,\quad r_4=-0.066036$$

2) $\overleftarrow{P}_4$ 和 $h_4\overleftarrow{P}_4$ 的求解

$$\overleftarrow{P}_4=-0.249527,\quad h_4\overleftarrow{P}_4=0.043667$$

3) $\overleftarrow{l}_5$ 和自准面 r_5 的求解

$$\overleftarrow{d}_{45}=-0.008,\quad r_5=l'_5=\overleftarrow{l}_5=-0.108667$$

2. 面 2 和面 1 相关参数的求解

1) l_2 和 u_2 的求解

$$l_2=-0.010498,\quad u_2=0.762057$$

2) P_2 和 h_2P_2 的求解

$$P_2=0.554865,\quad h_2P_2=-0.004439$$

3) l_1、l'_1、h_1 和 u_1 的求解

$$l'_1=-0.002498,\quad h_1=-0.001904$$

$$r_1=r_5=-0.108667,\quad l_1=-0.001662,\quad u_1=1.145244$$

4) P_1 和 h_1P_1 的求解

$$P_1=-0.816634,\quad h_1P_1=0.001555$$

3. e_3^2 的求解

$$e_3^2=\frac{h_1P_1+h_2P_2+h_{03}\overleftarrow{P}_3+h_4\overleftarrow{P}_4}{2}=0.028839$$

4. 规化光学系统

将上述数据整理代入 Zemax 程序验算可得系统 $S_1=0$，说明计算正确。对应的规化光学系统的结构参数如表 7.19 所示，规化光学系统与图 7.5 类似。

表 7.19　$h_4=-0.175$、$h_2=-0.008$、$\overleftarrow{u}_4'=1.5$ 对应的规化光学系统的结构参数

Surf	Type	Radius	Thickness	Glass	Diameter	Conic
OBJ	Standard	Infinity	0.0017	—	0.0000	0.0000
1	Standard	−0.1087	0.0080	K9	0.0004	0.0000
2	Standard	−0.0660	0.9085	—	0.0016	0.0000
STO	Standard	−1.0000	−0.9085	MIRROR	0.2000	−0.0288
4	Standard	−0.0660	−0.0080	K9	0.0346	0.0000
5	Standard	−0.1087	0.0080	MIRROR	0.0325	0.0000
6	Standard	−0.0660	0.9085	—	0.0346	0.0000
7	Standard	−1.0000	−0.9085	MIRROR	0.1971	−0.0288
8	Standard	−0.0660	−0.0080	K9	0.0013	0.0000
9	Standard	−0.1087	−0.0017	—	0.0001	0.0000
IMA	Standard	Infinity	—	—	0.0003	0.0000

7.4.6　自准角 $\overleftarrow{u}_4'=2$ 对应的规化光学系统

1. 面 4 和面 5 相关参数的求解

1) $\overleftarrow{l}_4'$ 和 r_4 的求解

$$\overleftarrow{u}_4'=\overleftarrow{u}_5=2,\quad \overleftarrow{l}_4'=-0.0875,\quad r_4=-0.042459$$

2) $\overleftarrow{P}_4$ 和 $h_4\overleftarrow{P}_4$ 的求解

$$\overleftarrow{P}_4=-4.258026,\quad h_4\overleftarrow{P}_4=-0.745155$$

3) $\overleftarrow{l}_5$ 和自准面 r_5 的求解

$$\overleftarrow{d}_{45}=-0.008,\quad r_5=l_5'=\overleftarrow{l}_5=-0.0795$$

2. 面 2 和面 1 相关参数的求解

1) l_2 和 u_2 的求解

$$l_2=-0.010192,\quad u_2=0.784914$$

2) P_2 和 h_2P_2 的求解

$$P_2=0.468312,\quad h_2P_2=-0.003746$$

3) l_1、l_1'、h_1 和 u_1 的求解

$$l_1'=-0.002192,\quad h_1=-0.001721$$

$$r_1=r_5=-0.0795,\quad l_1=-0.001461,\quad u_1=1.177741$$

4) P_1 和 h_1P_1 的求解

$$P_1=-0.881504,\quad h_1P_1=0.001517$$

3. e_3^2 的求解

$$e_3^2=\frac{h_1P_1+h_2P_2+h_{03}\overleftarrow{P}_3+h_4\overleftarrow{P}_4}{2}=0.379910$$

4. 规化光学系统

将上述数据整理代入 Zemax 程序验算可得系统 $S_1=0$，说明计算正确。对应的规化光学系统的结构参数如表 7.20 所示，规化光学系统与图 7.6 类似。

表 7.20　$h_4=-0.175$、$h_2=-0.008$、$\bar{u}_4'=2$ 对应的规化光学系统的结构参数

Surf	Type	Radius	Thickness	Glass	Diameter	Conic
OBJ	Standard	Infinity	0.0015	—	0.0000	0.0000
1	Standard	−0.0795	0.0080	K9	0.0003	0.0000
2	Standard	−0.0425	0.9085	—	0.0016	0.0000
STO	Standard	−1.0000	−0.9085	MIRROR	0.2000	−0.3799
4	Standard	−0.0425	−0.0080	K9	0.0349	0.0000
5	Standard	−0.0795	0.0080	MIRROR	0.0324	0.0000
6	Standard	−0.0425	0.9085	—	0.0349	0.0000

续表

Surf	Type	Radius	Thickness	Glass	Diameter	Conic
7	Standard	−1.0000	−0.9085	MIRROR	0.1941	−0.3799
8	Standard	−0.0425	−0.0080	K9	0.0007	0.0000
9	Standard	−0.0795	−0.0015	—	0.0004	0.0000
IMA	Standard	Infinity	—	—	0.0008	0.0000

7.5　h_4=−0.2、h_2=−0.008 对应的规化光学系统

如图 7.1 所示，设定规化值 h_4=−0.2 和 h_2=−0.008，按照 7.1 节的计算方法求解不同自准角 $\overleftarrow{u}_4'$ 对应的规化光学系统。

7.5.1　待检凹非球面相关参数的求解

1. u_3、$\overleftarrow{u}_3'$、l_3、$\overleftarrow{l}_3'$ 和 $\overleftarrow{P}_3$、$h_{03}\overleftarrow{P}_3$ 的求解

1) u_3、$\overleftarrow{u}_3'$、l_3 和 $\overleftarrow{l}_3'$ 的求解

已知 $h_{03}=-1$、$h_4=-0.2$、$h_2=-0.008$，根据式(5.9)有

$$u_3=u_2'=1.107143,\quad l_3=-0.903226$$

$$\overleftarrow{u}_3'=\overleftarrow{u}_4=0.892857,\quad \overleftarrow{l}_3'=-1.12$$

2) $\overleftarrow{P}_3$ 和 $h_{03}\overleftarrow{P}_3$ 的求解

已知 $u_3=1.107143$、$\overleftarrow{u}_3'=0.892857$、$h_{03}=-1$，有

$$\overleftarrow{P}_3=-0.022959,\quad h_{03}\overleftarrow{P}_3=0.022959$$

2. $\overleftarrow{l}_4$、$\overleftarrow{d}_{34}$、l_2' 和 d_{23} 的求解

1) $\overleftarrow{l}_4$ 和 l_2' 的求解

已知 $h_4=-0.2$、$\overleftarrow{u}_4=0.892857$、$h_2=-0.008$、$u_2'=1.107143$，有

$$\overleftarrow{l}_4=-0.224,\quad l_2'=-0.007226$$

2) $\overleftarrow{d}_{34}$ 和 d_{23} 的求解

已知 $\overleftarrow{l}_4=-0.224$、$\overleftarrow{l}_3'=-1.12$、$l_3=-0.903226$、$l_2'=-0.007226$，根据转面公式有

$$\overleftarrow{d}_{34}=-0.896,\quad d_{23}=0.896$$

7.5.2　自准角 $\overleftarrow{u}_4' = -0.5$ 对应的规化光学系统

1. 面 4 和面 5 相关参数的求解

1) $\overleftarrow{l}_4'$ 和 r_4 的求解

$$\overleftarrow{u}_4' = \overleftarrow{u}_5 = -0.5, \quad \overleftarrow{l}_4' = 0.4, \quad r_4 = 0.062376$$

2) $\overleftarrow{P}_4$ 和 $h_4\overleftarrow{P}_4$ 的求解

$$\overleftarrow{P}_4 = 20.549990, \quad h_4\overleftarrow{P}_4 = -4.109998$$

3) $\overleftarrow{l}_5$ 和自准面 r_5 的求解

$$\overleftarrow{d}_{45} = -0.008, \quad \overleftarrow{l}_5 = \overleftarrow{l}_4' - \overleftarrow{d}_{45} = 0.408, \quad r_5 = l_5' = \overleftarrow{l}_5 = 0.408$$

2. 面 2 和面 1 相关参数的求解

1) l_2 和 u_2 的求解

$$l_2 = -0.011639, \quad u_2 = 0.687370$$

2) P_2 和 h_2P_2 的求解

$$P_2 = 0.997119, \quad h_2P_2 = -0.007977$$

3) l_1、l_1'、h_1 和 u_1 的求解

$$l_1' = -0.003639, \quad h_1 = -0.002501$$

$$r_1 = r_5 = 0.408, \quad l_1 = -0.002395, \quad u_1 = 1.044290$$

4) P_1 和 h_1P_1 的求解

$$P_1 = -0.651525, \quad h_1P_1 = 0.001629$$

3. e_3^2 的求解

$$e_3^2 = \frac{h_1P_1 + h_2P_2 + h_{03}\overleftarrow{P}_3 + h_4\overleftarrow{P}_4}{2} = -2.046693$$

4. 规化光学系统

将上述数据整理代入 Zemax 程序验算可得系统 $S_1 = 0$，说明计算正确。对应的规化光学系统的结构参数如表 7.21 所示，规化光学系统与图 7.2 类似。

表 7.21　$h_4=-0.2$、$h_2=-0.008$、$\bar{u}_4'=-0.5$ 对应的规化光学系统的结构参数

Surf	Type	Radius	Thickness	Glass	Diameter	Conic
OBJ	Standard	Infinity	0.0022	—	0.0000	0.0000
1	Standard	0.4080	0.0080	K9	0.0005	0.0000
2	Standard	0.0624	0.8960	—	0.0016	0.0000
STO	Standard	−1.0000	−0.8960	MIRROR	0.2000	2.0467
4	Standard	0.0624	−0.0080	K9	0.0368	0.0000
5	Standard	0.4080	0.0080	MIRROR	0.0378	0.0000
6	Standard	0.0624	0.8960	—	0.0368	0.0000
7	Standard	−1.0000	−0.8960	MIRROR	0.1976	2.0467
8	Standard	0.0624	−0.0080	K9	0.0014	0.0000
9	Standard	0.4080	−0.0022	—	0.0003	0.0000
IMA	Standard	Infinity	—	—	0.0002	0.0000

7.5.3　自准角 $\bar{u}_4'=0$ 对应的规化光学系统

1. 面 4 和面 5 相关参数的求解

1) $\bar{l}_4'$ 和 r_4 的求解

$$\bar{u}_4'=\bar{u}_5=0,\quad \bar{l}_4'\to\infty,\quad r_4=0.115285$$

2) $\bar{P}_4$ 和 $h_4\bar{P}_4$ 的求解

$$\bar{P}_4=6.164970,\quad h_4\bar{P}_4=-1.232994$$

3) $\bar{l}_5$ 和自准面 r_5 的求解

$$\bar{d}_{45}=-0.008,\quad r_5=l_5'=\bar{l}_5\to\infty$$

2. 面 2 和面 1 相关参数的求解

1) l_2 和 u_2 的求解

$$l_2=-0.011309,\quad u_2=0.707370$$

2) P_2 和 h_2P_2 的求解

$$P_2=0.886089,\quad h_2P_2=-0.007089$$

3) l_1、l_1'、h_1 和 u_1 的求解

$$l_1' = -0.003309, \quad h_1 = -0.002341$$

$$r_1 = r_5 \to \infty, \quad l_1 = -0.002185, \quad u_1 = 1.071429$$

4) P_1 和 h_1P_1 的求解

$$P_1 = -0.693842, \quad h_1P_1 = 0.001624$$

3. e_3^2 的求解

$$e_3^2 = \frac{h_1P_1 + h_2P_2 + h_{03}\bar{P}_3 + h_4\bar{P}_4}{2} = -0.607750$$

4. 规化光学系统

将上述数据整理代入 Zemax 程序验算可得系统 $S_1 = 0$，说明计算正确。对应的规化光学系统的结构参数如表 7.22 所示，规化光学系统与图 7.3 类似。

表 7.22　h_4=−0.2、h_2=−0.008、$\bar{u}_4' = 0$ 对应的规化光学系统的结构参数

Surf	Type	Radius	Thickness	Glass	Diameter	Conic
OBJ	Standard	Infinity	0.0022	—	0.0000	0.0000
1	Standard	Infinity	0.0080	K9	0.0005	0.0000
2	Standard	0.1153	0.8960	—	0.0016	0.0000
STO	Standard	−1.0000	−0.8960	MIRROR	0.2000	0.6077
4	Standard	0.1153	−0.0080	K9	0.0392	0.0000
5	Standard	Infinity	0.0080	MIRROR	0.0392	0.0000
6	Standard	0.1153	0.8960	—	0.0392	0.0000
7	Standard	−1.0000	−0.8960	MIRROR	0.2014	0.6077
8	Standard	0.1153	−0.0080	K9	0.0020	0.0000
9	Standard	Infinity	−0.0022	—	0.0009	0.0000
IMA	Standard	Infinity	—	—	0.0004	0.0000

7.5.4　自准角 $\bar{u}_4' = 0.5$ 对应的规化光学系统

1. 面 4 和面 5 相关参数的求解

1) $\bar{l}_4'$ 和 r_4 的求解

$$\bar{u}_4' = \bar{u}_5 = 0.5, \quad \bar{l}_4' = -0.4, \quad r_4 = 0.759511$$

2) $\overleftarrow{P}_4$ 和 $h_4\overleftarrow{P}_4$ 的求解

$$\overleftarrow{P}_4 = 0.752264, \quad h_4\overleftarrow{P}_4 = -0.150453$$

3) $\overleftarrow{l}_5$ 和自准面 r_5 的求解

$$\overleftarrow{d}_{45} = -0.008, \quad r_5 = l_5' = \overleftarrow{l}_5 = -0.392$$

2. 面 2 和面 1 相关参数的求解

1) l_2 和 u_2 的求解

$$l_2 = -0.010999, \quad u_2 = 0.727370$$

2) P_2 和 h_2P_2 的求解

$$P_2 = 0.783153, \quad h_2P_2 = -0.006265$$

3) l_1、l_1'、h_1 和 u_1 的求解

$$l_1' = -0.002999, \quad h_1 = -0.002181$$

$$r_1 = r_5 = -0.392, \quad l_1 = -0.001985, \quad u_1 = 1.098858$$

4) P_1 和 h_1P_1 的求解

$$P_1 = -0.739455, \quad h_1P_1 = 0.001613$$

3. e_3^2 的求解

$$e_3^2 = \frac{h_1P_1 + h_2P_2 + h_{03}\overleftarrow{P}_3 + h_4\overleftarrow{P}_4}{2} = -0.066073$$

4. 规化光学系统

将上述数据整理代入 Zemax 程序验算可得系统 $S_1 = 0$，说明计算正确。对应的规化光学系统的结构参数如表 7.23 所示，规化光学系统与图 7.4 类似。

表 7.23　$h_4=-0.2$、$h_2=-0.008$、$\bar{u}_4' = 0.5$ 对应的规化光学系统的结构参数

Surf	Type	Radius	Thickness	Glass	Diameter	Conic
OBJ	Standard	Infinity	0.0020	—	0.0000	0.0000
1	Standard	−0.3920	0.0080	K9	0.0004	0.0000
2	Standard	0.7595	0.8960	—	0.0016	0.0000
STO	Standard	−1.0000	−0.8960	MIRROR	0.2000	0.0661

续表

Surf	Type	Radius	Thickness	Glass	Diameter	Conic
4	Standard	0.7595	−0.0080	K9	0.0399	0.0000
5	Standard	−0.3920	0.0080	MIRROR	0.0390	0.0000
6	Standard	0.7595	0.8960	—	0.0399	0.0000
7	Standard	−1.0000	−0.8960	MIRROR	0.2001	0.0551
8	Standard	0.7595	−0.0080	K9	0.0018	0.0000
9	Standard	−0.3920	−0.0020	—	0.0007	0.0000
IMA	Standard	Infinity	—	—	0.0002	0.0000

7.5.5 自准角 $\bar{u}_4' = 1.5$ 对应的规化光学系统

1. 面 4 和面 5 相关参数的求解

1) $\bar{l}_4'$ 和 r_4 的求解

$$\bar{u}_4' = \bar{u}_5 = 1.5, \quad \bar{l}_4' = -0.133333, \quad r_4 = -0.074636$$

2) $\bar{P}_4$ 和 $h_4\bar{P}_4$ 的求解

$$\bar{P}_4 = -0.311172, \quad h_4\bar{P}_4 = 0.062234$$

3) $\bar{l}_5$ 和自准面 r_5 的求解

$$\bar{d}_{45} = -0.008, \quad r_5 = l_5' = \bar{l}_5 = -0.125333$$

2. 面 2 和面 1 相关参数的求解

1) l_2 和 u_2 的求解

$$l_2 = -0.010425, \quad u_2 = 0.767370$$

2) P_2 和 h_2P_2 的求解

$$P_2 = 0.600462, \quad h_2P_2 = -0.004804$$

3) l_1、l_1'、h_1 和 u_1 的求解

$$l_1' = -0.002425, \quad h_1 = -0.001861$$

$$r_1 = r_5 = -0.125333, \quad l_1 = -0.001612, \quad u_1 = 1.154666$$

4) P_1和h_1P_1的求解

$$P_1 = -0.841922, \quad h_1P_1 = 0.001567$$

3. e_3^2的求解

$$e_3^2 = \frac{h_1P_1 + h_2P_2 + h_{03}\bar{P}_3 + h_4\bar{P}_4}{2} = 0.040978$$

4. 规化光学系统

将上述数据整理代入 Zemax 程序验算可得系统 $S_1 = 0$，说明计算正确。对应的规化光学系统的结构参数如表 7.24 所示，规化光学系统与图 7.5 类似。

表 7.24　$h_4 = -0.2$、$h_2 = -0.008$、$\bar{u}_4' = 1.5$ 对应的规化光学系统的结构参数

Surf	Type	Radius	Thickness	Glass	Diameter	Conic
OBJ	Standard	Infinity	0.0016	—	0.0000	0.0000
1	Standard	−0.1253	0.0080	K9	0.0004	0.0000
2	Standard	−0.0746	0.8960	—	0.0016	0.0000
STO	Standard	−1.0000	−0.8960	MIRROR	0.2000	−0.0410
4	Standard	−0.0746	−0.0080	K9	0.0395	0.0000
5	Standard	−0.1253	0.0080	MIRROR	0.0375	0.0000
6	Standard	−0.0746	0.8960	—	0.0395	0.0000
7	Standard	−1.0000	−0.8960	MIRROR	0.1971	−0.0410
8	Standard	−0.0746	−0.0080	K9	0.0013	0.0000
9	Standard	−0.1253	−0.0016	—	0.0001	0.0000
IMA	Standard	Infinity	—	—	0.0003	0.0000

7.5.6　自准角 $\bar{u}_4' = 2$ 对应的规化光学系统

1. 面 4 和面 5 相关参数的求解

1) $\bar{l}_4'$和r_4的求解

$$\bar{u}_4' = \bar{u}_5 = 2, \quad \bar{l}_4' = -0.1, \quad r_4 = -0.048179$$

2) $\bar{P}_4$和$h_4\bar{P}_4$的求解

$$\bar{P}_4 = -4.539387, \quad h_4\bar{P}_4 = 0.907877$$

3) $\overleftarrow{l}_5$ 和自准面 r_5 的求解

$$\overleftarrow{d}_{45} = -0.008, \quad r_5 = l_5' = \overleftarrow{l}_5 = -0.092$$

2. 面 2 和面 1 相关参数的求解

1) l_2 和 u_2 的求解

$$l_2 = -0.010160, \quad u_2 = 0.787370$$

2) P_2 和 h_2P_2 的求解

$$P_2 = 0.520158, \quad h_2P_2 = -0.004161$$

3) l_1、l_1'、h_1 和 u_1 的求解

$$l_1' = -0.002160, \quad h_1 = -0.001701$$

$$r_1 = r_5 = -0.092, \quad l_1 = -0.001438, \quad u_1 = 1.183086$$

4) P_1 和 h_1P_1 的求解

$$P_1 = -0.899561, \quad h_1P_1 = 0.001530$$

3. e_3^2 的求解

$$e_3^2 = \frac{h_1P_1 + h_2P_2 + h_{03}\overleftarrow{P}_3 + h_4\overleftarrow{P}_4}{2} = 0.464103$$

4. 规化光学系统

将上述数据整理代入 Zemax 程序验算可得系统 $S_1 = 0$，说明计算正确。对应的规化光学系统的结构参数如表 7.25 所示，规化光学系统与图 7.6 类似。

表 7.25　$h_4 = -0.2$、$h_2 = -0.008$、$\bar{u}_4' = 2$ 对应的规化光学系统的结构参数

Surf	Type	Radius	Thickness	Glass	Diameter	Conic
OBJ	Standard	Infinity	0.0014	—	0.0000	0.0000
1	Standard	−0.0920	0.0080	K9	0.0003	0.0000
2	Standard	−0.0482	0.8960	—	0.0016	0.0000
STO	Standard	−1.0000	−0.8960	MIRROR	0.2000	−0.4641
4	Standard	−0.0482	−0.0080	K9	0.0465	0.0000
5	Standard	−0.0920	0.0080	MIRROR	0.0443	0.0000
6	Standard	−0.0482	0.8960	—	0.0467	0.0000

续表

Surf	Type	Radius	Thickness	Glass	Diameter	Conic
7	Standard	−1.0000	−0.8960	MIRROR	0.2570	−0.4641
8	Standard	−0.0482	−0.0080	K9	0.0217	0.0000
9	Standard	−0.0920	−0.0014	—	0.0193	0.0000
IMA	Standard	Infinity	—	—	0.0189	0.0000

7.6 本章小结

本章在规化条件下，根据三级像差理论，对自准校正透镜位于共轭前点的规化光学系统进行了计算和分析，为今后进行实际凹非球面检验光学系统设计奠定了理论基础。

根据 7.1～7.5 节的计算数据绘制 $\bar{u}'_4$ - e_3^2 关系曲线，并对自准校正透镜位于共轭前点的凹非球面检验总结如下。

1. $\bar{u}'_4$-e_3^2 关系

1) $h_4=-0.1$、$h_2=-0.008$ 时不同 $\bar{u}'_4$ 对应的 e_3^2 值

当 $h_4=-0.1$、$h_2=-0.008$ 时不同 $\bar{u}'_4$ 对应的 e_3^2 值如表 7.26 所示。

表 7.26　$h_4=-0.1$、$h_2=-0.008$ 时不同 $\bar{u}'_4$ 对应的 e_3^2 值

编号	$\bar{u}'_4$	e_3^2
1	−0.5	−1.170437
2	0	−0.373385
3	0.5	−0.054485
4	1.5	0.006626
5	2	0.177723

2) $h_4=-0.125$、$h_2=-0.008$ 时不同 $\bar{u}'_4$ 对应的 e_3^2 值

当 $h_4=-0.125$、$h_2=-0.008$ 时不同 $\bar{u}'_4$ 对应的 e_3^2 值如表 7.27 所示。

表 7.27　$h_4=-0.125$、$h_2=-0.008$ 时不同 $\bar{u}'_4$ 对应的 e_3^2 值

编号	$\bar{u}'_4$	e_3^2
1	−0.5	−1.416954
2	0	−0.444590
3	0.5	−0.061017
4	1.5	0.011955
5	2	0.237452

3) $h_4=-0.15$、$h_2=-0.008$ 时不同 $\bar{u}_4'$ 对应的 e_3^2 值

当 $h_4=-0.15$、$h_2=-0.008$ 时，不同 $\bar{u}_4'$ 对应的 e_3^2 值如表 7.28 所示。

表 7.28　$h_4=-0.15$、$h_2=-0.008$ 时不同 $\bar{u}_4'$ 对应的 e_3^2 值

编号	$\bar{u}_4'$	e_3^2
1	−0.5	−1.645324
2	0	−0.507381
3	0.5	−0.065073
4	1.5	0.019269
5	2	0.304617

4) $h_4=-0.175$、$h_2=-0.008$ 时不同 $\bar{u}_4'$ 对应的 e_3^2 值

当 $h_4=-0.175$、$h_2=-0.008$ 时不同 $\bar{u}_4'$ 对应的 e_3^2 值如表 7.29 所示。

表 7.29　$h_4=-0.175$、$h_2=-0.008$ 时不同 $\bar{u}_4'$ 对应的 e_3^2 值

编号	$\bar{u}_4'$	e_3^2
1	−0.5	−1.855302
2	0	−0.561757
3	0.5	−0.066729
4	1.5	0.028839
5	2	0.379910

5) $h_4=-0.2$、$h_2=-0.008$ 时不同 $\bar{u}_4'$ 对应的 e_3^2 值

当 $h_4=-0.2$、$h_2=-0.008$ 时不同 $\bar{u}_4'$ 对应的 e_3^2 值如表 7.30 所示。

表 7.30　$h_4=-0.2$、$h_2=-0.008$ 时不同 $\bar{u}_4'$ 对应的 e_3^2 值

编号	$\bar{u}_4'$	e_3^2
1	−0.5	−2.046693
2	0	−0.607750
3	0.5	−0.066073
4	1.5	0.040978
5	2	0.464103

2. $\bar{u}_4'$-e_3^2 关系曲线

根据上述计算结果绘制 $\bar{u}_4'$-e_3^2 关系曲线，如图 7.7 所示。可以看出，自准校正透镜位于共轭前点的检验光学系统可适用于任何凹非球面的检验，但不同自准校

正透镜对不同凹非球面的校正检验能力有所差异。当自准校正透镜为正透镜时，对 $e_3^2>0$ 凹非球面生成球差的校正能力强；当自准校正透镜为负透镜时，对 $e_3^2<0$ 凹扁球面生成球差的校正能力强。

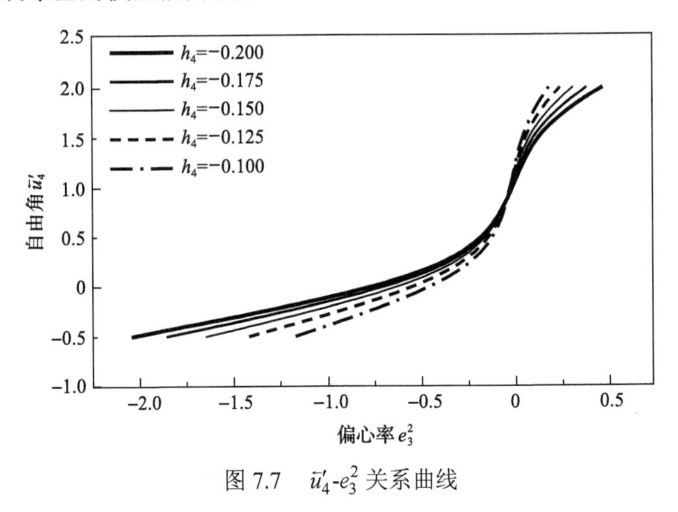

图 7.7　$\bar{u}_4'$-e_3^2 关系曲线

通过对自准校正透镜位于共轭前点的规化光学系统的分析、计算，并绘制 $\bar{u}_4'$-e_3^2 关系曲线，证实此方法原理正确。

第 8 章　自准校正透镜位于共轭前点和后点之间的规化光学系统

本章中待检凹非球面规化值、自准校正透镜厚度规化值以及自准面设定与第 6 章相同，设定多组通光口径 $\Phi_4(2h_4)$ 和 $\Phi_2(2h_2)$，求解不同自准角 $\bar{u}'_4$ 对应的自准校正透镜位于待检凹非球面共轭前点 O'' 和后点 O' 之间（共轭后点 O' 为物点，共轭前点 O'' 为像点）的规化光学系统，并给出计算结果和 $\bar{u}'_4$-e_3^2 关系曲线。

8.1　h_4=0.1、h_2=−0.1 对应的规化光学系统

如图 8.1 所示，设定规化值 h_4=0.1 和 h_2=−0.1，进行规化光学系统设计，给出不同自准角 $\bar{u}'_4$ 的计算结果如下。

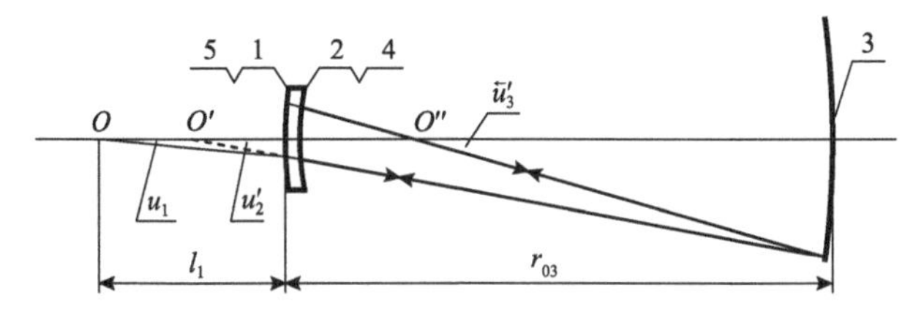

图 8.1　自准校正透镜位于待检凹非球面共轭前点 O'' 和后点 O' 之间的检验光路

8.1.1　待检凹非球面相关参数的求解

1. u_3、$\bar{u}'_3$、l_3、$\bar{l}'_3$ 和 $\bar{P}_3$、$h_{03}\bar{P}_3$ 的求解

1) u_3、$\bar{u}'_3$、l_3 和 $\bar{l}'_3$ 的求解

设定 $h_{03}=-1$、$h_4=0.1$、$h_2=-0.1$，根据式(5.9)有

$$u_3=u'_2=\frac{2\left(h_{03}-h_2\right)}{2h_{03}}=0.9,\quad l_3=\frac{h_{03}}{u_3}=-1.111111$$

$$\bar{u}'_3=\bar{u}_4=\frac{2\left(h_{03}-h_4\right)}{2h_{03}}=1.1,\quad \bar{l}'_3=\frac{h_{03}}{\bar{u}'_3}=-0.909091$$

2) $\overleftarrow{P}_3$ 和 $h_{03}\overleftarrow{P}_3$ 的求解

已知 $u_3 = 0.9$、$\overleftarrow{u}'_3 = 1.1$、$h_{03} = -1$，有

$$\overleftarrow{P}_3 = -\frac{\left(\overleftarrow{u}'_3 - u_3\right)^2}{2} = -0.02, \quad h_{03}\overleftarrow{P}_3 = 0.02$$

2. $\overleftarrow{l}_4$、$\overleftarrow{d}_{34}$、l'_2 和 d_{23} 的求解

1) $\overleftarrow{l}_4$ 和 l'_2 的求解

已知 $h_4 = 0.1$、$\overleftarrow{u}_4 = 1.1$、$h_2 = -0.1$、$u'_2 = 0.9$，有

$$\overleftarrow{l}_4 = \frac{h_4}{\overleftarrow{u}_4} = \frac{h_4}{\overleftarrow{u}'_3} = 0.090909, \quad l'_2 = \frac{h_2}{u'_2} = \frac{h_2}{u_3} = -0.111111$$

2) $\overleftarrow{d}_{34}$ 和 d_{23} 的求解

已知 $\overleftarrow{l}_4 = 0.090909$、$\overleftarrow{l}'_3 = -0.909091$、$l_3 = -1.111111$、$l'_2 = -0.111111$，根据转面公式有

$$\overleftarrow{d}_{34} = \overleftarrow{l}'_3 - \overleftarrow{l}_4 = -1, \quad d_{23} = l'_2 - l_3 = 1$$

下面给出不同自准角 $\overleftarrow{u}'_4$ 对应的规化光学系统计算过程及结果。

8.1.2　自准角 $\overleftarrow{u}'_4 = -0.5$ 对应的规化光学系统

1. 面 4 和面 5 相关参数的求解

1) $\overleftarrow{l}'_4$ 和 r_4 的求解

设定自准校正透镜第 4 面的折射(自准)角 $\overleftarrow{u}'_4 = \overleftarrow{u}_5 = -0.5$，有

$$\overleftarrow{l}'_4 = \frac{h_4}{\overleftarrow{u}'_4} = -0.2$$

已知 $\overleftarrow{n}'_4 = -1.514664$、$\overleftarrow{n}_4 = -1$、$\overleftarrow{l}_4 = 0.090909$、$\overleftarrow{l}'_4 = -0.2$，根据近轴公式有

$$\frac{\overleftarrow{n}'_4 - \overleftarrow{n}_4}{r_4} = \frac{\overleftarrow{n}'_4}{\overleftarrow{l}'_4} - \frac{\overleftarrow{n}_4}{\overleftarrow{l}_4}, \quad r_4 = -0.027710$$

2) $\overleftarrow{P}_4$ 和 $h_4\overleftarrow{P}_4$ 的求解

已知 $\overleftarrow{n}'_4 = -1.514664$、$\overleftarrow{n}_4 = -1$、$\overleftarrow{u}_4 = \overleftarrow{u}'_3 = 1.1$、$u'_4 = -0.5$、$h_4 = 0.1$，有

$$\overleftarrow{P}_4 = \left(\frac{\overleftarrow{u}'_4 - \overleftarrow{u}_4}{1/\overleftarrow{n}'_4 - 1/\overleftarrow{n}_4}\right)^2 \left(\frac{\overleftarrow{u}'_4}{\overleftarrow{n}'_4} - \frac{\overleftarrow{u}_4}{\overleftarrow{n}_4}\right) = 31.709784, \quad h_4\overleftarrow{P}_4 = 3.170978$$

3) $\bar{l}_5$ 和自准面 r_5 的求解

设定自准校正透镜厚度 $\bar{d}_{45}=-0.008$，根据转面公式有

$$\bar{l}_5=\bar{l}_4'-\bar{d}_{45}=-0.192,\quad r_5=l_5'=\bar{l}_5=\bar{l}_4'-\bar{d}_{45}=-0.192$$

2. 面 2 和面 1 相关参数的求解

1) l_2 和 u_2 的求解

已知 $r_2=r_4=-0.027710$、$n_2'=1$、$n_2=1.514664$、$l_2'=-0.111111$、$h_2=-0.1$，根据近轴公式有

$$\frac{n_2'-n_2}{r_2}=\frac{n_2'}{l_2'}-\frac{n_2}{l_2},\quad l_2=-0.054932,\quad u_2=\frac{h_2}{l_2}=1.820425$$

2) P_2 和 h_2P_2 的求解

已知 $n_2'=1$、$n_2=1.514664$、$u_2'=0.9$、$u_2=1.820422$、$h_2=-0.1$，有

$$P_2=\left(\frac{u_2'-u_2}{1/n_2'-1/n_2}\right)^2\left(\frac{u_2'}{n_2'}-\frac{u_2}{n_2}\right)=-2.215019,\quad h_2P_2=0.221502$$

3) l_1、l_1'、h_1 和 u_1 的求解

已知 $n_1'=1.514664$、$l_2=-0.054932$、$d_{12}=0.008$、$u_1'=u_2=1.820425$、$n_1=1$，根据转面公式和近轴公式有

$$l_1'=l_2+d_{12}=-0.046932,\quad h_1=l_1'u_1'=-0.085437,\quad r_1=r_5=-0.192$$

$$\frac{n_1'-n_1}{r_1}=\frac{n_1'}{l_1'}-\frac{n_1}{l_1},\quad l_1=-0.033792,\quad u_1=2.528316$$

4) P_1 和 h_1P_1 的求解

已知 $n_1=1$、$n_1'=1.514664$、$u_1=2.528316$、$u_1'=1.820425$、$h_1=-0.085437$，有

$$P_1=\left(\frac{u_1'-u_1}{1/n_1'-1/n_1}\right)^2\left(\frac{u_1'}{n_1'}-\frac{u_1}{n_1}\right)=-5.757115,\quad h_1P_1=0.491872$$

3. e_3^2 的求解

已知 $h_1P_1=0.491872$、$h_2P_2=0.221502$、$h_{03}\bar{P}_3=0.02$、$h_4\bar{P}_4=3.170978$、$h_5P_5=0$，根据式(5.10b)有

$$e_3^2 = \frac{h_1 P_1 + h_2 P_2 + h_{03} \bar{P}_3 + h_4 \bar{P}_4}{2} = 1.952176$$

4. 规化光学系统

将上述数据整理代入 Zemax 程序验算可得系统 $S_1 = 0$，说明计算正确。对应的规化光学系统的结构参数如表 8.1 所示，规化光学系统如图 8.2 所示。

表 8.1　$h_4 = 0.1$、$h_2 = -0.1$、$\bar{u}_4' = -0.5$ 对应的规化光学系统的结构参数

Surf	Type	Radius	Thickness	Glass	Diameter	Conic
OBJ	Standard	Infinity	0.0338	—	0.0000	0.0000
STO	Standard	−0.1920	0.0080	K9	0.0172	0.0000
2	Standard	−0.0277	1.0000	—	0.0195	0.0000
3	Standard	−1.0000	−1.0000	MIRROR	0.2000	−1.9522
4	Standard	−0.0277	−0.0080	K9	0.0169	0.0000
5	Standard	−0.1920	0.0080	MIRROR	0.0163	0.0000
6	Standard	−0.0277	1.0000	—	0.0169	0.0000
7	Standard	−1.0000	−1.0000	MIRROR	0.1904	−1.9522
8	Standard	−0.0277	−0.0080	K9	0.0196	0.0000
9	Standard	−0.1920	−0.0338	—	0.0173	0.0000
IMA	Standard	Infinity	—	—	0.0001	0.0000

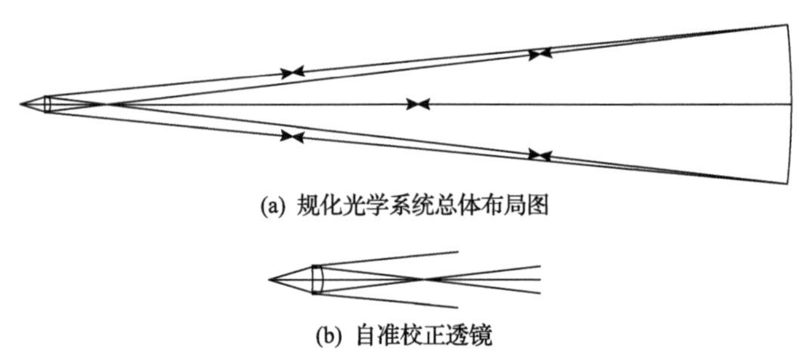

(a) 规化光学系统总体布局图

(b) 自准校正透镜

图 8.2　$h_4 = 0.1$、$h_2 = -0.1$、$\bar{u}_4' = -0.5$ 对应的规化光学系统

8.1.3　自准角 $\bar{u}_4' = 0$ 对应的规化光学系统

1. 面 4 和面 5 相关参数的求解

1) $\bar{l}_4'$ 和 r_4 的求解

已知自准校正透镜第 4 面的折射（自准）角 $\bar{u}_4' = \bar{u}_5 = 0$，有

$$\overleftarrow{l}_4' = \frac{h_4}{\overleftarrow{u}_4'} \to \infty$$

已知 $\overleftarrow{n}_4' = -1.514664$、$\overleftarrow{n}_4 = -1$、$\overleftarrow{l}_4 = 0.090909$、$\overleftarrow{l}_4' \to \infty$，根据近轴公式有

$$\frac{\overleftarrow{n}_4' - \overleftarrow{n}_4}{r_4} = \frac{\overleftarrow{n}_4'}{\overleftarrow{l}_4'} - \frac{\overleftarrow{n}_4}{\overleftarrow{l}_4}, \quad r_4 = -0.046788$$

2) $\overleftarrow{P}_4$ 和 $h_4\overleftarrow{P}_4$ 的求解

已知 $\overleftarrow{n}_4' = -1.514664$、$\overleftarrow{n}_4 = -1$、$\overleftarrow{u}_4 = 1.1$、$\overleftarrow{u}_4' = 0$、$h_4 = 0.1$，有

$$\overleftarrow{P}_4 = \left(\frac{\overleftarrow{u}_4' - \overleftarrow{u}_4}{1/\overleftarrow{n}_4' - 1/\overleftarrow{n}_4}\right)^2 \left(\frac{\overleftarrow{u}_4'}{\overleftarrow{n}_4'} - \frac{\overleftarrow{u}_4}{\overleftarrow{n}_4}\right) = 11.528242, \quad h_4\overleftarrow{P}_4 = 1.1528242$$

3) $\overleftarrow{l}_5$ 和自准面 r_5 的求解

已知自准校正透镜厚度 $\overleftarrow{d}_{45} = -0.008$，根据转面公式有

$$r_5 = l_5' = \overleftarrow{l}_5 = \overleftarrow{l}_4' - \overleftarrow{d}_{45} \to \infty$$

2. 面 2 和面 1 相关参数的求解

1) l_2 和 u_2 的求解

已知 $r_2 = r_4 = -0.046788$、$n_2' = 1$、$n_2 = 1.514664$、$l_2' = -0.111111$、$h_2 = -0.1$，根据近轴公式有

$$\frac{n_2' - n_2}{r_2} = \frac{n_2'}{l_2'} - \frac{n_2}{l_2}, \quad l_2 = -0.075733, \quad u_2 = u_1' = 1.320425$$

2) P_2 和 h_2P_2 的求解

已知 $n_2' = 1$、$n_2 = 1.514664$、$u_2' = 0.9$、$u_2 = 1.320425$、$h_2 = -0.1$，有

$$P_2 = \left(\frac{u_2' - u_2}{1/n_2' - 1/n_2}\right)^2 \left(\frac{u_2'}{n_2'} - \frac{u_2}{n_2}\right) = 0.043233, \quad h_2P_2 = -0.004323$$

3) l_1、l_1'、h_1 和 u_1 的求解

已知 $n_1 = 1$、$n_1' = 1.514664$、$l_2 = -0.075733$、$d_{12} = 0.008$、$u_2 = 1.320425$，根据转面公式和近轴公式有

$$l_2 = l_1' - d_{12} = -0.075733, \quad l_1' = -0.067733, \quad h_1 = l_1'u_1' = -0.089437, \quad r_1 = r_5 \to \infty$$

$$\frac{n_1' - n_1}{r_1} = \frac{n_1'}{l_1'} - \frac{n_1}{l_1}, \quad l_1 = -0.044718, \quad u_1 = 2$$

4) P_1和h_1P_1的求解

已知$n_1=1$、$n_1'=1.514664$、$u_1=2$、$u_1'=1.320425$、$h_1=-0.089437$，有

$$P_1=\left(\frac{u_1'-u_1}{1/n_1'-1/n_1}\right)^2\left(\frac{u_1'}{n_1'}-\frac{u_1}{n_1}\right)=-4.512956,\quad h_1P_1=0.403623$$

3. e_3^2的求解

已知$h_1P_1=0.403623$、$h_2P_2=-0.004323$、$h_{03}\bar{P}_3=0.02$、$h_4\bar{P}_4=1.152824$、$h_5P_5=0$，根据式(5.10b)有

$$e_3^2=\frac{h_1P_1+h_2P_2+h_{03}\bar{P}_3+h_4\bar{P}_4}{2}=0.786062$$

4. 规化光学系统

将上述数据整理代入 Zemax 程序验算可得系统$S_1=0$，说明计算正确。对应的规化光学系统的结构参数如表 8.2 所示，规化光学系统如图 8.3 所示。

表 8.2 $h_4=0.1$、$h_2=-0.1$、$\bar{u}_4'=0$ 对应的规化光学系统的结构参数

Surf	Type	Radius	Thickness	Glass	Diameter	Conic
OBJ	Standard	Infinity	0.0447	—	0.0000	0.0000
1	Standard	Infinity	0.0080	K9	0.0180	0.0000
2	Standard	−0.0468	1.0000	—	0.0199	0.0000
STO	Standard	−1.0000	−1.0000	MIRROR	0.2000	−0.7861
4	Standard	−0.0468	−0.0080	K9	0.0188	0.0000
5	Standard	Infinity	0.0080	MIRROR	0.0188	0.0000
6	Standard	−0.0468	1.0000	—	0.0188	0.0000
7	Standard	−1.0000	−1.0000	MIRROR	0.2000	−0.7861
8	Standard	−0.0468	−0.0080	K9	0.0199	0.0000
9	Standard	Infinity	−0.0447	—	0.0181	0.0000
IMA	Standard	Infinity	—	—	0.0003	0.0000

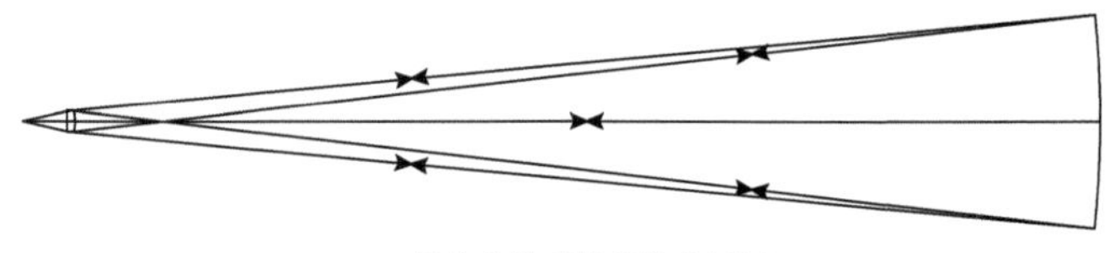

(a) 规化光学系统总体布局图

(b) 自准校正透镜

图 8.3　$h_4=0.1$、$h_2=-0.1$、$\overleftarrow{u}'_4=0$ 对应的规化光学系统

8.1.4　自准角 $\overleftarrow{u}'_4=0.5$ 对应的规化光学系统

1. 面 4 和面 5 相关参数的求解

1) $\overleftarrow{l}'_4$ 和 r_4 的求解

已知自准校正透镜第 4 面的折射(自准)角 $\overleftarrow{u}'_4=\overleftarrow{u}_5=0.5$，有

$$\overleftarrow{l}'_4=\frac{h_4}{\overleftarrow{u}'_4}=0.2$$

已知 $\overleftarrow{n}'_4=-1.514664$、$\overleftarrow{n}_4=-1$、$\overleftarrow{l}_4=0.090909$、$\overleftarrow{l}'_4=0.2$，根据近轴公式有

$$\frac{\overleftarrow{n}'_4-\overleftarrow{n}_4}{r_4}=\frac{\overleftarrow{n}'_4}{\overleftarrow{l}'_4}-\frac{\overleftarrow{n}_4}{\overleftarrow{l}_4},\quad r_4=-0.150193$$

2) $\overleftarrow{P}_4$ 和 $h_4\overleftarrow{P}_4$ 的求解

已知 $\overleftarrow{n}'_4=-1.514664$、$\overleftarrow{n}_4=-1$、$\overleftarrow{u}_4=\overleftarrow{u}'_3=1.1$、$\overleftarrow{u}'_4=0.5$、$h_4=0.1$，有

$$\overleftarrow{P}_4=\left(\frac{\overleftarrow{u}'_4-\overleftarrow{u}_4}{1/\overleftarrow{n}'_4-1/\overleftarrow{n}_4}\right)^2\left(\frac{\overleftarrow{u}'_4}{\overleftarrow{n}'_4}-\frac{\overleftarrow{u}_4}{\overleftarrow{n}_4}\right)=2.400592,\quad h_4\overleftarrow{P}_4=0.240059$$

3) $\overleftarrow{l}_5$ 和自准面 r_5 的求解

已知自准校正透镜厚度 $\overleftarrow{d}_{45}=-0.008$，根据转面公式有

$$r_5=l'_5=\overleftarrow{l}_5=\overleftarrow{l}'_4-\overleftarrow{d}_{45}=0.208$$

2. 面 2 和面 1 相关参数的求解

1) l_2 和 u_2 的求解

已知 $r_2=r_4=-0.150193$、$n'_2=1$、$n_2=1.514664$、$l'_2=-0.111111$、$h_2=-0.1$，根据近轴公式有

$$\frac{n'_2-n_2}{r_2}=\frac{n'_2}{l'_2}-\frac{n_2}{l_2},\quad l_2=-0.121888,\quad u_2=u'_1=\frac{h_2}{l_2}=0.820425$$

2) P_2 和 h_2P_2 的求解

已知 $n'_2=1$、$n_2=1.514664$、$u'_2=0.9$、$u_2=0.820425$、$h_2=-0.1$，有

$$P_2=\left(\frac{u_2'-u_2}{1/n_2'-1/n_2}\right)^2\left(\frac{u_2'}{n_2'}-\frac{u_2}{n_2}\right)=0.019654,\quad h_2P_2=-0.001965$$

3) l_1、l_1'、h_1 和 u_1 的求解

已知 $n_1=1$、$n_1'=1.514664$、$l_2=-0.121888$、$d_{12}=0.008$、$u_1'=0.820425$，根据转面公式和近轴公式有

$$l_1'=l_2+d_{12}=-0.113888,\quad h_1=l_1'u_1'=-0.093437,\quad r_1=r_5=0.208$$

$$\frac{n_1'-n_1}{r_1}=\frac{n_1'}{l_1'}-\frac{n_1}{l_1},\quad l_1=-0.063396,\quad u_1=1.473862$$

4) P_1 和 h_1P_1 的求解

已知 $n_1=1$、$n_1'=1.514664$、$u_1=1.473863$、$u_1'=0.820425$、$h_1=-0.093437$，有

$$P_1=\left(\frac{u_1'-u_1}{1/n_1'-1/n_1}\right)^2\left(\frac{u_1'}{n_1'}-\frac{u_1}{n_1}\right)=-3.447514,\quad h_1P_1=0.322124$$

3. e_3^2 的求解

已知 $h_1P_1=0.322124$、$h_2P_2=-0.001965$、$h_{03}\bar{P}_3=0.02$、$h_4\bar{P}_4=0.240059$、$h_5P_5=0$，根据式(5.10b)有

$$e_3^2=\frac{h_1P_1+h_2P_2+h_{03}\bar{P}_3+h_4\bar{P}_4}{2}=0.290109$$

4. 规化光学系统

将上述数据整理代入 Zemax 程序验算可得系统 $S_1=0$，说明计算正确。对应的规化光学系统的结构参数如表 8.3 所示，规化光学系统如图 8.4 所示。

表 8.3　$h_4=0.1$、$h_2=-0.1$、$\bar{u}_4'=0.5$ 对应的规化光学系统的结构参数

Surf	Type	Radius	Thickness	Glass	Diameter	Conic
OBJ	Standard	Infinity	0.0634	—	0.0000	0.0000
STO	Standard	0.2080	0.0080	K9	0.0188	0.0000
2	Standard	−0.1502	1.0000	—	0.0200	0.0000
3	Standard	−1.0000	−1.0000	MIRROR	0.2000	−0.2901
4	Standard	−0.1502	−0.0080	K9	0.0208	0.0000
5	Standard	0.2080	0.0080	MIRROR	0.0215	0.0000
6	Standard	−0.1502	1.0000	—	0.0206	0.0000

续表

Surf	Type	Radius	Thickness	Glass	Diameter	Conic
7	Standard	–1.0000	–1.0000	MIRROR	0.2212	–0.2901
8	Standard	–0.1502	–0.0080	K9	0.0197	0.0000
9	Standard	0.2080	–0.0634	—	0.0183	0.0000
IMA	Standard	Infinity	—	—	0.0020	0.0000

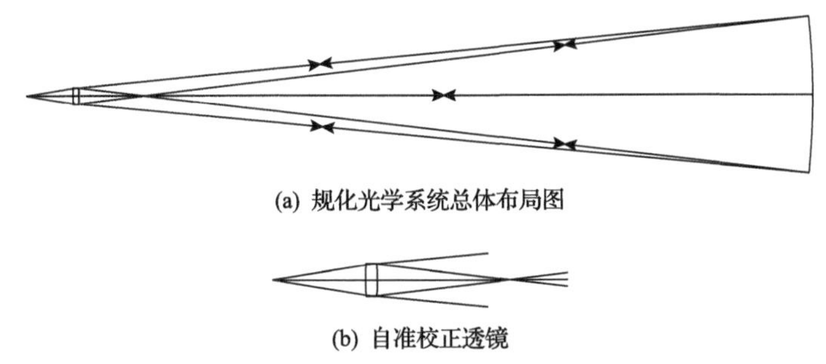

(a) 规化光学系统总体布局图

(b) 自准校正透镜

图 8.4　$h_4 = 0.1$、$h_2 = -0.1$、$\overleftarrow{u}'_4 = 0.5$ 对应的规化光学系统

8.1.5　自准角 $\overleftarrow{u}'_4 = 1.5$ 对应的规化光学系统

1. 面 4 和面 5 相关参数的求解

1) $\overleftarrow{l}'_4$ 和 r_4 的求解

已知自准校正透镜第 4 面的折射(自准)角 $\overleftarrow{u}'_4 = \overleftarrow{u}_5 = 1.5$，有

$$\overleftarrow{l}'_4 = \frac{h_4}{\overleftarrow{u}'_4} = 0.066667$$

已知 $\overleftarrow{n}'_4 = -1.514664$、$\overleftarrow{n}_4 = -1$、$\overleftarrow{l}_4 = 0.090909$、$\overleftarrow{l}'_4 = 0.066667$，根据近轴公式有

$$\frac{\overleftarrow{n}'_4 - \overleftarrow{n}_4}{r_4} = \frac{\overleftarrow{n}'_4}{\overleftarrow{l}'_4} - \frac{\overleftarrow{n}_4}{\overleftarrow{l}_4}, \quad r_4 = 0.043913$$

2) $\overleftarrow{P}_4$ 和 $h_4\overleftarrow{P}_4$ 的求解

已知 $\overleftarrow{n}'_4 = -1.514664$、$\overleftarrow{n}_4 = -1$、$\overleftarrow{u}_4 = \overleftarrow{u}'_3 = 1.1$、$u'_4 = 1.5$、$h_4 = 0.1$，有

$$\overleftarrow{P}_4 = \left(\frac{\overleftarrow{u}'_4 - \overleftarrow{u}_4}{1/\overleftarrow{n}'_4 - 1/\overleftarrow{n}_4}\right)^2 \left(\frac{\overleftarrow{u}'_4}{\overleftarrow{n}'_4} - \frac{\overleftarrow{u}_4}{\overleftarrow{n}_4}\right) = 0.151998, \quad h_4\overleftarrow{P}_4 = 0.0152$$

3) $\overleftarrow{l}_5$ 和自准面 r_5 的求解

已知自准校正透镜厚度 $\overleftarrow{d}_{45} = -0.008$，根据转面公式有

$$r_5 = l'_5 = \overleftarrow{l}_5 = \overleftarrow{l}'_4 - \overleftarrow{d}_{45} = 0.074667$$

2. 面 2 和面 1 相关参数的求解

1) l_2 和 u_2 的求解

已知 $r_2 = r_4 = 0.043913$、$n'_2 = 1$、$n_2 = 1.514664$、$l'_2 = -0.111111$、$h_2 = -0.1$，根据近轴公式有

$$\frac{n'_2 - n_2}{r_2} = \frac{n'_2}{l'_2} - \frac{n_2}{l_2}, \quad l_2 = 0.55687, \quad u_2 = u'_1 = \frac{h_2}{l_2} = -0.179575$$

2) P_2 和 h_2P_2 的求解

已知 $n'_2 = 1$、$n_2 = 1.514664$、$u'_2 = 0.9$、$u_2 = -0.179575$、$h_2 = -0.1$，有

$$P_2 = \left(\frac{u'_2 - u_2}{1/n'_2 - 1/n_2}\right)^2 \left(\frac{u'_2}{n'_2} - \frac{u_2}{n_2}\right) = 10.281972, \quad h_2P_2 = -1.028197$$

3) l_1、l'_1、h_1 和 u_1 的求解

已知 $n_1 = 1$、$n'_1 = 1.514664$、$l_2 = 0.55687$、$d_{12} = 0.008$、$u'_1 = -0.179575$，根据转面公式和近轴公式有

$$l'_1 = l_2 + d_{12} = 0.564867, \quad h_1 = l'_1 u'_1 = -0.101437, \quad r_1 = r_5 = 0.074667$$

$$\frac{n'_1 - n_1}{r_1} = \frac{n'_1}{l'_1} - \frac{n_1}{l_1}, \quad l_1 = -0.237452, \quad u_1 = 0.427188$$

4) P_1 和 h_1P_1 的求解

已知 $n_1 = 1$、$n'_1 = 1.514664$、$u_1 = 0.427188$、$u'_1 = -0.179575$、$h_1 = -0.101437$，有

$$P_1 = \left(\frac{u'_1 - u_1}{1/n'_1 - 1/n_1}\right)^2 \left(\frac{u'_1}{n'_1} - \frac{u_1}{n_1}\right) = -1.740262, \quad h_1P_1 = 0.176526$$

3. e_3^2 的求解

已知 $h_1P_1 = 0.176526$、$h_2P_2 = -1.028197$、$h_{03}\overleftarrow{P}_3 = 0.02$、$h_4\overleftarrow{P}_4 = 0.0152$、$h_5P_5 = 0$，根据式(5.10b)有

$$e_3^2 = \frac{h_1P_1 + h_2P_2 + h_{03}\overleftarrow{P}_3 + h_4\overleftarrow{P}_4}{2} = -0.408236$$

4. 规化光学系统

将上述数据整理代入 Zemax 程序验算可得系统 $S_1=0$，说明计算正确。对应的规化光学系统的结构参数如表 8.4 所示，规化光学系统如图 8.5 所示。

表 8.4　$h_4=0.1$、$h_2=-0.1$、$\bar{u}'_4=1.5$ 对应的规化光学系统的结构参数

Surf	Type	Radius	Thickness	Glass	Diameter	Conic
OBJ	Standard	Infinity	0.2375	—	0.0000	0.0000
STO	Standard	0.0747	0.0080	K9	0.0203	0.0000
2	Standard	0.0439	1.0000	—	0.0200	0.0000
3	Standard	−1.0000	−1.0000	MIRROR	0.2000	0.4082
4	Standard	0.0439	−0.0080	K9	0.0204	0.0000
5	Standard	0.0747	0.0080	MIRROR	0.0230	0.0000
6	Standard	0.0439	1.0000	—	0.0204	0.0000
7	Standard	−1.0000	−1.0000	MIRROR	0.2044	0.4082
8	Standard	0.0439	−0.0080	K9	0.0200	0.0000
9	Standard	0.0747	−0.2375	—	0.0203	0.0000
IMA	Standard	Infinity	—	—	0.0005	0.0000

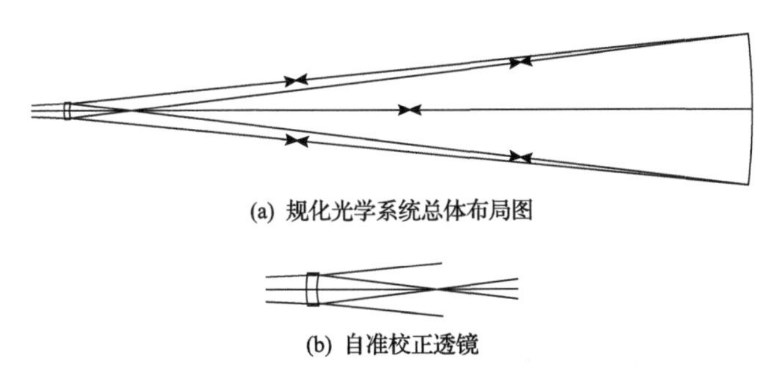

(a) 规化光学系统总体布局图

(b) 自准校正透镜

图 8.5　$h_4=0.1$、$h_2=-0.1$、$\bar{u}'_4=1.5$ 对应的规化光学系统

8.1.6　自准角 $\bar{u}'_4=2$ 对应的规化光学系统

1. 面 4 和面 5 相关参数的求解

1) $\bar{l}'_4$ 和 r_4 的求解

已知自准校正透镜第 4 面的折射(自准)角 $\bar{u}'_4=\bar{u}_5=2$，有

$$\bar{l}'_4=\frac{h_4}{\bar{u}'_4}=0.05$$

已知 $\bar{n}'_4=-1.514664$、$\bar{n}_4=-1$、$\bar{l}_4=0.090909$、$\bar{l}'_4=0.05$，根据近轴公式有

$$\frac{\bar{n}_4' - \bar{n}_4}{r_4} = \frac{\bar{n}_4'}{\bar{l}_4'} - \frac{\bar{n}_4}{\bar{l}_4}, \quad r_4 = 0.026676$$

2) $\bar{P}_4$ 和 $h_4\bar{P}_4$ 的求解

已知 $\bar{n}_4' = -1.514664$、$\bar{n}_4 = -1$、$\bar{u}_4 = \bar{u}_3' = 1.1$、$\bar{u}_4' = 2$、$h_4 = 0.1$，有

$$\bar{P}_4 = \left(\frac{\bar{u}_4' - \bar{u}_4}{1/\bar{n}_4' - 1/\bar{n}_4}\right)^2 \left(\frac{\bar{u}_4'}{\bar{n}_4'} - \frac{\bar{u}_4}{\bar{n}_4}\right) = -1.546431, \quad h_4\bar{P}_4 = -0.154643$$

3) $\bar{l}_5$ 和自准面 r_5 的求解

已知自准校正透镜厚度 $\bar{d}_{45} = -0.008$，根据转面公式有

$$r_5 = l_5' = \bar{l}_5 = \bar{l}_4' - \bar{d}_{45} = 0.058$$

2. 面 2 和面 1 相关参数的求解

1) l_2 和 u_2 的求解

已知 $r_2 = r_4 = 0.026676$、$n_2' = 1$、$n_2 = 1.514664$、$l_2' = -0.111111$、$h_2 = -0.1$，根据近轴公式有

$$\frac{n_2' - n_2}{r_2} = \frac{n_2'}{l_2'} - \frac{n_2}{l_2}, \quad l_2 = 0.147151, \quad u_2 = u_1' = \frac{h_2}{l_2} = -0.679575$$

2) P_2 和 h_2P_2 的求解

已知 $n_2' = 1$、$n_2 = 1.514664$、$u_2' = 0.9$、$u_2 = -0.679575$、$h_2 = -0.1$，有

$$P_2 = \left(\frac{u_2' - u_2}{1/n_2' - 1/n_2}\right)^2 \left(\frac{u_2'}{n_2'} - \frac{u_2}{n_2}\right) = 29.145355, \quad h_2P_2 = -2.914536$$

3) l_1、l_1'、h_1 和 u_1 的求解

已知 $n_1 = 1$、$n_1' = 1.514664$、$l_2 = 0.147151$、$d_{12} = 0.008$、$u_1' = -0.679575$，根据转面公式和近轴公式有

$$l_1' = l_2 + d_{12} = 0.155151, \quad h_1 = l_1'u_1' = -0.105437, \quad r_1 = r_5 = 0.058000$$

$$\frac{n_1' - n_1}{r_1} = \frac{n_1'}{l_1'} - \frac{n_1}{l_1}, \quad l_1 = 1.124843, \quad u_1 = -0.093735$$

4) P_1 和 h_1P_1 的求解

已知 $n_1 = 1$、$n_1' = 1.514664$、$u_1 = -0.093735$、$u_1' = -0.679575$、$h_1 = -0.105437$，有

$$P_1 = -1.055082, \quad h_1 P_1 = 0.111244$$

3. e_3^2 的求解

已知 $h_1 P_1 = 0.111244$、$h_2 P_2 = -2.914536$、$h_{03} \bar{P}_3 = 0.02$、$h_5 P_5 = 0$、$h_4 \bar{P}_4 = -0.154643$，根据式(5.10b)有

$$e_3^2 = \frac{h_1 P_1 + h_2 P_2 + h_{03} \bar{P}_3 + h_4 \bar{P}_4}{2} = -1.468967$$

4. 规化光学系统

将上述数据整理代入 Zemax 程序验算可得系统 $S_1 = 0$，说明计算正确。从计算数据来看 $l_1 = 1.124843 > 0$，系统为发散系统。根据光线入射方向，在面 1 前加间距 $d = 0.1$ 虚拟面，虚拟面到虚像点距离 $l = l_1 + d = 1.224843$，对应的带有虚拟面的规化光学系统的结构参数如表 8.5 所示，去掉虚拟面的规化光学系统如图 8.6 所示。

表 8.5　$h_4 = 0.1$、$h_2 = -0.1$、$\bar{u}_4' = 2$ 对应的带有虚拟面的规化光学系统的结构参数

Surf	Type	Radius	Thickness	Glass	Diameter	Conic
OBJ	Standard	Infinity	−1.2248	—	0.0000	0.0000
1	Standard	1.2248	0.1000	—	0.0232	0.0000
2	Standard	0.0580	0.0080	K9	0.0211	0.0000
3	Standard	0.0267	1.0000	—	0.0199	0.0000
STO	Standard	−1.0000	−1.0000	MIRROR	0.2000	1.4690
5	Standard	0.0267	−0.0080	K9	0.0232	0.0000
6	Standard	0.0580	0.0080	MIRROR	0.0276	0.0000
7	Standard	0.0267	1.0000	—	0.0231	0.0000
8	Standard	−1.0000	−1.0000	MIRROR	0.2388	1.4690
9	Standard	0.0267	−0.0080	K9	0.0190	0.0000
10	Standard	0.0580	−0.1000	—	0.0201	0.0000
11	Standard	1.2248	1.2248	—	0.0000	0.0000
IMA	Standard	Infinity	—	—	0.0232	0.0000

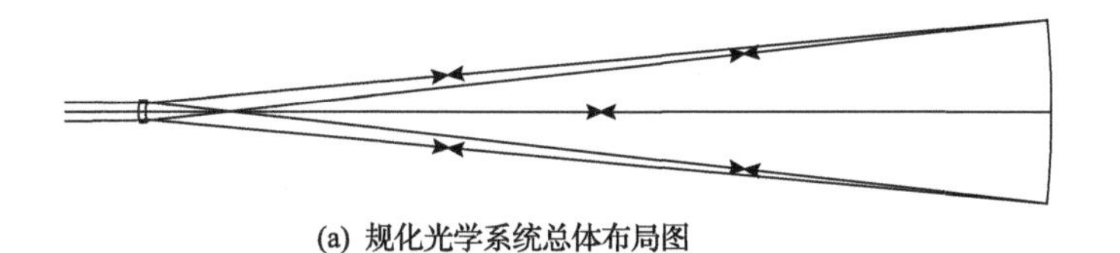

(a) 规化光学系统总体布局图

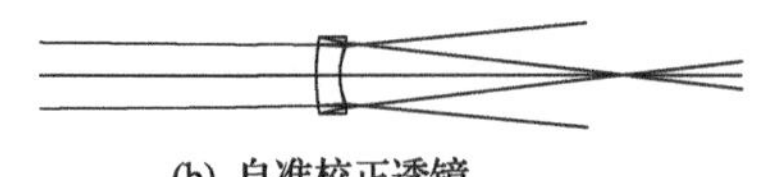

(b) 自准校正透镜

图 8.6　$h_4=0.1$、$h_2=-0.1$、$\bar{u}_4'=2$ 对应的规化光学系统

8.2　h_4=0.125、h_2=−0.125 对应的规化光学系统

如图 8.1 所示，设定规化值 h_4=0.125 和 h_2=−0.125，按照 8.1 节的计算方法求解不同自准角 $\bar{u}_4'$ 对应的规化光学系统。

8.2.1　待检凹非球面相关参数的求解

1. u_3、$\bar{u}_3'$、l_3、$\bar{l}_3'$ 和 $\bar{P}_3$、$h_{03}\bar{P}_3$ 的求解

1) u_3、$\bar{u}_3'$、l_3 和 $\bar{l}_3'$ 的求解

设定 $h_{03}=-1$、$h_4=0.125$、$h_2=-0.125$，根据式(5.9)有

$$u_3=u_2'=0.875,\quad l_3=-1.142857,\quad \bar{u}_3'=\bar{u}_4=1.125,\quad \bar{l}_3'=-0.888889$$

2) $\bar{P}_3$ 和 $h_{03}\bar{P}_3$ 的求解

已知 $u_3=0.875$、$\bar{u}_3'=1.125$、$h_{03}=-1$，有

$$\bar{P}_3=-0.031250,\quad h_{03}\bar{P}_3=0.031250$$

2. $\bar{l}_4$、$\bar{d}_{34}$、l_2' 和 d_{23} 的求解

1) $\bar{l}_4$ 和 l_2' 的求解

已知 $h_4=0.125$、$\bar{u}_4=1.125$、$h_2=-0.125$、$u_2'=0.875$，有

$$\bar{l}_4=0.111111,\quad l_2'=-0.142857$$

2) $\bar{d}_{34}$ 和 d_{23} 的求解

已知 $\bar{l}_4=0.111111$、$\bar{l}_3'=-0.888889$、$l_3=-1.142857$、$l_2'=-0.142857$，根据转面公式有

$$\bar{d}_{34}=-1,\quad d_{23}=1$$

下面给出不同自准角 $\bar{u}_4'$ 对应的规化光学系统计算结果。

8.2.2　自准角 $\overleftarrow{u}'_4 = -0.5$ 对应的规化光学系统

1. 面 4 和面 5 相关参数的求解

1) $\overleftarrow{l}'_4$ 和 r_4 的求解

$$\overleftarrow{u}'_4 = \overleftarrow{u}_5 = -0.5, \quad \overleftarrow{l}'_4 = -0.25, \quad r_4 = -0.034177$$

2) $\overleftarrow{P}_4$ 和 $h_4\overleftarrow{P}_4$ 的求解

$$\overleftarrow{P}_4 = 33.280240, \quad h_4\overleftarrow{P}_4 = 4.160030$$

3) $\overleftarrow{l}_5$ 和自准面 r_5 的求解

$$\overleftarrow{d}_{45} = -0.008, \quad r_5 = l'_5 = \overleftarrow{l}_5 = -0.242$$

2. 面 2 和面 1 相关参数的求解

1) l_2 和 u_2 的求解

$$l_2 = -0.068665, \quad u_2 = u'_1 = 1.820425$$

2) P_2 和 h_2P_2 的求解

$$P_2 = -2.530523, \quad h_2P_2 = 0.316315$$

3) l_1、l'_1、h_1 和 u_1 的求解

$$l'_1 = -0.060665, \quad h_1 = -0.110437$$

$$r_1 = r_5 = -0.242, \quad l_1 = -0.043781, \quad u_1 = 2.522465$$

4) P_1 和 h_1P_1 的求解

$$P_1 = -5.6374145, \quad h_1P_1 = 0.622577$$

3. e_3^2 的求解

$$e_3^2 = \frac{h_1P_1 + h_2P_2 + h_{03}\overleftarrow{P}_3 + h_4\overleftarrow{P}_4}{2} = 2.565086$$

4. 规化光学系统

将上述数据整理代入 Zemax 程序验算可得系统 $S_1 = 0$，说明计算正确。对应的规化光学系统的结构参数如表 8.6 所示，规化光学系统与图 8.2 类似。

表 8.6 $h_4=0.125$、$h_2=-0.125$、$\bar{u}_4'=-0.5$ 对应的规化光学系统的结构参数

Surf	Type	Radius	Thickness	Glass	Diameter	Conic
OBJ	Standard	Infinity	0.0438	—	0.0000	0.0000
STO	Standard	−0.2420	0.0080	K9	0.0222	0.0000
2	Standard	−0.0342	1.0000	—	0.0244	0.0000
3	Standard	−1.0000	−1.0000	MIRROR	0.2000	−2.5651
4	Standard	−0.0342	−0.0080	K9	0.0210	0.0000
5	Standard	−0.2420	0.0080	MIRROR	0.0204	0.0000
6	Standard	−0.0342	1.0000	—	0.0210	0.0000
7	Standard	−1.0000	−1.0000	MIRROR	0.1898	−2.5651
8	Standard	−0.0342	−0.0080	K9	0.0245	0.0000
9	Standard	−0.2420	−1.1248	—	0.0224	0.0000
IMA	Standard	Infinity	—	—	0.0001	0.0000

8.2.3 自准角 $\bar{u}_4'=0$ 对应的规化光学系统

1. 面 4 和面 5 相关参数的求解

1) $\bar{l}_4'$ 和 r_4 的求解

$$\bar{u}_4'=\bar{u}_5=0,\quad \bar{l}_4'\to\infty,\quad r_4=-0.057185$$

2) $\bar{P}_4$ 和 $h_4\bar{P}_4$ 的求解

$$\bar{P}_4=12.332258,\quad h_4\bar{P}_4=1.541532$$

3) $\bar{l}_5$ 和自准面 r_5 的求解

$$\bar{d}_{45}=-0.008,\quad r_5=l_5'=\bar{l}_5\to\infty$$

2. 面 2 和面 1 相关参数的求解

1) l_2 和 u_2 的求解

$$l_2=-0.094667,\quad u_2=u_1'=1.320425$$

2) P_2 和 h_2P_2 的求解

$$P_2=0.005566,\quad h_2P_2=-0.000696$$

3) l_1、l_1'、h_1 和 u_1 的求解

$$l_1'=-0.086667,\quad h_1=-0.114437$$

$$r_1 = r_5 \to \infty, \quad l_1 = -0.057218, \quad u_1 = 2$$

4) P_1和h_1P_1的求解

$$P_1 = -4.512956, \quad h_1P_1 = 0.516447$$

3. e_3^2的求解

$$e_3^2 = \frac{h_1P_1 + h_2P_2 + h_{03}\bar{P}_3 + h_4\bar{P}_4}{2} = 1.044267$$

4. 规化光学系统

将上述数据整理代入 Zemax 程序验算可得系统$S_1 = 0$，说明计算正确。对应的规化光学系统的结构参数如表 8.7 所示，规化光学系统与图 8.3 类似。

表 8.7　$h_4 = 0.125$、$h_2 = -0.125$、$\bar{u}_4' = 0$对应的规化光学系统的结构参数

Surf	Type	Radius	Thickness	Glass	Diameter	Conic
OBJ	Standard	Infinity	0.0572	—	0.0000	0.0000
STO	Standard	Infinity	0.0080	K9	0.0231	0.0000
2	Standard	−0.0572	1.0000	—	0.0248	0.0000
3	Standard	−1.0000	−1.0000	MIRROR	0.2000	−1.0443
4	Standard	−0.0572	−0.0080	K9	0.0235	0.0000
5	Standard	Infinity	0.0080	MIRROR	0.0234	0.0000
6	Standard	−0.0572	1.0000	—	0.0234	0.0000
7	Standard	−1.0000	−1.0000	MIRROR	0.1998	−1.0443
8	Standard	−0.0572	−0.0080	K9	0.0249	0.0000
9	Standard	Infinity	−0.0572	—	0.0232	0.0000
IMA	Standard	Infinity	—	—	0.0003	0.0000

8.2.4　自准角$\bar{u}_4' = 0.5$对应的规化光学系统

1. 面 4 和面 5 相关参数的求解

1) $\bar{l}_4'$和r_4的求解

$$\bar{u}_4' = \bar{u}_5 = 0.5, \quad \bar{l}_4' = 0.25, \quad r_4 = -0.174976$$

2) $\bar{P}_4$和$h_4\bar{P}_4$的求解

$$\bar{P}_4 = 2.689392, \quad h_4\bar{P}_4 = 0.336174$$

3) $\overleftarrow{l}_5$ 和自准面 r_5 的求解

$$\overleftarrow{d}_{45} = -0.008, \quad r_5 = l_5' = \overleftarrow{l}_5 = 0.258$$

2. 面 2 和面 1 相关参数的求解

1) l_2 和 u_2 的求解

$$l_2 = -0.152360, \quad u_2 = 0.820425$$

2) P_2 和 h_2P_2 的求解

$$P_2 = 0.008599, \quad h_2P_2 = -0.001075$$

3) l_1、l_1'、h_1 和 u_1 的求解

$$l_1' = -0.144360, \quad h_1 = -0.118437$$

$$r_1 = r_5 = 0.258, \quad l_1 = -0.080083, \quad u_1 = 1.478928$$

4) P_1 和 h_1P_1 的求解

$$P_1 = -3.520196, \quad h_1P_1 = 0.416920$$

3. e_3^2 的求解

$$e_3^2 = \frac{h_1P_1 + h_2P_2 + h_{03}\overleftarrow{P}_3 + h_4\overleftarrow{P}_4}{2} = 0.391635$$

4. 规化光学系统

将上述数据整理代入 Zemax 程序验算可得系统 $S_1 = 0$，说明计算正确。对应的规化光学系统的结构参数如表 8.8 所示，规化光学系统与图 8.4 类似。

表 8.8　$h_4 = 0.125$、$h_2 = -0.125$、$\overline{u}_4' = 0.5$ 对应的规化光学系统的结构参数

Surf	Type	Radius	Thickness	Glass	Diameter	Conic
OBJ	Standard	Infinity	0.0801	—	0.0000	0.0000
STO	Standard	0.2580	0.0080	K9	0.0239	0.0000
2	Standard	−0.1750	1.0000	—	0.0251	0.0000
3	Standard	−1.0000	−1.0000	MIRROR	0.2000	−0.3916
4	Standard	−0.1750	−0.0080	K9	0.0245	0.0000
5	Standard	0.2580	0.0080	MIRROR	0.0252	0.0000
6	Standard	−0.1750	1.0000	—	0.0245	0.0000

续表

Surf	Type	Radius	Thickness	Glass	Diameter	Conic
7	Standard	−1.0000	−1.0000	MIRROR	0.1999	−0.3916
8	Standard	−0.1750	−0.0080	K9	0.0251	0.0000
9	Standard	0.2580	−0.0801	—	0.0239	0.0000
IMA	Standard	Infinity	—	—	0.0003	0.0000

8.2.5 自准角 $\bar{u}_4' = 1.5$ 对应的规化光学系统

1. 面 4 和面 5 相关参数的求解

1) $\overleftarrow{l}_4'$ 和 r_4 的求解

$$\bar{u}_4' = \bar{u}_5 = 1.5, \quad \overleftarrow{l}_4' = 0.083333, \quad r_4 = 0.056088$$

2) $\overleftarrow{P}_4$ 和 $h_4\overleftarrow{P}_4$ 的求解

$$\overleftarrow{P}_4 = 0.164042, \quad h_4\overleftarrow{P}_4 = 0.020505$$

3) $\overleftarrow{l}_5$ 和自准面 r_5 的求解

$$\overleftarrow{d}_{45} = -0.008, \quad r_5 = l_5' = \overleftarrow{l}_5 = 0.091333$$

2. 面 2 和面 1 相关参数的求解

1) l_2 和 u_2 的求解

$$l_2 = 0.696087, \quad u_2 = u_1' = -0.179575$$

2) P_2 和 h_2P_2 的求解

$$P_2 = 9.570468, \quad h_2P_2 = -1.196309$$

3) l_1、l_1'、h_1 和 u_1 的求解

$$l_1' = 0.704087, \quad h_1 = -0.126437$$

$$r_1 = r_5 = 0.091333, \quad l_1 = -0.287046, \quad u_1 = 0.440475$$

4) P_1 和 h_1P_1 的求解

$$P_1 = -1.861557, \quad h_1P_1 = 0.235369$$

3. e_3^2 的求解

$$e_3^2 = \frac{h_1 P_1 + h_2 P_2 + h_{03}\bar{P}_3 + h_4 \bar{P}_4}{2} = -0.454592$$

4. 规化光学系统

将上述数据代入 Zemax 中计算可得系统 $S_1 = 0$，说明计算正确。对应的规化光学系统的结构参数如表 8.9 所示，规化光学系统与图 8.5 类似。

表 8.9　$h_4 = 0.125$、$h_2 = -0.125$、$\bar{u}_4' = 1.5$ 对应的规化光学系统的结构参数

Surf	Type	Radius	Thickness	Glass	Diameter	Conic
OBJ	Standard	Infinity	0.2870	—	0.0000	0.0000
STO	Standard	0.0913	0.0080	K9	0.0253	0.0000
2	Standard	0.0561	1.0000	—	0.0250	0.0000
3	Standard	−1.0000	−1.0000	MIRROR	0.2000	0.4546
4	Standard	0.0561	−0.0080	K9	0.0254	0.0000
5	Standard	0.0913	0.0080	MIRROR	0.0280	0.0000
6	Standard	0.0561	1.0000	—	0.0254	0.0000
7	Standard	−1.0000	−1.0000	MIRROR	0.2037	0.4546
8	Standard	0.0561	−0.0080	K9	0.0250	0.0000
9	Standard	0.0913	−0.2870	—	0.0253	0.0000
IMA	Standard	Infinity	—	—	0.0006	0.0000

8.2.6　自准角 $\bar{u}_4' = 2$ 对应的规化光学系统

1. 面 4 和面 5 相关参数的求解

1) $\bar{l}_4'$ 和 r_4 的求解

$$\bar{u}_4' = \bar{u}_5 = 2, \quad \bar{l}_4' = 0.0625, \quad r_4 = 0.033783$$

2) $\bar{P}_4$ 和 $h_4\bar{P}_4$ 的求解

$$\bar{P}_4 = -1.295928, \quad h_4\bar{P}_4 = -0.161991$$

3) $\bar{l}_5$ 和自准面 r_5 的求解

$$\bar{d}_{45} = -0.008, \quad r_5 = l_5' = \bar{l}_5 = 0.0705$$

2. 面 2 和面 1 相关参数的求解

1) l_2 和 u_2 的求解

$$l_2 = 0.183938,\quad u_2 = u_1' = -0.679575$$

2) P_2 和 h_2P_2 的求解

$$P_2 = 27.706789,\quad h_2P_2 = -3.463349$$

3) l_1、l_1'、h_1 和 u_1 的求解

$$l_1' = 0.191938,\quad h_1 = -0.130437,\quad r_1 = r_5 = 0.0705$$

$$l_1 = 1.691458,\quad u_1 = -0.077115$$

4) P_1 和 h_1P_1 的求解

$$P_1 = -1.168041,\quad h_1P_1 = 0.152355$$

3. e_3^2 的求解

$$e_3^2 = \frac{h_1P_1 + h_2P_2 + h_{03}\overleftarrow{P}_3 + h_4\overleftarrow{P}_4}{2} = -1.720867$$

4. 规化光学系统

将上述数据整理代入 Zemax 程序验算可得系统 $S_1 = 0$，说明计算正确。从计算的数据来看，$l_1 = 1.691458 > 0$，系统为发散系统。根据光线入射方向，在面 1 前加间距 $d = 0.1$ 虚拟面，虚拟面到虚像点的距离 $l = l_1 + d = 1.791458$，带有虚拟面的规化光学系统的结构参数如表 8.10 所示，去掉虚拟面的规化光学系统与图 8.6 类似。

表 8.10　h_4=0.125、h_2=−0.125、$\bar{u}_4' = 2$ 对应的带有虚拟面的规化光学系统的结构参数

Surf	Type	Radius	Thickness	Glass	Diameter	Conic
OBJ	Standard	Infinity	−1.6915	—	0.0000	0.0000
1	Standard	1.7915	0.1000	—	0.0239	0.0000
2	Standard	0.0705	0.0080	K9	0.0224	0.0000
STO	Standard	0.0338	1.0000	—	0.0214	0.0000
4	Standard	−1.0000	−1.0000	MIRROR	0.1724	1.7209
5	Standard	0.0338	−0.0080	K9	0.0236	0.0000
6	Standard	0.0705	0.0080	MIRROR	0.0270	0.0000
7	Standard	0.0338	1.0000	—	0.0235	0.0000

续表

Surf	Type	Radius	Thickness	Glass	Diameter	Conic
8	Standard	−1.0000	−1.0000	MIRROR	0.1902	1.7209
9	Standard	0.0338	−0.0080	K9	0.0212	0.0000
10	Standard	0.0705	−0.1000	—	0.0222	0.0000
11	Standard	1.7915	1.7915	—	0.0232	0.0000
IMA	Standard	Infinity	—	—	0.0059	0.0000

8.3 h_4=0.15、h_2=−0.15 对应的规化光学系统

如图 8.1 所示，设定规化值 h_4=0.15 和 h_2=−0.15，按照 8.1 节的计算方法求解不同自准角 $\bar{u}_4'$ 对应的规化光学系统。

8.3.1 待检凹非球面相关参数的求解

1. u_3、$\bar{u}_3'$、l_3、$\bar{l}_3'$ 和 $\bar{P}_3$、$h_{03}\bar{P}_3$ 的求解

1) u_3、$\bar{u}_3'$、l_3 和 $\bar{l}_3'$ 的求解

设定 $h_{03}=-1$、$h_4=0.15$、$h_2=-0.15$，根据式(5.9)有

$$u_3=u_2'=0.85,\quad l_3=-1.176471$$

$$\bar{u}_3'=\bar{u}_4=1.15,\quad \bar{l}_3'=-0.869565$$

2) $\bar{P}_3$ 和 $h_{03}\bar{P}_3$ 的求解

已知 $u_3=0.85$、$\bar{u}_3'=1.15$、$h_{03}=-1$，有

$$\bar{P}_3=-0.045,\quad h_{03}\bar{P}_3=0.045$$

2. $\bar{l}_4$、$\bar{d}_{34}$、l_2' 和 d_{23} 的求解

1) $\bar{l}_4$ 和 l_2' 的求解

已知 $h_4=0.15$、$\bar{u}_4=1.15$、$h_2=-0.15$、$u_2'=0.85$，有

$$\bar{l}_4=0.130435,\quad l_2'=-0.176471$$

2) $\bar{d}_{34}$ 和 d_{23} 的求解

已知 $\bar{l}_4=0.130435$、$\bar{l}_3'=-0.869565$、$l_3=-1.176471$、$l_2'=-0.176471$，根据转面公式有

$$\overleftarrow{d}_{34} = -1, \quad d_{23} = 1$$

下面给出不同自准角 $\bar{u}_4'$ 的规化光学系统计算结果。

8.3.2　自准角 $\bar{u}_4' = -0.5$ 对应的规化光学系统

1. 面 4 和面 5 相关参数的求解

1) $\overleftarrow{l}_4'$ 和 r_4 的求解

$$\bar{u}_4' = \bar{u}_5 = -0.5, \quad \overleftarrow{l}_4' = -0.3, \quad r_4 = -0.040475$$

2) $\overleftarrow{P}_4$ 和 $h_4\overleftarrow{P}_4$ 的求解

$$\overleftarrow{P}_4 = 34.901637, \quad h_4\overleftarrow{P}_4 = 5.235246$$

3) $\overleftarrow{l}_5$ 和自准面 r_5 的求解

$$\overleftarrow{d}_{45} = -0.008, \quad r_5 = l_5' = \overleftarrow{l}_5 = -0.292$$

2. 面 2 和面 1 相关参数的求解

1) l_2 和 u_2 的求解

$$l_2 = -0.082398, \quad u_2 = u_1' = 1.820425$$

2) P_2 和 h_2P_2 的求解

$$P_2 = -2.870037, \quad h_2P_2 = 0.430506$$

3) l_1、l_1'、h_1 和 u_1 的求解

$$l_1' = -0.074398, \quad h_1 = -0.135437$$

$$r_1 = r_5 = -0.292, \quad l_1 = -0.053774, \quad u_1 = 2.518618$$

4) P_1 和 h_1P_1 的求解

$$P_1 = -5.559562, \quad h_1P_1 = 0.752968$$

3. e_3^2 的求解

$$e_3^2 = \frac{h_1P_1 + h_2P_2 + h_{03}\overleftarrow{P}_3 + h_4\overleftarrow{P}_4}{2} = 3.231860$$

4. 规化光学系统

将上述数据整理代入 Zemax 程序验算可得系统 $S_1=0$，说明计算正确。对应的规化光学系统的结构参数如表 8.11 所示，规化光学系统与图 8.2 类似。

表 8.11 $h_4=0.15$、$h_2=-0.15$、$\bar{u}_4'=-0.5$ 对应的规化光学系统的结构参数

Surf	Type	Radius	Thickness	Glass	Diameter	Conic
OBJ	Standard	Infinity	0.0538	—	0.0000	0.0000
STO	Standard	−0.2920	0.0080	K9	0.0273	0.0000
2	Standard	−0.0405	1.0000	—	0.0293	0.0000
3	Standard	−1.0000	−1.0000	MIRROR	0.2000	−3.2319
4	Standard	−0.0405	−0.0080	K9	0.0250	0.0000
5	Standard	−0.2920	0.0080	MIRROR	0.0245	0.0000
6	Standard	−0.0405	1.0000	—	0.0250	0.0000
7	Standard	−1.0000	−1.0000	MIRROR	0.1892	−3.2319
8	Standard	−0.0405	−0.0080	K9	0.0295	0.0000
9	Standard	−0.2920	−0.0538	—	0.0274	0.0000
IMA	Standard	Infinity	—	—	0.0001	0.0000

8.3.3 自准角 $\bar{u}_4'=0$ 对应的规化光学系统

1. 面 4 和面 5 相关参数的求解

1) $\bar{l}_4'$ 和 r_4 的求解

$$\bar{u}_4'=\bar{u}_5=0,\quad \bar{l}_4'\to\infty,\quad r_4=-0.067130$$

2) $\bar{P}_4$ 和 $h_4\bar{P}_4$ 的求解

$$\bar{P}_4=13.172814,\quad h_4\bar{P}_4=1.975922$$

3) $\bar{l}_5$ 和自准面 r_5 的求解

$$\bar{d}_{45}=-0.008,\quad r_5=l_5'=\bar{l}_5\to\infty$$

2. 面 2 和面 1 相关参数的求解

1) l_2 和 u_2 的求解

$$l_2=-0.113600,\quad u_2=u_1'=1.320425$$

2) P_2 和 h_2P_2 的求解

$$P_2 = -0.041710, \quad h_2P_2 = 0.006257$$

3) l_1、l'_1、h_1 和 u_1 的求解

$$l'_1 = -0.1056, \quad h_1 = -0.139437$$

$$r_1 = r_5 \to \infty, \quad l_1 = -0.069718, \quad u_1 = 2$$

4) P_1 和 h_1P_1 的求解

$$P_1 = -4.512956, \quad h_1P_1 = 0.629271$$

3. e_3^2 的求解

$$e_3^2 = \frac{h_1P_1 + h_2P_2 + h_{03}\overleftarrow{P}_3 + h_4\overleftarrow{P}_4}{2} = 1.328225$$

4. 规化光学系统

将上述数据整理代入 Zemax 程序验算可得系统 $S_1 = 0$，说明计算正确。对应的规化光学系统的结构参数如表 8.12 所示，规化光学系统与图 8.3 类似。

表 8.12　$h_4 = 0.15$、$h_2 = -0.15$、$\bar{u}'_4 = 0$ 对应的规化光学系统的结构参数

Surf	Type	Radius	Thickness	Glass	Diameter	Conic
OBJ	Standard	Infinity	0.0697	—	0.0000	0.0000
STO	Standard	Infinity	0.0080	K9	0.0281	0.0000
2	Standard	−0.0671	1.0000	—	0.0298	0.0000
3	Standard	−1.0000	−1.0000	MIRROR	0.2000	−1.3282
4	Standard	−0.0671	−0.0080	K9	0.0281	0.0000
5	Standard	Infinity	0.0080	MIRROR	0.0281	0.0000
6	Standard	−0.0671	1.0000	—	0.0280	0.0000
7	Standard	−1.0000	−1.0000	MIRROR	0.2001	−1.3282
8	Standard	−0.0671	−0.0080	K9	0.0300	0.0000
9	Standard	Infinity	−0.0697	—	0.0283	0.0000
IMA	Standard	Infinity	—	—	0.0004	0.0000

8.3.4　自准角 $\bar{u}_4' = 0.5$ 对应的规化光学系统

1. 面 4 和面 5 相关参数的求解

1) $\overleftarrow{l}_4'$ 和 r_4 的求解

$$\bar{u}_4' = \bar{u}_5 = 0.5, \quad \overleftarrow{l}_4' = 0.3, \quad r_4 = -0.196603$$

2) $\overleftarrow{P}_4$ 和 $h_4\overleftarrow{P}_4$ 的求解

$$\overleftarrow{P}_4 = 3.000332, \quad h_4\overleftarrow{P}_4 = 0.450050$$

3) $\overleftarrow{l}_5$ 和自准面 r_5 的求解

$$\overleftarrow{d}_{45} = -0.008, \quad r_5 = l_5' = \overleftarrow{l}_5 = 0.308$$

2. 面 2 和面 1 相关参数的求解

1) l_2 和 u_2 的求解

$$l_2 = -0.182832, \quad u_2 = u_1' = 0.820425$$

2) P_2 和 h_2P_2 的求解

$$P_2 = 0.002336, \quad h_2P_2 = -0.000350$$

3) l_1、l_1'、h_1 和 u_1 的求解

$$l_1' = -0.174832, \quad h_1 = -0.143437$$

$$r_1 = r_5 = 0.308, \quad l_1 = -0.096763, \quad u_1 = 1.482349$$

4) P_1 和 h_1P_1 的求解

$$P_1 = -3.569846, \quad h_1P_1 = 0.512047$$

3. e_3^2 的求解

$$e_3^2 = \frac{h_1P_1 + h_2P_2 + h_{03}\overleftarrow{P}_3 + h_4\overleftarrow{P}_4}{2} = 0.503373$$

4. 规化光学系统

将上述数据整理代入 Zemax 程序验算可得系统 $S_1 = 0$，说明计算正确。对应的

规化光学系统的结构参数如表 8.13 所示，规化光学系统与图 8.4 类似。

表 8.13　$h_4=0.15$、$h_2=-0.15$、$\bar{u}_4'=0.5$ 对应的规化光学系统的结构参数

Surf	Type	Radius	Thickness	Glass	Diameter	Conic
OBJ	Standard	Infinity	0.0968	—	0.0000	0.0000
STO	Standard	0.3080	0.0080	K9	0.0289	0.0000
2	Standard	−0.1966	1.0000	—	0.0301	0.0000
3	Standard	−1.0000	−1.0000	MIRROR	0.2000	−0.5034
4	Standard	−0.1966	−0.0080	K9	0.0294	0.0000
5	Standard	0.3080	0.0080	MIRROR	0.0301	0.0000
6	Standard	−0.1966	1.0000	—	0.0294	0.0000
7	Standard	−1.0000	−1.0000	MIRROR	0.2001	−0.5034
8	Standard	−0.1966	−0.0080	K9	0.0301	0.0000
9	Standard	0.3080	−0.0968	—	0.0289	0.0000
IMA	Standard	Infinity	—	—	0.0004	0.0000

8.3.5　自准角 $\bar{u}_4'=1.5$ 对应的规化光学系统

1. 面 4 和面 5 相关参数的求解

1) $\bar{l}_4'$ 和 r_4 的求解

$$\bar{u}_4'=\bar{u}_5=1.5,\quad \bar{l}_4'=0.1,\quad r_4=0.068806$$

2) $\bar{P}_4$ 和 $h_4\bar{P}_4$ 的求解

$$\bar{P}_4=0.169424,\quad h_4\bar{P}_4=0.025414$$

3) $\bar{l}_5$ 和自准面 r_5 的求解

$$\bar{d}_{45}=-0.008,\quad r_5=l_5'=\bar{l}_5=0.108$$

2. 面 2 和面 1 相关参数的求解

1) l_2 和 u_2 的求解

$$l_2=0.835305,\quad u_2=u_1'=-0.179575$$

2) P_2 和 h_2P_2 的求解

$$P_2=8.892557,\quad h_2P_2=-1.333883$$

3) l_1、l_1'、h_1 和 u_1 的求解

$$l_1' = 0.843305, \quad h_1 = -0.151437$$

$$r_1 = r_5 = 0.108, \quad l_1 = -0.336779, \quad u_1 = 0.449661$$

4) P_1 和 h_1P_1 的求解

$$P_1 = -1.948624, \quad h_1P_1 = 0.295093$$

3. e_3^2 的求解

$$e_3^2 = \frac{h_1P_1 + h_2P_2 + h_{03}\bar{P}_3 + h_4\bar{P}_4}{2} = -0.484188$$

4. 规化光学系统

将上述数据整理代入 Zemax 程序验算可得系统 $S_1 = 0$，说明计算正确。对应的规化光学系统的结构参数如表 8.14 所示，规化光学系统与图 8.5 类似。

表 8.14　$h_4 = 0.15$、$h_2 = -0.15$、$\bar{u}_4' = 1.5$ 对应的规化光学系统的结构参数

Surf	Type	Radius	Thickness	Glass	Diameter	Conic
OBJ	Standard	Infinity	0.3368	—	0.0000	0.0000
STO	Standard	0.1080	0.0080	K9	0.0210	0.0000
2	Standard	0.0688	1.0000	—	0.0208	0.0000
3	Standard	−1.0000	−1.0000	MIRROR	0.1403	0.4842
4	Standard	0.0688	−0.0080	K9	0.0210	0.0000
5	Standard	0.1080	0.0080	MIRROR	0.0227	0.0000
6	Standard	0.0688	1.0000	—	0.0210	0.0000
7	Standard	−1.0000	−1.0000	MIRROR	0.1403	0.4842
8	Standard	0.0688	−0.0080	K9	0.0208	0.0000
9	Standard	0.1080	−0.3368	—	0.0210	0.0000
IMA	Standard	Infinity	—	—	0.0000	0.0000

8.3.6　自准角 $\bar{u}_4' = 2$ 对应的规化光学系统

1. 面 4 和面 5 相关参数的求解

1) $\bar{l}_4'$ 和 r_4 的求解

$$\bar{u}_4' = \bar{u}_5 = 2, \quad \bar{l}_4' = 0.075, \quad r_4 = 0.041078$$

2) $\bar{P}_4$ 和 $h_4\bar{P}_4$ 的求解

$$\bar{P}_4 = -1.066488, \quad h_4\bar{P}_4 = -0.159973$$

3) $\bar{l}_5$ 和自准面 r_5 的求解

$$\bar{d}_{45} = -0.008, \quad r_5 = l_5' = \bar{l}_5 = 0.083$$

2. 面 2 和面 1 相关参数的求解

1) l_2 和 u_2 的求解

$$l_2 = 0.220726, \quad u_2 = u_1' = -0.679575$$

2) P_2 和 h_2P_2 的求解

$$P_2 = 26.316216, \quad h_2P_2 = -3.947432$$

3) l_1、l_1'、h_1 和 u_1 的求解

$$l_1' = 0.228726, \quad h_1 = -0.155437, \quad r_1 = r_5 = 0.083$$

$$l_1 = 2.373034, \quad u_1 = -0.065501$$

4) P_1 和 h_1P_1 的求解

$$P_1 = -1.251439, \quad h_1P_1 = 0.194519$$

3. e_3^2 的求解

$$e_3^2 = \frac{h_1P_1 + h_2P_2 + h_{03}\bar{P}_3 + h_4\bar{P}_4}{2} = -1.933943$$

4. 规化光学系统

将上述数据整理代入 Zemax 程序验算可得系统 $S_1 = 0$，说明计算正确。从计算的数据来看，$l_1 = 2.373034 > 0$，系统为发散系统。根据光线入射方向，在面 1 前加虚拟面，面 1 与虚拟面间距 $d = 0.1$，这样虚拟面到虚像点的距离为 $l = l_1 + d = 2.473034$，对应的带有虚拟面的规化光学系统的结构参数如表 8.15 所示，去掉虚拟面的规化光学系统与图 8.6 类似。

表 8.15　h_4=0.15、h_2=−0.15、$\bar{u}_4' = 2$ 对应的带有虚拟面的规化光学系统的结构参数

Surf	Type	Radius	Thickness	Glass	Diameter	Conic
OBJ	Standard	Infinity	−2.4730	—	0.0000	0.0000
1	Standard	2.4730	0.1000	—	0.0210	0.0000

续表

Surf	Type	Radius	Thickness	Glass	Diameter	Conic
STO	Standard	0.0830	0.0080	K9	0.0210	0.0000
3	Standard	0.0411	1.0000	—	0.0203	0.0000
4	Standard	−1.0000	−1.0000	MIRROR	0.1611	1.9339
5	Standard	0.0411	−0.0080	K9	0.0219	0.0000
6	Standard	0.0830	0.0080	MIRROR	0.0246	0.0000
7	Standard	0.0411	1.0000	—	0.0221	0.0000
8	Standard	−1.0000	−1.0000	MIRROR	0.1339	1.9339
9	Standard	0.0411	−0.0080	K9	0.0213	0.0000
10	Standard	0.0830	−0.1000	—	0.0222	0.0000
11	Standard	2.4730	2.4730	—	0.0222	0.0000
IMA	Standard	Infinity	—	—	0.0801	0.0000

8.4 h_4=0.175、h_2=−0.175 对应的规化光学系统

如图 8.1 所示，设定规化值 h_4=0.175 和 h_2=−0.175，按照 8.1 节的计算方法求解不同自准角 $\bar{u}_4'$ 对应的规化光学系统。

8.4.1 待检凹非球面相关参数的求解

1. u_3、$\bar{u}_3'$、l_3、$\bar{l}_3'$ 和 $\bar{P}_3$、$h_{03}\bar{P}_3$ 的求解

1) u_3、$\bar{u}_3'$、l_3 和 $\bar{l}_3'$ 的求解

设定 $h_{03}=-1$、$h_4=0.175$、$h_2=-0.175$，根据式(5.9)有

$$u_3=u_2'=0.825,\quad l_3=-1.212121,\quad \bar{u}_3'=\bar{u}_4=1.175,\quad \bar{l}_3'=-0.851064$$

2) $\bar{P}_3$ 和 $h_{03}\bar{P}_3$ 的求解

已知 $u_3=0.825$、$\bar{u}_3'=1.175$、$h_{03}=-1$，有

$$\bar{P}_3=-0.061250,\quad h_{03}\bar{P}_3=0.061250$$

2. $\bar{l}_4$、$\bar{d}_{34}$、l_2' 和 d_{23} 的求解

1) $\bar{l}_4$ 和 l_2' 的求解

已知 $h_4=0.175$、$\bar{u}_4=1.175$、$h_2=-0.175$、$u_2'=0.825$，有

$$\overleftarrow{l}_4 = 0.148936, \quad l_2' = -0.212121$$

2) $\overleftarrow{d}_{34}$ 和 d_{23} 的求解

已知 $\overleftarrow{l}_4 = 0.148936$、$\overleftarrow{l}_3' = -0.851064$、$l_3 = -1.212121$、$l_2' = -0.212121$，根据转面公式有

$$\overleftarrow{d}_{34} = -1, \quad d_{23} = 1$$

下面给出不同自准角 $\overleftarrow{u}_4'$ 对应规化光学系统的计算结果。

8.4.2　自准角 $\overleftarrow{u}_4' = -0.5$ 对应的规化光学系统

1. 面 4 和面 5 相关参数的求解

1) $\overleftarrow{l}_4'$ 和 r_4 的求解

$$\overleftarrow{u}_4' = \overleftarrow{u}_5 = -0.5, \quad \overleftarrow{l}_4' = -0.35, \quad r_4 = -0.046610$$

2) $\overleftarrow{P}_4$ 和 $h_4\overleftarrow{P}_4$ 的求解

$$\overleftarrow{P}_4 = 36.574786, \quad h_4\overleftarrow{P}_4 = 6.400588$$

3) $\overleftarrow{l}_5$ 和自准面 r_5 的求解

$$\overleftarrow{d}_{45} = -0.008, \quad r_5 = l_5' = \overleftarrow{l}_5 = -0.342$$

2. 面 2 和面 1 相关参数的求解

1) l_2 和 u_2 的求解

$$l_2 = -0.096131, \quad u_2 = u_1' = 1.820425$$

2) P_2 和 h_2P_2 的求解

$$P_2 = -3.234374, \quad h_2P_2 = 0.566015$$

3) l_1、l_1'、h_1 和 u_1 的求解

$$l_1' = -0.088131, \quad h_1 = -0.160437$$

$$r_1 = r_5 = -0.342, \quad l_1 = -0.063769, \quad u_1 = 2.515896$$

4) P_1 和 h_1P_1 的求解

$$P_1 = -5.504894, \quad h_1P_1 = 0.883186$$

3. e_3^2 的求解

$$e_3^2 = \frac{h_1 P_1 + h_2 P_2 + h_{03}\overleftarrow{P}_3 + h_4 \overleftarrow{P}_4}{2} = 3.955520$$

4. 规化光学系统

将上述数据整理代入 Zemax 程序验算可得系统 $S_1 = 0$，说明计算正确。对应的规化光学系统的结构参数如表 8.16 所示，规化光学系统与图 8.2 类似。

表 8.16　$h_4 = 0.175$、$h_2 = -0.175$、$\overline{u}_4' = -0.5$ 对应的规化光学系统的结构参数

Surf	Type	Radius	Thickness	Glass	Diameter	Conic
OBJ	Standard	Infinity	0.0638	—	0.0000	0.0000
STO	Standard	−0.3420	0.0080	K9	0.0209	0.0000
2	Standard	−0.0467	1.0000	—	0.0226	0.0000
3	Standard	−1.0000	−1.0000	MIRROR	0.1275	−3.9555
4	Standard	−0.0467	−0.0080	K9	0.0209	0.0000
5	Standard	−0.3420	0.0080	MIRROR	0.0205	0.0000
6	Standard	−0.0467	1.0000	—	0.0210	0.0000
7	Standard	−1.0000	−1.0000	MIRROR	0.1244	−3.9555
8	Standard	−0.0467	−0.0080	K9	0.0224	0.0000
9	Standard	−0.3420	−0.0638	—	0.0208	0.0000
IMA	Standard	Infinity	—	—	0.0000	0.0000

8.4.3　自准角 $\overline{u}_4' = 0$ 对应的规化光学系统

1. 面 4 和面 5 相关参数的求解

1) $\overleftarrow{l}_4'$ 和 r_4 的求解

$$\overline{u}_4' = \overline{u}_5 = 0, \quad \overleftarrow{l}_4' \to \infty, \quad r_4 = -0.076652$$

2) $\overleftarrow{P}_4$ 和 $h_4\overleftarrow{P}_4$ 的求解

$$\overleftarrow{P}_4 = 14.050721, \quad h_4\overleftarrow{P}_4 = 2.458876$$

3) $\overleftarrow{l}_5$ 和自准面 r_5 的求解

$$\overleftarrow{d}_{45} = -0.008, \quad r_5 = l_5' = \overleftarrow{l}_5 \to \infty$$

2. 面 2 和面 1 相关参数的求解

1) l_2 和 u_2 的求解

$$l_2=-0.132533,\quad u_2=u_1'=1.320425$$

2) P_2 和 h_2P_2 的求解

$$P_2=-0.099409,\quad h_2P_2=0.017396$$

3) l_1、l_1'、h_1 和 u_1 的求解

$$l_1'=-0.124533,\quad h_1=-0.164437$$

$$r_1=r_5\to\infty,\quad l_1=-0.082218,\quad u_1=2$$

4) P_1 和 h_1P_1 的求解

$$P_1=-4.512956,\quad h_1P_1=0.742095$$

3. e_3^2 的求解

$$e_3^2=\frac{h_1P_1+h_2P_2+h_{03}\bar{P}_3+h_4\bar{P}_4}{2}=1.639809$$

4. 规化光学系统

将上述数据整理代入 Zemax 程序验算可得系统 $S_1=0$，说明计算正确。对应的规化光学系统的结构参数如表 8.17 所示，规化光学系统与图 8.3 类似。

表 8.17　$h_4=0.175$、$h_2=-0.175$、$\bar{u}_4'=0$ 对应的规化光学系统的结构参数

Surf	Type	Radius	Thickness	Glass	Diameter	Conic
OBJ	Standard	Infinity	0.0822	—	0.0000	0.0000
STO	Standard	Infinity	0.0080	K9	0.0210	0.0000
2	Standard	−0.0767	1.0000	—	0.0222	0.0000
3	Standard	−1.0000	−1.0000	MIRROR	0.1261	−1.6398
4	Standard	−0.0767	−0.0080	K9	0.0216	0.0000
5	Standard	Infinity	0.0080	MIRROR	0.0216	0.0000
6	Standard	−0.0767	1.0000	—	0.0216	0.0000
7	Standard	−1.0000	−1.0000	MIRROR	0.1259	−1.6398
8	Standard	−0.0767	−0.0080	K9	0.0222	0.0000
9	Standard	Infinity	−0.0822	—	0.0209	0.0000
IMA	Standard	Infinity	—	—	0.0000	0.0000

8.4.4 自准角 $\bar{u}_4' = 0.5$ 对应的规化光学系统

1. 面 4 和面 5 相关参数的求解

1) $\bar{l}_4'$ 和 r_4 的求解

$$\bar{u}_4' = \bar{u}_5 = 0.5, \quad \bar{l}_4' = 0.35, \quad r_4 = -0.215641$$

2) $\bar{P}_4$ 和 $h_4\bar{P}_4$ 的求解

$$\bar{P}_4 = 3.334223, \quad h_4\bar{P}_4 = -0.583489$$

3) $\bar{l}_5$ 和自准面 r_5 的求解

$$\bar{d}_{45} = -0.008, \quad r_5 = l_5' = \bar{l}_5 = 0.358$$

2. 面 2 和面 1 相关参数的求解

1) l_2 和 u_2 的求解

$$l_2 = -0.213304, \quad u_2 = u_1' = 0.820425$$

2) P_2 和 h_2P_2 的求解

$$P_2 = 0.000051, \quad h_2P_2 = 0.000009$$

3) l_1、l_1'、h_1 和 u_1 的求解

$$l_1' = -0.205304, \quad h_1 = -0.168437$$

$$r_1 = r_5 = 0.358, \quad l_1 = -0.11344, \quad u_1 = 1.484814$$

4) P_1 和 h_1P_1 的求解

$$P_1 = -3.605912, \quad h_1P_1 = 0.607367$$

3. e_3^2 的求解

$$e_3^2 = \frac{h_1P_1 + h_2P_2 + h_{03}\bar{P}_3 + h_4\bar{P}_4}{2} = 0.626049$$

4. 规化光学系统

将上述数据整理代入 Zemax 程序验算可得系统 $S_1 = 0$，说明计算正确。对应的规化光学系统的结构参数如表 8.18 所示，规化光学系统与图 8.4 类似。

表 8.18　h_4=0.175、h_2=−0.175、$\bar{u}_4'=0.5$ 对应的规化光学系统的结构参数

Surf	Type	Radius	Thickness	Glass	Diameter	Conic
OBJ	Standard	Infinity	0.1134	—	0.0000	0.0000
STO	Standard	0.3580	0.0080	K9	0.0210	0.0000
2	Standard	−0.2156	1.0000	—	0.0218	0.0000
3	Standard	−1.0000	−1.0000	MIRROR	0.1237	−0.6260
4	Standard	−0.2156	−0.0080	K9	0.0216	0.0000
5	Standard	0.3580	0.0080	MIRROR	0.0221	0.0000
6	Standard	−0.2156	1.0000	—	0.0215	0.0000
7	Standard	−1.0000	−1.0000	MIRROR	0.1237	−0.6260
8	Standard	−0.2156	−0.0080	K9	0.0218	0.0000
9	Standard	0.3580	−0.1134	—	0.0210	0.0000
IMA	Standard	Infinity	—	—	0.0000	0.0000

8.4.5　自准角 $\bar{u}_4'=1.5$ 对应的规化光学系统

1. 面 4 和面 5 相关参数的求解

1) $\bar{l}_4'$ 和 r_4 的求解

$$\bar{u}_4'=\bar{u}_5=1.5,\quad \bar{l}_4'=0.116667,\quad r_4=0.082103$$

2) $\bar{P}_4$ 和 $h_4\bar{P}_4$ 的求解

$$\bar{P}_4=0.168956,\quad h_4\bar{P}_4=0.029567$$

3) $\bar{l}_5$ 和自准面 r_5 的求解

$$\bar{d}_{45}=-0.008,\quad r_5=l_5'=\bar{l}_5=0.124667$$

2. 面 2 和面 1 相关参数的求解

1) l_2 和 u_2 的求解

$$l_2=0.974522,\quad u_2=u_1'=-0.179575$$

2) P_2 和 h_2P_2 的求解

$$P_2=8.247425,\quad h_2P_2=-1.443299$$

3) l_1、l_1'、h_1 和 u_1 的求解

$$l_1' = 0.982522, \quad h_1 = -0.176437$$

$$r_1 = r_5 = 0.124667, \quad l_1 = -0.386591, \quad u_1 = 0.456391$$

4) P_1 和 h_1P_1 的求解

$$P_1 = -2.014104, \quad h_1P_1 = 0.355362$$

3. e_3^2 的求解

$$e_3^2 = \frac{h_1P_1 + h_2P_2 + h_{03}\bar{P}_3 + h_4\bar{P}_4}{2} = -0.498560$$

4. 规化光学系统

将上述数据整理代入 Zemax 程序验算可得系统 $S_1 = 0$，说明计算正确。对应的规化光学系统的结构参数如表 8.19 所示，规化光学系统与图 8.5 类似。

表 8.19 $h_4=0.175$、$h_2=-0.175$、$\bar{u}_4' = 1.5$ 对应的规化光学系统的结构参数

Surf	Type	Radius	Thickness	Glass	Diameter	Conic
OBJ	Standard	Infinity	0.3866	—	0.0000	0.0000
STO	Standard	0.1247	0.0080	K9	0.0210	0.0000
2	Standard	0.1247	1.0000	—	0.0218	0.0000
3	Standard	−1.0000	−1.0000	MIRROR	0.1237	0.4986
4	Standard	0.0821	−0.0080	K9	0.0216	0.0000
5	Standard	0.1247	0.0080	MIRROR	0.0221	0.0000
6	Standard	0.1247	1.0000	—	0.0215	0.0000
7	Standard	−1.0000	−1.0000	MIRROR	0.1237	0.4986
8	Standard	0.1247	−0.0080	K9	0.0218	0.0000
9	Standard	0.1247	−0.3866	—	0.0210	0.0000
IMA	Standard	Infinity	—	—	0.0000	0.0000

8.4.6 自准角 $\bar{u}_4' = 2$ 对应的规化光学系统

1. 面 4 和面 5 相关参数的求解

1) $\bar{l}_4'$ 和 r_4 的求解

$$\bar{u}_4' = \bar{u}_5 = 2, \quad \bar{l}_4' = 0.0875, \quad r_4 = 0.048571$$

2) $\overleftarrow{P}_4$ 和 $h_4\overleftarrow{P}_4$ 的求解

$$\overleftarrow{P}_4 = -0.857298, \quad h_4\overleftarrow{P}_4 = -0.150027$$

3) $\overleftarrow{l}_5$ 和自准面 r_5 的求解

$$\overleftarrow{d}_{45} = -0.008, \quad r_5 = l_5' = \overleftarrow{l}_5 = 0.0955$$

2. 面 2 和面 1 相关参数的求解

1) l_2 和 u_2 的求解

$$l_2 = 0.257514, \quad u_2 = u_1' = -0.679575$$

2) P_2 和 h_2P_2 的求解

$$P_2 = 24.972823, \quad h_2P_2 = -4.370244$$

3) l_1、l_1'、h_1 和 u_1 的求解

$$l_1' = 0.265514, \quad h_1 = -0.180437$$

$$r_1 = r_5 = 0.0955, \quad l_1 = 3.169571, \quad u_1 = -0.056928$$

4) P_1 和 h_1P_1 的求解

$$P_1 = -1.315416, \quad h_1P_1 = 0.237349$$

3. e_3^2 的求解

$$e_3^2 = \frac{h_1P_1 + h_2P_2 + h_{03}\overleftarrow{P}_3 + h_4\overleftarrow{P}_4}{2} = -2.110836$$

4. 规化光学系统

将上述数据整理代入 Zemax 程序验算可得系统 $S_1 = 0$，说明计算正确。从计算的数据来看，$l_1 = 3.169571 > 0$，成虚像，系统为发散系统。根据光线入射方向，在面 1 前加虚拟面，面 1 与虚拟面间距 $d = 0.1$，虚拟面到虚像点的距离 $l = l_1 + d = 3.269571$，对应的带有虚拟面的规化光学系统的结构参数如表 8.20 所示，去掉虚拟面的光学系统与图 8.6 类似。

表 8.20　$h_4=0.175$、$h_2=-0.175$、$\bar{u}_4'=2$ 对应的带有虚拟面的规化光学系统的结构参数

Surf	Type	Radius	Thickness	Glass	Diameter	Conic
OBJ	Standard	Infinity	–3.2696	—	0.0000	0.0000
1	Standard	3.2696	0.1000	—	0.0210	0.0000
STO	Standard	0.0955	0.0080	K9	0.0210	00000
3	Standard	0.0821	1.0000		0.0204	0.0000
4	Standard	–1.0000	–1.0000	MIRROR	0.1214	2.1108
5	Standard	0.0821	–0.0080	K9	0.0214	0.0000
6	Standard	0.0955	0.0080	MIRROR	0.0235	0.0000
7	Standard	0.0821	1.0000	—	0.0215	0.0000
8	Standard	–1.0000	–1.0000	MIRROR	0.1123	2.1108
9	Standard	0.0821	–0.0080	K9	0.0210	0.0000
10	Standard	0.0955	–0.1000	—	0.0217	0.0000
11	Standard	3.2696	3.2696	—	0.0217	00000
IMA	Standard	Infinity	—	—	0.0000	0.0000

8.5　$h_4=0.2$、$h_2=-0.2$ 对应的规化光学系统

如图 8.1 所示，设定规化值 $h_4=0.2$ 和 $h_2=-0.2$，按照 8.1 节的计算方法求解不同自准角 $\bar{u}_4'$ 对应的规化光学系统。

8.5.1　待检凹非球面相关参数的求解

1. u_3、$\bar{u}_3'$、l_3、$\bar{l}_3'$ 和 $\bar{P}_3$、$h_{03}\bar{P}_3$ 的求解

1) u_3、$\bar{u}_3'$、l_3 和 $\bar{l}_3'$ 的求解

设定 $h_{03}=-1$、$h_4=0.2$、$h_2=-0.2$，根据式(5.9)有

$$u_3=u_2'=0.8,\quad l_3=-1.25,\quad \bar{u}_3'=\bar{u}_4=1.2,\quad \bar{l}_3'=-0.833333$$

2) $\bar{P}_3$ 和 $h_{03}\bar{P}_3$ 的求解

$$\bar{P}_3=-0.08,\quad h_{03}\bar{P}_3=0.08$$

2. 校正透镜相关参数的求解

1) $\bar{l}_4$ 和 l_2' 的求解

已知 $h_4=0.2$、$\bar{u}_4=1.2$、$h_2=-0.2$、$u_2'=0.8$，有

$$\overleftarrow{l}_4 = 0.166667, \quad l_2' = -0.25$$

2) $\overleftarrow{d}_{34}$ 和 d_{23} 的求解

已知$\overleftarrow{l}_4 = 0.166667$、$\overleftarrow{l}_3' = -0.833333$、$l_3 = -1.25$、$l_2' = -0.25$，根据转面公式有

$$\overleftarrow{d}_{34} = -1, \quad d_{23} = 1$$

下面给出不同自准角 $\overleftarrow{u}_4'$ 对应规化光学系统的计算结果。

8.5.2　自准角 $\overleftarrow{u}_4' = -0.5$ 对应的规化光学系统

1. 面 4 和面 5 相关参数的求解

1) $\overleftarrow{l}_4'$ 和 r_4 的求解

$$\overleftarrow{u}_4' = \overleftarrow{u}_5 = -0.5, \quad \overleftarrow{l}_4' = -0.4, \quad r_4 = -0.052588$$

2) $\overleftarrow{P}_4$ 和 $h_4\overleftarrow{P}_4$ 的求解

$$\overleftarrow{P}_4 = 38.3005, \quad h_4\overleftarrow{P}_4 = 7.6601$$

3) $\overleftarrow{l}_5$ 和自准面 r_5 的求解

$$\overleftarrow{d}_{45} = -0.008, \quad r_5 = l_5' = \overleftarrow{l}_5 = -0.392$$

2. 面 2 和面 1 相关参数的求解

1) l_2 和 u_2 的求解

$$l_2 = -0.109864, \quad u_2 = u_1' = 1.820425$$

2) P_2 和 h_2P_2 的求解

$$P_2 = -3.624345, \quad h_2P_2 = 0.724869$$

3) l_1、l_1'、h_1 和 u_1 的求解

$$l_1' = -0.101864, \quad h_1 = -0.185437$$

$$r_1 = r_5 = -0.392, \quad l_1 = -0.073765, \quad u_1 = 2.513869$$

4) P_1和h_1P_1的求解

$$P_1 = -5.464397,\quad h_1P_1 = 1.013299$$

3. e_3^2的求解

$$e_3^2 = \frac{h_1P_1 + h_2P_2 + h_{03}\bar{P}_3 + h_4\bar{P}_4}{2} = 4.739134$$

4. 规化光学系统

将上述数据整理代入 Zemax 程序验算可得系统 $S_1 = 0$，说明计算正确。对应的规化光学系统的结构参数如表 8.21 所示，规化光学系统与图 8.2 类似。

表 8.21　$h_4 = 0.2$、$h_2 = -0.2$、$\bar{u}_4' = -0.5$ 对应的规化光学系统的结构参数

Surf	Type	Radius	Thickness	Glass	Diameter	Conic
OBJ	Standard	Infinity	0.0738	—	0.0000	0.0000
STO	Standard	−0.3920	0.0080	K9	0.0210	0.0000
2	Standard	−0.0526	1.0000	—	0.0224	0.0000
3	Standard	−1.0000	−1.0000	MIRROR	0.1107	−4.7391
4	Standard	−0.0526	−0.0080	K9	0.0211	0.0000
5	Standard	−0.3920	0.0080	MIRROR	0.0207	0.0000
6	Standard	−0.0526	1.0000	—	0.0211	0.0000
7	Standard	−1.0000	−1.0000	MIRROR	0.1098	−4.7391
8	Standard	−0.0526	−0.0080	K9	0.0224	0.0000
9	Standard	−0.3920	−0.0738	—	0.0209	0.0000
IMA	Standard	Infinity	—	—	0.0000	0.0000

8.5.3　自准角 $\bar{u}_4' = 0$ 对应的规化光学系统

1. 面 4 和面 5 相关参数的求解

1) $\bar{l}_4'$和r_4的求解

$$\bar{u}_4' = \bar{u}_5 = 0,\quad \bar{l}_4' \to \infty,\quad r_4 = -0.085777$$

2) $\bar{P}_4$和$h_4\bar{P}_4$的求解

$$\bar{P}_4 = 14.966793,\quad h_4\bar{P}_4 = 2.993359$$

3) $\overleftarrow{l}_5$ 和自准面 r_5 的求解

$$\overleftarrow{d}_{45}=-0.008,\quad r_5=l_5'=\overleftarrow{l}_5\to\infty$$

2. 面 2 和面 1 相关参数的求解

1) l_2 和 u_2 的求解

$$l_2=-0.151466,\quad u_2=u_1'=1.320425$$

2) P_2 和 h_2P_2 的求解

$$P_2=-0.168341,\quad h_2P_2=0.033668$$

3) l_1、l_1'、h_1 和 u_1 的求解

$$l_1'=-0.143466,\quad h_1=-0.189437$$

$$r_1=r_5\to\infty,\quad l_1=-0.094718,\quad u_1=2$$

4) P_1 和 h_1P_1 的求解

$$P_1=-4.512956,\quad h_1P_1=0.854919$$

3. e_3^2 的求解

$$e_3^2=\frac{h_1P_1+h_2P_2+h_{03}\overleftarrow{P}_3+h_4\overleftarrow{P}_4}{2}=1.980973$$

4. 规化光学系统

将上述数据整理代入 Zemax 程序验算可得系统 $S_1=0$，说明计算正确。对应的规化光学系统的结构参数如表 8.22 所示，规化光学系统与图 8.3 类似。

表 8.22　$h_4=0.2$、$h_2=-0.2$、$\overleftarrow{u}_4'=0$ 对应的规化光学系统的结构参数

Surf	Type	Radius	Thickness	Glass	Diameter	Conic
OBJ	Standard	Infinity	0.0947	—	0.0000	0.0000
STO	Standard	Infinity	0.0080	K9	0.0210	0.0000
2	Standard	−0.0858	1.0000	—	0.0221	0.0000
3	Standard	−1.0000	−1.0000	MIRROR	0.1097	−1.9810
4	Standard	−0.0858	−0.0080	K9	0.0215	0.0000
5	Standard	Infinity	0.0080	MIRROR	0.0215	0.0000
6	Standard	−0.0858	1.0000	—	0.0215	0.0000
7	Standard	−1.0000	−1.0000	MIRROR	0.1097	−1.9810

续表

Surf	Type	Radius	Thickness	Glass	Diameter	Conic
8	Standard	−0.0858	−0.0080	K9	0.0221	0.0000
9	Standard	Infinity	−0.0947	—	0.0210	0.0000
IMA	Standard	Infinity	—	—	0.0000	0.0000

8.5.4 自准角 $\overleftarrow{u}_4' = 0.5$ 对应的规化光学系统

1. 面 4 和面 5 相关参数的求解

1) $\overleftarrow{l}_4'$ 和 r_4 的求解

$$\overleftarrow{u}_4' = \overleftarrow{u}_5 = 0.5, \quad \overleftarrow{l}_4' = 0.4, \quad r_4 = -0.232528$$

2) $\overleftarrow{P}_4$ 和 $h_4\overleftarrow{P}_4$ 的求解

$$\overleftarrow{P}_4 = 3.691878, \quad h_4\overleftarrow{P}_4 = 0.738376$$

3) $\overleftarrow{l}_5$ 和自准面 r_5 的求解

$$\overleftarrow{d}_{45} = -0.008, \quad r_5 = l_5' = \overleftarrow{l}_5 = 0.408$$

2. 面 2 和面 1 相关参数的求解

1) l_2 和 u_2 的求解

$$l_2 = -0.243776, \quad u_2 = u_1' = 0.820425$$

2) P_2 和 h_2P_2 的求解

$$P_2 = 0.000933, \quad h_2P_2 = -0.000187$$

3) l_1、l_1'、h_1 和 u_1 的求解

$$l_1' = -0.235776, \quad h_1 = -0.193437$$

$$r_1 = r_5 = 0.408, \quad l_1 = -0.130114, \quad u_1 = 1.486675$$

4) P_1 和 h_1P_1 的求解

$$P_1 = -3.633296, \quad h_1P_1 = 0.702812$$

3. e_3^2 的求解

$$e_3^2 = \frac{h_1P_1 + h_2P_2 + h_{03}\bar{P}_3 + h_4\bar{P}_4}{2} = 0.760501$$

4. 规化光学系统

将上述数据整理代入 Zemax 程序验算可得系统 $S_1 = 0$，说明计算正确。对应的规化光学系统的结构参数如表 8.23 所示，规化光学系统与图 8.4 类似。

表 8.23　$h_4=0.2$、$h_2=-0.2$、$\bar{u}_4' = 0.5$ 对应的规化光学系统的结构参数

Surf	Type	Radius	Thickness	Glass	Diameter	Conic
OBJ	Standard	Infinity	0.1301	—	0.0000	0.0000
STO	Standard	0.4080	0.0080	K9	0.0210	0.0000
2	Standard	−0.2325	1.0000	—	0.0217	0.0000
3	Standard	−1.0000	−1.0000	MIRROR	0.1079	−0.7605
4	Standard	−0.2325	−0.0080	K9	0.0215	0.0000
5	Standard	0.4080	0.0080	MIRROR	0.0219	0.0000
6	Standard	−0.2325	1.0000	—	0.0215	0.0000
7	Standard	−1.0000	−1.0000	MIRROR	0.1079	−0.7605
8	Standard	−0.2325	−0.0080	K9	0.0217	0.0000
9	Standard	0.4080	−0.1301	—	0.0210	0.0000
IMA	Standard	Infinity	—	—	0.0000	0.0000

8.5.5　自准角 $\bar{u}_4' = 1.5$ 对应的规化光学系统

1. 面 4 和面 5 相关参数的求解

1) $\bar{l}_4'$ 和 r_4 的求解

$$\bar{u}_4' = \bar{u}_5 = 1.5, \quad \bar{l}_4' = 0.133333, \quad r_4 = 0.096020$$

2) $\bar{P}_4$ 和 $h_4\bar{P}_4$ 的求解

$$\bar{P}_4 = 0.163451, \quad h_4\bar{P}_4 = 0.032690$$

3) $\bar{l}_5$ 和自准面 r_5 的求解

$$\bar{d}_{45} = -0.008, \quad r_5 = l_5' = \bar{l}_5 = 0.141333$$

2. 面 2 和面 1 相关参数的求解

1) l_2 和 u_2 的求解

$$l_2 = 1.113740, \quad u_2 = u_1' = -0.179575$$

2) P_2 和 h_2P_2 的求解

$$P_2 = 7.634261, \quad h_2P_2 = -1.526852$$

3) l_1、l_1'、h_1 和 u_1 的求解

$$l_1' = 1.121740, \quad h_1 = -0.201437$$

$$r_1 = r_5 = 0.141333, \quad l_1 = -0.436451, \quad u_1 = 0.461533$$

4) P_1 和 h_1P_1 的求解

$$P_1 = -2.065116, \quad h_1P_1 = 0.41599$$

3. e_3^2 的求解

$$e_3^2 = \frac{h_1P_1 + h_2P_2 + h_{03}\bar{P}_3 + h_4\bar{P}_4}{2} = -0.499086$$

4. 规化光学系统

将上述数据整理代入 Zemax 程序验算可得系统 $S_1 = 0$，说明计算正确。对应的规化光学系统的结构参数如表 8.24 所示，规化光学系统与图 8.5 类似。

表 8.24　$h_4 = 0.2$、$h_2 = -0.2$、$\bar{u}_4' = 1.5$ 对应的规化光学系统的结构参数

Surf	Type	Radius	Thickness	Glass	Diameter	Conic
OBJ	Standard	Infinity	0.4365	—	0.0000	0.0000
STO	Standard	0.1413	0.0080	K9	0.0210	0.0000
2	Standard	0.0960	1.0000	—	0.0209	0.0000
3	Standard	−1.0000	−1.0000	MIRROR	0.1047	0.4991
4	Standard	0.0960	−0.0080	K9	0.0209	0.0000
5	Standard	0.1413	0.0080	MIRROR	0.0222	0.0000
6	Standard	0.0960	1.0000	—	0.0209	0.0000
7	Standard	−1.0000	−1.0000	MIRROR	0.1047	0.4991

续表

Surf	Type	Radius	Thickness	Glass	Diameter	Conic
8	Standard	0.0960	−0.0080	K9	0.0209	0.0000
9	Standard	0.1413	−0.4365	—	0.0210	0.0000
IMA	Standard	Infinity	—	—	0.0000	0.0000

8.5.6　自准角 $\overleftarrow{u}'_4 = 2$ 对应的规化光学系统

1. 面 4 和面 5 相关参数的求解

1) $\overleftarrow{l}'_4$ 和 r_4 的求解

$$\overleftarrow{u}'_4 = \overleftarrow{u}_5 = 2, \quad \overleftarrow{l}'_4 = 0.1, \quad r_4 = 0.056268$$

2) $\overleftarrow{P}_4$ 和 $h_4\overleftarrow{P}_4$ 的求解

$$\overleftarrow{P}_4 = -0.667546, \quad h_4\overleftarrow{P}_4 = -0.133509$$

3) $\overleftarrow{l}_5$ 和自准面 r_5 的求解

$$\overleftarrow{d}_{45} = -0.008, \quad r_5 = \overrightarrow{l}'_5 = \overleftarrow{l}_5 = 0.108$$

2. 面 2 和面 1 相关参数的求解

1) l_2 和 u_2 的求解

$$l_2 = 0.294302, \quad u_2 = u'_1 = -0.679575$$

2) P_2 和 h_2P_2 的求解

$$P_2 = 23.675799, \quad h_2P_2 = -4.735160$$

3) l_1、l'_1、h_1 和 u_1 的求解

$$l'_1 = 0.302302, \quad h_1 = -0.205437$$

$$r_1 = r_5 = 0.108, \quad l_1 = 4.081071, \quad u_1 = -0.050339$$

4) P_1 和 h_1P_1 的求解

$$P_1 = -1.365998, \quad h_1P_1 = 0.280626$$

3. e_3^2 的求解

$$e_3^2 = \frac{h_1 P_1 + h_2 P_2 + h_{03} \overleftarrow{P}_3 + h_4 \overleftarrow{P}_4}{2} = -2.254022$$

4. 规化光学系统

将上述数据整理代入 Zemax 程序验算可得系统 $S_1 = 0$，说明计算正确。从计算的数据来看，$l_1 = 4.081071 > 0$，系统为发散系统。根据光线入射方向，在面 1 前加虚拟面，面 1 与虚拟面间距 $d = 0.1$，虚拟面到虚像点距离为 $l = l_1 + d = 4.181071$，对应的带有虚拟面的规化光学系统的结构参数如表 8.25 所示，去掉虚拟面的规化光学系统与图 8.6 类似。

表 8.25　$h_4 = 0.2$、$h_2 = -0.2$、$\bar{u}_4' = 2$ 对应的带有虚拟面的规化光学系统的结构参数

Surf	Type	Radius	Thickness	Glass	Diameter	Conic
OBJ	Standard	Infinity	–4.1811	—	0.0000	0.0000
1	Standard	4.1811	0.1000	—	0.0210	0.0000
STO	Standard	0.1080	0.0080	K9	0.0210	0.0000
3	Standard	0.0563	1.0000	—	0.0205	0.0000
4	Standard	–1.0000	–1.0000	MIRROR	0.1156	2.2540
5	Standard	0.0563	–0.0080	K9	0.0211	0.0000
6	Standard	0.1080	0.0080	MIRROR	0.0230	0.0000
7	Standard	0.0563	1.0000	—	0.0212	0.0000
8	Standard	–1.0000	–1.0000	MIRROR	0.0971	2.2540
9	Standard	0.0563	–0.0080	K9	0.0210	0.0000
10	Standard	0.1080	–0.1000	—	0.0216	0.0000
11	Standard	4.1811	4.1811	—	0.0216	0.0000
IMA	Standard	Infinity	—	—	0.0800	0.0000

8.6　本 章 小 结

本章在规化条件下，根据三级像差理论，对自准校正透镜位于共轭前点和后点之间的规化光学系统进行了计算和分析，为今后进行实际凹非球面检验光学系统设计奠定了理论基础。

根据 8.1～8.5 节的计算数据绘制 $\bar{u}_4' - e_3^2$ 关系曲线，并对自准校正透镜位于共轭前点和后点之间的凹非球面检验总结如下。

1. $\bar{u}_4'$-e_3^2 关系

1) $h_4=0.1$、$h_2=-0.1$ 时不同 $\bar{u}_4'$ 对应的 e_3^2 值

$h_4=0.1$、$h_2=-0.1$ 时不同 $\bar{u}_4'$ 对应的 e_3^2 值如表 8.26 所示。

表 8.26　$h_4=0.1$、$h_2=-0.1$ 时不同 $\bar{u}_4'$ 对应的 e_3^2 值

编号	$\bar{u}_4'$	e_3^2
1	−0.5	1.952176
2	0	0.786062
3	0.5	0.290109
4	1.5	−0.408236
5	2	−1.468967

2) $h_4=0.125$、$h_2=-0.125$ 时不同 $\bar{u}_4'$ 对应的 e_3^2 值

$h_4=0.125$、$h_2=-0.125$ 时不同 $\bar{u}_4'$ 对应的 e_3^2 值如表 8.27 所示。

表 8.27　$h_4=0.125$、$h_2=-0.125$ 时不同 $\bar{u}_4'$ 对应的 e_3^2 值

编号	$\bar{u}_4'$	e_3^2
1	−0.5	2.565086
2	0	1.044267
3	0.5	0.391635
4	1.5	−0.454592
5	2	−1.720867

3) $h_4=0.15$、$h_2=-0.15$ 时不同 $\bar{u}_4'$ 对应的 e_3^2 值

$h_4=0.15$、$h_2=-0.15$ 时不同 $\bar{u}_4'$ 对应的 e_3^2 值如表 8.28 所示。

表 8.28　$h_4=0.15$、$h_2=-0.15$ 时不同 $\bar{u}_4'$ 对应的 e_3^2 值

编号	$\bar{u}_4'$	e_3^2
1	−0.5	3.231860
2	0	1.328225
3	0.5	0.503373
4	1.5	−0.484188
5	2	−1.933943

4) $h_4=0.175$、$h_2=-0.175$ 时不同 $\bar{u}_4'$ 对应的 e_3^2 值

$h_4=0.175$、$h_2=-0.175$ 时不同 $\bar{u}_4'$ 对应的 e_3^2 值如表 8.29 所示。

表 8.29　$h_4=0.175$、$h_2=-0.175$ 时不同 $\bar{u}_4'$ 对应的 e_3^2 值

编号	$\bar{u}_4'$	e_3^2
1	−0.5	3.955520
2	0	1.639809
3	0.5	0.626049
4	1.5	−0.498560
5	2	−2.110836

5) $h_4=0.2$、$h_2=-0.2$ 时不同 $\bar{u}_4'$ 对应的 e_3^2 值

$h_4=0.2$、$h_2=-0.2$ 时不同 $\bar{u}_4'$ 对应的 e_3^2 值如表 8.30 所示。

表 8.30　$h_4=0.2$、$h_2=-0.2$ 时不同 $\bar{u}_4'$ 对应的 e_3^2 值

编号	$\bar{u}_4'$	e_3^2
1	−0.5	4.739134
2	0	1.980973
3	0.5	0.760501
4	1.5	−0.499086
5	2	−2.254022

2. $\bar{u}_4'$-e_3^2 关系曲线

根据上述计算结果绘制 $\bar{u}_4'$-e_3^2 关系曲线，如图 8.7 所示。可以看出，自准校正

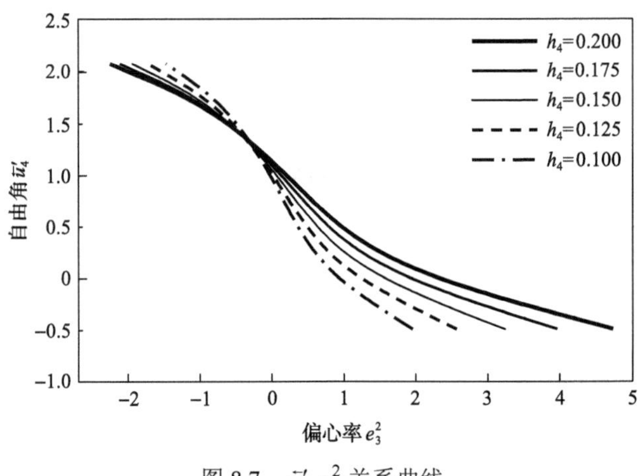

图 8.7　$\bar{u}_4'$-e_3^2 关系曲线

透镜位于共轭前点和后点之间的检验光学系统可适用于任何凹非球面的检验，但不同自准校正透镜对不同凹非球面的校正检验能力有所差异。当自准校正透镜为正透镜时，对 $e_3^2>0$ 凹非球面生成球差的校正能力强；当自准校正透镜为负透镜时，对 $e_3^2<0$ 凹扁球面生成球差的校正能力强。

通过对自准校正透镜位于共轭前点和后点之间的规化光学系统的分析、计算，并绘制 $\bar{u}_4'$-e_3^2 关系曲线，证实此方法原理正确。

第9章　自准校正透镜位于共轭后点后的规化光学系统

本章中待检凹非球面规化值、自准校正透镜厚度规化值以及自准面设定与第 6 章相同，设定多组通光口径 $\Phi_4(2h_4)$ 和 $\Phi_2(2h_2)$，求解不同自准角 $\bar{u}'_4$ 对应的自准校正透镜位于待检凹非球面共轭后点 O' 后(共轭前点 O'' 为物点，共轭后点 O' 为像点)的规化光学系统，并给出了计算结果和 $\bar{u}'_4$-e_3^2 关系曲线。

9.1　h_4=0.08、h_2=0.1 对应的规化光学系统

如图 9.1 所示，设定规化值 $h_4=0.08$, 和 $h_2=0.1$, 根据不同自准角 $\bar{u}'_4$ 进行对应的规化光学系统设计，给出计算过程及结果如下。

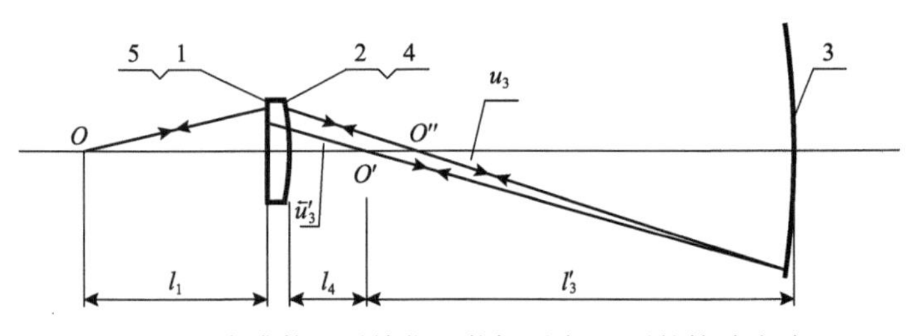

图 9.1　自准校正透镜位于共轭后点 O' 后的检验光路

9.1.1　待检凹非球面相关参数的求解

1. u_3、$\bar{u}'_3$、l_3、$\bar{l}'_3$ 和 $\bar{P}_3$、$h_{03}\bar{P}_3$ 的求解

1) u_3、$\bar{u}'_3$、l_3 和 $\bar{l}'_3$ 的求解

设定 $h_{03}=-1$、$h_4=0.08$、$h_2=0.1$，根据式(5.9)有

$$u_3=u'_2=\frac{2(h_{03}-h_2)}{2h_{03}-(h_4+h_2)}=1.009174,\quad l_3=\frac{h_{03}}{u_3}=-0.990909$$

$$\bar{u}'_3=\bar{u}_4=\frac{2(h_{03}-h_4)}{2h_{03}-(h_4+h_2)}=0.990826,\quad \bar{l}'_3=\frac{h_{03}}{\bar{u}'_3}=-1.009259$$

2) $\overleftarrow{P}_3$ 和 $h_{03}\overleftarrow{P}_3$ 的求解

已知 $u_3 = 1.009174$、$\overleftarrow{u}_3' = 0.990826$、$h_{03} = -1$，有

$$\overleftarrow{P}_3 = -\frac{\left(\overleftarrow{u}_3' - u_3\right)^2}{2} = -0.000168, \quad h_{03}\overleftarrow{P}_3 = 0.000168$$

2. $\overleftarrow{l}_4$、$\overleftarrow{d}_{34}$、l_2' 和 d_{23} 的求解

1) $\overleftarrow{l}_4$ 和 l_2' 的求解

已知 $h_4 = 0.08$、$\overleftarrow{u}_4 = 0.990826$、$h_2 = 0.1$、$u_2' = 1.009174$，有

$$\overleftarrow{l}_4 = \frac{h_4}{\overleftarrow{u}_4} = \frac{h_4}{\overleftarrow{u}_3'} = 0.080741, \quad l_2' = \frac{h_2}{u_2'} = \frac{h_2}{u_3} = 0.099091$$

2) $\overleftarrow{d}_{34}$ 和 d_{23} 的求解

已知 $\overleftarrow{l}_4 = 0.080741$、$\overleftarrow{l}_3' = -1.009259$、$l_3 = -0.990909$、$l_2' = 0.099091$，根据转面公式有

$$\overleftarrow{d}_{34} = \overleftarrow{l}_3' - \overleftarrow{l}_4 = -1.09, \quad d_{23} = l_2' - l_3 = 1.09$$

下面给出不同自准角 $\overleftarrow{u}_4'$ 对应的规化光学系统计算结果。

9.1.2　自准角 $\overleftarrow{u}_4' = -0.5$ 对应的规化光学系统

计算自准角 $\overleftarrow{u}_4' = -0.5$ 对应的规化光学系统如下。

1. 面 4 和面 5 相关参数的求解

1) $\overleftarrow{l}_4'$ 和 r_4 的求解

设定自准校正透镜第 4 面的折射(自准)角 $\overleftarrow{u}_4' = \overleftarrow{u}_5 = -0.5$，有

$$\overleftarrow{l}_4' = -0.16$$

已知 $\overleftarrow{n}_4' = -1.514664$、$\overleftarrow{n}_4 = -1$、$\overleftarrow{l}_4 = 0.080741$、$\overleftarrow{l}_4' = -0.16$，根据近轴公式有

$$\frac{\overleftarrow{n}_4' - \overleftarrow{n}_4}{r_4} = \frac{\overleftarrow{n}_4'}{\overleftarrow{l}_4'} - \frac{\overleftarrow{n}_4}{\overleftarrow{l}_4}, \quad r_4 = -0.023552$$

2) $\overleftarrow{P}_4$ 和 $h_4\overleftarrow{P}_4$ 的求解

已知 $\overleftarrow{n}_4' = -1.514664$、$\overleftarrow{n}_4 = -1$、$\overleftarrow{u}_4 = 0.990826$、$\overleftarrow{u}_4' = -0.5$、$h_4 = 0.08$，有

$$\bar{P}_4=\left(\frac{\bar{u}_4'-\bar{u}_4}{1/\bar{n}_4'-1/\bar{n}_4}\right)^2\left(\frac{\bar{u}_4'}{\bar{n}_4'}-\frac{\bar{u}_4}{\bar{n}_4}\right)=25.428409,\quad h_4\bar{P}_4=2.034273$$

3) $\bar{l}_5$ 和自准面 r_5 的求解

已知自准校正透镜厚度 $\bar{d}_{45}=-0.008$，根据转面公式有

$$r_5=l_5'=\bar{l}_5=\bar{l}_4'-\bar{d}_{45}=-0.152$$

2. 面 2 和面 1 相关参数的求解

1) l_2 和 u_2 的求解

已知 $r_2=r_4=-0.023552$、$n_2'=1$、$n_2=1.514664$、$l_2'=0.099091$，根据近轴公式有

$$\frac{n_2'-n_2}{r_2}=\frac{n_2'}{l_2'}-\frac{n_2}{l_2},\quad l_2=-0.128796,\quad u_2=\frac{h_2}{l_2}=-0.776425$$

2) P_2 和 h_2P_2 的求解

已知 $n_2'=1$、$n_2=1.514664$、$u_2'=1.009174$、$u_2=-0.776425$、$h_2=-0.1$，有

$$P_2=\left(\frac{u_2'-u_2}{1/n_2'-1/n_2}\right)^2\left(\frac{u_2'}{n_2'}-\frac{u_2}{n_2}\right)=42.024713,\quad h_2P_2=4.202471$$

3) l_1、l_1'、h_1 和 u_1 的求解

已知 $n_1=1$、$n_1'=1.514664$、$l_2=-0.128796$、$d_{12}=0.008$、$u_1'=-0.776425$，根据转面公式和近轴公式有

$$l_1'=l_2+d_{12}=-0.120796$$

$$h_1=l_1'u_1'=0.093789,\quad r_1=r_5=-0.152$$

$$\frac{n_1'-n_1}{r_1}=\frac{n_1'}{l_1'}-\frac{n_1}{l_1},\quad l_1=-0.109252,\quad u_1=\frac{h_1}{l_1}=-0.858460$$

4) P_1 和 h_1P_1 的求解

已知 $n_1'=1.514664$、$u_1=-0.858460$、$u_1'=-0.776425$、$h_1=0.093789$、$n_1=1$，有

$$P_1=\left(\frac{u_1'-u_1}{1/n_1'-1/n_1}\right)^2\left(\frac{u_1'}{n_1'}-\frac{u_1}{n_1}\right)=0.020159,\quad h_1P_1=0.001891$$

3. e_3^2的求解

已知 $h_1P_1 = 0.001891$、$h_2P_2 = 4.202471$、$h_{03}\bar{P}_3 = 0.000168$、$h_5P_5 = 0$、$h_4\bar{P}_4 = 2.034273$，根据式(5.10b)有

$$e_3^2 = \frac{h_1P_1 + h_2P_2 + h_{03}\bar{P}_3 + h_4\bar{P}_4}{2} = 3.119402$$

4. 规化光学系统

将上述数据整理代入 Zemax 程序验算可得系统 $S_1 = 0$，说明计算正确。对应的规化光学系统的结构参数如表 9.1 所示，规化光学系统如图 9.2 所示。

表 9.1　h_4=0.08、h_2=0.1、$\bar{u}_4'$=−0.5 对应的规化光学系统的结构参数

Surf	Type	Radius	Thickness	Glass	Diameter	Conic
OBJ	Standard	Infinity	0.1092	—	0.0000	0.0000
1	Standard	−0.1520	0.0080	K9	0.0111	0.0000
2	Standard	−0.0236	1.0900	—	0.0118	0.0000
STO	Standard	−1.0000	−1.0900	MIRROR	0.1200	−3.1194
4	Standard	−0.0236	−0.0080	K9	0.0097	0.0000
5	Standard	−0.1520	0.0080	MIRROR	0.0093	0.0000
6	Standard	−0.0236	1.0900	—	0.0097	0.0000
7	Standard	−1.0000	−1.0900	MIRROR	0.1296	−3.1194
8	Standard	−0.0236	−0.0080	K9	0.0120	0.0000
9	Standard	−0.1520	−0.1092	—	0.0113	0.0000
IMA	Standard	Infinity	—	—	0.0001	0.0000

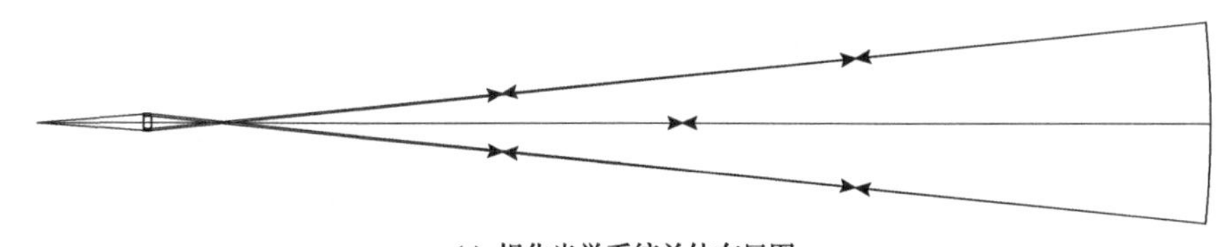

(a) 规化光学系统总体布局图

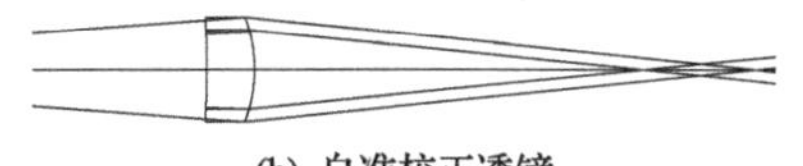

(b) 自准校正透镜

图 9.2　$h_4 = 0.08$、$h_2 = 0.1$、$\bar{u}_4' = -0.5$ 对应的规化光学系统

9.1.3 自准角 $\bar{u}_4'=-0.25$ 对应的规化光学系统

1. 面 4 和面 5 相关参数的求解

1) $\bar{l}_4'$ 和 r_4 的求解

已知自准校正透镜第 4 面的折射(自准)角 $\bar{u}_4' = \bar{u}_5 = -0.25$，有

$$\bar{l}_4' = \frac{h_4}{\bar{u}_4'} = -0.32$$

已知 $\bar{n}_4' = -1.514664$、$\bar{n}_4 = -1$、$\bar{l}_4 = 0.080741$、$\bar{l}_4' = -0.32$，根据近轴公式有

$$\frac{\bar{n}_4' - \bar{n}_4}{r_4} = \frac{\bar{n}_4'}{\bar{l}_4'} - \frac{\bar{n}_4}{\bar{l}_4}, \quad r_4 = -0.030065$$

2) $\bar{P}_4$ 和 $h_4\bar{P}_4$ 的求解

已知 $\bar{n}_4' = -1.514664$、$\bar{n}_4 = -1$、$\bar{u}_4 = 0.990826$、$\bar{u}_4' = -0.25$、$h_4 = 0.08$，有

$$\bar{P}_4 = \left(\frac{\bar{u}_4' - \bar{u}_4}{1/\bar{n}_4' - 1/\bar{n}_4}\right)^2 \left(\frac{\bar{u}_4'}{\bar{n}_4'} - \frac{\bar{u}_4}{\bar{n}_4}\right) = 15.414125, \quad h_4\bar{P}_4 = 1.23313$$

3) $\bar{l}_5$ 和自准面 r_5 的求解

已知自准校正透镜厚度 $\bar{d}_{45} = -0.008$，根据转面公式有

$$r_5 = l_5' = \bar{l}_5 = \bar{l}_4' - \bar{d}_{45} = -0.312$$

2. 面 2 和面 1 相关参数的求解

1) l_2 和 u_2 的求解

已知 $r_2 = r_4 = -0.030065$、$n_2' = 1$、$n_2 = 1.514664$、$l_2' = 0.099091$、$h_2 = 0.1$，根据近轴公式有

$$\frac{n_2' - n_2}{r_2} = \frac{n_2'}{l_2'} - \frac{n_2}{l_2}, \quad l_2 = -0.215552, \quad u_2 = u_1' = \frac{h_2}{l_2} = -0.463925$$

2) P_2 和 h_2P_2 的求解

已知 $n_2' = 1$、$n_2 = 1.514664$、$u_2' = 1.009174$、$u_2 = -0.463925$、$h_2 = 0.1$，有

$$P_2 = \left(\frac{u_2' - u_2}{1/n_2' - 1/n_2}\right)^2 \left(\frac{u_2'}{n_2'} - \frac{u_2}{n_2}\right) = 24.724512, \quad h_2P_2 = 2.472451$$

3) l_1、l_1'、h_1 和 u_1 的求解

已知 $n_1 = 1$、$n_1' = 1.514664$、$l_2 = -0.215552$、$d_{12} = 0.008$、$u_1' = u_2 = -0.463925$，根据转面公式和近轴公式有

$$l_1' = l_2 + d_{12} = -0.207552, \quad h_1 = l_1'u_1' = 0.096289, \quad r_1 = r_5 = -0.312$$

$$\frac{n_1' - n_1}{r_1} = \frac{n_1'}{l_1'} - \frac{n_1}{l_1}, \quad l_1 = -0.177048, \quad u_1 = -0.543856$$

4) P_1 和 h_1P_1 的求解

已知 $n_1 = 1$、$n_1' = 1.514664$、$u_1 = -0.543856$、$u_1' = -0.463925$、$h_1 = l_1'u_1' = 0.096289$，有

$$P_1 = \left(\frac{u_1' - u_1}{1/n_1' - 1/n_1}\right)^2 \left(\frac{u_1'}{n_1'} - \frac{u_1}{n_1}\right) = 0.013146, \quad h_1P_1 = 0.001266$$

3. e_3^2 的求解

已知 $h_1P_1 = 0.001266$、$h_2P_2 = 2.472451$、$h_{03}\overleftarrow{P}_3 = 0.000168$、$h_5P_5 = 0$、$h_4\overleftarrow{P}_4 = 1.23313$，根据式(5.10b)有

$$e_3^2 = \frac{h_1P_1 + h_2P_2 + h_{03}\overleftarrow{P}_3 + h_4\overleftarrow{P}_4}{2} = 1.853508$$

4. 光学系统

将上述数据整理代入 Zemax 程序验算可得系统 $S_1 = 0$，说明计算正确。对应的规化光学系统的结构参数如表 9.2 所示，规化光学系统如图 9.3 所示。

表 9.2 h_4=0.08、h_2=0.1、$\bar{u}_4'$=−0.25 对应的规化光学系统的结构参数

Surf	Type	Radius	Thickness	Glass	Diameter	Conic
OBJ	Standard	Infinity	0.1770	—	0.0000	0.0000
1	Standard	−0.3120	0.0080	K9	0.0196	0.0000
2	Standard	−0.0301	1.0900	—	0.0198	0.0000
STO	Standard	−1.0000	−1.0900	MIRROR	0.2000	−1.8535
4	Standard	−0.0301	−0.0080	K9	0.0163	0.0000
5	Standard	−0.3120	0.0080	MIRROR	0.0163	0.0000
6	Standard	−0.0301	1.0900	—	0.0163	0.0000
7	Standard	−1.0000	−1.0900	MIRROR	0.2138	−1.8535
8	Standard	−0.0301	−0.0080	K9	0.0202	0.0000
9	Standard	−0.3120	−0.1770	—	0.0200	0.0000
IMA	Standard	Infinity	—	—	0.0010	0.0000

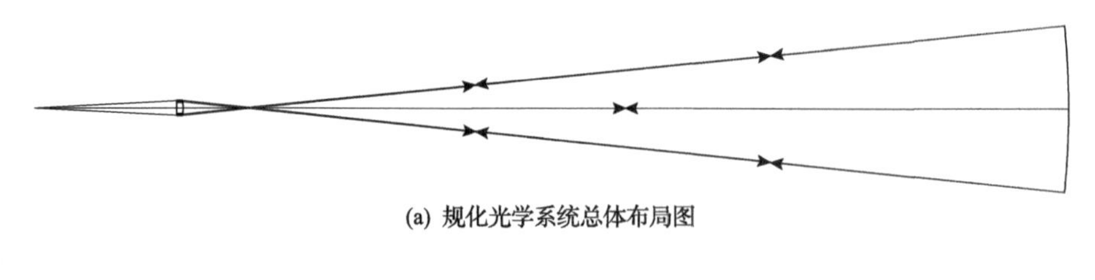

(a) 规化光学系统总体布局图

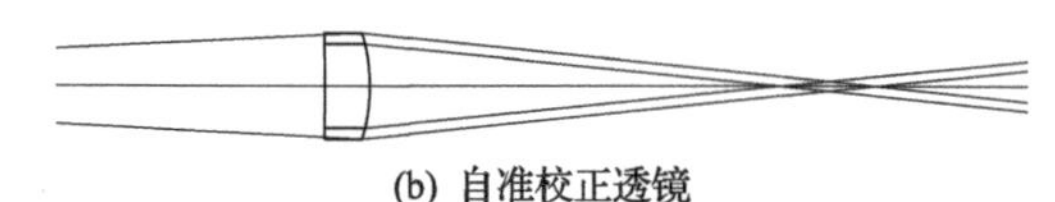

(b) 自准校正透镜

图 9.3 $h_4=0.08$、$h_2=0.1$、$\bar{u}'_4=-0.25$ 对应的规化光学系统

9.1.4 自准角 $\bar{u}'_4=0$ 对应的规化光学系统

1. 面 2 和面 1 相关参数的求解

1) $\bar{l}'_4$ 和 r_4 的求解

已知自准校正透镜第 4 面的折射(自准)角 $\bar{u}'_4=\bar{u}_5=0$，有

$$\bar{l}'_4=\frac{h_4}{\bar{u}'_4}\to\infty$$

已知 $\bar{n}'_4=-1.514664$、$\bar{n}_4=-1$、$\bar{l}_4=0.080741$、$\bar{l}'_4\to\infty$，根据近轴公式有

$$\frac{\bar{n}'_4-\bar{n}_4}{r_4}=\frac{\bar{n}'_4}{\bar{l}'_4}-\frac{\bar{n}_4}{\bar{l}_4},\quad r_4=-0.041554$$

2) $\bar{P}_4$ 和 $h_4\bar{P}_4$ 的求解

已知 $\bar{n}'_4=-1.514664$、$\bar{n}_4=-1$、$\bar{u}_4=0.990826$、$\bar{u}'_4=0$、$h_4=0.08$，有

$$\bar{P}_4=\left(\frac{\bar{u}'_4-\bar{u}_4}{1/\bar{n}'_4-1/\bar{n}_4}\right)^2\left(\frac{\bar{u}'_4}{\bar{n}'_4}-\frac{\bar{u}_4}{\bar{n}_4}\right)=8.425134,\quad h_4\bar{P}_4=0.674011$$

3) $\bar{l}_5$ 和自准面 r_5 的求解

已知自准校正透镜厚度 $\bar{d}_{45}=-0.008$，根据转面公式有

$$r_5=l'_5=\bar{l}_5=\bar{l}'_4-\bar{d}_{45}\to\infty$$

2. 校正透镜相关参数的求解

1) l_2 和 u_2 的求解

已知 $r_2=r_4=-0.041554$、$n'_2=1$、$n_2=1.514664$、$l'_2=0.099091$，根据近轴公式有

$$\frac{n_2'-n_2}{r_2}=\frac{n_2'}{l_2'}-\frac{n_2}{l_2},\quad l_2=-0.660394,\quad u_2=u_1'=-0.151425$$

2) P_2 和 h_2P_2 的求解

已知 $n_2'=1$、$n_2=1.514664$、$u_2'=1.009174$、$u_2=-0.151425$、$h_2=0.1$，有

$$P_2=\left(\frac{u_2'-u_2}{1/n_2'-1/n_2}\right)^2\left(\frac{u_2'}{n_2'}-\frac{u_2}{n_2}\right)=12.940129,\quad h_2P_2=1.294013$$

3) l_1、l_1'、h_1 和 u_1 的求解

已知 $n_1'=1.514664$、$l_2=-0.660394$、$d_{12}=0.008$、$u_2=u_1'=-0.151425$、$n_1=1$，根据转面公式和近轴公式有

$$l_1'=l_2+d_{12}=-0.652394,\quad h_1=l_1'u_1'=0.098789,\quad r_1=r_5\to\infty$$

$$\frac{n_1'-n_1}{r_1}=\frac{n_1'}{l_1'}-\frac{n_1}{l_1},\quad l_1=-0.430718,\quad u_1=-0.229358$$

4) P_1 和 h_1P_1 的求解

已知 $n_1'=1.514664$、$u_1=-0.229358$、$u_1'=-0.151425$、$h_1=0.098789$、$n_1=1$，有

$$P_1=\left(\frac{u_1'-u_1}{1/n_1'-1/n_1}\right)^2\left(\frac{u_1'}{n_1'}-\frac{u_1}{n_1}\right)=0.006806,\quad h_1P_1=0.000672$$

3. $e_3{}^2$ 的求解

已知 $h_1P_1=0.000672$、$h_2P_2=1.294013$、$h_{03}\overleftarrow{P}_3=0.000168$、$h_5P_5=0$、$h_4\overleftarrow{P}_4=0.674011$，根据式(5.10b)有

$$e_3^2=\frac{h_1P_1+h_2P_2+h_{03}\overleftarrow{P}_3+h_4\overleftarrow{P}_4}{2}=0.984432$$

4. 规化光学系统

将上述数据整理代入 Zemax 程序验算可得系统 $S_1=0$，说明计算正确。对应的规化光学系统的结构参数如表 9.3 所示，规化光学系统如图 9.4 所示。

表 9.3　h_4=0.08、h_2=0.1、$\bar{u}_4'=0$ 对应的规化光学系统的结构参数

Surf	Type	Radius	Thickness	Glass	Diameter	Conic
OBJ	Standard	Infinity	0.4307	—	0.0000	0.0000
1	Standard	Infinity	0.0080	K9	0.0196	0.0000
2	Standard	−0.4155	1.0900	—	0.0198	0.0000

续表

Surf	Type	Radius	Thickness	Glass	Diameter	Conic
STO	Standard	−1.0000	−1.0900	MIRROR	0.2000	−0.9844
4	Standard	−0.4155	−0.0080	K9	0.0163	0.0000
5	Standard	Infinity	0.0080	MIRROR	0.0163	0.0000
6	Standard	−0.4155	1.0900	—	0.0163	0.0000
7	Standard	−1.0000	−1.0900	MIRROR	0.2138	−0.9844
8	Standard	−0.4155	−0.0080	K9	0.0202	0.0000
9	Standard	Infinity	−0.4307	—	0.0200	0.0000
IMA	Standard	Infinity	—	—	0.0010	0.0000

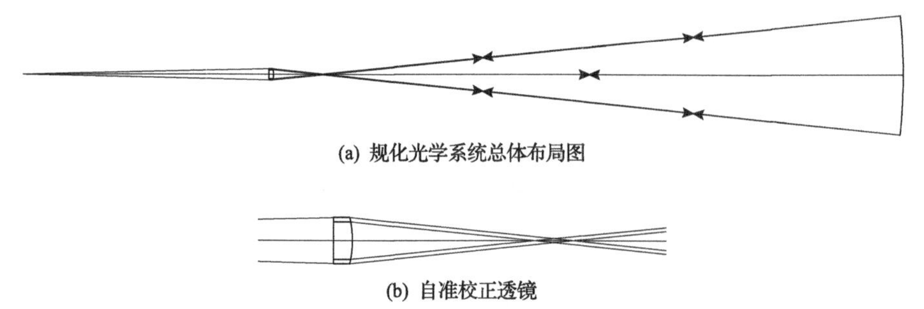

(a) 规化光学系统总体布局图

(b) 自准校正透镜

图 9.4　$h_4=0.08$、$h_2=0.1$、$\overleftarrow{u}'_4=0$ 对应的规化光学系统

9.1.5　自准角 $\overleftarrow{u}'_4=0.25$ 对应的规化光学系统

1. 面 4 和面 5 相关参数的求解

1) $\overleftarrow{l}'_4$ 和 r_4 的求解

已知自准校正透镜面 4 的折射(自准)角 $\overleftarrow{u}'_4=\overleftarrow{u}_5=0.25$，有

$$\overleftarrow{l}'_4=0.32,\quad \overleftarrow{u}'_4=0.25$$

已知 $\overleftarrow{n}'_4=-1.514664$、$\overleftarrow{n}_4=-1$、$\overleftarrow{l}_4=0.080741$、$\overleftarrow{l}'_4=0.32$，根据近轴公式有

$$\frac{\overleftarrow{n}'_4-\overleftarrow{n}_4}{r_4}=\frac{\overleftarrow{n}'_4}{\overleftarrow{l}'_4}-\frac{\overleftarrow{n}_4}{\overleftarrow{l}_4},\quad r_4=-0.067259$$

2) $\overleftarrow{P}_4$ 和 $h_4\overleftarrow{P}_4$ 的求解

已知 $\overleftarrow{n}'_4=-1.514664$、$\overleftarrow{n}_4=-1$、$\overleftarrow{u}_4=0.990826$、$\overleftarrow{u}'_4=0.25$、$h_4=0.08$，有

$$\overleftarrow{P}_4=\left(\frac{\overleftarrow{u}'_4-\overleftarrow{u}_4}{1/\overleftarrow{n}'_4-1/\overleftarrow{n}_4}\right)^2\left(\frac{\overleftarrow{u}'_4}{\overleftarrow{n}'_4}-\frac{\overleftarrow{u}_4}{\overleftarrow{n}_4}\right)=3.925342,\quad h_4\overleftarrow{P}_4=0.314027$$

3) $\overleftarrow{l}_5$ 和自准面 r_5 的求解

已知自准校正透镜厚度 $\overleftarrow{d}_{45}=-0.008$，根据转面公式有

$$r_5=l_5'=\overleftarrow{l}_5=\overleftarrow{l}_4'-\overleftarrow{d}_{45}=0.328$$

2. 面 2 和面 1 相关参数的求解

1) l_2 和 u_2 的求解

已知 $r_2=r_4=-0.067259$、$n_2'=1$、$n_2=1.514664$、$l_2'=0.099091$，根据近轴公式有

$$\frac{n_2'-n_2}{r_2}=\frac{n_2'}{l_2'}-\frac{n_2}{l_2},\quad l_2=0.620828,\quad u_2=u_1'=0.161075$$

2) P_2 和 h_2P_2 的求解

已知 $n_2'=1$、$n_2=1.514664$、$u_2'=1.009174$、$u_2=0.161075$、$h_2=0.1$，有

$$P_2=\left(\frac{u_2'-u_2}{1/n_2'-1/n_2}\right)^2\left(\frac{u_2'}{n_2'}-\frac{u_2}{n_2}\right)=5.624508,\quad h_2P_2=0.562451$$

3) l_1、l_1'、h_1 和 u_1 的求解

已知 $n_1'=1.514664$、$l_2=0.620828$、$d_{12}=0.008$、$u_2=u_1'=0.161075$、$n_1=1$，根据转面公式和近轴公式有

$$l_1'=l_2+d_{12}=0.628828,\quad h_1=l_1'u_1'=0.101289,\quad r_1=r_5=0.328000$$

$$\frac{n_1'-n_1}{r_1}=\frac{n_1'}{l_1'}-\frac{n_1}{l_1},\quad l_1=1.191028,\quad u_1=0.085043$$

4) P_1 和 h_1P_1 的求解

已知 $n_1=1$、$n_1'=1.514664$、$u_1=0.085043$、$u_1'=0.161075$、$h_1=0.101289$，有

$$P_1=\left(\frac{u_1'-u_1}{1/n_1'-1/n_1}\right)^2\left(\frac{u_1'}{n_1'}-\frac{u_1}{n_1}\right)=0.001067,\quad h_1P_1=0.000108$$

3. e_3^2 的求解

已知 $h_1P_1=0.000108$、$h_2P_2=0.562451$、$h_{03}\overleftarrow{P}_3=0.000168$、$h_5P_5=0$、$h_4\overleftarrow{P}_4=0.314027$，根据式(5.10b)有

$$e_3^2 = \frac{h_1 P_1 + h_2 P_2 + h_{03} \overleftarrow{P}_3 + h_4 \overleftarrow{P}_4}{2} = 0.438377$$

4. 规化光学系统

将上述数据整理代入 Zemax 程序验算可得系统 $S_1 = 0$，说明计算正确。从上述计算数据来看，$l_1 = 1.191028 > 0$ 成虚像，系统为发散学系统。根据光线入射方向，在面 1 前加虚拟面，面 1 与虚拟面间距 $d = 0.1$，虚拟面到虚像点距离为 $l = l_1 + d = 1.291028$，带有虚拟面的规化光学系统结构参数如表 9.4 所示，去掉虚拟面的规化光学系统如图 9.5 所示。

表 9.4　h_4=0.08、h_2=0.1、$\bar{u}_4'$=0.25 对应的规化光学系统的结构参数

Surf	Type	Radius	Thickness	Glass	Diameter	Conic
OBJ	Standard	Infinity	−1.2910	—	0.0000	0.0000
1	Standard	1.2910	0.1000	—	0.0218	0.0000
2	Standard	0.3280	0.0080	K9	0.0201	0.0000
3	Standard	−0.0673	1.0900	—	0.0199	0.0000
STO	Standard	−1.0000	−1.0900	MIRROR	0.2000	−0.4384
5	Standard	−0.0673	−0.0080	K9	0.0163	0.0000
6	Standard	0.3280	0.0080	MIRROR	0.0166	0.0000
7	Standard	−0.0673	1.0900	—	0.0162	0.0000
8	Standard	−1.0000	−1.0900	MIRROR	0.2094	−0.4384
9	Standard	−0.0673	−0.0080	K9	0.0208	0.0000
10	Standard	0.3280	−0.1000	—	0.0210	0.0000
11	Standard	1.2910	1.2910	—	0.0224	0.0000
IMA	Standard	Infinity	—	—	0.0050	0.0000

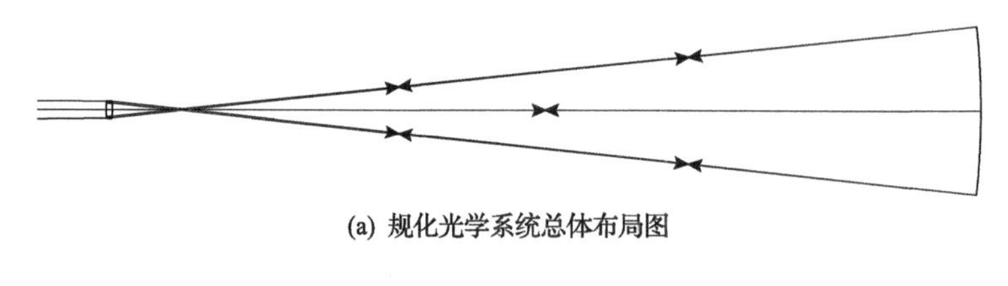

(a) 规化光学系统总体布局图

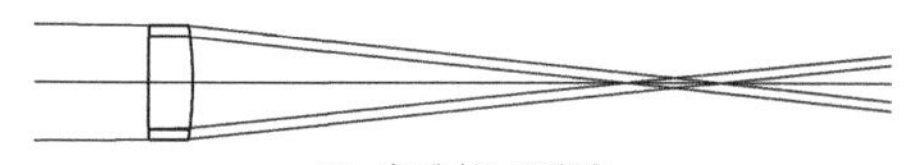

(b) 自准校正透镜

图 9.5　$h_4 = 0.08$、$h_2 = 0.1$、$\bar{u}_4' = 0.25$ 对应的规化光学系统

9.1.6　自准角 $\overleftarrow{u}'_4=0.5$ 对应的规化光学系统

1. 面 4 和面 5 相关参数的求解

1) $\overleftarrow{l}'_4$ 和 r_4 的求解

已知自准校正透镜第 4 面的折射(自准)角 $\overleftarrow{u}'_4=\overleftarrow{u}_5=0.5$，有

$$\overleftarrow{l}'_4=\frac{h_4}{\overleftarrow{u}'_4}=0.16$$

已知 $\overleftarrow{n}'_4=-1.514664$、$\overleftarrow{n}_4=-1$、$\overleftarrow{l}_4=0.080741$、$\overleftarrow{l}'_4=0.16$，根据近轴公式有

$$\frac{\overleftarrow{n}'_4-\overleftarrow{n}_4}{r_4}=\frac{\overleftarrow{n}'_4}{\overleftarrow{l}'_4}-\frac{\overleftarrow{n}_4}{\overleftarrow{l}_4},\quad r_4=-0.176335$$

2) $\overleftarrow{P}_4$ 和 $h_4\overleftarrow{P}_4$ 的求解

已知 $\overleftarrow{n}'_4=-1.514664$、$\overleftarrow{n}_4=-1$、$\overleftarrow{u}_4=0.990826$、$\overleftarrow{u}'_4=0.5$、$h_4=0.08$，有

$$\overleftarrow{P}_4=\left(\frac{\overleftarrow{u}'_4-\overleftarrow{u}_4}{1/\overleftarrow{n}'_4-1/\overleftarrow{n}_4}\right)^2\left(\frac{\overleftarrow{u}'_4}{\overleftarrow{n}'_4}-\frac{\overleftarrow{u}_4}{\overleftarrow{n}_4}\right)=1.378658,\quad h_4\overleftarrow{P}_4=0.110293$$

3) $\overleftarrow{l}_5$ 和自准面 r_5 的求解

已知自准校正透镜厚度 $\overleftarrow{d}_{45}=-0.008$，根据转面公式有

$$r_5=l'_5=\overleftarrow{l}_5=\overleftarrow{l}'_4-\overleftarrow{d}_{45}=0.168$$

2. 面 2 和面 1 相关参数的求解

1) l_2 和 u_2 的求解

已知 $r_2=r_4=-0.176335$、$n'_2=1$、$n_2=1.514664$、$l'_2=0.099091$，根据近轴公式有

$$\frac{n'_2-n_2}{r_2}=\frac{n'_2}{l'_2}-\frac{n_2}{l_2},\quad l_2=0.211160,\quad u_2=u'_1=0.473575$$

2) P_2 和 h_2P_2 的求解

已知 $n'_2=1$、$n_2=1.514664$、$u'_2=1.009174$、$u_2=0.473575$、$h_2=0.1$，有

$$P_2=\left(\frac{u'_2-u_2}{1/n'_2-1/n_2}\right)^2\left(\frac{u'_2}{n'_2}-\frac{u_2}{n_2}\right)=1.730592,\quad h_2P_2=0.173059$$

3) l_1、l'_1、h_1 和 u_1 的求解

已知 $n_1=1$、$n'_1=1.514664$、$l_2=0.211160$、$d_{12}=0.008$、$u_2=u'_1=0.473575$，根据转面公式和近轴公式有

$$l_1' = l_2 + d_{12} = 0.219160, \quad h_1 = l_1' u_1' = 0.103789, \quad r_1 = r_5 = 0.168$$

$$\frac{n_1' - n_1}{r_1} = \frac{n_1'}{l_1'} - \frac{n_1}{l_1}, \quad l_1 = 0.259892, \quad u_1 = 0.399353$$

4) P_1 和 h_1P_1 的求解

已知 $n_1 = 1$、$n_1' = 1.514664$、$u_1 = 0.399353$、$u_1' = 0.473575$、$h_1 = 0.103789$，有

$$P_1 = \left(\frac{u_1' - u_1}{1/n_1' - 1/n_1}\right)^2 \left(\frac{u_1'}{n_1'} - \frac{u_1}{n_1}\right) = -0.004136, \quad h_1P_1 = -0.000429$$

3. e_3^2 的求解

已知 $h_1P_1 = -0.000429$、$h_2P_2 = 0.173059$、$h_{03}\overleftarrow{P}_3 = 0.000168$、$h_5P_5 = 0$、$h_4\overleftarrow{P}_4 = 0.110293$，根据式(5.10b)有

$$e_3^2 = \frac{h_1P_1 + h_2P_2 + h_{03}\overleftarrow{P}_3 + h_4\overleftarrow{P}_4}{2} = 0.141545$$

4. 规化光学系统

将上述数据整理代入 Zemax 程序验算可得系统 $S_1 = 0$，说明计算正确。从上述计算数据来看，$l_1 = 0.259892 > 0$ 成虚像，系统是发散光学系统。根据光线入射方向，在面 1 前加虚拟面，面 1 与虚拟面间距 $d = 0.1$，虚拟面到虚像点距离为 $l = l_1 + d = l_1 = 0.359892$，带有虚拟面的规化光学系统结构参数如表 9.5 所示，去掉虚拟面的光学系统如图 9.6 所示。

表 9.5 h_4=0.08、h_2=0.1、$\bar{u}_4'$=0.5 对应的带有虚拟面的规化光学系统的结构参数

Surf	Type	Radius	Thickness	Glass	Diameter	Conic
OBJ	Standard	Infinity	−0.3598	—	0.0000	0.0000
1	Standard	0.3599	0.1000	—	0.0286	0.0000
2	Standard	0.1680	0.0080	K9	0.0206	0.0000
3	Standard	−0.1764	1.0900	—	0.0199	0.0000
STO	Standard	−1.0000	−1.0900	MIRROR	0.2000	−0.1415
5	Standard	−0.1764	−0.0080	K9	0.0161	0.0000
6	Standard	0.1680	0.0080	MIRROR	0.0169	0.0000
7	Standard	−0.1764	1.0900	—	0.0161	0.0000
8	Standard	−1.0000	−1.0900	MIRROR	0.2045	−0.1415
9	Standard	−0.1764	−0.0080	K9	0.0206	0.0000
10	Standard	0.1680	−0.1000	—	0.0214	0.0000
11	Standard	0.3599	0.3598	—	0.0293	0.0000
IMA	Standard	Infinity	—	—	0.0008	0.0000

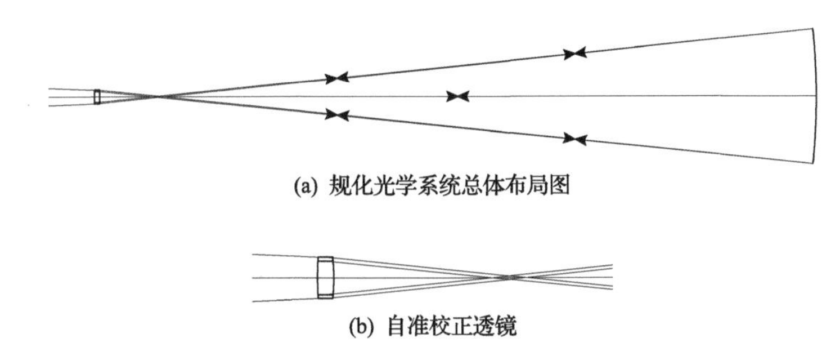
(a) 规化光学系统总体布局图

(b) 自准校正透镜

图 9.6　$h_4=0.08$、$h_2=0.1$、$\overleftarrow{u}_4'=0.5$ 对应的规化光学系统

9.2　h_4=0.1、h_2=0.125 对应的规化光学系统

如图 9.1 所示，设定规化值 $h_4=0.1$ 和 $h_2=0.125$，按照 9.1 节的计算方法求解不同自准角 $\overleftarrow{u}_4'$ 对应的规化光学系统。

9.2.1　待检凹非球面相关参数的求解

1. u_3、$\overleftarrow{u}_3'$、l_3、$\overleftarrow{l}_3'$ 和 $\overleftarrow{P}_3$、$h_{03}\overleftarrow{P}_3$ 的求解

1) u_3、$\overleftarrow{u}_3'$、l_3 和 $\overleftarrow{l}_3'$ 的求解

设定 $h_{03}=-1$、$h_4=0.1$、$h_2=0.125$，根据式(5.9)有

$$u_2'=u_3=1.011236,\quad l_3=-0.988889$$

$$\overleftarrow{u}_4=\overleftarrow{u}_3'=0.988764,\quad \overleftarrow{l}_3'=-1.011364$$

2) $\overleftarrow{P}_3$ 和 $h_{03}\overleftarrow{P}_3$ 的求解

已知 $u_3=1.011236$、$\overleftarrow{u}_3'=0.988764$、$h_{03}=-1$，有

$$\overleftarrow{P}_3=-0.000252,\quad h_{03}\overleftarrow{P}_3=0.000252$$

2. $\overleftarrow{l}_4$、$\overleftarrow{d}_{34}$、l_2' 和 d_{23} 的求解

1) $\overleftarrow{l}_4$ 和 l_2' 的求解

已知 $h_4=0.1$、$\overleftarrow{u}_4=\overleftarrow{u}_3'=0.988764$、$h_2=0.125$、$u_2'=1.011236$，有

$$\overleftarrow{l}_4=0.101136,\quad l_2'=0.123611$$

2) $\overleftarrow{d}_{34}$ 和 d_{23} 的求解

已知 $\overleftarrow{l}_4=0.101136$、$\overleftarrow{l}_3'=-1.011364$、$l_3=-0.988889$、$l_2'=0.123611$，根据转面公式有

$$\overleftarrow{d}_{34}=\overleftarrow{l}_3'-\overleftarrow{l}_4=-1.1125,\quad d_{23}=l_2'-l_3=1.1125$$

下面给出不同自准角 $\overleftarrow{u}_4'$ 的规化光学系统计算结果。

9.2.2 自准角 $\overleftarrow{u}_4'=-0.5$ 对应的规化光学系统

1. 面 4 和面 5 相关参数的求解

1) $\overleftarrow{l}_4'$ 和 r_4 的求解

$$\overleftarrow{l}_4'=-0.2,\quad \overleftarrow{u}_4'=-0.5,\quad r_4=-0.029475$$

2) $\overleftarrow{P}_4$ 和 $h_4\overleftarrow{P}_4$ 的求解

$$\overleftarrow{P}_4=25.318551,\quad h_4\overleftarrow{P}_4=2.531855$$

3) $\overleftarrow{l}_5$ 和自准面 r_5 的求解

$$\overleftarrow{d}_{45}=-0.008,\quad r_5=l_5'=\overleftarrow{l}_5=-0.192$$

2. 面 2 和面 1 相关参数的求解

1) l_2 和 u_2 的求解

$$l_2=-0.161632,\quad u_2=u'=-0.773362$$

2) P_2 和 h_2P_2 的求解

$$P_2=41.978710,\quad h_2P_2=5.247339$$

3) l_1、l_1'、h_1 和 u_1 的求解

$$l_1'=-0.153632,\quad h_1=0.118813$$

$$r_1=r_5=-0.192,\quad l_1=-0.139305,\quad u_1=-0.852901$$

4) P_1 和 h_1P_1 的求解

$$P_1=0.018757,\quad h_1P_1=0.002229$$

3. e_3^2 的求解

$$e_3^2=\frac{h_1P_1+h_2P_2+h_{03}\overleftarrow{P}_3+h_4\overleftarrow{P}_4}{2}=3.890837$$

4. 规化光学系统

将上述数据整理代入 Zemax 程序验算可得系统 $S_1=0$，说明计算正确。对应的规化光学系统的结构参数如表 9.6 所示，规化光学系统与图 9.2 类似。

表 9.6　h_4=0.1、h_2=0.125、$\bar{u}'_4=-0.5$ 对应的规化光学系统的结构参数

Surf	Type	Radius	Thickness	Glass	Diameter	Conic
OBJ	Standard	Infinity	0.1393	—	0.0000	0.0000
1	Standard	−0.1920	0.0080	K9	0.0140	0.0000
2	Standard	−0.0295	1.1125	—	0.0147	0.0000
STO	Standard	−1.0000	−1.1125	MIRROR	0.1200	−3.8908
4	Standard	−0.0295	−0.0080	K9	0.0122	0.0000
5	Standard	−0.1920	0.0080	MIRROR	0.0117	0.0000
6	Standard	−0.0295	1.1125	—	0.0122	0.0000
7	Standard	−1.0000	−1.1125	MIRROR	0.1297	−3.8908
8	Standard	−0.0295	−0.0080	K9	0.0149	0.0000
9	Standard	−0.1920	−0.1393	—	0.0143	0.0000
IMA	Standard	Infinity	—	—	0.0001	0.0000

9.2.3　自准角 $\bar{u}'_4=-0.25$ 对应的规化光学系统

1. 面 4 和面 5 相关参数的求解

1) $\bar{l}'_4$ 和 r_4 的求解

$$\bar{u}'_4=-0.25,\quad \bar{l}'_4=-0.40,\quad r_4=-0.037637$$

2) $\bar{P}_4$ 和 $h_4\bar{P}_4$ 的求解

$$\bar{P}_4=15.335544,\quad h_4\bar{P}_4=1.533554$$

3) $\bar{l}_5$ 和自准面 r_5 的求解

$$\bar{d}_{45}=-0.008,\quad r_5=l'_5=\bar{l}_5=-0.392$$

2. 面 2 和面 1 相关参数的求解

1) l_2 和 u_2 的求解

$$l_2=-0.271231,\quad u_2=u'_1=-0.460862$$

2) P_2 和 h_2P_2 的求解

$$P_2 = 24.691671, \quad h_2P_2 = 3.086459$$

3) l_1、l_1'、h_1 和 u_1 的求解

$$l_1' = -0.263231, \quad h_1 = 0.121313$$

$$r_1 = r_5 = -0.392, \quad l_1 = -0.225164, \quad u_1 = -0.538777$$

4) P_1 和 h_1P_1 的求解

$$P_1 = 0.012331, \quad h_1P_1 = 0.001496$$

3. e_3^2 的求解

$$e_3^2 = \frac{h_1P_1 + h_2P_2 + h_{03}\bar{P}_3 + h_4\bar{P}_4}{2} = 2.310881$$

4. 规化光学系统

将上述数据整理代入 Zemax 程序验算可得系统 $S_1 = 0$，说明计算正确。对应的规化光学系统的结构参数如表 9.7 所示，规化光学系统与图 9.3 类似。

表 9.7　h_4=0.1、h_2=0.125、$\bar{u}_4'$=−0.25 对应的规化光学系统的结构参数

Surf	Type	Radius	Thickness	Glass	Diameter	Conic
OBJ	Standard	Infinity	0.2251	—	0.0000	0.0000
1	Standard	−0.3920	0.0080	K9	0.0192	0.0000
2	Standard	−0.0376	1.1125	—	0.0196	0.0000
STO	Standard	−1.0000	−1.1125	MIRROR	0.1600	−2.3108
4	Standard	−0.0376	−0.0080	K9	0.0162	0.0000
5	Standard	−0.3920	0.0080	MIRROR	0.0159	0.0000
6	Standard	−0.0376	1.1125	—	0.0162	0.0000
7	Standard	−1.0000	−1.1125	MIRROR	0.1717	−2.3108
8	Standard	−0.0376	−0.0080	K9	0.0197	0.0000
9	Standard	−0.3920	−0.2251	—	0.0192	0.0000
IMA	Standard	Infinity	—	—	0.0000	0.0000

9.2.4　自准角 $\bar{u}_4'=0$ 对应的规化光学系统

1. 面 4 和面 5 相关参数的求解

1) $\bar{l}_4'$ 和 r_4 的求解

$$\bar{u}_4' = \bar{u}_5 = 0, \quad \bar{l}_4' \to \infty, \quad r_4 = -0.052051$$

2) $\overleftarrow{P}_4$ 和 $h_4\overleftarrow{P}_4$ 的求解

$$\overleftarrow{P}_4 = 8.372652, \quad h_4\overleftarrow{P}_4 = 0.837265$$

3) $\overleftarrow{l}_5$ 和自准面 r_5 的求解

$$\overleftarrow{d}_{45} = -0.008, \quad r_5 = l_5' = \overleftarrow{l}_5 = \overleftarrow{l}_4' - \overleftarrow{d}_{45} \to \infty$$

2. 面 2 和面 1 相关参数的求解

1) l_2 和 u_2 的求解

$$l_2 = -0.842532, \quad u_2 = u_1' = -0.148362$$

2) P_2 和 h_2P_2 的求解

$$P_2 = 12.918283, \quad h_2P_2 = 1.614785$$

3) l_1、l_1'、h_1 和 u_1 的求解

$$l_1' = -0.834532, \quad h_1 = 0.123813$$

$$r_1 = r_5 \to \infty, \quad l_1 = -0.550968, \quad u_1 = -0.224719$$

4) P_1 和 h_1P_1 的求解

$$P_1 = 0.006402, \quad h_1P_1 = 0.000793$$

3. e_3^2 的求解

$$e_3^2 = \frac{h_1P_1 + h_2P_2 + h_{03}\overleftarrow{P}_3 + h_4\overleftarrow{P}_4}{2} = 1.226548$$

4. 规化光学系统

将上述数据整理代入 Zemax 程序验算可得系统 $S_1 = 0$，说明计算正确。对应的规化光学系统的结构参数如表 9.8 所示，规化光学系统与图 9.4 类似。

表 9.8　h_4=0.1、h_2=0.125、$\overleftarrow{u}_4'$=0 对应的规化光学系统的结构参数

Surf	Type	Radius	Thickness	Glass	Diameter	Conic
OBJ	Standard	Infinity	0.5509	—	0.0000	0.0000
1	Standard	Infinity	0.0080	K9	0.0245	0.0000
2	Standard	−0.0521	1.1125	—	0.0247	0.0000
STO	Standard	−1.0000	−1.1125	MIRROR	0.2000	−1.2265
4	Standard	−0.0521	−0.0080	K9	0.0204	0.0000

续表

Surf	Type	Radius	Thickness	Glass	Diameter	Conic
5	Standard	Infinity	0.0080	MIRROR	0.0204	0.0000
6	Standard	−0.0521	1.1125	—	0.0204	0.0000
7	Standard	−1.0000	−1.1125	MIRROR	0.2140	−1.2265
8	Standard	−0.0521	−0.0080	K9	0.0253	0.0000
9	Standard	Infinity	−0.5509	—	0.0251	0.0000
IMA	Standard	Infinity	—	—	0.0000	0.0000

9.2.5 自准角 $\bar{u}_4'=0.25$ 对应的规化光学系统

1. 面 4 和面 5 相关参数的求解

1) $\bar{l}_4'$ 和 r_4 的求解

$$\bar{u}_4' = \bar{u}_5 = 0.25, \quad \bar{l}_4' = 0.4, \quad r_4 = -0.084358$$

2) $\bar{P}_4$ 和 $h_4\bar{P}_4$ 的求解

$$\bar{P}_4 = 3.89378, \quad h_4\bar{P}_4 = 0.389378$$

3) $\bar{l}_5$ 和自准面 r_5 的求解

$$\bar{d}_{45} = -0.008, \quad r_5 = l_5' = \bar{l}_5 = 0.408$$

2. 面 2 和面 1 相关参数的求解

1) l_2 和 u_2 的求解

$$l_2 = 0.761556, \quad u_2 = u_1' = 0.164138$$

2) P_2 和 h_2P_2 的求解

$$P_2 = 5.611487, \quad h_2P_2 = 0.701436$$

3) l_1、l_1'、h_1 和 u_1 的求解

$$l_1' = 0.769556, \quad h_1 = 0.126313$$

$$r_1 = r_5 = 0.408, \quad l_1 = 1.414828, \quad u_1 = 0.089278$$

4) P_1 和 h_1P_1 的求解

$$P_1 = 0.000926, \quad h_1P_1 = 0.000117$$

3. e_3^2 的求解

$$e_3^2=\frac{h_1P_1+h_2P_2+h_{03}\bar{P}_3+h_4\bar{P}_4}{2}=0.545592$$

4. 规化光学系统

将上述数据整理代入 Zemax 程序验算可得系统 $S_1=0$，说明计算正确。从上述计算数据来看，$l_1=1.414828>0$ 成虚像，系统是发散光学系统。根据光线入射方向，在面 1 前加虚拟面，面 1 与虚拟面间距 $d=0.1$，虚拟面到虚像点距离为 $l=l_1+d=1.514828$，带有虚拟面的规化光学系统结构参数如表 9.9 所示，去掉虚拟面的规化光学系统与图 9.5 类似。

表 9.9　h_4=0.1、h_2=0.125、$\bar{u}_4'$=0.25 对应的带有虚拟面的规化光学系统的结构参数

Surf	Type	Radius	Thickness	Glass	Diameter	Conic
OBJ	Standard	Infinity	−1.5148	—	0.0000	0.0000
1	Standard	1.5148	0.1000	—	0.0268	0.0000
2	Standard	0.4080	0.0080	K9	0.0251	0.0000
3	Standard	−0.0844	1.1125	—	0.0248	0.0000
STO	Standard	−1.0000	−1.1125	MIRROR	0.2000	−0.5456
5	Standard	−0.0844	−0.0080	K9	0.0203	0.0000
6	Standard	0.4080	0.0080	MIRROR	0.0207	0.0000
7	Standard	−0.0844	1.1125	—	0.0203	0.0000
8	Standard	−1.0000	−1.1125	MIRROR	0.2096	−0.5456
9	Standard	−0.0844	−0.0080	K9	0.0261	0.0000
10	Standard	0.4080	−0.1000	—	0.0263	0.0000
11	Standard	1.5148	1.5148	—	0.0277	0.0000
IMA	Standard	Infinity	—	—	0.0060	0.0000

9.2.6　自准角 $\bar{u}_4'$=0.5 对应的规化光学系统

1. 面 4 和面 5 相关参数的求解

1) $\bar{l}_4'$ 和 r_4 的求解

$$\bar{u}_4'=\bar{u}_5=0.5,\quad \bar{l}_4'=0.2,\quad r_4=-0.222382$$

2) $\bar{P}_4$ 和 $h_4\bar{P}_4$ 的求解

$$\bar{P}_4=1.362835,\quad h_4\bar{P}_4=0.136284$$

3) $\overleftarrow{l}_5$ 和自准面 r_5 的求解

$$\overleftarrow{d}_{45}=-0.008,\quad \overleftarrow{l}_5=\overleftarrow{l}'_4-\overleftarrow{d}_{45}=0.208,\quad r_5=l'_5=\overleftarrow{l}_5=0.208$$

2. 面 2 和面 1 相关参数的求解

1) l_2 和 u_2 的求解

$$l_2=0.262254,\quad u_2=0.476638$$

2) P_2 和 h_2P_2 的求解

$$P_2=1.724229,\quad h_2P_2=0.215529$$

3) l_1、l'_1、h_1 和 u_1 的求解

$$l'_1=0.270254,\quad h_1=0.128813,\quad r_1=r_5=0.208$$

$$l_1=0.319463,\quad u_1=0.403218,\quad P_1=-0.004134,\quad h_1P_1=-0.000533$$

4) P_1 和 h_1P_1 的求解

$$P_1=-0.004134,\quad h_1P_1=-0.000533$$

3. e_3^2 的求解

$$e_3^2=\frac{h_1P_1+h_2P_2+h_{03}\overleftarrow{P}_3+h_4\overleftarrow{P}_4}{2}=0.175766$$

4. 规化光学系统

将上述数据整理代入 Zemax 程序验算可得系统 $S_1=0$，说明计算正确。从上述计算数据来看，$l_1=0.319463>0$ 成虚像，系统是发散光学系统。根据光线入射方向，在面 1 前加虚拟面，面 1 与虚拟面间距 $d=0.1$，虚拟面到虚像点距离为 $l=l_1+d=0.419463$，带有虚拟面的规化光学系统结构参数如表 9.10 所示，去掉虚拟面的规化光学系统与图 9.6 类似。

表 9.10　h_4=0.1、h_2=0.125、$\bar{u}'_4$=0.5 对应的带有虚拟面的规化光学系统的结构参数

Surf	Type	Radius	Thickness	Glass	Diameter	Conic
OBJ	Standard	Infinity	−0.4194	—	0.0000	0.0000
1	Standard	0.4195	0.1000	—	0.0336	0.0000
2	Standard	0.2080	0.0080	K9	0.0256	0.0000

续表

Surf	Type	Radius	Thickness	Glass	Diameter	Conic
3	Standard	−0.2224	1.1125	—	0.0249	0.0000
STO	Standard	−1.0000	−1.1125	MIRROR	0.2000	−0.1758
5	Standard	−0.2224	−0.0080	K9	0.0202	0.0000
6	Standard	0.2080	0.0080	MIRROR	0.0209	0.0000
7	Standard	−0.2224	1.1125	—	0.0202	0.0000
8	Standard	−1.0000	−1.1125	MIRROR	0.2047	−0.1758
9	Standard	−0.2224	−0.0080	K9	0.0258	0.0000
10	Standard	0.2080	−0.1000	—	0.0265	0.0000
11	Standard	0.4195	0.4194	—	0.0345	0.0000
IMA	Standard	Infinity	—	—	0.0009	0.0000

9.3　h_4=0.12、h_2=0.15 对应的规化光学系统

如图 9.1 所示，设定规化值 $h_4=0.12$ 和 $h_2=0.15$，按照 9.1 节的计算方法求解不同自准角 $\bar{u}_4'$ 对应的规化光学系统。

9.3.1　待检凹非球面相关参数的求解

1．u_3、$\bar{u}_3'$、l_3、$\bar{l}_3'$ 和 $\bar{P}_3$、$h_{03}\bar{P}_3$ 的求解

1) u_3、$\bar{u}_3'$、l_3 和 $\bar{l}_3'$ 的求解

已知 $h_{03}=-1$、$h_4=0.12$、$h_2=0.15$，根据式(5.9)有

$$u_3=1.013216,\quad l_3=-0.986957$$

$$\bar{u}_3'=0.986784,\quad \bar{l}_3'=-1.013393$$

2) $\bar{P}_3$ 和 $h_{03}\bar{P}_3$ 的求解

已知 $u_3=1.013216$、$\bar{u}_3'=0.986784$、$h_{03}=-1$，有

$$\bar{P}_3=-0.000349,\quad h_{03}\bar{P}_3=0.000349$$

2．$\bar{l}_4$、$\bar{d}_{34}$、l_2' 和 d_{23} 的求解

1) $\bar{l}_4$ 和 l_2' 的求解

已知 $h_4=0.12$、$\bar{u}_4=0.986784$、$h_2=0.15$、$u_2'=1.013216$，有

$$\bar{l}_4=0.121607,\quad l_2'=0.148043$$

2) $\overleftarrow{d}_{34}$ 和 d_{23} 的求解

已知 $\overleftarrow{l}_4 = 0.121067$、$\overleftarrow{l}'_3 =-1.013393$、$l_3 =-0.986957$、$l'_2 = 0.148043$，根据转面公式有

$$\overleftarrow{d}_{34} = -1.135, \quad d_{23} = 1.135$$

下面给出不同自准角 $\overleftarrow{u}'_4$ 对应的规化光学系统计算结果。

9.3.2 自准角 $\overleftarrow{u}'_4 =-0.5$ 对应的规化光学系统

1. 面 4 和面 5 相关参数的求解

1) $\overleftarrow{l}'_4$ 和 r_4 的求解

$$\overleftarrow{u}'_4 = \overleftarrow{u}_5 =-0.5, \quad \overleftarrow{l}'_4 =-0.24, \quad r_4 =-0.035410$$

2) $\overleftarrow{P}_4$ 和 $h_4\overleftarrow{P}_4$ 的求解

$$\overleftarrow{P}_4 = 25.213346, \quad h_4\overleftarrow{P}_4 = 3.025602$$

3) $\overleftarrow{l}_5$ 和自准面 r_5 的求解

$$\overleftarrow{d}_{45} =-0.008, \quad r_5 = l'_5 = \overleftarrow{l}_5 =-0.232$$

2. 面 2 和面 1 相关参数的求解

1) l_2 和 u_2 的求解

$$l_2 =-0.194699, \quad u_2 = u'_1 =-0.770421$$

2) P_2 和 h_2P_2 的求解

$$P_2 = 41.934553, \quad h_2P_2 = 6.290183$$

3) l_1、l'_1、h_1 和 u_1 的求解

$$l'_1 =-0.186699, \quad h_1 = 0.143837$$

$$r_1 = r_5 =-0.232, \quad l_1 =-0.169650, \quad u_1 =-0.847845$$

4) P_1 和 h_1P_1 的求解

$$P_1 = 0.017611, \quad h_1P_1 = 0.002533$$

3. e_3^2 的求解

$$e_3^2 = \frac{h_1 P_1 + h_2 P_2 + h_{03} \overleftarrow{P}_3 + h_4 \overleftarrow{P}_4}{2} = 4.659333$$

4. 规化光学系统

将上述数据整理代入 Zemax 程序验算可得系统 $S_1 = 0$，说明计算正确。对应的规化光学系统的结构参数如表 9.11 所示，规化光学系统与图 9.2 类似。

表 9.11　h_4=0.12、h_2=0.15、$\bar{u}_4'$=−0.5 对应的规化光学系统的结构参数

Surf	Type	Radius	Thickness	Glass	Diameter	Conic
OBJ	Standard	Infinity	0.1695	—	0.0000	0.0000
1	Standard	−0.2320	0.0080	K9	0.0170	0.0000
2	Standard	−0.0354	1.1350	—	0.0176	0.0000
STO	Standard	−1.0000	−1.1350	MIRROR	0.1200	−4.6593
4	Standard	−0.0354	−0.0080	K9	0.0146	0.0000
5	Standard	−0.2320	0.0080	MIRROR	0.0142	0.0000
6	Standard	−0.0354	1.1350	—	0.0146	0.0000
7	Standard	−1.0000	−1.1350	MIRROR	0.1299	−4.6593
8	Standard	−0.0354	−0.0080	K9	0.0179	0.0000
9	Standard	−0.2320	−0.1695	—	0.0172	0.0000
IMA	Standard	Infinity	—	—	0.0002	0.0000

9.3.3　自准角 $\bar{u}_4'$=−0.25 对应的规化光学系统

1. 面 4 和面 5 相关参数的求解

1) $\overleftarrow{l}_4'$ 和 r_4 的求解

$$\bar{u}_4' = \bar{u}_5 = -0.25, \quad \overleftarrow{l}_4' = -0.48, \quad r_4 = -0.045230$$

2) $\overleftarrow{P}_4$ 和 $h_4 \overleftarrow{P}_4$ 的求解

$$\overleftarrow{P}_4 = 15.260331, \quad h_4 \overleftarrow{P}_4 = 1.831240$$

3) $\overleftarrow{l}_5$ 和自准面 r_5 的求解

$$\overleftarrow{d}_{45} = -0.008, \quad r_5 = l_5' = \overleftarrow{l}_5 = -0.472$$

2. 面 2 和面 1 相关参数的求解

1) l_2 和 u_2 的求解

$$l_2 = -0.327567, \quad u_2 = u_1' = -0.457921$$

2) P_2 和 h_2P_2 的求解

$$P_2 = 24.660153, \quad h_2P_2 = 3.699023$$

3) l_1、l_1'、h_1 和 u_1 的求解

$$l_1' = -0.319567, \quad h_1 = 0.146337$$

$$r_1 = r_5 = -0.472, \quad l_1 = -0.274022, \quad u_1 = -0.534033$$

4) P_1 和 h_1P_1 的求解

$$P_1 = 0.011626, \quad h_1P_1 = 0.001701$$

3. e_3^2 的求解

$$e_3^2 = \frac{h_1P_1 + h_2P_2 + h_{03}\bar{P}_3 + h_4\bar{P}_4}{2} = 2.766157$$

4. 规化光学系统

将上述数据整理代入 Zemax 程序验算可得系统 $S_1 = 0$，说明计算正确。对应的规化光学系统的结构参数如表 9.12 所示，规化光学系统与图 9.3 类似。

表 9.12　h_4=0.12、h_2=0.15、$\bar{u}_4' = -0.25$ 对应的规化光学系统的结构参数

Surf	Type	Radius	Thickness	Glass	Diameter	Conic
OBJ	Standard	Infinity	0.2740	—	0.0000	0.0000
1	Standard	−0.4720	0.0080	K9	0.0231	0.0000
2	Standard	−0.0452	1.1350	—	0.0236	0.0000
STO	Standard	−1.0000	−1.1350	MIRROR	0.1600	−2.7662
4	Standard	−0.0452	−0.0080	K9	0.0195	0.0000
5	Standard	−0.4720	0.0080	MIRROR	0.0192	0.0000
6	Standard	−0.0452	1.1350	—	0.0195	0.0000
7	Standard	−1.0000	−1.1350	MIRROR	0.1718	−2.7662
8	Standard	−0.0452	−0.0080	K9	0.0236	0.0000
9	Standard	−0.4720	−0.2740	—	0.0231	0.0000
IMA	Standard	Infinity	—	—	0.0000	0.0000

9.3.4 自准角 $\overleftarrow{u}_4'=0$ 对应的规化光学系统

1. 面 4 和面 5 相关参数的求解

1) $\overleftarrow{l}_4'$ 和 r_4 的求解

$$\overleftarrow{u}_4' = \overleftarrow{u}_5 = 0, \quad \overleftarrow{l}_4' \to \infty, \quad r_4 = -0.062587$$

2) $\overleftarrow{P}_4$ 和 $h_4\overleftarrow{P}_4$ 的求解

$$\overleftarrow{P}_4 = 8.322456, \quad h_4\overleftarrow{P}_4 = 0.998695$$

3) $\overleftarrow{l}_5$ 和自准面 r_5 的求解

$$\overleftarrow{d}_{45} = -0.008, \quad r_5 = l_5' = \overleftarrow{l}_5 \to \infty$$

2. 面 2 和面 1 相关参数的求解

1) l_2 和 u_2 的求解

$$l_2 = -1.031486, \quad u_2 = u_1' = -0.145421$$

2) P_2 和 h_2P_2 的求解

$$P_2 = 12.897319, \quad h_2P_2 = 1.934598$$

3) l_1、l_1'、h_1 和 u_1 的求解

$$l_1' = -1.023486, \quad h_1 = 0.148837$$

$$r_1 = r_5 \to \infty, \quad l_1 = -0.675718, \quad u_1 = -0.220264$$

4) P_1 和 h_1P_1 的求解

$$P_1 = 0.006028, \quad h_1P_1 = 0.000897$$

3. e_3^2 的求解

$$e_3^2 = \frac{h_1P_1 + h_2P_2 + h_{03}\overleftarrow{P}_3 + h_4\overleftarrow{P}_4}{2} = 1.467270$$

4. 规化光学系统

将上述数据整理代入 Zemax 程序验算可得系统 $S_1 = 0$，说明计算正确。对应的规化光学系统的结构参数如表 9.13 所示，规化光学系统与图 9.4 类似。

表 9.13 h_4=0.12、h_2=0.15、$\bar{u}_4'$=0 对应的规化光学系统的结构参数

Surf	Type	Radius	Thickness	Glass	Diameter	Conic
OBJ	Standard	Infinity	0.6757	—	0.0000	0.0000
1	Standard	Infinity	0.0080	K9	0.0295	0.0000
2	Standard	−0.0626	1.1350	—	0.0296	0.0000
STO	Standard	−1.0000	−1.1350	MIRROR	0.2000	−1.4673
4	Standard	−0.0626	−0.0080	K9	0.0245	0.0000
5	Standard	Infinity	0.0080	MIRROR	0.0244	0.0000
6	Standard	−0.0626	1.1350	—	0.0244	0.0000
7	Standard	−1.0000	−1.1350	MIRROR	0.2142	−1.4673
8	Standard	−0.0626	−0.0080	K9	0.0303	0.0000
9	Standard	Infinity	−0.6757	—	0.0301	0.0000
IMA	Standard	Infinity	—	—	0.0014	0.0000

9.3.5 自准角 $\bar{u}_4'$=0.25 对应的规化光学系统

1. 面 4 和面 5 相关参数的求解

1) $\overleftarrow{l}_4'$ 和 r_4 的求解

$$\bar{u}_4' = \bar{u}_5 = 0.25,\quad \overleftarrow{l}_4' = 0.48,\quad r_4 = -0.101559$$

2) $\overleftarrow{P}_4$ 和 $h_4\overleftarrow{P}_4$ 的求解

$$\overleftarrow{P}_4 = 3.863628,\quad h_4\overleftarrow{P}_4 = 0.463635$$

3) $\overleftarrow{l}_5$ 和自准面 r_5 的求解

$$\overleftarrow{d}_{45} = -0.008,\quad r_5 = l_5' = \overleftarrow{l}_5 = 0.488$$

2. 面 2 和面 1 相关参数的求解

1) l_2 和 u_2 的求解

$$l_2 = 0.897780,\quad u_2 = u_1' = 0.167079$$

2) P_2 和 h_2P_2 的求解

$$P_2 = 5.598996,\quad h_2P_2 = 0.839849$$

3) l_1、l_1'、h_1 和 u_1 的求解

$$l_1' = 0.905780, \quad h_1 = 0.151337$$

$$r_1 = r_5 = 0.488, \quad l_1 = 1.619221, \quad u_1 = 0.093463$$

4) P_1 和 $h_1 P_1$ 的求解

$$P_1 = 0.000791, \quad h_1 P_1 = 0.00012$$

3. e_3^2 的求解

$$e_3^2 = \frac{h_1 P_1 + h_2 P_2 + h_{03} \bar{P}_3 + h_4 \bar{P}_4}{2} = 0.651977$$

4. 规化光学系统

将上述数据整理代入 Zemax 程序验算可得系统 $S_1 = 0$，说明计算正确。从上述计算数据来看，$l_1 = 1.619221 > 0$ 成虚像，系统是发散光学系统。根据光线入射方向，在面 1 前加虚拟面，面 1 与虚拟面间距 $d = 0.1$，虚拟面到虚像点距离为 $l = l_1 + d = 1.719221$，带有虚拟面的规化光学系统结构参数如表 9.14 所示，去掉虚拟面的规化光学系统与图 9.5 类似。

表 9.14　h_4=0.12、h_2=0.15、$\bar{u}_4'$=0.25 对应的带有虚拟面的规化光学系统的结构参数

Surf	Type	Radius	Thickness	Glass	Diameter	Conic
OBJ	Standard	Infinity	−1.7192	—	0.0000	0.0000
1	Standard	1.7192	0.1000	—	0.0319	0.0000
2	Standard	0.4880	0.0080	K9	0.0300	0.0000
3	Standard	−0.1016	1.1350	—	0.0298	0.0000
STO	Standard	−1.0000	−1.1350	MIRROR	0.2000	−0.6520
5	Standard	−0.1016	−0.0080	K9	0.0244	0.0000
6	Standard	0.4880	0.0080	MIRROR	0.0248	0.0000
7	Standard	−0.1016	1.1350	—	0.0244	0.0000
8	Standard	−1.0000	−1.1350	MIRROR	0.2099	−0.6520
9	Standard	−0.1016	−0.0080	K9	0.0313	0.0000
10	Standard	0.4880	−0.1000	—	0.0315	0.0000
11	Standard	1.7192	1.7192	—	0.0331	0.0000
IMA	Standard	Infinity	—	—	0.0068	0.0000

9.3.6 自准角 $\overleftarrow{u}_4'=0.5$ 对应的规化光学系统

1. 面 4 和面 5 相关参数的求解

1) $\overleftarrow{l}_4'$ 和 r_4 的求解

$$\overleftarrow{u}_4' = \overleftarrow{u}_5 = 0.5, \quad \overleftarrow{l}_4' = 0.24, \quad r_4 = -0.269161$$

2) $\overleftarrow{P}_4$ 和 $h_4\overleftarrow{P}_4$ 的求解

$$\overleftarrow{P}_4 = 1.347753, \quad h_4\overleftarrow{P}_4 = 0.161730$$

3) $\overleftarrow{l}_5$ 和自准面 r_5 的求解

$$\overleftarrow{d}_{45} = -0.008, \quad r_5 = l_5' = \overleftarrow{l}_5 = 0.248$$

2. 面 2 和面 1 相关参数的求解

1) l_2 和 u_2 的求解

$$l_2 = 0.312774, \quad u_2 = u_1' = 0.479579$$

2) P_2 和 h_2P_2 的求解

$$P_2 = 1.718128, \quad h_2P_2 = 0.257719$$

3) l_1、l_1'、h_1 和 u_1 的求解

$$l_1' = 0.320774, \quad h_1 = 0.153837$$

$$r_1 = r_5 = 0.248, \quad l_1 = 0.377838, \quad u_1 = 0.407150$$

4) P_1 和 h_1P_1 的求解

$$P_1 = -0.004113, \quad h_1P_1 = -0.000633$$

3. e_3^2 的求解

$$e_3^2 = \frac{h_1P_1 + h_2P_2 + h_{03}\overleftarrow{P}_3 + h_4\overleftarrow{P}_4}{2} = 0.209583$$

4. 规化光学系统

将上述数据整理代入 Zemax 程序验算可得系统 $S_1 = 0$，说明计算正确。从计算数据来看，$l_1 = 0.377838 > 0$ 成虚像，系统是发散光学系统。根据光线入射方向，在面 1 前加虚拟面，面 1 与虚拟面间距 $d = 0.1$，虚拟面到虚像点距离为 $l = l_1 + d =$

0.477838，带有虚拟面的规化光学系统结构参数如表 9.15 所示，去掉虚拟面的规化光学系统与图 9.6 类似。

表 9.15　h_4=0.12、h_2=0.15、$\bar{u}_4'$=0.5 对应的带有虚拟面的规化光学系统的结构参数

Surf	Type	Radius	Thickness	Glass	Diameter	Conic
OBJ	Standard	Infinity	−0.4778	—	0.0000	0.0000
1	Standard	0.4778	0.1000	—	0.0387	0.0000
2	Standard	0.2480	0.0080	K9	0.0306	0.0000
3	Standard	−0.2692	1.1350	—	0.0299	0.0000
STO	Standard	−1.0000	−1.1350	MIRROR	0.2000	−0.2096
5	Standard	−0.2692	−0.0080	K9	0.0242	0.0000
6	Standard	0.2480	0.0080	MIRROR	0.0250	0.0000
7	Standard	−0.2692	1.1350	—	0.0242	0.0000
8	Standard	−1.0000	−1.1350	MIRROR	0.2048	−0.2096
9	Standard	−0.2692	−0.0080	K9	0.0310	0.0000
10	Standard	0.2480	−0.1000	—	0.0317	0.0000
11	Standard	0.4778	0.4778	—	0.0398	0.0000
IMA	Standard	Infinity	—	—	0.0011	0.0000

9.4　h_4=0.14、h_2=0.175 对应的规化光学系统

如图 9.1 所示，设定规化值 $h_4 = 0.14$ 和 $h_2 = 0.175$，按照 9.1 节的计算方法求解不同自准角 $\bar{u}_4'$ 对应的规化光学系统。

9.4.1　待检凹非球面相关参数的求解

1. u_3、$\bar{u}_3'$、l_3、$\bar{l}_3'$ 和 $\bar{P}_3$、$h_{03}\bar{P}_3$ 的求解

1) u_3、$\bar{u}_3'$、l_3 和 $\bar{l}_3'$ 的求解

已知 $h_{03} = -1$、$h_4 = 0.14$、$h_2 = 0.175$，根据式(5.9)有

$$u_2' = u_3 = 1.015119,\quad l_3 = -0.985106$$

$$\bar{u}_4 = \bar{u}_3' = 0.984881,\quad \bar{l}_3' = -1.015351$$

2) $\bar{P}_3$ 和 $h_{03}\bar{P}_3$ 的求解

已知 $u_3 = 1.015119$、$\bar{u}_3' = 0.984881$、$h_{03} = -1$，有

$$\overleftarrow{P}_3 = -0.000457, \quad h_{03}\overleftarrow{P}_3 = 0.000457$$

2. $\overleftarrow{l}_4$、$\overleftarrow{d}_{34}$、l'_2 和 d_{23} 的求解

1) $\overleftarrow{l}_4$ 和 l'_2 的求解

已知 $h_4 = 0.14$、$\overleftarrow{u}_4 = 0.984881$、$h_2 = 0.175$、$u'_2 = 1.015119$，有

$$\overleftarrow{l}_4 = 0.142149, \quad l'_2 = 0.172394$$

2) $\overleftarrow{d}_{34}$ 和 d_{23} 的求解

已知 $\overleftarrow{l}_4 = 0.142149$、$\overleftarrow{l}'_3 = -1.015351$、$l_3 = -0.985106$、$l'_2 = 0.172394$，根据转面公式有

$$\overleftarrow{d}_{34} = -1.1575, \quad d_{23} = 1.1575$$

下面给出不同自准角 $\overleftarrow{u}'_4$ 对应的规化光学系统计算结果。

9.4.2 自准角 $\overleftarrow{u}'_4 = -0.5$ 对应的规化光学系统

1. 面 4 和面 5 相关参数的求解

1) $\overleftarrow{l}'_4$ 和 r_4 的求解

$$\overleftarrow{u}'_4 = \overleftarrow{u}_5 = -0.5, \quad \overleftarrow{l}'_4 = -0.28, \quad r_4 = -0.041357$$

2) $\overleftarrow{P}_4$ 和 $h_4\overleftarrow{P}_4$ 的求解

$$\overleftarrow{P}_4 = 25.112506, \quad h_4\overleftarrow{P}_4 = 3.515751$$

3) $\overleftarrow{l}_5$ 和自准面 r_5 的求解

$$\overleftarrow{d}_{45} = -0.008, \quad r_5 = l'_5 = \overleftarrow{l}_5 = -0.272$$

2. 面 2 和面 1 相关参数的求解

1) l_2 和 u_2 的求解

$$l_2 = -0.227985, \quad u_2 = u'_1 = -0.767594$$

2) P_2 和 h_2P_2 的求解

$$P_2 = 41.892134, \quad h_2P_2 = 7.331123$$

3) l_1、l'_1、h_1 和 u_1 的求解

$$l'_1 = -0.219985, \quad h_1 = 0.168859$$

$$r_1 = r_5 = -0.272, \quad l_1 = -0.200274, \quad u_1 = -0.843141$$

4) P_1 和 h_1P_1 的求解

$$P_1 = 0.016628, \quad h_1P_1 = 0.002808$$

3. e_3^2 的求解

$$e_3^2 = \frac{h_1P_1 + h_2P_2 + h_{03}\overleftarrow{P}_3 + h_4\overleftarrow{P}_4}{2} = 5.425070$$

4. 规化光学系统

将上述数据整理代入 Zemax 程序验算可得系统 $S_1 = 0$，说明计算正确。对应的规化光学系统的结构参数如表 9.16 所示，规化光学系统与图 9.2 类似。

表 9.16　h_4=0.14、h_2=0.175、$\overleftarrow{u}_4'$=−0.5 对应的规化光学系统的结构参数

Surf	Type	Radius	Thickness	Glass	Diameter	Conic
OBJ	Standard	Infinity	0.2002	—	0.0000	0.0000
1	Standard	−0.2720	0.0080	K9	0.0199	0.0000
2	Standard	−0.0414	1.1575	—	0.0205	0.0000
STO	Standard	−1.0000	−1.1575	MIRROR	0.1200	−5.4251
4	Standard	−0.0414	−0.0080	K9	0.0171	0.0000
5	Standard	−0.2720	0.0080	MIRROR	0.0166	0.0000
6	Standard	−0.0414	1.1575	—	0.0171	0.0000
7	Standard	−1.0000	−1.1575	MIRROR	0.1300	−5.4251
8	Standard	−0.0414	−0.0080	K9	0.0209	0.0000
9	Standard	−0.2720	−0.2002	—	0.0202	0.0000
IMA	Standard	Infinity	—	—	0.0002	0.0000

9.4.3　自准角 $\overleftarrow{u}_4'$=−0.25 对应的规化光学系统

1. 面 4 和面 5 相关参数的求解

1) $\overleftarrow{l}_4'$ 和 r_4 的求解

$$\overleftarrow{u}_4' = \overleftarrow{u}_5 = -0.25, \quad \overleftarrow{l}_4' = -0.56, \quad r_4 = -0.052842$$

2) $\overleftarrow{P}_4$ 和 $h_4\overleftarrow{P}_4$ 的求解

$$\overleftarrow{P}_4 = 15.188274, \quad h_4\overleftarrow{P}_4 = 2.126358$$

3) $\overleftarrow{l}_5$ 和自准面 r_5 的求解

$$\overleftarrow{d}_{45}=-0.008, \quad r_5=l'_5=\overleftarrow{l}_5=-0.552$$

2. 面 2 和面 1 相关参数的求解

1) l_2 和 u_2 的求解

$$l_2=-0.384536, \quad u_2=u'_1=-0.455094$$

2) P_2 和 h_2P_2 的求解

$$P_2=24.629877, \quad h_2P_2=4.310228$$

3) l_1、l'_1、h_1 和 u_1 的求解

$$l'_1=-0.376536, \quad h_1=0.171359$$

$$r_1=r_5=-0.552, \quad l_1=-0.323596, \quad u_1=-0.529546$$

4) P_1 和 h_1P_1 的求解

$$P_1=0.010999, \quad h_1P_1=0.001885$$

3. e_3^2 的求解

$$e_3^2=\frac{h_1P_1+h_2P_2+h_{03}\overleftarrow{P}_3+h_4\overleftarrow{P}_4}{2}=3.219464$$

4. 规化光学系统

将上述数据整理代入 Zemax 程序验算可得系统 $S_1=0$，说明计算正确。对应的规化光学系统的结构参数如表 9.17 所示，规化光学系统与图 9.3 类似。

表 9.17 h_4=0.14、h_2=0.175、$\overleftarrow{u}'_4=-0.25$ 对应的规化光学系统的结构参数

Surf	Type	Radius	Thickness	Glass	Diameter	Conic
OBJ	Standard	Infinity	0.3235	—	0.0000	0.0000
1	Standard	−0.5520	0.0080	K9	0.0270	0.0000
2	Standard	−0.0528	1.1575	—	0.0275	0.0000
STO	Standard	−1.0000	−1.1575	MIRROR	0.1600	−3.2195
4	Standard	−0.0528	−0.0080	K9	0.0227	0.0000
5	Standard	−0.5520	0.0080	MIRROR	0.0224	0.0000

续表

Surf	Type	Radius	Thickness	Glass	Diameter	Conic
6	Standard	−0.0528	1.1575	—	0.0227	0.0000
7	Standard	−1.0000	−1.1575	MIRROR	0.1719	−3.2195
8	Standard	−0.0528	−0.0080	K9	0.0275	0.0000
9	Standard	−0.5520	−0.3235	—	0.0270	0.0000
IMA	Standard	Infinity	—	—	0.0000	0.0000

9.4.4　自准角 $\bar{u}_4'=0$ 对应的规化光学系统

1. 面 4 和面 5 相关参数的求解

1) $\overleftarrow{l}_4'$ 和 r_4 的求解

$$\bar{u}_4' = \bar{u}_5 = 0,\quad \overleftarrow{l}_4' \to \infty,\quad r_4 = -0.073159$$

2) $\overleftarrow{P}_4$ 和 $h_4\overleftarrow{P}_4$ 的求解

$$\overleftarrow{P}_4 = 8.274401,\quad h_4\overleftarrow{P}_4 = 1.158416$$

3) $\overleftarrow{l}_5$ 和自准面 r_5 的求解

$$\overleftarrow{d}_{45} = -0.008,\quad r_5 = l_5' = \overleftarrow{l}_5 \to \infty$$

2. 面 2 和面 1 相关参数的求解

1) l_2 和 u_2 的求解

$$l_2 = -1.227257,\quad u_2 = u_1' = -0.142594$$

2) P_2 和 h_2P_2 的求解

$$P_2 = 12.877186,\quad h_2P_2 = 2.253508$$

3) l_1、l_1'、h_1 和 u_1 的求解

$$l_1' = -1.219257,\quad h_1 = 0.173859$$

$$r_1 = r_5 \to \infty,\quad l_1 = -0.804968,\quad u_1 = -0.215983$$

4) P_1 和 h_1P_1 的求解

$$P_1 = 0.005684, \quad h_1P_1 = 0.000988$$

3. e_3^2 的求解

$$e_3^2 = \frac{h_1P_1 + h_2P_2 + h_{03}\overleftarrow{P}_3 + h_4\overleftarrow{P}_4}{2} = 1.706685$$

4. 规化光学系统

将上述数据整理代入 Zemax 程序验算可得系统 $S_1 = 0$，说明计算正确。对应的规化光学系统的结构参数如表 9.18 所示，规化光学系统与图 9.4 类似。

表 9.18　h_4=0.14、h_2=0.175、$\bar{u}_4'$=0 对应的规化光学系统的结构参数

Surf	Type	Radius	Thickness	Glass	Diameter	Conic
OBJ	Standard	Infinity	0.8049	—	0.0000	0.0000
1	Standard	Infinity	0.0080	K9	0.0344	0.0000
2	Standard	−0.0732	1.1575	—	0.0346	0.0000
STO	Standard	−1.0000	−1.1575	MIRROR	0.2000	−1.7067
4	Standard	−0.0732	−0.0080	K9	0.0285	0.0000
5	Standard	Infinity	0.0080	MIRROR	0.0285	0.0000
6	Standard	−0.0732	1.1575	—	0.0285	0.0000
7	Standard	−1.0000	−1.1575	MIRROR	0.2145	−1.7067
8	Standard	−0.0732	−0.0080	K9	0.0353	0.0000
9	Standard	Infinity	−0.8049	—	0.0352	0.0000
IMA	Standard	Infinity	—	—	0.0016	0.0000

9.4.5　自准角 $\bar{u}_4'$=0.25 对应的规化光学系统

1. 面 4 和面 5 相关参数的求解

1) $\bar{l}_4'$ 和 r_4 的求解

$$\bar{u}_4' = \bar{u}_5 = 0.25, \quad \bar{l}_4' = 0.56, \quad r_4 = -0.118857$$

2) $\overleftarrow{P}_4$ 和 $h_4\overleftarrow{P}_4$ 的求解

$$\overleftarrow{P}_4 = 3.834795, \quad h_4\overleftarrow{P}_4 = 0.536871$$

3) $\overleftarrow{l}_5$ 和自准面 r_5 的求解

$$\overleftarrow{d}_{45} = -0.008, \quad r_5 = l_5' = \overleftarrow{l}_5 = 0.568$$

2. 面 2 和面 1 相关参数的求解

1) l_2 和 u_2 的求解

$$l_2 = 1.029984, \quad u_2 = u_1' = 0.169906$$

2) P_2 和 h_2P_2 的求解

$$P_2 = 5.587004, \quad h_2P_2 = 0.977726$$

3) l_1、l_1'、h_1 和 u_1 的求解

$$l_1' = 1.037984, \quad h_1 = 0.176359$$

$$r_1 = r_5 = 0.568, \quad l_1 = 1.807869, \quad u_1 = 0.097551$$

4) P_1 和 h_1P_1 的求解

$$P_1 = 0.000663, \quad h_1P_1 = 0.000117$$

3. e_3^2 的求解

$$e_3^2 = \frac{h_1P_1 + h_2P_2 + h_{03}\overleftarrow{P}_3 + h_4\overleftarrow{P}_4}{2} = 0.757585$$

4. 规化光学系统

将上述数据整理代入 Zemax 程序验算可得系统 $S_1 = 0$，说明计算正确。从计算数据来看，$l_1 = 1.807869 > 0$ 成虚像，系统是发散光学系统。根据光线入射方向，在面 1 前加虚拟面，面 1 与虚拟面间距 $d = 0.1$，虚拟面到虚像点距离为 $l = l_1 + d = 1.907869$，带有虚拟面的规化光学系统结构参数如表 9.19 所示，去掉虚拟面的规化光学系统与图 9.5 类似。

表 9.19　h_4=0.14、h_2=0.175、$\overleftarrow{u}_4'$=0.25 对应的带有虚拟面的规化光学系统的结构参数

Surf	Type	Radius	Thickness	Glass	Diameter	Conic
OBJ	Standard	Infinity	−1.9078	—	0.0000	0.0000
1	Standard	1.9079	0.1000	—	0.0437	0.0000
2	Standard	0.5680	0.0080	K9	0.0355	0.0000

续表

Surf	Type	Radius	Thickness	Glass	Diameter	Conic
3	Standard	−0.1189	1.1575	—	0.0349	0.0000
STO	Standard	−1.0000	−1.1575	MIRROR	0.2000	−0.7576
5	Standard	−0.1189	−0.0080	K9	0.0283	0.0000
6	Standard	0.5680	0.0080	MIRROR	0.0290	0.0000
7	Standard	−0.1189	1.1575	—	0.0282	0.0000
8	Standard	−1.0000	−1.1575	MIRROR	0.2049	−0.7576
9	Standard	−0.1189	−0.0080	K9	0.0362	0.0000
10	Standard	0.5680	−0.1000	—	0.0369	0.0000
11	Standard	1.8079	1.9078	—	0.0451	0.0000
IMA	Standard	Infinity	—	—	0.0013	0.0000

9.4.6 自准角 $\bar{u}_4'=0.5$ 对应的规化光学系统

1. 面 4 和面 5 相关参数的求解

1) $\overleftarrow{l}_4'$ 和 r_4 的求解

$$\bar{u}_4' = \bar{u}_5 = 0.5, \quad \overleftarrow{l}_4' = 0.28, \quad r_4 = -0.316648$$

2) $\overleftarrow{P}_4$ 和 $h_4\overleftarrow{P}_4$ 的求解

$$\overleftarrow{P}_4 = 1.333361, \quad h_4\overleftarrow{P}_4 = 0.186671$$

3) $\overleftarrow{l}_5$ 和自准面 r_5 的求解

$$\overleftarrow{d}_{45} = -0.008, \quad r_5 = l_5' = \overleftarrow{l}_5 = 0.288$$

2. 面 2 和面 1 相关参数的求解

1) l_2 和 u_2 的求解

$$l_2 = 0.362765, \quad u_2 = u_1' = 0.482406$$

2) P_2 和 h_2P_2 的求解

$$P_2 = 1.712275, \quad h_2P_2 = 0.299648$$

3) l_1、l_1'、h_1 和 u_1 的求解

$$l_1' = 0.370765, \quad h_1 = 0.178859$$

$$r_1 = r_5 = 0.288, \quad l_1 = 0.435122, \quad u_1 = 0.411056$$

4) P_1和h_1P_1的求解

$$P_1 = -0.004081, \quad h_1P_1 = -0.000730$$

3. e_3^2的求解

$$e_3^2 = \frac{h_1P_1 + h_2P_2 + h_{03}\bar{P}_3 + h_4\bar{P}_4}{2} = 0.243023$$

4. 规化光学系统

将上述数据整理代入 Zemax 程序验算可得系统$S_1 = 0$，说明计算正确。从上面计算数据来看，$l_1 = 0.435122 > 0$成虚像，系统是发散光学系统。根据光线入射方向，在面 1 前加虚拟面，面 1 与虚拟面间距$d = 0.1$，虚拟面到虚像点距离为$l = l_1 + d = 0.535122$，带有虚拟面的规化光学系统的结构参数如表 9.20 所示，去掉虚拟面的规化光学系统与图 9.6 类似。

表 9.20　h_4=0.14、h_2=0.175、$\bar{u}_4'$=0.5 对应的带有虚拟面的规化光学系统的结构参数

Surf	Type	Radius	Thickness	Glass	Diameter	Conic
OBJ	Standard	Infinity	−0.5351	—	0.0000	0.0000
1	Standard	0.5351	0.1000	—	0.0437	0.0000
2	Standard	0.2880	0.0080	K9	0.0355	0.0000
3	Standard	−0.3166	1.1575	—	0.0349	0.0000
STO	Standard	−1.0000	−1.1575	MIRROR	0.2000	−0.2430
5	Standard	−0.3166	−0.0080	K9	0.0283	0.0000
6	Standard	0.2880	0.0080	MIRROR	0.0290	0.0000
7	Standard	−0.3166	1.1575	—	0.0282	0.0000
8	Standard	−1.0000	−1.1575	MIRROR	0.2049	−0.2430
9	Standard	−0.3166	−0.0080	K9	0.0362	0.0000
10	Standard	0.2880	−0.1000	—	0.0369	0.0000
11	Standard	0.5351	0.5351	—	0.0451	0.0000
IMA	Standard	Infinity	—	—	0.0013	0.0000

9.5　h_4=0.16、h_2=0.2 对应的规化光学系统

如图 9.1 所示，设定规化值$h_4 = 0.16$和$h_2 = 0.2$，按照 9.1 节的计算方法求解不同自准角$\bar{u}_4'$对应的规化光学系统。

9.5.1 待检凹非球面相关参数的求解

1. u_3、$\overleftarrow{u}'_3$、l_3、$\overleftarrow{l}'_3$ 和 $\overleftarrow{P}_3$、$h_{03}\overleftarrow{P}_3$ 的求解

1) u_3、$\overleftarrow{u}'_3$、l_3 和 $\overleftarrow{l}'_3$ 的求解

已知 $h_{03}=-1$、$h_4=0.16$、$h_2=0.2$，根据式(5.9)有

$$u'_2=u_3=1.016949,\quad l_3=-0.983333$$

$$\overleftarrow{u}_4=\overleftarrow{u}'_3=0.983051,\quad \overleftarrow{l}'_3=-1.017241$$

2) $\overleftarrow{P}_3$ 和 $h_{03}\overleftarrow{P}_3$ 的求解

$$\overleftarrow{P}_3=-0.000575,\quad h_{03}\overleftarrow{P}_3=0.000575$$

2. $\overleftarrow{l}_4$、$\overleftarrow{d}_{34}$、l'_2 和 d_{23} 的求解

1) $\overleftarrow{l}_4$ 和 l'_2 的求解

已知 $h_4=0.16$、$\overleftarrow{u}_4=0.983051$、$h_2=0.2$、$u'_2=1.016949$，有

$$\overleftarrow{l}_4=0.162759,\quad l'_2=0.196667$$

2) $\overleftarrow{d}_{34}$ 和 d_{23} 的求解

已知 $\overleftarrow{l}_4=0.162759$、$\overleftarrow{l}'_3=-1.017241$、$l_3=-0.983333$、$l'_2=0.196667$，根据转面公式有

$$\overleftarrow{d}_{34}=-1.18,\quad d_{23}=1.18$$

下面给出不同自准角 u'_4 对应的规化光学系统计算结果。

9.5.2 自准角 $\overleftarrow{u}'_4=-0.5$ 对应的规化光学系统

1. 面 4 和面 5 相关参数的求解

1) $\overleftarrow{l}'_4$ 和 r_4 的求解

$$\overleftarrow{u}'_4=\overleftarrow{u}_5=-0.5,\quad \overleftarrow{l}'_4=-0.32,\quad r_4=-0.047315$$

2) $\overleftarrow{P}_4$ 和 $h_4\overleftarrow{P}_4$ 的求解

$$\overleftarrow{P}_4=25.015765,\quad h_4\overleftarrow{P}_4=4.002522$$

3) $\overleftarrow{l}_5$ 和自准面 r_5 的求解

$$\overleftarrow{d}_{45}=-0.008,\quad r_5=l'_5=\overleftarrow{l}_5=-0.312$$

2. 面 2 和面 1 相关参数的求解

1) l_2 和 u_2 的求解

$$l_2 = -0.261480, \quad u_2 = u_1' = -0.764876$$

2) P_2 和 h_2P_2 的求解

$$P_2 = 41.851351, \quad h_2P_2 = 8.370270$$

3) l_1、l_1'、h_1 和 u_1 的求解

$$l_1' = -0.25348, \quad h_1 = 0.193881$$

$$r_1 = r_5 = -0.312, \quad l_1 = -0.231166, \quad u_1 = -0.838710$$

4) P_1 和 h_1P_1 的求解

$$P_1 = 0.015758, \quad h_1P_1 = 0.003055$$

3. e_3^2 的求解

$$e_3^2 = \frac{h_1P_1 + h_2P_2 + h_{03}\bar{P}_3 + h_4\bar{P}_4}{2} = 6.188211$$

4. 规化光学系统

将上述数据整理代入 Zemax 程序验算可得系统 $S_1 = 0$，说明计算正确。对应的规化光学系统的结构参数如表 9.21 所示，规化光学系统与图 9.2 类似。

表 9.21　h_4=0.16、h_2=0.2、$\bar{u}_4'$=−0.5 对应的规化光学系统的结构参数

Surf	Type	Radius	Thickness	Glass	Diameter	Conic
OBJ	Standard	Infinity	0.2311	—	0.0000	0.0000
1	Standard	−0.3120	0.0080	K9	0.0229	0.0000
2	Standard	−0.0473	1.1800	—	0.0235	0.0000
STO	Standard	−1.0000	−1.1800	MIRROR	0.1200	−6.1882
4	Standard	−0.0473	−0.0080	K9	0.0195	0.0000
5	Standard	−0.3120	0.0080	MIRROR	0.0191	0.0000
6	Standard	−0.0473	1.1800	—	0.0195	0.0000
7	Standard	−1.0000	−1.1800	MIRROR	0.1301	−6.1882
8	Standard	−0.0473	−0.0080	K9	0.0238	0.0000
9	Standard	−0.3120	−0.2311	—	0.0232	0.0000
IMA	Standard	Infinity	—	—	0.0002	0.0000

9.5.3 自准角 $\bar{u}_4'=-0.25$ 对应的规化光学系统

1. 面 4 和面 5 相关参数的求解

1) $\bar{l}_4'$ 和 r_4 的求解

$$\bar{u}_4' = \bar{u}_5 = -0.25, \quad \bar{l}_4' = -0.64, \quad r_4 = -0.060472$$

2) $\bar{P}_4$ 和 $h_4\bar{P}_4$ 的求解

$$\bar{P}_4 = 15.119179, \quad h_4\bar{P}_4 = 2.419069$$

3) $\bar{l}_5$ 和自准面 r_5 的求解

$$\bar{d}_{45} = -0.008, \quad r_5 = l_5' = \bar{l}_5 = -0.632$$

2. 面 2 和面 1 相关参数的求解

1) l_2 和 u_2 的求解

$$l_2 = -0.442111, \quad u_2 = u_1' = -0.452376$$

2) P_2 和 h_2P_2 的求解

$$P_2 = 24.600773, \quad h_2P_2 = 4.920155$$

3) l_1、l_1'、h_1 和 u_1 的求解

$$l_1' = -0.434111, \quad h_1 = 0.196381$$

$$r_1 = r_5 = -0.632, \quad l_1 = -0.373863, \quad u_1 = -0.525276$$

4) P_1 和 h_1P_1 的求解

$$P_1 = 0.010431, \quad h_1P_1 = 0.002048$$

3. e_3^2 的求解

$$e_3^2 = \frac{h_1P_1 + h_2P_2 + h_{03}\bar{P}_3 + h_4\bar{P}_4}{2} = 3.670923$$

4. 规化光学系统

将上述数据整理代入 Zemax 程序验算可得系统 $S_1 = 0$，说明计算正确。对应的规化光学系统的结构参数如表 9.22 所示，规化光学系统与图 9.3 类似。

表 9.22　$h_4=0.16$、$h_2=0.2$、$\bar{u}_4'=-0.25$ 对应的规化光学系统的结构参数

Surf	Type	Radius	Thickness	Glass	Diameter	Conic
OBJ	Standard	Infinity	0.3738	—	0.0000	0.0000
1	Standard	−0.6320	0.0080	K9	0.0310	0.0000
2	Standard	−0.0605	1.1800	—	0.0314	0.0000
STO	Standard	−1.0000	−1.1800	MIRROR	0.1600	−3.6709
4	Standard	−0.0605	−0.0080	K9	0.0260	0.0000
5	Standard	−0.6320	0.0080	MIRROR	0.0257	0.0000
6	Standard	−0.0605	1.1800	—	0.0260	0.0000
7	Standard	−1.0000	−1.1800	MIRROR	0.1720	−3.6709
8	Standard	−0.0605	−0.0080	K9	0.0314	0.0000
9	Standard	−0.6320	−0.3738	—	0.0309	0.0000
IMA	Standard	Infinity	—	—	0.0001	0.0000

9.5.4　自准角 $\bar{u}_4'=0$ 对应的规化光学系统

1. 面 4 和面 5 相关参数的求解

1) $\bar{l}_4'$ 和 r_4 的求解

$$\bar{u}_4'=\bar{u}_5=0,\quad \bar{l}_4'\to\infty,\quad r_4=-0.083766$$

2) $\bar{P}_4$ 和 $h_4\bar{P}_4$ 的求解

$$\bar{P}_4=8.228354,\quad h_4\bar{P}_4=1.316537$$

3) $\bar{l}_5$ 和自准面 r_5 的求解

$$\bar{d}_{45}=-0.008,\quad r_5=l_5'=\bar{l}_5\to\infty$$

2. 面 2 和面 1 相关参数的求解

1) l_2 和 u_2 的求解

$$l_2=-1.429843,\quad u_2=u_1'=-0.139876$$

2) P_2 和 h_2P_2 的求解

$$P_2=12.857834,\quad h_2P_2=2.571567$$

3) l_1、l_1'、h_1 和 u_1 的求解

$$l_1'=-1.421843,\quad h_1=0.198881$$

$$r_1=r_5\to\infty,\quad l_1=-0.938718,\quad u_1=-0.211864$$

4) P_1 和 h_1P_1 的求解

$$P_1 = 0.005365, \quad h_1P_1 = 0.001067$$

3. e_3^2 的求解

$$e_3^2 = \frac{h_1P_1 + h_2P_2 + h_{03}\overleftarrow{P}_3 + h_4\overleftarrow{P}_4}{2} = 1.944873$$

4. 规化光学系统

将上述数据整理代入 Zemax 程序验算可得系统 $S_1 = 0$，说明计算正确。对应的规化光学系统的结构参数如表 9.23 所示，规化光学系统与图 9.4 类似。

表 9.23　h_4=0.16、h_2=0.2、$\bar{u}_4'=0$ 对应的规化光学系统的结构参数

Surf	Type	Radius	Thickness	Glass	Diameter	Conic
OBJ	Standard	Infinity	0.9387	—	0.0000	0.0000
1	Standard	Infinity	0.0080	K9	0.0393	0.0000
2	Standard	−0.0838	1.1800	—	0.0395	0.0000
STO	Standard	−1.0000	−1.1800	MIRROR	0.2000	−1.9449
4	Standard	−0.0838	−0.0080	K9	0.0326	0.0000
5	Standard	Infinity	0.0080	MIRROR	0.0326	0.0000
6	Standard	−0.0838	1.1800	—	0.0326	0.0000
7	Standard	−1.0000	−1.1800	MIRROR	0.2147	−1.9449
8	Standard	−0.0838	−0.0080	K9	0.0404	0.0000
9	Standard	Infinity	−0.9387	—	0.0402	0.0000
IMA	Standard	Infinity	—	—	0.0018	0.0000

9.5.5　自准角 $\bar{u}_4'=0.25$ 对应的规化光学系统

1. 面 4 和面 5 相关参数的求解

1) $\overleftarrow{l}_4'$ 和 r_4 的求解

$$\bar{u}_4' = \bar{u}_5 = 0.25, \quad \overleftarrow{l}_4' = 0.64, \quad r_4 = -0.136248$$

2) $\overleftarrow{P}_4$ 和 $h_4\overleftarrow{P}_4$ 的求解

$$\overleftarrow{P}_4 = 3.807197, \quad h_4\overleftarrow{P}_4 = 0.609151$$

3) $\overleftarrow{l}_5$ 和自准面 r_5 的求解

$$\overleftarrow{d}_{45} = -0.008, \quad r_5 = l_5' = \overleftarrow{l}_5 = 0.648$$

2. 面 2 和面 1 相关参数的求解

1) l_2 和 u_2 的求解

$$l_2 = 1.158584,\quad u_2 = u_1' = 0.172624$$

2) P_2 和 h_2P_2 的求解

$$P_2 = 5.575480,\quad h_2P_2 = 1.115096$$

3) l_1、l_1'、h_1 和 u_1 的求解

$$l_1' = 1.166584,\quad h_1 = 0.201381$$

$$r_1 = r_5 = 0.648,\quad l_1 = 1.983573,\quad u_1 = 0.101524$$

4) P_1 和 h_1P_1 的求解

$$P_1 = 0.000545,\quad h_1P_1 = 0.00011$$

3. e_3^2 的求解

$$e_3^2 = \frac{h_1P_1 + h_2P_2 + h_{03}\bar{P}_3 + h_4\bar{P}_4}{2} = 0.862466$$

4. 规化光学系统

将上述数据整理代入 Zemax 程序验算可得系统 $S_1 = 0$，说明计算正确。从计算数据来看，$l_1 = 1.983573 > 0$ 成虚像，系统是发散光学系统。根据光线入射方向，在面 1 前加虚拟面，面 1 与虚拟面间距 $d = 0.1$，虚拟面到虚像点距离为 $l = l_1 + d = 2.083573$，带有虚拟面的规化光学系统结构参数如表 9.24 所示，去掉虚拟面的规化光学系统与图 9.5 类似。

表 9.24　h_4=0.16、h_2=0.2、$\bar{u}_4'$=0.25 对应的带有虚拟面的规化光学系统的结构参数

Surf	Type	Radius	Thickness	Glass	Diameter	Conic
OBJ	Standard	Infinity	−2.0835	—	0.0000	0.0000
1	Standard	2.0836	0.1000	—	0.0420	0.0000
2	Standard	0.6480	0.0080	K9	0.0399	0.0000
3	Standard	−0.1362	1.1800	—	0.0397	0.0000
STO	Standard	−1.0000	−1.1800	MIRROR	0.2000	−0.8625
5	Standard	−0.1362	−0.0080	K9	0.0326	0.0000

续表

Surf	Type	Radius	Thickness	Glass	Diameter	Conic
6	Standard	0.6480	0.0080	MIRROR	0.0329	0.0000
7	Standard	−0.1362	1.1800	—	0.0325	0.0000
8	Standard	−1.0000	−1.1800	MIRROR	0.2103	−0.8625
9	Standard	−0.1362	−0.0080	K9	0.0418	0.0000
10	Standard	0.6480	−0.1000	—	0.0420	0.0000
11	Standard	2.0836	2.0835	—	0.0437	0.0000
IMA	Standard	Infinity	—	—	0.0083	0.0000

9.5.6 自准角 $\overleftarrow{u}'_4=0.5$ 对应的规化光学系统

1. 面 4 和面 5 相关参数的求解

1) $\overleftarrow{l}'_4$ 和 r_4 的求解

$$\overleftarrow{u}'_4=\overleftarrow{u}_5=0.5,\quad \overleftarrow{l}'_4=0.32,\quad r_4=-0.364818$$

2) $\overleftarrow{P}_4$ 和 $h_4\overleftarrow{P}_4$ 的求解

$$\overleftarrow{P}_4=1.319614,\quad h_4\overleftarrow{P}_4=0.211138$$

3) $\overleftarrow{l}_5$ 和自准面 r_5 的求解

$$\overleftarrow{d}_{45}=-0.008,\quad r_5=l'_5=\overleftarrow{l}_5=0.328$$

2. 面 2 和面 1 相关参数的求解

1) l_2 和 u_2 的求解

$$l_2=0.412265,\quad u_2=u'_1=0.485124$$

2) P_2 和 h_2P_2 的求解

$$P_2=1.706653,\quad h_2P_2=0.341331$$

3) l_1、l'_1、h_1 和 u_1 的求解

$$l'_1=0.420265,\quad h_1=0.203881$$

$$r_1=r_5=0.328,\quad l_1=0.491408,\quad u_1=0.414891$$

4) P_1 和 h_1P_1 的求解

$$P_1 = -0.004042, \quad h_1P_1 = -0.000824$$

3. e_3^2 的求解

$$e_3^2 = \frac{h_1P_1 + h_2P_2 + h_{03}\bar{P}_3 + h_4\bar{P}_4}{2} = 0.276110$$

4. 规化光学系统

将上述数据整理代入 Zemax 程序验算可得系统 $S_1 = 0$，说明计算正确。从计算数据来看，$l_1 = 0.491408 > 0$ 成虚像，系统是发散光学系统。根据光线入射方向，在面 1 前加虚拟面，面 1 与虚拟面间距 $d = 0.1$，虚拟面到虚像点距离为 $l = l_1 + d = 0.591408$，带有虚拟面的规化光学系统结构参数如表 9.25 所示，去掉虚拟面的规化光学系统与图 9.6 类似。

表 9.25　h_4=0.16、h_2=0.2、$\bar{u}_4'$=0.5 对应的带有虚拟面的规化光学系统的结构参数

Surf	Type	Radius	Thickness	Glass	Diameter	Conic
OBJ	Standard	Infinity	−0.5914	—	0.0000	0.0000
1	Standard	0.5914	0.1000	—	0.0488	0.0000
2	Standard	0.3280	0.0080	K9	0.0405	0.0000
3	Standard	−0.3648	1.1800	—	0.0398	0.0000
STO	Standard	−1.0000	−1.1800	MIRROR	0.2000	−0.2761
5	Standard	−0.3648	−0.0080	K9	0.0323	0.0000
6	Standard	0.3280	0.0080	MIRROR	0.0330	0.0000
7	Standard	−0.3648	1.1800	—	0.0323	0.0000
8	Standard	−1.0000	−1.1800	MIRROR	0.2050	−0.2761
9	Standard	−0.3648	−0.0080	K9	0.0414	0.0000
10	Standard	0.3280	−0.0000	—	0.0421	0.0000
11	Standard	0.5914	0.5914	—	0.0503	0.0000
IMA	Standard	Infinity	—	—	0.0015	0.0000

9.6　本 章 小 结

本章在规化条件下，根据三级像差理论，对自准校正透镜位于共轭后点后的规化光学系统进行了计算和分析，为今后进行实际凹非球面检验光学系统设计奠定了理论基础。

根据9.1～9.5节的计算数据绘制$\bar{u}_4'$ - e_3^2关系曲线，并对自准校正透镜位于共轭后点后的凹非球面检验总结如下。

1. $\bar{u}_4'$-e_3^2 关系

1) $h_4=0.08$、$h_2=0.1$时不同$\bar{u}_4'$对应的e_3^2值

$h_4=0.08$、$h_2=0.1$时不同$\bar{u}_4'$对应的e_3^2值如表9.26所示。

表9.26 h_4=0.08、h_2=0.1时不同$\bar{u}_4'$对应的e_3^2值

编号	$\bar{u}_4'$	e_3^2
1	−0.5	3.119402
2	−0.25	1.853508
3	0	0.984432
4	0.25	0.438377
5	0.5	0.141545

2) $h_4=0.1$、$h_2=0.125$时不同$\bar{u}_4'$对应的e_3^2值

$h_4=0.1$、$h_2=0.125$时不同$\bar{u}_4'$对应的e_3^2值如表9.27所示。

表9.27 h_4=0.1、h_2=0.125时不同$\bar{u}_4'$对应的e_3^2值

编号	$\bar{u}_4'$	e_3^2
1	−0.5	3.890837
2	−0.25	2.310881
3	0	1.226548
4	0.25	0.545592
5	0.5	0.175766

3) $h_4=0.12$、$h_2=0.15$时不同$\bar{u}_4'$对应的e_3^2值

$h_4=0.12$、$h_2=0.15$时不同$\bar{u}_4'$对应的e_3^2值如表9.28所示。

表9.28 h_4=0.12、h_2=0.15时不同$\bar{u}_4'$对应的e_3^2值

编号	$\bar{u}_4'$	e_3^2
1	−0.5	4.659333
2	−0.25	2.766157
3	0	1.467270
4	0.25	0.651977
5	0.5	0.209583

4) $h_4=0.14$、$h_2=0.175$ 时不同 $\bar{u}_4'$ 对应的 e_3^2 值

$h_4=0.14$、$h_2=0.175$ 时不同 $\bar{u}_4'$ 对应的 e_3^2 值如表 9.29 所示。

表 9.29　h_4=0.14、h_2=0.175 时不同 $\bar{u}_4'$ 对应的 e_3^2 值

编号	$\bar{u}_4'$	e_3^2
1	−0.5	5.425070
2	−0.25	3.219464
3	0	1.706685
4	0.25	0.757585
5	0.5	0.243023

5) $h_4=0.16$、$h_2=0.2$ 时不同 $\bar{u}_4'$ 对应的 e_3^2 值

$h_4=0.16$、$h_2=0.2$ 时不同 $\bar{u}_4'$ 对应的 e_3^2 值如表 9.30 所示。

表 9.30　h_4=0.16、h_2=0.2 时不同 $\bar{u}_4'$ 对应的 e_3^2 值

编号	$\bar{u}_4'$	e_3^2
1	−0.5	6.188211
2	−0.25	3.670923
3	0	1.944873
4	0.25	0.862466
5	0.5	0.276110

2. $\bar{u}_4'$-e_3^2 关系曲线

根据上述计算结果绘制 $\bar{u}_4'$-e_3^2 关系曲线，如图 9.7 所示。可以看出，自准校正

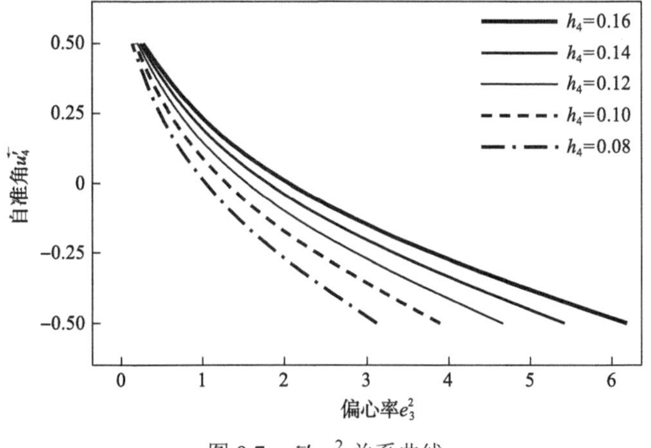

图 9.7　$\bar{u}_4'$-e_3^2 关系曲线

透镜位于共轭后点后的检验光学系统可适用于任何凹非球面的检验，但不同自准校正透镜对不同凹非球面的校正检验能力有所差异。当自准校正透镜为正透镜时，对 $e_3^2>0$ 凹非球面生成球差的校正能力强，而对 $e_3^2<0$ 凹扁球面生成球差的校正不起作用。

通过对自准校正透镜位于共轭后点后的规化光学系统的分析、计算，并绘制 $\bar{u}_4'$-e_3^2 关系曲线，证实此方法原理正确。

第 10 章　自准校正透镜位于共轭前点前的规化光学系统

本章中待检凹非球面规化值、自准校正透镜厚度规化值以及自准面设定与第 6 章相同，设定多组通光口径 $\Phi_4(2h_4)$ 和 $\Phi_2(2h_2)$，求解不同自准角 $\bar{u}_4'$ 对应的自准校正透镜位于共轭前点 O'' 前（共轭前点 O'' 为像点，共轭后点 O' 为物点）的规化光学系统，并给出计算结果和 $\bar{u}_4'$-e_3^2 关系曲线。

10.1　h_4=−0.1、h_2=−0.08 对应的规化光学系统

如图 10.1 所示，设定规化值 $h_4=-0.1$ 和 $h_2=-0.08$，求解不同自准角 $\bar{u}_4'$ 对应的规化光学系统。

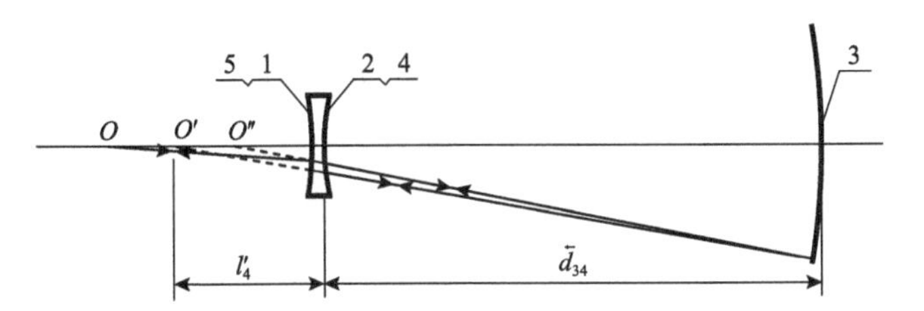

图 10.1　自准校正透镜位于共轭前点 O'' 前的检验光路

10.1.1　待检凹非球面相关参数的求解

1. u_3、$\bar{u}_3'$、l_3、$\bar{l}_3'$ 和 $\bar{P}_3$、$h_{03}\bar{P}_3$ 的求解

1) u_3、$\bar{u}_3'$、l_3 和 $\bar{l}_3'$ 的求解

已知 $h_{03}=-1$、$h_4=-0.1$、$h_2=-0.08$，根据式(5.9)有

$$u_3=u_2'=\frac{2\left(h_{03}-h_2\right)}{2h_{03}-\left(h_4+h_2\right)}=1.010989,\quad l_3=\frac{h_{03}}{u_3}=-0.989130$$

$$\bar{u}_3'=\bar{u}_4=\frac{2\left(h_{03}-h_4\right)}{2h_{03}-\left(h_4+h_2\right)}=0.989011,\quad \bar{l}_3'=\frac{h_{03}}{u_3'}=-1.0111111$$

2) $\bar{P}_3$ 和 $h_{03}\bar{P}_3$ 的求解

已知 $u_3 = 1.010989$、$\bar{u}'_3 = 0.989011$、$h_{03} = -1$，有

$$\bar{P}_3 = -\frac{\left(\bar{u}'_3 - u_3\right)^2}{2} = -0.000242, \quad h_{03}\bar{P}_3 = 0.000242$$

2. $\bar{l}_4$、$\bar{d}_{34}$、l'_2 和 d_{23} 的求解

1) $\bar{l}_4$ 和 l'_2 的求解

已知 $h_4 = -0.1$、$\bar{u}_4 = 0.989011$、$h_2 = -0.08$、$u'_2 = 1.010989$，有

$$\bar{l}_4 = \frac{h_4}{\bar{u}_4} = \frac{h_4}{\bar{u}'_3} = -0.101111, \quad l'_2 = \frac{h_2}{u'_2} = \frac{h_2}{u_3} = -0.079130$$

2) $\bar{d}_{34}$ 和 d_{23} 的求解

已知 $\bar{l}_4 = -0.101111$、$\bar{l}'_3 = -1.0111111$、$l_3 = -0.989130$、$l'_2 = -0.079130$，根据转面公式有

$$\bar{d}_{34} = \bar{l}'_3 - \bar{l}_4 = -0.91, \quad d_{23} = l'_2 - l_3 = 0.91$$

下面给出不同自准角 $\bar{u}'_4$ 对应的规化光学系统的计算结果。

10.1.2　自准角 $\bar{u}'_4 = -0.2$ 对应的规化光学系统

1. 面 4 和面 5 相关参数的求解

1) $\bar{l}'_4$ 和 r_4 的求解

已知自准校正透镜第 4 面的折射(自准)角 $\bar{u}'_4 = \bar{u}_5 = -0.2$，有

$$\bar{l}'_4 = 0.5$$

已知 $\bar{n}'_4 = -1.514664$、$\bar{n}_4 = -1$、$\bar{l}_4 = -0.101111$、$\bar{l}'_4 = 0.5$，根据近轴公式有

$$\frac{\bar{n}'_4 - \bar{n}_4}{r_4} = \frac{\bar{n}'_4}{\bar{l}'_4} - \frac{\bar{n}_4}{\bar{l}_4}, \quad r_4 = 0.039836$$

2) $\bar{P}_4$ 和 $h_4\bar{P}_4$ 的求解

已知 $\bar{n}'_4 = -1.514664$、$\bar{n}_4 = -1$、$\bar{u}_4 = 0.989011$、$\bar{u}'_4 = -0.2$、$h_4 = -0.1$，有

$$\bar{P}_4 = \left(\frac{\bar{u}'_4 - \bar{u}_4}{1/\bar{n}'_4 - 1/\bar{n}_4}\right)^2 \left(\frac{\bar{u}'_4}{\bar{n}'_4} - \frac{\bar{u}_4}{\bar{n}_4}\right) = 13.727236, \quad h_4\bar{P}_4 = -1.372724$$

3) $\overleftarrow{l}_5$ 和自准面 r_5 的求解

已知自准校正透镜厚度 $\overleftarrow{d}_{45}=-0.008$，根据转面公式有

$$r_5=l_5'=\overleftarrow{l}_5=\overleftarrow{l}_4'-\overleftarrow{d}_{45}=0.508$$

2. 面2和面1相关参数的求解

1) l_2 和 u_2 的求解

已知 $r_2=r_4=0.039836$、$n_2'=1$、$n_2=1.514664$、$l_2'=-0.079130$、$h_2=-0.08$，根据近轴公式有

$$\frac{n_2'-n_2}{r_2}=\frac{n_2'}{l_2'}-\frac{n_2}{l_2},\quad l_2=5.369712,\quad u_2=u_1'=-0.014898$$

2) P_2 和 h_2P_2 的求解

已知 $n_2'=1$、$n_2=1.514664$、$u_2'=1.010989$、$u_2=-0.014898$、$h_2=-0.08$，有

$$P_2=\left(\frac{u_2'-u_2}{1/n_2'-1/n_2}\right)^2\left(\frac{u_2'}{n_2'}-\frac{u_2}{n_2}\right)=9.305415,\quad h_2P_2=-0.744433$$

3) l_1、l_1'、h_1 和 u_1 的求解

已知 $n_1'=1.514664$、$l_2=5.369712$、$d_{12}=0.008$、$u_2=u_1'=-0.014898$、$n_1=1$，根据转面公式和近轴公式有

$$l_1'=l_2+d_{12}=5.377716,\quad h_1=l_1'u_1'=-0.080119,\quad r_1=r_5=0.508$$

$$\frac{n_1'-n_1}{r_1}=\frac{n_1'}{l_1'}-\frac{n_1}{l_1},\quad l_1=-1.367124,\quad u_1=0.058604$$

4) P_1 和 h_1P_1 的求解

已知 $n_1'=1.514664$、$u_1=0.058604$、$u_1'=-0.014898$、$h_1=-0.080119$、$n_1=1$，有

$$P_1=\left(\frac{u_1'-u_1}{1/n_1'-1/n_1}\right)^2\left(\frac{u_1'}{n_1'}-\frac{u_1}{n_1}\right)=-0.0032025,\quad h_1P_1=0.000257$$

3. e_3^2 的求解

已知 $h_1P_1=0.000257$、$h_2P_2=-0.744433$、$h_{03}\overleftarrow{P}_3=0.000242$、$h_4\overleftarrow{P}_4=-1.372724$、$h_5P_5=0$，根据式(5.10b)有

$$e_3^2=\frac{h_1P_1+h_2P_2+h_{03}\overleftarrow{P}_3+h_4\overleftarrow{P}_4}{2}=-1.058329$$

4. 规化光学系统

将上述数据整理代入 Zemax 程序验算可得系统 $S_1=0$, 说明计算正确。对应的规化光学系统的结构参数如表 10.1 所示，规化光学系统如图 10.2 所示。

表 10.1　$h_4=-0.1$、$h_2=-0.08$、$\bar{u}_4'=-0.2$ 对应的规化光学系统的结构参数

Surf	Type	Radius	Thickness	Glass	Diameter	Conic
OBJ	Standard	qizh	1.3571	—	0.0000	0.0000
1	Standard	0.5080	0.0080	K9	0.0180	0.0000
2	Standard	0.0398	0.9100	—	0.0180	0.0000
STO	Standard	−1.0000	−0.9100	MIRROR	0.2320	1.0583
4	Standard	0.0398	−0.0080	K9	0.0220	0.0000
5	Standard	0.5080	0.0080	MIRROR	0.0220	0.0000
6	Standard	0.0398	0.9100	—	0.0220	0.0000
7	Standard	−1.0000	−0.9100	MIRROR	0.0180	1.0583
8	Standard	0.0398	−0.0080	K9	0.0180	0.0000
9	Standard	0.5080	−1.3571	—	0.0090	0.0000
IMA	Standard	Infinity	—	—	0.0000	0.0000

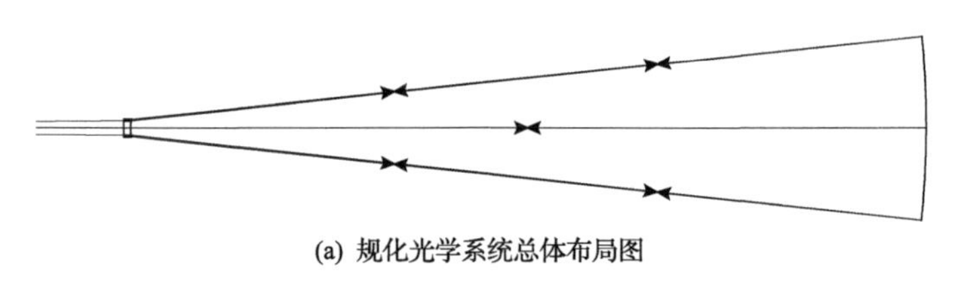

(a) 规化光学系统总体布局图

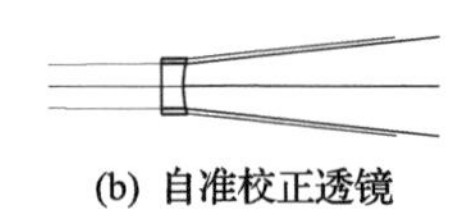

(b) 自准校正透镜

图 10.2　$h_4=-0.1$、$h_2=-0.08$、$\bar{u}_4'=-0.2$ 对应的规化光学系统

10.1.3　自准角 $\bar{u}_4'=0$ 对应的规化光学系统

1. 面 4 和面 5 相关参数的求解

1) $\bar{l}_4'$ 和 r_4 的求解

已知自准校正透镜第 4 面的折射(自准)角 $\bar{u}_4'=\bar{u}_5=0$, 有

$$\bar{l}_4' \to \infty$$

已知 $\bar{n}_4' = -1.514664$、$\bar{n}_4 = -1$、$\bar{l}_4 = -0.101111$、$\bar{l}_4' \to \infty$，根据近轴公式有

$$\frac{\bar{n}_4' - \bar{n}_4}{r_4} = \frac{\bar{n}_4'}{\bar{l}_4'} - \frac{\bar{n}_4}{\bar{l}_4}, \quad r_4 = 0.052038$$

2) $\bar{P}_4$ 和 $h_4\bar{P}_4$ 的求解

已知 $\bar{n}_4' = -1.514664$、$\bar{n}_4 = -1$、$\bar{u}_4 = 0.989011$、$u_4' = 0$、$h_4 = -0.1$，有

$$\bar{P}_4 = \left(\frac{\bar{u}_4' - \bar{u}_4}{1/\bar{n}_4' - 1/\bar{n}_4}\right)^2 \left(\frac{\bar{u}_4'}{\bar{n}_4'} - \frac{\bar{u}_4}{\bar{n}_4}\right) = 8.378926, \quad h_4\bar{P}_4 = -0.837893$$

3) $\bar{l}_5$ 和自准面 r_5 的求解

已知自准校正透镜厚度 $\bar{d}_{45} = -0.008$，根据转面公式有

$$r_5 = l_5' = \bar{l}_5 = \bar{l}_4' - \bar{d}_{45} \to \infty$$

2. 面 2 和面 1 相关参数的求解

1) l_2 和 u_2 的求解

已知 $r_2 = r_4 = 0.052038$、$n_2' = 1$、$n_2 = 1.514664$、$l_2' = -0.079130$、$h_2 = -0.08$，根据近轴公式有

$$\frac{n_2' - n_2}{r_2} = \frac{n_2'}{l_2'} - \frac{n_2}{l_2}, \quad l_2 = -0.551338, \quad u_2 = 0.145102$$

2) P_2 和 h_2P_2 的求解

已知 $n_2' = 1$、$n_2 = 1.514664$、$u_2' = 1.010989$、$u_2 = 0.145102$、$h_2 = -0.08$，有

$$P_2 = \left(\frac{u_2' - u_2}{1/n_2' - 1/n_2}\right)^2 \left(\frac{u_2'}{n_2'} - \frac{u_2}{n_2}\right) = 5.94319, \quad h_2P_2 = -0.475455$$

3) l_1、l_1'、h_1 和 u_1 的求解

已知 $n_1 = 1$、$n_1' = 1.514664$、$l_2 = -0.551338$、$d_{12} = 0.008$、$u_2 = u_1' = 0.145102$，根据转面公式和近轴公式有

$$l_1' = l_2 + d_{12} = -0.543338, \quad h_1 = l_1'u_1' = -0.078839, \quad r_1 = r_5 \to \infty$$

$$\frac{n_1' - n_1}{r_1} = \frac{n_1'}{l_1'} - \frac{n_1}{l_1}, \quad l_1 = -0.358718, \quad u_1 = 0.219780$$

4) P_1和h_1P_1的求解

已知$n_1'=1.514664$、$u_1=0.219870$、$u_1'=0.145102$、$h_1=-0.078839$、$n_1=1$，有

$$P_1=\left(\frac{u_1'-u_1}{1/n_1'-1/n_1}\right)^2\left(\frac{u_1'}{n_1'}-\frac{u_1}{n_1}\right)=-0.005989,\ \ h_1P_1=0.000472$$

3. e_3^2的求解

已知$h_1P_1=0.000472$、$h_2P_2=-0.475455$、$h_{03}\overleftarrow{P}_3=0.000242$、$h_5P_5=0$、$h_4\overleftarrow{P}_4=-0.837893$，根据式(5.10b)有

$$e_3^2=\frac{h_1P_1+h_2P_2+h_{03}\overleftarrow{P}_3+h_4\overleftarrow{P}_4}{2}=-0.656317$$

4. 规化光学系统

将上述数据整理代入Zemax程序验算可得系统$S_1=0$，说明计算正确。对应的规化光学系统的结构参数如表10.2所示，规化光学系统如图10.3所示。

表10.2　$h_4=-0.1$、$h_2=-0.08$、$\bar{u}_4'=0$对应的规化光学系统的结构参数

Surf	Type	Radius	Thickness	Glass	Diameter	Conic
OBJ	Standard	Infinity	0.3587	—	0.0000	0.0000
1	Standard	Infinity	0.0080	K9	0.0200	0.0000
2	Standard	−0.0520	0.9100	—	0.0200	0.0000
STO	Standard	−1.0000	−0.9100	MIRROR	0.2000	0.6563
4	Standard	−0.0520	−0.0080	K9	0.0200	0.0000
5	Standard	Infinity	0.0080	MIRROR	0.0200	0.0000
6	Standard	−0.0520	0.9100	—	0.0200	0.0000
7	Standard	−1.0000	−0.9100	MIRROR	0.2000	0.6563
8	Standard	−0.0520	−0.0080	K9	0.0200	0.0000
9	Standard	Infinity	−0.3587	—	0.0200	0.0000
IMA	Standard	Infinity	—	—	0.0000	0.0000

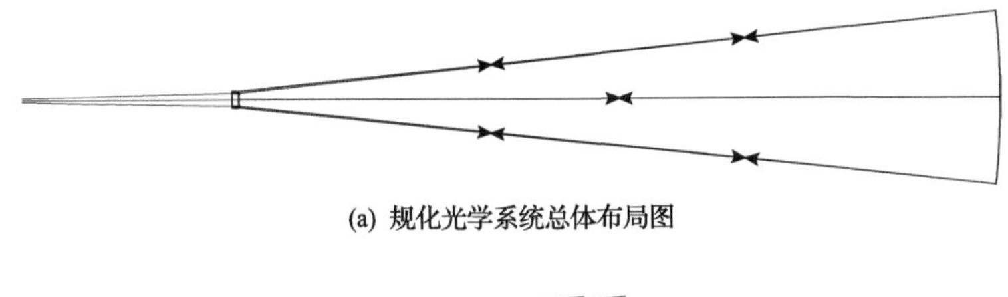

(a) 规化光学系统总体布局图

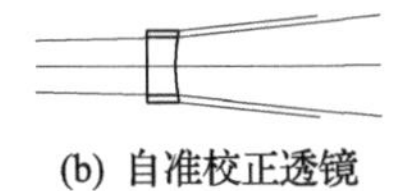

(b) 自准校正透镜

图 10.3　$h_4=-0.1$、$h_2=-0.08$、$\overleftarrow{u}'_4=0$ 对应的规化光学系统

10.1.4　自准角 $\overleftarrow{u}'_4=0.25$ 对应的规化光学系统

1. 面 4 和面 5 相关参数的求解

1) $\overleftarrow{l}'_4$ 和 r_4 的求解

已知自准校正透镜第 4 面的折射(自准)角 $\overleftarrow{u}'_4=\overleftarrow{u}_5=0.25$，有

$$\overleftarrow{l}'_4=\frac{h_4}{\overleftarrow{u}'_4}=-0.4$$

已知 $\overleftarrow{n}'_4=-1.514664$、$\overleftarrow{n}_4=-1$、$\overleftarrow{l}_4=-0.101111$、$\overleftarrow{l}'_4=-0.4$，根据近轴公式有

$$\frac{\overleftarrow{n}'_4-\overleftarrow{n}_4}{r_4}=\frac{\overleftarrow{n}'_4}{\overleftarrow{l}'_4}-\frac{\overleftarrow{n}_4}{\overleftarrow{l}_4},\quad r_4=0.084323$$

2) $\overleftarrow{P}_4$ 和 $h_4\overleftarrow{P}_4$ 的求解

已知 $\overleftarrow{n}'_4=-1.514664$、$\overleftarrow{n}_4=-1$、$\overleftarrow{u}_4=0.989011$、$u'_4=0.25$、$h_4=-0.1$，有

$$\overleftarrow{P}_4=\left(\frac{\overleftarrow{u}'_4-\overleftarrow{u}_4}{1/\overleftarrow{n}'_4-1/\overleftarrow{n}_4}\right)^2\left(\frac{\overleftarrow{u}'_4}{\overleftarrow{n}'_4}-\frac{\overleftarrow{u}_4}{\overleftarrow{n}_4}\right)=3.897551,\quad h_4\overleftarrow{P}_4=-0.389755$$

3) $\overleftarrow{l}_5$ 和自准面 r_5 的求解

已知自准校正透镜厚度 $\overleftarrow{d}_{45}=-0.008$，根据转面公式有

$$r_5=l'_5=\overleftarrow{l}_5=\overleftarrow{l}'_4-\overleftarrow{d}_{45}=-0.392$$

2. 面 2 和面 1 相关参数的求解

1) l_2 和 u_2 的求解

已知 $r_2=r_4=0.084323$、$n'_2=1$、$n_2=1.514664$、$l'_2=-0.079130$、$h_2=-0.08$，根

据近轴公式有

$$\frac{n_2'-n_2}{r_2}=\frac{n_2'}{l_2'}-\frac{n_2}{l_2},\quad l_2=-0.231816,\quad u_2=u_1'=\frac{h_2}{l_2}=0.345102$$

2) P_2 和 h_2P_2 的求解

已知 $n_2'=1$、$n_2=1.514664$、$u_2'=1.010989$、$u_2=0.345102$、$h_2=-0.08$，有

$$P_2=\left(\frac{u_2'-u_2}{1/n_2'-1/n_2}\right)^2\left(\frac{u_2'}{n_2'}-\frac{u_2}{n_2}\right)=3.007674,\quad h_2P_2=-0.240614$$

3) l_1、l_1'、h_1 和 u_1 的求解

已知 $n_1=1$、$n_1'=1.514664$、$l_2=-0.231816$、$d_{12}=0.008$、$u_2=u_1'=0.345102$，根据转面公式和近轴公式有

$$l_1'=l_2+d_{12}=-0.223816,\quad h_1=l_1'u_1'=-0.077239,\quad r_1=r_5=-0.392$$

$$\frac{n_1'-n_1}{r_1}=\frac{n_1'}{l_1'}-\frac{n_1}{l_1},\quad l_1=-0.183334,\quad u_1=0.421304$$

4) P_1 和 h_1P_1 的求解

已知 $n_1=1$、$n_1'=1.514664$、$u_1=0.421304$、$u_1'=0.345102$、$h_1=-0.077239$，有

$$P_1=\left(\frac{u_1'-u_1}{1/n_1'-1/n_1}\right)^2\left(\frac{u_1'}{n_1'}-\frac{u_1}{n_1}\right)=-0.009730,\quad h_1P_1=0.000752$$

3. e_3^2 的求解

已知 $h_1P_1=0.000752$、$h_2P_2=-0.240614$、$h_{03}\overleftarrow{P}_3=0.000242$、$h_5P_5=0$、$h_4\overleftarrow{P}_4=-0.389755$，根据式(5.10b)有

$$e_3^2=\frac{h_1P_1+h_2P_2+h_{03}\overleftarrow{P}_3+h_4\overleftarrow{P}_4}{2}=-0.314688$$

4. 规化光学系统

将上述数据整理代入 Zemax 程序验算可得系统 $S_1=0$，说明计算正确。对应的规化光学系统的结构参数如表 10.3 所示，规化光学系统如图 10.4 所示。

表 10.3　$h_4=-0.1$、$h_2=-0.08$、$\bar{u}_4'=0.25$ 对应的规化光学系统的结构参数

Surf	Type	Radius	Thickness	Glass	Diameter	Conic
OBJ	Standard	Infinity	0.1833	—	0.0000	0.0000
1	Standard	−0.3920	0.0080	K9	0.0200	0.0000
2	Standard	0.0843	0.9100	—	0.0200	0.0000
STO	Standard	−1.0000	−0.9100	MIRROR	0.2000	0.3147
4	Standard	0.0843	−0.0080	K9	0.0200	0.0000
5	Standard	−0.3920	0.0080	MIRROR	0.0200	0.0000
6	Standard	0.0843	0.9100	—	0.0200	0.0000
7	Standard	−1.0000	−0.9100	MIRROR	0.2000	0.3147
8	Standard	0.0843	−0.0080	K9	0.0200	0.0000
9	Standard	−0.3920	−0.1833	—	0.0200	0.0000
IMA	Standard	Infinity	—	—	0.0000	0.0000

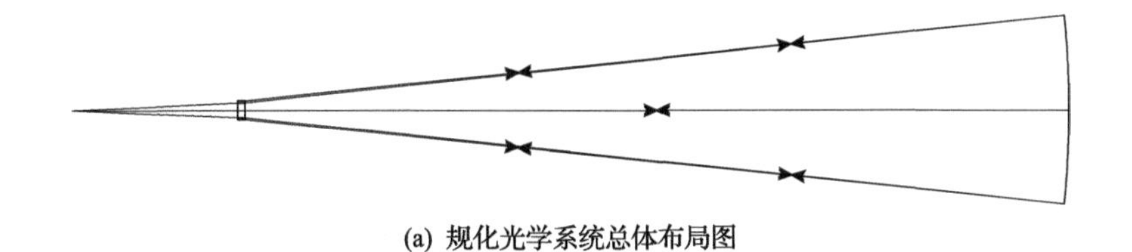

(a) 规化光学系统总体布局图

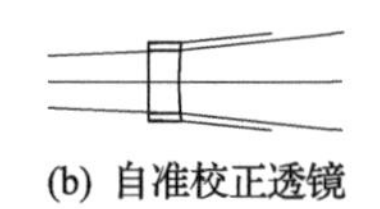

(b) 自准校正透镜

图 10.4　$h_4=-0.1$、$h_2=-0.08$、$\bar{u}_4'=0.25$ 对应的规化光学系统

10.1.5　自准角 $\bar{u}_4'=0.5$ 对应的规化光学系统

1. 面 4 和面 5 相关参数的求解

1) $\bar{l}_4'$ 和 r_4 的求解

已知自准校正透镜第 4 面的折射(自准)角 $\bar{u}_4'=\bar{u}_5=0.5$，有

$$\bar{l}_4'=\frac{h_4}{\bar{u}_4'}=-0.2$$

已知 $\bar{n}_4'=-1.514664$、$\bar{n}_4=-1$、$\bar{l}_4=-0.101111$、$\bar{l}_4'=-0.2$，根据近轴公式有

$$\frac{\bar{n}_4'-\bar{n}_4}{r_4}=\frac{\bar{n}_4'}{\bar{l}_4'}-\frac{\bar{n}_4}{\bar{l}_4},\quad r_4=\frac{0.514664}{2.316790}=0.222145$$

2) $\overleftarrow{P}_4$ 和 $h_4\overleftarrow{P}_4$ 的求解

已知 $\overleftarrow{n}'_4=-1.514664$、$\overleftarrow{n}_4=-1$、$\overleftarrow{u}_4=0.989011$、$u'_4=0.5$、$h_4=-0.1$，有

$$\overleftarrow{P}_4=\left(\frac{\overleftarrow{u}'_4-\overleftarrow{u}_4}{1/\overleftarrow{n}'_4-1/\overleftarrow{n}_4}\right)^2\left(\frac{\overleftarrow{u}'_4}{\overleftarrow{n}'_4}-\frac{\overleftarrow{u}_4}{\overleftarrow{n}_4}\right)=1.364724,\quad h_4\overleftarrow{P}_4=-0.136472$$

3) $\overleftarrow{l}_5$ 和自准面 r_5 的求解

已知自准校正透镜厚度 $\overleftarrow{d}_{45}=-0.008$，根据转面公式有

$$r_5=l'_5=\overleftarrow{l}_5=\overleftarrow{l}'_4-\overleftarrow{d}_{45}=-0.192$$

2. 面 2 和面 1 相关参数的求解

1) l_2 和 u_2 的求解

已知 $r_2=r_4=0.222145$、$n'_2=1$、$n_2=1.514664$、$l'_2=-0.079130$、$h_2=-0.08$，根据近轴公式有

$$\frac{n'_2-n_2}{r_2}=\frac{n'_2}{l'_2}-\frac{n_2}{l_2},\quad l_2=-0.146762,\quad u_2=u'_1=\frac{h_2}{l_2}=0.545102$$

2) P_2 和 h_2P_2 的求解

已知 $n'_2=1$、$n_2=1.514664$、$u'_2=1.010989$、$u_2=0.545102$、$h_2=-0.08$，有

$$P_2=\left(\frac{u'_2-u_2}{1/n'_2-1/n_2}\right)^2\left(\frac{u'_2}{n'_2}-\frac{u_2}{n_2}\right)=1.224049,\quad h_2P_2=-0.097924$$

3) l_1、l'_1、h_1 和 u_1 的求解

已知 $n'_1=1.514664$、$l_2=-0.146762$、$d_{12}=0.008$、$u_2=0.545102$、$n_1=1$，根据转面公式和近轴公式有

$$l'_1=l_2+d_{12}=-0.138762,\quad h_1=l'_1u'_1=-0.075639,\quad r_1=r_5=-0.192$$

$$\frac{n'_1-n_1}{r_1}=\frac{n'_1}{l'_1}-\frac{n_1}{l_1},\quad l_1=-0.121432,\quad u_1=0.622892$$

4) P_1 和 h_1P_1 的求解

已知 $n'_1=1.514664$、$u_1=0.622892$、$u'_1=0.545102$、$h_1=-0.075639$、$n_1=1$，有

$$P_1=\left(\frac{u'_1-u_1}{1/n'_1-1/n_1}\right)^2\left(\frac{u'_1}{n'_1}-\frac{u_1}{n_1}\right)=-0.013785,\quad h_1P_1=0.001043$$

3. e_3^2 的求解

已知 $h_1P_1=0.001043$、$h_2P_2=-0.097924$、$h_{03}\overleftarrow{P}_3=0.000242$、$h_5P_5=0$、$h_4\overleftarrow{P}_4=-0.136472$，根据式(5.10b)有

$$e_3^2=\frac{h_1P_1+h_2P_2+h_{03}\overleftarrow{P}_3+h_4\overleftarrow{P}_4}{2}=-0.116556$$

4. 规化光学系统

将上述数据整理代入 Zemax 程序验算可得系统 $S_1=0$，说明计算正确。对应的规化光学系统的结构参数如表 10.4 所示，规化光学系统如图 10.5 所示。

表 10.4　h_4=−0.1、h_2=−0.08、$\bar{u}_4'=0.5$ 对应的规化光学系统的结构参数

Surf	Type	Radius	Thickness	Glass	Diameter	Conic
OBJ	Standard	Infinity	0.1214	—	0.0000	0.0000
1	Standard	−0.1920	0.0080	K9	0.0200	0.0000
2	Standard	0.2221	0.9100	—	0.0200	0.0000
STO	Standard	−1.0000	−0.9100	MIRROR	0.2000	0.1166
4	Standard	0.2221	−0.0080	K9	0.0200	0.0000
5	Standard	−0.1920	0.0080	MIRROR	0.0200	0.0000
6	Standard	0.2221	0.9100	—	0.0200	0.0000
7	Standard	−1.0000	−0.9100	MIRROR	0.2000	0.1166
8	Standard	0.2221	−0.0080	K9	0.0200	0.0000
9	Standard	−0.1920	−0.1214	—	0.0200	0.0000
IMA	Standard	Infinity	—	—	0.0000	0.0000

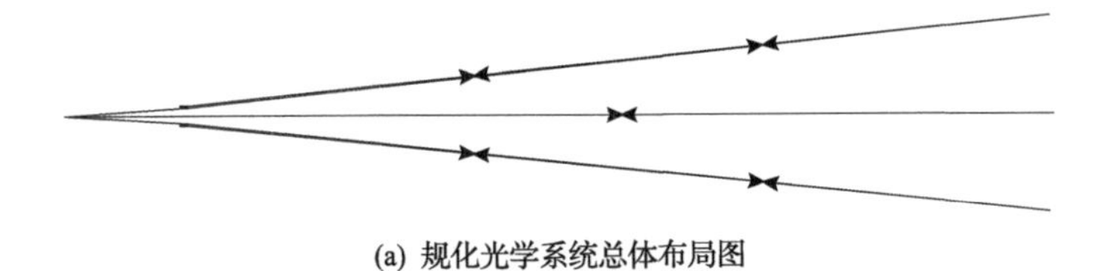

(a) 规化光学系统总体布局图

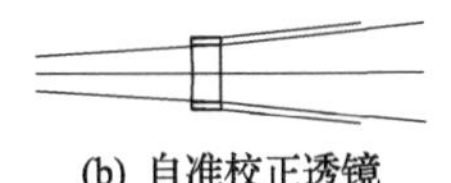

(b) 自准校正透镜

图 10.5　$h_4=-0.1$、$h_2=-0.08$、$\bar{u}_4'=0.5$ 对应的规化光学系统

10.1.6　自准角 $\overleftarrow{u}'_4=1.5$ 对应的规化光学系统

1. 面 4 和面 5 相关参数的求解

1) $\overleftarrow{l}'_4$ 和 r_4 的求解

已知自准校正透镜第 4 面的折射(自准)角 $\overleftarrow{u}'_4=\overleftarrow{u}_5=1.5$，有

$$\overleftarrow{l}'_4=-0.066667$$

已知 $\overleftarrow{n}'_4=-1.514664$、$\overleftarrow{n}_4=-1$、$\overleftarrow{l}_4=-0.101111$、$\overleftarrow{l}'_4=-0.066667$，根据近轴公式有

$$\frac{\overleftarrow{n}'_4-\overleftarrow{n}_4}{r_4}=\frac{\overleftarrow{n}'_4}{\overleftarrow{l}'_4}-\frac{\overleftarrow{n}_4}{\overleftarrow{l}_4},\quad r_4=-0.040115$$

2) $\overleftarrow{P}_4$ 和 $h_4\overleftarrow{P}_4$ 的求解

已知 $\overleftarrow{n}'_4=-1.514664$、$\overleftarrow{n}_4=-1$、$\overleftarrow{u}_4=0.989011$、$u'_4=1.5$、$h_4=-0.1$，有

$$\overleftarrow{P}_4=\left(\frac{\overleftarrow{u}'_4-\overleftarrow{u}_4}{1/\overleftarrow{n}'_4-1/\overleftarrow{n}_4}\right)^2\left(\frac{\overleftarrow{u}'_4}{\overleftarrow{n}'_4}-\frac{\overleftarrow{u}_4}{\overleftarrow{n}_4}\right)=-0.002957,\quad h_4\overleftarrow{P}_4=0.000296$$

3) $\overleftarrow{l}_5$ 和自准面 r_5 的求解

已知自准校正透镜厚度 $\overleftarrow{d}_{45}=-0.008$，根据转面公式有

$$r_5=l'_5=\overleftarrow{l}_5=\overleftarrow{l}'_4-\overleftarrow{d}_{45}=-0.058667$$

2. 面 2 和面 1 相关参数的求解

1) l_2 和 u_2 的求解

已知 $r_2=r_4=-0.040115$、$n'_2=1$、$n_2=1.514664$、$l'_2=-0.079130$、$h_2=-0.08$，根据近轴公式有

$$\frac{n'_2-n_2}{r_2}=\frac{n'_2}{l'_2}-\frac{n_2}{l_2},\quad l_2=-0.059475,\quad u_2=u'_1=\frac{h_2}{l_2}=1.345102$$

2) P_2 和 h_2P_2 的求解

已知 $n'_2=1$、$n_2=1.514664$、$u'_2=1.010989$、$u_2=1.345102$、$h_2=-0.08$，有

$$P_2=\left(\frac{u_2'-u_2}{1/n_2'-1/n_2}\right)^2\left(\frac{u_2'}{n_2'}-\frac{u_2}{n_2}\right)=0.118864,\quad h_2P_2=-0.009509$$

3) l_1、l_1'、h_1和u_1的求解

已知$n_1'=1.514664$、$l_2=-0.059475$、$d_{12}=0.008$、$u_2=u_1'=1.345102$、$n_1=1$，根据转面公式和近轴公式有

$$l_1'=l_2+d_{12}=-0.051475,\quad h_1=l_1'u_1'=-0.069239,\quad r_1=r_5=-0.058667$$

$$\frac{n_1'-n_1}{r_1}=\frac{n_1'}{l_1'}-\frac{n_1}{l_1},\quad l_1=-0.048420,\quad u_1=1.429964$$

4) P_1和h_1P_1的求解

已知$n_1'=1.514664$、$u_1=1.429964$、$u_1'=1.345102$、$h_1=-0.069239$、$n_1=1$，有

$$P_1=\left(\frac{u_1'-u_1}{1/n_1'-1/n_1}\right)^2\left(\frac{u_1'}{n_1'}-\frac{u_1}{n_1}\right)=-0.033802,\quad h_1P_1=0.002340$$

3. e_3^2的求解

已知 $h_1P_1=0.002340$、$h_2P_2=-0.009509$、$h_{03}\overleftarrow{P}_3=0.000242$、$h_5P_5=0$、$h_4\overleftarrow{P}_4=0.000296$，根据式(5.10b)有

$$e_3^2=\frac{h_1P_1+h_2P_2+h_{03}\overleftarrow{P}_3+h_4\overleftarrow{P}_4}{2}=-0.003316$$

4. 规化光学系统

将上述数据整理代入 Zemax 程序验算可得系统$S_1=0$，说明计算正确。对应的规化光学系统的结构参数如表 10.5 所示，规化光学系统如图 10.6 所示。

表 10.5 $h_4=-0.1$、$h_2=-0.08$、$\bar{u}_4'=1.5$ 对应的规化光学系统的结构参数

Surf	Type	Radius	Thickness	Glass	Diameter	Conic
OBJ	Standard	Infinity	0.0484	—	0.0000	0.0000
1	Standard	−0.0587	0.0080	K9	0.0200	0.0000
2	Standard	−0.0401	0.9100	—	0.0200	0.0000
STO	Standard	−1.0000	−0.9100	MIRROR	0.2000	0.0033
4	Standard	−0.0401	−0.0080	K9	0.0200	0.0000

续表

Surf	Type	Radius	Thickness	Glass	Diameter	Conic
5	Standard	−0.0587	0.0080	MIRROR	0.0200	0.0000
6	Standard	−0.0401	0.9100	—	0.0200	0.0000
7	Standard	−1.0000	−0.9100	MIRROR	0.2000	0.0033
8	Standard	−0.0401	−0.0080	K9	0.0200	0.0000
9	Standard	−0.0587	−0.0484	—	0.0200	0.0000
IMA	Standard	Infinity	—	—	0.0000	0.0000

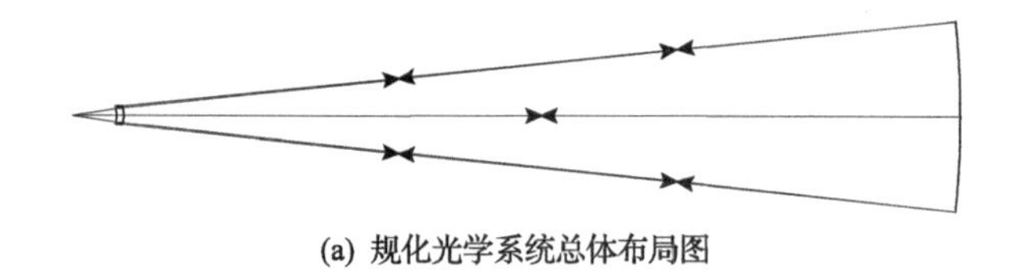

(a) 规化光学系统总体布局图

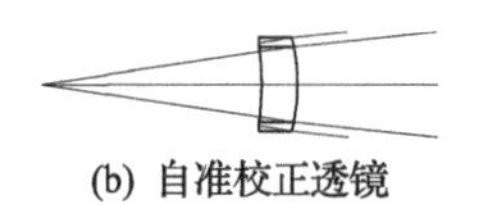

(b) 自准校正透镜

图 10.6　$h_4=-0.1$、$h_2=-0.08$、$\bar{u}_4'=1.5$ 对应的规化光学系统

10.2　h_4=−0.125、h_2=−0.1 对应的规化光学系统

如图 10.1 所示，设定规化值 $h_4=-0.125$ 和 $h_2=-0.1$，按照 10.1 节的计算方法求解不同自准角 $\bar{u}_4'$ 对应的规化光学系统。

10.2.1　待检凹非球面相关参数的求解

1. u_3、$\bar{u}_3'$、l_3、$\bar{l}_3'$ 和 $\bar{P}_3$、$h_{03}\bar{P}_3$ 的求解

1) u_3、$\bar{u}_3'$、l_3 和 $\bar{l}_3'$ 的求解

已知 $h_{03}=-1$、$h_4=-0.125$、$h_2=-0.1$，根据式(5.9)有

$$u_2'=u_3=1.014085,\quad l_3=-0.986111$$

$$\bar{u}_4=\bar{u}_3'=0.985915,\quad \bar{l}_3'=-1.014286$$

2) $\bar{P}_3$ 和 $h_{03}\bar{P}_3$ 的求解

已知 $u_3=1.014085$、$\bar{u}_3'=0.985915$、$h_{03}=-1$，有

$$\overleftarrow{P}_3 = -0.000397, \quad h_{03}\overleftarrow{P}_3 = 0.000397$$

2. $\overleftarrow{l}_4$、$\overleftarrow{d}_{34}$、l_2' 和 d_{23} 的求解

1) $\overleftarrow{l}_4$ 和 l_2' 的求解

已知 $h_4 = -0.125$、$\overleftarrow{u}_4 = 0.985915$、$h_2 = -0.1$、$u_2' = 1.014085$，有

$$\overleftarrow{l}_4 = -0.126786, \quad l_2' = -0.098611$$

2) $\overleftarrow{d}_{34}$ 和 d_{23} 的求解

已知 $\overleftarrow{l}_4 = -0.126786$、$\overleftarrow{l}_3' = -1.014286$、$l_3 = -0.986111$、$l_2' = -0.098611$，根据转面公式有

$$\overleftarrow{d}_{34} = \overleftarrow{l}_3' - \overleftarrow{l}_4 = -0.8875, \quad d_{23} = l_2' - l_3 = 0.8875$$

下面给出不同自准角 $\overleftarrow{u}_4'$ 对应规化光学系统的计算结果。

10.2.2　自准角 $\overleftarrow{u}_4' = -0.2$ 对应的规化光学系统

1. 面 4 和面 5 相关参数的求解

1) $\overleftarrow{l}_4'$ 和 r_4 的求解

$$\overleftarrow{u}_4' = \overleftarrow{u}_5 = -0.2, \quad \overleftarrow{l}_4' = 0.625, \quad r_4 = 0.049915$$

2) $\overleftarrow{P}_4$ 和 $h_4\overleftarrow{P}_4$ 的求解

$$\overleftarrow{P}_4 = 13.618146, \quad h_4\overleftarrow{P}_4 = -1.702268$$

3) $\overleftarrow{l}_5$ 和自准面 r_5 的求解

$$\overleftarrow{d}_{45} = -0.008, \quad r_5 = l_5' = \overleftarrow{l}_5 = 0.633$$

2. 面 2 和面 1 相关参数的求解

1) l_2 和 u_2 的求解

$$l_2 = 8.912867, \quad u_2 = u_1' = -0.01122$$

2) P_2 和 h_2P_2 的求解

$$P_2 = 9.300911, \quad h_2P_2 = -0.930091$$

3) l_1、l_1'、h_1和u_1的求解

$$l_1' = 8.920867, \quad h_1 = -0.100090$$

$$r_1 = r_5 = 0.633, \quad l_1 = -1.554566, \quad u_1 = 0.064384$$

4) P_1和h_1P_1的求解

$$P_1 = -0.003554, \quad h_1P_1 = 0.000356$$

3. e_3^2的求解

$$e_3^2 = \frac{h_1P_1 + h_2P_2 + h_{03}\bar{P}_3 + h_4\bar{P}_4}{2} = -1.315803$$

4. 规化光学系统

将上述数据整理代入 Zemax 程序验算可得系统$S_1 = 0$，说明计算正确。对应的规化光学系统的结构参数如表 10.6 所示，规化光学系统与图 10.2 类似。

表 10.6　h_4=−0.125、h_2=−0.1、$\bar{u}_4'$=−0.2 对应的规化光学系统的结构参数

Surf	Type	Radius	Thickness	Glass	Diameter	Conic
OBJ	Standard	Infinity	1.5546	—	0.0000	0.0000
1	Standard	0.6330	0.0080	K9	0.0200	0.0000
2	Standard	0.0499	0.8875	—	0.0200	0.0000
STO	Standard	−1.0000	−0.8875	MIRROR	0.2000	1.3158
4	Standard	0.0499	−0.0080	K9	0.0200	0.0000
5	Standard	0.6330	0.0080	MIRROR	0.0200	0.0000
6	Standard	0.0499	0.8875	—	0.0200	0.0000
7	Standard	−1.0000	−0.8875	MIRROR	0.2000	1.3158
8	Standard	0.0499	−0.0080	K9	0.0200	0.0000
9	Standard	0.6330	−1.5546	—	0.0200	0.0000
IMA	Standard	Infinity	—	—	0.0000	0.0000

10.2.3　自准角$\bar{u}_4'$=0 对应的规化光学系统

1. 面 4 和面 5 相关参数的求解

1) $\bar{l}_4'$和r_4的求解

$$\bar{u}_4' = \bar{u}_5 = 0, \quad \bar{l}_4' \to \infty, \quad r_4 = 0.065252$$

2) $\overleftarrow{P}_4$ 和 $h_4\overleftarrow{P}_4$ 的求解

$$\overleftarrow{P}_4 = 8.300497, \quad h_4\overleftarrow{P}_4 = -1.037562$$

3) $\overleftarrow{l}_5$ 和自准面 r_5 的求解

$$\overleftarrow{d}_{45} = -0.008, \quad r_5 = l_5' = \overleftarrow{l}_5 \to \infty$$

2. 面 2 和面 1 相关参数的求解

1) l_2 和 u_2 的求解

$$l_2 = -0.672132, \quad u_2 = u_1' = 0.148780$$

2) P_2 和 h_2P_2 的求解

$$P_2 = 5.939512, \quad h_2P_2 = -0.593951$$

3) l_1、l_1'、h_1 和 u_1 的求解

$$l_1' = -0.664132, \quad h_1 = -0.098810$$

$$r_1 = r_5 \to \infty, \quad l_1 = -0.438468, \quad u_1 = 0.225352$$

4) P_1 和 h_1P_1 的求解

$$P_1 = -0.006456, \quad h_1P_1 = 0.000638$$

3. e_3^2 的求解

$$e_3^2 = \frac{h_1P_1 + h_2P_2 + h_{03}\overleftarrow{P}_3 + h_4\overleftarrow{P}_4}{2} = -0.815239$$

4. 规化光学系统

将上述数据整理代入 Zemax 程序验算可得系统 $S_1 = 0$，说明计算正确。对应的规化光学系统的结构参数如表 10.7 所示，规化光学系统与图 10.3 类似。

表 10.7　$h_4 = -0.125$、$h_2 = -0.1$、$\overleftarrow{u}_4' = 0$ 对应的规化光学系统的结构参数

Surf	Type	Radius	Thickness	Glass	Diameter	Conic
OBJ	Standard	Infinity	0.4385	—	0.0000	0.0000
1	Standard	Infinity	0.0080	K9	0.0200	0.0000
2	Standard	0.0653	0.8875	—	0.0200	0.0000
STO	Standard	−1.0000	−0.8875	MIRROR	0.2000	0.8152
4	Standard	0.0653	−0.0080	K9	0.0200	0.0000

续表

Surf	Type	Radius	Thickness	Glass	Diameter	Conic
5	Standard	Infinity	0.0080	MIRROR	0.0200	0.0000
6	Standard	0.0653	0.8875	—	0.0200	0.0000
7	Standard	−1.0000	−0.8875	MIRROR	0.2000	0.8152
8	Standard	0.0653	−0.0080	K9	0.0200	0.0000
9	Standard	Infinity	−0.4385	—	0.0200	0.0000
IMA	Standard	Infinity	—	—	0.0000	0.0000

10.2.4 自准角 $\bar{u}_4'=0.25$ 对应的规化光学系统

1. 面 4 和面 5 相关参数的求解

1) $\overleftarrow{l}_4'$ 和 r_4 的求解

$$\overleftarrow{u}_4' = \overleftarrow{u}_5 = 0.25, \quad \overleftarrow{l}_4' = -0.5, \quad r_4 = 0.105942$$

2) $\overleftarrow{P}_4$ 和 $h_4\overleftarrow{P}_4$ 的求解

$$\overleftarrow{P}_4 = 3.850448, \quad h_4\overleftarrow{P}_4 = -0.481306$$

3) $\overleftarrow{l}_5$ 和自准面 r_5 的求解

$$\overleftarrow{d}_{45} = -0.008, \quad r_5 = l_5' = \overleftarrow{l}_5 = -0.492$$

2. 面 2 和面 1 相关参数的求解

1) l_2 和 u_2 的求解

$$l_2 = -0.286713, \quad u_2 = u_1' = 0.348780$$

2) P_2 和 h_2P_2 的求解

$$P_2 = 3.004965, \quad h_2P_2 = -0.300497$$

3) l_1、l_1'、h_1 和 u_1 的求解

$$l_1' = -0.278713, \quad h_1 = -0.097210$$

$$r_1 = r_5 = -0.492, \quad l_1 = -0.227872, \quad u_1 = 0.426597$$

4) P_1 和 h_1P_1 的求解

$$P_1 = -0.010297, \quad h_1P_1 = 0.001001$$

3. e_3^2 的求解

$$e_3^2 = \frac{h_1 P_1 + h_2 P_2 + h_{03} \overleftarrow{P}_3 + h_4 \overleftarrow{P}_4}{2} = -0.390202$$

4. 规化光学系统

将上述数据整理代入 Zemax 程序验算可得系统 $S_1 = 0$，说明计算正确。对应的规化光学系统的结构参数如表 10.8 所示，规化光学系统与图 10.4 类似。

表 10.8　$h_4 = -0.125$、$h_2 = -0.1$、$\overleftarrow{u}_4' = 0.25$ 对应的规化光学系统的结构参数

Surf	Type	Radius	Thickness	Glass	Diameter	Conic
OBJ	Standard	Infinity	0.2279	—	0.0000	0.0000
1	Standard	−0.4920	0.0080	K9	0.0200	0.0000
2	Standard	0.1059	0.8875	—	0.0200	0.0000
STO	Standard	−1.0000	−0.8875	MIRROR	0.2000	0.3902
4	Standard	0.1059	−0.0080	K9	0.0200	0.0000
5	Standard	−0.4920	0.0080	MIRROR	0.0200	0.0000
6	Standard	0.1059	0.8875	—	0.0200	0.0000
7	Standard	−1.0000	−0.8875	MIRROR	0.2000	0.3902
8	Standard	0.1059	−0.0080	K9	0.0200	0.0000
9	Standard	−0.4920	−0.2279	—	0.0200	0.0000
IMA	Standard	Infinity	—	—	0.0000	0.0000

10.2.5　自准角 $\overleftarrow{u}_4' = 0.5$ 对应的规化光学系统

1. 面 4 和面 5 相关参数的求解

1) $\overleftarrow{l}_4'$ 和 r_4 的求解

$$\overleftarrow{u}_4' = \overleftarrow{u}_5 = 0.5, \quad \overleftarrow{l}_4' = -0.25, \quad r_4 = 0.281442$$

2) $\overleftarrow{P}_4$ 和 $h_4 \overleftarrow{P}_4$ 的求解

$$\overleftarrow{P}_4 = 1.341171, \quad h_4 \overleftarrow{P}_4 = -0.167646$$

3) $\overleftarrow{l}_5$ 和自准面 r_5 的求解

$$\overleftarrow{d}_{45} = -0.008, \quad r_5 = l_5' = \overleftarrow{l}_5 = -0.242$$

2. 面 2 和面 1 相关参数的求解

1) l_2 和 u_2 的求解

$$l_2 = -0.182222, \quad u_2 = u_1' = 0.548780$$

2) P_2 和 h_2P_2 的求解

$$P_2 = 1.222237, \quad h_2P_2 = -0.122224$$

3) l_1、l_1'、h_1 和 u_1 的求解

$$l_1' = -0.174222, \quad h_1 = -0.095610$$

$$r_1 = r_5 = -0.242, \quad l_1 = -0.152273, \quad u_1 = 0.627883$$

4) P_1 和 h_1P_1 的求解

$$P_1 = -0.014393, \quad h_1P_1 = 0.001376$$

3. e_3^2 的求解

$$e_3^2 = \frac{h_1P_1 + h_2P_2 + h_{03}\bar{P}_3 + h_4\bar{P}_4}{2} = -0.144049$$

4. 规化光学系统

将上述数据整理代入 Zemax 程序验算可得系统 $S_1 = 0$，说明计算正确。对应的规化光学系统的结构参数如表 10.9 所示，规化光学系统与图 10.5 类似。

表 10.9　h_4=−0.125、h_2=−0.1、$\bar{u}_4'$=0.5 对应的规化光学系统的结构参数

Surf	Type	Radius	Thickness	Glass	Diameter	Conic
OBJ	Standard	Infinity	0.1523	—	0.0000	0.0000
1	Standard	−0.2420	0.0080	K9	0.0200	0.0000
2	Standard	0.2814	0.8875	—	0.0200	0.0000
STO	Standard	−1.0000	−0.8875	MIRROR	0.2000	0.1440
4	Standard	0.2814	−0.0080	K9	0.0200	0.0000
5	Standard	−0.2420	0.0080	MIRROR	0.0200	0.0000
6	Standard	0.2814	0.8875	—	0.0200	0.0000
7	Standard	−1.0000	−0.8875	MIRROR	0.2000	0.1440
8	Standard	0.2814	−0.0080	K9	0.0200	0.0000
9	Standard	−0.2420	−0.1523	—	0.0200	0.0000
IMA	Standard	Infinity	—	—	0.0000	0.0000

10.2.6　自准角 $\bar{u}_4' = 1.5$ 对应的规化光学系统

1. 面 4 和面 5 相关参数的求解

1) $\overleftarrow{l}_4'$ 和 r_4 的求解

$$\bar{u}_4' = \bar{u}_5 = 1.5, \quad \overleftarrow{l}_4' = -0.083333, \quad r_4 = -0.050023$$

2) $\overleftarrow{P}_4$ 和 $h_4\overleftarrow{P}_4$ 的求解

$$\overleftarrow{P}_4 = -0.010079, \quad h_4\overleftarrow{P}_4 = 0.001260$$

3) $\overleftarrow{l}_5$ 和自准面 r_5 的求解

$$\overleftarrow{d}_{45} = -0.008, \quad r_5 = l_5' = \overleftarrow{l}_5 = -0.075333$$

2. 面 2 和面 1 相关参数的求解

1) l_2 和 u_2 的求解

$$l_2 = -0.074141, \quad u_2 = u_1' = 1.348780$$

2) P_2 和 h_2P_2 的求解

$$P_2 = 0.119926, \quad h_2P_2 = -0.011993$$

3) l_1、l_1'、h_1 和 u_1 的求解

$$l_1' = -0.066141, \quad h_1 = -0.089210$$

$$r_1 = r_5 = -0.075333, \quad l_1 = -0.062233, \quad u_1 = 1.433484$$

4) P_1 和 h_1P_1 的求解

$$P_1 = -0.033743, \quad h_1P_1 = 0.003010$$

3. e_3^2 的求解

$$e_3^2 = \frac{h_1P_1 + h_2P_2 + h_{03}\overleftarrow{P}_3 + h_4\overleftarrow{P}_4}{2} = -0.003663$$

4. 规化光学系统

将上述数据整理代入 Zemax 程序验算可得系统 $S_1 = 0$，说明计算正确。对应的规化光学系统的结构参数如表 10.10 所示，规化光学系统与图 10.6 类似。

表 10.10 $h_4=-0.125$、$h_2=-0.1$、$\bar{u}_4'=1.5$ 对应的规化光学系统的结构参数

Surf	Type	Radius	Thickness	Glass	Diameter	Conic
OBJ	Standard	Infinity	0.0622	—	0.0000	0.0000
1	Standard	−0.0753	0.0080	K9	0.0200	0.0000
2	Standard	−0.0500	0.8875	—	0.0200	0.0000
STO	Standard	−1.0000	−0.8875	MIRROR	0.2000	0.0037
4	Standard	−0.0500	−0.0080	K9	0.0200	0.0000
5	Standard	−0.0753	0.0080	MIRROR	0.0200	0.0000
6	Standard	−0.0500	0.8875	—	0.0200	0.0000
7	Standard	−1.0000	−0.8875	MIRROR	0.200	0.0037
8	Standard	−0.0500	−0.0080	K9	0.0200	0.0000
9	Standard	−0.0753	−0.0622	—	0.0200	0.0000
IMA	Standard	Infinity	—	—	0.00	0.0000

10.3 $h_4=-0.15$、$h_2=-0.12$ 对应的规化光学系统

如图 10.1 所示，设定规化值 $h_4=-0.15$ 和 $h_2=-0.12$，按照 10.1 节的计算方法求解不同自准角 $\bar{u}_4'$ 对应的规化光学系统。

10.3.1 待检凹非球面相关参数的求解

1. u_3、$\bar{u}_3'$、l_3、$\bar{l}_3'$ 和 $\bar{P}_3$、$h_{03}\bar{P}_3$ 的求解

1) u_3、$\bar{u}_3'$、l_3 和 $\bar{l}_3'$ 的求解

已知 $h_{03}=-1$、$h_4=-0.15$、$h_2=-0.12$，根据式(5.9)有

$$u_2'=u_3=1.017341,\quad l_3=-0.982955$$

$$\bar{u}_4=\bar{u}_3'=0.982659,\quad \bar{l}_3'=-1.017647$$

2) $\bar{P}_3$ 和 $h_{03}\bar{P}_3$ 的求解

已知 $u_3=1.017341$、$\bar{u}_3'=0.982659$、$h_{03}=-1$，有

$$\bar{P}_3=-0.000601,\quad h_{03}\bar{P}_3=0.000601$$

2. $\bar{l}_4$、$\bar{d}_{34}$、l_2' 和 d_{23} 的求解

1) $\bar{l}_4$ 和 l_2' 的求解

已知 $h_4=-0.15$、$\bar{u}_4=0.982659$、$h_2=-0.12$、$u_2'=1.017341$，有

$$\bar{l}_4 = -0.152647, \quad l_2' = -0.117955$$

2) $\bar{d}_{34}$ 和 d_{23} 的求解

已知 $\bar{l}_4 = -0.152647$、$\bar{l}_3' = -1.017647$、$l_3 = -0.982955$、$l_2' = -0.117955$，根据转面公式有

$$\bar{d}_{34} = \bar{l}_3' - \bar{l}_4 = -0.865, \quad d_{23} = l_2' - l_3 = 0.865$$

下面给出不同自准角 $\bar{u}_4'$ 对应规化光学系统的计算结果。

10.3.2　自准角 $\bar{u}_4' = -0.2$ 对应的规化光学系统

1. 面 4 和面 5 相关参数的求解

1) $\bar{l}_4'$ 和 r_4 的求解

$$\bar{u}_4' = \bar{u}_5 = -0.2, \quad \bar{l}_4' = 0.75, \quad r_4 = 0.060050$$

2) $\bar{P}_4$ 和 $h_4\bar{P}_4$ 的求解

$$\bar{P}_4 = 13.504007, \quad h_4\bar{P}_4 = -2.025601$$

3) $\bar{l}_5$ 和自准面 r_5 的求解

$$\bar{d}_{45} = -0.008, \quad r_5 = l_5' = \bar{l}_5 = 0.758$$

2. 面 2 和面 1 相关参数的求解

1) l_2 和 u_2 的求解

$$l_2 = 16.327137, \quad u_2 = u_1' = -0.007350$$

2) P_2 和 h_2P_2 的求解

$$P_2 = 9.296163, \quad h_2P_2 = -1.115540$$

3) l_1、l_1'、h_1 和 u_1 的求解

$$l_1' = 16.335137, \quad h_1 = -0.120059$$

$$r_1 = r_5 = 0.758, \quad l_1 = -1.705751, \quad u_1 = 0.070385$$

4) P_1 和 h_1P_1 的求解

$$P_1 = -0.003938, \quad h_1P_1 = 0.000473$$

3. e_3^2 的求解

$$e_3^2=\frac{h_1P_1+h_2P_2+h_{03}\overleftarrow{P}_3+h_4\overleftarrow{P}_4}{2}=-1.570033$$

4. 规化光学系统

将上述数据整理代入 Zemax 程序验算可得系统 $S_1=0$，说明计算正确。对应的规化光学系统的结构参数如表 10.11 所示，规化光学系统与图 10.2 类似。

表 10.11　$h_4=-0.15$、$h_2=-0.12$、$\overleftarrow{u}_4'=-0.2$ 对应的规化光学系统的结构参数

Surf	Type	Radius	Thickness	Glass	Diameter	Conic
OBJ	Standard	Infinity	1.7058	—	0.0000	0.0000
1	Standard	0.7580	0.0080	K9	0.0200	0.0000
2	Standard	0.0601	0.8650	—	0.0200	0.0000
STO	Standard	−1.0000	−0.8650	MIRROR	0.2000	1.5700
4	Standard	0.0601	−0.0080	K9	0.0200	0.0000
5	Standard	0.7580	0.0080	MIRROR	0.0200	0.0000
6	Standard	0.0601	0.8650	—	0.0200	0.0000
7	Standard	−1.0000	−0.8650	MIRROR	0.2000	1.5700
8	Standard	0.0601	−0.0080	K9	0.0200	0.0000
9	Standard	0.7580	−1.7058	—	0.0200	0.0000
IMA	Standard	Infinity	—	—	0.0000	0.0000

10.3.3　自准角 $\overleftarrow{u}_4'=0$ 对应的规化光学系统

1. 面 4 和面 5 相关参数的求解

1) $\overleftarrow{l}_4'$ 和 r_4 的求解

$$\overleftarrow{u}_4'=\overleftarrow{u}_5=0,\quad \overleftarrow{l}_4'\to\infty,\quad r_4=0.078562$$

2) $\overleftarrow{P}_4$ 和 $h_4\overleftarrow{P}_4$ 的求解

$$\overleftarrow{P}_4=8.218517,\quad h_4\overleftarrow{P}_4=-1.232778$$

3) $\overleftarrow{l}_5$ 和自准面 r_5 的求解

$$\overleftarrow{d}_{45}=-0.008,\quad r_5=l_5'=\overleftarrow{l}_5\to\infty$$

2. 面 2 和面 1 相关参数的求解

1) l_2 和 u_2 的求解

$$l_2 = -0.786111, \quad u_2 = u_1' = 0.152650$$

2) P_2 和 h_2P_2 的求解

$$P_2 = 5.935637, \quad h_2P_2 = -0.712276$$

3) l_1、l_1'、h_1 和 u_1 的求解

$$l_1' = -0.778111, \quad h_1 = -0.118779$$

$$r_1 = r_5 \to \infty, \quad l_1 = -0.513718, \quad u_1 = 0.231214$$

4) P_1 和 h_1P_1 的求解

$$P_1 = -0.006973, \quad h_1P_1 = 0.000828$$

3. e_3^2 的求解

$$e_3^2 = \frac{h_1P_1 + h_2P_2 + h_{03}\overleftarrow{P}_3 + h_4\overleftarrow{P}_4}{2} = -0.971812$$

4. 规化光学系统

将上述数据整理代入 Zemax 程序验算可得系统 $S_1 = 0$，说明计算正确。对应的规化光学系统的结构参数如表 10.12 所示，规化光学系统与图 10.3 类似。

表 10.12　h_4=−0.15、h_2=−0.12、$\bar{u}_4' = 0$ 对应的规化光学系统的结构参数

Surf	Type	Radius	Thickness	Glass	Diameter	Conic
OBJ	Standard	Infinity	0.5137	—	0.0000	0.0000
1	Standard	Infinity	0.0080	K9	0.0200	0.0000
2	Standard	0.0786	0.8650	—	0.0200	0.0000
STO	Standard	−1.0000	−0.8650	MIRROR	0.2000	0.9718
4	Standard	0.0786	−0.0080	K9	0.0200	0.0000
5	Standard	Infinity	0.0080	MIRROR	0.0200	0.0000
6	Standard	0.0786	0.8650	—	0.0200	0.0000
7	Standard	−1.0000	−0.8650	MIRROR	0.2000	0.9718
8	Standard	0.0786	−0.0080	K9	0.0200	0.0000
9	Standard	Infinity	−0.5137	—	0.0200	0.0000
IMA	Standard	Infinity	—	—	0.0000	0.0000

10.3.4 自准角 $\bar{u}_4'=0.25$ 对应的规化光学系统

1. 面 4 和面 5 相关参数的求解

1) $\bar{l}_4'$ 和 r_4 的求解

$$\bar{u}_4' = \bar{u}_5 = 0.25,\quad \bar{l}_4' = -0.6,\quad r_4 = 0.127815$$

2) $\bar{P}_4$ 和 $h_4\bar{P}_4$ 的求解

$$\bar{P}_4 = 3.801305,\quad h_4\bar{P}_4 = -0.570196$$

3) $\bar{l}_5$ 和自准面 r_5 的求解

$$\bar{d}_{45} = -0.008,\quad r_5 = l_5' = \bar{l}_5 = -0.592$$

2. 面 2 和面 1 相关参数的求解

1) l_2 和 u_2 的求解

$$l_2 = -0.340280,\quad u_2 = u_1' = 0.352650$$

2) P_2 和 h_2P_2 的求解

$$P_2 = 3.002110,\quad h_2P_2 = -0.360253$$

3) l_1、l_1'、h_1 和 u_1 的求解

$$l_1' = -0.332280,\quad h_1 = -0.117179$$

$$r_1 = r_5 = -0.592,\quad l_1 = -0.271074,\quad u_1 = 0.432276$$

4) P_1 和 h_1P_1 的求解

$$P_1 = -0.010953,\quad h_1P_1 = 0.001283$$

3. e_3^2 的求解

$$e_3^2 = \frac{h_1P_1 + h_2P_2 + h_{03}\bar{P}_3 + h_4\bar{P}_4}{2} = -0.464282$$

4. 规化光学系统

将上述数据整理代入 Zemax 程序验算可得系统 $S_1 = 0$，说明计算正确。对应的规化光学系统的结构参数如表 10.13 所示，规化光学系统与图 10.4 类似。

表 10.13　$h_4=-0.15$、$h_2=-0.12$、$\bar{u}_4'=0.25$ 对应的规化光学系统的结构参数

Surf	Type	Radius	Thickness	Glass	Diameter	Conic
OBJ	Standard	Infinity	0.2711	—	0.0000	0.0000
1	Standard	−0.5920	0.0080	K9	0.0200	0.0000
2	Standard	0.1278	0.8650	—	0.0200	0.0000
STO	Standard	−1.0000	−0.8650	MIRROR	0.2000	0.4643
4	Standard	0.1278	−0.0080	K9	0.0200	0.0000
5	Standard	−0.5920	0.0080	MIRROR	0.0200	0.0000
6	Standard	0.1278	0.8650	—	0.0200	0.0000
7	Standard	−1.0000	−0.8650	MIRROR	0.2000	0.4643
8	Standard	0.1278	−0.0080	K9	0.0200	0.0000
9	Standard	−0.5920	−0.2711	—	0.0200	0.0000
IMA	Standard	Infinity	—	—	0.0000	0.0000

10.3.5　自准角 $\bar{u}_4'=0.5$ 对应的规化光学系统

1. 面 4 和面 5 相关参数的求解

1) $\overleftarrow{l}_4'$ 和 r_4 的求解

$$\bar{u}_4'=\bar{u}_5=0.5,\quad \overleftarrow{l}_4'=-0.3,\quad r_4=0.342611$$

2) $\overleftarrow{P}_4$ 和 $h_4\overleftarrow{P}_4$ 的求解

$$\overleftarrow{P}_4=1.316683,\quad h_4\overleftarrow{P}_4=-0.197503$$

3) $\overleftarrow{l}_5$ 和自准面 r_5 的求解

$$\overleftarrow{d}_{45}=-0.008,\quad r_5=l_5'=\overleftarrow{l}_5=-0.292$$

2. 面 2 和面 1 相关参数的求解

1) l_2 和 u_2 的求解

$$l_2=-0.217136,\quad u_2=u_1'=0.552650$$

2) P_2 和 h_2P_2 的求解

$$P_2=1.220328,\quad h_2P_2=-0.146439$$

3) l_1、l_1'、h_1 和 u_1 的求解

$$l_1'=-0.209136,\quad h_1=-0.115579$$

$$r_1 = r_5 = -0.292, \quad l_1 = -0.182483, \quad u_1 = 0.633366$$

4) P_1和h_1P_1的求解

$$P_1 = -0.015151, \quad h_1P_1 = 0.001751$$

3. e_3^2的求解

$$e_3^2 = \frac{h_1P_1 + h_2P_2 + h_{03}\bar{P}_3 + h_4\bar{P}_4}{2} = -0.170795$$

4. 规化光学系统

将上述数据整理代入 Zemax 程序验算可得系统$S_1 = 0$，说明计算正确。对应的规化光学系统的结构参数如表 10.14 所示，规化光学系统与图 10.5 类似。

表 10.14 $h_4 = -0.15$、$h_2 = -0.12$、$\bar{u}_4' = 0.5$ 对应的规化光学系统的结构参数

Surf	Type	Radius	Thickness	Glass	Diameter	Conic
OBJ	Standard	Infinity	0.1825	—	0.0000	0.0000
1	Standard	−0.2920	0.0080	K9	0.0200	0.0000
2	Standard	0.3426	0.8650	—	0.0200	0.0000
STO	Standard	−1.0000	−0.8650	MIRROR	0.2000	0.1708
4	Standard	0.3426	−0.0080	K9	0.0200	0.0000
5	Standard	−0.2920	0.0080	MIRROR	0.0200	0.0000
6	Standard	0.3426	0.8650	—	0.0200	0.0000
7	Standard	−1.0000	−0.8650	MIRROR	0.200	0.1708
8	Standard	0.3426	−0.0080	K9	0.0200	0.0000
9	Standard	−0.2920	−0.1825	—	0.0200	0.0000
IMA	Standard	Infinity	—	—	0.0000	0.0000

10.3.6 自准角 $\bar{u}_4' = 1.5$ 对应的规化光学系统

1. 面 4 和面 5 相关参数的求解

1) $\bar{l}_4'$和r_4的求解

$$\bar{u}_4' = \bar{u}_5 = 1.5, \quad \bar{l}_4' = -0.1, \quad r_4 = -0.059875$$

2) $\bar{P}_4$和$h_4\bar{P}_4$的求解

$$\bar{P}_4 = -0.017756, \quad h_4\bar{P}_4 = 0.002663$$

3) $\overleftarrow{l}_5$ 和自准面 r_5 的求解

$$\overleftarrow{d}_{45}=-0.008,\quad r_5=l_5'=\overleftarrow{l}_5=-0.092$$

2. 面 2 和面 1 相关参数的求解

1) l_2 和 u_2 的求解

$$l_2=-0.088715,\quad u_2=u_1'=1.352650$$

2) P_2 和 h_2P_2 的求解

$$P_2=0.121049,\quad h_2P_2=-0.014526$$

3) l_1、l_1'、h_1 和 u_1 的求解

$$l_1'=-0.080715,\quad h_1=-0.109179$$

$$r_1=r_5=-0.092,\quad l_1=-0.075922,\quad u_1=1.438045$$

4) P_1 和 h_1P_1 的求解

$$P_1=-0.034424,\quad h_1P_1=0.003758$$

3. e_3^2 的求解

$$e_3^2=\frac{h_1P_1+h_2P_2+h_{03}\overleftarrow{P}_3+h_4\overleftarrow{P}_4}{2}=-0.003751$$

4. 规化光学系统

将上述数据整理代入 Zemax 程序验算可得系统 $S_1=0$，说明计算正确。对应的规化光学系统的结构参数如表 10.15 所示，规化光学系统与图 10.6 类似。

表 10.15　$h_4=-0.15$、$h_2=-0.12$、$\overleftarrow{u}_4'=1.5$ 对应的规化光学系统的结构参数

Surf	Type	Radius	Thickness	Glass	Diameter	Conic
OBJ	Standard	Infinity	0.0759	—	0.0000	0.0000
1	Standard	−0.0920	0.0080	K9	0.0200	0.0000
2	Standard	−0.0599	0.8650	—	0.0200	0.0000
STO	Standard	−1.0000	−0.8650	MIRROR	0.2000	0.0038
4	Standard	−0.0599	−0.0080	K9	0.0200	0.0000
5	Standard	−0.0920	0.0080	MIRROR	0.0200	0.0000
6	Standard	−0.0599	0.8650	—	0.0200	0.0000

续表

Surf	Type	Radius	Thickness	Glass	Diameter	Conic
7	Standard	−1.0000	−0.8650	MIRROR	0.2000	0.0038
8	Standard	−0.0599	−0.0080	K9	0.0200	0.0000
9	Standard	−0.0920	−0.0759	—	0.0200	0.0000
IMA	Standard	Infinity	—	—	0.0000	0.0000

10.4　h_4=−0.175、h_2=−0.14 对应的规化光学系统

如图 10.1 所示，设定规化值 $h_4=-0.175$ 和 $h_2=-0.14$，按照 10.1 节的计算方法求解不同自准角 $\overleftarrow{u}'_4$ 对应的规化光学系统。

10.4.1　待检凹非球面相关参数的求解

1. u_3、$\overleftarrow{u}'_3$、l_3、$\overleftarrow{l}'_3$ 和 $\overleftarrow{P}_3$、$h_{03}\overleftarrow{P}_3$ 的求解

1) u_3、$\overleftarrow{u}'_3$、l_3 和 $\overleftarrow{l}'_3$ 的求解

已知 $h_{03}=-1$、$h_4=-0.175$、$h_2=-0.14$，根据式(5.9)有

$$u_3=u'_2=1.020772,\quad l_3=-0.979651$$

$$\overleftarrow{u}'_3=\overleftarrow{u}_4=0.979228,\quad \overleftarrow{l}'_3=-1.021212$$

2) $\overleftarrow{P}_3$ 和 $h_{03}\overleftarrow{P}_3$ 的求解

已知 $u_3=1.020772$、$\overleftarrow{u}'_3=0.979228$、$h_{03}=-1$，有

$$\overleftarrow{P}_3=-0.000863,\quad h_{03}\overleftarrow{P}_3=0.000863$$

2. $\overleftarrow{l}_4$、$\overleftarrow{d}_{34}$、l'_2 和 d_{23} 的求解

1) $\overleftarrow{l}_4$ 和 l'_2 的求解

已知 $h_4=-0.175$、$\overleftarrow{u}_4=0.979228$、$h_2=-0.14$、$u'_2=1.020772$，有

$$\overleftarrow{l}_4=-0.178712,\quad l'_2=-0.137151$$

2) $\overleftarrow{d}_{34}$ 和 d_{23} 的求解

已知 $\overleftarrow{l}_4=-0.178712$、$\overleftarrow{l}'_3=-1.021212$、$l_3=-0.979651$、$l'_2=-0.137151$，根据转面公式有

$$\overleftarrow{d}_{34}=-0.8425,\quad d_{23}=0.8425$$

下面给出不同自准角 $\bar{u}_4'$ 对应规化光学系统的计算结果。

10.4.2　自准角 $\bar{u}_4'=-0.2$ 对应的规化光学系统

1. 面 4 和面 5 相关参数的求解

1) $\overleftarrow{l}_4'$ 和 r_4 的求解

$$\bar{u}_4' = \bar{u}_5 = -0.2, \quad \overleftarrow{l}_4' = 0.875, \quad r_4 = 0.070246$$

2) $\overleftarrow{P}_4$ 和 $h_4\overleftarrow{P}_4$ 的求解

$$\overleftarrow{P}_4 = 13.384462, \quad h_4\overleftarrow{P}_4 = -2.342281$$

3) $\overleftarrow{l}_5$ 和自准面 r_5 的求解

$$\overleftarrow{d}_{45} = -0.008, \quad r_5 = l_5' = \overleftarrow{l}_5 = 0.883$$

2. 面 2 和面 1 相关参数的求解

1) l_2 和 u_2 的求解

$$l_2 = 42.774035, \quad u_2 = u_1' = -0.003273$$

2) P_2 和 h_2P_2 的求解

$$P_2 = 9.291154, \quad h_2P_2 = 1.300762$$

3) l_1、l_1'、h_1 和 u_1 的求解

$$l_1' = 42.782035, \quad h_1 = -0.140026$$

$$r_1 = r_5 = 0.883, \quad l_1 = -1.826637, \quad u_1 = 0.076658$$

4) P_1 和 h_1P_1 的求解

$$P_1 = -0.004362, \quad h_1P_1 = 0.000611$$

3. e_3^2 的求解

$$e_3^2 = \frac{h_1P_1 + h_2P_2 + h_{03}\overleftarrow{P}_3 + h_4\overleftarrow{P}_4}{2} = -1.820784$$

4. 规化光学系统

将上述数据整理代入 Zemax 程序验算可得系统 $S_1 = 0$，说明计算正确。对应的

规化光学系统的结构参数如表 10.16 所示，规化光学系统与图 10.2 类似。

表 10.16 $h_4=-0.175$、$h_2=-0.14$、$\bar{u}_4'=-0.2$ 对应的规化光学系统的结构参数

Surf	Type	Radius	Thickness	Glass	Diameter	Conic
OBJ	Standard	Infinity	1.8266	—	0.0000	0.0000
1	Standard	0.8830	0.0080	K9	0.0200	0.0000
2	Standard	0.0702	0.8425	—	0.0200	0.0000
STO	Standard	−1.0000	−0.8425	MIRROR	0.2000	1.8208
4	Standard	0.0702	−0.0080	K9	0.0200	0.0000
5	Standard	0.8830	0.0080	MIRROR	0.0200	0.0000
6	Standard	0.0702	0.8425	—	0.0200	0.0000
7	Standard	−1.0000	−0.8425	MIRROR	0.2000	1.8208
8	Standard	0.0702	−0.0080	K9	0.0200	0.0000
9	Standard	0.8830	−1.8266	—	0.0200	0.0000
IMA	Standard	Infinity	—	—	0.0000	0.0000

10.4.3 自准角 $\bar{u}_4'=0$ 对应的规化光学系统

1. 面 4 和面 5 相关参数的求解

1) $\overleftarrow{l}_4'$ 和 r_4 的求解

$$\bar{u}_5=\bar{u}_4'=0,\quad \overleftarrow{l}_4'\to\infty,\quad r_4=0.091977$$

2) $\overleftarrow{P}_4$ 和 $h_4\overleftarrow{P}_4$ 的求解

$$\overleftarrow{P}_4=8.132745,\quad h_4\overleftarrow{P}_4=-1.423230$$

3) $\overleftarrow{l}_5$ 和自准面 r_5 的求解

$$\overleftarrow{d}_{45}=-0.008,\quad r_5=l_5'=\overleftarrow{l}_5=\overleftarrow{l}_4'-\overleftarrow{d}_{45}\to\infty$$

2. 面 2 和面 1 相关参数的求解

1) l_2 和 u_2 的求解

$$l_2=-0.893273,\quad u_2=u_1'=0.156727$$

2) P_2 和 h_2P_2 的求解

$$P_2=5.931546,\quad h_2P_2=-0.830416$$

3) l_1、l_1'、h_1 和 u_1 的求解

$$l_1' = -0.885273, \quad h_1 = -0.138746$$

$$r_1 = r_5 \to \infty, \quad l_1 = -0.584468, \quad u_1 = 0.237389$$

4) P_1 和 h_1P_1 的求解

$$P_1 = -0.007547, \quad h_1P_1 = 0.001047$$

3. e_3^2 的求解

$$e_3^2 = \frac{h_1P_1 + h_2P_2 + h_{03}\bar{P}_3 + h_4\bar{P}_4}{2} = -1.125868$$

4. 规化光学系统

将上述数据整理代入 Zemax 程序验算可得系统 $S_1 = 0$，说明计算正确。对应的规化光学系统的结构参数如表 10.17 所示，规化光学系统与图 10.3 类似。

表 10.17　$h_4 = -0.175$、$h_2 = -0.14$、$\bar{u}_4' = 0$ 对应的规化光学系统的结构参数

Surf	Type	Radius	Thickness	Glass	Diameter	Conic
OBJ	Standard	Infinity	0.5845	—	0.0000	0.0000
1	Standard	Infinity	0.0080	K9	0.0200	0.0000
2	Standard	0.0920	0.8425	—	0.0200	0.0000
STO	Standard	−1.0000	−0.8425	MIRROR	0.2000	1.1259
4	Standard	0.0920	−0.0080	K9	0.0200	0.0000
5	Standard	Infinity	0.0080	MIRROR	0.0200	0.0000
6	Standard	0.0920	0.8425	—	0.0200	0.0000
7	Standard	−1.0000	−0.8425	MIRROR	0.2000	1.1259
8	Standard	0.0920	−0.0080	K9	0.0200	0.0000
9	Standard	Infinity	−0.5845	—	0.0200	0.0000
IMA	Standard	Infinity	—	—	0.0000	0.0000

10.4.4　自准角 $\bar{u}_4' = 0.25$ 对应的规化光学系统

1. 面 4 和面 5 相关参数的求解

1) $\bar{l}_4'$ 和 r_4 的求解

$$\bar{u}_4' = \bar{u}_5 = 0.25, \quad \bar{l}_4' = -0.7, \quad r_4 = 0.149970$$

2) $\bar{P}_4$ 和 $h_4\bar{P}_4$ 的求解

$$\bar{P}_4 = 3.749991, \quad h_4\bar{P}_4 = -0.656248$$

3) $\bar{l}_5$ 和自准面 r_5 的求解

$$\bar{d}_{45} = -0.008, \quad r_5 = l_5' = \bar{l}_5 = -0.692$$

2. 面 2 和面 1 相关参数的求解

1) l_2 和 u_2 的求解

$$l_2 = -0.392457, \quad u_2 = u_1' = 0.356727$$

2) P_2 和 h_2P_2 的求解

$$P_2 = 2.999098, \quad h_2P_2 = -0.419874$$

3) l_1、l_1'、h_1 和 u_1 的求解

$$l_1' = -0.384457, \quad h_1 = -0.137146$$

$$r_1 = r_5 = -0.692, \quad l_1 = -0.312890, \quad u_1 = 0.438321$$

4) P_1 和 h_1P_1 的求解

$$P_1 = -0.011695, \quad h_1P_1 = 0.001604$$

3. e_3^2 的求解

$$e_3^2 = \frac{h_1P_1 + h_2P_2 + h_{03}\bar{P}_3 + h_4\bar{P}_4}{2} = -0.536828$$

4. 规化光学系统

将上述数据整理代入 Zemax 程序验算可得系统 $S_1 = 0$，说明计算正确。对应的规化光学系统的结构参数如表 10.18 所示，规化光学系统与图 10.4 类似。

表 10.18　$h_4 = -0.175$、$h_2 = -0.14$、$\bar{u}_4' = 0.25$ 对应的规化光学系统的结构参数

Surf	Type	Radius	Thickness	Glass	Diameter	Conic
OBJ	Standard	Infinity	0.3129	—	0.0000	0.0000
1	Standard	−0.6920	0.0080	K9	0.0200	0.0000
2	Standard	0.1500	0.8425	—	0.0200	0.0000
STO	Standard	−1.0000	−0.8425	MIRROR	0.2000	0.5368
4	Standard	0.1500	−0.0080	K9	0.0200	0.0000

续表

Surf	Type	Radius	Thickness	Glass	Diameter	Conic
5	Standard	−0.6920	0.0080	MIRROR	0.0200	0.0000
6	Standard	0.1500	0.8425	—	0.0200	0.0000
7	Standard	−1.0000	−0.8425	MIRROR	0.2000	0.5368
8	Standard	0.1500	−0.0080	K9	0.0200	0.0000
9	Standard	−0.6920	−0.3129	—	0.0200	0.0000
IMA	Standard	Infinity	—	—	0.0000	0.0000

10.4.5　自准角 $\bar{u}_4'=0.5$ 对应的规化光学系统

1. 面 4 和面 5 相关参数的求解

1) $\bar{l}_4'$ 和 r_4 的求解

$$\bar{u}_4'=\bar{u}_5=0.5,\quad \bar{l}_4'=-0.35,\quad r_4=0.405893$$

2) $\bar{P}_4$ 和 $h_4\bar{P}_4$ 的求解

$$\bar{P}_4=1.291210,\quad h_4\bar{P}_4=-0.225962$$

3) $\bar{l}_5$ 和自准面 r_5 的求解

$$\bar{d}_{45}=-0.008,\quad r_5=l_5'=\bar{l}_5=-0.342$$

2. 面 2 和面 1 相关参数的求解

1) l_2 和 u_2 的求解

$$l_2=-0.251470,\quad u_2=u_1'=0.556727$$

2) P_2 和 h_2P_2 的求解

$$P_2=1.218315,\quad h_2P_2=-0.170564$$

3) l_1、l_1'、h_1 和 u_1 的求解

$$l_1'=-0.243470,\quad h_1=-0.135546$$

$$r_1=r_5=-0.342,\quad l_1=-0.212031,\quad u_1=0.639276$$

4) P_1 和 h_1P_1 的求解

$$P_1=-0.016037,\quad h_1P_1=0.002174$$

3. e_3^2 的求解

$$e_3^2=\frac{h_1P_1+h_2P_2+h_{03}\overleftarrow{P}_3+h_4\overleftarrow{P}_4}{2}=-0.196745$$

4. 规化光学系统

将上述数据整理代入 Zemax 程序验算可得系统 $S_1=0$，说明计算正确。对应的规化光学系统的结构参数如表 10.19 所示，规化光学系统与图 10.5 类似。

表 10.19　$h_4=-0.175$、$h_2=-0.14$、$\bar{u}_4'=0.5$ 对应的规化光学系统的结构参数

Surf	Type	Radius	Thickness	Glass	Diameter	Conic
OBJ	Standard	Infinity	0.2120	—	0.0000	0.0000
1	Standard	−0.3420	0.0080	K9	0.0200	0.0000
2	Standard	0.4059	0.8425	—	0.0200	0.0000
STO	Standard	−1.0000	−0.8425	MIRROR	0.2000	0.1967
4	Standard	0.4059	−0.0080	K9	0.0200	0.0000
5	Standard	−0.3420	0.0080	MIRROR	0.0200	0.0000
6	Standard	0.4059	0.8425	—	0.0200	0.0000
7	Standard	−1.0000	−0.8425	MIRROR	0.2000	0.1967
8	Standard	0.4059	−0.0080	K9	0.0200	0.0000
9	Standard	−0.3420	−0.2120	—	0.0200	0.0000
IMA	Standard	Infinity	—	—	0.0000	0.0000

10.4.6　自准角 $\bar{u}_4'=1.5$ 对应的规化光学系统

1. 面 4 和面 5 相关参数的求解

1) $\overleftarrow{l}_4'$ 和 r_4 的求解

$$\bar{u}_4'=\bar{u}_5=1.5,\quad \overleftarrow{l}_4'=-0.116667,\quad r_4=-0.069669$$

2) $\overleftarrow{P}_4$ 和 $h_4\overleftarrow{P}_4$ 的求解

$$\overleftarrow{P}_4=-0.026051,\quad h_4\overleftarrow{P}_4=0.004559$$

3) $\overleftarrow{l}_5$ 和自准面 r_5 的求解

$$\overleftarrow{d}_{45}=-0.008,\quad r_5=l_5'=\overleftarrow{l}_5=-0.108667$$

2. 面 2 和面 1 相关参数的求解

1) l_2 和 u_2 的求解

$$l_2 = -0.103190, \quad u_2 = u_1' = 1.356727$$

2) P_2 和 h_2P_2 的求解

$$P_2 = 0.122239, \quad h_2P_2 = -0.017113$$

3) l_1、l_1'、h_1 和 u_1 的求解

$$l_1' = -0.095190, \quad h_1 = -0.129146$$

$$r_1 = r_5 = -0.108667, \quad l_1 = -0.089478, \quad u_1 = 1.443327$$

4) P_1 和 h_1P_1 的求解

$$P_1 = -0.035570, \quad h_1P_1 = 0.004594$$

3. e_3^2 的求解

$$e_3^2 = \frac{h_1P_1 + h_2P_2 + h_{03}\bar{P}_3 + h_4\bar{P}_4}{2} = -0.003549$$

4. 规化光学系统

将上述数据整理代入 Zemax 程序验算可得系统 $S_1 = 0$，说明计算正确。对应的规化光学系统的结构参数如表 10.20 所示，规化光学系统与图 10.6 类似。

表 10.20　$h_4 = -0.175$、$h_2 = -0.14$、$\bar{u}_4' = 1.5$ 对应的规化光学系统的结构参数

Surf	Type	Radius	Thickness	Glass	Diameter	Conic
OBJ	Standard	Infinity	0.0895	—	0.0000	0.0000
1	Standard	−0.1087	0.0080	K9	0.0200	0.0000
2	Standard	−0.0697	0.8425	—	0.0200	0.0000
STO	Standard	−1.0000	−0.8425	MIRROR	0.2000	0.0035
4	Standard	−0.0697	−0.0080	K9	0.0200	0.0000
5	Standard	−0.1087	0.0080	MIRROR	0.0200	0.0000
6	Standard	−0.0697	0.8425	—	0.0200	0.0000
7	Standard	−1.0000	−0.8425	MIRROR	0.2000	0.0035
8	Standard	−0.0697	−0.0080	K9	0.0200	0.0000
9	Standard	−0.1087	−0.0895	—	0.0200	0.0000
IMA	Standard	Infinity	—	—	0.0000	0.0000

10.5 h_4=−0.2、h_2=−0.16 对应的规化光学系统

如图 10.1 所示，设定规化值 $h_4=-0.2$ 和 $h_2=-0.16$，按照 10.1 节的计算方法求解不同自准角 $\bar{u}_4'$ 对应的规化光学系统。

10.5.1 待检凹非球面相关参数的求解

1. u_3、$\bar{u}_3'$、l_3、$\bar{l}_3'$ 和 $\bar{P}_3$、$h_{03}\bar{P}_3$ 的求解

1) u_3、$\bar{u}_3'$、l_3 和 $\bar{l}_3'$ 的求解

已知 $h_{03}=-1$、$h_4=-0.2$、$h_2=-0.16$，根据式(5.9)有

$$u_3=u_2'=1.024390,\quad l_3=-0.976190$$

$$\bar{u}_3'=\bar{u}_4=0.975610,\quad \bar{l}_3'=-1.025$$

2) $\bar{P}_3$ 和 $h_{03}\bar{P}_3$ 的求解

已知 $u_3=1.024390$、$\bar{u}_3'=0.975610$、$h_{03}=-1$，有

$$\bar{P}_3=-0.001190,\quad h_{03}\bar{P}_3=0.001190$$

2. $\bar{l}_4$、$\bar{d}_{34}$、l_2' 和 d_{23} 的求解

1) $\bar{l}_4$ 和 l_2' 的求解

已知 $h_4=-0.2$、$\bar{u}_4=0.975610$、$h_2=-0.16$、$u_2'=1.024390$，有

$$\bar{l}_4=-0.205,\quad l_2'=-0.156190$$

2) $\bar{d}_{34}$ 和 d_{23} 的求解

已知 $\bar{l}_4=-0.205$、$\bar{l}_3'=-1.025$、$l_3=-0.976190$、$l_2'=-0.156190$，根据转面公式有

$$\bar{d}_{34}=-0.82,\quad d_{23}=0.82$$

下面给出不同自准角 $\bar{u}_4'$ 对应规化光学系统的计算结果。

10.5.2 自准角 $\bar{u}_4'$=−0.2 对应的规化光学系统

1. 面 4 和面 5 相关参数的求解

1) $\bar{l}_4'$ 和 r_4 的求解

$$\bar{u}_4'=\bar{u}_5=-0.2,\quad \bar{l}_4'=1,\quad r_4=0.080508$$

2) $\overleftarrow{P}_4$ 和 $h_4\overleftarrow{P}_4$ 的求解

$$\overleftarrow{P}_4 = 13.259124, \quad h_4\overleftarrow{P}_4 = -2.651825$$

3) $\overleftarrow{l}_5$ 和自准面 r_5 的求解

$$\overleftarrow{d}_{45} = -0.008, \quad r_5 = l_5' = \overleftarrow{l}_5 = 1.008$$

2. 面 2 和面 1 相关参数的求解

1) l_2 和 u_2 的求解

$$l_2 = -155.729593, \quad u_2 = u_1' = 0.001027$$

2) P_2 和 h_2P_2 的求解

$$P_2 = 9.285858, \quad h_2P_2 = -1.485737$$

3) l_1、l_1'、h_1 和 u_1 的求解

$$l_1' = -155.721593, \quad h_1 = -0.159992$$

$$r_1 = r_5 = 1.008, \quad l_1 = -1.921946, \quad u_1 = 0.083245$$

4) P_1 和 h_1P_1 的求解

$$P_1 = -0.004834, \quad h_1P_1 = 0.000773$$

3. e_3^2 的求解

$$e_3^2 = \frac{h_1P_1 + h_2P_2 + h_{03}\overleftarrow{P}_3 + h_4\overleftarrow{P}_4}{2} = -2.067799$$

4. 规化光学系统

将上述数据整理代入 Zemax 程序验算可得系统 $S_1 = 0$，说明计算正确。对应的规化光学系统的结构参数如表 10.21 所示，规化光学系统与图 10.2 类似。

表 10.21　$h_4=-0.2$、$h_2=-0.16$、$\overleftarrow{u}_4'=-0.2$ 对应的规化光学系统的结构参数

Surf	Type	Radius	Thickness	Glass	Diameter	Conic
OBJ	Standard	Infinity	1.9219	—	0.0000	0.0000
1	Standard	1.0080	0.0080	K9	0.0200	0.0000
2	Standard	0.0805	0.8200	—	0.0200	0.0000
STO	Standard	−1.0000	−0.8200	MIRROR	0.2000	2.0678
4	Standard	0.0805	−0.0080	K9	0.0200	0.0000

续表

Surf	Type	Radius	Thickness	Glass	Diameter	Conic
5	Standard	1.0080	0.0080	MIRROR	0.0200	0.0000
6	Standard	0.0805	0.8200	—	0.0200	0.0000
7	Standard	−1.0000	−0.8200	MIRROR	0.2000	2.0678
8	Standard	0.0805	−0.0080	K9	0.0200	0.0000
9	Standard	1.0080	−1.9219	—	0.0200	0.0000
IMA	Standard	Infinity	—	—	0.0000	0.0000

10.5.3 自准角 $\overleftarrow{u}'_4=0$ 对应的规化光学系统

1. 面 4 和面 5 相关参数的求解

1) $\overleftarrow{l}'_4$ 和 r_4 的求解

$$\overleftarrow{u}'_4=\overleftarrow{u}_5=0,\quad \overleftarrow{l}'_4\to\infty,\quad r_4=0.105506$$

2) $\overleftarrow{P}_4$ 和 $h_4\overleftarrow{P}_4$ 的求解

$$\overleftarrow{P}_4=8.042914,\quad h_4\overleftarrow{P}_4=-1.608583$$

3) $\overleftarrow{l}_5$ 和自准面 r_5 的求解

$$\overleftarrow{d}_{45}=-0.008,\quad r_5=l'_5=\overleftarrow{l}_5\to\infty$$

2. 面 2 和面 1 相关参数的求解

1) l_2 和 u_2 的求解

$$l_2=-0.993620,\quad u_2=u'_1=0.161027$$

2) P_2 和 h_2P_2 的求解

$$P_2=5.927223,\quad h_2P_2=-0.948356$$

3) l_1、l'_1、h_1 和 u_1 的求解

$$l'_1=-0.985620,\quad h_1=-0.158712$$

$$r_1=r_5\to\infty,\quad l_1=-0.650718,\quad u_1=0.243902$$

4) P_1 和 h_1P_1 的求解

$$P_1=-0.008185,\quad h_1P_1=0.001299$$

3. e_3^2 的求解

$$e_3^2 = \frac{h_1 P_1 + h_2 P_2 + h_{03}\bar{P}_3 + h_4 \bar{P}_4}{2} = -1.277225$$

4. 规化光学系统

将上述数据整理代入 Zemax 程序验算可得系统 $S_1 = 0$，说明计算正确。对应的规化光学系统的结构参数如表 10.22 所示，规化光学系统与图 10.3 类似。

表 10.22　$h_4=-0.2$、$h_2=-0.16$、$\bar{u}_4'=0$ 对应的规化光学系统的结构参数

Surf	Type	Radius	Thickness	Glass	Diameter	Conic
OBJ	Standard	Infinity	0.6507	—	0.0000	0.0000
1	Standard	Infinity	0.0080	K9	0.0200	0.0000
Surf	Type	Radius	Thickness	Glass	Diameter	Conic
2	Standard	0.1055	0.8200	—	0.0200	0.0000
STO	Standard	−1.0000	−0.8200	MIRROR	0.2000	1.2772
4	Standard	0.1055	−0.0080	K9	0.0200	0.0000
5	Standard	Infinity	0.0080	MIRROR	0.0200	0.0000
6	Standard	0.1055	0.8200	—	0.0200	0.0000
7	Standard	−1.0000	−0.8200	MIRROR	0.2000	1.2772
8	Standard	0.1055	−0.0080	K9	0.0200	0.0000
9	Standard	Infinity	−0.6507	—	0.0200	0.0000
IMA	Standard	Infinity	—	—	0.0000	0.0000

10.5.4　自准角 $\bar{u}_4'=0.25$ 对应的规化光学系统

1. 面 4 和面 5 相关参数的求解

1) $\bar{l}_4'$ 和 r_4 的求解

$$\bar{u}_4' = \bar{u}_5 = 0.25, \quad \bar{l}_4' = -0.8, \quad r_4 = 0.172433$$

2) $\bar{P}_4$ 和 $h_4\bar{P}_4$ 的求解

$$\bar{P}_4 = 3.696363, \quad h_4\bar{P}_4 = -0.739273$$

3) $\bar{l}_5$ 和自准面 r_5 的求解

$$\overleftarrow{d}_{45} = -0.008, \quad r_5 = l_5' = \overleftarrow{l}_5 = -0.792$$

2. 面 2 和面 1 相关参数的求解

1) l_2 和 u_2 的求解

$$l_2 = -0.443180, \quad u_2 = u_1' = 0.361027$$

2) P_2 和 h_2P_2 的求解

$$P_2 = 2.995914, \quad h_2P_2 = -0.479346$$

3) l_1、l_1'、h_1 和 u_1 的求解

$$l_1' = -0.43518, \quad h_1 = -0.157112, \quad r_1 = r_5 = -0.792$$

$$l_1 = -0.353267, \quad u_1 = 0.444740$$

4) P_1 和 h_1P_1 的求解

$$P_1 = -0.012527, \quad h_1P_1 = 0.001968$$

3. e_3^2 的求解

$$e_3^2 = \frac{h_1P_1 + h_2P_2 + h_{03}\overleftarrow{P}_3 + h_4\overleftarrow{P}_4}{2} = -0.607731$$

4. 规化光学系统

将上述数据整理代入 Zemax 程序验算可得系统 $S_1 = 0$，说明计算正确。对应的规化光学系统的结构参数如表 10.23 所示，规化光学系统与图 10.4 类似。

表 10.23　$h_4=-0.2$、$h_2=-0.16$、$\overleftarrow{u}_4'=0.25$ 对应的规化光学系统的结构参数

Surf	Type	Radius	Thickness	Glass	Diameter	Conic
OBJ	Standard	Infinity	0.3533	—	0.0000	0.0000
1	Standard	−0.7920	0.0080	K9	0.0200	0.0000
2	Standard	0.1724	0.8200	—	0.0200	0.0000
STO	Standard	−1.0000	−0.8200	MIRROR	0.2000	0.6077
4	Standard	0.1724	−0.0080	K9	0.0200	0.0000
5	Standard	−0.7920	0.0080	MIRROR	0.0200	0.0000

续表

Surf	Type	Radius	Thickness	Glass	Diameter	Conic
6	Standard	0.1724	0.8200	—	0.0200	0.0000
7	Standard	−1.0000	−0.8200	MIRROR	0.2000	0.6077
8	Standard	0.1724	−0.0080	K9	0.0200	0.0000
9	Standard	−0.7920	−0.3533	—	0.0200	0.0000
IMA	Standard	Infinity	—		0.0000	0.0000

10.5.5　自准角 $\overleftarrow{u}'_4 = 0.5$ 对应的规化光学系统

1. 面 4 和面 5 相关参数的求解

1) $\overleftarrow{l}'_4$ 和 r_4 的求解

$$\overleftarrow{u}'_4 = \overleftarrow{u}_5 = 0.5,\quad \overleftarrow{l}'_4 = -0.4,\quad r_4 = 0.471568$$

2) $\overleftarrow{P}_4$ 和 $h_4\overleftarrow{P}_4$ 的求解

$$\overleftarrow{P}_4 = 1.264693,\quad h_4\overleftarrow{P}_4 = -0.252939$$

3) $\overleftarrow{l}_5$ 和自准面 r_5 的求解

$$\overleftarrow{d}_{45} = -0.008,\quad r_5 = l'_5 = \overleftarrow{l}_5 = -0.392$$

2. 面 2 和面 1 相关参数的求解

1) l_2 和 u_2 的求解

$$l_2 = -0.285191,\quad u_2 = u'_1 = 0.561027$$

2) P_2 和 h_2P_2 的求解

$$P_2 = 1.216187,\quad h_2P_2 = -0.194590$$

3) l_1、l'_1、h_1 和 u_1 的求解

$$l'_1 = -0.277191,\quad h_1 = -0.155512$$

$$r_1 = r_5 = -0.392,\quad l_1 = -0.240882,\quad u_1 = 0.645594$$

4) P_1 和 h_1P_1 的求解

$$P_1 = -0.017046,\quad h_1P_1 = 0.002651$$

3. e_3^2的求解

$$e_3^2 = \frac{h_1 P_1 + h_2 P_2 + h_{03}\overleftarrow{P}_3 + h_4 \overleftarrow{P}_4}{2} = -0.221844$$

4. 规化光学系统

将上述数据整理代入 Zemax 程序验算可得系统 $S_1 = 0$，说明计算正确。对应的规化光学系统的结构参数如表 10.24 所示，规化光学系统与图 10.5 类似。

表 10.24　$h_4 = -0.2$、$h_2 = -0.16$、$\overleftarrow{u}_4' = 0.5$ 对应的规化光学系统的结构参数

Surf	Type	Radius	Thickness	Glass	Diameter	Conic
OBJ	Standard	Infinity	0.2409	—	0.0000	0.0000
1	Standard	−0.3920	0.0080	K9	0.0200	0.0000
2	Standard	0.4716	0.8200	—	0.0200	0.0000
STO	Standard	−1.0000	−0.8200	MIRROR	0.2000	0.2218
4	Standard	0.4716	−0.0080	K9	0.0200	0.0000
5	Standard	−0.3920	0.0080	MIRROR	0.0200	0.0000
6	Standard	0.4716	0.8200	—	0.0200	0.0000
7	Standard	−1.0000	−0.8200	MIRROR	0.2000	0.2218
8	Standard	0.4716	−0.0080	K9	0.0200	0.0000
9	Standard	−0.3920	−0.2409	—	0.0200	0.0000
IMA	Standard	Infinity	—	—	0.0000	0.0000

10.5.6　自准角 $\overleftarrow{u}_4' = 1.5$ 对应的规化光学系统

1. 面 4 和面 5 相关参数的求解

1) $\overleftarrow{l}_4'$和 r_4 的求解

$$\overleftarrow{u}_4' = \overleftarrow{u}_5 = 1.5, \quad \overleftarrow{l}_4' = -0.133333, \quad r_4 = -0.0794$$

2) $\overleftarrow{P}_4$ 和 $h_4\overleftarrow{P}_4$ 的求解

$$\overleftarrow{P}_4 = -0.035033, \quad h_4\overleftarrow{P}_4 = 0.007007$$

3) $\overleftarrow{l}_5$ 和自准面 r_5 的求解

$$\overleftarrow{d}_{45} = -0.008, \quad r_5 = l_5' = \overleftarrow{l}_5 = -0.125333$$

2. 面 2 和面 1 相关参数的求解

1) l_2 和 u_2 的求解

$$l_2 = -0.117558, \quad u_2 = u_1' = 1.361027$$

2) P_2 和 h_2P_2 的求解

$$P_2 = 0.123501, \quad h_2P_2 = -0.019760$$

3) l_1、l_1'、h_1 和 u_1 的求解

$$l_1' = -0.109558, \quad h_1 = -0.149112, \quad r_1 = r_5 = -0.125333$$

$$l_1 = -0.102893, \quad u_1 = 1.449192$$

4) P_1 和 h_1P_1 的求解

$$P_1 = -0.037071, \quad h_1P_1 = 0.005528$$

3. e_3^2 的求解

$$e_3^2 = \frac{h_1P_1 + h_2P_2 + h_{03}\bar{P}_3 + h_4\bar{P}_4}{2} = -0.003018$$

4. 规化光学系统

将上述数据整理代入 Zemax 程序验算可得系统 $S_1 = 0$，说明计算正确。对应的规化光学系统的结构参数如表 10.25 所示，规化光学系统与图 10.6 类似。

表 10.25　$h_4=-0.2$、$h_2=-0.16$、$\bar{u}_4'=1.5$ 对应的规化光学系统的结构参数

Surf	Type	Radius	Thickness	Glass	Diameter	Conic
OBJ	Standard	Infinity	0.1029	—	0.0000	0.0000
1	Standard	−0.1253	0.0080	K9	0.0200	0.0000
2	Standard	−0.0794	0.8200	—	0.0200	0.0000
STO	Standard	−1.0000	−0.8200	MIRROR	0.2000	0.0030
4	Standard	−0.0794	−0.0080	K9	0.0200	0.0000
5	Standard	−0.1253	0.0080	MIRROR	0.0200	0.0000
6	Standard	−0.0794	0.8200	—	0.0200	0.0000
7	Standard	−1.0000	−0.8200	MIRROR	0.2000	0.0030

续表

Surf	Type	Radius	Thickness	Glass	Diameter	Conic
8	Standard	−0.0794	−0.0080	K9	0.0200	0.0000
9	Standard	−0.1253	−0.1029	—	0.0200	0.0000
IMA	Standard	Infinity	—	—	0.0000	0.0000

10.6 本 章 小 结

本章在规化条件下，根据三级像差理论，对自准校正透镜位于共轭前点前的规化光学系统进行了计算和分析，为今后进行实际凹非球面检验光学系统设计奠定了理论基础。

根据 10.1～10.5 节的计算数据绘制 $\bar{u}_4'$-e_3^2 关系曲线，并对自准校正透镜位于共轭前点前的凹非球面检验总结如下。

1. $\bar{u}_4'$-e_3^2 关系数据

1) $h_4=-0.1$、$h_2=-0.08$ 时不同 $\bar{u}_4'$ 对应的 e_3^2 值

$h_4=-0.1$、$h_2=-0.08$ 时不同 $\bar{u}_4'$ 对应的 e_3^2 值如表 10.26 所示。

表 10.26　$h_4=-0.1$、$h_2=-0.08$ 时不同 $\bar{u}_4'$ 对应的 e_3^2 值

编号	$\bar{u}_4'$	e_3^2
1	−0.2	−1.058329
2	0	−0.656317
3	0.25	−0.314688
4	0.5	−0.116556
5	1.5	−0.003316

2) $h_4=-0.125$、$h_2=-0.1$ 时不同 $\bar{u}_4'$ 对应的 e_3^2 值

$h_4=-0.125$、$h_2=-0.1$ 时不同 $\bar{u}_4'$ 对应的 e_3^2 值如表 10.27 所示。

表 10.27　$h_4=-0.125$、$h_2=-0.1$ 时不同 $\bar{u}_4'$ 对应的 e_3^2 值

编号	$\bar{u}_4'$	e_3^2
1	−0.2	−1.315803
2	0	−0.815239
3	0.25	−0.390202
4	0.5	−0.144049
5	1.5	−0.003663

3) $h_4=-0.15$、$h_2=-0.12$时不同$\bar{u}_4'$对应的e_3^2值

$h_4=-0.15$、$h_2=-0.12$时不同$\bar{u}_4'$对应的e_3^2值如表10.28所示。

表10.28　$h_4=-0.15$、$h_2=-0.12$时不同$\bar{u}_4'$对应的e_3^2值

编号	$\bar{u}_4'$	e_3^2
1	−0.2	−1.570033
2	0	−0.971812
3	0.25	−0.464282
4	0.5	−0.170795
5	1.5	−0.003751

4) $h_4=-0.175$、$h_2=-0.14$时不同$\bar{u}_4'$对应的e_3^2值

$h_4=-0.175$、$h_2=-0.14$时不同$\bar{u}_4'$对应的e_3^2值如表10.29所示。

表10.29　$h_4=-0.175$、$h_2=-0.14$时不同$\bar{u}_4'$对应的e_3^2值

编号	$\bar{u}_4'$	e_3^2
1	−0.2	−1.820784
2	0	−1.125868
3	0.25	−0.536828
4	0.5	−0.196745
5	1.5	−0.003549

5) $h_4=-0.2$、$h_2=-0.16$时不同$\bar{u}_4'$对应的e_3^2值

$h_4=-0.2$、$h_2=-0.16$时不同$\bar{u}_4'$对应的e_3^2值如表10.30所示。

表10.30　$h_4=-0.2$、$h_2=-0.16$时不同$\bar{u}_4'$对应的e_3^2值

编号	$\bar{u}_4'$	e_3^2
1	−0.2	−2.067799
2	0	−1.277225
3	0.25	−0.607731
4	0.5	−0.221844
5	1.5	−0.003018

2. $\bar{u}_4'$-e_3^2关系曲线

根据上述计算结果绘制$\bar{u}_4'$-e_3^2关系曲线，如图10.7所示。可以看出，当自准校

正透镜为正透镜时，对 $e_3^2>0$ 凹非球面生成球差的校正能力弱；当自准校正透镜为负透镜时，对 $e_3^2<0$ 凹扁球面生成球差的校正能力强。

通过对自准校正透镜位于共轭前点前的规化光学系统的分析、计算，并绘制 $\bar{u}_4'$-e_3^2 关系曲线，证实此方法原理正确。

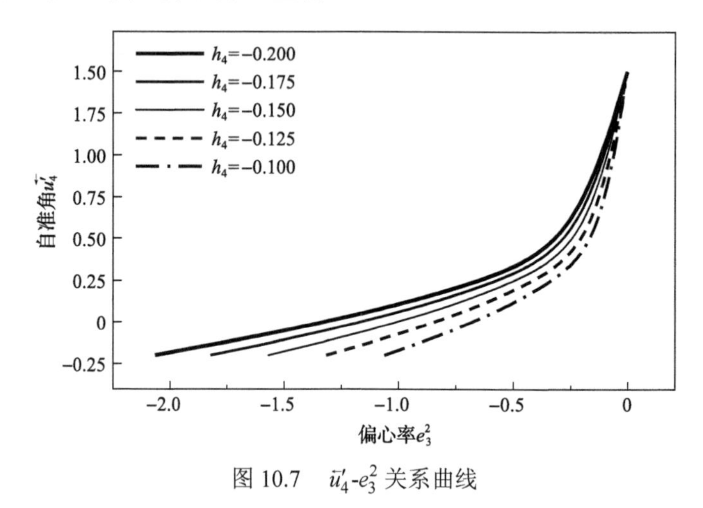

图 10.7　$\bar{u}_4'$-e_3^2 关系曲线

第 11 章　自准校正透镜位于共轭前点和后点之间的检验光学系统设计

利用自准校正透镜共轭校正检验非球面的光学系统的种类很多，本章围绕自准校正透镜位于共轭前点和后点之间的光学系统进行论述，针对自准校正透镜(单透镜)、自准校正透镜-校正透镜(双透镜)、校正透镜和自准校正透镜-校正透镜(三透镜)三种结构形式，给出其对应的自准校正透镜位于共轭前点和后点之间的光学系统的设计结果。系统设计时，校正透镜光线入射高度与待检凹非球面光线入射高度比按 1:10，评价标准为系统设计残余波面像差峰谷值PV≤0.1λ。

11.1　利用自准校正透镜检验凹非球面的光学系统设计

待检凹非球面顶点曲率半径 $r_{03} = -8000\text{mm}$，偏心率分别为 $e_3^2 = 0.5$、$e_3^2 = 1$，对应的自准校正透镜位于共轭前点和后点之间的检验光路如图 11.1 所示。

11.1.1　利用自准校正透镜检验凹非球面的原理及消球差条件

自准校正透镜位于待检凹非球面共轭前点和后点之间的检验光路如图 11.1 所示。

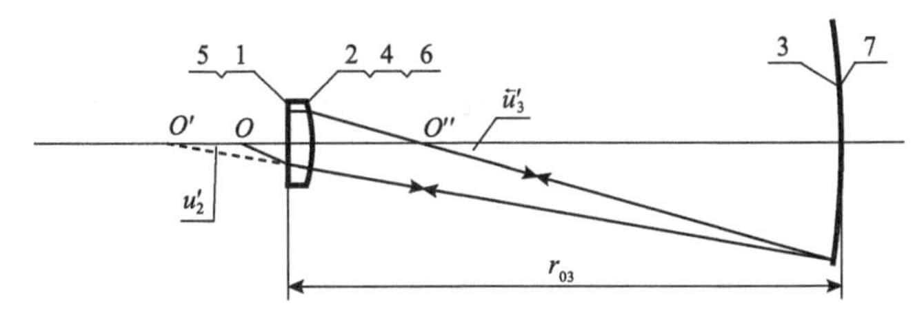

图 11.1　自准校正透镜位于待检凹非球面共轭前点和后点之间的检验光路

光线从轴上 O 点发出，经球面 1 和 2 构成的校正透镜折射到待检凹非球面 3 (成虚像于待检凹非球面 3 的共轭后点 O')，经待检凹非球面 3 反射成像到面 3 的共轭前点 O''，光线入射到校正面 4，经面 4 折射到自准面 5，经面 5 自准按原路返回 O 点。

系统折射率为

$$n_1 = 1,\quad n_1' = n_2 = n,\quad n_2' = n_3 = 1,\quad \overleftarrow{n}_3' = \overleftarrow{n}_4 = -1,\quad \overleftarrow{n}_4' = \overleftarrow{n}_5 = -n$$

$$n_5' = n_6 = n,\quad n_6' = n_7 = 1,\quad \overleftarrow{n}_7' = \overleftarrow{n}_8 = -1,\quad \overleftarrow{n}_8' = \overleftarrow{n}_9 = -n,\quad \overleftarrow{n}_9' = -1$$

$$d_{12} = -\overleftarrow{d}_{45} = d_{56} = -\overleftarrow{d}_{89},\quad d_{23} = -\overleftarrow{d}_{34} = d_{67} = -\overleftarrow{d}_{78}$$

$$r_1 = r_5 = r_9,\quad r_2 = r_4 = r_6 = r_8,\quad r_{03} = r_{07} = -1$$

系统消球差条件为

$$S_1 = h_1 P_{1\text{-}2} + h_{03}\overleftarrow{P}_3 + h_{03}^4 K_3 + h_4 \overleftarrow{P}_{4\text{-}5} + h_5 P_{5\text{-}6} + h_{07}\overleftarrow{P}_7 + h_{07}^4 K_7 + h_8 \overleftarrow{P}_{8\text{-}9} = 0 \tag{11.1}$$

式中，

$$h_{03} = h_{07} = -1,\quad r_{03} = r_{07} = -1,\quad K_3 = -\frac{\overleftarrow{n}_3' - n_3}{r_{03}^3} e_3^2 = -2e_3^2$$

面 5 为自准面，$h_1 P_{1\text{-}2}$、$h_4 \overleftarrow{P}_{4\text{-}5}$、$h_5 P_{5\text{-}6}$、$h_8 \overleftarrow{P}_{8\text{-}9}$ 为透镜球差系数分量，$h_1 = h_9$、$h_2 = h_8$、$h_{03} = h_{07}$、$h_4 = h_6$ 为光线在各面的入射高度，$P_{1\text{-}2}$ 为面 1 和 2 构成透镜的像差参量；$\overleftarrow{P}_3$ 为待检凹非球面的像差参量，$\overleftarrow{P}_{4\text{-}5}$ 为面 4 和 5 构成透镜的像差参量，$P_{5\text{-}6}$ 为面 5 和 6 构成透镜的像差参量，$P_{5\text{-}6} = \overleftarrow{P}_{4\text{-}5}$；$\overleftarrow{P}_7$ 为待检凹非球面的像差参量，$\overleftarrow{P}_7 = \overleftarrow{P}_3$，$K_7 = K_3$；$\overleftarrow{P}_{8\text{-}9}$ 为面 8 和 9 构成透镜的像差参量，$\overleftarrow{P}_{8\text{-}9} = P_{1\text{-}2}$，代入上述参数，式(11.1)可化简为

$$e_3^2 = \frac{h_1 P_{1\text{-}2} + h_{03}\overleftarrow{P}_3 + h_4 \overleftarrow{P}_{4\text{-}5}}{2} \tag{11.2}$$

当球差系数分量 $h_1 P_{1\text{-}2}$、$h_{03}\overleftarrow{P}_3$ 比较小时，式(11.2)可简化为

$$e_3^2 \approx \frac{h_4 \overleftarrow{P}_{4\text{-}5}}{2} \tag{11.3}$$

11.1.2 利用自准校正透镜检验 $r_{03} = -8000\text{mm}$、$e_3^2 = 0.5$ 凹非球面的光学系统设计

1. 规化光学系统设计

1) 规化条件

设定规化条件为

$$r_{03} = -1,\quad h_{03} = -1,\quad u_{03} = \frac{h_{03}}{r_{03}} = 1,\quad h_4 = 0.1,\quad h_2 = -0.1$$

2) 求解待检凹非球面 3 的共轭角 u_3、$\overleftarrow{u}_3'$ 和共轭距 l_3、$\overleftarrow{l}_3'$

根据式(5.9)有

$$\begin{cases} u_3 = \dfrac{2(h_{03}-h_2)}{2h_{03}-(h_4+h_2)}, & l_3 = \dfrac{h_{03}}{u_3} \\ \bar{u}_3' = \dfrac{2(h_{03}-h_4)}{2h_{03}-(h_4+h_2)}, & \bar{l}_3' = \dfrac{h_{03}}{\bar{u}_3'} \end{cases} \tag{11.4}$$

3) 求解 $\bar{l}_4$、l_2' 和 d_{23}、$\bar{d}_{34}$

已知 $h_4=0.1$ 和 $\bar{u}_4$、$h_2=-0.1$ 和 u_2'，有

$$\bar{u}_4=\bar{u}_3', \quad \bar{l}_4=\frac{h_4}{\bar{u}_4}, \quad u_2'=u_3, \quad l_2'=\frac{h_2}{u_2'} \tag{11.5}$$

已知 l_2' 和 l_3，有

$$d_{23}=l_2'-l_3 \tag{11.6}$$

已知 $\bar{l}_3'$ 和 $\bar{l}_4$，有

$$\bar{d}_{34}=\bar{l}_3'-\bar{l}_4 \tag{11.7}$$

4) 设定自准角 $\bar{u}_4'$

令式(11.2)中的 $P_{1\text{-}2}$ 和 $\bar{P}_3$ 值为零，面 5 为自准面不生成球差 $P_5=0$，即 $\bar{P}_4=\bar{P}_{4\text{-}5}$，有

$$-2e_3^2+h_4\bar{P}_4=0 \tag{11.8a}$$

将 $\bar{P}_{4-5}=\bar{P}_4=\left(\dfrac{\bar{u}_4'-\bar{u}_4}{1/\bar{n}_4'-1/\bar{n}_4}\right)^2\left(\dfrac{\bar{u}_4'}{\bar{n}_4'}-\dfrac{\bar{u}_4}{\bar{n}_4}\right)$ 代入式(11.8a)，可得

$$-n\left(\frac{\bar{u}_4'-\bar{u}_4}{n-1}\right)^2\left(\bar{u}_4'-n\bar{u}_4\right)=\frac{2e_3^2}{h_4} \tag{11.8b}$$

式中，已知 n、$\bar{u}_4$、h_4，可求解自准角 $\bar{u}_4'$。

5) 求解 $\bar{l}_4'$、r_4、$\bar{l}_5$、r_5、l_5'

已知 h_4、$\bar{u}_4'$、n、$\bar{l}_4$、$\bar{l}_4'$，求解 r_4、$\bar{l}_4'$，有

$$\bar{l}_4'=\frac{h_4}{\bar{u}_4'} \tag{11.9}$$

$$\frac{\bar{n}_4'-\bar{n}_4}{r_4}=\frac{\bar{n}_4'}{l_4'}-\frac{\bar{n}_4}{l_4}, \quad \frac{n-1}{r_4}=\frac{n}{\bar{l}_4'}-\frac{1}{\bar{l}_4} \tag{11.10}$$

已知 $\bar{l}_4'$，设定自准校正透镜的厚度 $\bar{d}_{45}$，根据转面公式求解 $\bar{l}_5$、r_5、l_5'，有

$$\bar{l}_5=\bar{l}_4'-\bar{d}_{45}=r_5=l_5' \tag{11.11}$$

6) 求解 $\overleftarrow{P}_3$

$$\overleftarrow{P}_3 = \left(\frac{\overleftarrow{u}_3' - u_3}{1/\overleftarrow{n}_3' - 1/n_3} \right)^2 \left(\frac{\overleftarrow{u}_3'}{\overleftarrow{n}_3'} - \frac{u_3}{\overleftarrow{n}_3} \right) \tag{11.12}$$

7) 求解 l_2、l_2'、u_2、h_2、P_2

已知 $d_{23} = -\overleftarrow{d}_{34}$、$l_3$、$r_2 = r_4$、$u_2' = u_3$，根据转面公式求解 l_2'、h_2，有

$$l_3 = l_2' - d_{23}, \quad l_2' = l_3 + d_{23}, \quad h_2 = l_2' u_2' \tag{11.13}$$

已知 n、l_2'、$r_2 = r_4$、h_2，根据近轴公式求解 l_2、u_2，有

$$\frac{n_2' - n_2}{r_2} = \frac{n_2'}{l_2'} - \frac{n_2}{l_2}, \quad \frac{1-n}{r_2} = \frac{1}{l_2'} - \frac{n}{l_2}, \quad u_2 = \frac{h_2}{l_2} \tag{11.14}$$

已知 n、u_2、u_2'，根据近轴公式求解 P_2，有

$$P_2 = \left(\frac{u_2' - u_2}{1/n_2' - 1/n_2} \right)^2 \left(\frac{u_2'}{n_2'} - \frac{u_2}{n_2} \right), \quad P_2 = n \left(\frac{u_2' - u_2}{n-1} \right)^2 (nu_2' - u_2) \tag{11.15}$$

8) 求解 l_1、l_1'、u_1、h_1、P_1

已知 $d_{12} = -\overleftarrow{d}_{45}$、$l_2$、$r_1 = r_5$、$u_1' = u_2$，根据转面公式求解 l_1'、h_1，有

$$l_2 = l_1' - d_{12}, \quad l_1' = l_2 + d_{12}, \quad h_1 = l_1' u_1' \tag{11.16}$$

已知 n、l_1'、$r_1 = r_5$、h_1，根据近轴公式求解 l_1、u_1，有

$$\frac{n_1' - n_1}{r_1} = \frac{n_1'}{l_1'} - \frac{n_1}{l_1}, \quad \frac{n-1}{r_1} = \frac{n}{l_1'} - \frac{1}{l_1}, \quad u_1 = \frac{h_1}{l_1} \tag{11.17}$$

已知 n、u_1、u_1'，根据近轴公式求解 P_1，有

$$P_1 = \left(\frac{u_1' - u_1}{1/n_1' - 1/n_1} \right)^2 \left(\frac{u_1'}{n_1'} - \frac{u_1}{n_1} \right) \tag{11.18}$$

9) 求解偏心率 e_3^2

将上述求解的 h_1、$P_{1\text{-}2}$、P_3、h_4、$\overleftarrow{p}_4$ 值代入式(11.2)，有

$$e_3^2 = \frac{h_1 P_{1\text{-}2} + h_{03} \overleftarrow{P}_3 + h_4 \overleftarrow{P}_{4\text{-}5}}{2} \tag{11.19}$$

在确定光学系统初始结构参数时，计算所得 e_3^2 与设计要求 e_3^2 的误差小于 $e_3^2/20$ 是允许的，如果根据式(11.19)求解的 e_3^2 值不满足要求，可重新设定值 $\overleftarrow{u}_4'$ 再计算，直到根据式(11.19)得出满足要求的 e_3^2 值，将上述求解所得结构参数整理代入 Zemax 程序复算，证实系统 $S_1 = 0$，即可得到检验光学系统的初始规化结构参数。

2. 自准校正透镜检验 $r_{03}=-8000\text{mm}$、$e_3^2=0.5$ 凹非球面的光学系统设计

将初始规化结构参数缩放 8000 倍，进行自准校正透镜检验 $e_3^2=0.5$、$r_{03}=-8000\text{mm}$ 凹非球面的光学系统的优化设计，结果如下。

1) 自准校正透镜检验 $r_{03}=-8000\text{mm}$、$e_3^2=0.5$ 凹非球面的光学系统的结构参数优化后的光学系统的结构参数

自准校正透镜检验 $r_{03}=-8000\text{mm}$、$e_3^2=0.5$ 凹非球面的光学系统的结构参数优化后的光学系统的结构参数如表 11.1 所示。

表 11.1　自准校正透镜检验 $r_{03}=-8000\text{mm}$、$e_3^2=0.5$ 凹非球面的光学系统的结构参数

Surf	Type	Radius	Thickness	Glass	Diameter	Conic
OBJ	Standard	Infinity	300.3300	—	0.0000	0.0000
1	Standard	—	64.0000	K9	195.0000	0.0000
2	Standard	—	—	—	195.0000	0.0000
STO	Standard	−8000.0000	—	MIRROR	2322.0000	−0.5000
4	Standard	—	−64.0000	K9	195.0000	0.0000
5	Standard	—	64.0000	MIRROR	195.0000	0.0000
6	Standard	—	—	—	195.0000	0.0000
7	Standard	−8000.0000	—	MIRROR	2322.0000	−0.5000
8	Standard	—	−64.0000	K9	195.0000	0.0000
9	Standard	—	−300.3300	—	195.0000	0.0000
IMA	Standard	Infinity	—	—	0.0000	0.0000

2) 光学系统

自准校正透镜检验 $r_{03}=-8000\text{mm}$、$e_3^2=0.5$ 凹非球面的光学系统如图 11.2 所示。

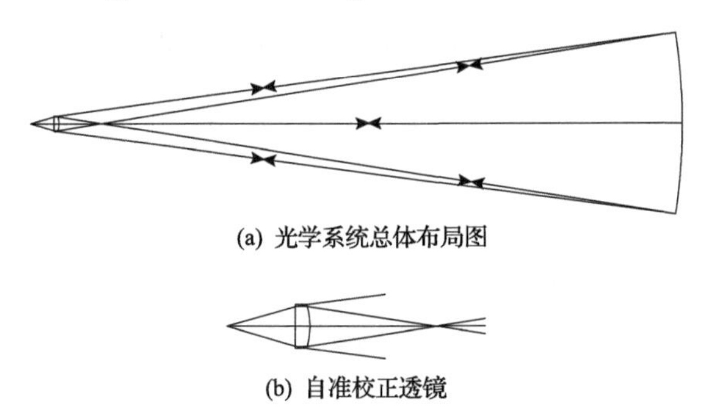

(a) 光学系统总体布局图

(b) 自准校正透镜

图 11.2　自准校正透镜检验 $r_{03}=-8000\text{mm}$、$e_3^2=0.5$ 凹非球面的光学系统

3) 系统像差

系统球差曲线如图 11.3(a)所示，系统波面像差如图 11.3(b)所示，系统设计

残余波面像差峰谷值 PV = 0.1λ，光线经待检凹非球面反射 2 次，实际待检凹非球面设计残余波面像差 PV ⩽ 0.05λ。

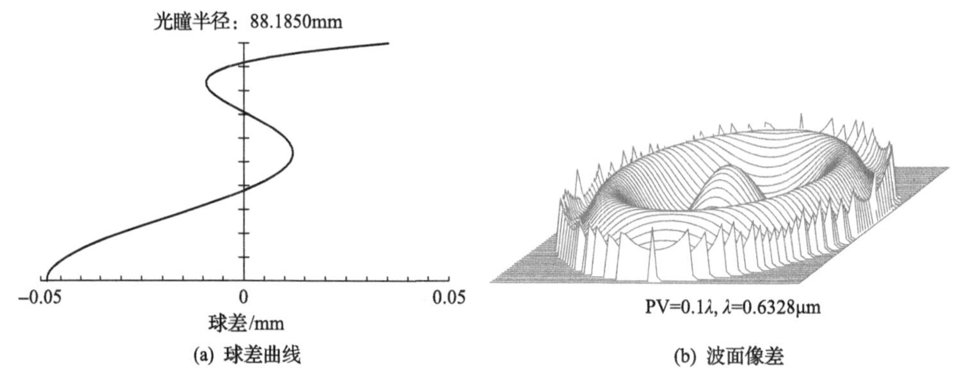

(a) 球差曲线　　(b) 波面像差

图 11.3　自准校正透镜检验 $r_{03} = -8000$mm、$e_3^2 = 0.5$ 凹非球面的系统像差

4) 最大的待检凹非球面通光口径

最大待检凹非球面通光口径为 $\Phi = 2322$mm。

11.1.3　利用自准校正透镜检验 $r_{03} = -8000$mm、$e_3^2 = 1$ 凹非球面的光学系统设计

1. 规化光学系统设计

规化光学系统设计方法与 11.1.2 节相同，仅偏心率 e_3^2 不同。

2. 自准校正透镜检验 $r_{03} = -8000$mm、$e_3^2 = 1$ 凹非球面的光学系统设计

将初始规化结构参数缩放 8000 倍，进行自准校正透镜检验 $r_{03} = -8000$mm、$e_3^2 = 1$ 凹非球面的光学系统的优化设计，结果如下。

1) 自准校正透镜检验 $r_{03} = -8000$mm、$e_3^2 = 1$ 凹非球面的光学系统的结构参数优化后的光学系统的结构参数

自准校正透镜检验 $r_{03} = -8000$mm、$e_3^2 = 1$ 凹非球面的光学系统的结构参数优化后的光学系统的结构参数如表 11.2 所示。

表 11.2　自准校正透镜检验 $r_{03} = -8000$mm、$e_3^2 = 1$ 凹非球面的光学系统的结构参数

Surf	Type	Radius	Thickness	Glass	Diameter	Conic
OBJ	Standard	Infinity	376.7000		0.0000	0.0000
1	Standard	—	64.0000	K9	134.0000	0.0000
2	Standard	—	—	—	134.0000	0.0000
STO	Standard	−8000.00	—	MIRROR	1213.0000	−1.0000

续表

Surf	Type	Radius	Thickness	Glass	Diameter	Conic
4	Standard	—	−64.0000	K9	134.0000	0.0000
5	Standard	—	64.0000	MIRROR	134.0000	0.0000
6	Standard	—	—	—	134.0000	0.0000
7	Standard	−8000.0000	—	MIRROR	1213.0000	−1.0000
8	Standard	—	−64.0000	K9	134.0000	0.0000
9	Standard	—	−376.7000	—	134.0000	0.0000
IMA	Standard	Infinity	—	—	0.0000	0.0000

2）光学系统

自准校正透镜检验 $r_{03}=-8000\text{mm}$、$e_3^2=1$ 凹非球面的光学系统如图 11.4 所示。

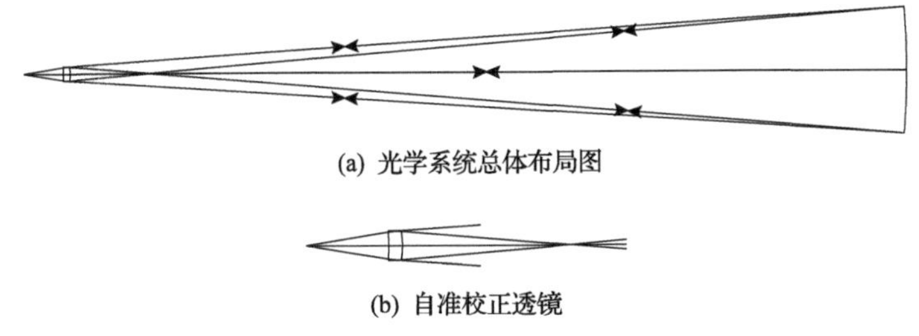

(a) 光学系统总体布局图

(b) 自准校正透镜

图 11.4　自准校正透镜检验 $r_{03}=-8000\text{mm}$、$e_3^2=1$ 凹非球面的光学系统

3）系统像差

系统球差曲线如图 11.5(a)所示，系统波面像差如图 11.5(b)所示，系统设计残余波面像差峰谷值 $\text{PV}=0.1\lambda$，光线经待检凹非球面反射 2 次，实际待检凹非球面设计残余波面像差 $\text{PV}\leqslant 0.05\lambda$。

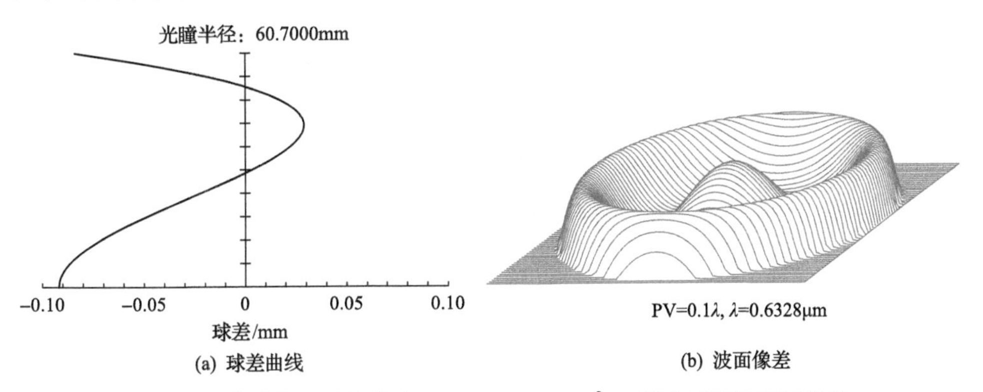

(a) 球差曲线　(b) 波面像差

图 11.5　自准校正透镜检验 $r_{03}=-8000\text{mm}$、$e_3^2=1$ 凹非球面的系统像差

4）最大的待检凹非球面通光口径

最大的待检凹非球面通光口径$\Phi=1213\text{mm}$。

11.2　利用自准校正透镜与校正透镜组合检验凹非球面的光学系统设计

待检凹非球面顶点曲率半径$r_{03}=-8000\text{mm}$，偏心率分别为$e_5^2=0.5$、$e_5^2=1$，根据第5章图5.7(b)，自准校正透镜位于待检凹非球面共轭前点和后点之间，设计对应的自准校正透镜-校正透镜（双透镜）检验凹非球面的光学系统如下。

11.2.1　利用自准校正透镜-校正透镜（双透镜）检验凹非球面的光学系统的消球差条件

如图11.6所示，光线从轴上O点发出，经球面1与2构成的校正透镜和球面3与4构成的校正透镜折射到待检凹非球面5（成虚像于待检凹非球面5的共轭后点O'），经待检凹非球面5反射成像到其共轭前点O''，光线入射到6与7构成的校正透镜和8与9构成的自准校正透镜，面9为自准面，光线经面9自准，按原路返回O点。

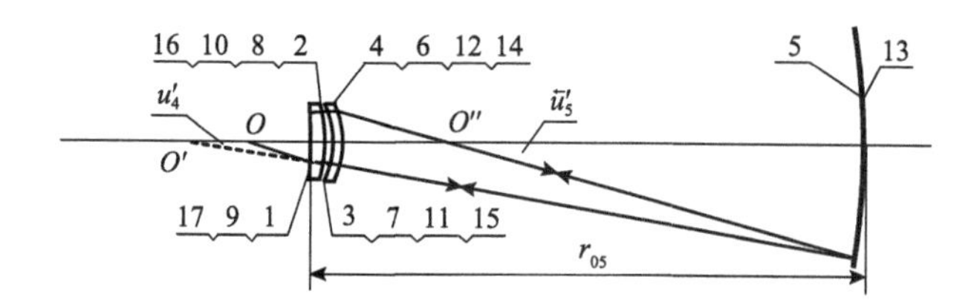

图11.6　自准校正透镜-校正透镜（双透镜）检验凹非球面的光路

光学系统折射率为

$$n_1=1,\quad n'_1=n_2=n,\quad n'_2=n_3=1,\quad n'_3=n_4=n,\quad n'_4=n_5=1$$

$$\overleftarrow{n}'_5=\overleftarrow{n}_6=-1,\quad \overleftarrow{n}'_6=\overleftarrow{n}_7=-n,\quad \overleftarrow{n}'_7=\overleftarrow{n}_8=-1,\quad \overleftarrow{n}'_8=\overleftarrow{n}_9=-n$$

$$n'_9=n_{10}=n,\quad n'_{10}=n_{11}=1,\quad n'_{11}=n_{12}=n,\quad n'_{12}=n_{13}=1$$

$$\overleftarrow{n}'_{13}=\overleftarrow{n}_{14}=-1,\quad \overleftarrow{n}'_{14}=\overleftarrow{n}_{15}=-n,\quad \overleftarrow{n}'_{15}=\overleftarrow{n}_{16}=-1,\quad \overleftarrow{n}'_{16}=\overleftarrow{n}_{17}=-n,\quad \overleftarrow{n}'_{17}=-1$$

$$d_{12}=-\overleftarrow{d}_{89}=d_{910}=-\overleftarrow{d}_{1617},\quad d_{23}=-\overleftarrow{d}_{78}=d_{1011}=-\overleftarrow{d}_{1516}$$

$$d_{34}=-\overleftarrow{d}_{67}=d_{1112}=-\overleftarrow{d}_{1415},\quad d_{45}=-\overleftarrow{d}_{56}=d_{1213}=-\overleftarrow{d}_{1314}$$

$$r_1=r_9=r_{17},\quad r_2=r_8=r_{10}=r_{16}$$

$$r_3=r_7=r_{11}=r_{15},\quad r_4=r_6=r_{12}=r_{14},\quad r_{05}=r_{013}=-1$$

参考式(5.11)，可得自准校正透镜-校正透镜(双透镜)检验凹非球的光学系统的消球差条件为

$$\begin{aligned} S_1 = & h_1 P_{1\text{-}2} + h_3 P_{3\text{-}4} + h_{05} \overleftarrow{P}_5 + h_{05}^4 K_5 + h_6 \overleftarrow{P}_{6\text{-}7} + h_8 \overleftarrow{P}_{8\text{-}9} + h_9 P_{9\text{-}10} \\ & + h_{11} P_{11\text{-}12} + h_{013} \overleftarrow{P}_{13} + h_{013}^4 K_{13} + h_{14} \overleftarrow{P}_{14\text{-}15} + h_{16} \overleftarrow{P}_{16\text{-}17} = 0 \end{aligned} \tag{11.20}$$

$$h_{05} = h_{013} = -1, \quad r_{05} = r_{013} = -1, \quad K_5 = -2 e_5^2$$

式(11.20)中，面 9 为自准面，$h_1 P_{1\text{-}2}$、$h_8 \overleftarrow{P}_{8\text{-}9}$、$h_9 P_{9\text{-}10}$、$h_{16} \overleftarrow{P}_{16\text{-}17}$ 为同一透镜的球差系数分量，$h_3 P_{3\text{-}4}$、$h_6 \overleftarrow{P}_{6\text{-}7}$、$h_{11} P_{11\text{-}12}$、$h_{14} \overleftarrow{P}_{14\text{-}15}$ 为同一透镜的球差系数分量，h 表示光线在各面的入射高度，$h_1 = h_{17}$、$h_3 = h_{15}$、$h_{05} = h_{013}$、$h_6 = h_{12}$、$h_8 = h_{10}$；$P_{1\text{-}2}$ 为面 1 和 2 构成校正透镜的像差参量；$P_{3\text{-}4}$ 为面 3 和 4 构成校正透镜的像差参量；$\overleftarrow{P}_5$ 为待检凹非球面 5 的像差参量；$\overleftarrow{P}_{6\text{-}7}$ 为面 6 和 7 构成校正透镜的像差参量；$\overleftarrow{P}_{8\text{-}9}$ 为面 8 和 9 构成自准校正透镜的像差参量，$P_{9\text{-}10}$ 为面 9 和面 10 构成自准校正透镜的像差参量，$\overleftarrow{P}_{8\text{-}9} = P_{9\text{-}10}$；$P_{11\text{-}12}$ 为面 11 和 12 构成校正透镜的像差参量，$\overleftarrow{P}_{6\text{-}7} = P_{11\text{-}12}$；$\overleftarrow{P}_{13}$ 为待检凹非球面 13 的像差参量，$\overleftarrow{P}_5 = \overleftarrow{P}_{13}$；$\overleftarrow{P}_{14\text{-}15}$ 为面 14 和 15 面构成校正透镜的像差参量，$P_{3\text{-}4} = \overleftarrow{P}_{14\text{-}15}$；$\overleftarrow{P}_{16\text{-}17}$ 为面 16 和 17 构成校正透镜的像差参量，$P_{1\text{-}2} = \overleftarrow{P}_{16\text{-}17}$；$K_5 = K_{13}$。

将上述参数代入式(11.20)，得出自准校正透镜-校正透镜(双透镜)检验凹非球面的光学系统的消球差条件为

$$e_5^2 = \frac{h_1 P_{1\text{-}2} + h_3 P_{3\text{-}4} + h_{05} \overleftarrow{P}_5 + h_6 \overleftarrow{P}_{6\text{-}7} + h_8 \overleftarrow{P}_{8\text{-}9}}{2} \tag{11.21}$$

式中，当 $h_1 P_{1\text{-}2}$、$h_3 P_{3\text{-}4}$、$h_{05} \overleftarrow{P}_5$ 等球差系数分量比较小时，可以忽略不计。

式(11.21)可以简化为

$$e_5^2 \approx \frac{h_6 \overleftarrow{P}_{6\text{-}7} + h_8 \overleftarrow{P}_{8\text{-}9}}{2} \tag{11.22}$$

下面，根据式(11.21)和式(11.22)进行光学系统设计。

11.2.2　利用自准校正透镜-校正透镜(双透镜)检验 $r_{03} = -8000\text{mm}$、$e_5^2 = 0.5$ 凹非球面的光学系统设计

1. 规化光学系统设计

1)规化条件

设定规化条件为

$$r_{05} = -1, \quad h_{05} = -1, \quad u_{05} = \frac{h_{05}}{r_{05}} = 1, \quad h_6 = 0.1, \quad h_4 = -0.1$$

2) 求解待检凹非球面 5 的共轭角 u_5、$\bar{u}'_5$ 和共轭距 l_5、$\bar{l}'_5$

根据式(5.9)，有

$$\begin{cases} u_5 = \bar{u}'_4 = \dfrac{2(h_{05} - h_4)}{2h_{05} - (h_6 + h_4)}, & l_5 = \dfrac{h_{05}}{u_5} = \dfrac{h_{05}}{u'_4} \\ \bar{u}'_5 = \bar{u}_6 = \dfrac{2(h_{05} - h_6)}{2h_{03} - (h_6 + h_4)}, & \bar{l}'_5 = \dfrac{h_{05}}{\bar{u}'_5} = \dfrac{h_{05}}{\bar{u}_6} \end{cases} \tag{11.23}$$

3) 求解 $\bar{l}_6$、l'_4 和 d_{45}、$\bar{d}_{56}$

已知 $h_6 = 0.1$ 和 $\bar{u}_6$，有

$$l_6 = \frac{h_6}{\bar{u}_6} \tag{11.24}$$

已知 $h_4 = -0.1$ 和 $\bar{u}'_4$，有

$$l'_4 = \frac{h_4}{u'_4} \tag{11.25}$$

已知 l_5 和 l'_4，有

$$l_5 = l'_4 - d_{45}, \quad d_{45} = l'_4 - l_5 \tag{11.26}$$

已知 $\bar{l}'_5$ 和 $\bar{l}_6$，有

$$\bar{l}_6 = \bar{l}'_5 - \bar{d}_{56}, \quad \bar{d}_{56} = \bar{l}'_5 - \bar{l}_6 \tag{11.27}$$

4) 求解面 6 和 7 构成的校正透镜的曲率半径 r_6 和 r_7

将图 11.1 自准校正透镜分为自准校正透镜和校正透镜，如图 11.8 所示，下面叙述如何求解面 6 和 7 的曲率半径 r_6 和 r_7 [1-6]。

(1) 求解光焦度 $\varphi_{6\text{-}7}$。将 r_6 和 r_7 构成的校正透镜看成薄透镜，其生成的偏角为

$$h_6\varphi_{6\text{-}7} = \bar{u}'_7 - \bar{u}_6, \quad \varphi_{6\text{-}7} = (n-1)\left(\frac{1}{r_6} - \frac{1}{r_7}\right) \tag{11.28}$$

式中，$\varphi_{6\text{-}7}$ 为面 6 和 7 构成透镜的光焦度；n 为透镜光学玻璃的折射率。

在式(11.28)中，已知 h_6 和 $\bar{u}_6 = \bar{u}'_5$，设定 $\bar{u}'_7$ 可求解 $\varphi_{6\text{-}7}$。

(2) 求解校正透镜的 $\bar{P}_{6\text{-}7}$ 和规化的 $\bar{\boldsymbol{P}}_{6\text{-}7}$。

根据式(11.21)，校正透镜的 $\bar{P}_{6\text{-}7}$ 和规化的 $\bar{\boldsymbol{P}}_{6\text{-}7}$ 关系式为

$$\bar{P}_{6\text{-}7} = \frac{2m_1e_5^2}{h_6} = \bar{P}_{6\text{-}7}, \quad \bar{\boldsymbol{P}}_{6\text{-}7} = \frac{\bar{P}_{6\text{-}7}}{(h_6\varphi_{6\text{-}7})^3} \tag{11.29}$$

式中，已知 h_6、$\varphi_{6\text{-}7}$ 和 e_5^2，设定比例系数 m_1 的大小，可得到对应校正透镜的 $\bar{P}_{6\text{-}7}$ 和规化的 $\bar{\boldsymbol{P}}_{6\text{-}7}$ 值。

(3) 求解校正透镜孔径角 $\bar{u}_6$ 的规化值 $\bar{\upsilon}_6$。

$$\bar{\upsilon}_6 = \frac{\bar{u}_6}{h_6\varphi_{6\text{-}7}} \tag{11.30}$$

(4) 求解弯曲 $Q_{6\text{-}7}$ 和 r_6 和 r_7。已知校正透镜的 $\bar{\boldsymbol{P}}_{6\text{-}7}$，在规化条件下，单薄透镜 $\bar{\boldsymbol{P}}_{6\text{-}7}$ 与弯曲 $Q_{6\text{-}7}$ 关系式为[3]

$$\bar{\boldsymbol{P}}_{6\text{-}7} = P_0^{\mathrm{s}} + \frac{n+2}{n}\left[Q_{6\text{-}7} + \frac{3n}{2(n-1)(n+2)} - \frac{2n+2}{n+2}\bar{\upsilon}_6\right]^2 \tag{11.31}$$

式中，P_0^{s} 为有限远的 P_0。

$$P_0^{\mathrm{s}} = P_0^{\infty} - \frac{n}{n+2}\left(\bar{\upsilon}_6 + \bar{\upsilon}_6^2\right) \tag{11.32}$$

将式(11.30)代入式(11.29)，规化的 $\bar{\boldsymbol{P}}_{6\text{-}7}$ 与弯曲 $Q_{6\text{-}7}$ 的关系式为

$$\bar{\boldsymbol{P}}_{6\text{-}7} = P_0^{\infty} - \frac{n}{n+2}\left(\bar{\upsilon}_6 + \bar{\upsilon}_6^2\right) + \frac{n+2}{n}\left[Q_{6\text{-}7} + \frac{3n}{2(n-1)(n+2)} - \frac{2n+2}{n+2}\bar{\upsilon}_6\right]^2$$

用 $Q_{6\text{-}7}$ 表示为

$$Q_{6\text{-}7} = \frac{2n+2}{n+2}\bar{\upsilon}_6 - \frac{3n}{2(n-1)(n+2)} \pm \sqrt{\left[\bar{\boldsymbol{P}}_{6\text{-}7} - P_0^{\infty} + \frac{n}{n+2}\left(\bar{\upsilon}_6 + \bar{\upsilon}_6^2\right)\right]\frac{n}{n+2}} \tag{11.33}$$

式中，

$$P_0^{\infty} = \frac{n}{(n-1)^2}\left[1 - \frac{9}{4(n+2)}\right]$$

根据求解的 $Q_{6\text{-}7}$ 值，求解曲率半径 r_6 和 r_7，有

$$\begin{cases} c_6 = c_7 + \dfrac{1}{n-1} = Q_{6\text{-}7} + \dfrac{n}{n-1}, \quad r_6 = \dfrac{1}{c_6\varphi_{6\text{-}7}} \\ c_7 = Q_{6\text{-}7} + 1, \quad r_7 = \dfrac{1}{c_7\varphi_{6\text{-}7}} \end{cases} \tag{11.34}$$

(5)将曲率半径r_6和r_7构成的校正透镜加厚。将薄透镜加厚后，透镜焦距发生变化，缩放到原薄透镜的焦距。根据主面求解间距，将求解的厚透镜插入光学系统。对厚透镜而言，同样有

$$r_3 = r_7 = r_{11} = r_{15}, \quad r_4 = r_6 = r_{12} = r_{14}, \quad \bar{u}_7' = \bar{u}_8$$

5)求解自准角$\bar{u}_8'$、$\bar{l}_8'$、r_8、l_5、r_9、l_9'和系统有关参数

根据上述格式，求解面 1 到面 19 的系统有关参数，并且有

$$\bar{u}_8' = \bar{u}_9 = \bar{u}_9, \quad r_1 = r_9 = r_{17}, \quad r_2 = r_8 = r_{10} = r_{16}, \quad \bar{l}_{17}' = l_1, \quad \bar{u}_{17}' = u_1$$

6)规化光学系统

将上述求解所得结构参数数据整理代入 Zemax 程序中，证实系统$S_1 = 0$。如果根据式(11.21)求解的e_5^2值不满足要求，可利用式(11.22)重新设定值再计算，直到根据式(11.21)计算结果满足要求。

2. 自准校正透镜-校正透镜检验$r_{05} = -8000\text{mm}$、$e_5^2 = 0.5$凹非球面的光学系统设计

在自准校正透镜-校正透镜检验$r_{05} = -8000\text{mm}$、$e_5^2 = 0.5$凹非球面的规化光学系统的基础上，将初始规化结构参数缩放 8000 倍，进行$r_{05} = -8000\text{mm}$、$e_5^2 = 0.5$的检验光学系统优化设计，结果如下。

1)自准校正透镜-校正透镜检验$r_{05} = -8000\text{mm}$、$e_5^2 = 0.5$凹非球面的光学系统的结构参数

自准校正透镜-校正透镜检验$r_{05} = -8000\text{mm}$、$e_5^2 = 0.5$凹非球面的光学系统的结构参数如表 11.3 所示。

表 11.3 自准校正透镜-校正透镜检验$r_{05} = -8000\text{mm}$、$e_5^2 = 0.5$凹非球面的光学系统的结构参数

Surf	Type	Radius	Thickness	Glass	Diameter	Conic
OBJ	Standard	Infinity	364.5000	—	0.0000	0.0000
STO	Standard	—	50.0000	K9	235.6000	0.0000
2	Standard	—	5.0000	—	235.6000	0.0000
3	Standard	—	50.0000	K9	235.6000	0.0000
4	Standard	—	—	—	235.6000	0.0000
5	Standard	−8000.0000	—	MIRROR	2439.0000	−0.5000
6	Standard	—	−50.0000	K9	235.6000	0.0000
7	Standard	—	−5.0000	—	235.6000	0.0000

续表

Surf	Type	Radius	Thickness	Glass	Diameter	Conic
8	Standard	—	−50.0000	K9	235.6000	0.0000
9	Standard	—	50.0000	MIRROR	235.6000	0.0000
10	Standard	—	5.0000	—	235.6000	0.0000
11	Standard	—	50.0000	K9	235.6000	0.0000
12	Standard	—	—	—	235.6000	0.0000
13	Standard	−8000.0000	—	MIRROR	2439.0000	−0.5000
14	Standard	—	−50.0000	K9	235.6000	0.0000
15	Standard	—	−5.0000	—	235.6000	0.0000
16	Standard	—	−50.0000	K9	235.6000	0.0000
17	Standard	—	−364.5000	—	235.6000	0.0000
IMA	Standard	Infinity	—	—	0.0000	0.0000

2) 光学系统

自准校正透镜-校正透镜检验 $r_{05} = -8000\text{mm}$、$e_5^2 = 0.5$ 凹非球面的光学系统如图 11.7 所示。

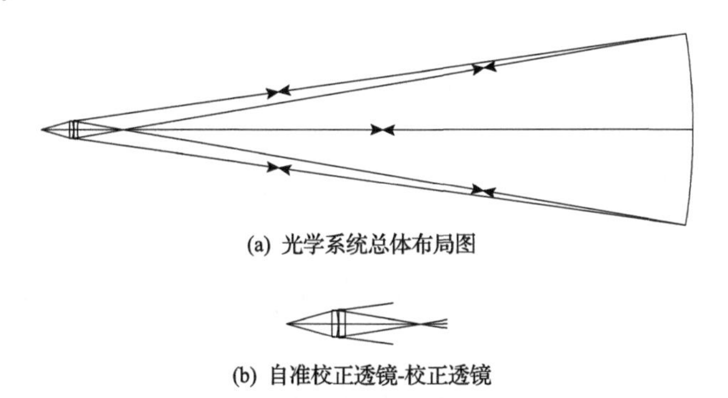

(a) 光学系统总体布局图

(b) 自准校正透镜-校正透镜

图 11.7　自准校正透镜-校正透镜检验 $r_{05} = -8000\text{mm}$、$e_5^2 = 0.5$ 凹非球面的光学系统

3) 系统像差

系统球差曲线如图 11.8(a)所示，系统设计残余波面像差如图 11.8(b)所示，其峰谷值 $\text{PV} = 0.1\lambda$。光线经待检凹非球面反射两次，待检凹非球面的设计残余波面像差 $\text{PV} \leqslant 0.05\lambda$。

4) 最大的待检凹非球面通光口径

最大的待检凹非球面通光口径 $\varPhi = 2439\text{mm}$。

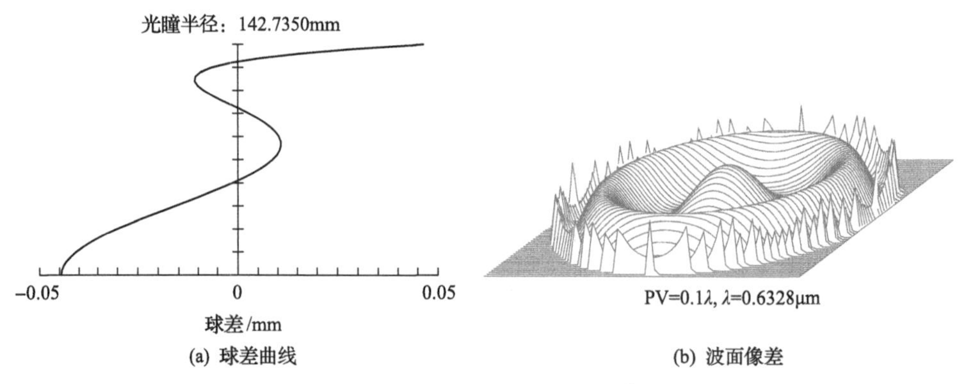

(a) 球差曲线　(b) 波面像差

图 11.8　自准校正透镜-校正透镜检验 $r_{05}=-8000$mm、$e_5^2=0.5$ 凹非球面的系统像差

11.2.3　利用自准校正透镜-校正透镜(双透镜)检验 $r_{05}=-8000$mm、$e_5^2=1$ 凹非球面的光学系统设计

1. 规化光学系统设计

规化光学系统设计方法与 11.2.2 节设计方法一样，仅偏心率 e_5^2 不同。

2. 自准校正透镜-校正透镜(双透镜)检验 $r_{05}=-8000$mm、$e_5^2=1$ 凹非球面的光学系统设计

将初始规化结构参数代入 Zemax 缩放 8000 倍，进行自准校正透镜-校正透镜(双透镜)检验 $r_{05}=-8000$mm、$e_5^2=1$ 凹非球面的光学系统的优化设计，结果如下。

1) 自准校正透镜-校正透镜(双透镜)检验 $r_{05}=-8000$mm、$e_5^2=1$ 凹非球面的光学系统的结构参数

自准校正透镜-校正透镜(双透镜)检验 $r_{05}=-8000$mm、$e_5^2=1$ 凹非球面的光学系统的结构参数如表 11.4 所示。

表 11.4　自准校正透镜-校正透镜(双透镜)检验 $r_{05}=-8000$mm、$e_5^2=1$ 凹非球面的光学系统的结构参数

Surf	Type	Radius	Thickness	Glass	Diameter	Conic
OBJ	Standard	Infinity	364.5000	—	0.0000	0.0000
STO	Standard	—	50.0000	K9	237.0000	0.0000
2	Standard	—	5.0000	—	237.0000	0.0000
3	Standard	—	50.0000	K9	237.0000	0.0000
4	Standard	—	—	—	237.0000	0.0000
5	Standard	−8000.0000	—	MIRROR	2026.2000	−1.0000

续表

Surf	Type	Radius	Thickness	Glass	Diameter	Conic
6	Standard	—	−50.0000	K9	237.0000	0.0000
7	Standard	—	−5.0000	—	237.0000	0.0000
8	Standard	—	−50.0000	K9	237.0000	0.0000
9	Standard	—	50.0000	MIRROR	237.0000	0.0000
10	Standard	—	5.0000	—	237.0000	0.0000
11	Standard	—	50.0000	K9	237.0000	0.0000
12	Standard	—	—	—	237.0000	0.0000
13	Standard	−8000.0000	—	MIRROR	2026.2000	−1.0000
14	Standard	—	−50.0000	K9	237.0000	0.0000
15	Standard	—	−5.0000	—	237.0000	0.0000
16	Standard	—	−50.0000	K9	237.0000	0.0000
17	Standard	—	−364.5000	—	237.0000	0.0000
IMA	Standard	Infinity	—	—	0.0000	0.0000

2) 光学系统

自准校正透镜-校正透镜（双透镜）检验 $r_{05}=-8000\text{mm}$、$e_5^2=1$ 凹非球面的光学系统如图 11.9 所示。

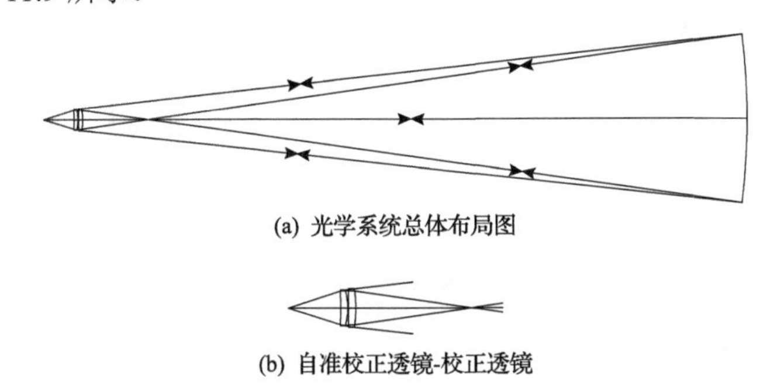

(a) 光学系统总体布局图

(b) 自准校正透镜-校正透镜

图 11.9　自准校正透镜-校正透镜（双透镜）检验 $r_{05}=-8000\text{mm}$、$e_5^2=1$ 凹非球面的光学系统

3) 系统像差

系统球差曲线如图 11.10(a) 所示，系统设计残余波面像差如图 11.10(b) 所示，其峰谷值 PV = 0.1λ。光线经待检凹非球面反射两次，待检凹非球面的设计残余波面像差 PV ⩽ 0.05λ。

4) 最大的待检凹非球面通光口径

最大待检凹非球面通光口径 $\Phi=2026.2\text{mm}$。

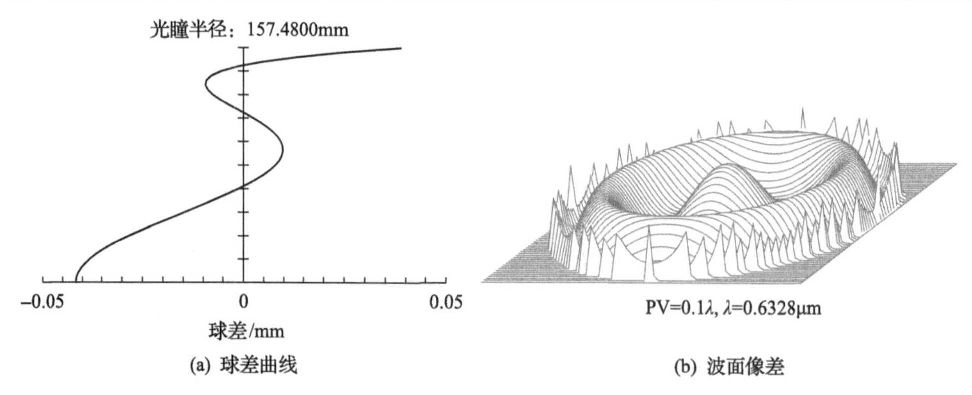

(a) 球差曲线　　(b) 波面像差

图 11.10　自准校正透镜-校正透镜(双透镜)检验 $r_{05}=-8000\text{mm}$、$e_5^2=1$ 凹非球面的系统像差

11.3　利用校正透镜和自准校正透镜-校正透镜(三透镜)检验凹非球面的光学系统设计

待检凹非球面 $r_{07}=-8000\text{mm}$，偏心率为 $e_7^2=1$，根据图 11.11，设计采用校正透镜和自准校正透镜-校正透镜三透镜组合检验的光学系统，其中自准校正透镜-校正透镜位于待检凹非球面的顶点曲率中心。

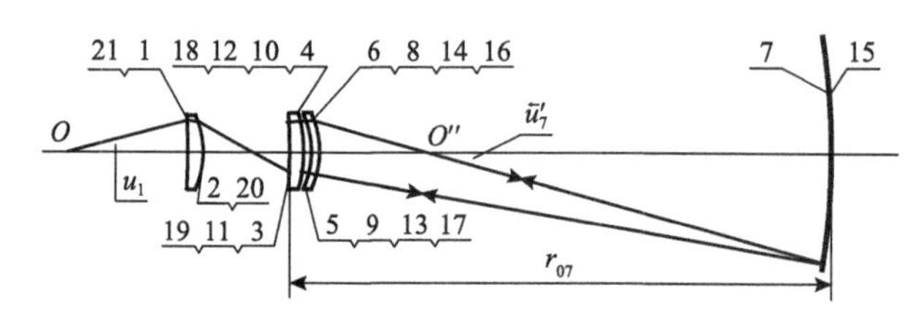

图 11.11　校正透镜和自准校正透镜-校正透镜(三透镜)组合检验凹非球面的光路

11.3.1　利用校正透镜与自准校正透镜-校正透镜(三透镜)组合检验凹非球面的光路的消球差条件

如图 11.11 所示，光线从轴上 O 点发出，经球面 1 与 2 构成的校正透镜、球面 3 与 4 构成的校正透镜和球面 5 与 6 构成的校正透镜折射到待检非球面 7(成虚像于待检凹非球面 7 的共轭后点)，经待检凹非球面 7 反射成像到面 7 的共轭前点 O''，光线入射到面 8 与 9 构成的校正透镜和面 10 与 11 构成的自准校正透镜，面 11 为自准面，经面 11 自准，光线按原路返回 O 点。校正透镜和自准校正透镜-校正透镜(三透镜)组合检验凹非球面的光学系统的消球差条件为

$$S_1 = h_1 P_{1\text{-}2} + h_3\left(P_{3\text{-}4} + P_{5\text{-}6}\right) + h_{07}\bar{P}_7 + h_{07}^4 K_7 + h_8\left(\bar{P}_{8\text{-}9} + \bar{P}_{10\text{-}11}\right) + h_{11}\left(P_{11\text{-}12} + P_{13\text{-}14}\right) + h_{015}\bar{P}_{15} + h_{015}^4 K_{15} + h_{16}\left(\bar{P}_{16\text{-}17} + \bar{P}_{18\text{-}19}\right) + h_{20}\bar{P}_{20\text{-}21} = 0 \tag{11.35}$$

式中，

$$h_{07} = h_{015} = -1,\quad r_{07} = r_{015} = -1,\quad K_7 = K_{15} = -2e_7^2$$

$$h_1 P_{1\text{-}2} = h_{20}\bar{P}_{20\text{-}21},\quad h_3\left(P_{3\text{-}4} + P_{5\text{-}6}\right) = h_{16}\left(\bar{P}_{16\text{-}17} + \bar{P}_{18\text{-}19}\right)$$

$$h_{07}\bar{P}_7 + h_{07}^4 K_7 = h_{015}\bar{P}_{15} + h_{015}^4 K_{15},\quad h_8\left(\bar{P}_{8\text{-}9} + \bar{P}_{10\text{-}11}\right) = h_{11}\left(P_{11\text{-}12} + P_{13\text{-}14}\right)$$

将上述参数代入式(11.35)，化简可得

$$e_7^2 = \frac{h_1 P_{1\text{-}2} + h_3\left(P_{3\text{-}4} + P_{5\text{-}6}\right) + h_{07}\bar{P}_7 + h_8\left(\bar{P}_{8\text{-}9} + \bar{P}_{10\text{-}11}\right)}{2} \tag{11.36}$$

式中，$h_3\left(P_{3\text{-}4} + P_{5\text{-}6}\right)$和$h_{07}\bar{P}_7$生成球差较小，暂时忽略。因此，式(11.36)可简化为

$$\begin{cases} e_7^2 \approx \dfrac{h_1 P_{1\text{-}2} + h_8\left(\bar{P}_{8\text{-}9} + \bar{P}_{10\text{-}11}\right)}{2} = e_{7\text{-}1}^2 + e_{7\text{-}2}^2 = 1 \\ e_{7\text{-}1}^2 = \dfrac{h_1 P_{1\text{-}2}}{2} = 0.5 \\ e_{7\text{-}2}^2 \approx \dfrac{h_8\left(\bar{P}_{8\text{-}9} + \bar{P}_{10\text{-}11}\right)}{2} = 0.5 \end{cases} \tag{11.37}$$

下面根据式(11.36)和式(11.37)进行光学系统设计。

11.3.2　利用校正透镜与自准校正透镜-校正透镜(三透镜)组合检验 r_{07}=–8000mm、$e_7^2=1$ 凹非球面的光学系统设计

1. 规化条件

设定规化条件为

$$r_{07} = -1,\quad h_{07} = -1,\quad u_{07} = \frac{h_{07}}{r_{07}} = 1,\quad h_8 = 0.1,\quad h_6 = -0.1$$

2. 校正透镜与自准校正透镜-校正透镜(三透镜)组合检验规化光学系统设计

1) $e_{7\text{-}2}^2 = 0.5$ 对应的自准校正透镜-校正透镜检验的规化光学系统设计

参考图 11.6 和图 11.11，自准校正透镜-校正透镜(面 3-面 6)组合位于待检凹

非球面的顶点曲率中心附近，待检凹非球面顶点曲率半径为 $r_{07}=-1$，偏心率为 $e_{7\text{-}2}^2=0.5$ 的光学系统，自准校正透镜-校正透镜密接组合如图 11.12 所示。

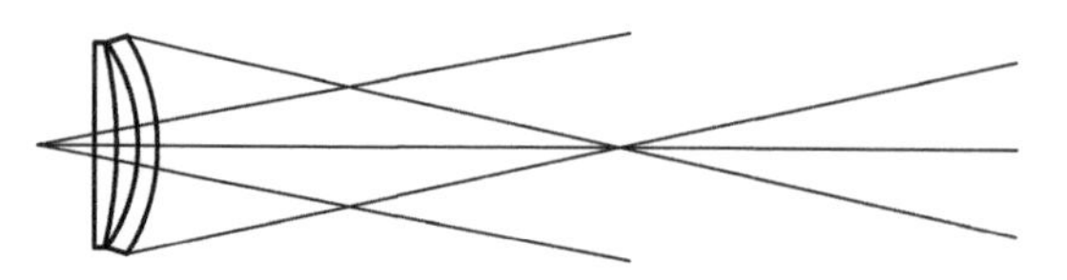

图 11.12　自准校正透镜-校正透镜密接组合

设计方法与 11.2.2 节是一样的。求解得出自准校正透镜-校正透镜(面 3-面 6 和面 8-面 11)的转面对接参数为

$$u_3=u_2',\quad l_3=l_2'-d_{23}$$

2) $e_{7\text{-}1}^2=0.5$ 对应的校正透镜设计

如图 11.6 所示，位于待检凹非球面共轭后点 O' 后的面 1 和面 2 构成的校正透镜，检验 $e_{7\text{-}1}^2=0.5$ 凹非球面的设计方法请参考文献[6]。设定面 1 和面 2 构成校正透镜的外形尺寸 $h_1=0.1$, $l_1=-0.2$, $u_1=-0.5$，进行对应的校正透镜检验的规化光学系统设计。

(1) 求解面 1 和面 2 校正透镜光焦度 $\varphi_{1\text{-}2}$。

将 r_1 和 r_2 构成的校正透镜当成薄透镜，光焦度为 $\varphi_{1\text{-}2}$，如图 11.13 所示，该校正透镜生成的偏角为

$$h_1\varphi_{1\text{-}2}=u_2'-u_1,\quad \varphi_{1\text{-}2}=(n-1)\left(\frac{1}{r_1}-\frac{1}{r_2}\right)\tag{11.38}$$

式中，n 为透镜材料的折射率。

在式(11.38)中，已知 h_1 和 $u_3=u_2'$，设定 u_1 和 h_1 可求解 $\varphi_{1\text{-}2}$ 和 $h_1\varphi_{1\text{-}2}$。

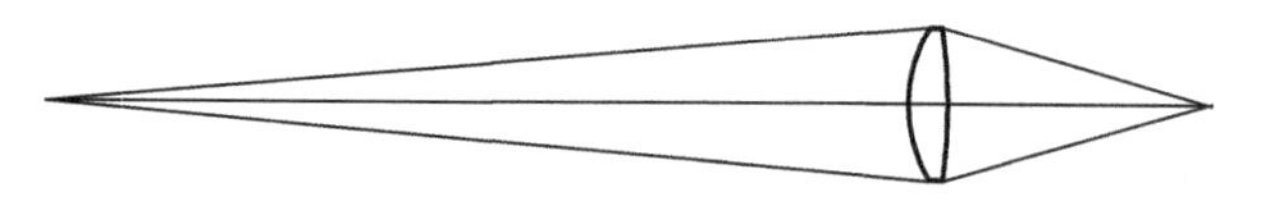

图 11.13　奥夫纳尔透镜

(2) 求解面 1 和面 2 构成的校正透镜的 $P_{1\text{-}2}$ 和规化的 $\boldsymbol{P}_{1\text{-}2}$。

根据式(11.37)，校正透镜的 $P_{1\text{-}2}$ 和规化的 $\boldsymbol{P}_{1\text{-}2}$ 表示式为

$$e_{7\text{-}1}^2=\frac{h_1P_{1\text{-}2}}{2}=0.50,\quad P_{1\text{-}2}=\frac{2e_{7\text{-}1}^2}{h_1},\quad \boldsymbol{P}_{1\text{-}2}=\frac{P_{1\text{-}2}}{\left(h_1\varphi_{1\text{-}2}\right)^3}\tag{11.39}$$

式中，已知 h_1、$\varphi_{1\text{-}2}$ 和 $e_{7\text{-}1}^2$(设定)，可求解出面 1 和面 2 构成校正透镜的 $P_{1\text{-}2}$ 和规

化的 $\boldsymbol{P}_{1\text{-}2}$。

(3) 求解面 1 和面 2 构成校正透镜的规化孔径角 υ_1。

已知 u_1，规化的 υ_1 表示式为

$$\upsilon_1 = \frac{u_1}{h_1\varphi_{1\text{-}2}} \tag{11.40}$$

(4) 求解校正透镜的 $\boldsymbol{P}_{1\text{-}2}$、弯曲 $Q_{1\text{-}2}$、曲率半径 r_1 和 r_2。

物体位于有限远时，在规化条件下，单薄透镜 $\boldsymbol{P}_{1\text{-}2}$ 与弯曲 $Q_{1\text{-}2}$ 的关系式为[3]

$$\boldsymbol{P}_{1\text{-}2} = P_0^{\mathrm{s}} + \frac{n+2}{n}\left[Q_{1\text{-}2} + \frac{3n}{2(n-1)(n+2)} - \frac{2n+2}{n+2}\upsilon_1\right]^2 \tag{11.41}$$

式中，P_0^{s} 为有限远的 P_0。

$$P_0^{\mathrm{s}} = P_0^{\infty} - \frac{n}{n+2}\left(\upsilon_1 + \upsilon_1^2\right) \tag{11.42}$$

将式(11.42)代入式(11.41)，规化的 $\boldsymbol{P}_{1\text{-}2}$ 与弯曲 $Q_{1\text{-}2}$ 的关系式为

$$\boldsymbol{P}_{1\text{-}2} = p_0^{\infty} - \frac{n}{n+2}\left(\upsilon_1 + \upsilon_1^2\right) + \frac{n+2}{n}\left[Q_{1\text{-}2} + \frac{3n}{2(n-1)(n+2)} - \frac{2n+2}{n+2}\upsilon_1\right]^2 \tag{11.43}$$

式(11.43)也可以表示为

$$Q_{1\text{-}2} = \frac{2n+2}{n+2}\upsilon_1 - \frac{3n}{2(n-1)(n+2)} \pm \sqrt{\left[\boldsymbol{P}_{1\text{-}2} - P_0^{\infty} + \frac{n}{n+2}\left(\upsilon_1 + \upsilon_1^2\right)\right]\frac{n}{n+2}} \tag{11.44}$$

根据所得 $Q_{1\text{-}2}$ 值求解曲率半径 r_1 和 r_2，有

$$\begin{cases} c_1 = c_2 + \dfrac{1}{n-1} = Q_{1\text{-}2} + \dfrac{n}{n-1}, \quad r_1 = \dfrac{1}{c_1\varphi_{1\text{-}2}} \\ c_2 = Q_{1\text{-}2} + 1, \quad r_2 = \dfrac{1}{c_2\varphi_{1\text{-}2}} \end{cases} \tag{11.45}$$

(5) 校正透镜加厚。

由面 1 和面 2 构成的校正透镜加厚后，校正透镜的焦距会发生变化，缩放到薄透镜的焦距，确定校正透镜的曲率半径 r_1 和 r_2。

3) 校正透镜和自准校正透镜-校正透镜(三透镜)的组合

按 $u_2' = u_3$，将 $e_{7\text{-}1}^2 = 0.5$ 对应的校正透镜的结构参数与 $e_{7\text{-}2}^2 = 0.5$ 对应的自准校

正透镜-校正透镜的结构参数进行对接，实现校正透镜和自准校正透镜-校正透镜(三透镜)组合检验 $e_7^2=1$ 的凹非球面，三透镜组合如图 11.14 所示。

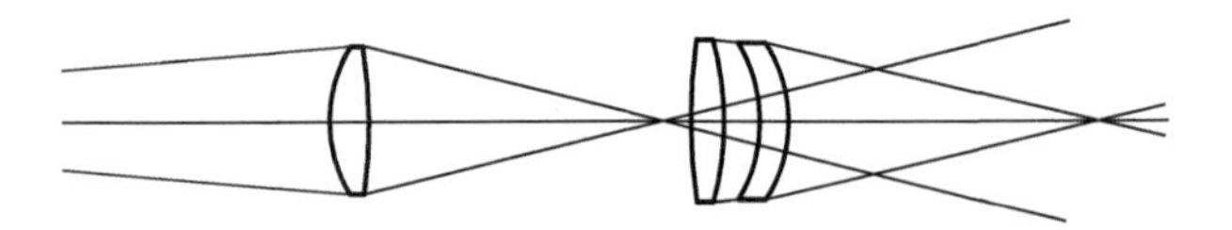

图 11.14　校正透镜和自准校正透镜-校正透镜(三透镜)组合

3. 校正透镜和自准校正透镜-校正透镜(三透镜)组合检验 $r_{07}=-8000\text{mm}$、$e_7^2=1$ 凹非球面的光学系统

将上述得到的规化光学系统结构参数代入 Zemax 后缩放 8000 倍，进行校正透镜和自准校正透镜-校正透镜(三透镜)组合检验 $e_7^2=1$、$r_{07}=-8000\text{mm}$ 凹非球面的光学系统的优化设计，结果如下。

1) 校正透镜和自准校正透镜-校正透镜(三透镜)组合检验 $r_{07}=-8000\text{mm}$、$e_7^2=1$ 凹非球面的光学系统的结构参数

校正透镜和自准校正透镜-校正透镜(三透镜)组合检验 $r_{07}=-8000\text{mm}$、$e_7^2=1$ 凹非球面的光学系统的结构参数如表 11.5 所示。

表 11.5　校正透镜和自准校正透镜-校正透镜(三透镜)组合检验 $r_{07}=-8000\text{mm}$、$e_7^2=1$ 凹非球面的光学系统的结构参数

Surf	Type	Radius	Thickness	Glass	Diameter	Conic
OBJ	Standard	Infinity	2217.7200	—	0.0000	0.0000
1	Standard	—	80.0000	K9	398.0000	0.0000
2	Standard	—	720.0000	—	398.0000	0.0000
3	Standard	—	60.0000	K9	398.0000	0.0000
4	Standard	—	80.0000	—	398.0000	0.0000
5	Standard	—	60.0000	K9	398.0000	0.0000
6	Standard	—	—	—	398.0000	0.0000
7	Standard	−8000.0000	—	MIRROR	3890.0000	−1.0000
8	Standard	—	−60.0000	K9	398.0000	0.0000
9	Standard	—	−80.0000	—	398.0000	0.0000
10	Standard	—	−60.0000	K9	398.0000	0.0000
STO	Standard	—	60.0000	MIRROR	398.0000	0.0000
12	Standard	—	80.0000	—	398.0000	0.0000
13	Standard	—	60.0000	K9	398.0000	0.0000
14	Standard	—	—	—	398.0000	0.0000

续表

Surf	Type	Radius	Thickness	Glass	Diameter	Conic
15	Standard	−8000.0000	—	MIRROR	3890.0000	−1.0000
16	Standard	—	−60.0000	K9	398.0000	0.0000
17	Standard	—	−80.0000	—	398.0000	0.0000
18	Standard	—	−60.0000	K9	398.0000	0.0000
19	Standard	—	−720.0000	—	398.0000	0.0000
20	Standard	—	−80.0000	K9	398.0000	0.0000
21	Standard	—	−2217.7200	—	398.0000	0.0000
17IMA	Standard	Infinity	—	—	0.0000	0.0000

2) 光学系统

校正透镜和自准校正透镜-校正透镜（三透镜）组合检验 $r_{07}=-8000\text{mm}$、$e_7^2=1$ 凹非球面的光学系统如图 11.15 所示。

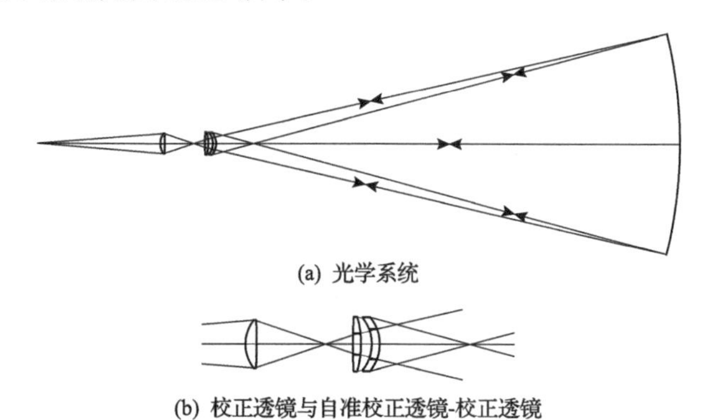

(a) 光学系统

(b) 校正透镜与自准校正透镜-校正透镜

图 11.15　校正透镜和自准校正透镜-校正透镜（三透镜）组合检验 $r_{07}=-8000\text{mm}$、$e_7^2=1$ 凹非球面的光学系统

3) 系统像差

系统球差曲线如图 11.16(a)所示，系统设计残余波面像差如图 11.16(b)所示，其峰谷值 $\text{PV}=0.1\lambda$。光线经待检凹非球面反射两次，待检凹非球面的设计残余波面像差 $\text{PV}\leqslant 0.05\lambda$。

4) 最大待检凹非球面的通光口径

最大的待检凹非球面通光口径 $\varPhi_{07}=3890\text{mm}$。待检凹非球面顶点曲率半径 $r_{07}=-8000\text{mm}$，焦距 $f_{07}=4000\text{mm}$，其相对孔径为

$$A=\frac{\varPhi_{07}}{f_{07}}=\frac{3890}{4000}=\frac{1}{1.0283}$$

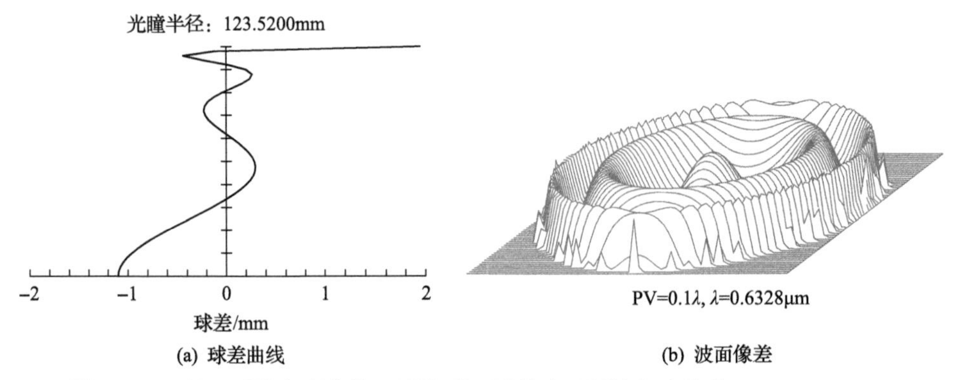

(a) 球差曲线　　(b) 波面像差

图 11.16　校正透镜和自准校正透镜-校正透镜(三透镜)组合检验 $r_{07}=-8000\text{mm}$、$e_7^2=1$ 凹非球面的光学系统的像差

11.4　本 章 小 结

本章对自准校正透镜位于共轭前点和后点之间的检验光学系统设计进行了论述。针对自准校正透镜位于共轭前点和后点之间的情况，给出了自准校正透镜、自准校正透镜-校正透镜(双透镜)、校正透镜和自准校正透镜-校正透镜(三透镜)检验的凹非球面的光学系统的设计方法，并给出了实例设计结果。

三种光学系统设计结果优异，说明共轭校正检验凹非球面的方法优于零位补偿检验。对新提出的共轭校正检验来说，本章只对自准校正透镜位于共轭前点和后点之间的凹非球检验进行了初步论述，今后需进行深入研究。

第 12 章　自准校正透镜位于共轭后点的三透镜组合检验光学系统设计

利用自准校正透镜共轭校正检验非球面的系统的类型很多，本章对自准校正透镜位于共轭后点，无限远校正透镜和密接自准校正透镜-校正透镜三透镜组合的检验光学系统的结构形式进行简单论述；校正透镜光线入射高度与待检凹非球面光线入射高度比为 1∶40，按系统设计残余波面像差峰谷值 PV = 0.05λ 的评价标准，针对 $e_7^2=1$、$r_{07}=-40\text{m}$ 的凹非球面，给出对应的三透镜组合检验的光学系统的设计结果。

12.1　三透镜检验光学系统的消球差条件

检验光路如图 12.1 所示。

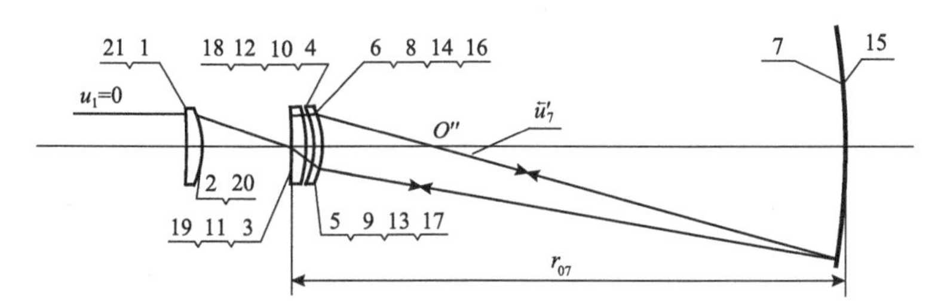

图 12.1　无限远校正透镜和自准校正透镜-校正透镜(三透镜)组合检验凹非球面的光路

根据图 12.1，设计无限远校正透镜和自准校正透镜-校正透镜(三透镜)组合检验 $e_7^2=1$、$r_{07}=-40\text{m}$ 凹非球面的光学系统如下。

如图 12.1 所示，光线从无限远(平行光)发出，经球面 1 与 2 构成的校正透镜、球面 3 与 4 构成的校正透镜和球面 5 与 6 构成的校正透镜折射到待检凹非球面 7(成虚像于待检凹非球面 7 的共轭后点)，经待检凹非球面 7 反射成像到面 7 的共轭前点 O''，光线入射到面 8 与 9 构成的校正透镜、面 10 与 11 构成的自准校正透镜，经面 11 自准，光线按原路返回。根据式(5.12)，可得出图 12.1 所示三透镜检验光学系统的消球差表达式为

$$S_1=h_1P_{1\text{-}2}^{\infty}+h_3\left(P_{3\text{-}4}+P_{5\text{-}6}\right)+h_{07}\bar{P}_7+h_{07}^4K_7+h_8\left(\bar{P}_{8\text{-}9}+\bar{P}_{10\text{-}11}\right)$$
$$+h_{11}\left(P_{11\text{-}12}+P_{13\text{-}14}\right)+h_{015}\bar{P}_{15}+h_{015}^4K_{15}+h_{16}\left(\bar{P}_{16\text{-}17}+\bar{P}_{18\text{-}19}\right)+h_{20}\bar{P}_{20\text{-}21}^{\infty}=0 \tag{12.1}$$

式中，

$$h_{07} = h_{015} = -1, \quad r_{07} = r_{015} = -1, \quad K_7 = -2e_7^2$$

$$h_1 P_{1\text{-}2}^{\infty} = h_{20} \bar{P}_{20\text{-}21}^{\infty}, \quad h_3\left(P_{3\text{-}4} + P_{5\text{-}6}\right) = h_{16}\left(\bar{P}_{16\text{-}17} + \bar{P}_{18\text{-}19}\right)$$

$$h_{07}\bar{P}_7 + h_{07}^4 K_7 = h_{015}\bar{P}_{15} + h_{015}^4 K_{15}, \quad h_8\left(\bar{P}_{8\text{-}9} + \bar{P}_{10\text{-}11}\right) = h_{11}\left(P_{11\text{-}12} + P_{13\text{-}14}\right)$$

将上述参数代入式(12.1)，化简可得

$$h_1 P_{1\text{-}2}^{\infty} + h_3\left(P_{3\text{-}4} + P_{5\text{-}6}\right) + h_{07}\bar{P}_7 - 2e_7^2 + h_8\left(\bar{P}_{8\text{-}9} + \bar{P}_{10\text{-}11}\right) = 0$$

最终可得三透镜检验光学系统的消球差条件为

$$e_7^2 = \frac{h_1 P_{1\text{-}2}^{\infty} + h_3\left(P_{3\text{-}4} + P_{5\text{-}6}\right) + h_{07}\bar{P}_7 + h_8\left(\bar{P}_{8\text{-}9} + \bar{P}_{10\text{-}11}\right)}{2} \tag{12.2}$$

式中，$h_3\left(P_{3\text{-}4} + P_{5\text{-}6}\right) + h_{07}\bar{P}_7$ 比较小，可忽略。由面 1 和 2 构成校正透镜、由面 8 与 9 构成的校正透镜和由面 10 与 11 构成的自准校正透镜组合的三透镜检验光学系统的消球差条件可进一步简化表示为

$$e_7^2 \approx \frac{h_1 P_{1\text{-}2}^{\infty}}{2} + \frac{h_8\left(\bar{P}_{8\text{-}9} + \bar{P}_{10\text{-}11}\right)}{2} = e_{7\text{-}1}^2 + e_{7\text{-}2}^2 \tag{12.3}$$

式中，面 1 和 2 构成的校正透镜的分量为

$$e_{7\text{-}1}^2 = \frac{h_1 P_{1\text{-}2}^{\infty}}{2} \tag{12.4}$$

面 8 与 9 构成的校正透镜、面 10 与 11 构成的自准校正透镜(双透镜)组合的分量为

$$e_{7\text{-}2}^2 = \frac{h_8\left(\bar{P}_{8\text{-}9} + \bar{P}_{10\text{-}11}\right)}{2} \tag{12.5}$$

下面根据式(12.3)～式(12.5)进行三透镜检验光学系统设计。

12.2　规化光学系统设计

图 12.1 所示无限远三透镜组合检验光学系统的规化条件与有限远三透镜组合

检验光学系统的规化条件一样

$$r_{07}=-1,\quad h_{07}=-1,\quad u_{07}=\frac{h_{07}}{r_{07}}=1$$

1. 自准校正透镜-校正透镜(双透镜)组合检验凹非球面的规化光学系统设计

设计无限远三透镜检验凹非球面的光学系统，根据式(12.3)设计自准校正透镜-校正透镜(双透镜)组合检验的光学系统，首先设定

$$e_{7\text{-}2}^{2}=\frac{h_{8}\left(\bar{P}_{8\text{-}9}+\bar{P}_{10\text{-}11}\right)}{2}=0.5$$

相应的规化光学系统的设计方法与 11.1.2 节是一样的。

2. 校正透镜对应的规化光学系统设计

校正透镜对应的规化光学系统设计步骤如下。

1) 设定 $e_{7\text{-}1}^{2}$ 值求解 $P_{1\text{-}2}^{\infty}$

对于检验凹非球面的无限远三透镜光学系统，根据式(12.4)设计单透镜的光学系统。首先设定如下：

$$e_{7\text{-}1}^{2}=\frac{h_{1}P_{1\text{-}2}^{\infty}}{2}=0.5$$

2) 已知 u_{2}' 值求解 $\varphi_{1\text{-}2}$

$$u_{1}=0,\quad h_{1}\varphi_{1\text{-}2}=u_{2}'-u_{1}=u_{2}',\quad \varphi_{1\text{-}2}=\frac{u_{2}'}{h_{1}}$$

u_{2}' 是在设计自准校正透镜-校正透镜(双透镜)的检验光学系统时求解得到的。

3) 校正透镜曲率半径 r_{1} 和 r_{2} 的求解

规化的 $\boldsymbol{P}_{1\text{-}2}^{\infty}$ 和 $Q_{1\text{-}2}$ 的关系式为

$$\boldsymbol{P}_{1\text{-}2}^{\infty}=\frac{P_{1\text{-}2}^{\infty}}{\left(h_{1}\varphi_{1\text{-}2}\right)^{3}}$$

$$Q_{1\text{-}2}=-\frac{3n}{2(n-1)(n+2)}\pm\sqrt{\left(\boldsymbol{P}_{1\text{-}2}^{\infty}-P_{0}^{\infty}\right)\frac{n}{n+2}}$$

求解无限远校正透镜的曲率半径 r_{1} 和 r_{2} 为

$$\begin{cases} c_1 = c_2 + \dfrac{1}{n-1} = Q_{1\text{-}2} + \dfrac{n}{n-1}, \quad r_1 = \dfrac{1}{c_1\varphi_{1\text{-}2}} \\ c_2 = Q_{1\text{-}2} + 1, \quad r_2 = \dfrac{1}{c_2\varphi_{1\text{-}2}} \end{cases}$$

3. 无限远三透镜检验 $e_7^2=1$ 凹非球面的规化光学系统设计

无限远三透镜组合检验的光学系统设计与有限远三透镜组合检验的光学系统设计，除无限远 $P_{1\text{-}2}^{\infty}$ 与有限远 $P_{1\text{-}2}^{s}$ 有所区别外，其他设计方法是一样的。将自准校正透镜-校正透镜组合检验的规化光学系统和校正透镜的对应的规化光学系统按 $u_2'=u_3$、$l_3=l_2'-d_{23}$ 进行对接，可得到校正透镜和自准校正透镜-校正透镜（三透镜）组合检验的规化光学系统。

12.3 无限远三透镜检验 $r_{07}=-40000\text{mm}$、$e_7^2=1$ 凹非球面的实际光学系统设计

将无限远校正透镜和自准校正透镜-校正透镜三透镜组合检验 $r_{07}=-40000\text{mm}$、$e_7^2=1$ 凹非球面的规化光学系统结构参数代入 Zemax 缩放 40000 倍，按系统设计残余波面像差峰谷值 PV = 0.1λ 的评价标准，进行无限远校正透镜和自准校正透镜-校正透镜（三透镜）组合检验的实际光学系统设计，并给出设计结果如下。

1. 无限远校正透镜和自准校正透镜-校正透镜（三透镜）组合检验 $r_{07}=-40000\text{mm}$、$e_7^2=1$ 的光学系统的结构参数

无限远校正透镜和自准校正透镜-校正透镜（三透镜）组合检验 $r_{07}=-40000\text{mm}$、$e_7^2=1$ 凹非球面的光学系统的结构参数如表 12.1 所示。

表 12.1 无限远校正透镜和自准校正透镜-校正透镜（三透镜）组合检验 $r_{07}=-40000\text{mm}$、$e_7^2=1$ 凹非球面的光学系统的结构参数

Surf	Type	Radius	Thickness	Glass	Diameter	Conic
OBJ	Standard	Infinity	Infinity	—	0.0000	0.0000
1	Standard	—	80.0000	K9	295.3000	0.0000
2	Standard	—	766.5000	—	295.3000	0.0000
3	Standard	—	60.0000	K9	295.3000	0.0000
4	Standard	—	50.0000	—	295.3000	0.0000
5	Standard	—	60.0000	K9	295.3000	0.0000
6	Standard	—	—	—	295.3000	0.0000

续表

Surf	Type	Radius	Thickness	Glass	Diameter	Conic
7	Standard	−40000.0000	—	MIRROR	12019.3000	−1.0000
8	Standard	—	−60.0000	K9	295.3000	0.0000
9	Standard	—	−50.0000	—	295.3000	0.0000
10	Standard	—	−60.0000	K9	295.3000	0.0000
STO	Standard	—	60.0000	MIRROR	295.3000	0.0000
12	Standard	—	50.0000	—	295.3000	0.0000
13	Standard	—	60.0000	K9	295.3000	0.0000
14	Standard	—	—	—	295.3000	0.0000
15	Standard	−40000.0000	—	MIRROR	12019.3000	−1.0000
16	Standard	—	−60.0000	K9	295.3000	0.0000
17	Standard	—	−50.0000	—	295.3000	0.0000
18	Standard	—	−60.0000	K9	295.3000	0.0000
19	Standard	—	−766.5000	—	295.3000	0.0000
20	Standard	—	−80.0000	K9	295.3000	0.0000
21	Standard	—	−00.0000	—	295.3000	0.0000
22	Paraxial	—	−100.0000	—	295.3000	0.0000
17IMA	Standard	Infinity	—	—	0.0000	0.0000

2. 光学系统

无限远校正透镜和自准校正透镜-校正透镜(三透镜)组合检验 $r_{07}=-40000\text{mm}$、$e_7^2=1$ 凹非球面的光学系统如图 12.2 所示。

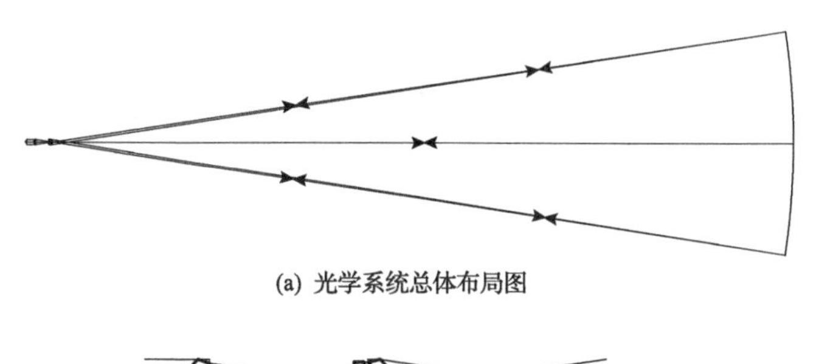

(a) 光学系统总体布局图

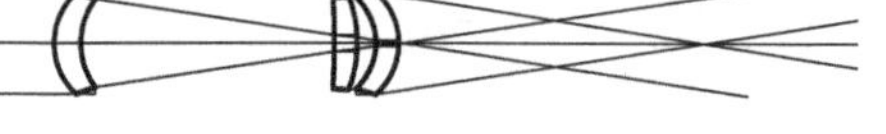

(b) 无限远校正透镜与自准校正透镜-校正透镜

图 12.2　无限远校正透镜和自准校正透镜-校正透镜(三透镜)组合检验 $r_{07}=-40000\text{mm}$、$e_7^2=1$ 凹非球面的光学系统

3. 系统像差

系统球差曲线如图 12.3(a)所示，系统设计残余波面像差如图 12.3(b)所示，其峰谷值 PV = 0.1λ。光线经待检凹非球面反射两次，待检凹非球面的设计残余波面像差 PV ⩽ 0.05λ。

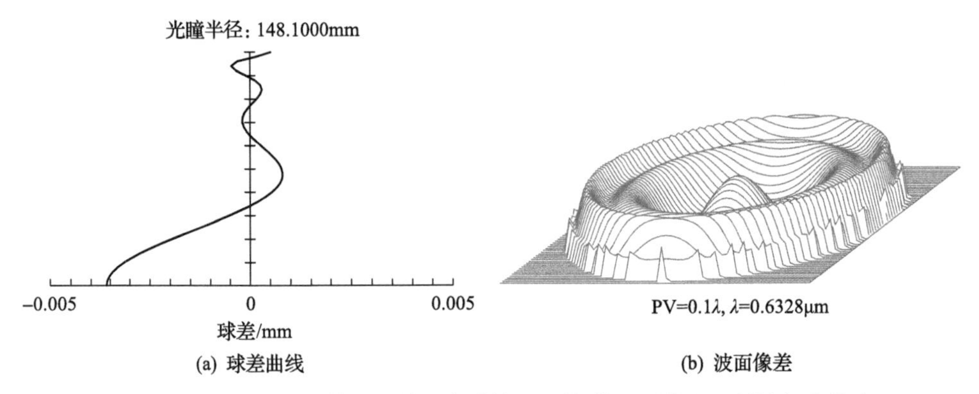

图 12.3　无限远校正透镜和自准校正透镜-校正透镜(三透镜)组合检验 $r_{07}=-40000$mm、$e_7^2=1$ 凹非球面的光学系统的像差

4. 最大的待检凹反射非球面通光口径

1)待检凹非球面最大的通光口径 $\Phi_{07}=12017.3$mm

2)相对孔径 A

设计结果可知待检凹非球面最大的通光口径 $\Phi_{07}=12017.3$mm，对曲率半径 $r_{07}=-40000$mm、焦距 $f_{07}=20000$mm 的凹非球面，其相对孔径为

$$A=\frac{\Phi_{07}}{f_{07}}=\frac{12017.3}{20000}=\frac{1}{1.664}$$

3)口径比 α

待检凹非球面最大通光口径为 $\Phi_{07}=12017.3$mm，光线在校正透镜上的通光口径为 $\Phi_1=295.4$mm，两者的口径比为

$$\alpha=\frac{\Phi_1}{\Phi_{07}}=\frac{295.4}{12017.3}=\frac{1}{40.68}$$

12.4　本 章 小 结

无限远与有限远校正透镜和自准校正透镜-校正透镜三透镜组合的光学系统的设计方法是一样的，本章通过对 $r_{07}=-40000$mm、$e_7^2=1$ 凹非球面的三透镜检验

光学系统的设计和分析，说明了共轭校正检验非球面是合理的。

待检凹非球面顶点曲率半径 $r_{07}=-40000\text{mm}$，焦距 $f_{07}=20000\text{mm}$，偏心率 $e_7^2=1$，最大通光口径 $\Phi_{07}=12017.30\text{mm}$，待检凹非球面最大相对孔径 $A=\Phi_{07}/f_{07}=12017.3/20000=1/1.664$，待检凹非球面最大通光口径与光线在校正透镜上的通光口径的口径比为 $\alpha=\Phi_1/\Phi_{07}=295.4/12017.3=1/40.68$，说明共轭校正检验可实现用非常小的球面校正透镜检验超大口径、超大相对孔径非球面，有着较好的应用前景。

利用通光口径小于 300mm 的校正透镜可检验通光口径大于 12m 的凹抛物面，口径 12m 的凹抛物面可以是单块，也可以是多块组合拼接成，说明共轭校正检验拼接大口径非球面是可行的，共轭校正检验非球面的适用性是非常强的。

目前，采用球面补偿光学系统(球面补偿器)检验大口径、大相对孔径非球面(包括凸和凹非球面)比较困难，检验超大口径、超大相对孔径非球面更难实现，为解决这个问题，通常采用的办法是将球面补偿系统非球面化，提高补偿能力，但是这样会降低非球面的加工精度并延长加工周期，即使球面补偿系统非球面化，对检验超大口径、超大相孔径非球面也难以实现。本书提出的共轭校正检验非球面的新方法所用各面都是球面。

从共轭校正非球面检验的设计和分析可以看出，本书提出的共轭校正非球面检验方法优于零位补偿非球面检验方法。共轭校正检验非球面的设计方法已经解决，为便于推广和实际应用，仍需进行深入研究，并在今后的实际应用中进行验证。

参考文献

[1] 林大键. 工程光学系统设计. 北京: 机械工业出版社, 1987.

[2] 潘君骅. 光学非球面的设计加工与检验. 苏州: 苏州大学出版社, 2004.

[3] 张以谟. 应用光学. 北京: 电子工业出版社, 2008.

[4] 赵鹏玮, 叶璐, 胡文琦, 等. 一种利用半反半透透镜检验二次非球面的方法. 量子电子学报, 2019, 36(3): 284-288.

[5] 胡文琦, 叶璐, 张金平, 等. 一种凸反射非球面检验方法. 量子电子学报, 2019, 36(3): 278-283.

[6] 郝沛明. 非球面检验的辅助光学系统设计. 北京: 科学出版社, 2017.

[7] Malacara D. Optical Shop Testing. Hoboken: John Wiley & Sons, 2007.

[8] 王鹏, 赵文才, 胡明勇, 等. 离轴凸非球面的 Hindle 检测. 光学精密工程, 2002, (2): 139-142.

[9] 张宝安, 潘君骅. 透射凸二次非球面检验方法的研究. 光学技术, 2002, (4): 359-361.

[10] 沈正祥, 郝沛明, 赵文才, 等. 凸二次非球面反射镜的自准法检验. 红外与激光工程, 2005, (1): 46-50.

[11] 马杰, 朱政. 改进的Hindle方法检测凸非球面的研究. 红外与激光工程, 2011, (2): 277-281.

[12] 姚劲刚, 郑列华, 郝沛明. 凸非球面无光焦度双透镜Hindle检验研究. 量子电子学报, 2017, (4): 272-277.

[13] 王孝坤, 郑立功, 张学军. 子孔径拼接干涉检测凸非球面的研究. 光学学报, 2010, (7): 2022-2026.

[14] 闫锋涛, 范斌, 侯溪, 等. 基于子孔径拼接的Hindle球检测法. 强激光与粒子束, 2012, (11): 2555-2559.

[15] 普里亚耶夫. 光学非球面检验. 杨力, 译. 北京: 科学出版社, 1982.

[16] 胡明勇, 王鹏, 郝沛明, 等. 大口径、离轴凸双曲面反射镜的补偿检验. 光学技术, 2004, 30(2): 240-241.

[17] 付联效, 吴永刚, 郝沛明, 等. 透镜补偿检验的研究与分析. 光子学报, 2007, (11): 2057-2061.

[18] 陶春, 潘君骅, 胡明勇. 一种凸非球面镜补偿检验的新方法. 光学技术, 2009, (1): 123-126.

[19] 李可新, 袁立银, 郝沛明, 等. 大口径大相对孔径非球面凹镜的零位补偿器设计. 光学仪器, 2009, (4): 44-48.

[20] 姚劲刚, 胡文琦, 叶璐, 等. 凸非球面辅助面的背向零位检验分析. 量子电子学报, 2014, (5): 520-524.

[21] 叶璐, 张金平, 郑列华, 等. 凸非球面背向零位补偿检验的设计方法. 光子学报, 2015, (4):

154-159.

[22] 姚劲刚, 张金平, 郑列华, 等. 干涉零位补偿检验研究. 光学学报, 2015, (6): 256-262.

[23] 张珑, 胡文琦, 郑列华, 等. 折反射式零位补偿检验. 光子学报, 2016, 45(7): 0722002.

[24] 张珑, 胡文琦, 郑列华, 等. 折反射式零位补偿检验(续). 光子学报, 2016, 45(12): 1222001.